STATISTIK
IM DIENSTE DER
TECHNIK

MIT SPEZIELLEN ANWENDUNGEN AUF FRAGEN DER DRAHTINDUSTRIE

VON

DR.-ING. EMIL KOHLWEILER

MIT 82 ABBILDUNGEN
UND 37 ZAHLENTAFELN

MÜNCHEN UND BERLIN 1931
VERLAG VON R. OLDENBOURG

Druck von R. Oldenbourg, München und Berlin

DEM GEDENKEN
MEINER UNVERGESSLICHEN GATTIN
UND TREUEN MITARBEITERIN
FRAU MARTHA KOHLWEILER
GEWIDMET

VORWORT.

Das vorliegende Buch stellt einen ersten allgemeinen Versuch dar, die auf den verschiedensten Gebieten bereits mit so großem Erfolg angewandten mathematischen Untersuchungsmethoden der Statistik und der Wahrscheinlichkeitsrechnung auch auf technische Fragen auszudehnen. Wohl liegen schon ganz vereinzelte Anläufe vor, dieses oder jenes spezielle Verfahren der Statistik für technische Fragen nutzbar zu machen und auszuwerten; aber die allgemeine Übertragung statistischer Forschungsmethoden auf das Gebiet der Technik, die Schaffung einer allgemeinen statistischen Arbeitsmethode für den technisch Tätigen wurde bis jetzt noch nicht in Angriff genommen. Und doch bildet gerade die Technik eines der dankbarsten Anwendungsgebiete für die mathematischen Methoden der Statistik und der Wahrscheinlichkeitsrechnung.

Das Arbeitsfeld statistischer Methoden und wahrscheinlichkeitstheoretischer Überlegungen liegt ja ganz allgemein da, wo bestimmte und feste Beziehungen zwischen Ursachen und deren Folgen, deren Auswirkungen, nicht bekannt sind, sei es, daß man über die Ursachen selbst nicht oder nur mangelhaft orientiert ist, sei es, daß Richtung oder Grad der Auswirkung dieser oder jener Teilursachen auf ein Endergebnis nicht zu bestimmen sind, sei es, daß Zahl und Wirkungsweise der ein Endergebnis bestimmenden Ursachen derartig unübersehbar und vielgestaltig sind, daß die Verfolgung der einzelnen Ursachen und ihrer Auswirkung nicht möglich ist. An derartig dunkeln Zusammenhängen zwischen Ursachen und Wirkungen ist aber das Gebiet der Technik überreich, und der in der Technik Arbeitende stößt auf solche ungeklärten und unübersichtlichen Beziehungen auf Schritt und Tritt.

Liest man eine Abhandlung über statistische Untersuchungsverfahren und ihre Anwendungen auf den verschiedensten Gebieten, wie z. B. das Werk: »Die statistischen Forschungsmethoden« von E. Czuber, so drängen sich dem technisch Gebildeten und über technische Fragen Orientierten ohne weiteres eine Reihe von Problemen aus der Technik und vor allem aus seinem speziellen Arbeitsgebiet auf, für welche diese oder jene statistische Methode wie geschaffen erscheint. Trotzdem findet man aber in der einschlägigen Literatur und auch in dem an Anwendungsbeispielen für statistische Verfahren sehr reich ausgestalteten Czuberschen Buche, das, wie der Autor in dem Vorwort zu seinem Werke selbst bekannt gibt, möglichst viele Gebiete, die sich bereits statistischer Forschungsmethoden bedienen, bei der Auswahl der Beispiele berücksichtigt, keine Anwendung auf technische Fragen, kein Beispiel aus dem Gebiete der Technik, auch keinen Hinweis auf eine solche Anwendungsmöglichkeit. Man findet Anwendungen auf die Fragen der Volkswirtschaft, des Versicherungswesens, der Anthropologie, der Physiologie, der Psychologie und Erblichkeitslehre, der Forst- und Landwirtschaft, der Medizin, der Botanik, Zoologie und Meteorologie. Aber man stößt in dem Czuberschen Buche auf kein einziges Beispiel aus dem weiten Gebiete der Technik, da weder die Statistik als solche bislang technische Probleme in ihr Arbeitsgebiet einbezog, noch der Techniker, abgesehen von diesen oder jenen vereinzelten Versuchen, die statistischen Verfahren seinen Arbeitsmethoden zugesellte. Die dadurch entstandene doppelte Lücke, einerseits durch das Fehlen eines wichtigen Anwendungsgebietes in dem Wirkungsbereich der Statistik bedingt, und anderseits durch den Verzicht auf eine für viele Fälle fruchtbare Arbeitsmethode durch die Technik hervorgerufen, soll das vorliegende Buch auszufüllen versuchen.

Die ersten Aufzeichnungen, Versuche, Rechnungen und Studien, die im Laufe von Jahren zu dem vorliegenden Buche führten, gehen in das Jahr 1925 zurück, sie sind also nur wenig jünger als die Arbeiten, die in der rheinischen Stahlindustrie und in der Berliner Elektrogroßindustrie die Grundlagen einer technischen Großzahlforschung schufen.

Um die Ausführungen einerseits nicht zu umfangreich und anderseits doch auch nicht zu flach zu gestalten, konnte das Thema des Titels nicht erschöpfend behandelt werden. Es stehen jedoch alle statistischen Untersuchungsmethoden, welche die Beurteilung technischer Materien nach einzelnen Eigenschaften ermöglichen, zur Diskussion, wenigstens soweit sie für eine moderne Betriebsführung auf wissenschaftlicher Grundlage und für eine rationelle Fabrikationskontrolle von Bedeutung und Wichtigkeit sind. Dagegen konnte das Gebiet der Abhängigkeitsbeziehungen zwischen zwei Eigenschaften nur andeutungsweise gestreift werden. Es besteht die Absicht, die diesbezüglichen statistischen Untersuchungsmethoden und ihre Anwendung in der Technik in einem besonderen Buche zu behandeln.

Entsprechend dem praktischen Ziele, welches die vorliegenden Ausführungen verfolgen, wurde der Hauptnachdruck auf ein möglichst großes und vielseitiges Material von Anwendungsbeispielen gelegt. Erörterungen allgemeiner Art und theoretische Überlegungen wurden nur soweit behandelt, als dieselben zum allgemeinen Verständnis der diskutierten Methoden erforderlich sind, als dieselben die Voraussetzung für die selbstständige Anwendung dieser Verfahren und für das Verständnis einschlägiger Untersuchungen durch andere bilden. Die Beispiele sind ausnahmslos dem Fragenkreise der drahterzeugenden Industrie entnommen. Doch besteht für den aufmerksamen Leser ohne weiteres die Möglichkeit, die in diesen Zeilen in ihrer Anwendung auf das Gebiet der Drahtfabrikation beschränkten Verfahren auch auf die Probleme anderer Industriezweige zu übertragen. Alle Beispiele und ihre zahlenmäßigen Daten entstammen sodann der Praxis. Es ist verständlich, daß aber diese zahlenmäßigen Daten selbst zum Teil nur beschränkte Gültigkeit besitzen können, daß sie zum Teil nur unter den Bedingungen, nur für die speziellen Betriebsverhältnisse, unter denen sie gefunden wurden, gelten können und nicht verallgemeinerungsfähig sind. Es ist aber auch nicht der Zweck der vorliegenden Ausführungen, bestimmte Daten und Normen zu übermitteln, zahlenmäßige Grundlagen für Fabrikationsverfahren und dergl. zu geben; es sollen vielmehr Methoden beschrieben und in ihrer Anwendung auf Fälle der Praxis des Betriebs klargelegt werden, welche der Überprüfung der jeweilig vorliegenden Verhältnisse und Zustände, Verfahren und Fabrikate irgend eines Betriebes dienen können.

Da sich dieses Buch an einen möglichst großen und weiten Kreis sowohl technisch Schaffender, technisch Gebildeter und in der Industrie Tätiger als auch an der allgemeinen Entwicklung der Statistik Interessierter wendet, sind die Erörterungen so ausführlich gehalten, daß ihnen leicht gefolgt werden kann.

Bei der großen Zahl der in diesen Blättern gebrachten Anwendungsbeispiele und ihrer rechnerischen Durcharbeit ist es nicht ausgeschlossen, daß sich in dieses oder jenes Ausführungsbeispiel ein kleiner Rechenfehler eingeschlichen hat. Hinweise von seiten des Leserkreises auf solche etwaigen Fehler oder andere Versehen, die sich in diesen Ausführungen finden sollten, werde ich jederzeit dankbar aufnehmen.

Reutte (Tirol) im April 1930.

Dr. ing. E. Kohlweiler.

INHALTSVERZEICHNIS.

I. ABSCHNITT.

Wirkungsbereich statistischer Verfahren und wahrscheinlichkeitstheoretischer Betrachtungen.

II. ABSCHNITT.

Allgemeines über Statistik.

III. ABSCHNITT.

Klassenbildung für alternativ veränderliche Eigenschaften.

IV. ABSCHNITT.

Kollektive mit graduell veränderlichen Merkmalen.

V. ABSCHNITT.

Allgemeines über Verteilungen und Häufigkeitskurven.

VI. ABSCHNITT.

Anwendungsbeispiele für Häufigkeitskurven. Stetige Kollektive.

VII. ABSCHNITT.

Anwendungsbeispiele für Häufigkeitskurven. Unstetige Kollektive.

VIII. ABSCHNITT.

Allgemeines über Mittelwertsbildung und Streuung.

IX. ABSCHNITT.

Der arithmetische Mittelwert.

X. ABSCHNITT.

Das Dichtemittel.

XI. ABSCHNITT.

Der Zentralwert.

Seite

XII. ABSCHNITT.

Die Streuung.

XIII. ABSCHNITT.

Ermittlung der Streuung abgeleiteter Größen.

XIV. ABSCHNITT.

Vergleich empirischer Verteilungen mit ihren theoretischen Zufallsverteilungen.

Seite

XV. ABSCHNITT.

Zufällige Abweichungen und Realschwankungen.

XVI. ABSCHNITT.

Praktische Beispiele zur Schwankungsberechnung.

XVII. ABSCHNITT.

Beurteilung, Vergleiche und Lieferungsbedingungen technischer Fabrikate und Materien.

Einleitung.

Im Vergleich zu dem hervorragenden Platze, den die Mathematik in allen Zweigen der exakten naturwissenschaftlichen Forschung und in der konstruktiven Technik einnimmt, spielt diese wichtige Hilfswissenschaft in der fabrizierenden Technik im allgemeinen noch lange nicht die ihr gebührende Rolle. Und ganz besonders für Zwecke der reinen Betriebsführung und Fabrikationskontrolle wird die Anwendung mathematischer Methoden kaum geübt, obwohl tatsächlich zur Überwachung, Prüfung und rationellen Gestaltung technischer Vorgänge, Verfahren und Methoden sowie zur Kontrolle ihrer Erzeugnisse die Hilfeleistung der Mathematik von größter Bedeutung sein kann. Dabei sind die Methoden, die zu einer fruchtbaren mathematischen Durchsetzung der modernen Betriebsleitung führen und diese erst zu einer erfolgreichen und exakten Arbeitsweise stempeln, durchaus nicht kompliziert und schwierig sondern meist sehr einfach, und sie fordern wenigstens für viele Fälle absolut nicht die Kenntnisse der so gefürchteten grauen Theorien der höheren Mathematik.

Vor allem sind die Ergebnisse und Methoden der Großzahlforschung und der Wahrscheinlichkeitsrechnung als für eine moderne exakte Betriebsführung von größter Bedeutung hervorzuheben, und es sind überhaupt all die Rechenverfahren dieser mathematischen Disziplinen zu würdigen, die in der Statistik bereits auf den verschiedensten Gebieten mit Erfolg angewandt worden sind. Statistische Forschungsmethoden, die mathematische Auswertung statistischer Unterlagen nach in der Statistik üblichen und bewährten Verfahren, lassen sich mit Vorteil zur Lösung vieler technischer Fragen heranziehen und können ein überaus wichtiges Hilfsmittel moderner Betriebsführung bilden, auf das unter keinen Umständen verzichtet werden darf.

Voraussetzung dafür, daß Mathematik und Statistik zur Lösung betriebstechnischer Fragen und Probleme herangezogen werden können, ist natürlich, daß überhaupt etwas gegeben ist, mit dem sich mathematische Operationen ausführen lassen, mit dem man rechnen kann. In einem Betriebe, in dem unbekümmert um wissenschaftliche Arbeits- und Prüfmethoden, moderne Erfahrungen und neue Forschungsergebnisse lediglich nach »altbewährten«, rein empirischen Verfahren gearbeitet wird, sind weder die ideellen Voraussetzungen vorhanden noch die erforderlichen zahlenmäßigen Unterlagen zu beschaffen, um die hier zu diskutierenden Methoden anzuwenden. Aber überall dort, wo nach wissenschaftlichen Gesichtspunkten und Methoden gearbeitet, beobachtet und geprüft wird, ergibt sich ein Zahlenmaterial, das vor dem Schicksal des Vergessens und des Verstaubens in alten Betriebsheften bewahrt werden sollte, da es einer Vertiefung durch statistische Auswertung fähig ist, ja eine solche im Interesse einer rationellen Betriebsführung dringend fordert.

In der Regel legt man irgendeiner zahlenmäßig festgelegten Beobachtung nur Augenblickswert bei; man analysiert, um festzustellen, ob in dem eben vorliegenden Falle der Kohlenstoffgehalt des Stahls der beabsichtigte oder gewollte ist, man macht Zerreiß-, Biege- oder Torsionsproben, um sich zu vergewissern, daß ein bestimmtes Drahtmaterial den gestellten Ansprüchen gerecht wird. Aber jede Zahl, die auf Grund einer zuverlässigen Beobachtung, als Ergebnis einer Messung oder aus der Aufzeichnung eines Registrierapparates gewonnen wird, hat über diesen Augenblickswert hinausgehende bleibende Bedeutung dadurch, daß sie, in die Gesamtheit einer Anzahl gleicher Zahlenwerte eingereiht, einer mathematisch-statistischen Auswertung fähig ist. Wohl hat jede solche Zahl als Einzelwert nur für die speziellen Bedingungen, unter denen sie erhalten wurde, Gültigkeit und Wert, aber in der Reihe einer großen Anzahl ähnlicher Zahlen kommt ihr die noch größere Bedeutung zu, eine allgemeine Kennzeichnung und Charakterisierung von Bedingungen, Verhältnissen und Erscheinungen mit zu ermöglichen. Und diese Auswertung einer größeren Reihe von Einzelwerten, deren jeder einzelne für sich nur ganz beschränkte Gültigkeit besitzt, führt, eben durch die Möglichkeit einer allgemeinen Charakteristik einer Materie aus den beobachteten Zahlenwerten, zu einer exakten zahlenmäßigen Festlegung dessen, was mit Recht als praktische Erfahrung so hoch bewertet wird. Im Gegensatz jedoch zu der für gewöhnlich rein gefühlsmäßig erworbenen und geübten Praxis »auf gut Glück« mit ihren nur zu bekannten Fehlschlägen, Einseitigkeiten und Voreingenommenheiten ermöglicht die statistische Auswertung von Betriebszahlen die Festlegung praktischer Erfahrungen auf exakter wissenschaftlicher Grundlage und in Form genauer Zahlenwerte. In diesem Sinne erhalten alle Beobachtungen, Messungen und Diagramme von Registrierapparaten, erhalten die nahezu unzähligen Zahlenwerte, die in jedem Betriebe als Analysenergebnisse, als Festigkeitszahlen, als Ausschußmengen, als Temperaturen oder Geschwindigkeiten anfallen, erst durch ihre systematische Auswertung ihre volle Bedeutung und über den Augenblick hinausreichenden, bleibenden Wert.

Was nützen alle Pyrometeranlagen an Glühöfen, was alle Festigkeits-, Biege-, Dehnungs- und Torsionsproben, was alle chemischen Analysen, was alle gesammelten Zahlen über Ziehsteinverschleiß u. dgl. mehr, wenn die Instrumentablesungen und die Untersuchungsergebnisse nicht richtig und nach allen möglichen Seiten hin ausgewertet werden? Was nützt es, irgendwelche Schwankungen in der Qualität eines Produktes, im Ablauf eines Prozesses lediglich zu konstatieren, wenn man nicht sofort zu ermitteln trachtet, worauf diese Schwankungen zurückzuführen sind, um sie nach dieser Feststellung zu eliminieren oder zu verringern? Welchen Wert besitzt es schon, die Kohlenstoffgehalte von Stahl, die Tiefungswerte für Molybdänbleche, die Festigkeiten für irgendwelche Drähte zu ermitteln und die Prüflinge nach den erhaltenen Werten zu beurteilen oder zu sortieren, wenn man sich nicht gleichzeitig klare Rechenschaft darüber gibt, wie Vergleiche richtig gezogen werden müssen, sowie ob nicht zu beseitigende zufällige Unterschiede oder tatsächliche Materialschwankungen oder in den Prüfmethoden begründete Schwankungen festgestellt wurden? Welchen Sinn hat selbst die Feststellung dieser oder jener Mittelwerte, wenn man das Maß der Einheitlichkeit einer Materie nicht angibt, wenn die Sicherheit des Durchschnittswertes selbst nicht festgelegt wird? Was hat endlich die Aufstellung von Liefervorschriften und die Vereinbarung von Abnahmebedingungen für Sinn, wenn der Kunde planlos seine Forderungen zu eng oder zu weit stellt, wenn er überhaupt nicht weiß, was er fordern soll und kann, wenn der Lieferant sich nicht Klarheit über Möglichkeit und Risiko einzugehender Bedingungen schafft, wenn beide, Kunde und Lieferant, überhaupt nicht in der Lage sind, die Erfüllung oder Nichterfüllung vereinbarter Bedingungen sach- und sinngemäß zu überprüfen und zu beurteilen?

Diese aufgeworfenen wenigen Fragen mögen genügen, um Anwendungsmöglichkeiten und Bedeutung der statistischen Methoden in der Technik im großen zu umreißen, um einerseits auf die Problemstellung und ihre Vielseitigkeit hinzuweisen und anderseits die Mannigfaltigkeit und Fruchtbarkeit der im folgenden skizzierten Methoden herauszustellen. Denn all die durch die Fragen angedeuteten Mängel und noch ungezählte andere sich oft unbewußt und unbeachtet in die Arbeits- und Prüfverfahren einschleichende Versehen, Täuschungen, Fehlschlüsse und Ungenauigkeiten, zahlreiche unbemerkte Vernachlässigungen, versäumte Chancen und ungenutzte Möglichkeiten lassen sich ohne weitere Apparate und ohne besondere Kosten durch einfache mathematische Operationen aufdecken, erkennen und meistern, gewissermaßen aus den Meß- und Untersuchungsergebnissen herausdividieren und herausmultiplizieren. In diesem Sinne wirken bezüglich zahlreicher betriebstechnischer Fragen und Probleme die statistischen Verfahren und ihre speziellen mathematischen Grundlagen, die Großzahlrechnung, die Wahrscheinlichkeitsrechnung, wie eine Art Zauberschlüssel, der in Anbetracht seiner vielseitigen Verwendbarkeit schon mehr als Universaldietrich wie nur als einfacher Schlüssel anzusprechen ist.

Man verbindet unwillkürlich, rein instinktiv, mit den Begriffen Statistik und Wahrscheinlichkeit mit vollem Recht den Begriff des

Zufälligen und damit wieder, dies aber ganz unberechtigt und unbegründet, den Begriff des Unsicheren, Unbestimmten, Unkontrollierbaren, das unter keinen Umständen mit der Technik und der an diese zu stellenden Forderung der Exaktheit, Klarheit und Sicherheit in Zusammenhang gebracht werden darf. Tatsächlich spielt aber der Zufall in der Technik eine hervorragende Rolle. Anderseits ist es aber auch Tatsache, daß sich wohl der Zufall als Einzelfall jeder Kontrolle entzieht, daß aber die Gesamtheit vieler gleichartiger Zufälle sich absolut nicht »zufällig« verhält, sondern ganz bestimmten Gesetzen gehorcht, und eben diese Gesetze gilt es herauszuarbeiten und klarzustellen und für die Technik und ihre Arbeitsmethoden nutzbar zu machen, um auf diese Weise mit dem Zufall selbst den Zufall aus der Technik zu verdrängen.

I. Abschnitt.

Wirkungsbereich statistischer Verfahren und wahrscheinlichkeitstheoretischer Betrachtungen.

1. Das Wort Statistik kommt von dem lateinischen status, zu deutsch Staat her. Der Sinn dieser Bezeichnungsweise für die heute unter Statistik verstandenen Forschungsmethoden ist der, daß diese Methoden zuerst auf die Staatenkunde, auf die Probleme der Staats- und Volkswirtschaft angewandt wurden, was zur Bezeichnung dieser Methoden nach ihrem Anwendungsgebiete führte. Nach der Ausdehnung der statistischen Verfahren auch auf andere Wissensgebiete blieb trotzdem die ursprüngliche Bezeichnung erhalten. Daß mit dieser Eroberung von Neuland durch die Statistik Hand in Hand eine weitere Ausgestaltung ihrer Verfahren ging, ist leicht verständlich.

Außer in der Volkswirtschaft spielt die Statistik besonders im Versicherungswesen schon lange eine bedeutende Rolle, und Volkswirtschaft und Versicherungswesen sind zweifellos auch heute noch das Hauptarbeitsfeld der Statistiker. Darüber hinaus griffen die statistischen Forschungsmethoden auf immer weitere Gebiete über, die sich mit Erfolg da, wo deren spezifischen Forschungsweisen versagen oder nicht ausreichen, der statistischen Verfahren bedienen. So kennt man heute statistische Rechenverfahren und Überlegungen in der Anthropologie und der Erblichkeitsforschung, in der Land- und Forstwirtschaft, in der Psychologie, der Physiologie, der Biologie, der Medizin, Botanik und Zoologie, in der Meteorologie, in der Chemie, ja selbst und nicht zuletzt in der exakten Physik[1]) kamen mit ganz besonders großem Erfolge

[1]) Es sei nur erinnert an die ganz auf statistischen Überlegungen aufgebaute kinetische Gastheorie, an den 2. Hauptsatz der Thermodynamik, an die Anwendung der Wahrscheinlichkeitstheorie auf die Brownsche Bewegung und die radioaktiven

statistische Methoden zur Anwendung. Dabei vergrößerte sich der Wirkungsbereich der statistischen Denkart sowie ihr Einfluß auf den der Statistik bereits erschlossenen Gebieten besonders in den letzten Jahren ganz bedeutend. So wurde denn in der neueren Zeit die Heranziehung der Statistik auch zur Lösung technischer Probleme gewagt. Allerdings handelt es sich hierbei zunächst nur um einige sehr vereinzelte Vorstöße[1]), aber man wird mit der Behauptung nicht fehlgehen, daß in einer nicht fernen Zukunft der Statistik ein bevorzugter Platz in der wissenschaftlichen Betriebsforschung zukommen wird. Denn nicht wenige technische Fragen und zahlreiche Probleme der Betriebsüberwachung und Fabrikationskontrolle bilden äußerst dankbare und ausschließliche Anwendungsgebiete statistischer Forschungsmethoden.

2. Die statistischen Methoden besitzen die großen Vorteile, daß sie einmal ihre Ergebnisse in exakten Zahlenwerten liefern, daß ihre

---

Erscheinungen, an die neuere Bose-Einsteinsche und die Fermische Gastheorie und die aus der letzteren hergeleitete Sommerfeldsche Theorie der Elektrizitätsleitung, sowie an die Rolle, welche statistische und wahrscheinlichkeitstheoretische Überlegungen in der neuen Quantenmechanik spielen. Dabei gewinnt neuerdings die Auffassung immer mehr an Ansehen, daß die im großen erwiesenermaßen absolut determiniert ablaufenden Naturvorgänge, daß das in der makroskopischen Welt streng gültige Kausalitätsprinzip, daß die exakten Gesetzmäßigkeiten zwischen Ursachen und Wirkungen bei allem Geschehen ihre gemeinsame Wurzel im Zufall haben, d. h. auf eine selbst für statistische Begriffe enorm große Zahl einzelner ganz zufällig ablaufender Geschehnisse zurückzuführen sind, daß mit anderen Worten in der Welt der Atome, Elektronen und Quanten an Stelle des Gesetzes einer strengen Kausalität für jeden Einzelprozeß die Willkür und Unbestimmtheit des Zufalls tritt, und daß dementsprechend eine rein statistische Betrachtungsweise und der Wahrscheinlichkeitsbegriff die fehlende kausale Gesetzmäßigkeit vertreten müssen.

[1]) Stahl und Eisen, 43. Jhrg., 1923, Heft 14, Dr.-Ing. K. Daeves, »Auswertung statistischer Unterlagen für Betriebsüberwachung und Forschung«. — Berichte der Fachausschüsse des Vereins deutscher Eisenhüttenleute, Werkstoffausschußbericht Nr. 30, 1923, Prof. Dr.-Ing. P. Goerens, »Wissenschaftliche Forschung in der Eisenindustrie«. — Zeitschr. f. techn. Physik VI, 1925, S. 225, H. Plaut, »Über eine neue Methode der Großzahlforschung und ihre Anwendung auf die Betriebskontrolle«. — Technische Mitteilungen 20. Jhrg., 1927, Nr. 14, Dr. Fr. Heinrich, »Moderne Auswertungsverfahren für Betriebsanalysen«.

Bezüglich der Anwendung dieser oder jener statistischer Methode auf bestimmte technische Gebiete kann erwähnt werden: G. Rückle und F. Lubberger, »Der Fernsprechverkehr als Massenerscheinung mit starken Schwankungen«, Berlin 1924. — E. A. Westmann, »Statistical Methods in Keramic Research«, Journal of the American Keramic Society 10, No. 3, 1927, S. 133. — R. Becker, H. Plaut und I. Runge, »Anwendungen der mathematischen Statistik auf Probleme der Massenfabrikation«, Berlin 1927. (Anwendung auf Fragen der Glühbirnenfabrikation).

Nach Abschluß der Niederschrift dieses Buches erschien im VDI-Verlag G. m. b. H., Berlin, eine von Dr. H. C. Plaut herausgegebene Sammlung von 9 Vorträgen, betitelt »Fabrikationskontrolle auf Grund statistischer Methoden«, (Beispiele aus der Elektroindustrie, Glühbirnen, elektrische Maschinen, Telephonie, Dinpassungen, Leistungsstatistik).

Feststellungen mithin quantitativen Charakter tragen, und daß sie zum andern überall dort mit Erfolg zur Anwendung gelangen können, wo Tatsachen, Zustände und Erscheinungen vorliegen, deren Ursachen unbekannt oder derart verwickelt und mannigfaltig sind, daß die irgendwie geartete direkte experimentelle Erforschung durch Studien an einzelnen Objekten aussichtslos oder bis zur Unmöglichkeit schwierig ist. Gerade die komplizierten Fälle, in denen die typischen Forschungsmethoden eines Wissensgebietes versagen, sind es somit, in denen die Statistik einzuspringen und weiterzuhelfen vermag. Und dies macht die statistischen Verfahren ganz besonders wertvoll. Demgemäß wendet man statistische Methoden immer dann mit Vorteil an, wenn es nicht gelingt oder nur sehr schwer oder mit unsicherem Erfolg gelingen würde, von irgendwelchen Erscheinungen die Ursachen und deren Einflüsse auf diese Erscheinungen zu erkennen bzw. im einzelnen zu verfolgen.

Das Zustandekommen bestimmter gerade realisierter Einzelwerte solcher bezüglich ihrer Verursachungen verwickelter Fälle bezeichnet man im gewöhnlichen Leben als Zufall. Ein einzelner Zufall ist stets das Produkt einer großen Menge zusammenwirkender Ursachen, die wir im einzelnen nicht erkennen oder übersehen können; sobald wir aber eine große Anzahl gleichartiger Zufälle in ihrer Gesamtheit betrachten, so verschwindet aus dieser Gesamtheit der Zug des Zufälligen, die verschiedenen Ursachen und einwirkenden Umstände heben sich in ihrem Einfluß auf die Erscheinung oder die Materie, die der Beobachtung unterliegt, auf, und es tritt allein das Charakteristische und Wesentliche der betreffenden Erscheinung, der betreffenden Materie in den Vordergrund. Mit anderen Worten: Eine große Masse von gleichartigen Erscheinungen, deren jede einzelne dem Zufall zuzuschreiben ist, unterliegt und gehorcht ganz bestimmten Gesetzen. Und diese Gesetzmäßigkeiten formuliert die Wahrscheinlichkeitsrechnung, und von diesen Gesetzmäßigkeiten macht die Statistik Gebrauch.

Solchen verwickelten Erscheinungen und Tatsachen der geschilderten Art begegnen wir nun in der Technik auf Schritt und Tritt. Denken wir nur an die große Zahl von Einflüssen, von Umständen und Nebenumständen, denen die Eigenschaften eines Werkstoffs, wie beispielsweise die Festigkeit oder Dehnung eines Tombakdrahtes, unterworfen sind, und vergegenwärtigen wir uns die mannigfachen Variationen, deren die einzelnen Werte einer solchen Eigenschaft fähig sind, so haben wir ein typisches Beispiel eines solchen Falles verwickelter Verursachung, einer Erscheinung, deren irgendwann realisierter Einzelfall in der Regel eben wegen der Undurchblickbarkeit der Zusammenhänge zwischen Ursachen und Erscheinung als Zufall bezeichnet wird. Und eben dieser Zufallscharakter, eben die große Zahl einwirkender Ursachen und Umstände, die irgendeinen Einzelfall bedingen, geben die Möglichkeit, Richtung und Stärke eines einzelnen Einflusses zu berechnen und derart komplizierte Fälle nach den Methoden der Statistik zu behandeln. Und die Erfolge rechtfertigen diesen eingeschlagenen Weg voll und ganz.

3. Den Gegenpol des rein Zufälligen bildet das determinierte Geschehen, dem unbestimmten Wirken des Zufalls steht das Kausalitätsprinzip gegenüber. Zufallsereignisse nennen wir solche Erscheinungen, deren Zusammenhänge mit ihren bedingenden Ursachen uns dunkel sind; kausal verknüpfte, determinierte Vorgänge zeigen dagegen ganz bestimmte und stets dieselben Zusammenhänge zwischen Ursachen und Wirkungen, welche sich in Form exakter Gesetzmäßigkeiten angeben lassen. Befolgt jeder einzelne determinierte Vorgang diese Gesetzmäßigkeiten genau, so ist das Ergebnis eines einzelnen Zufallsereignisses ganz unbestimmt, und erst eine sehr große Zahl solch gleichartiger Zufallsergebnisse folgt gewissen Gesetzmäßigkeiten, zu denen die Wahrscheinlichkeitsrechnung führt. So tritt vor allem an Stelle der exakten Gesetzmäßigkeit determinierter Vorgänge der Begriff der Wahrscheinlichkeit eines Zufallsereignisses.

Haben wir es in der Technik nun mit Zufallserscheinungen zu tun oder aber unterliegen die technischen Verfahren und Vorgänge dem Kausalitätsprinzip? Diese Frage erscheint zunächst als vollkommener Nonsens, denn eine Technik ohne Kausalität ist überhaupt nicht denkbar. Man will es doch nicht dem Zufall überlassen, wohin man kommt, wenn man sich in einen Zug setzt, und man weiß doch, ob eine Ziehmaschine Draht mit 0,05 mm Durchmesser oder Draht mit 0,10 mm Durchmesser bringt! Es ist wohl Zufall, wenn ein Einzelwurf mit einem Würfel die Augenzahl 3 ergibt, aber es ist nie und nimmer Zufall, wenn ein Drahtwebstuhl ein Gewebe der Nummer 65 fabriziert. Die durch den Wurf eines Würfels zu erhaltende Augenzahl, der Lauf der Kugel des Bajazzospiels, das Ergebnis eines Spiels an der Roulette läßt sich nicht im voraus angeben, dagegen ist die Nummer oder die Schußzahl eines auf einem Webstuhl befindlichen Gewebes kein Zufallsergebnis, sondern kausal bedingt durch den Kamm bzw. die Einstellung des Webstuhls. Wir kennen hier eben die Zusammenhänge zwischen Ursachen und Vorbedingungen einerseits und dem Ergebnis anderseits, wogegen wir diese Zusammenhänge bei den Glücksspielen nicht kennen. Verlangt man aber nun von einem Drahtlieferanten Tombakdrähte, deren jeder genau 39 kg/mm² Festigkeit besitzt, oder von einem Glühlampenfabrikanten Birnen, welche alle dieselbe Brenndauer von 1200 Stunden aufweisen, so zeigt es sich, daß es mit der Determination in der Technik doch nicht so ganz befriedigend aussieht. Wohl gibt es Tombakdrähte mit der genannten Festigkeit, und wohl stellt die Glühlampenfabrik auch Birnen mit der genannten Brenndauer her, aber kein Mensch weiß, warum diese Drähte und diese Birnen gerade die erwähnten Daten haben, es ist Zufall, daß sie gerade diese und nicht andere Eigenschaftswerte aufweisen, mit anderen Worten, die Ursachen, welche die genannte Festigkeit oder die erwähnte Brenndauer bedingen, sind derartig mannigfaltig, und ihre Zusammenhänge mit dem Ergebnis sind so kompliziert, daß uns diese Ursachen oder ihre Auswirkungen oder beides zur Zeit wenigstens ganz oder doch zu einem wichtigen Teil unbekannt sind.

Man sieht ein, daß für die Technik dasselbe gilt wie für die Naturvorgänge: Die Physik beweist eine strenge Kausalität für alles makroskopische Geschehen, ein geworfener Stein entschwindet niemals in das Weltall, sondern fällt stets nach bekannten Gesetzen zur Erde zurück; in der Welt der Atome, Elektronen und Quanten dagegen gibt es kein determiniertes Geschehen, es ist ganz unbestimmt, nach welcher Richtung sich ein in einem Gas suspendiertes feines Teilchen bewegen wird, und es ist reiner Zufall, wenn es sich in der Richtung auf den Erdmittelpunkt zu bewegt. Ebenso sind die technischen Prozesse wohl im großen und groben bestimmt, determiniert, in Feinheiten dagegen schaffen wir nur Zufallsprodukte. Wohl gibt man an, daß ein bestimmtes Gewebe pro Zoll 40 Schuß besitzt, mißt man aber das Fabrikat eines bestimmten Webstuhls genau nach, z. B. durch vergrößernde Projektion des Gewebes als Schattenbild auf eine weiße Wand, so wird man finden, daß die Schußzahl vielleicht zwischen 39,4 und 40,7 schwankt. Dasselbe ergibt sich, wenn man die Drähte einer Ziehmaschine, die Nagellängen einer Nagelmaschine oder die Durchmesser von Stahlkugeln einer bestimmten Fabrikationsserie mit demselben Sollwert genau nachmißt. Und vergleicht man Glühbirnen derselben Fabrikationsserie, so kann man wohl eine große Reihe von Birnen finden, welche dieselbe Brenndauer in Wochen aufweisen; es wird schon schwer sein, einige Birnen zu finden, welche dieselbe Anzahl von Tagen brennen, und sucht man gar nach nur zwei Birnen, welche nach Stunden, Minuten oder Sekunden dieselbe Brenndauer besitzen, so kann man schon Tausende, Zehntausende und Hunderttausende »gleicher« Lampen durchprobieren und wird vielleicht noch keine zwei übereinstimmende finden. Gerade das, was sich auf Grund einer deterministischen Auffassung aller Vorgänge und Geschehnisse als das Allereindeutigste ergeben müßte, die Werke der Technik, das Produkt einer exakt arbeitenden Maschine, enthüllt sich bei genauer Prüfung als etwas zufallartig Schwankendes. Denn man wird den Grund, die Ursache für die schwankende Länge der Stifte einer Nagelmaschine oder für die variierenden Durchmesser der Kugeln einer Kugellagerfabrik — sofern es sich nicht um grobe Abweichungen handelt, die vermieden werden können und bei diesen Betrachtungen ausscheiden — nicht angeben können, man muß vielmehr feststellen, es ist Zufall, daß dieser Stift etwas länger als ein anderer ist, daß jene Kugel einen etwas zu geringen Durchmesser besitzt, daß diese Stelle eines Gewebes etwas dichter und jene etwas weniger dicht geschlagen ist als eine dritte Stelle. Der Zufall hat demnach auch in der Technik seine Hand im Spiele, und eben deshalb lohnt es sich und ist es von Vorteil, nicht allein die kausalen Zusammenhänge einer Fabrikation zu kennen, sondern auch die Gesetze des Zufalls, der zufälligen Abweichungen und Schwankungen festzulegen, um von dieser hohen Warte aus den Zufall so weit wie möglich zu meistern, Richtung und Ausmaß seiner Einwirkung zu erkennen und die ihm gebührenden Schranken genau abzustecken.

Man muß sich über zwei Punkte völlig klar werden, um die richtige Einstellung zu dem ganzen vorliegenden Fragenkomplex zu gewinnen. Einmal muß man sich von der Voreingenommenheit befreien, daß Statistik und Zufall einerseits und Gesetzlosigkeit, Ungenauigkeit und Willkür anderseits untrennbar zusammengehören. Man darf lediglich der kausalen Gesetzmäßigkeit die statistische Gesetzmäßigkeit, dem streng determinierten Ereignis das statistische, im einzelnen nicht voll determinierte Geschehen gegenüberstellen. An die Stelle des bestimmten Einzelfalls einer kausalen Betrachtungsweise tritt die nicht minder bestimmte Massenerscheinung des statistischen Geschehens.

Blinder Zufall ist stets nur der Einzelfall, wogegen die Masse sich gesetzmäßig verhält und sich in ihrem Verhalten gewissermaßen determiniert erweist. Wenn beim Wurf eines Würfels bei einer großen Versuchszahl im Durchschnitt auf sechs Würfe die Sechs einmal geworfen wird, so ist die Ursache dieses Ereignisses eben die, daß für einen normalen Würfel jede seiner sechs Seiten im Durchschnitt gleich oft nach oben zu liegen kommt. Für das Einzelereignis einer geworfenen Sechs ist dagegen die Ursache nicht angebbar, es ist blinder Zufall.

Kommt man zur kausalen Gesetzmäßigkeit nur auf Grund exakter Beobachtungen und wiederholter Messungen, so ergeben sich die statistischen Gesetzmäßigkeiten ebenfalls einzig und allein auf Grund nicht weniger scharfer und genauer Einzelbeobachtungen.

Zum anderen muß man sich davor hüten, den Einfluß des Zufalls und den Wirkungsbereich statistischer Betrachtungsweise zu unterschätzen. Der Zufall hat streng genommen seine Hand überall im Spiel, er regiert letzten Endes das Weltgeschehen allein, und voll determinierte Ereignisse gibt es bei genauer Betrachtung überhaupt nicht. Dies erhellt schon daraus, daß eine Reihe von Messungen, beispielsweise über die Lichtgeschwindigkeit, über die Fallgeschwindigkeit im Vakuum oder über das spezifische Gewicht von Kupfer, zu einer Reihe verschiedener Zahlen führt. Aus diesen bildet man im allgemeinen den Mittelwert und betrachtet diesen dann als den wahren, wirklichen Wert der beobachteten Größe. Es kann also auch in diesen Fällen höchstens behauptet werden, daß dieser Mittelwert determiniert sei, wogegen das Ergebnis einer Einzelmessung nie streng determiniert ist.

Im Makroskopischen zeigt sich oftmals eine strenge Kausalität, wie etwa bezüglich der Bewegung der Himmelskörper, die im kleinen, so z. B. für Atome und Elektronen, nicht mehr gilt. Die Betrachtung des Großen ist eben bereits ein Studium einer Massenerscheinung und führt direkt zum Mittelwert als dem wahren Wert einer beobachteten Eigenschaft. Ebenso kommt man bei einer nur groben Betrachtung der Dinge und Ereignisse, auf Grund grober Messungen in vielen Fällen zu einer kausalen Gesetzmäßigkeit, die aber bei verfeinerter Beobachtung, bei größerer Meßgenauigkeit, bei der Heranziehung einer größeren Zahl von Dezimalstellen einer statistischen Betrachtungsweise Platz machen muß. Der Unterschied zwischen Determinismus und Statistik liegt somit oftmals nur in der Größenordnung der betrachteten Dinge oder in der Größenordnung der Betrachtung, der Messung. Eine scheinbare Kausalität ergibt sich als Folge einer groben Betrachtungsweise immer dann, wenn die Schwankungen der Einzelereignisse kleiner sind als die Ungenauigkeit der Betrachtungsweise. Endlich kann Kausalität auch durch eine äußerst große Wahrscheinlichkeit eines statistischen Ereignisses vorgetäuscht werden, als deren Folge der betrachtete Ausschnitt des Geschehens, die beobachtete Anzahl von Einzelfällen eben viel zu klein ist. Wenn man bei 100 Würfen mit je 12 Würfeln keinen Wurf feststellt, bei dem alle 12 Würfel die Sechs zeigen, so wird man daraus nicht das Gesetz ableiten dürfen, daß man mit 12 Würfeln stets andere Augenzahlenkombinationen werfe wie 12×6!

In der Technik sind nun alle Dinge und Vorgänge determiniert, solange wir die technischen Ereignisse makroskopisch, die technischen Verfahren unter nicht allzustarker Vergrößerung betrachten. Es kommt nie vor, daß ein mit einem 70er-Kamm gefertigtes Metalltuch pro Zoll 80 Kettenfäden ausweist, und ein weich geglühtes Molybdänblech von 0,10 mm Stärke hat, auf dem Erichsenapparat überprüft, immer eine Tiefung von einem Zoll, nie von 2 oder 3 Zoll. Sobald man aber die Gebiete der Massenfabrikation ins Auge faßt, und sobald man die Beobachtung verfeinert, die Messungen auf mehrere Dezimalstellen erstreckt, verschwindet der Determinismus vollständig aus der Technik. Schon das einzelne Messungsergebnis ist in keinem Fall etwas Determiniertes, denn wiederholte genaue Messungen einer bestimmten Größe führen schon zu verschiedenen Ergebnissen. Überdies ist das technische Geschehen als solches, sind die Produkte der Technik selbst Zufallsergebnisse in dem hier festgelegten Sinne. Das einzelne Messungsergebnis, ein einzelnes Produkt, der besondere einmalige Ablauf eines Einzelprozesses ist nie voll determiniert, ist unbestimmt, ist blinder Zufall. Die Gesamtheit gewisser Messungsergebnisse, die Masse gleicher Fabrikationsprodukte, die Vielheit bestimmter Prozesse ist dagegen determiniert und kann sehr wohl nach Gesetzmäßigkeiten der Verknüpfung von Ursache und Wirkung gewertet werden. Das statistische Element steckt also wie überall so auch in der Technik, teils ist es bereits in den technischen Dingen und Verfahren selbst enthalten, teils wird es durch die Kontroll-, Beobachtungs- und Meßvorgänge hineingetragen. Immer hat man es in der Technik mit statistischem Geschehen und nicht mit im einzelnen streng determinierten Ereignissen zu tun. Die Technik unterliegt den Gesetzen für Massenerscheinungen und muß gemäß diesen Gesetzen betrachtet und gewertet werden[1]).

4. Es ist Zufall, wenn man mit einem Würfel beim ersten Wurf 6 Augen wirft. In Wirklichkeit hängt die geworfene Augenzahl von der Lage des Würfels im Augenblick des Abwerfens, von der Wurfrichtung und der Länge der Bahn bis zum Auffallen, von der Wucht und Drehung, die der Würfel beim Wurf erhält, von dem Winkel, unter dem der Würfel auffällt, und von noch anderen Umständen und Einflüssen ab, so daß unter den bei einem Wurf obwaltenden Umständen überhaupt keine andere Augenzahl erscheinen kann wie die tatsächlich geworfene. Trotzdem reden wir aber von Zufall, wenn irgendein bestimmter einzelner Wurf 6 Augen ergibt, weil eben die Zusammenhänge zwischen den Ursachen der Würfellage nach einem Wurf und dieser Lage derart kompliziert sind und die Zahl der hereinspielenden Ursachen und Einflüsse derart groß ist, daß wir die Ursachen und ihre Zusammenhänge mit dem Wurfergebnis nicht zu überblicken vermögen. Ebenso ist es nun auch Zufall, wenn eine aus einer Sendung Tombakdraht entnommene Drahtprobe 40% Dehnung aufweist. Auch in diesem Falle sind die Ursachen, wie genaue Legierung des Materials, Schmelztemperatur, Gießtemperatur, Art der Ausarbeitung zu Draht, Temperatur, Zahl und Dauer der Zwischenglühungen u. dgl. m. derart mannigfaltig und ihre Zusammenhänge mit dem Endergebnis derart verwickelt, daß uns diese Zusammenhänge zunächst noch wenigstens unbekannt sind. Deshalb sprechen wir auch mit vollem Recht von Zufall, wenn ein beliebig ausgewählter Drahtring eine Dehnung von 40% aufweist. Aus demselben Grunde lassen sich aber auch zwecks Erforschung der Dehnungsverhältnisse von Tombakdrähten genau dieselben Verfahren der Wahrscheinlichkeits- und Großzahlrechnung heranziehen, die uns über die Gesetzmäßigkeiten beim Würfeln orientieren.

Wirft man gleichzeitig mit 12 Würfeln, so können zwar alle Würfel z. B. andere Augenzahlen wie 6 zeigen, aber es ist doch schon ziemlich sicher, daß der eine oder andere Würfel oder auch deren mehrere mit 6 Augen nach oben zu liegen kommen. Ganz entsprechender Weise werden Dehnungsbestimmungen mit Drahtproben von z. B. 20 Ringen Tombakdraht sehr wahrscheinlich auch die eine oder andere Probe mit 40% Dehnung ergeben.

---

[1]) Vgl. hierzu z. B. P. Jordan, »Kausalität und Statistik in der modernen Physik«, Die Naturwissenschaften, Jhrg. 15, 1927, S. 105, Heft 5. — E. Schrödinger, »Was ist ein Naturgesetz?«, Die Naturwissenschaften, Jhrg. 17, 1929, S. 9, Heft 1. — R. v. Mises, »Über kausale und statistische Gesetzmäßigkeit in der Physik«, Die Naturwissenschaften, Jhrg. 18, 1930, S. 145, Heft 7.

Im Falle des Würfelns läßt sich nun die geworfene Anzahl einer bestimmten Augenzahl bei vielen Versuchen auf Grund logischer Überlegungen angeben. Bei vielen Versuchen heben sich nämlich die verschiedenen zum Teil aufgezählten variablen Einflüsse, wie Wucht des Wurfs, Drehung des Würfels, Auffallrichtung usw. heraus oder doch nahezu heraus, weil mit steigender Zahl der ausgeführten Versuche die Verhältnisse derart wechseln, daß sie ein bestimmtes Ereignis, wie den Wurf von 6 Augen, soundso oft begünstigen und soundso oft vereiteln, so daß die Gesamtzahl aller Fälle das Charakteristische und Wesentliche der Erscheinung mit wachsender Zahl der Einzelfälle immer deutlicher zum Ausdruck bringt. Dieses Charakteristische der vorliegenden Erscheinung besteht aber darin, daß jede Augenzahl gleich oft geworfen wird. Dies ist eine Folgerung logischer Überlegungen, die durch den Versuch bestätigt wird.

Würfelt man nämlich mit einem Würfel, so sind 6 und nur 6 Möglichkeiten gegeben, den 6 verschiedenen Augenzahlen, die geworfen werden können, entsprechend. Dabei sind alle 6 Fälle gleich möglich, haben alle 6 Möglichkeiten gleiche Chancen. Es ist somit die Wahrscheinlichkeit, irgendeine bestimmte Augenzahl zu würfeln, gleich $^1/_6$. Bei 2 Würfen oder einem Versuch mit 2 Würfeln ist die Wahrscheinlichkeit, eine bestimmte Augenzahl, also z. B. die 6, zu werfen, schon $^2/_6$ oder $1/3$ usf. Bei 6 Würfen hat daher die Wahrscheinlichkeit, z. B. die Augenzahl 6 zu werfen, den Wert $^6/_6 = 1$. Dies besagt, daß logischerweise bei 6 Würfen einer zu erwarten ist, bei dem 6 Augen oben liegen. Allerdings spielt bei dieser geringen Zahl von Würfen das Zufällige der Erscheinung noch viel zu viel mit, es hebt sich noch nicht heraus, sondern äußert sich in Gestalt von Störungen der logisch erschlossenen Verteilung, so daß man oftmals bei 6 Würfen überhaupt keine 6 oder auch mehrere 6 werfen kann. Würfelt man aber 6000 mal, so ist theoretisch zu erwarten, daß $6000 \times {^1/_6} = 1000$ mal die Augenzahl 6 geworfen wird, und der Versuch ergibt tatsächlich allerdings nicht genau die Anzahl 1000, aber eine Anzahl, die von diesem theoretischen Wert nur mehr wenig abweicht. Bei 60000 Würfen ist die relative Abweichung der gezählten Würfe der Augenzahl 6 von 10000 noch wesentlich geringer, so daß also bei einer sehr großen Zahl von Würfen im Durchschnitt auf 6 Würfe eine 6 kommt, so daß die durchschnittliche oder mittlere Wahrscheinlichkeit, bei einem Versuch 6 Augen zu werfen, tatsächlich nach dem Experiment in Übereinstimmung mit der theoretischen Erwartung $^1/_6$ ist.

Im Falle der Dehnungen von Tombakdrähten lassen sich nun zwar keine logischen Überlegungen ähnlicher Art wie über das Würfeln anstellen. Aber die Übereinstimmung zwischen den theoretischen Erwartungen, falls wir solche hegen könnten, und dem tatsächlichen Ergebnis der Versuche läßt sich auf Grund der Ähnlichkeit der beiden

Materien mit Bestimmtheit annehmen, so daß man behaupten kann, daß sich bei einer großen Zahl von Dehnungsbestimmungen die zufälligen Einflüsse und die durch sie in den Einzelfällen bewirkten Störungen herausheben, und daß im Mittel die charakteristische Dehnung des Materials erscheint. Auch läßt sich aus der Anzahl der Ringe, die z. B. die Dehnung 40% aufweisen, durch Division dieser Anzahl durch die Gesamtzahl der untersuchten Ringe die Wahrscheinlichkeit dieses speziellen Dehnungswertes ermitteln. Wiederholte Versuchsreihen mit einer genügend großen Anzahl einzelner Versuche führen dann (innerhalb gewisser kleiner Grenzen) stets zu demselben Wert, genau wie beim Würfeln.

Voraussetzung dafür, daß bei 60000 Würfen mit einem Würfel rd. 10000 mal 6 Augen geworfen werden und weder mehr noch weniger, ist, daß gewisse als selbstverständlich stillschweigend gemachte Voraussetzungen erfüllt sind. Es darf also z. B. der Schwerpunkt des zu den Versuchen verwendeten Würfels nicht außerhalb des Würfelzentrums liegen, da andernfalls je nach der Schwerpunktslage das Eintreten eines bestimmten Ereignisses, also der Wurf einer bestimmten Augenzahl, bevorzugt bzw. benachteiligt wird, so daß bestimmte Augenzahlen häufiger und andere Augenzahlen seltener in Erscheinung treten würden, als theoretisch zu erwarten wäre. Ebenso dürfen die für die Versuche zwecks Beurteilung der Dehnungsverhältnisse von Tombakdrähten verwendeten Ringe beispielsweise nicht überglüht sein, da in diesem Falle das Auftreten niederer Dehnungswerte begünstigt würde.

Wird die Zahl der das Eintreffen eines Ereignisses bedeutenden Möglichkeiten im Vergleich zu der Gesamtzahl der möglichen Fälle größer, so wird auch die Wahrscheinlichkeit des Eintreffens des Ereignisses größer. Soll man z. B. mit einem Würfel eine gerade Augenzahl werfen, so stehen die drei Möglichkeiten des Wurfs der Augenzahlen 2, 4 oder 6 als zutreffende Fälle der Gesamtzahl aller Möglichkeiten gegenüber, und die Wahrscheinlichkeit des Eintreffens des Ereignisses, also des Werfens einer geraden Augenzahl, ist somit $^3/_6 = ^1/_2$. Ebenso ist die Wahrscheinlichkeit, beim Werfen einer Münze Wappen zu werfen, gleich $^1/_2$. Ganz entsprechend ist nun aber auch die Wahrscheinlichkeit, aus einer Sendung Tombakdraht einen Ring mit 37—41% Dehnung in die Hand zu bekommen, größer als die Wahrscheinlichkeit des Herausgreifens eines Ringes mit genau 40% Dehnung.

Zieht man aus einer Urne mit 50 Losen, welche die Nummern 1 bis 50 tragen, ein Los, so ist es zwar nicht ausgeschlossen, aber doch sehr unwahrscheinlich, daß dieses eine gezogene Los die Nummer 22 trägt. Logischerweise ist die Wahrscheinlichkeit des Eintreffens dieses Ereignisses nur $^1/_{50}$. Dagegen ist die Wahrscheinlichkeit dafür, ein Los mit einer geraden Nummer zu ziehen, schon groß, nämlich gleich $^1/_2$, entsprechend den beiden überhaupt nur möglichen Fällen: gerade oder ungerade, und stellt man gar die Forderung, irgendeine Nummer, nur nicht die Nummer 22, zu ziehen, so ist das Eintreffen dieses Ereignisses nahezu gewiß, da seine Wahrscheinlichkeit $^{49}/_{50}$ beträgt, gemäß der Tatsache, daß unter den 50 im ganzen möglichen Fällen 49 sind, welche das Eintreffen des Ereignisses bedeuten. Dieselben Verhältnisse zeigt die uns hier interessierende Materie: Ein Griff in eine Sendung von 20 t Phosphorbronzedraht mit 0,80 mm Durchmesser wird kaum einen Ring treffen, der eine Festigkeit von 41,1 kg/mm² besitzt; die Wahrscheinlichkeit des Eintreffens dieses Ereignisses ist äußerst gering. Dagegen ist die Wahrscheinlichkeit, einen Ring, der eine Festigkeit zwischen 39 und 41 kg/mm² aufweist, herauszugreifen, schon ziemlich groß, und wenn man gar erwartet, zufällig einen Ring in die Hand zu bekommen, der irgendeinen Festigkeitswert, nur nicht die Zahl 41,1 kg/mm² besitzt, so ist dieses Zutreffen zwar nicht ganz bestimmt zu erwarten, aber doch nahezu sicher. Man sieht, die Verhältnisse liegen äußerst ähnlich denen beim Würfeln oder bei einer Urnenziehung.

Man kann mit verschiedenen Würfeln folgenden Versuch machen: Man würfelt gleichzeitig beispielsweise mit 12 Würfeln und führt solche Dutzend-Würfe einige tausendmal aus. Man zählt nach jedem Wurf, wie viele der 12 Würfel eine gerade Augenzahl zeigen. Es können nun alle Würfel ungerade Augenzahlen oben liegen haben, es kann 1 Würfel eine gerade Augenzahl zeigen, es kann dies bei 2 Würfeln der Fall sein usf. bis im Falle eines besonders »glücklichen« Wurfs alle 12 Würfel gerade Augenzahlen zeigen können. Die Zahl der zutreffenden Fälle beträgt pro Würfel 3, so daß die Wahrscheinlichkeit, mit einem Würfel eine gerade Augenzahl zu werfen, $^3/_6 = ^1/_2$ ist. Mit 12 Würfeln wird man daher im Mittel aus einer großen Zahl von Versuchen $12 \times ½ = 6$ gerade Augenzahlen werfen. Man wird aber nicht bei jedem Wurf sechs gerade Augenzahlen werfen, es wird vielmehr auch Würfe geben, die mehr oder weniger gerade Augenzahlen ergeben. Diese Verteilung läßt sich theoretisch berechnen und durch den Versuch jederzeit experimentell feststellen. Es ergibt sich, daß am häufigsten der Fall eintritt, bei dem genau 6 Würfel gerade Augenzahlen zeigen. Nach der theoretischen Berechnung tritt dieser Fall bei 6500 Versuchen 1466 mal ein, und der praktische Versuch liefert eine von dieser Zahl nur wenig abweichende Zahl, wovon sich jedermann jederzeit durch die Ausführung dieses einfachen Versuches selbst überzeugen kann. Fälle, in denen nur 5 Würfel, oder in denen 7 Würfel gerade Augenzahlen aufweisen, treten (theoretisch genau, im Experiment angenähert) gleich oft auf; sie sind mit einer theoretischen Häufigkeit von je 1257 seltener als die Würfe mit 6 geraden Augenzahlen, treten aber trotzdem noch recht oft auf. Dagegen zählt man Würfe mit 4 oder 8 geraden Augenzahlen, die wieder gleich oft auftreten, nur noch wenig häufiger als ein halbmal so oft wie 6 gerade Augenzahlen, und in steigendem Maße noch seltener treten die

Fälle ein, daß 3 oder 9, 2 oder 10, 1 oder 11 gerade Augenzahlen gleichzeitig erscheinen. Endlich sind die Ausnahmefälle, daß alle 12 Würfel ungerade oder gerade Augenzahlen zeigen, bei 6500 Versuchen theoretisch nur noch zweimal zu erwarten. Man findet also eine Verteilung derart, daß es einen bevorzugten Wert gibt, den Wurf von 6 geraden Augenzahlen, der am häufigsten auftritt; die benachbarten Werte zeigen sich ebenfalls noch häufig, wenn auch nicht so oft wie der häufigste Fall. Aber mit zunehmender Abweichung von dem häufigsten Wert treten auch die betreffenden Werte immer seltener auf. So liegen die Verhältnisse bei einer rein zufälligen Verteilung. Treten daher bei einer solchen Versuchsreihe erhebliche Abweichungen von der theoretisch zu erwartenden Verteilung auf, so kann man hieraus mit Sicherheit schließen, daß dem Zufall irgendwie »ins Handwerk gepfuscht« wurde, daß störende Einflüsse bei den Versuchen mitgespielt haben. So wird das Ergebnis des Versuchs schon deshalb immer kleinere Abweichungen von der idealen, berechneten Verteilung ergeben, weil es z. B. schwerlich gelingen wird, 12 Würfel zu finden, die genau gleich sind.

Ganz entsprechende Verhältnisse wie bei den Zufallsergebnissen des Würfelns finden sich nun wieder, wenn wir bei dem Vergleichsbeispiel der Dehnungen oder Festigkeitswerte von Drähten bleiben. Es wird sich immer ein bestimmter Wert für die Dehnung von Tombakdrähten z. B. ergeben, der sich am häufigsten von allen an einer größeren Partie von Ringen festzustellenden Dehnungswerten zeigt. Dehnungswerte, die nur wenig von dem häufigsten Wert abweichen, kommen in bezug auf die Häufigkeit ihres Auftretens an zweiter Stelle, und je weiter ein Dehnungswert nach oben oder unten von dem häufigsten Wert abweicht, um so seltener tritt im allgemeinen ein solcher Dehnungswert auf. Die Dehnungswerte zeigen also in voller Übereinstimmung mit den geworfenen Augenzahlen eine Häufungsstelle und nach beiden Seiten ein Abfallen ihrer Häufigkeit. Erhält man beim Würfeln eine normale Verteilung nur dann, wenn bis zu einem gewissen praktisch möglichen Grade die verwendeten Würfel gleich beschaffen sind und ihren Schwerpunkt in dem Würfelmittelpunkt haben, so kann auch die Verteilung der Dehnungswerte von Tombakdrähten gestört werden, wenn z. B. Legierungen mit 72% Kupfer und solche mit 75% Kupfer durcheinander untersucht werden. Wir konstatieren somit auch bezüglich der Verteilung bestimmter Werte eines Merkmals ein prinzipiell völlig gleiches Verhalten einer rein technischen Materie und einer ausgesprochenen Zufallsreihe.

Bei der Versuchsanordnung des Galtonschen Brettes, das durch seine Verwendung für ein Glücksspiel im Bajazzo-Apparat bekannt ist, fällt eine Stahlkugel durch mehrere Reihen gegeneinander versetzter Stifte. Läßt man bei mehreren Versuchen die Kugel unter denselben Bedingungen auf denselben Stift der obersten Stiftreihe auffallen, so nimmt die Kugel doch jedesmal wieder einen anderen Weg durch die Reihe der Stifte. Trotzdem ist die Häufigkeit, mit der die Kugel zwischen zwei bestimmten Stiften aus der untersten Stiftreihe austritt, bei einer großen Versuchszahl determiniert, d. h. sie läßt sich im voraus berechnen und angeben, und sie ergibt sich bei mehreren Versuchsreihen mit je einer großen Zahl von Einzelversuchen als gleich und als übereinstimmend mit der Voraussage. Dagegen läßt sich für einen Einzelfall der Weg der Kugel im voraus niemals angeben, man kann nicht einmal im voraus feststellen, nach welcher Seite die Kugel beim Auftreffen auf einen bestimmten Stift weitergehen wird. Wenn auch letzten Endes die Entscheidung hierüber durch eine geringste stellenweise Abplattung des Stiftes oder der Kugel selbst, durch eine minimalste Verbiegung des Stiftes, durch einen nicht spürbaren Lufthauch, durch eine elastische Nachwirkung im Stift oder in der Kugel, durch eine nicht wahrnehmbare Erschütterung od. dgl. m. herbeigeführt wird, so ist die Mannigfaltigkeit dieser Ursachen doch so groß und ihre Einwirkung auf das Endergebnis derart unübersichtlich und unkontrollierbar, daß wir konstatieren, es ist Zufall, wenn die Kugel nach der linken Seite abbiegt. Trotzdem läßt sich für jedes Stiftepaar der untersten Stiftreihe des Brettes bei gegebener Anordnung der Stifte im voraus festlegen, wie oft die Kugel durch dieses Stiftpaar rollt, wenn man eine genügend große Anzahl von Versuchen durchführt. Bei einer derart großen Versuchszahl kommt es nämlich zu einer Ausgleichung all der Zufälligkeiten, die im Einzelfall die Kugel bald nach links ablenken, bald die Ursache ihrer Rechtsabweichung sind. Die Zufälligkeiten heben sich heraus, und es ergibt sich klar das Charakteristische der Erscheinung, daß die Kugel gleich oft nach beiden Seiten, oder doppelt so oft nach der linken Seite oder fünfmal so oft nach der rechten Seite abgelenkt wird als Folge der gegenseitigen Anordnung der Stifte. Im Endeffekt kommt diese feste gegenseitige Anordnung der Stifte durch ebenso determinierte Häufigkeiten zum Ausdruck, mit denen die Kugel bei großer Versuchszahl die verschiedenen Austrittsfelder zwischen den verschiedenen Stiftepaaren der untersten Stiftreihe passiert. Diese Verteilung ist der Stiftanordnung charakteristisch, und sie wird allein durch diese Anordnung bestimmt, und sie ist im wesentlichen wieder derart, daß die Kugel am häufigsten ein mittleres Austrittsfeld passiert, und daß die nach beiden Seiten sich anschließenden Austrittsfelder mit zunehmender Entfernung von dem bevorzugten Austrittsfeld immer seltener passiert werden[1]).

Ganz entsprechende Verhältnisse finden sich nun wieder bei irgendwelchen technischen Materien. Es sei an Stelle der diskutierten Zufallsmaterie die Qualität von Molybdänblechen in 0,10 mm Stärke, so wie sie durch die Tiefungsprüfung festgelegt wird, gewählt. Statt der verschie-

---

[1]) Vgl. z. B. Plaut, »Fabrikationskontrolle«, 1930.

denen Austrittsmöglichkeiten der Kugel hat man nun verschiedene Tiefungswerte. Prüfungen mit einer kleinen Zahl von Blechen derselben Fabrikationsserie führen zu verschiedenen Tiefungswerten, entsprechend den verschiedenen Wegen der Kugel bei einigen Versuchen mit dem Galtonschen Brett. Trotzdem ist aber die Häufigkeit, mit der man einen bestimmten Tiefungswert in einer größeren Versuchsreihe feststellt, immer dieselbe, wie viele solcher Versuchsreihen man auch ausführt, entsprechend der konstanten Häufigkeit, mit der die Kugel am Galtonschen Brett bei mehreren größeren Versuchsserien ein bestimmtes Austrittsfeld passiert. Dagegen läßt sich für eine einzelne Blechprobe niemals im voraus die zu erwartende Tiefung angeben, trotzdem der bestimmte Tiefungswert einer Blechprobe in der ganzen Fabrikationsgeschichte dieser Probe begründet liegt. Aber die Mannigfaltigkeit der die Tiefung bestimmenden Ursachen ist derart groß, und ihre Zusammenhänge mit der Blechqualität sind derart kompliziert, daß wir die Ursachen und ihre Auswirkungen nicht klar erkennen und feststellen können. Es ist Zufall, wenn die Qualität einer einzelnen Blechprobe durch die Tiefung 2,7 mm charakterisiert wird. Bei einer großen Anzahl von Blechproben heben sich aber wieder die schwankenden Zufälligkeiten in der Fabrikation heraus, und es ergibt sich das Charakteristische der vorliegenden Materie, daß also z. B. die Tiefung 2,7 mm am häufigsten festgestellt wird, daß Tiefungswerte von 2,6 mm oder von 2,8 mm seltener auftreten, daß eine Tiefung von 2,5 mm oder von 2,9 mm noch seltener konstatiert wird, und daß gar noch geringere oder noch höhere Tiefungswerte zu den größten Seltenheiten gehören. Man errechnet speziell einen bestimmten Mittelwert der Tiefung, den man für größere Versuchsreihen immer wieder konstatiert, solange an der Fabrikation nichts geändert wird, wie man für den Versuch am Galtonschen Brett eine mittlere Feldnummer für die durchschnittliche Austrittsstelle der Kugel errechnen kann, die man bei wiederholt durchgeführten Versuchsserien immer wieder konstatiert, solange das verwendete Galtonsche Brett dieselbe Anordnung der Stifte zeigt. Ändert man die Anordnung der Stifte, so ändert sich auch die Nummer des durchschnittlichen Austrittsfeldes der Kugel, ändert sich das häufigste Austrittsfeld, ändert sich die ganze Verteilung. Ändert man anderseits bei der Molybdänblechfabrikation die Temperatur der Schlußglühung, so erhält man auch hier andere Mittelwerte, andere häufigste Werte und andere Verteilungen der Tiefungswerte. In jedem Fall kann der Fabrikant aber nur angeben, daß seine Bleche diese oder jene mittlere Tiefung aufweisen, er kann aber nie im einzelnen Fall im voraus für eine Tiefung garantieren, so wenig die Austrittsstelle der Kugel des Galtonschen Brettes für einen einzelnen Versuch im voraus anzugeben ist.

Diese Vergleiche und Hinweise mögen genügen, um darzutun, daß die Methoden, die bei anerkanntermaßen reinen Zufallserscheinungen die

Behandlung dieser Materien erlauben, auch für technische Ereignisse und Fragen mit Erfolg herangezogen werden können, daß die Ergebnisse der Großzahlforschung, die Ergebnisse der Wahrscheinlichkeitsrechnung, daß statistische Untersuchungsmethoden, deren Beziehungen zur Wahrscheinlichkeitsrechnung in dem Charakter des Zufälligen der zu behandelnden Materien beruhen, wichtige Hilfsmittel auf dem Gebiete der Technik in vielen Fällen sein können.

II. Abschnitt.

Allgemeines über Statistik.

5. Unter Statistik versteht man das planmäßige Sammeln und Ordnen von zahlenmäßig festgelegten Tatsachen und die Auswertung dieses geordneten Zahlenmaterials nach mathematischen Methoden, um Vergleiche bilden und bestimmte Schlüsse über das Verhalten der untersuchten Materie ziehen zu können, um Einblicke in Art, Ablauf, Ursachen u. dgl. eines Erscheinungsgebietes zu bekommen, die in der Regel auf anderem Wege nicht zu erhalten sind. Wer Statistik treibt, muß zunächst also Zahlenwerte über bestimmte Erscheinungen, Zustände oder Tatsachen sammeln bzw. vielleicht auch noch zuerst experimentell ermitteln; er muß zweitens in das Chaos der erhaltenen Zahlenwerte nach einfachen Prinzipien Ordnung bringen. Es folgt die je nach der Problemstellung geeignete mathematische Auswertung und endlich das Vergleichen und das Ziehen von Schlußfolgerungen aus den erhaltenen Resultaten.

6. Es gibt zwei Arten von statistischen Erhebungen. In einem Fall ist eine Eigenschaft oder ein Merkmal entweder vorhanden oder nicht vorhanden. Das Verfahren ist in solchen Fällen ein rein abzählendes. Es ist hierbei belanglos, ob es sich nur um qualitative Eigenschaften oder um quantitativ festgelegte Merkmale handelt. Einfache Beispiele für solche Fälle bilden die folgenden Fragen: Wieviel von 100 Spulen Feinnickeldraht zeigen eine Dehnung über 20% und wieviel eine solche unter 20%?, oder wieviel Ziehmaschinen eines Betriebes sind zu bestimmten Zeiten täglich im Betrieb und wieviel Maschinen stehen zufällig? All diese Fragen erfordern letzten Endes ein einfaches Abzählen von Spulen oder Maschinen, und in all diesen Fällen gibt es nur zwei Möglichkeiten, Vorkommen oder Fehlen einer Eigenschaft, gibt es nur die beiden Alternativen Vorhandensein eines Merkmals oder seines Gegensatzes. Man spricht daher in solchen offenbar besonders einfachen Fällen von alternativer Veränderlichkeit eines Merkmals.

In allen anderen nicht ganz so einfachen Fällen handelt es sich um die zahlenmäßige Bestimmung des Grades einer veränderlichen Eigenschaft, und es zählen hierher Fragen wie die besonders einfachen nach der durchschnittlichen Festigkeit einer Sendung Bronzedraht oder nach der mittleren Tourenzahl eines Maschinenparks. Jetzt hat in jedem Falle zunächst eine genaue experimentelle Messung und damit die quantitative Ermittlung und Festlegung des Wertes eines veränderlichen Merkmals wie Festigkeit oder Geschwindigkeit zu erfolgen, und die rechnerische Auswertung des gefundenen Zahlenmaterials ist nicht durch ein einfaches Abzählen zu erledigen.

7. Objekte oder Erscheinungen, die nach statistischen Methoden verglichen werden sollen, müssen einen gewissen Grad von Gleichartigkeit besitzen. Das zu vergleichende Material muß in einer kleineren oder größeren Zahl von Eigenschaften übereinstimmen. An einem sehr krassen Beispiel verdeutlicht heißt dies, man darf nicht die Festigkeit von Kupferwalzdraht beispielsweise mit der Dehnung von Nickelfeindrähten mit 0,04 mm Durchmesser in Beziehung setzen. So etwas versteht sich von selbst, soll aber trotzdem besonders betont werden, da es Fälle gibt, in denen die zu fordernde Gleichartigkeit sehr weit gehen kann. Der Grad der zu fordernden Gleichartigkeit muß der Fragestellung, dem Zweck der statistischen Untersuchung angepaßt sein.

8. Eine Zusammenfassung mehr oder weniger gleichartiger Erscheinungen oder Objekte zwecks statistischer Bearbeitung heißt Sammelgegenstand oder Kollektiv. Die Anzahl der einzelnen Glieder eines Kollektivs nennt man den Umfang des Kollektivs. Es ist eine allgemein bekannte Erfahrungstatsache, daß die Sicherheit eines statistisch ermittelten Wertes um so größer ist, je größer die Anzahl der Einzelglieder, je größer also der Umfang des Kollektivs ist. Trotzdem wird in der Praxis meist über diesen wichtigen Grundsatz der Statistik besonders in dem häufigsten und geläufigsten Fall einer statistischen Ermittlung, nämlich der Mittelwertsbildung, mit unangebrachter »Großzügigkeit« hinweggegangen. Der ganz genaue, die wirklichen Verhältnisse einer Materie exakt wiedergebende Wert irgendeiner statistischen Erhebung könnte nur durch eine Untersuchung und Auswertung aller Einzelfälle der betreffenden Materie erhalten werden. Da eine derart vollständige Untersuchung in der Regel aber unmöglich sein wird, muß man sich darauf beschränken, wenigstens einen möglichst großen Ausschnitt aus der zu untersuchenden Materie zu behandeln.

9. Unter einem Kollektiv versteht man also ganz allgemein eine Vielheit von Dingen, eine Gesamtheit von Beobachtungen oder Erscheinungen, die in bestimmten Merkmalen übereinstimmen und als gleichartig betrachtet werden können, neben diesen konstanten aber auch noch veränderliche Merkmale besitzen, auf deren eines oder auch deren mehrere sich die Beobachtung richtet. Ein Kollektiv bilden somit z. B. eine Folge von Würfen mit einem Würfel, wobei die geworfene Augenzahl das veränderliche Merkmal bildet, eine Spielserie mit dem Bajazzospiel

mit den festzustellenden verschiedenen Austrittsfeldern der durch die Stiftreihe fallenden Kugel, die Masse der Versicherten, deren Sterbealter festgehalten wurde, die Serie von Drahtringen, deren Festigkeit man bestimmte usw.

Eine weitere Forderung an ein statistisch zu erfassendes Kollektiv ist die der Regellosigkeit der einzelnen Glieder innerhalb des Kollektivs[1]). Geht man auf einer Landstraße eine Reihe von Kilometern ab und stellt dabei Beobachtungen über die Marksteine an, indem man die Anzahl dieser Steine abzählt und feststellt, ob jedesmal ein kleiner Stein (100-m-Stein) oder ein großer Stein (km-Stein) beobachtet wird, so ergibt diese Beobachtungsreihe kein Kollektiv. Man hat hier vielmehr ein System mit determinierten Zusammenhängen vor sich, man weiß bereits im voraus, daß stets auf neun kleine Steine ein großer Stein folgt. Eine statistische Auswertung kommt demnach auch überhaupt nicht in Frage. Der Vergleich mit einem Glücksspiel ergibt evident den Unterschied zwischen der erwähnten Beobachtungsreihe und einem Kollektiv. Zieht man aus einer Urne, welche auf neun weiße Kugeln eine schwarze Kugel enthält, unter jedesmaligem Zurücklegen der gezogenen Kugel in die Urne und erneutem Durchmischen des Urneninhalts, so wird man allerdings im Durchschnitt aus einer großen Zahl solcher Ziehungen neunmal so viel weiße Kugeln ziehen als man schwarze Kugeln zieht, aber die Reihenfolge der gezogenen Farben ist eine ganz regellose. In dem Beispiel der Marksteine kann man mit absoluter Sicherheit wetten, daß jeder 10. Stein ein großer sein wird, in dem Falle der Urnenziehung ist eine derartige Regelmäßigkeit nicht zu erwarten und niemals zu verzeichnen. Sondert man aus der Reihe der Beobachtungen über die Marksteine jeden 10. Stein aus, so erhält man eine Reihe von nur großen Steinen, sondert man aber aus den Ergebnissen der Urnenziehung jedes 10. Ergebnis aus, so erhält man wieder eine regellose Reihe, in der durchschnittlich auf neun weiße Kugeln eine schwarze Kugel kommt, wobei wieder der Wechsel zwischen weiß und schwarz ein ganz ungesetzmäßiger, zufälliger ist. Man nennt die ausgesonderte Reihe Teilkollektiv.

Das Prinzip der Regellosigkeit eines Kollektivs führt in seiner Anwendung auf Glücksspiele zu dem Postulat vom ausgeschlossenen Spielsystem. Dasselbe drückt aus, daß es unmöglich ist, die Gewinnchance bei einem Spiel dadurch zu erhöhen, daß man nur bestimmte Kollektivglieder berücksichtigt, daß man also z. B. an der Roulette immer nur nach Schwarz auf Rot setzt usw. Alle Glücksspiele zeigen in der Aufeinanderfolge ihrer Ergebnisse die Regellosigkeit des Zufalls, und aus diesem Grunde sind alle bereits ausgeklügelten und in Zukunft noch zu findenden

---

[1]) Vgl. R. v. Mises, »Wahrscheinlichkeit, Statistik und Wahrheit«, Schriften zur wissenschaftlichen Weltauffassung, Bd. 3, Wien 1928, sowie von demselben Autor, »Über kausale und statistische Gesetzmäßigkeit in der Physik«, Die Naturwissenschaften, Jhrg. 18, 1930, S. 145, Heft 7.

»todsicheren« Spielsysteme eben nicht »todsicher«, sondern lassen nach wie vor dem Zufall freie Hand. Es ist dies ein Erfahrungssatz, den R. v. Mises[1]) treffend in Parallele zu dem physikalischen Erfahrungssatz von der Unmöglichkeit eines Perpetuum mobile stellt, dessen Ignorierung ebenfalls schon viele Existenzen zum Scheitern brachte und auch in Zukunft immer wieder zum Scheitern bringen wird.

10. Es ist also charakteristisch für ein statistisch zu erfassendes Kollektiv, daß das Auftreten oder Nichtauftreten eines Merkmals an einem Einzelglied bzw. das Erscheinen eines bestimmten Wertes einer quantitativ veränderlichen Eigenschaft in jedem einzelnen Falle, für jedes Element eines Kollektivs, Zufall ist, d. h. in einem bestimmten Einzelfall nicht im voraus auszumachen ist. Dies ist der Grund, daß man zur Auswertung eines statistischen Kollektivs die Wahrscheinlichkeitsrechnung heranziehen kann. Denn diese Wahrscheinlichkeitsrechnung läßt sich definieren als die mathematische Theorie zufälliger Ereignisse. Es waren in erster Linie Fechner und an diesen anschließend Bruns, welche die Wahrscheinlichkeitsrechnung zu einer Formenlehre der Kollektive erweiterten, und die unter Anwendung der Wahrscheinlichkeitsrechnung und des Begriffs der Wahrscheinlichkeit auf Massenerscheinungen, auf Wiederholungsvorgänge, auf lange (praktisch unbegrenzte) Folgen gleichartiger Beobachtungen oder Objekte die Kollektivmaßlehre geschaffen haben[2]). Diese Kollektivmaßlehre ist, wie ihr Name ausweist, die Lehre darüber, wie man Kollektive mißt und damit durch Zahlenangaben beschreiben kann.

Der wichtigste Begriff der Wahrscheinlichkeitsrechnung und damit auch einer der wesentlichsten Begriffe der Kollektivmaßlehre ist der Begriff der Wahrscheinlichkeit. Gewöhnlich definiert man die Wahrscheinlichkeit mit Laplace als den Quotienten aus der Anzahl der einem Ereignis günstigen Fälle durch die Anzahl aller gleichmöglichen Fälle. Würfelt man also mit einem idealen Würfel auf die Augenzahl 5, so ist die Anzahl der günstigen Fälle 1, und die Anzahl der gleichmöglichen Fälle ist 6, so daß die Wahrscheinlichkeit, die 5 zu werfen, $^1/_6$ ist. Die logische Herleitung dieses Wahrscheinlichkeitswertes hat zur stillschweigenden Voraussetzung, daß der in Betracht kommende Würfel ein idealer sei. Hat man aber nun beispielsweise einen Würfel, der zur Hälfte aus Blei und zur Hälfte aus Holz besteht, so sieht man ein, daß man durch logische Überlegungen nicht mehr die Wahrscheinlichkeit

[1]) Vgl. R. v. Mises, »Wahrscheinlichkeit, Statistik und Wahrheit«, Schriften zur wissenschaftlichen Weltauffassung, Bd. 3, Wien 1928, sowie von demselben Autor, »Über kausale und statistische Gesetzmäßigkeit in der Physik«, Die Naturwissenschaften, Jhrg. 18, 1930, S. 145, Heft 7.

[2]) Th. Fechner, »Kollektivmaßlehre«, herausgegeben von G. F. Lipps, Leipzig 1897. — H. Bruns, »Wahrscheinlichkeitsrechnung und Kollektivmaßlehre«, Leipzig und Berlin 1906.

für den Wurf der Augenzahl 5 herleiten kann, ja, daß es überhaupt keinen Sinn mehr hat, von der Anzahl der gleichmöglichen Fälle zu sprechen, da für einen Würfel der erwähnten Beschaffenheit tatsächlich der Wurf der 6 Würfelfelder nicht mehr gleich möglich ist. Trotzdem läßt sich in einem solchen Fall die Wahrscheinlichkeit für ein bestimmtes Ereignis wie den Wurf der Augenzahl 5 angeben, indem man dieselbe auf empirischem Wege bestimmt. Man führt z. B. 200 Würfe mit dem betreffenden Würfel aus, zählt die Häufigkeit der Augenzahl 5 und dividiert diese Gesamterfolgszahl a durch die Gesamtzahl der Versuche $N = 200$. Es ergibt sich dann die Wahrscheinlichkeit des Wurfs der 5 als a/N oder als die relative Häufigkeit des Ereignisses, d. h. als die auf einen Einzelversuch bezogene Häufigkeit des Ereignisses. Man definiert daher die Wahrscheinlichkeit auch, und zwar richtiger, als die relative Häufigkeit der einem Ereignis günstigen Glieder in einer Reihe gleichartiger und gleichberechtigter, sich gegenseitig ausschließender und von einander unabhängiger Fälle. R. v. Mises sieht noch genauer in der Wahrscheinlichkeit den Grenzwert der relativen Häufigkeit, den man erhalten würde, wenn man die ganze Materie eines Gebietes auswerten würde bzw. könnte, wenn man also, um bei dem aufgeworfenen Beispiel zu bleiben, statt der 200 Würfe 2000, 2 Millionen, unendlich viele Würfe ausführen und auszählen würde. Je nach dem Grade der gewünschten Genauigkeit der Wahrscheinlichkeit, also je nach der Anzahl der Dezimalstellen, auf die ein Wahrscheinlichkeitsbruch noch genau sein soll, wird man mehr oder weniger Beobachtungen auszuwerten haben. Für die praktischen Ziele dieser Ausführungen können wir jedoch ohne weiteres in jedem Falle die Wahrscheinlichkeit gleich der ermittelten relativen Häufigkeit setzen. Es mag noch festgehalten werden, daß man bei Kollektiven mit in beliebig kleinen Schritten graduell veränderlichen Merkmalen, bei Kollektiven mit sog. stetig veränderlichen Merkmalen, statt von Wahrscheinlichkeit auch von Wahrscheinlichkeits-Dichte spricht. Man versteht darunter die auf eine bestimmte kleine Merkmalseinheit entfallende relative Häufigkeit.

Es soll hier schon kurz darauf hingewiesen sein, daß der Vergleich einer logisch, auf Grund einer Hypothese oder anderer Überlegungen erschlossenen theoretischen Wahrscheinlichkeit mit der empirisch zu bestimmenden relativen Häufigkeit einen Schluß dahin ermöglicht, ob die Voraussetzungen der logisch erschlossenen Wahrscheinlichkeit in Wirklichkeit zutreffen oder nicht, ob die aufgestellte Hypothese stimmt oder nicht stimmt. Gibt man z. B. die logische Wahrscheinlichkeit des Wurfs der Augenzahl 6 mit einem bestimmten Würfel zu $^1/_6$ an, wogegen der Versuch zu einer relativen Häufigkeit oder empirischen Wahrscheinlichkeit von 0,32 führt, so läßt sich mit Bestimmtheit sagen, daß die Voraussetzung für die logisch erschlossene Wahrscheinlichkeit, der verwendete Würfel sei ein idealer, für den betreffenden Würfel nicht zutrifft.

Es ist weiter verständlich, daß man in der Methode der Stellenauswahl, der wahllosen Aussonderung von Teilkollektiven, ein einfaches Verfahren besitzt, den regellos-zufälligen Charakter eines größeren Kollektivs zu überprüfen. Man bestimmt die Wahrscheinlichkeit einer Eigenschaft nach dem Gesamtkollektiv und ermittelt dieselbe Wahrscheinlichkeit an einem Teilkollektiv, oder man bestimmt lediglich für zwei verschiedene Teilkollektive die Wahrscheinlichkeiten der betreffenden Eigenschaft. In jedem Falle müssen sich praktisch gleiche Wahrscheinlichkeitswerte ergeben, wenn das Kollektiv sich durch eine regellose, zufällige Anordnung seiner Glieder auszeichnet. Dagegen ist bei einem deutlichen Unterschied der einzelnen Wahrscheinlichkeitswerte zu schließen, daß dem betreffenden Kollektiv kein Zufallscharakter im Sinne einer regellosen Aufeinanderfolge seiner Elemente zukommt. Statt der Wahrscheinlichkeiten kann man auch Mittelwerte vergleichen.

Eine andere Folgerung aus dem Prinzip der Regellosigkeit ist die, daß es zwecks Charakterisierung einer sehr umfangreichen Materie genügt, ein Teilkollektiv aus derselben auszusondern und dies allein zu untersuchen. Hat man 1000 Ringe Tombakdraht und hat rasch zu entscheiden, wie viele dieser Ringe eine Festigkeit über 40 kg/mm^2 und wie viele eine Festigkeit unter 40 kg/mm^2 haben, oder hat man eine Partie von 20000 Glühbirnen und soll feststellen, bei wieviel Lampen die Brenndauer 1200 Stunden übersteigt und wieviel Lampen diese Brenndauer nicht erreichen, so wählt man z. B. 100 Ringe bzw. Lampen aus, wobei diese Auswahl nach keinen besonderen Gesichtspunkten erfolgen darf sondern rein zufällig sein muß, und überprüft diese ausgewählten Kollektivglieder. Die relative Häufigkeit der günstigeren Glieder dieser ausgesonderten Kollektive kann dann gleich der Wahrscheinlichkeit des besseren Fabrikates in der ganzen Materie gesetzt werden. Auf einen Fall der Glücksspiele angewandt besagt dieses Vorgehen: Hat man eine Urne mit 20 Millionen teils schwarzer, teils weißer Kugeln, so ist das Mischungsverhältnis dieser Kugelarten gleich dem Ziehungsverhältnis, also gleich dem Verhältnis der relativen Häufigkeiten bei 1000 oder 5000 Ziehungen. Dies ist der Inhalt des Bernoullischen Theorems.

Aus diesem Bernoullischen Theorem folgt ohne weiteres die Tatsache, daß bei einer Durchführung von zwei oder noch mehr Ziehungsserien zu je beispielsweise 1000 Ziehungen stets dieselbe relative Häufigkeit für die beiden Kugelarten gefunden werden muß. Bei großer Wiederholungszahl der Einzelglieder ist somit die relative Häufigkeit einer Materie unveränderlich, konstant. Poisson nennt diese Stabilität der relativen Häufigkeit, die nur innerhalb genügend umfangreicher Beobachtungsreihen (also z. B. nicht für 2 Ziehungsserien zu je nur 20 oder 50 Ziehungen) gilt, Gesetz der großen Zahlen.

Das Gesetz der großen Zahlen schließt das bereits erwähnte Prinzip der Regellosigkeit eines statistisch zu erfassenden Kollektivs, das Postulat vom ausgeschlossenen Spielsystem in sich ein. Denn es muß nach dem Poissonschen Gesetz einerlei sein, welche 1000 Ziehungsergebnisse von z. B. 10000 ausgeführten Versuchen zu einer Serie zwecks Ermittlung der relativen Häufigkeit zusammengefaßt werden. Dies ist aber nur dann gleichgültig, wenn die Kollektivglieder, die Ziehungsergebnisse, ganz regellos aufeinanderfolgen und nicht nach einem bestimmten Prinzip wie beispielsweise die verschieden großen Marksteine einer Landstraße. Es muß also die relative Häufigkeit eines Ereignisses unverändert bleiben, wenn man aus einem Kollektiv einzelne beliebige kleinere Kollektive heraushebt, wobei Voraussetzung ist, daß diese Teilkollektive noch genügend umfangreich sind, und daß die Auswahl natürlich ohne Kenntnis bzw. ohne Berücksichtigung der Werte des untersuchten Merkmals geschieht. Diese Konstanz der Wahrscheinlichkeit bei beliebiger Gliederauswahl führt umgekehrt wieder zu dem Prinzip der Regellosigkeit, zu der Behauptung der Unmöglichkeit eines auf die Dauer erfolgreichen Spielsystems, da ja durch ein solches niemals die Gewinnwahrscheinlichkeit verändert wird. Ein Beispiel möge dies noch besonders illustrieren.

11. Es wurden mit einem Würfel 300 Würfe ausgeführt, und nach jedem Wurf wurde festgestellt, ob das Ergebnis eine gerade oder eine ungerade Augenzahl ist. Für einen idealen Würfel ist die Wahrscheinlichkeit für jedes der beiden Ereignisse $^3/_6 = 0{,}5$; es wird aber ein derartiger Versuch stets einen etwas von 0,500 abweichenden Wert für die Wahrscheinlichkeit z. B. des Wurfs einer ungeraden Augenzahl ergeben, da es ideale Würfel nicht gibt. Bezeichnet man den Wurf einer geraden Augenzahl mit 0 und den Wurf einer ungeraden Augenzahl mit 1, so läßt sich das Versuchsergebnis durch Zahlentafel 1 darstellen.

Betrachtet man den Wurf einer ungeraden Augenzahl (1) als Erfolg, so führt die Auszählung des Kollektivs der Würfe zu der Gesamterfolgszahl $a = 156$; die Division mit $N = 300$ ergibt die relative Häufigkeit des Erfolgs, die Wahrscheinlichkeit des Wurfs einer ungeraden Augenzahl zu 0,52. Sondert man nun ein Teilkollektiv aus, derart, daß man nur die Versuche mit ungeraden Nummern, also den 1., 3., 5. usw. Versuch zählt, so findet man als Wahrscheinlichkeit des Wurfs einer ungeraden Augenzahl für dieses Teilkollektiv $77 : 150 = 0{,}51$. Berücksichtigt man nur die Versuche 1—30, 61—90, 121—150, 181—210 und 241—270, so ergibt sich für dieses Teilkollektiv eine Wahrscheinlichkeit des Erfolgs von $78 : 150 = 0{,}52$. Wieder ein anderes Teilkollektiv kann man z. B. dadurch bilden, daß man nur die Versuche auszählt, deren Versuchsnummer eine Primzahl ist (also den 1., 2., 3., 5., 7., 11., 13., 17., 19., 23., 29., 31. usw. Versuch); für dieses Teilkollektiv bestimmt man die Erfolgswahrscheinlichkeit zu $32 : 62 = 0{,}52$. Man stellt fest, daß die Wahrscheinlichkeiten all der herausgegriffenen Teilkollektive praktisch untereinander und mit der Wahrscheinlichkeit des Gesamtkollektivs übereinstimmen. Es könnte nun noch jemand auf die

Zahlentafel 1.

Spielergebnisse mit einem Würfel auf ungerade Augenzahlen.

	M_G
1 1 1 1 0 0 1 1 1 0 0 0 0 0 0 1 0 1 1 0 0 1 1 0 0 1 0 1 1 1	16 : 30
1 0 1 1 1 1 1 0 0 1 0 1 0 0 1 0 1 0 0 0 1 1 1 0 0 1 0 0 0 0	14 : 30
1 1 1 1 1 0 1 0 1 1 0 1 0 1 1 1 1 0 1 0 0 0 0 0 0 1 0 1 1 1	18 : 30
1 1 0 1 1 0 0 1 0 0 1 1 0 1 1 0 1 0 1 0 0 1 0 1 1 0 1 0 1 0	16 : 30
1 0 1 1 1 1 1 1 0 1 0 0 1 1 0 0 0 1 0 1 1 0 1 1 1 1 0 1 1 0	19 : 30
0 0 1 0 1 1 0 0 1 1 1 1 0 1 0 1 1 1 0 1 1 1 1 0 0 1 1 0 1 1	19 : 30
0 1 0 0 1 0 0 0 0 0 1 1 0 1 1 0 0 1 0 0 0 1 1 1 0 0 0 0 0 1	11 : 30
0 1 0 0 0 0 1 1 1 0 1 0 1 1 0 1 1 0 0 1 1 1 1 1 1 1 0 0 1 0	17 : 30
1 1 0 0 0 0 1 1 0 1 1 0 0 1 1 1 0 0 0 0 0 0 0 1 1 1 1 0 0 1	14 : 30
1 0 0 0 1 0 0 0 0 0 1 1 0 0 1 0 0 0 1 0 0 1 1 1 0 1 0 1 1 0	12 : 30
7 6 5 5 7 3 6 5 4 5 6 6 2 7 6 5 5 4 4 3 4 7 7 6 4 8 3 4 7 5	156

$N = 300$ $n = 1$ $a = 156$, Argumenthäufigkeiten E_1 und E_2 = Argumentwahrscheinlichkeiten p_1 und p_2,

$M_{\text{Erfolg}} = p = 156 : 300 = 0{,}52$ $M_{\text{Nichterfolg}} = q = 144 : 300 = 0{,}48 = 1 - p$,

$npq = pq/n = 0{,}52 \times 0{,}48 = 0{,}2496 = \frac{1}{N} \Sigma\,(E - M)^2 = \frac{1}{300}\,[156\,(1 - 0{,}52)^2 + 144\,(0 - 0{,}52)^2]$,

$\mu = \sqrt{npq} = \pm\,0{,}499$ $V_{\text{Erfolg}} = \pm\,96$ $V_{\text{Nichterfolg}} = \pm\,104$,

$\mu_M^2 = \frac{npq}{N} = 0{,}000832$ $\mu_M = \pm\,0{,}029 = \mu_p$ $V_p = \pm\,5{,}6$ $V_q = \pm\,6{,}0$,

str. $a = \pm \sqrt{Npq} = \pm\,8{,}7$,

str. $\mu^2 = 0{,}2496\,\sqrt{2:300} = \pm\,0{,}0204$, somit $\mu^2 = 0{,}2496 \pm 0{,}0204$,

str. $\mu = 0{,}499 : \sqrt{2 \times 300} = \pm\,0{,}0204$, somit $\mu = 0{,}499 \pm 0{,}020$,

$N = 300$ $Z = 10$ $n = 30$: $\mu_G^2 = 0{,}0078$ str. $\mu_G^2 = 0{,}0078\,\sqrt{2:10} = \pm\,0{,}0035$,

Zeile 1: $\mu_n^2 = 0{,}2489$ str. $\mu_n^2 = 0{,}2489\,\sqrt{2:30} = \pm\,0{,}064$ str. $\mu_n = 0{,}499 : \sqrt{2 \times 30} = \pm\,0{,}064$,

Zeile 7: $\mu_n^2 = 0{,}5356$ str. $\mu_n^2 = 0{,}5356\,\sqrt{2:30} = \pm\,0{,}138$ str. $\mu_n = 0{,}732 : \sqrt{2 \times 30} = \pm\,0{,}094$,

$\mu_Z^2 = \mu^2 - \mu_G^2 = 0{,}2496 - 0{,}0078 = 0{,}2418$; $\mu^2 : \mu_G^2 \cong n = 30$,

$\mu^2 - n\,\mu_G^2 = 0{,}015$, dagegen 3 str. $\mu^2 = 3 \times 0{,}2496\,\sqrt{2:300} = \pm\,0{,}06$,

$X = 30 \times 299 \times 0{,}0078 : 29 \times 300 - 270 \times 0{,}2496 : 300 \times 29 = 0{,}0003$,

$\mu_G^2 - X = 0{,}0075$ str. $(\mu_G^2 - X) = 0{,}0075\,\sqrt{2:10} = \pm\,0{,}0034$,

$X < 3$ str. $(\mu_G^2 - X)$, Zufall. $Q^2 = 0{,}0078 : 0{,}0075 = 1{,}04 \cong 1$ (normale Dispersion),

$Z = 30$, $n = 10$: $\mu_G^2 = 0{,}0269$ $X = 299 \times 0{,}0269 : 30 \times 9 - 29 \times 0{,}2496 : 30 \times 9 = 0{,}003$,

$\mu_G^2 - X = 0{,}024$, str. $(\mu_G^2 - X) = 0{,}0269\,\sqrt{2:30} = \pm\,0{,}007$, $X < 3$ str. $(\mu_G^2 - X)$, Zufall.

$Q^2 = 1{,}12 \cong 1$ (normale Dispersion).

(wie dem Betreffenden dünkt) besonders schlaue Idee kommen, die Gewinnchance, d. h. also die Wahrscheinlichkeit des Wurfs einer ungeraden Augenzahl sei größer, wenn man auf ungerade immer dann setzt, wenn das vorhergehende Wurfergebnis eine gerade Augenzahl war. Zählt man nun in dem Kollektiv aus, wie oft auf eine 0 (gerade Augenzahl) eine 1 (ungerade Augenzahl) und wie oft wieder eine 0 folgt, so ergibt sich als Wahrscheinlichkeit einer ungeraden Augenzahl nach dem derart ausgesonderten Teilkollektiv 74 : 143 = 0,52. Man sieht, auch dieses Spielsystem bringt keinen besonderen Erfolg, auch das neue Teilkollektiv zeichnet sich durch dieselbe Regellosigkeit aus wie die übrigen Teilkollektive und wie das Gesamtkollektiv. Man kann nun noch weiter gehen, und kann auf ungerade immer dann setzen, wenn hintereinander 2 mal gerade geworfen wurde. Aber auch diese Auswahl nützt nichts. Man zählt, daß auf zwei gerade Würfe 34 mal wieder ein gerader Wurf und 35 mal ein ungerader Wurf folgt, so daß das herausgehobene Teilkollektiv eine Wahrscheinlichkeit 35 : 69 = 0,51 für den Wurf einer ungeraden Augenzahl ausweist. Man konstatiert mithin, daß die relative Häufigkeit eines Ereignisses durch die Aussonderung beliebiger Teilkollektive, durch Stellenauswahl, wie von Mises derartige Manipulationen nennt, praktisch keine Änderung erleidet, daß eine Zufallsreihe unempfindlich gegen Stellenauswahl ist, daß beliebige Teilkollektive dieselbe Regellosigkeit wie das Gesamtkollektiv besitzen, daß gewinnsichere Systeme oder Spielsysteme mit größerer Gewinnchance ausgeschlossen sind.

12. Es ist die Aufgabe der Wahrscheinlichkeitsrechnung, aus gegebenen, also logisch erschlossenen oder empirisch als relative Häufigkeiten ermittelten Wahrscheinlichkeiten bestimmter Ausgangskollektive die Wahrscheinlichkeiten von aus den gegebenen Kollektiven abgeleiteten Kollektiven zu bestimmen. Die wichtigsten Grundrechenarten hierfür sind die folgenden[1]).

Findet aus der Reihe der Glieder eines Kollektivs lediglich eine beliebige Auswahl ohne Berücksichtigung der Merkmalswerte der ausgesonderten Glieder statt, so kommt, wie bereits diskutiert wurde, jedem derart gebildeten Teilkollektiv dieselbe Wahrscheinlichkeit zu wie dem Gesamtkollektiv, sofern dieses eine einheitliche Zufallsreihe bildet. Es gilt:

$$p_1 = p_2 = p_3 = \ldots = p.$$

---

[1]) Es werden im folgenden, weil über den Rahmen dieser Ausführungen hinausgehend, durchweg keine Ableitungen und Begründungen für Rechenverfahren und Rechenformeln gegeben; bezüglich solcher sei vielmehr auf das Buch von E. Czuber, »Die statistischen Forschungsmethoden«, Wien 1927, Verlag von L. W. Seidel & Sohn, verwiesen. Weitere diesbezügliche Literatur: Th. Fechner, »Kollektivmaßlehre«, herausgegeben von G. F. Lipps, Leipzig 1897; H. Bruns, »Wahrscheinlichkeitsrechnung und Kollektivmaßlehre«, Leipzig und Berlin 1906; E. Czuber, »Wahrscheinlichkeitsrechnung«, 3. Auflage, Leipzig und Berlin 1914; H. E. Timerding, »Die Analyse des Zufalls«, Braunschweig 1915; R. Becker, H. Plaut und J. Runge, »Anwendungen der mathematischen Statistik auf Probleme der Massenfabrikation«, Berlin 1927; A. Markoff, »Wahrscheinlichkeitsrechnung«, deutsch von H. Liebmann, Leipzig 1912; J. L. Coolidge, »Einführung in die Wahrscheinlichkeitsrechnung«, deutsch von Fr. M. Urban, Leipzig und Berlin 1927, sowie Handbuch der Physik, Bd. III.

Sind dem Eintreten eines Ereignisses mehrere Fälle günstig, so gibt die Summe der Wahrscheinlichkeiten der Einzelfälle, welche das Ereignis bedeuten, die Wahrscheinlichkeit des Ereignisses; die Wahrscheinlichkeit eines Kollektivs mit verschiedenen Eigenschaften seiner Glieder ist gleich der Summe der Wahrscheinlichkeiten der Kollektivreihen nach je nur einer Eigenschaft der Glieder. Es ist

$$p = p_1 + p_2 + p_3 + \dots p_n.$$

Zieht man also z. B. aus einer Urne, welche weiße, schwarze, blaue und rote Kugeln im Verhältnis 2 : 5 : 6 : 7 enthält, so ist die Wahrscheinlichkeit dafür, rote oder weiße Kugeln zu ziehen,

$$p = p_r + p_w = {}^7/_{20} + {}^2/_{20} = {}^9/_{20}.$$

Es sind in solchen Fällen mehrere Merkmale *eines* Kollektivs zu einem neuen Merkmal zusammengefaßt.

Sollen zwei oder mehr Kollektive zu einem neuen zusammengefaßt werden, derart, daß das neue Kollektiv Glieder enthält, welche sowohl die Eigenschaft der Glieder des einen als auch die Eigenschaft der Glieder des anderen Kollektivs besitzen, so gibt das Produkt der Wahrscheinlichkeiten der Einzelkollektive die Wahrscheinlichkeit des neuen Kollektivs. Mit anderen Worten, die Wahrscheinlichkeit eines aus mehreren Komponenten zusammengesetzten Ereignisses ist gleich dem Produkt aus den Wahrscheinlichkeiten seiner Komponenten, unter der Voraussetzung, daß diese voneinander unabhängig sind. Es ist

$$p = p_1 \times p_2 \times p_3 \times \dots . p_n.$$

Soll mit 3 Würfeln gleichzeitig die Augenzahl 6 geworfen werden, so ist die Wahrscheinlichkeit für dieses Ereignis

$$p = p_1 \times p_2 \times p_3 = {}^1/_6 \times {}^1/_6 \times {}^1/_6 = {}^1/_{216}.$$

Die Wahrscheinlichkeit eines Merkmals im engeren Sinn bezüglich eines übergeordneten Merkmals ist gleich der Wahrscheinlichkeit des Merkmals im engeren Sinn dividiert durch die Wahrscheinlichkeit des übergeordneten Merkmals. Die Wahrscheinlichkeit eines Merkmals in einer Reihe von Gliedern, welche ein dem Merkmal übergeordnetes Merkmal verbindet, ist gleich der Wahrscheinlichkeit des Merkmals dividiert durch die Wahrscheinlichkeit des übergeordneten Merkmals. Es gilt

$$p = p_e : p_ü.$$

Es ist beispielsweise die Wahrscheinlichkeit, mit einem Würfel 4 zu werfen, wenn man bereits weiß, daß eine gerade Augenzahl geworfen ist,

$$p = p_e : p_ü = {}^1/_6 : {}^1/_2 = {}^1/_3.$$

13. Hat man eine Urne mit dem Mischungsverhältnis $s : w$, und zieht man aus dieser Urne N mal eine Kugel unter jedesmaligem Zurücklegen der gezogenen Kugel in die Urne, so ist nach dem Bernoullischen Satz die Wahrscheinlichkeit für die beiden Kugelarten bzw.

$$p_s = \frac{a_s}{N} = s : (s + w)$$

und

$$p_w = \frac{a_w}{N} = w : (s + w).$$

Zieht man aus der Urne N mal je nacheinander n Kugeln, so ergibt die Auswertung jeder der N Ziehungsserien als a'/n eine Reihe von Wahrscheinlichkeiten $p_1, p_2, p_3 \ldots . p_N$, und es gilt nun

$$p_s = \frac{a_s}{Nn} = (p_1 + p_2 + p_3 + \ldots p_N) : N = s : (s + w)$$

bzw.

$$p_w = \frac{a_w}{Nn} = (p_1 + p_2 + p_3 + \ldots p_N) : N = w : (s + w).$$

Zieht man die N Serien statt aus einer Urne aus n Urnen mit demselben Mischungsverhältnis, hat man also n Urnen mit gleichem Mischungsverhältnis $s : w$ und zieht aus jeder N mal (entweder direkt hintereinander oder auch in beliebiger Reihenfolge durcheinander), so gilt nach dem Bayesschen Theorem für beide Kugelarten

$$p_1 = p_2 = p_3 = \ldots p_n = \frac{a_1}{N} = \frac{a_2}{N} = \frac{a_3}{N} = \ldots \frac{a_n}{N} = p.$$

Zeigen die n Urnen verschiedene Mischungsverhältnisse $s_1 : w_1$, $s_2 : w_2, \ldots s_n : w_n$, so ergibt sich bei N Ziehungen pro Urne für jede Urne eine andere Wahrscheinlichkeit, für die schwarze Kugelart z. B.

$$p_1 = s_1 : (s_1 + w_1),\ p_2 = s_2 : (s_2 + w_2) \ldots p_n = s_n : (s_n + w_n).$$

Die Wahrscheinlichkeit des Gesamtkollektivs aus allen Nn Ziehungen ist dabei

$$p = (p_1 + p_2 + p_3 + \ldots p_n) : n.$$

Man kann hierbei zwei verschiedene Versuchsreihen durchführen. Entweder zieht man in jeder Serie nur aus einer Urne, also N mal aus der ersten, dann N mal aus der zweiten Urne usf. In diesem Fall ist die Wahrscheinlichkeit innerhalb jeder Serie konstant, aber veränderlich von Serie zu Serie. Die andere Möglichkeit ist die, daß man in jeder Serie aus allen n Urnen zieht. Es schwankt bei diesen Versuchen die Wahrscheinlichkeit innerhalb einer Serie. In diesem letzteren Falle liegen die verschiedenen Wahrscheinlichkeiten der N Ziehungsserien näher um den Mittelwert p aller Serien, näher um die Wahrscheinlichkeit des Gesamtkollektivs mit Nn Gliedern als im ersten Fall.

Die bislang behandelten Fälle beziehen sich durchweg auf Kollektive, deren einzelnen Glieder vollständig unabhängig voneinander sind. Denn in keinem Fall hat die gezogene Kugelfarbe einen Einfluß auf das Ziehungsergebnis der folgenden Ziehung. Man kann aber auch noch folgenden Versuch ausführen, für welchen diese Unabhängigkeit nicht gilt. Man zieht wieder aus einer Urne oder aus mehreren Urnen mit konstantem oder variablem Mischungsverhältnis, entnimmt aber einer Urne nach jeder Ziehung für jede gezogene Kugel eine bestimmte Anzahl Kugeln derselben oder der entgegengesetzten Farbe, bzw. man gibt in die Urne noch eine Anzahl solcher Kugeln. Es ändert sich daher bei derartigen Versuchen das Mischungsverhältnis einer Urne und damit auch die Wahrscheinlichkeit für eine bestimmte Farbe, jede Ziehung ist in gewissem Grade abhängig von dem Ergebnis der vorhergehenden Ziehung. Dieses Urnenschema mit seiner Abhängigkeit, Beeinflussung oder Verbundenheit, die je nach Art der Durchführung der Versuche schwächer oder stärker sein kann, läßt sich beispielsweise heranziehen zur statistischen Auswertung der Sterbefälle auf Grund einer ansteckenden Epidemie, wogegen die normale Sterblichkeit das einfache Urnenschema mit seinen unverbundenen Ziehungsergebnissen vergleichend erläutern kann. Man unterscheidet eine positive Verbundenheit, die zu einer Reihe sich entwickelnder, d. h. steigender oder fallender Wahrscheinlichkeitswerte $p_1, p_2, p_3 \ldots p_N$ führt, und eine negative Verbundenheit, als deren Folge die aufeinanderfolgenden N Wahrscheinlichkeitswerte »zickzackförmig« um einen durchschnittlichen Wahrscheinlichkeitswert schwanken.

III. Abschnitt.

Klassenbildung für alternativ veränderliche Eigenschaften.

14. Soll ein Kollektiv ausgewertet werden, so hat man die ermittelten Einzelwerte zunächst zu ordnen. Dies geschieht durch die Bildung von Klassen und die folgende Zählung der Kollektivglieder, die in jede Klasse fallen. Man bezeichnet die nach einem oder auch nach mehreren Merkmalen geordnete Vielheit gleichartiger Dinge oder Erscheinungen als statistisch geordnet.

In den einfachen Fällen einer alternativen Veränderlichkeit, in denen es sich lediglich um das Vorhandensein oder Fehlen eines Merkmals handelt, ist die Ordnung und Einteilung des Kollektivs naturgemäß ebenfalls sehr einfach. Es gibt nur die Möglichkeit zweier Klassen, einer positiven Klasse mit den Fällen, die sich durch das Vorhandensein einer Eigenschaft auszeichnen, und einer negativen Klasse, welche die Glieder umfaßt, die sich durch das Fehlen der Eigenschaft, durch das Vorkommen ihres Gegensatzes von den Gliedern der positiven Klasse unterscheiden.

Handelt es sich um das Auftreten einer Eigenschaft in verschiedenem Grade, so rechnen zur positiven Klasse die Glieder, welchen die betreffende Eigenschaft in höherem Maße zukommt, und der negativen Klasse gehören die Fälle an, in denen die zu untersuchende Eigenschaft weniger stark ausgeprägt ist. Diesen einfachsten Fall einer Klassenbildung nennt man Dichotomie.

Der Einteilung oder Sortierung in die beiden Klassen folgt das Abzählen der in jede Klasse fallenden Glieder. Die Summe der beiden Klassenhäufigkeiten ergibt natürlich in jedem Falle den Umfang des Kollektivs.

Völlig klar ist in dem Falle von Dichotomie die Klassenbildung ohne weiteres dann, wenn sich die alternative Veränderlichkeit auf ein qualitatives Merkmal bezieht, wenn die eine Klasse also beispielsweise im Betrieb befindliche Ziehmaschinen zählt und die negative Klasse die »zufällig« stehenden Maschinen umfaßt. Liegen dagegen durch irgendwelche Messungen festzulegende quantitative Eigenschaften vor, die in ein »Entweder — Oder« getrennt werden sollen, so ist eine vernünftige Wahl des trennenden Wertes der Eigenschaft zu treffen. Am besten wird man in der Regel einen Wert als Grenzwert der beiden Klassen wählen, der nach einer groben überschläglichen Schätzung nicht allzu weit von dem arithmetischen Mittel entfernt liegt, es sei denn, es interessieren speziell die extremen Fälle[1]).

15. Bei den seitherigen Betrachtungen wurde die Voraussetzung gemacht, daß nur eine Eigenschaft zu untersuchen ist. Der allgemeinere Fall ist der, daß zwei oder mehrere Merkmale gegeben sind, die zueinander in Beziehung gesetzt werden sollen. Einen solchen Fall bietet z. B. die Frage: wieviel Ringe einer Sendung von Tombakdrähten besitzen gleichzeitig eine Dehnung von 33% oder mehr und eine Festigkeit von 42,5 kg/mm² oder darüber? Ein solcher Fall führt zu einer Einteilung in 4 Klassen, 2 positive Klassen, hohe Dehnungs- und Festigkeitswerte betreffend, und 2 negative Klassen, welche die Fälle mit geringeren Werten für Festigkeit bzw. Dehnung umfassen. Und zwar lassen sich diese 4 Klassen auf zwei verschiedene Arten bilden. Entweder klassifiziert man alle Ringe einmal nach ihrer Festigkeit und ein zweites Mal nach ihrer Dehnung. Man erhält dann 4 Klassen erster Ordnung: Hohe Festigkeit, geringe Festigkeit, hohe Dehnung und geringe Dehnung. Man kann aber auch derart einteilen, daß man die Zahl der Ringe ermittelt, welche gleichzeitig die hohe Festigkeit und die hohe Dehnung besitzen, womit man eine 1. Klasse hat. Die 2. Klasse umfaßt dann beispielsweise die Fälle, die zwar eine hohe Festigkeit aber eine geringe Dehnung aufweisen. Die 3. Klasse zählt umgekehrt die Ringe mit geringer Festigkeit aber hoher Dehnung, und in der 4. Klasse werden

---

[1]) Betreffs dieser vgl. man Art. 140.

die Ringe eingereiht, die bei geringer Festigkeit auch eine geringe Dehnung bei der Prüfung ergeben. Diese Klassen, die gleichzeitig je durch zwei Merkmale charakterisiert sind, nennt man Klassen zweiter Ordnung. Eine derartige Einteilung in Klassen zweiter Ordnung spielt eine wichtige Rolle, wenn es sich darum handelt, über eine eventuelle Abhängigkeit und den Grad dieser Abhängigkeit zwischen zwei Merkmalen alternativer Veränderlichkeit Aufschluß zu erhalten[1]).

16. Ein nach Klassen geordnetes Kollektiv bildet eine Zahlentafel, welche Verteilungstafel genannt wird. Im Falle von Dichotomie (oder beim Arbeiten mit Klassen erster Ordnung) besteht die Verteilungstafel aus zwei (oder mehreren) Kolonnen, entsprechend der Zahl der Klassen. Bildet man jedoch Klassen zweiter Ordnung, so besteht die Verteilungstafel zweckmäßig aus (senkrechten) Kolonnen und (wagrechten) Zeilen. Die Kolonnen bilden die Teilung in positive und negative Klassen bezüglich des einen Merkmals, und die Zeilen trennen in positive und negative Klassen der anderen Eigenschaft. Die Bezeichnung der Kolonnen steht über der Tafel, die Bezeichnung der Zeilen wird am linken Tafelrand vorgenommen. Man nennt eine derartige Verteilungstafel eine Tafel mit doppeltem Eingang. Die ganze Tafel besteht aus vier Feldern, deren jedes einer Kolonne und einer Zeile angehört, entsprechend den aufgezählten vier Möglichkeiten bei einer Klasseneinteilung zweiter Ordnung[2]).

17. Der einfache Fall der Unterteilung eines Kollektivs in nur zwei Klassen kommt stets zur Anwendung, wenn an einer Reihe von Einzelgliedern lediglich festgestellt wird, ob ein bestimmtes Merkmal pro Glied auftritt oder fehlt, wenn man mit anderen Worten die Häufigkeit einer Eigenschaft, die Wahrscheinlichkeit eines Ereignisses pro Einzelfall festlegt. Hat man eine Reihe von Einzelgliedern, so kann pro Einzelglied die Häufigkeit oder die Wahrscheinlichkeit einer bestimmten Eigenschaft nur 1 oder 0 sein. Klassifiziert man nach der gegenteiligen Eigenschaft, so hat man nur die beiden Wahrscheinlichkeiten 0 und 1 für das Auftreten dieser Eigenschaft. Betrachtet man also ein bestimmtes Ereignis bzw. sein Gegenteil und bezeichnet man die Wahrscheinlichkeit für das Auftreten des Ereignisses mit p und die Wahrscheinlichkeit für das Auftreten des gegenteiligen Ereignisses mit q, so hat man die beiden Klassen $p = 1$, $p = 0$ oder $q = 0$, $q = 1$, oder auch $p = 1$, $q = 1$ oder $q = 0$, $p = 0$. Man kann das Kollektiv nach den beiden allein möglichen Erfolgsklassen oder nach den beiden Nichterfolgsmöglichkeiten oder auch nach vorhandenen Erfolgen und Nichterfolgen bzw. nach fehlenden Nichterfolgen und Erfolgen gliedern. Alle Klassifikationsmöglichkeiten

[1]) Vgl. hierüber z. B. E. Czuber, »Die statistischen Forschungsmethoden«, Wien 1927.

[2]) Über mehrfache Klassifikation siehe E. Czuber, »Die statistischen Forschungsmethoden«.

sind naturgemäß äquivalent, sie unterscheiden sich nur formal, und in jedem Fall bedeutet eine Klasse sowohl die Häufigkeit eines Ereignisses als auch die Wahrscheinlichkeit für das Auftreten des Ereignisses, z. B. des Erfolgs, da Häufigkeit und Wahrscheinlichkeit bezüglich eines Einzelfalles gleich sind.

Klassifiziert man z. B. das Kollektiv der Zahlentafel 1 und betrachtet den Wurf ungerader Augenzahlen als Erfolg, so hat man die Erfolgsklasse $p = 1$ mit 156 Gliedern und die Erfolgsklasse $p = 0$ mit 144 Gliedern, oder man hat die Klassen $q = 0$ mit 156 Gliedern und $q = 1$ mit 144 Gliedern. Findet man bei der Überprüfung von 14280 Molybdändrähten 6342 Drähte mit 20% und mehr Dehnung, so erhält man die Erfolgsklasse $p = 1$ mit 6342 Gliedern und die Nichterfolgsklasse $p = 0$ oder $q = 1$ mit $14280 - 6342 = 7938$ Gliedern.

IV. Abschnitt.

Kollektive mit graduell veränderlichen Merkmalen.

18. Hat man von 100 Ringen oder Spulen Drahtes einer bestimmten Fabrikation beispielsweise die Festigkeiten experimentell ermittelt, so bilden die 100 Ringe oder Spulen ein Kollektiv, dessen einzelnen Glieder bestimmte Grade der veränderlichen Eigenschaft Festigkeit aufweisen. Dieses veränderliche Merkmal heißt in der Sprache der Statistik Ordnungsgröße oder Argument. Die einzelnen Argumentwerte, beispielsweise die einzelnen Festigkeitswerte, bilden die Kollektivreihe, und der Umfang des Kollektivs ist durch den Umfang des Arguments gegeben, der 100 in dem aufgeworfenen Beispiel beträgt.

Von wenig großer Bedeutung ist die Unterscheidung zwischen stetigen und unstetigen Argumenten[1]). Kann ein veränderliches Merkmal, wie z. B. die Anzahl stillstehender Maschinen eines Ziehsaals, nur durch ganze Zahlen, genauer nur durch bestimmte diskrete Werte bestimmt sein, so hat man ein unstetiges Argument vor sich. Kann dagegen ein Merkmal, wie z. B. eine Länge, ein Durchmesser, wie Gewichte, Zeiten oder Temperaturen, alle möglichen Werte (eventuell innerhalb gewisser Grenzen) annehmen, so spricht man von einer stetigen Variabeln oder Veränderlichen, von einem stetigen Argument. Die Stetigkeit eines veränderlichen Merkmals ist in der Regel durch die Grenzen der experimentellen Bestimmung beschränkt; so mißt man Drahtstärken im allgemeinen höchstens bis auf 0,001 mm, und die Dehnung beispielsweise wird in der Regel von ½% zu ½% abgelesen. Aber auch hiervon abgesehen, kann man trotzdem jedes stetige Argument unstetig unterteilen, indem

[1]) Statt zwischen stetigen und unstetigen Verteilungen zu unterscheiden, spricht man hin und wieder auch von geometrischen und arithmetischen Reihen.

man z. B. alle Festigkeitswerte von 38—39 kg/mm², ebenso alle Festigkeiten von 39—40 kg/mm² usf. zu einem Argumentwert zusammenfaßt. Man hat dann nur noch Klarheit darüber zu schaffen, wie die Werte, welche auf den künstlich geschaffenen Grenzen liegen, in dem Beispiel die Werte 38, 39, 40 usw. kg/mm², unterzubringen sind. Sie sind zur Hälfte zur vorhergehenden und zur Hälfte zur nachfolgenden Gruppe zu zählen, wodurch man zu halben Häufigkeitszahlen kommt. Bei technischen Fragen läßt sich diese Unbequemlichkeit meist aber auch noch umgehen. Hat man z. B. die Festigkeit mit einer Genauigkeit von 0,1 kg am Prüfapparat abgelesen, so wird man sich bei der Umrechnung auf kg/mm² ebenfalls mit der Genauigkeit einer Dezimalstelle begnügen, und man faßt dann beispielsweise alle Werte von 38—38,9 kg/mm², ebenso alle Werte von 39—39,9 kg/mm² usw. zusammen. Derart wurde auch in den späterhin noch folgenden Beispielen meist vorgegangen. Man kann aber auch gewissermaßen umgekehrt die Umrechnung der gemessenen kg Zerreißfestigkeit in kg/mm² sehr genau auf mehrere Dezimalstellen ausführen; man wird auf diese Weise kaum zu einem Wert von z. B. genau 39,000 kg/mm² gelangen, sondern wird z. B. entweder 38,98 oder 39,004 kg/mm² erhalten. Man kann dann eine Gruppeneinteilung von 38—39 kg/mm², von 39—40 kg/mm² usw. wählen, ohne mit halben Häufigkeitszahlen rechnen zu müssen.

Untersucht man ein Kollektiv mit alternativ veränderlicher Eigenschaft seiner Glieder, so hat man nur die beiden Argumentwerte 0 und 1, welche die Häufigkeit des Merkmals bzw. die Wahrscheinlichkeit seines Auftretens pro Einzelglied bedeuten. Man hat die beiden Argumente Erfolg, $p = 1$ oder $q = 0$, und Nichterfolg, $q = 1$ oder $p = 0$. Man redet in solchen Fällen nicht von veränderlichen sondern von festen Merkmalen, genauer nicht von graduell veränderlichen sondern von alternativ variabeln Eigenschaften. Faßt man 2, 3 ... n Glieder mit alternativ veränderlichem Merkmal zu einer Gruppe, zu einer zusammengehörigen Einheit zusammen, so können 0 bis n Glieder pro Gruppe das Merkmal zeigen. Man erhält die Erfolgsgrade, die Erfolgshäufigkeiten 0, 1, 2 ... n als Argumentwerte, deren jeder in einer Reihe solcher Gruppen mit verschiedener Häufigkeit auftreten kann. Man kommt also zu einer Reihe von Argumentwerten, die sich unstetig, sprunghaft ändern. Statt nach Erfolgsgraden kann man ebensogut nach Nichterfolgshäufigkeiten pro Gruppe gliedern. Sind n Glieder zu einer Serie vereinigt, so hat man somit $(n + 1)$ verschiedene Argumentwerte.

19. Die Ermittlung der Größe eines veränderlichen Merkmals, also die Aufnahme eines Kollektivs, liefert eine (völlig ungeordnete) Zahlenreihe, in der die einzelnen Werte des Arguments in der Reihenfolge ihrer Ermittlung aufeinanderfolgen. Der Statistiker nennt diese Zahlenreihe die Urliste des Kollektivs. Die Zahlentafel 2 zeigt eine derartige Urliste über die prozentualen Dehnungen von Tombakdrähten mit 0,26 mm

Durchmesser. Es möge festgestellt werden, daß zu der statistisch einwandfreien Angabe einer Urliste eine möglichst genaue Beschreibung des Kollektivs in der Überschrift zu der Urliste gehört, wie sie in dem Beispiel der Zahlentafel 2 gegeben wurde.

Zahlentafel 2.

Urliste der prozentualen Dehnungen von Tombakdrähten (72 % Cu), 0,26 mm ϕ, Glühung vom 10. 11. 27, Glühtemperatur 650° C, Glühdauer 180 Minuten.

30,5	32	36	34	31,5	32,5	34,5	31	33,5	35	32
32	34	33,5	33,5	32	33,5	35	28	34	33,5	36
33	34	31	32,5	33,5	34	33,5	31,5	35,5	33,5	34
37	33,5	32	33	27,5	37,5	35	29	32	33,5	30,5
34,5	31,5	33,5	33	34,5	32	32	32,5	34	35,5	34,5
33,5	34	33,5	37	31,5	35	33	34,5	35	32	34
35	34,5	31	33,5	32,5	34	30	32	37	35,5	33
33,5	29,5	32,5	34	35	32	34	35	34	35,5	34,5
31,5	34	35,5	36	32,5	35	35,5	34,5	37,5	29	33
33,5	34,5	34	35,5	32	32,5	31	32	33	32	34
35	31,5	34	36,5	35,5	34,5	34,5	37	34	34,5	36
34,5	32,5	34	31	38	28,5	32	35,5	30,5	35	33

Aus der Urliste ist ohne weiteres nichts zu ersehen. Die Zahlen der Urliste werden daher als nächstes arithmetisch nach steigenden oder fallenden Werten des veränderlichen Merkmals geordnet, woraus sich dessen Bezeichnung als Ordnungsgröße oder Argument erklärt. Jeder Wert des Arguments wird hierbei nur einmal notiert, und hinter ihm

Zahlentafel 3.

Primäre Verteilungstafel zu Zahlentafel 2.

Argumentwerte (% Dehnungen)	Häufigkeiten	Argumentwerte (% Dehnungen)	Häufigkeiten
27,5	1	33	8
28	1	33,5	16
28,5	1	34	19
29	2	34,5	13
29,5	1	35	11
30	1	35,5	9
30,5	3	36	4
31	5	36,5	1
31,5	6	37	4
32	15	37,5	2
32,5	8	38	1

Kollektiv-Umfang = Häufigkeitssumme. . 132

Variationsintervall 27,5—38 %

Variationsweite = 38—27,5 = 10,5 %.

wird die Zahl beigesetzt, die angibt, wie oft der Wert in der Kollektivreihe vorkommt. Man erhält auf diese Weise die sog. primäre Verteilungstafel. Zahlentafel 3 gibt eine solche primäre Verteilungstafel zu der Urliste der Zahlentafel 2 wieder. Man nennt ein Kollektiv, dessen

Glieder eine primäre Verteilungstafel bilden, statistisch geordnet. Der Hauptunterschied zwischen Urliste und primärer Verteilungstafel läßt sich demnach dahin formulieren, daß die Urliste eine Vielheit gleichartiger Dinge in regellosem Durcheinander zeigt, wogegen die primäre Verteilungstafel diese Vielheit nach steigenden Werten eines Merkmals geordnet enthält, so daß eine Absonderung von Teilkollektiven mit derselben Wahrscheinlichkeit des Merkmals, die diesem nach dem Gesamtkollektiv zukommt, nicht mehr möglich ist. Die Urliste ist gegen Stellenauswahl, d. h. gegen die ohne Kenntnis oder Beachtung der Argumentwerte erfolgende Aussonderung von Teilreihen unempfindlich, sofern es sich um eine zufällige Aufeinanderfolge von Gliedern im Gesamtkollektiv handelt; an einer primären Verteilungstafel läßt sich eine Stellenauswahl überhaupt nicht vornehmen. Die primäre Verteilungstafel vermittelt ein Bild der Verteilung der einzelnen Glieder des Kollektivs auf bestimmte Argumentwerte und läßt zunächst als wichtigstes Merkmal einer Verteilung den größten und kleinsten Argumentwert erkennen. Man erhält damit Aufschluß über die Grenzen des vorliegenden Intervalls eines Arguments. Die Ausdehnung dieses Variationsintervalls, welche durch die Differenz der Intervallgrenzen gegeben ist, heißt die Variationsweite. Das Variationsintervall des in der Zahlentafel 3 gegebenen Beispiels reicht von 27,5—38% Dehnung, die Variationsweite beträgt mithin 10,5%. Diese Variationsweite ist nicht zu verwechseln mit dem Umfang des Kollektivs bzw. des Arguments, der in dem Beispiel 132 ausmacht. Eine bestimmte Beziehung zwischen Ausdehnung oder Variationsweite und Umfang eines Kollektivs besteht nicht; es muß aber in Anbetracht des bereits betreffs der Sicherheit und Genauigkeit statistischer Ermittlungen Festgestellten gefordert werden, daß mit der Variationsweite ganz allgemein auch der Umfang eines Kollektivs zunehme.

20. Nach der Aufstellung der primären Verteilungstafel folgt als nächster Schritt die Einteilung des Kollektivs in Klassen. Man unterteilt zu diesem Ende das Variationsintervall in eine Anzahl gleich große kleinere Intervalle, die sog. Klassenintervalle. Hierbei kann das erste bzw. das letzte Klassenintervall über die Grenzen des Variationsintervalls hinausreichen, wenn sich dadurch eine günstigere Klasseneinteilung erzielen läßt. Alle Werte, die in dasselbe Klassenintervall fallen, bilden zusammen eine Klasse; die Anzahl dieser Werte wird abgezählt; sie bildet die Klassenhäufigkeit. Die Summe aller Klassenhäufigkeiten ergibt den Umfang des Kollektivs.

Durch die Klassifizierung der Argumentwerte erhält man die Verteilungstafel. Die Zahlentafel 4 gibt die Verteilungstafel der Dehnungen von Tombakdrähten wieder, welche die Urliste der Zahlentafel 2 enthält. Das Klassenintervall oder die Klassengröße dieser Verteilungstafel der Zahlentafel 4 beträgt 1% Dehnung. Die Argumentwerte dürfen in diesem Falle ohne weiteres als unstetig aufgefaßt werden, da die experimentelle Dehnungsbestimmung von ½ zu ½% erfolgte. Die Klassen können in solchen Fällen durch die Angabe der zur Klasse zählenden Argumentwerte gekennzeichnet werden, wie es in der ersten Kolonne der Zahlentafel 4 geschehen ist. In der Regel bezeichnet man die Klassen aber durch Angabe entweder des Klassenintervalls oder der Klassenmitte. Man könnte in dem vorliegenden Beispiel der Zahlentafel 4 die Klassenintervalle z. B. von 27,5%—28,5%, von 28,5%—29,5% usw. wählen; dadurch wäre man aber gezwungen, beispielsweise die Anzahl der Werte mit 28,5% zur Hälfte zur ersten und zur Hälfte zur zweiten Klasse zu zählen, und man würde im Falle einer ungeraden Anzahl solcher Werte zu halben Häufigkeitszahlen gelangen. Um dies zu umgehen, wurden in dem Beispiel die Klassengrenzen oder die Wechselpunkte auf die Viertel der ganzen Dehnungszahlen gelegt, was um so berechtigter ist, als die Dehnung letzten Endes ein stetiges Argument ist und lediglich infolge der Skaleneinteilung des Meßapparates nur auf ½% Genauigkeit bestimmt wird. Die Klassenmitten, durch die, wir ihr Name ausweist, jedes Klassenintervall halbiert wird, fallen damit auf die ¾ der ganzen Dehnungswerte. Die Kolonnen 2 und 3 der Zahlentafel 4 geben diese Klassenintervalle bzw. diese Klassenmitten an.

Zahlentafel 4.

Verteilungstafel mit der Klassengröße 1% zu Zahlentafel 2.

Klasse (Argumentwerte)	Klassenintervall	Klassenmitte	Häufigkeit
27,5 u. 28	$27^1/_4$—$28^1/_4$	$27^3/_4$	2
28,5 u. 29	$28^1/_4$—$29^1/_4$	$28^3/_4$	3
29,5 u. 30	$29^1/_4$—$30^1/_4$	$29^3/_4$	2
30,5 u. 31	$30^1/_4$—$31^1/_4$	$30^3/_4$	8
31,5 u. 32	$31^1/_4$—$32^1/_4$	$31^3/_4$	21
32,5 u. 33	$32^1/_4$—$33^1/_4$	$32^3/_4$	16
33,5 u. 34	$33^1/_4$—$34^1/_4$	$33^3/_4$	35
34,5 u. 35	$34^1/_4$—$35^1/_4$	$34^3/_4$	24
35,5 u. 36	$35^1/_4$—$36^1/_4$	$35^3/_4$	13
36,5 u. 37	$36^1/_4$—$37^1/_4$	$36^3/_4$	5
37,5 u. 38	$37^1/_4$—$38^1/_4$	$37^3/_4$	3
			Σ 132

Die Wahl der Klassengröße hängt von dem Umfang des Kollektivs ab. Je größer der Kollektivumfang, um so kleiner kann das Klassenintervall gewählt werden. Bei sehr umfangreichen Kollektiven kann daher direkt die primäre Verteilungstafel für die weitere Rechnung an Stelle einer besonderen Verteilungstafel benutzt werden. Die Klassengröße muß mindestens so gewählt werden, daß im Zentrum der Verteilungstafel alle Klassen besetzt sind, daß also von den mittleren Klassen keine die Häufigkeitszahl Null aufweist. Gegen die beiden Enden des Variationsintervalls zu können und dürfen dagegen leere Klassen auftreten. Im allgemeinen werden im Zentrum einer Verteilungstafel die größten Häufigkeitszahlen vorkommen, und gegen die beiden Enden der Kollektivreihe zu konstatiert man abnehmende Häufigkeiten, wie dies auch aus der Zahlentafel 4 ersichtlich wird. Neben dem Kollektivumfang wirkt auf die Festlegung der Klassengröße die Variationsweite bestimmend. Je ausgedehnter ein Variationsintervall ist, um so größer wird man auch die Klassenintervalle wählen, um eine zu große Zahl von Klassen und damit eine mangelhafte Übersicht und beschwerliche Weiterarbeit zu vermeiden. Anderseits darf man aber auch nicht zu wenig Klassen wählen, da sonst eventuell vorhandene Unregelmäßigkeiten oder Besonderheiten in der Verteilung der Argumentwerte verdeckt werden können. Mehr wie allgemeine Richtlinien lassen sich betreffs der Klasseneinteilung nicht aufstellen, da über Zahl und Größe der Klassen von Fall zu Fall den besonderen Verhältnissen entsprechend entschieden werden muß. Im allgemeinen kann man sagen, gehört ein gewisser »statistischer Instinkt« dazu, in jedem Falle die richtige Klassengröße und die geeignetste Klasseneinteilung zu treffen, und dieses statistische »Gefühl« kann man sich nur durch Übung und das Sammeln von Erfahrungen aneignen.

Man sieht leicht ein, daß man durch eine zunehmende Vergröberung der Klasseneinteilung schließlich zu dem Grenzfall nur zweier Klassen gelangt und damit zu dem Fall der Auffassung eines graduell veränderlichen Merkmals als unveränderliches festes Merkmal, das nur vorhanden sein oder fehlen bzw. nur über oder unter einem bestimmten Wert liegen kann.

21. Oftmals erweist sich eine einmal getroffene Klasseneinteilung als abänderungsbedürftig. Dies ist immer dann der Fall, wenn die gewählte Klasseneinteilung zu einer Verteilung führt, in deren Häufigkeitszahlen sich keine Symmetrie äußert oder starke Unregelmäßigkeiten auftreten. So zeigt z. B. die Zahlentafel 4 neben dem maximalen Häufigkeitswert 35 in der Klasse 33¾% in der übernächst niedereren Klasse ein zweites kleineres Maximum. Mit anderen Worten: die Verteilung ändert sich nach der Seite der geringeren Dehnungen nicht gleichsinnig, und sie nimmt nach der Seite der geringeren Dehnungen und nach der Seite der höheren Dehnungen nicht gleichmäßig ab. In solchen Fällen sucht man zunächst, ob sich ein derartiger Mangel durch eine andere Klasseneinteilung, und zwar durch einfaches Verschieben der angenommenen Klassenskala ohne Veränderung der Klassengröße vermeiden läßt. Die Zahlentafel 5 zeigt gegenüber der Zahlentafel 4 die Klassenskala unter Beibehaltung derselben Klassengröße von 1% um ½% verschoben. Die nun resultierenden Häufigkeitszahlen lassen erkennen, daß der gerügte Mangel des kleineren Nebenmaximums durch diese 2. Verteilungstafel in Wegfall kommt; aber die Verteilung zu beiden Seiten der häufigsten Klasse ist immer noch ziemlich verschieden, ziemlich unsymmetrisch. Dies kann eine Eigenschaft des untersuchten Kollektivs sein, kann aber auch lediglich in der Klasseneinteilung begründet liegen, zumal in dem diskutierten Beispiel die Zahl der Klassen im Verhältnis zu dem geringen Umfang der Kollektivreihe reichlich groß ist.

Zahlentafel 5.

II. Verteilungstafel mit der Klassengröße 1 % zu Zahlentafel 2.

Klasse (Argumentwerte)	Klassenmitte	Häufigkeit
27 u. 27,5	27¼	1
28 u. 28,5	28¼	2
29 u. 29,5	29¼	3
30 u. 30,5	30¼	4
31 u. 31,5	31¼	11
32 u. 32,5	32¼	23
33 u. 33,5	33¼	24
34 u. 34,5	34¼	32
35 u. 35,5	35¼	20
36 u. 36,5	36¼	5
37 u. 37,5	37¼	6
38 u. 38,5	38¼	1
		Σ 132

Zahlentafel 6.

Reduzierte Verteilungstafel mit der Klassengröße 1½ % zu Zahlentafel 2.

Klasse (Argumentwerte)	Klassenmitte	Häufigkeit
27,5, 28, 28,5	28	3
29, 29,5, 30	29,5	4
30,5 31, 31,5	31	14
32, 32,5, 33	32,5	31
33,5, 34, 34,5	34	48
35, 35,5, 36	35,5	24
36,5, 37, 37,5	37	7
38, 38,5, 39	38,5	1
		Σ 132

In solchen Fällen schreitet man zu einer nachträglichen Zusammenfassung mehrerer Klassen ganz oder teilweise zu einer größeren Klasse und versucht, ob durch die Aufstellung einer solchen sog. reduzierten Verteilungstafel der festgestellte Mangel zum Verschwinden gebracht werden kann. Die Zahlentafel 6 zeigt zu den beiden vorhergehenden Zahlentafeln eine reduzierte Verteilungstafel mit 1½% Klassenintervall. Je nach der Lage der Klassenskala sind für eine reduzierte Verteilungstafel wieder verschiedene Fälle möglich, die man Reduktionslagen nennt. So zeigen die Zahlentafeln 7 und 8 zwei weitere Reduktionslagen zu der Zahlentafel 6. Ein Vergleich dieser Zahlentafeln unter sich und mit den Zahlentafeln 4 und 5 ergibt, daß die Klassifizierung nach Zahlentafel 8 tatsächlich einen hohen Grad von Symmetrie im Zentrum der Tafel besitzt und einen ziemlich gleichmäßigen Gang von kleinen Häufigkeitszahlen zu großen in der Mitte der Tafel und dann wieder zu kleinen gegen das Tafelende zu zeigt, und man wird daher für alle weiteren Manipulationen diese Zahlentafel 8 als Verteilungstafel zu der Urliste der Zahlentafel 2 wählen.

22. Es wird nun für alle weiteren Berechnungen angenommen, daß die zu einer Klasse zählenden Werte gleich seien, und zwar gleich dem Wert der Klassenmitte. Dies bedeutet natürlich ein Abweichen von den tatsächlichen Verhältnissen und bedingt einen Fehler, der aber im Durchschnitt nicht groß ist und, wenn man einzelne Klassen herausgreift, nur in den Klassen mit kleinen Häufigkeitszahlen und somit nur in den Klassen der beiden Tafelenden beträchtliche Abweichungen ergibt.

Zahlentafel 7.

II. Reduzierte Verteilungstafel mit der Klassengröße $1^1/_2$ % zu Zahlentafel 2

Klasse (Argumentwerte)			Klassenmitte	Häufigkeit
26,5,	27,	27,5	27	1
28,	28,5,	29	28,5	4
29,5,	30,	30,5	30	5
31,	31,5,	32	31,5	26
32,5,	33,	33,5	33	32
34,	34,5,	35	34,5	43
35,5,	36,	36,5	36	14
37,	37,5,	38	37,5	7
				Σ 132

Zahlentafel 8.

III. Reduzierte Verteilungstafel mit der Klassengröße $1^1/_2$ % zu Zahlentafel 2.

Klassenmitte	Häufigkeit	Relative Häufigkeit, Häufigkeit in $^1/_{100}$ %, Wahrscheinlichkeit	Summentafel
27,5	2	$^2/_{132}$	2
29	4	$^4/_{132}$	6
30,5	9	$^9/_{132}$	15
32	29	$^{29}/_{132}$	44
33,5	43	$^{43}/_{132}$	87
35	33	$^{33}/_{132}$	120
36,5	9	$^9/_{132}$	129
38	3	$^3/_{132}$	132
	Σ132	Σ1	

In Zahlentafel 9 wurden z. B. die arithmetischen Mittel unter der Voraussetzung, daß alle Klassenwerte jeweils gleich der Klassenmitte seien, für die Verteilungen der Zahlentafeln 3—8 zusammengestellt. Die oberste mit M bezeichnete Zeile der Zahlentafel 9 zeigt diese den verschiedenen Verteilungen zukommenden Mittel, unter denen dasjenige, das aus der primären Verteilungstafel der Zahlentafel 3 erhalten wurde, als das genaueste anzusprechen ist. Ein Vergleich der 6 Werte ergibt keine nennenswerten Differenzen, und man konstatiert, daß für die praktische Beurteilung der zu untersuchenden Materie den vorhandenen Unterschieden überhaupt keine Bedeutung zukommt. Dabei darf man nicht übersehen, daß der Umfang des vorliegenden Kollektivs klein ist, und daß die durch verschiedene Klasseneinteilungen bedingten Differenzen im allgemeinen mit zunehmendem Kollektivumfang kleiner werden.

Zahlentafel 9.

Abhängigkeit der Mittelwerte und Abweichungen von der Klasseneinteilung.

	nach Zahlentafel					
	3	4	5	6	7	8
M	33,47	33,45	33,48	33,52	33,45	33,42
D	34	33,88	34,15	33,87	34,16	33,63
C	33,69	33,65	33,67	33,69	33,66	33,52
μ	± 1,945	± 1,96	± 1,964	± 1,93	± 2,056	± 1,974
μ_k		± 1,938	± 1,943	± 1,88	± 2,01	± 1,926

23. Die Zahlentafeln 3—8 zeigen durchweg absolute Häufigkeitswerte. Für Vergleiche ist es jedoch geeigneter, die relativen Häufigkeiten anzugeben. Man kann zu diesem Ende die Häufigkeit jeder Klasse in Prozenten, d. h. auf den Kollektivumfang 100 bezogen, angeben. Oder kann man durch Division jeder Häufigkeit mit dem Kollektivumfang die Häufigkeiten auf den Kollektivumfang 1 umrechnen, wie dies in der 3. Kolonne der Zahlentafel 8 geschehen ist. Diese relativen Häufigkeitszahlen, welche die Klassenhäufigkeiten in hundertstel Prozent des Kollektivumfangs darstellen, geben außerdem die empirisch ermittelten Wahrscheinlichkeiten für das Auftreten bestimmter, in die betreffenden Klassenintervalle fallenden Werte an.

Für manche Zwecke ist es weiter zweckdienlich, für jede Klasse die Summe aller Häufigkeitswerte der vorhergehenden Klassen und der Klasse selbst zu bilden, wie dies in der 4. Kolonne der Zahlentafel 8 erfolgt ist. Eine derart gebildete Summentafel gibt die Zahl aller Kollektivglieder an, die bis zu einer bestimmten Klasse einschließlich dieser Klasse selbst auftreten. So gestattet die Summentafel der Zahlentafel 8 z. B. abzulesen, daß über die Hälfte aller untersuchten Proben eine Dehnung unter 34,25% besitzt, daß ein Drittel aller Werte unter 32,75% oder ein Drittel aller Werte über 34,25% liegt.

24. Eine größere Übersichtlichkeit als eine Verteilungstafel selbst zeigt ihre graphische Darstellung. Es sind zwei Darstellungsarten möglich, je nachdem man die geometrische Konstruktion auf der Klassenmitte oder auf dem Klassenintervall aufbaut. Die eine Darstellungsart trägt auf einer Achse in beliebigem Maßstab die Klassenmitten ab, errichtet in den erhaltenen Teilungspunkten Lote und trägt nach der Verteilungstafel auf jedem Lot die zu der betreffenden Klasse gehörige Häufigkeit ab. Die Verbindung der Endpunkte auf den Loten ergibt das sog. Häufigkeitspolygon. Die Abb. 1 stellt die Häufigkeitspolygone zu den Verteilungstafeln der Zahlentafeln 4 und 5 dar. Bei der anderen Darstellungsmethode trägt man auf einer Achse die Klassenintervalle ab und errichtet über denselben Rechtecke, deren anderen Seitenlängen die Klassenhäufigkeiten bestimmen. Dieses Verfahren führt zu dem sog. Staffelbild. Die Abb. 2 gibt die Staffelbilder zu den Zahlentafeln 6 und 7 und läßt auch die Beziehung des Staffelbildes zum Häufigkeitspolygon erkennen. Nach beiden Darstellungsverfahren werden also die Häufigkeiten als Ordinaten in einem Koordinatensystem aufgetragen; die Abszissen bilden entweder die Klassenmitten oder die Klassengrenzen, und die Einheit der Abszissenabschnitte ist in jedem Falle die Klassengröße.

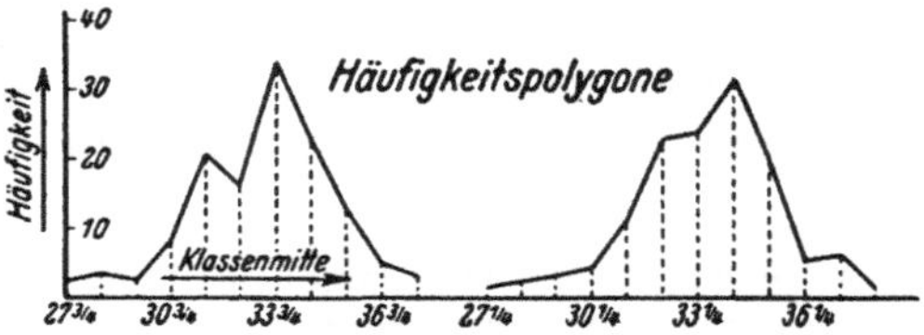

Abb. 1.

In ganz entsprechender Weise läßt sich auch eine Summentafel graphisch veranschaulichen. Abb. 3 gibt das geometrische Bild zu der Summentafel der Zahlentafel 8, das sog. Summenpolygon.

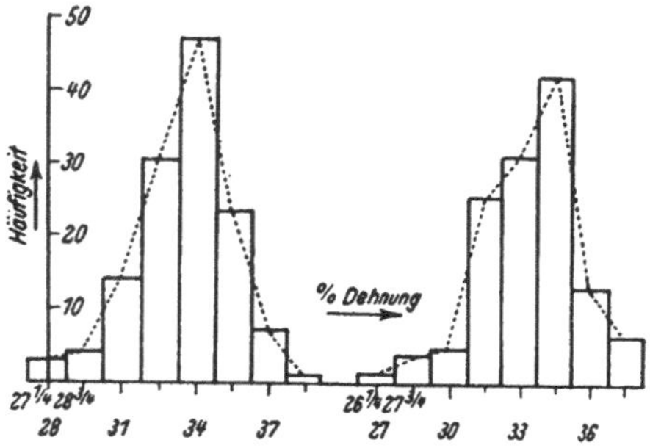

Abb. 2.

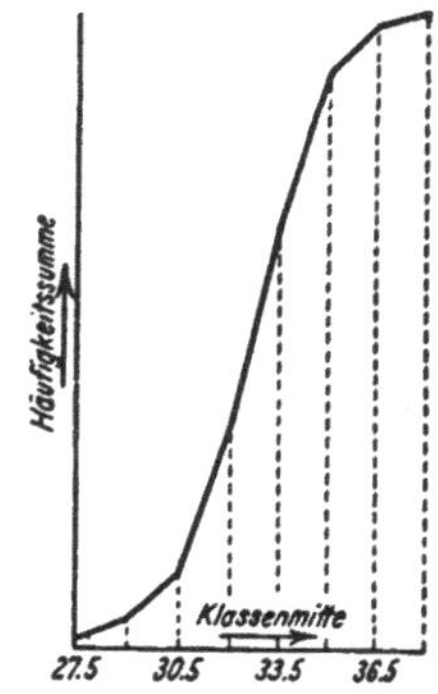

Abb. 3.

25. Die Zahlentafeln 2—8 und die Abb. 1—3 beziehen sich auf die Verteilung eines Kollektivs mit stetigem Argument. Es sei im folgenden nun noch ein Beispiel der Verteilung eines Kollektivs mit unstetigem Argument angeführt. Solche Kollektive sind insofern einfacher als Kollektive mit stetig veränderlichen Eigenschaften, als bei ihnen in den meisten Fällen eine besondere Klassifizierung entfällt. Die Klasseneinheit ist ohne weiteres durch die Einheit des unstetigen Arguments gegeben, und man gelangt daher von der Urliste des unstetigen Kollektivs sofort zu der endgültigen Form der Verteilungstafel, bzw. man kann diese Verteilungstafel direkt bei der Aufnahme der Eigenschaftswerte herleiten, da die Klassifizierung bereits im voraus festliegt, eben wegen der Übereinstimmung der Klasseneinheit mit der Argumenteinheit. Befaßt sich die Untersuchung einer Materie mit den verschiedenen Graden einer vorhandenen stetig veränderlichen Eigenschaft, so erhält man ein stetiges Kollektiv, handelt es sich dagegen um eine nur sprunghaft veränderliche Eigenschaft, sind nur die beiden Alternativen Vorhandensein oder Fehlen eines Merkmals in einem Einzelfalle möglich, so ergibt sich ein unstetiges Kollektiv. In letzterem Falle kann es eine an und für sich unstetig veränderliche Eigenschaft oder ein graduell veränderliches Merkmal oder ein bestimmter Grad, ein gewisses Intervall einer graduell Variabeln sein, welche auf ihr Erscheinen oder Nichterscheinen untersucht werden sollen. Ein Beispiel.

Es wurden 2082 Ringe Tombakfeindrähte der laufenden Fabrikation einer Drahtzieherei auf ihre Dehnung untersucht. Es liegt also eine Reihe von 2082 Dehnungswerten vor. Man teilt nun diese Wertereihe in der Ordnung ihrer Aufnahme beispielsweise in Gruppen zu je 6 Werten. Man erhält 347 Gruppen zu je 6 Dehnungswerten; man gelangt zu einem Kollektiv des Umfangs $N = 347$, bei dem jedes Glied der Reihe 6 Ringe Tombakdraht umfaßt. Als nächstes zählt man aus, wieviel Ringe unter den 6 Ringen jeder Gruppe eine Dehnung von beispielsweise 31—34% aufweisen. Es sind offenbar nur die 7 Möglichkeiten gegeben, daß kein Ring, daß ein Ring, daß 2, 3, 4, 5 oder alle 6 Ringe die erwähnte Dehnung besitzen. Diese Ringzahlen pro Gruppe, also die Werte 0, 1, 2, 3, 4, 5, 6, bilden das Argument, das veränderliche Merkmal, nach dem geordnet wird. Dieses Merkmal ist unstetig, es ist nur sprunghafter Veränderungen fähig. Die Klassifizierung des Kollektivs erfolgt so, daß jeder Argumentwert eine Klasse bildet. Die Argumentwerte sind zugleich Klassenmitten. Bei weiteren Auswertungen einer solchen Kollektivreihe ergibt die Rechnung mithin völlig exakte Werte, welchen auch die geringen durch die Klassifizierung stetig veränderlicher Merkmale bedingten Fehler nicht anhaften. Die Klassengrenzen liegen bei —0,5, 0,5, 1,5, 2,5, 3,5, 4,5, 5,5 und 6,5; sie haben lediglich formal-theoretische Bedeutung, da ja tatsächlich z. B. in dem Intervall 2,5—3,5 stets nur der eine diskrete Wert 3 real sein kann.

Das Ergebnis der Auszählung der Anzahl Ringe Tombakdraht mit 31—34% Dehnung in jeder der 347 Gruppen ist in der Zahlentafel 10 zusammengestellt. Man konstatiert, daß es einen häufigsten Wert des Arguments des vorliegenden Kollektivs gibt, daß es nämlich am öftesten vorkommt, daß 3 Ringe unter 6 Ringen eine Dehnung innerhalb des genannten Intervalls aufweisen, und daß Gruppen mit mehr oder weniger als 3 Ringen der bestimmten Dehnung pro Gruppe seltener auftreten. Übersichtlicher wird wieder die Art der Verteilung durch ihre graphische Darstellung als Häufigkeitspolygon.

Die 4. Kolonne der Zahlentafel 10 enthält die Wahrscheinlichkeiten für die einzelnen möglichen Fälle, wie sie aus dem Versuch hergeleitet werden. Die vorletzte Kolonne der Zahlentafel 10 zeigt die Summentafel des Kollektivs, und die letzte Kolonne gibt die Gesamtzahl der Ringe mit der bestimmten Dehnung für jede Klasse.

26. Statt mit Häufigkeiten wie in dem eben behandelten Beispiel als Argumentwerten zu rechnen, kann man auch mit Wahrscheinlichkeiten operieren, an Stelle der Häufigkeit eines Ereignisses pro Serie als Argument kann die Wahrscheinlichkeit des betreffenden Ereignisses treten. Es versteht sich, daß eine Häufigkeit als Argument nur bei Merkmalen alternativer Veränderlichkeit oder bei Eigenschaften, die künstlich in ein »Entweder—Oder« getrennt werden, auftreten kann. Dementsprechend läßt sich auch nur für Serien solcher Reihen, deren Merkmal unstetig unterteilt ist und bezüglich der Einzelfälle nur die beiden Klassen 0 und 1 umfaßt, eine Wahrscheinlichkeit als Argument angeben. Liefert die Rechnung mit Häufigkeiten bei der Zusammenfassung von n Einzelfällen zu einer Serie eine Reihe mit $(n + 1)$ unstetigen Argumentwerten, die zwischen 0 und n schwanken, so führt die Rechnung

Zahlentafel 10.

Verteilungstafel eines Kollektivs mit unstetigem Argument.

(Tombakdrähte mit 31—34% Dehnung.)

Anzahl Ringe mit 31—34% Dehnung unter 6 Ringen	Klasse (Klassenmitte)	Häufigkeit	Relative Häufigkeit, Wahrscheinlichkeit	Summentafel	Erfolgszahl
0	0	13	13/347	13	0
1	1	35	35/347	48	35
2	2	72	72/347	120	144
3	3	98	98/347	218	294
4	4	74	74/347	292	296
5	5	40	40/347	332	200
6	6	15	15/347	347	90
Kollektivumfang $N = 347$			Gruppenumfang $n = 6$		1059

Variationsintervall: 0 bis 6 Ringe, Variationsweite: 6—0 = 6 Einheiten.

Gesamtzahl der Fälle $Nn = 347 \times 6 = 2082$,

Gesamterfolgszahl $a = 1059$, $M = \frac{a}{N} = 3{,}05$, $p = \frac{a}{Nn} = 0{,}51$,

$\mu^2 = 2{,}01$ $\mu = \pm 1{,}42$ $V = \pm 46{,}6$ $\mu_1{}^2 = 0{,}056$ $\mu_1 = \pm 0{,}24$,

$\mu_M{}^2 = 0{,}0058$ $\mu_M = \pm 0{,}08$ $V_M = \pm 2{,}6$ $\mu_p{}^2 = 0{,}00016$ $\mu_p = \pm 0{,}013$,

$n\,p\,q = 6 \cdot 0{,}51 \cdot 0{,}49 = 1{,}5$ $\sqrt{n\,p\,q} = \pm 1{,}22$,

$\frac{pq}{n} = 0{,}0417$ $\sqrt{\frac{pq}{n}} = \pm 0{,}21$,

Binomiale Zufallsverteilung $N\,(p + q)^n = 347\,(0{,}51 + 0{,}49)^6$,

$X = \mu^2 - n\,p\,q = 0{,}51$ $X_1 = \mu_1{}^2 - \frac{pq}{n} = 0{,}014 = \frac{X}{n^2}$,

$Q^2 = \mu^2/n\,p\,q = 1{,}34$ $Q = \pm 1{,}16$,

str. $\mu^2 = \mu^2 \sqrt{\frac{2}{N}} = \pm 0{,}15$ str. $n\,p\,q = n\,p\,q \sqrt{\frac{2}{N}} = \pm 0{,}115$.

mit Wahrscheinlichkeiten ebenfalls zu $(n + 1)$ unstetigen Argumentwerten, die zwischen 0 und 1 in Intervallen von $\frac{1}{n}$ schwanken.

In einer Zieherei werden Tombakdrähte der Legierung 75/25 fabriziert. Die Glühung erfolgt in Töpfen, wobei eine Glühcharge durchschnittlich $n = 21$ Ringe umfaßt. Es wird für jeden Ring einer Glühung die Dehnung bestimmt, und man zählt aus, wie viele Ringe pro Glühcharge eine Dehnung von 35% und mehr aufweisen. Zählt man a'-Ringe mit der hohen Dehnung, so ist der Quotient $\frac{a'}{n}$ die relative Häufigkeit oder die Wahrscheinlichkeit des bestimmten Merkmals.

Wertet man eine Reihe von Glühungen in der geschilderten Weise aus, so kommt man zu einer Reihe von Wahrscheinlichkeitswerten $\frac{a'}{n}$.

Es ist einleuchtend, daß hierbei n für die verschiedenen Glühchargen nicht genau gleich zu sein braucht; es darf aber keine allzu großen Schwankungen aufweisen, da andernfalls die Sicherheit der hergeleiteten Wahrscheinlichkeitswerte eine stark verschiedene würde und mithin der Vergleich dieser Werte und ihre Zusammenfassung zu einer Kollektivreihe nicht einwandfrei wäre.

Es wurde in einem praktischen Fall im ganzen über 18 Monate für monatlich 16 Glühungen die Wahrscheinlichkeit der festgelegten hohen Dehnung bestimmt. Dabei ergaben sich die 288 Wahrscheinlichkeitswerte der Zahlentafel 11, welche der Einfachheit halber in Einheiten zu $^1/_{100}$ angegeben sind (und folglich auch als prozentuale Häufigkeiten aufgefaßt werden können).

Die aufgeführte Zusammenstellung der 288 Wahrscheinlichkeitswerte bildet eine Urliste, in welcher die Wahrscheinlichkeiten der hohen Dehnung für verschiedene Glühungen in der Aufeinanderfolge dieser Glühungen verzeichnet stehen.

Sie ist ohne weiteres vergleichbar mit der Urliste der Würfe mit einem Würfel, die in Artikel 11 diskutiert wurden. Es wurden dort lediglich die Ergebnisse der Einzelfälle festgehalten, wogegen in dem vorliegenden Beispiel immer n Einzelfälle zu einer Serie zusammengefaßt wurden. In dem früheren Beispiel wurden sodann die Häufigkeiten aufgeführt, wogegen das neue Beispiel die Wahrscheinlichkeiten angibt. Infolge der Auswertung von Einzelfällen in dem ersten Beispiel ist für dasselbe jedoch die Häufigkeit gleich der Wahrscheinlichkeit. Sind in dem vorliegenden Beispiel die diskreten Wahrscheinlichkeitswerte $\frac{0}{n}, \frac{1}{n}, \frac{2}{n} \ldots \frac{n}{n}$, so hat man in dem Würfelbeispiel nur die beiden Wahrscheinlichkeiten 0 und 1 (da die Reihe $\frac{0}{n}, \frac{1}{n}, \frac{2}{n} \ldots \frac{n}{n}$ für $n = 1$ nur die beiden Glieder 0 und 1 umfaßt).

27. Man kann die Urliste mit den 288 Wahrscheinlichkeitswerten auf ihren regellosen Charakter, auf den zufälligen Charakter der Aufeinanderfolge der Wahrscheinlichkeitswerte überprüfen, und zwar nach derselben Methode, welche in Artikel 11 bezüglich des Würfelbeispiels illustriert wurde. Die Auszählung des ganzen Kollektivs ergibt, daß sich unter $N = 6009$ Ringen $a = 3823$ Ringe mit der hohen Dehnung befinden. Man bestimmt hieraus die Wahrscheinlichkeit der hohen Dehnung zu $\frac{a}{N}$ oder rd. 0,64. Zu demselben Wert führt natürlich auch die Division der Summe aller aufgeführten 288 Wahrscheinlichkeitswerte durch 288. Ist nun das Kollektiv durch statistische Regellosigkeit ausgezeichnet, so muß es gegen beliebige Gliederauswahl unempfindlich sein, d. h. beliebig ausgesonderte Teilkollektive müssen zu Wahrscheinlichkeits-

Zahlentafel 11.

Urliste der relativen Häufigkeiten hoher Dehnungswerte.

Glühung / Monat	1	2	3	4	5	6	7	8	9	10	11	12	13	14	15	16	Zeilensummen	Monatsmittel p	N	Q
I	44	65	48	64	78	89	79	39	37	56	60	36	89	74	31	70	959	0,60	308	1,7
II	75	57	81	78	67	65	60	52	56	73	79	80	86	69	83	40	1 101	0,69	309	1,2
III	79	29	64	57	38	35	33	39	42	76	83	64	33	33	32	37	774	0,48	336	1,7
IV	58	39	42	30	36	50	60	45	92	67	62	54	50	55	48	63	851	0,53	347	1,3
V	72	81	68	75	83	85	90	67	27	52	52	82	88	47	92	67	1 128	0,71	339	1,8
VI	75	83	83	60	96	75	52	67	20	96	92	80	69	96	44	85	1 173	0,73	345	2,1
VII	84	92	54	54	22	87	73	73	53	53	57	81	68	73	59	88	1 071	0,67	340	1,7
VIII	71	65	87	28	65	89	71	69	60	50	25	74	81	67	83	58	1 043	0,65	377	1,8
IX	63	67	67	55	59	70	74	50	81	65	90	87	22	65	55	50	1 020	0,64	335	1,5
X	91	68	62	67	44	92	80	36	59	54	45	35	32	76	47	83	971	0,61	374	1,9
XI	64	75	63	80	62	75	50	30	57	71	88	69	94	83	58	88	1 107	0,69	328	1,5
XII	80	76	23	39	93	87	92	88	41	65	54	82	33	57	85	50	1 045	0,65	307	2,1
XIII	50	50	88	74	85	84	88	94	76	69	76	88	29	88	93	23	1 155	0,72	322	2,2
XIV	81	72	53	27	67	38	20	76	55	53	44	50	75	57	81	31	880	0,55	308	1,6
XV	35	73	69	80	50	53	75	79	83	89	25	91	44	65	48	64	1 023	0,64	323	1,8
XVI	44	75	84	75	72	58	79	75	44	39	52	39	45	67	67	53	968	0,61	330	1,4
XVII	65	57	29	92	83	81	39	42	71	63	91	64	80	50	81	35	1 023	0,64	345	1,9
XVIII	44	45	53	80	74	93	62	45	50	89	65	67	68	75	50	57	1 017	0,64	336	1,4
Kolonnensummen	1 175	1 169	1 118	1 115	1 174	1306	1 177	1066	1004	1 180	1 140	1223	1086	1197	1 137	1042	18 309			
Mittel	0,65	0,65	0,62	0,62	0,65	0,73	0,65	0,59	0,56	0,66	0,63	0,68	0,60	0,67	0,63	0,58		0,636		

Jeder Einzelwert ist Mittel einer Glühcharge mit durchschnittlich $n = 20{,}86$ Ringen.

I. Kollektiv der Ringe: $N = 6009 \quad a = 3823 \quad p = \frac{a}{N} = 0{,}636 \quad q = (1 - p) = 0{,}364$,

$\mu^2 = p \times q = [3823\,(1 - 0{,}634)^2 + (6009 - 3823)\,(0 - 0{,}634)^2] : 6009 = 0{,}2316$
$\mu = \pm\, 0{,}481$,

$\text{str.}\ \mu^2 = 0{,}2316 \sqrt{2 : 6009} = \pm\, 0{,}0042 \quad \text{str.}\ \mu = 0{,}481 : \sqrt{2 \times 6009} = \pm\, 0{,}0044$,

$\text{str.}\ p = \sqrt{\frac{p\,q}{N}} = \pm\, 0{,}006 \quad \text{str.}\ a = \sqrt{N\,p\,q} = \pm\, 37{,}3$.

II. Kollektiv der Glühungen: $N = 6009 \quad Z = 288 \quad n = 20{,}86 \quad p = 0{,}636$
$M = np = 13{,}27$,

$\mu_1^2 = \Sigma\,(E - p)^2 : 288 = 0{,}0363 \quad \frac{p\,q}{n} = 0{,}0111 \quad \text{str.}\ \frac{p\,q}{n} = 0{,}0111 \sqrt{2 : 288} =$
$= \pm\, 0{,}001$,

$\mu^2 = \Sigma\,(nE - M)^2 : 288 = 15{,}7956 \quad n\,p\,q = 4{,}8292 \quad \text{str.}\ n\,p\,q = 4{,}8292 \sqrt{2 : 288} =$
$= \pm\, 0{,}402$,

$X_1 = \left(\mu_1^2 - \frac{p\,q}{n}\right) = 0{,}0252 \qquad X = (\mu^2 - n\,p\,q) = 10{,}9664 \qquad X_1 > 3\ \text{str.}\ \frac{p\,q}{n}$

$X > 3\ \text{str.}\ n\,p\,q$: Real,

$Q^2 = 3{,}3 \quad \mu_p = \mu_1 : \sqrt{288} = \pm\, 0{,}011 \quad \mu_M = \mu : \sqrt{288} = \pm\, 0{,}23$,

$\mu^2 = 0{,}2316 \quad \mu_G^2 = 0{,}0363 \quad X = \frac{n}{n-1}\,\mu_G^2 - \frac{1}{n-1}\,\mu^2 = 0{,}026 \quad (\mu_G^2 - X) = 0{,}01$,

$\mu_Z^2 = \mu^2 - \mu_G^2 = 0{,}1953$, Zufallsstreuung $= \frac{1}{n-1}\,\mu_Z^2 = 0{,}01$.

III. Kollektiv der Monatsglühungen: $N = 6009 \quad Z = 18 \quad n = 333{,}76\ (= 16 \times 20{,}86)$,

$\mu_1^2 = \Sigma\,(\text{Monatsmittel} - 0{,}636)^2 : 18 = 0{,}0042 \quad \frac{p\,q}{n} = 0{,}0007 \quad \text{str.}\ \frac{p\,q}{n} =$
$= 0{,}0007 \sqrt{2 : 18} = 0{,}00023$,

$X_1 = \left(\mu_1^2 - \frac{p\,q}{n}\right) = 0{,}0035 > 3\ \text{str.}\ \frac{p\,q}{n} \quad Q^2 = \frac{\mu_1^2}{p\,q/n} = 6$,

$\mu^2 = 0{,}2316 \quad \mu_G^2 = 0{,}0042 \quad X = \frac{334}{333}\,0{,}0042 - \frac{1}{333}\,0{,}2316 = 0{,}0035 \quad \mu_G^2 - X = 0{,}0007$,

$\mu_Z^2 = \mu^2 - \mu_G^2 = 0{,}2274$, Zufallsstreuung $= \frac{1}{n-1}\,\mu_Z^2 = 0{,}0007$.

str.²: der Einzelwahrscheinlichkeiten (pro Ring) 0,2316, der Glühungswahrscheinlichkeiten 0,0363, der Monatswahrscheinlichkeiten 0,0042, der Gesamtwahrscheinlichkeit 0,000038.

werten für die hohe Dehnung führen, die mit der nach dem Gesamtkollektiv bestimmten Wahrscheinlichkeit übereinstimmen (abgesehen von kleinen sog. zufälligen Schwankungen, über die noch zu handeln sein wird).

Berücksichtigt man nur die Glühungen jedes zweiten Monats, also z. B. die 16 Werte des 1. Monats, die 16 Glühungen des 3. Monats usw., so bestimmt man für dieses Teilkollektiv als Wahrscheinlichkeit der hohen Dehnung $p = 0{,}64$. Sondert man aus allen aufgenommenen Werten jeden zweiten aus, bildet man also eine Teilreihe, welche z. B. nur die

1., 3., 5., ... 287. Glühung umfaßt, so führt die Auswertung dieses Kollektivs zu $p = 0{,}63$. Für die Glühungen der ersten 6 Monate allein ergibt sich $p = 0{,}62$, und für die Glühungen der letzten 6 Monate allein berechnet man $p = 0{,}63$. Sondert man in jedem Monat die Glühungen aus, deren Nummern eine Primzahl bilden, also aus jeder Monatsgruppe die 1., 2., 3., 5., 7., 11. und 13. Glühung, so bestimmt man nach diesem Teilkollektiv mit $18 \cdot 7 = 126$ Gliedern $p = 0{,}64$.

Man stellt nach diesen Ergebnissen fest, daß die vorliegende Reihe von Wahrscheinlichkeitswerten gegen Stellenauswahl genau so unempfindlich ist wie die ausgesprochene Zufallsreihe der 300 Wurfergebnisse, die in Artikel 11 diskutiert wurde. Die Schwankungen in der Wahrscheinlichkeit der hohen Dehnung von Glühung zu Glühung, die Schwankungen in der Häufigkeit der Ringe mit hoher Dehnung bei den verschiedenen Glühungen der 18 Monate können als ganz regellos und zufällig angesprochen werden, insbesondere läßt sich feststellen, daß die Glühungen zu verschiedenen Zeitpunkten bezüglich ihrer Schwankungen als gleich gut (bzw. gleich schlecht) bezeichnet werden können, und daß ein Gang derart, daß sich im Laufe der Zeit die Wahrscheinlichkeit der hohen Dehnung änderte, nicht zu konstatieren ist. Das vorliegende Kollektiv zeigt mithin Zufallscharakter bezüglich des Wechsels seiner Argumentwerte. Eine andere Frage ist es natürlich, ob der Grad der Schwankungen ebenfalls zufällig ist, oder ob an dem Zustandekommen dieser Schwankungen außer zufälligen Einflüssen noch andere Ursachen mitwirken. Auf diese letztere Frage wird noch zurückzukommen sein.

Bestimmt man aus den Glühungen der einzelnen Monate für sich die Wahrscheinlichkeit der hohen Dehnung, so ergeben sich Werte, die beträchtlichere Unterschiede zeigen. So findet man für die Gruppe des 6. Monats $p_6 = 0{,}73$ und für die Gruppe des 3. Monats $p_3 = 0{,}48$. Hieraus darf man jedoch keinen Schluß bezüglich des regellosen oder nicht regellosen Charakters des Kollektivs ziehen, da die Umfänge der derart ausgesonderten Teilkollektive viel zu gering sind. Dieselben Verhältnisse stellt man auch bei ausgesprochenen Zufallsmaterien fest. So errechnet man für das Würfelbeispiel der Zahlentafel 1 nach der 6. Reihe allein $p = 0{,}63$ und nach der 7. Reihe allein $p = 0{,}37$.

28. Es kann in diesem Zusammenhang noch darauf hingewiesen werden, daß man hin und wieder auch statt mit den Häufigkeiten oder den Wahrscheinlichkeiten eines Ereignisses pro Versuchsserie mit Größen rechnet, welche einfache Funktionen der Wahrscheinlichkeit eines Ereignisses darstellen. Eine solche einfache Funktion einer Wahrscheinlichkeit ist z. B. das Verhältnis der Wahrscheinlichkeit eines Ereignisses zu der Wahrscheinlichkeit des Gegenteils. So operiert man beispielsweise in der Bevölkerungsstatistik oftmals statt mit der relativen Häufigkeit einer Knabengeburt mit dem Verhältnis dieser relativen

Häufigkeit zu der relativen Häufigkeit einer Mädchengeburt. Man rechnet somit nicht mit $p = \frac{a}{N}$, sondern mit dem Quotienten $\frac{p}{1-p} = \frac{p}{q}$, wenn q die Wahrscheinlichkeit des Gegenteils zu einem Ereignis mit der Wahrscheinlichkeit p bedeutet. Es gilt

$$\frac{p}{q} = \left(\frac{a}{N}\right) : \left(1 - \frac{a}{N}\right) = \left(\frac{a}{N - a}\right),$$

wenn a die Gesamtzahl der ein Ereignis bedeutenden Fälle eines Kollektivs bezeichnet. Man nennt das Verhältnis $\frac{p}{q}$ aus Wahrscheinlichkeit und Gegenwahrscheinlichkeit die relative Wahrscheinlichkeit eines Ereignisses.

In ganz entsprechender Weise könnte man z. B. in dem diskutierten Beispiel über verschiedene Glühungen von Tombakdrähten, statt die Wahrscheinlichkeit $p = \frac{a'}{n}$ der hohen Dehnung anzugeben, das Verhältnis der Anzahl Ringe hoher Dehnung zu der Anzahl Ringe mit geringer Dehnung pro Glühung als $\frac{p}{q} = \frac{a'}{(n - a')}$ festlegen. Kann man sodann statt mit absoluten Häufigkeiten auch mit relativen Häufigkeiten und statt beider mit prozentualen Häufigkeiten rechnen, so läßt sich entsprechenderweise festlegen, wieviel Ringe hoher Dehnung auf 100 oder 1000 Ringe geringer Dehnung kommen. Da auf einen Ring geringer Dehnung $\frac{p}{q}$ Ringe hoher Dehnung entfallen, so findet man auf beispielsweise 100 Ringe der geringen Dehnung

$$\frac{100\,p}{q} = \frac{100\,a'}{(n - a')}$$

Ringe hoher Dehnung.

Endlich ist es in manchen Fällen vorteilhaft, mit dem sog. relativen Überschuß beispielsweise der Ringanzahl hoher Dehnung über die Ringanzahl geringer Dehnung oder der Knabengeburten über die Mädchengeburten zu rechnen. Es ist dieser relative Überschuß

$$\ddot{U} = p - q = 2p - 1 = (2\,a - N) : N.$$

Der relative Überschuß schwankt zwischen den Werten $+ 1$ (für $p = 1$) und $- 1$ (für $p = 0$). Für das diskutierte Beispiel mit $p = 0{,}64$ beträgt $\ddot{U} = 0{,}28$.

29. Auch bei graduell veränderlichen Eigenschaften gibt es Fälle, in denen nicht nur eine Eigenschaft sondern gleichzeitig zwei Eigenschaften an einer Reihe von Gliedern eines Kollektivs von Interesse sind und bezüglich ihrer Beziehung zueinander studiert werden sollen. So kann es beispielsweise von Wichtigkeit sein, zu fragen, wie sich die Festigkeit bestimmter Drähte mit der Glühtemperatur ändert oder wie sich Dehnung und Festigkeit eines Drahtmaterials gegenseitig beeinflussen. Entsprechend dem Vorgehen beim Studium zweier alternativ veränderlicher Merkmale kommt man auch bei der gleichzeitigen Betrachtung zweier graduell veränderlicher Eigenschaften zu einer Klasseneinteilung zweiter Ordnung, bei der jede Klasse durch einen bestimmten Wert bzw. ein bestimmtes Klassenintervall der einen Eigenschaft und einen bestimmten Wert bzw. ein bestimmtes Klassenintervall der andern Eigenschaft charakterisiert wird. Sind aber bei alternativer Veränderlichkeit für jede Eigenschaft nur 2 Klassen vorhanden, so erhält man für graduell veränderliche Merkmale je eine Reihe von mehreren Klassen, und dementsprechend führt die Klassifizierung eines Kollektivs nach zwei graduell veränderlichen Merkmalen zu einer zweidimensionalen Verteilungstafel mit nicht nur 4 Feldern, sondern mit $n \cdot m$ Feldern, wenn n die Zahl der Klassen der einen Eigenschaft und m die Zahl der Klassen der andern Eigenschaft bedeutet. Eine solche Tafel mit doppeltem Eingang nennt man eine Korrelationstabelle. Sie dient der Auswertung eines Kollektivs bezüglich der Abhängigkeitsverhältnisse zwischen zwei graduell veränderlichen Eigenschaften[1]).

V. Abschnitt.

Allgemeines über Verteilungen und Häufigkeitskurven.

30. Mit zunehmendem Umfang eines Kollektivs mit stetigem Argument kann man die Klassengröße immer weiter herabsetzen, so daß die Zahl der Klassen immer größer wird. Damit nähert sich die graphische Darstellung der Verteilungstafel, die als Häufigkeitspolygon aus einem erst aufsteigenden und dann wieder abfallenden gebrochenen Linienzug besteht, immer mehr einer kontinuierlich gekrümmten Kurve, einer sog. Häufigkeitskurve. Man kann nun aber auch bei der bildlichen Darstellung der Verteilung von Kollektiven kleineren Umfangs an die Stelle des Häufigkeitspolygons die Häufigkeitskurve setzen, indem man zeichnerisch einfach den gebrochenen Linienzug durch eine stetig gekrümmte Kurve ersetzt, welche die einzelnen in dem Diagramm eingetragenen Punkte verbindet. So wird in Abb. 4 die Verteilung der Zahlentafel 8 durch eine Häufigkeitskurve veranschaulicht; das entsprechende Staffelbild ist mit aufgezeichnet. Erwähnt muß noch werden, daß nicht nur Kollektive mit stetigen Argumenten, sondern auch Kollektive mit un-

[1]) Vgl. E. Czuber, »Die statistischen Forschungsmethoden«.

stetigen Argumenten durch Häufigkeitskurven darstellbar sind. Allerdings kommt in solchen Fällen dieser Darstellungsweise nur formale Bedeutung zu, da bei unstetigen Argumenten nur die diskreten Argumentwerte der Eckpunkte des Häufigkeitspolygons verwirklicht sein können. Entsprechend dem Ersatz des Häufigkeitspolygons durch die stetig gekrümmte Häufigkeitskurve kann auch an Stelle des Summenpolygons eine stetig gekrümmte Summenkurve treten.

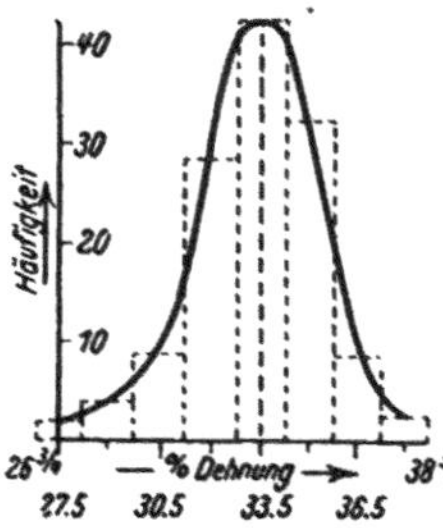

Abb. 4.

Derartige Häufigkeitskurven oder Verteilungskurven als die anschaulichen Bilder bestimmter Verteilungen haben nun zur Beurteilung von Kollektiven allgemein und besonders auch zur Beurteilung solcher Kollektive, die technischen Materien entstammen, größte Bedeutung. Es seien daher im folgenden zunächst die wesentlichsten allgemeinen Gesichtspunkte über Verteilungen und ihre Häufigkeitskurven herausgearbeitet.

31. Es gibt Erscheinungen und Tatsachen, denen für eine bestimmte Größe oder Eigenschaft immer ein ganz bestimmter Wert zukommt. Mißt man beispielsweise den Umfang irgendeines großen oder kleinen Kreises aus und dividiert diesen Umfang durch den Kreisdurchmesser, so erhält man stets genau denselben Wert $\pi = 3{,}14$. Das Verhältnis von Kreisumfang zu Kreisdurchmesser hat immer, überall und unter allen Umständen denselben Wert. Man nennt eine solche Abhängigkeit eine funktionale, da sie sich durch eine bestimmte mathematische Funktion, eine bestimmte mathematische Beziehung darstellen läßt, in dem erwähnten Beispiel als Umfang: Durchmesser $= 3{,}14$. Auf Grund einer solchen funktionalen Abhängigkeit kann man jederzeit eine unbekannte Größe ermitteln, wenn man die übrigen Größen, die an der Bildung der Funktion beteiligt sind, kennt. Im Gegensatz zu diesen Verhältnissen steht das Verhalten anderer Materien, die wohl für eine bestimmte Eigenschaft bevorzugte Werte aufweisen, aber durchaus nicht ein- für allemal denselben Wert. In einer solchen nicht funktionalen Abhängigkeit stehen z. B. Festigkeit und Dehnung zueinander. Es bestehen keine festen Beziehungen derart, daß zu einer gewissen Festigkeit eines Drahtes stets genau dieselbe Dehnung gehören würde, so daß man zu einer bekannten Festigkeit die dazugehörige Dehnung berechnen könnte. Anderseits aber sind Dehnung und Festigkeit auch nicht unabhängig voneinander, so daß mit einem bestimmten Festigkeitswert jeder beliebige Dehnungswert auftreten könnte. Es gibt vielmehr zu irgendeiner Festigkeit eines bestimmten Drahtmaterials einen bevorzugten Wert der Dehnung, mit dem diese Festigkeit am häufigsten vergesellschaftet auftritt, und dies nicht nur einmal, sondern unter normalen Bedingungen immer wieder. Es gibt dann außerdem größere und kleinere Werte der Dehnung, die ebenfalls zusammen mit dieser Festigkeit auftreten aber nicht so oft, und es gibt noch andere Dehnungswerte, die noch seltener mit dieser Festigkeit gleichzeitig auftreten.

Auf dieselben Verhältnisse stößt man z. B. bei der Beziehung zwischen der Dehnung eines Drahtes und seiner materiellen Beschaffenheit. Wohl zeigen Tombakdrähte andere Dehnungen wie beispielsweise Drähte aus Phosphorbronze; aber die Abhängigkeit der Dehnung von der Materie eines Drahtes geht nicht so weit, daß man auf Grund der Kenntnis des Drahtmaterials die Dehnung dazu angeben könnte. Es gibt vielmehr Dehnungswerte für ein bestimmtes Drahtmaterial, die sich an diesem Material am öftesten feststellen lassen, es gibt kleinere und größere Werte der Dehnung, die an Drähten der gleichen Art weniger oft in Erscheinung treten, und es gibt wieder andere Dehnungswerte, die an demselben Material noch seltener zu finden sind. Man stellt somit eine bestimmte Verteilung verschiedener Dehnungswerte fest, derart, daß es besonders bevorzugte Dehnungswerte gibt, die an Drähten eines bestimmten Materials am häufigsten in Erscheinung treten, und daß eine Reihe anderer Dehnungswerte in verschiedenen Abstufungen seltener vorkommen, wie dies durch die Verteilung der Zahlentafel 8 illustriert wird. In ganz entsprechender Weise findet man, daß ein bestimmter Dehnungswert, mehrere bestimmte Dehnungswerte oder ein bestimmtes Dehnungsintervall in mehreren Gruppen von Drahtringen verschieden oft auftreten. Man stellt einen bevorzugten Argumentwert fest, eine bevorzugte Anzahl, die sich unter einer bestimmten Anzahl von Ringen am häufigsten ergibt, man konstatiert weiter eine geringere Anzahl von Gruppen, die weniger oder mehr Ringe der bestimmten Dehnung aufweisen, und man findet noch seltener noch andere Gruppen, welche noch weniger oder noch mehr Ringe der bestimmten Dehnung enthalten. Man stellt wieder eine ganz bestimmte Verteilung der Anzahl Drahtringe mit einer bestimmten Dehnung in verschiedenen gleich großen Gruppen solcher Ringe fest, wie die Zahlentafel 10 ausweist.

Von solchen Verteilungen kann man sich nun ein anschauliches und übersichtliches Bild durch Aufzeichnung der Häufigkeits- oder Verteilungskurve entwerfen, wie die Abb. 4 und 62 auszuweisen vermögen. Eine solche Kurve läßt mit einem Blick den häufigsten und bevorzugten Argumentwert erkennen, sie verrät die Ausdehnung eines Kollektivs bzw. seines Arguments, zeigt, ob die Abnahme der Häufigkeiten vom bevorzugten Wert rasch und schroff oder langsam und allmählich statthat, sowie ob diese Abnahme gegen die Seite der höheren und der niedereren Argumentwerte gleich oder ungleich schnell erfolgt, und ob diese beiderseitigen Abfälle regelmäßig verlaufen oder Unregelmäßigkeiten zeigen. Darüber hinaus tritt aber die Frage auf, ob dieser durch eine Häufigkeitskurve dargestellten Art einer Abhängigkeit nicht auch irgendwie rechnerisch oder sonstwie beizukommen ist, derart, daß bestimmtere Beziehungen zwischen verschiedenen Werten einer Eigenschaft und den Häufigkeiten ihres Auftretens anzugeben und Zusammenhänge zwischen dem Habitus einer Häufigkeitskurve und dem Charakter der dargestellten Materie festzulegen wären.

32. Unter gewissen Voraussetzungen erlaubt die Wahrscheinlichkeitsrechnung Voraussagen und Berechnungen solcher Verteilungen. Greifen wir auf das in Artikel 4 angeführte Beispiel des Würfelspiels mit gleichzeitig 12 Würfeln zurück, bei dem als Treffer der Wurf gerader Augenzahlen festgesetzt wurde. Für eine große Zahl von Würfen kann man die Verteilung der Gesamtzahl der Würfe auf die verschiedenen Anzahlen geworfener gerader Augenzahlen berechnen, und das Ergebnis des Versuchs stimmt mit der Berechnung überein. Man erhält in diesem Fall ein Kollektiv aus z. B. 6500 Würfen; die Ordnungsgröße bildet die Anzahl geworfener gerader Augenzahlen, die Argumentwerte sind also die Zahlenwerte 0, 1, 2, 3, ... 12. Es liegt in diesem Beispiel mithin ein unstetiges Argument vor, und die Klasseneinteilung vollzieht sich in diesem Falle sehr einfach, indem jeder der 13 Argumentwerte eine Klasse bildet. Die Anzahlen der in jede Klasse fallenden Würfe bilden die Klassenhäufigkeiten. Die Verteilungstafel, die in Zahlentafel 12 auf Grund der Berechnung dargestellt ist, zeigt eine Verteilung, die im großen und ganzen sehr ähnlich der Verteilung der Zahlentafel 8 oder 10 z. B. ist. In der Abb. 5 stellt die stark ausgezogene Kurve die Häufigkeitskurve dieses Kollektivs von Würfen war. Diese Kurve bildet eine typische und ideale Wahrscheinlichkeitskurve mit zwei völlig symmetrischen Ästen. Die Kurve, die man auf Grund des durchgeführten Versuches erhält, zeigt naturgemäß nicht diese vollkommene Symmetrie, schmiegt sich in ihrem Verlauf aber dieser idealen Kurve mehr oder weniger genau an, je nach der Anzahl der ausgeführten Versuche und je nach der mehr oder weniger idealen Beschaffenheit der zwölf geworfenen Würfel. Führt man anstatt 6500 Versuchen zu je 12 Würfeln z. B. 4708 Versuche aus, so erhält man zwar natürlich geringere Häufigkeitswerte für jede der 13 Klassen, aber die Verringerung der Klassenhäufigkeiten gegenüber der Versuchsreihe mit 6500 Dutzendwürfen ist für alle Klassen prozentual dieselbe. Das Bild der mit 4708 Versuchen zu erwartenden Verteilung ist wieder das einer reinen Zufallskurve. Es wird durch die schwach ausgezogene Kurve der Abb. 5 wiedergegeben.

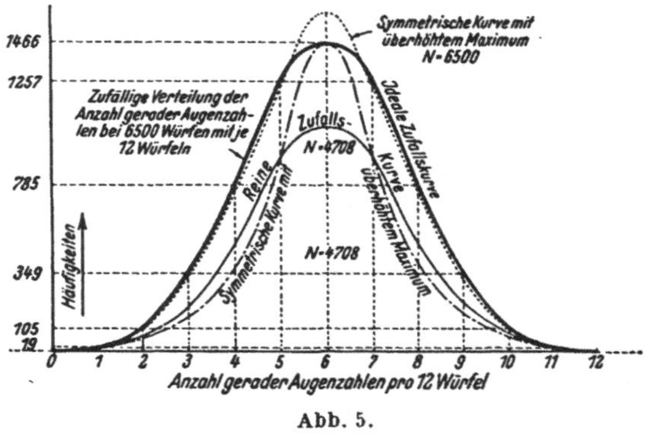

Abb. 5.

Zahlentafel 12.

Wurf gerader Augenzahlen mit 12 Würfeln.

Klasse (Anzahl gerader Augenzahlen)	Häufigkeit z	Abweichung d in Klasseneinheiten d	zd	d^2	zd^2	Σz	Differenz der z der zweithäufigsten Klassen gegen das Maximum
0	2	— 6	— 12	36	72	2	
1	19	— 5	— 95	25	475	21	
2	105	— 4	— 420	16	1 680	126	
3	349	— 3	— 1 047	9	3 141	475	
4	785	— 2	— 1 570	4	3 140	1 260	
5	1 257	— 1	— 1 257	1	1 257	2 517	
6	1 466	0	— 4 401				209
7	1 257	1	1 257	1	1 257		209
8	785	2	1 570	4	3 140		418
9	349	3	1 047	9	3 141		
10	105	4	420	16	1 680		
11	19	5	95	25	475		
12	2	6	12	36	72	$^1/_2 N =$	
Summen:	6 500		4 401		19 530	3 250	
			— 4 401			— 2 517	
			0			733	
Durchschnitt $^1/_{6500}$			0		3,005		

$M = 6 + 0 = 6,$ $\qquad M = n\,p = 12 \times {}^1/_2 = 6,$

$C = 5^1/_2 + \frac{733}{1466} = 6,$

$D = 5^1/_2 + \frac{209}{418} = 6,$

$\mu^2 = 3{,}005,$ $\qquad \mu^2 = n\,p\,q = 12 \times \frac{1}{2} \times \frac{1}{2} = 3,$

$\mu = \pm\,1{,}733,$ $\qquad \mu = \pm\sqrt{n\,p\,q} = \pm\,1{,}732.$

$V = \pm\,100 \times 1{,}733 : 6 = \pm\,28{,}9.$

Für eine große Zahl von Versuchen der angeführten Art mit völlig idealen und gleichen Würfeln ist eine Verteilung nach Zahlentafel 12, ist eine Verteilungskurve nach Art der stark oder schwach ausgezogenen Zufallskurve der Abb. 5 charakteristisch, die man immer wieder erhält, unabhängig davon, wann und wo man die Versuche ausführt. Ist unter den Würfeln ein solcher, dessen Schwerpunkt außerhalb des Würfelzentrums liegt, derart, daß dieser z. B. von der Fläche einer geraden Augenzahl weiter entfernt liegt als von der Gegenfläche, so wird das Auftreten dieser geraden Augenzahl dadurch besonders begünstigt, und man erhält infolgedessen eine von der eben skizzierten rein zufälligen Verteilung abweichende Verteilung, die aber wieder der vorliegenden Materie, Würfen mit elf idealen und einem »falschen« Würfel, typisch ist. Es läßt sich nun beispielsweise auch umgekehrt aus der Betrachtung der Verteilung bzw. ihrer bildlichen Darstellung als Häufigkeitskurve konstatieren, ob die Würfe mit idealen Würfeln ausgeführt wurden, oder ob unter den verwendeten Würfeln »falsche« waren. Man kann also allgemein aus der Art der Verteilung, aus der Gestalt der Häufigkeitskurve Schlüsse auf die Beschaffenheit einer Materie ziehen.

33. Die Erfahrung hat nun weiterhin gelehrt, daß wohl jeder Materie, sofern sie keine funktionalen Abhängigkeiten ihrer Eigenschaften aufweist, eine bestimmte charakteristische Verteilung und damit ein bestimmter Typ der Häufigkeitskurven zukommt. Damit ist aber nicht gesagt, daß ebenso viele Arten von Häufigkeitskurven existieren als es verschiedene Materien gibt. Im Gegenteil, es lassen sich alle Verteilungen auf einige wenige Grundtypen von Häufigkeitskurven zurückführen, die allerdings gar mannigfache Kombinationen miteinander eingehen können. Dabei ist es aber gerade das Interessante und Wertvolle, aus den ermittelten Kombinationen die Grundtypen herauszuschälen.

Die einer Materie charakteristische Verteilung, die sie kennzeichnende Häufigkeitskurve würde man ohne weiteres erhalten, wenn man die ganze Materie statistisch untersuchen würde bzw. könnte. In der Praxis wird man sich natürlich in der Regel darauf beschränken müssen, nur eine kleinere oder größere Probe der zu untersuchenden Materie zu bearbeiten, und man nimmt dabei an, daß die derart erhaltene Verteilung ein ziemlich getreues Abbild der wirklichen Verteilung abgibt. Man kann, um ein Bild von der Tombakdrähten typischen Verteilung der Dehnungswerte zu erhalten, nicht alle überhaupt vorhandenen Tombakdrähte untersuchen; die Erfahrung lehrt zudem, daß dies auch durchaus nicht nötig ist, daß man vielmehr durch die Bildung eines nicht zu kleinen Kollektivs ein sehr angenähert richtiges Bild der wirklichen Verteilung erhält. Dieses Bild wird naturgemäß in diesem wie in jedem anderen Falle um so zutreffender und genauer sein, je größer die Zahl der untersuchten und ausgewerteten Einzelfälle ist, je größer der Umfang des gebildeten Kollektivs ist. Es ergibt sich daher wieder die schon mehrmals betonte Erfahrungstatsache, daß nur eine größere Zahl von Beobachtungen ein zuverlässiges Verteilungsbild ergibt, daß aber auch, was selbstverständlich klingt, nicht besondere Fälle für die Beurteilung einer Materie weder absichtlich herangezogen noch unabsichtlich und unbemerkt verarbeitet werden dürfen.

34. Einen ausgezeichneten Typ, einen in der Praxis allerdings nicht allzuhäufig auftretenden Sonderfall unter den Verteilungskurven bildet die symmetrische Zufallskurve, auch Wahrscheinlichkeitskurve oder Gaußsche Verteilungskurve genannt, deren allgemeine Charakteristik bereits aus den in Abb. 5 dargestellten ausgezogenen Kurven bekannt ist. Auch die beiden anderen Kurven der Abb. 5 sind zwar nicht als Zufallskurven, aber doch als symmetrische Häufigkeitskurven anzusprechen. Auf den Unterschied zwischen diesen Kurven und ausgesprochenen Zufallskurven wird noch zurückzukommen sein. Symmetrische Zufallskurven treten immer dann auf, wenn eine Verteilung in der Hauptsache nur durch einen Umstand bedingt wird. Die Verteilung zeigt dann einen bevorzugten Argumentwert, durch den die Materie charakterisiert ist. Dieser Wert tritt am häufigsten auf, alle Abweichungen von ihm sind rein zufälliger Art und treten seltener und nach beiden Seiten in gleicher Häufigkeit auf. Die Gaußsche Verteilungskurve besitzt dementsprechend ein ausgeprägtes Maximum und einen symmetrischen Abfall nach beiden Seiten. Infolgedessen ergibt sich auch der arithmetische Mittelwert des Arguments als gleich dem bevorzugten, dem häufigsten, dem wahrscheinlichsten Wert.

Erhält man bei der Untersuchung eines Kollektivs nach einer bestimmten Eigenschaft eine Kurve von der Gestalt einer zufälligen symmetrischen Verteilungskurve, so läßt sich daraus schließen, daß unter den eingehaltenen Fabrikationsbedingungen ein bestimmter Wert der untersuchten Eigenschaft der Materie überwiegt, der gleich dem mittleren Wert für diese Eigenschaft ist. Alle Abweichungen von diesem Mittelwert werden durch eine große Zahl von Nebenumständen bedingt, von denen keiner einen bedeutenderen Einfluß auf die Größe des Eigenschaftswertes hat; die Abweichungen sind rein zufälliger Natur, es hat keinen Zweck nach den Ursachen der Abweichungen vom Mittel zu suchen, und die Ausschaltung eines die zufälligen Abweichungen bedingenden Nebenumstandes beeinflußt den Mittelwert und die ganze Verteilung nur unwesentlich.

Wird der Wert einer veränderlichen Eigenschaft also durch einen Hauptumstand und daneben durch eine große Zahl von weniger bedeutungsvollen variabeln Einzeleinflüssen bestimmt, so stellt man an einem größeren Kollektiv, dessen Gliedern die veränderliche Eigenschaft in verschiedenem Grade zukommt, eine Verteilung der Einzelwerte der variabeln Eigenschaft fest, die durch eine symmetrische Wahrscheinlichkeitskurve dargestellt wird. Der häufigste Eigenschaftswert, zugleich der Mittelwert der Eigenschaft für die vorliegende Materie, wird durch den Haupteinfluß bestimmt, und die Abweichungen nach beiden Seiten dieses bevorzugten Wertes sind rein zufälliger Art. Ändert man den Haupteinfluß oder den Grad eines quantitativ variabeln Haupteinflusses, so ändert sich in entsprechender Weise der bevorzugte und durchschnittliche Eigenschaftswert der Materie, und die beiderseitigen Abweichungen von diesem häufigsten Wert sind wieder gleich häufig und zufälliger Art.

Je nach der Stärke eines Haupteinflusses im Vergleich zu der Stärke der vielen Nebeneinflüsse gibt es nun eine ganze Reihe verschiedener Zufallskurven, die sich dadurch voneinander unterscheiden, daß der bevorzugte Wert verschieden stark gegenüber den abweichenden Werten dominiert, daß die Kurvenäste verschiedener Zufallskurven steiler oder flacher gegen die Abszissenachse verlaufen, daß das Maximum einer Verteilung mehr oder weniger stark ausgeprägt in Erscheinung tritt. Es gibt mit anderen Worten Zufallsmaterien der verschiedensten Streuung, wenn man mit dem Begriff der Streuung die Zahl und den Abweichungsgrad der von einem bevorzugten Wert oder einem Mittelwert abweichenden Werte meint.

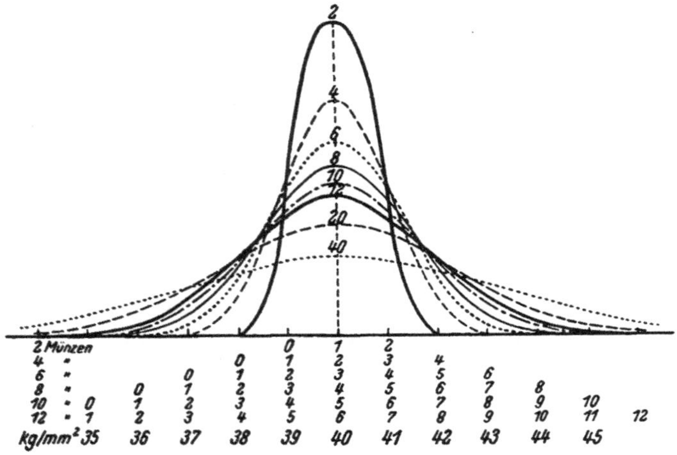

Abb. 6.

In der Abb. 6 sind einige Wahrscheinlichkeitskurven verschiedener Gestalt zur Erhärtung der eben gemachten Ausführungen zusammengestellt. Die dargestellten Kurven geben die idealen Verteilungen für ausgesprochene Zufallsergebnisse wieder. Die Reihe dieser Kurven ließe sich noch beliebig vermehren. Man kann insbesondere feststellen, daß man beim Fortschreiten zu Kurven mit immer ausgeprägterem Maximum in einem extremen Fall zu einer zu ihrer Mittelwertsordinate zusammengeschrumpften Kurve kommen würde, und in der umgekehrten Richtung einer fortschreitenden Verflachung der Verteilungskurven gelangt man endlich zu einer in die Abszissenachse fallenden und mit dieser identischen Kurve als anderem Grenzfall.

Wirft man gleichzeitig mit 2 Münzen und bezeichnet man den Wurf von Wappen als Erfolg, so sind die drei Möglichkeiten gegeben, daß man entweder mit keiner, mit einer oder mit beiden Münzen Wappen wirft. Führt man 1024 Versuche durch, so zählt man je 256 Versuche, bei denen 0 oder 2 Wappen geworfen werden, und man zählt 512 Würfe mit einem Wappen pro Versuch. Der bevorzugte Wert der Materie, Würfe mit 2 Münzen auf Wappen (und ebenso natürlich auf Zahl), ist mithin 1, und dies ist ebenfalls der Mittelwert der Verteilung. Er ist charakteristisch für diese Materie und wird immer wieder gefunden, solange nicht ein zweiter Hauptumstand das Ergebnis beeinflußt. Die Verteilung des Kollektivs von Würfen der geschilderten Art wird durch die hohe schlanke Wahrscheinlichkeitskurve der Abb. 6 wiedergegeben. Wirft man gleichzeitig mit 4 Münzen, so liegen 5 Möglichkeiten vor, der Wurf von 0—4 Wappen pro Versuch. Bei einer Versuchsreihe von 1024 Einzelversuchen findet man 64 Würfe, welche bei keiner der 4 Münzen Wappen ergeben, und man findet dieselbe Anzahl von Würfen, bei denen sämtliche 4 Münzen Wappen oben liegen haben. Man zählt ferner je 256 Fälle mit einem oder 3 Wappen und 384 Versuche mit 2 Wappen. Diese Verteilung gibt die zweithöchste Kurve der Abb. 6 wieder. Der Wurf von gleichzeitig 6 Münzen gibt die 7 Wahrscheinlichkeiten von 0—6 Wappen, für welche man die Häufigkeiten 16, 96, 240, 320, 240, 96, 16 bei 1024 Versuchen ermittelt. Diese Verteilung stellt die dritthöchste Kurve der Abb. 6 dar.

Vergleicht man diese oder andere ausgesprochenen Zufallsergebnisse nach ihren Verteilungen, so stellt man den großen Unterschied verschiedener Zufallsverteilungen fest. Bei gleichem Umfang zeigen verschiedene Zufallsverteilungen verschieden stark ausgeprägte Maxima, verschiedene Häufigkeiten ihrer bevorzugten Werte, und je höher das Maximum einer Verteilung ist, um so steiler erfolgt der Abfall der Verteilung über die beiderseitigen Abweichungen, um so steiler verlaufen die beiden Kurvenäste der graphischen Darstellung gegen die Abszissenachse. Bei dem Spiel mit 2 Münzen ist die Häufigkeit des bevorzugten Argumentwertes gleich dem halben Kollektivumfang, sind die beiderseitigen Abweichungen ebenso stark vertreten wie der häufigste Wert. Bei dem Spiel mit 4 Münzen entfallen auf den bevorzugten Wert nur $^3/_8$ aller Einzelfälle, und die Zahl der beiderseitigen Abweichungen ist in ihrer Gesamtheit der Zahl der Fälle des bevorzugten Wertes überlegen. Das Spiel mit 6 Münzen gibt nur noch bei $^5/_{16}$ aller Würfe den bevorzugten Wert usf. Der bevorzugte Wert einer Zufallsmaterie tritt mithin mit größer werdender Zahl der Möglichkeiten, mit wachsender Zahl der Nebenumstände, die zu dem Haupteinfluß, symmetrische Zweiseitigkeit einer Münze, kommen, immer mehr zurück, und die Abweichungen von diesem häufigsten Wert treten immer stärker hervor, das Maximum der entsprechenden Zufallskurve wird immer flacher, und die Kurvenäste verlaufen immer weniger geneigt gegen die Abszissenachse.

35. Bei der Auswertung rein technischer Materien wird nun das Erscheinen verschiedener Zufallsverteilungen, verschiedener Wahrscheinlichkeitskurven nicht als gleichwertig anzusprechen sein. Man sieht ohne weiteres ein, daß zwar das Auftreten einer Wahrscheinlichkeitsverteilung an und für sich das Zeichen einer befriedigenden Arbeitsweise, einer guten Qualität u. dgl. sein wird. Man stellt einen bevorzugten Wert der untersuchten Eigenschaft einer Materie fest, der mit dem Mittelwert dieser Eigenschaft für diese Materie zusammenfällt, man erkennt, daß der Mittelwert durch einen Hauptumstand allein bedingt wird, und daß die Abweichungen von diesem Mittelwert rein zufällige sind. In allen

Fällen aber, in denen es nun vor allen Dingen oder unter anderem auch auf eine möglichst große Einheitlichkeit einer Eigenschaft ankommt, wird man darauf zu sehen haben, daß man eine möglichst schlanke Verteilungskurve mit ausgeprägtem Maximum und steil abfallenden Kurvenästen erhält. Denkt man sich z. B. verschiedene Kollektive von Tombakdrähten, denen allesamt derselbe Mittelwert von 40 kg/mm² für die Eigenschaft Festigkeit zukommt, für welche der Mittelwert mit dem häufigsten Wert zusammenfällt, und deren Verteilungen durch die Kurven der Abb. 6 wiedergegeben werden, so wird man ohne langes Überlegen die Materie bevorzugen, welche durch die höchste Kurve der Abb. 6 dargestellt wird. Denn bei dieser Verteilung dominiert der bevorzugte Wert der Materie am stärksten, treten die Abweichungen von dem Mittelwert am weitesten zurück, die Materie dieser Verteilung besitzt die größte Gleichmäßigkeit.

Betrachtet man unter diesem Gesichtspunkt die Wahrscheinlichkeitskurven der Abb. 6, so stellt man fest, daß der häufigste Wert, zugleich der Mittelwert, für alle Verteilungen derselbe ist, daß aber die Häufigkeiten der Abweichungen von diesem Mittelwert bezüglich der Häufigkeit dieses Mittelwertes bzw. bezüglich des Umfangs des ganzen Kollektivs verschieden sind. Der Mittelwert selbst ist nun, wie zu Anfang dieses Artikels festgestellt wurde, bei einer zufälligen Verteilung ohne Änderung des Grades des Haupteinflusses oder des Haupteinflusses überhaupt nicht wesentlich zu beeinflussen, weil die beiderseitigen Abweichungen vom Mittelwert gleich stark und rein zufälliger Art sind. So wird z. B. der Mittelwert der Festigkeit eines Kollektivs von weichgeglühten Feindrähten eines bestimmten Drahtmaterials durch den einen Umstand Glühtemperatur bestimmt, und man kann daher, wenn dieser Hauptumstand (innerhalb gewisser zufälliger Schwankungen) derselbe bleibt, nicht beispielsweise durch Aussuchen von Vorzugdrähten mit besonders geringer Dehnung oder durch Verwendung nur ein und desselben Glühtopfes eine wesentliche Änderung der mittleren Festigkeit der Feindrähte erzielen. Der bevorzugte Wert der Verteilung ist durch die Glühtemperatur im wesentlichen bestimmt und läßt sich mithin durch Änderung dieses oder jenes einzelnen Nebenumstandes nicht beeinflussen. Dagegen kann die Häufigkeit eines Mittelwertes, z. B. die Häufigkeit der mittleren Festigkeit eines Kollektivs bestimmter Feindrähte durch beispielsweise besondere Auswahl des Vorzugdrahtes beeinflußt werden, sie kann durch genau gleiche Glühzeiten und möglichst gleiche Arbeitsbedingungen durch den ganzen Fabrikationsprozeß im Sinne einer möglichst großen Homogenität der ganzen Materie gesteigert werden. Es lassen sich, was auf dasselbe hinauskommt, die Häufigkeiten der Abweichungen von einem Mittelwert, es läßt sich die sog. Streuung beeinflussen, und von praktischer Bedeutung ist eine solche Beeinflussung im Sinne einer Verminderung der Streuung, im

Sinne einer steileren Gestaltung des beiderseitigen Abfalls der entsprechenden Verteilungskurve.

Ist im allgemeinen das Auftreten einer Wahrscheinlichkeitskurve als charakteristische Verteilungskurve einer Eigenschaft eines technischen Kollektivs ein gutes Zeichen, so gibt es anderseits Fälle, in denen z. B. eine sehr flache Wahrscheinlichkeitskurve mit einer großen Zahl und starken Abweichungen nach beiden Seiten des bevorzugten Wertes zu einer weniger guten Beurteilung einer Materie oder einer Arbeitsweise führen wird als eine unregelmäßige Häufigkeitskurve, die aber weniger häufige und weniger starke Abweichungen aufweist. Es gibt weiterhin Fälle von Wahrscheinlichkeitsverteilungen, bei denen normalerweise eine relativ große Zahl und relativ starke Abweichungen zu erwarten sind, nicht zu umgehen sind oder auch ohne große Bedeutung sind, und bei denen es in erster Linie von Wichtigkeit ist, eine symmetrische Wahrscheinlichkeitsverteilung zu erhalten, und es gibt Fälle, in denen eine möglichst geringe Zahl von Abweichungen und Abweichungen in nur geringer Stärke zu erwarten sind, zu wünschen und zu erzielen sind, in denen besonderer Wert auf eine Verteilungskurve mit möglichst ausgeprägtem Maximum und möglichst raschem und steilem Abfall der Verteilung vom maximalen Wert aus als Charakteristikum einer Materie gelegt werden muß. Derartige Verteilungen mit künstlich hochgezüchteten und möglichst stark herausgearbeiteten Maximis, im übrigen aber zufälliger und symmetrischer Verteilung, müssen in der Technik in vielen Fällen angestrebt werden, und ihr Erscheinen bedeutet gegenüber einer flachen Wahrscheinlichkeitskurve bei vielen Materien ein günstigeres Ergebnis. So wird man z. B. bei der Untersuchung der Haltbarkeit bzw. des Verschleißes von Ziehdiamanten, wenn man eine nicht zu geringe Zahl von Versuchen zur Auswertung heranzieht, normalerweise eine Verteilungskurve vom Typ einer Zufallskurve erhalten, die ein mehr oder weniger flaches Maximum aufweist. Man erhält eine Verteilung, die, wie z. B. die Abb. 41 ausweist, außer dem häufigsten Wert auch dessen benachbarten Werte noch ziemlich häufig zeigt und auch weitere Abweichungen nach beiden Seiten des Maximums relativ oft aufweist. Man wird eine Kurve als Verteilungskurve vom Typ der flacheren der Abb. 6 erhalten. Da die Güte und Haltbarkeit von Ziehdiamanten in erster Linie von der Beschaffenheit des Diamanten, eines Naturproduktes, abhängt, so ist in diesem Falle eine wesentliche Verringerung der Zahl und Stärke der Abweichungen vom häufigsten Wert nicht zu erreichen. Die Lage des Mittelwertes, des Maximums, ist natürlich zu beeinflussen; sie ist z. B. abhängig von dem gezogenen Material, von Ziehgeschwindigkeit oder Schmiermittel. Die Häufigkeitskurven von Kohlenstoff- oder Phosphorgehalten bestimmter Stahlsorten, der Silbergehalte von leonischen Drähten, der Dehnungswerte bestimmter Drahtsorten sollen dagegen nicht flache Zufallskurven bilden, sondern möglichst hohe und steile Maxima besitzen. Denn in all diesen Fällen geht man ja direkt darauf aus, möglichst einheitliche Materialien zu schaffen, die möglichst durchweg den geforderten Gehalt, den gewünschten Eigenschaftsgrad aufweisen, und man stellt in diesen und anderen Fällen den ganzen Fabrikationsprozeß darauf ein, die bevorzugten Werte herauszubringen und möglichst oft gegenüber den Abweichungen zu erhalten. Möglichst geringe Häufigkeiten der vom häufigsten Wert abweichenden Werte einer Eigenschaft, ein hohes und steiles Maximum, eine möglichst schlanke Gestalt der Verteilungskurve ist das Ziel, das jeder Fabrikation, die auf eine bestimmte einheitliche Eigenschaft ihres Erzeugnisses hinstrebt, zu setzen ist, und auf das der ganze Arbeitsprozeß einzustellen ist.

36. Die einzelnen Kurvenpunkte einer idealen Zufallskurve, also beispielsweise die 13 Ordinatenwerte einer der ausgezogenen Kurven der Abb. 5, lassen sich mathematisch exakt berechnen. Es ist zu dieser Berechnung die Kenntnis des binomischen Lehrsatzes erforderlich. Es errechnet sich hiernach die Verteilung von N Versuchsreihen zu je n Fällen (z. B. gleichzeitiger Wurf von n Würfeln oder n Würfe mit einem Würfel) durch Auflösung des Ausdrucks $N(p+q)^n$. Es bedeutet in diesem Ausdruck p die Wahrscheinlichkeit für das Eintreten eines bestimmten Ereignisses in einem Einzelfall und q die Ergänzung dieser Wahrscheinlichkeit zu 1, also die Wahrscheinlichkeit für den Fall des Nichteintretens des Ereignisses bzw. des Eintretens des Gegenteils. Die Entwicklung des Ausdrucks zu einer Reihe liefert die $n+1$ Häufigkeiten z. Man erhält auf diese Weise stets nur die Ordinaten für bestimmte diskrete Werte der untersuchten Eigenschaft, mit anderen Worten, diese Berechnung liefert genau genommen nicht die mathematisch exakte Grundlage für die Konstruktion einer Häufigkeitskurve, sondern nur für die Zeichnung eines Häufigkeitspolygons bzw. eines Staffelbildes. Man kann aber dieses Gerüste einer Verteilungskurve ohne weiteres zum Ausziehen einer gekrümmten Verteilungskurve durch die Polygonpunkte benutzen.

Die Auflösung eines Binoms $N(p+q)^n$ zur Häufigkeitsreihe führt zu folgenden Gliedern, deren Summe N ergibt:

$$N p^n + N n p^{(n-1)} q + N \frac{n(n-1)}{2} p^{(n-2)} q^2 +$$

$$N \frac{n(n-1)(n-2)}{2 \times 3} p^{(n-3)} q^3 + \ldots .$$

$$N \frac{n(n-1)}{2} p^2 q^{(n-2)} + N n p q^{(n-1)} + N q^n.$$

Dies ist die Verteilung der N Kollektivglieder auf die Klassen 0 bis n. Speziell die Häufigkeit für die Klasse k (also das $(k+1)$te Glied der binomischen Reihe) errechnet man nach der Newtonschen Formel zu

$$z_k = N \frac{n(n-1)(n-2)\ldots 3\times 2\times 1}{k(k-1)(k-2)\ldots 3\times 2\times 1\times(n-k)(n-k-1)(n-k-2)\ldots 3\times 2\times 1} p^k q^{(n-k)}.$$

Die maximale Häufigkeit einer Zufallsverteilung errechnet man endlich näherungsweise nach der Formel

$$z_m = N : \sqrt{2\pi n p q}.$$

In all diesen Formeln ist für die symmetrische Zufallsverteilung $p = q = 0{,}5$ zu setzen.

Man kann weiterhin für jede symmetrische Zufallskurve eine mathematische Gleichung angeben, nach der sich nicht nur einzelne diskrete Punkte der Kurve, nicht nur die Eckpunkte des entsprechenden Polygons ermitteln lassen, nach der vielmehr jeder beliebige Kurvenpunkt bestimmt werden kann. Es sollen hier lediglich die Hauptgesichtspunkte sowie die schematische Anwendungsweise dieser Berechnungsart diskutiert werden[1]). Man kann sich hierauf um so eher beschränken, als man bei der Untersuchung natürlicher Verteilungen in den allermeisten Fällen doch nur mehr oder weniger gute Annäherungen an die Verteilung einer symmetrischen Zufallskurve erhält, ganz abgesehen davon, daß symmetrische Verteilungen in der Praxis an und für sich viel seltener sind als unsymmetrische und zusammengesetzte Verteilungen, deren Vergleiche so wie so mit binomialen Reihen geführt werden. Außerdem bedingt die notwendige Klassifizierung jedes Kollektivs mit stetigem Argument und die hiermit zusammenhängende Zusammenfassung aller Argumentwerte einer Klasse zu dem Argumentwert der Klassenmitte für jedes stetige Kollektiv gewissermaßen eine unstetige Unterteilung, so daß man tatsächlich empirisch lediglich die Häufigkeiten bestimmter Argumentwertsintervalle, welche durch ihre Klassenmitten vertreten werden, bestimmt. Aus diesem Grunde steht das Häufigkeitspolygon, steht die binomiale Verteilung, welche zu dem Häufigkeitspolygon führt, in gewissem Sinne einer empirischen Materie näher als die mathematische Häufigkeitskurve, welche eine kontinuirliche Häufigkeitsänderung für beliebig kleine Argumentwertsunterschiede darstellt. Dieser Grundcharakter der kontinuierlichen Änderung der Häufigkeiten und der Argumentwerte der mathematischen Häufigkeitskurve kommt wohl dem Grundcharakter einer Verteilung mit stetigem Argument näher; aber dieser Grundcharakter einer Materie mit stetigem Argument findet tatsächlich bei der Aufnahme einer Materie keinerlei Ausdruck eben infolge der Klassifizierung, wobei man über die Verteilung der Argumentwerte innerhalb eines Klassenintervalls aus der Verteilung keinerlei

[1]) Näheres über die Berechnung der mathematischen Häufigkeitskurve findet man z. B. bei E. Czuber, »Die statistischen Forschungsmethoden«, sowie in jedem Buche, das sich mit der Wahrscheinlichkeitsrechnung befaßt.

Anhaltspunkte erhält. Aus diesem Grunde ist es mindestens für sehr viele Untersuchungen technischer Materien wenigstens gleichberechtigt, die empirische Häufigkeitskurve einer Materie, welche dem empirisch ermittelten Gerüste des Häufigkeitspolygons überzeichnet ist, mit der Häufigkeitskurve, welche dem Häufigkeitspolygon einer binomialen Verteilung überzeichnet wurde, statt mit einer mathematisch genauen Häufigkeitskurve zu vergleichen. Für unstetige Verteilungen besitzt zudem die Häufigkeitskurve lediglich formale Bedeutung; unstetige Verteilungen werden ursprünglicher durch Häufigkeitspolygone dargestellt, deren Überzeichnung durch die entsprechenden Kurven lediglich den Vergleich mit anderen Verteilungen erleichtert.

Die mathematische Häufigkeitskurve besitzt die Eigenschaft, daß die beiden vom Maximum abfallenden Kurvenäste die Abszisse erst im Unendlichen berühren, daß sie sich der Abszissenachse im Endlichen zwar immer mehr annähern, ohne sie jedoch zu berühren. Diese Eigenschaft der mathematischen Kurve ist bei der Untersuchung irgendwelcher realen Verteilungen selbstverständlich nie erfüllt, es wird sich vielmehr stets für einen endlichen Wert der untersuchten Eigenschaft bzw. für deren zwei, je einen zu beiden Seiten des Maximums, die Häufigkeit Null ergeben. Diese Diskrepanz zwischen mathematisch genauer Verteilung und natürlicher Verteilung ist jedoch ganz belanglos. Überhaupt interessiert für die Beurteilung eines Kollektivs in der Regel nur die Verteilung in der Nähe des Maximums der Verteilungskurve, und zwar nach beiden Seiten die Region, welche rund gleich dem dreifachen Betrage der sog. mittleren Abweichung ist. Im übrigen hat die mathematische Häufigkeitskurve vor allem als Vergleichsmaßstab für nicht zufällige Verteilungen Bedeutung, zwecks Beurteilung des Grades der Abweichung einer Verteilung von der entsprechenden symmetrischen Zufallsverteilung.

Es mag noch festgestellt sein, daß das zeichnerische Bild einer Verteilungskurve allein keinen Schluß auf den zufälligen oder nicht zufälligen Charakter oder die Größe der Abweichungen, der Streuung einer Verteilung zuläßt, da die Gestalt einer Kurve, insbesondere die Flachheit ihres Maximums und die Steilheit ihrer abfallenden Äste, von dem Verhältnis der zeichnerischen Einheiten für Kollektivklasse und Häufigkeit abhängt. Nur der Vergleich einer Verteilung mit der entsprechenden Gaußschen oder binomialen Zufallsverteilung erlaubt die Beurteilung einer empirischen Verteilung.

37. Die Theorie der mathematischen Häufigkeitskurve läßt einmal die Berechnung einer beliebigen symmetrischen Zufallsverteilung derart zu, daß nicht nur die Häufigkeiten oder in der graphischen Darstellung die Ordinaten einzelner diskreter Argumentwerte, sondern die Häufigkeiten jedes beliebigen Argumentwertes bestimmt werden können. Zum andern lassen sich nicht nur Kurven, welche ganzzahligen n-Werten einer binomischen Verteilung entsprechen, darstellen, sondern man kann alle überhaupt möglichen Kurven zwischen zwei binomialen Kurven mit benachbarten n-Werten herleiten. Mit anderen Worten: die binomiale Verteilung ergibt nur Kurven, deren Streuung npq bei festgelegtem Wert für die Wahrscheinlichkeit p durch einen ganzzahligen n-Wert bestimmt ist, wogegen die exakte mathematische Häufigkeitsberechnung die Verteilung zu jedem beliebigen Streuungswert bei festliegendem p gestattet. In der Sprache der binomialen Verteilung ausgedrückt führt also die mathematische Häufigkeitstheorie auch zu Verteilungen mit beliebig gebrochenen n-Werten. Erwähnt muß noch werden, daß eine binomiale Verteilung bestimmter Streuung nicht genau mit der entsprechenden mathematischen Häufigkeitskurve gleicher Streuung übereinstimmt, daß aber die Abweichungen zwischen beiden Kurven nur gering sind.

Laplace berechnete die Verteilung der symmetrischen Häufigkeitskurve, der »Glockenkurve«, wie sie auch genannt wird, durch die »e hoch minus x-Quadrat-Funktion«, nach welcher die Ordinaten einer solchen Kurve von der Kurvenmitte, von der größten Ordinate aus nach beiden Seiten derart abnehmen, daß ihre negativ gemessenen natürlichen Logarithmen sich wie die Quadrate der Abstände von der Ordinate der Kurvenmitte, des Kurvenmaximums verhalten. Es ist e die Basis der natürlichen Logarithmen, für e ist also die Zahl 2,71828 . . . zu setzen[1]).

Bezeichnet man den Abstand eines Einzelwertes des Arguments von seinem Mittelwert mit $E_1 - M = x_1$ und den Abstand eines zweiten Einzelwertes von M mit $E_2 - M = x_2$, so verhalten sich die Ordinaten in den Abszissenpunkten E_1 und E_2 (die Häufigkeiten der Argumentwerte E_1 und E_2), wie

$$e^{-x_1^2} : e^{-x_2^2}.$$

Dieses selbe Verhältnis gilt auch bezüglich der Wahrscheinlichkeiten der beiden Argumentwerte. Zieht man verschiedene Häufigkeitskurven in Betracht, so sind für gleiches $E - M = x$ die Ordinaten der verschiedenen Kurven nicht gleich, wie die Abb. 6 z. B. auszuweisen ver-

[1]) Unter dem Logarithmus einer Zahl b bezüglich der Grundzahl oder Basis a versteht man die Zahl x, welche angibt, wie oft man a mit sich selbst multiplizieren muß (mit der man a potenzieren muß), um b zu erhalten. Das Logarithmensystem, welches sich auf der Basis 10 aufbaut, nennt man das gemeine, dekadische oder Briggssche Logarithmensystem. Man bezeichnet die Logarithmen dieses Systems mit log. Es ist also $\log 100 = 2$, weil $10 \times 10 = 100$, oder $\log 1000 = 3$, weil $10 \times 10 \times 10 = 1000$. Neben den Briggsschen Logarithmen sind die natürlichen Logarithmen im Gebrauch, welche sich auf die Basis $e = 2{,}7182818\ldots$ beziehen und mit lg oder l bezeichnet werden. Es ist $\lg a = \log a : 0{,}43429\ldots$ Es bedeutet sodann x-Quadrat oder x hoch 2, x^2, das Produkt $x\,x$. Endlich ist e^{-x^2} der reziproke Wert von e^{x^2}, also gleich $\frac{1}{e^{x^2}}$. Vgl. hierzu auch die Fußnote zu Artikel 114.

mag, und zwar wird das Verhältnis entsprechender Ordinaten verschiedener Kurven durch die Streuung der Einzelwerte, und zwar durch die noch einzuführende mittlere Abweichung μ[1]) mitbestimmt. Allgemein gilt daher, daß die Wahrscheinlichkeit eines Argumentwertes E oder die Kurvenordinate in dem Abszissenpunkt $E = M + x$ (und wegen der völligen Symmetrie der Kurve auch die Ordinate für $E = M - x$) in Einheiten des Kollektivumfangs N ausgedrückt durch die Funktion

$$p = \frac{1}{\mu \sqrt{2\pi}} e^{-\frac{(E-M)^2}{2\mu^2}} \text{ }^{2)}$$

gegeben ist. Man erhält die Ordinate in absoluten Einheiten oder die Häufigkeit des Argumentwertes $E = M + x$ bzw. $E = M - x$ für eine symmetrische Zufallsverteilung oder eine sog. Gaußsche Verteilung durch Multiplikation der Wahrscheinlichkeit mit N. Es ist

$$z = N p = \frac{N}{\mu \sqrt{2\pi}} e^{-\frac{(E-M)^2}{2\mu^2}} = z_m e^{-\frac{x^2}{2\mu^2}}.$$

Es bedeutet in dieser Formel $z_m = N : \mu \sqrt{2\pi}$ die maximale Ordinate, die größte Häufigkeit, die Häufigkeit eines Argumentwertes mit dem Abstand $x = 0$ von M, die Häufigkeit des Argumentwertes $E = M$, des Mittelwertes einer Verteilung.

Man entnimmt den angeführten Formeln ganz allgemein, daß mit wachsender Streuung μ der Exponent von e kleiner wird, daß somit $e^{-\frac{x^2}{2\mu^2}}$ größer wird. Eine große Streuung bedeutet demnach eine Kurve mit flachem Abfall nach beiden Seiten, eine Verteilung mit langsam vom Maximum aus abnehmenden Häufigkeiten, wogegen eine kleine Streuung μ eine Kurve mit hohem, schlankem Maximum und steilem Abfall bedingt.

Kennt man mithin außer dem Umfang eines Kollektivs die Streuung μ seiner Einzelwerte bezüglich des Mittels M, so läßt sich mit Hilfe der angeführten Formel die Verteilungskurve bestimmen, welche das Kollektiv zeigen müßte, wenn es eine Zufallsverteilung symmetrischer Art darstellen würde. Es lassen sich mit den angeführten Formeln die Wahrscheinlichkeiten bzw. Häufigkeiten für jeden beliebigen Argumentwert einer Kollektivreihe berechnen unter der Voraussetzung, daß die Verteilung eine zufällige und symmetrische ist, und der Vergleich einer derart bestimmten Gaußschen Verteilung mit der empirischen Verteilung einer Materie ergibt, ob die wirkliche Verteilung eine symmetrische Zufallsverteilung darstellt bzw. einer solchen nahekommt oder nicht.

---

[1]) μ, gelesen my, Buchstabe des griechischen Alphabets, der dem m unseres Alphabets entspricht.

[2]) π, gelesen pi, Buchstabe des griechischen Alphabets, der dem p unseres Alphabets entspricht. In der Mathematik bedeutet π die Ludolphsche Zahl 3,14159265 ... $\sqrt{\ }$ Wurzelzeichen, vgl. Fußnote zu Art. 114. Es ist $\sqrt{2\pi} = 2{,}506\ldots$

Um diese Berechnung der theoretischen Wahrscheinlichkeiten oder Häufigkeiten zu einer Verteilung mit bekannter Streuung in jedem Falle einfach zu gestalten, stellt man Tafeln auf, denen man zu beliebigen Werten x des Abstands eines Argumentwertes von dem Mittelwert eines Kollektivs direkt den Wert $e^{-\frac{x^2}{2\mu^2}}$ entnehmen kann. Da aber in diesem Ausdruck μ für verschiedene Verteilungen verschiedene Werte besitzt, so wählt man, um nicht für jeden μ-Wert eine besondere Tafel aufstellen zu müssen, als Einheit für den Abstand x in jedem Fall den Wert μ und gibt die Werte $e^{-\frac{x^2}{2\mu^2}}$ zu den relativen Werten $\frac{x}{\mu} = \frac{(E - M)}{\mu}$ an. Bezeichnet man den in μ angegebenen Abstand x, also den Quotienten $\frac{x}{\mu}$, mit t, so ist

$$z = z_m e^{-\frac{t^2}{2}}$$

oder

$$\frac{z}{z_m} = e^{-\frac{t^2}{2}}.$$

Für $t = \frac{x}{\mu} = 0$ erhält man für $e^{-\frac{t^2}{2}}$ den Wert $e^{-0} = 1$. Es ist für $\frac{x}{\mu} = 0$, also für $x = 0$ oder $E = M$, es ist mit anderen Worten für den Mittelwert der Gaußschen Verteilung $z = z_m = N : \mu\sqrt{2\pi} = N : 2{,}506\,\mu$. Für $t = \frac{x}{\mu} = 1$ nimmt $e^{-\frac{t^2}{2}}$ den Wert $e^{-0{,}5}$ oder $1 : \sqrt{e} = 1 : \sqrt{2{,}718282} = 0{,}607$ an. Ist also $E - M = x = \mu$, so ist die Häufigkeit z des Argumentwertes E bei Gaußscher Verteilung das 0,607fache der maximalen Häufigkeit z_m, der Häufigkeit des Mittelwertes M. Für $t = -1$ findet sich offenbar derselbe Wert für z. Für $t = \pm\sqrt{2} = \pm 1{,}4142$ ergibt sich für $\frac{z}{z_m}$ der Wert $e^{-1} = 1 : e = 0{,}3679$. Ein Argumentwert, der von dem Mittel seines Kollektivs um 1,4142 μ-Einheiten nach der einen oder anderen Richtung absteht, hat bei symmetrischer Zufallsverteilung eine Häufigkeit $z = 0{,}3679\, z_m$. Wird x unendlich groß, so ist auch t unendlich und der Ausdruck $e^{-\frac{t^2}{2}}$ wird zu Null, und zwar sowohl für $+\infty$ als auch für $-\infty$[1]). Man ersieht, daß die mathematische Häufigkeitskurve von ihrem höchsten Wert für M nach beiden Seiten gleichermaßen abfällt, um die Abszissenachse erst im Unendlichen zu erreichen. Die allgemeine Gestalt der Kurve $z = z_m e^{-\frac{t^2}{2}}$ ist hiernach durch ihre Symmetrie bezüglich der maximalen Ordinate sowie ihre asymptotische Annäherung an die Abszissenachse charakterisiert. Für praktische Zwecke kann man aber schon für $\frac{x}{\mu} = 3$ bis 4 den Verlauf der Kurve in der Abszissenachse annehmen.

[1]) ∞ Zeichen für unendlich.

Zahlentafel 13.

Werte der Funktion $y = e^{-\frac{t^2}{2}}$ mit $t = \frac{x}{\mu} = \frac{E - M}{\mu}$

zur Berechnung der Häufigkeiten $z = z_{max} \times y = \frac{N}{\mu\sqrt{2\pi}} y$.

t	y	t	y	t	y	t	y
0,0	1,0000	1,1	0,5461	2,2	0,0889	3,3	0,0043
0,1	0,9950	1,2	0,4868	2,3	0,0710	3,4	0,0031
0,2	0,9802	1,3	0,4296	2,4	0,0561	3,5	0,0024
0,3	0,9560	1,4	0,3753	2,5	0,0439	3,6	0,0015
0,4	0,9231	1,5	0,3248	2,6	0,0341	3,7	0,0011
0,5	0,8825	1,6	0,2780	2,7	0,0261	3,8	0,0007
0,6	0,8353	1,7	0,2358	2,8	0,0198	3,9	0,0005
0,7	0,7827	1,8	0,1979	2,9	0,0149	4,0	0,0003
0,8	0,7262	1,9	0,1645	3,0	0,0111	4,2	0,0002
0,9	0,6670	2,0	0,1353	3,1	0,0082	4,4	0,0001
1,0	0,6065	2,1	0,1103	3,2	0,0060	4,6	0,0000

Zahlentafel 13 gibt eine Tafel, aus welcher man für steigende Werte des in Einheiten der Streuung μ ausgedrückten Abstandes x eines Argumentwertes von M die Werte der Funktion $y = e^{-\frac{t^2}{2}}$ entnehmen kann. Für den praktischen Gebrauch dieser Tafel bildet man also in einem beliebigen Fall die Differenz des Einzelwertes E, dessen theoretische Häufigkeit bestimmt werden soll, gegen M, dividiert diese Differenz x durch die Streuung μ des Kollektivs, dem E angehört. Zu dem gefundenen Wert für $\frac{x}{\mu}$ entnimmt man nun der Tafel den Wert y der Funktion $e^{-\frac{t^2}{2}}$. Multipliziert man diesen Wert mit $1 : \mu\sqrt{2\pi}$, so erhält man die Wahrscheinlichkeit des Argumentwertes E, multipliziert man mit $z_m = N : \mu\sqrt{2\pi}$, so ergibt sich die Zufallshäufigkeit des Argumentwertes E. Für die Zwecke der praktischen Kollektivmaßlehre ist es sodann hinreichend genau, Zwischenwerte der in der Zahlentafel 13 aufgeführten $\frac{x}{\mu}$-Werte linear zu interpolieren. Es ist z. B. nach der Zahlentafel für $\frac{x}{\mu} = 1{,}5$ der Wert für $e^{-\frac{t^2}{2}} = 0{,}3248$ und für $\frac{x}{\mu} = 1{,}6$ der Wert für $e^{-\frac{t^2}{2}} = 0{,}2780$. Man nimmt zu $\frac{x}{\mu} = 1{,}54$ daher für $e^{-\frac{t^2}{2}}$ den Wert $0{,}3248 - 0{,}4\,(0{,}3248 - 0{,}2780) = 0{,}3061$.

Nach den gemachten Ausführungen wird die Wahrscheinlichkeit und ebenso die Häufigkeit eines bestimmten Argumentwertes durch die entsprechende Ordinate der Gaußschen Kurve wiedergegeben. Für die praktische Handhabung der aufgeführten Formeln und den Gebrauch der nach diesen Formeln hergeleiteten Zahlentafel 13 bietet diese Auffassung keine Schwierigkeit. Es soll aber doch erwähnt werden, daß im mathematisch strengen Sinn die Wahrscheinlichkeit oder die Häufigkeit nicht durch eine Ordinate, also nicht durch eine Länge, sondern durch eine Fläche dargestellt wird. Denkt man sich statt eines bestimmten Einzelwertes ein kleines Intervall dE des Arguments, so stellt die Fläche, welche durch die Kurvenordinaten in E und $E + dE$, das Kurvenstückchen zwischen diesen beiden Ordinaten und die Strecke dE der Abszissenachse eingeschlossen wird, die Wahrscheinlichkeit dafür dar, daß ein Einzelwert eines Kollektivs in das Intervall E bis $E + dE$ fällt. Es gilt mithin in diesem strengeren Sinne

$$p\,dE = \frac{1}{\mu\sqrt{2\pi}}\,e^{-\frac{(E-M)^2}{2\mu^2}}\,dE.$$

In entsprechender Weise ist nun auch die Wahrscheinlichkeit dafür, daß ein Einzelwert innerhalb eines größeren Intervalls $E_1 - E_2$ liegt, gegeben durch den Inhalt der Fläche zwischen den Ordinaten in E_1 und E_2, dem zwischen diesen liegenden Kurvenstück und dem Abschnitt $E_1 - E_2$ der Abszissenachse. Solange $E_1 - E_2$ nicht groß ist, kann man sich diese Fläche ersetzt denken durch ein Rechteck mit $E_1 - E_2$ als einer Seite und der in E errichteten Ordinate, welche symmetrisch zu den Ordinaten in E_1 und E_2 liegt, als anderer Seite. Man findet dann die Wahrscheinlichkeit des Intervalls $E_1 - E_2$ als

$$p\,(E_1 - E_2) = \frac{1}{\mu\sqrt{2\pi}}\,e^{-\frac{(E-M)^2}{2\mu^2}}\,(E_1 - E_2).$$

Hat man eine unstetige Verteilung und ist $(E_1 - E_2)$ gleich der Argumenteinheit, so gilt für die Wahrscheinlichkeit des Argumentwertes E exakt $p = p_m e^{-\frac{x^2}{2\mu^2}}$ mit $p_m = 1 : \mu\sqrt{2\pi}$. Je größer aber nun $E_1 - E_2$ wird, um so größer wird der Fehler dieser Rechnungsart, die zudem, wie man leicht einsieht, für die maximale Partie einer Verteilung zu ganz falschen Ergebnissen führt. Man geht daher, um stets richtige Werte zu erhalten, so vor, daß man sich das Intervall $E_1 - E_2$ in sehr kleine Intervalle dE unterteilt denkt und die Wahrscheinlichkeiten $p\,dE$ dieser Intervalle summiert. Wendet man dieses Verfahren auf die ganze Fläche zwischen der Abszissenachse und der Kurve, welche die Achse erst im Unendlichen trifft, an, so erhält man zur Berechnung des Inhalts dieser Fläche das Integral

$$F = \int_{-\infty}^{\infty} \frac{1}{\mu\sqrt{2\pi}}\,e^{-\frac{x^2}{2\mu^2}}\,dx\text{[1]}.$$

---

[1]) Das Integrationszeichen $\int$ bedeutet die Summierung aller Produkte aus den Ordinaten aller denkbaren Argumentwerte und den kleinen Unterschieden dx

Wählt man unter den unendlich vielen Gaußschen Kurven diejenige aus, welche eine Streuung $\mu = 1 : \sqrt{2} = 1 : 1{,}4142$ besitzt, so ergibt sich

$$F = \frac{1}{\sqrt{\pi}} \int_{-\infty}^{+\infty} e^{-x^2}\, d x \quad \text{oder} \quad F = \frac{1}{\sqrt{\pi}} \times \sqrt{\pi} = 1.$$

Dieselbe Gleichung und dasselbe Ergebnis erhält man mit jeder anderen Gaußschen Kurve beliebiger Streuung, wenn man x wieder in Einheiten μ ausgedrückt nimmt. Der Flächeninhalt zwischen der Achse und der Kurve gibt zugleich aber auch die Wahrscheinlichkeit dafür an, daß ein Argumentwert irgendwo zwischen $-\infty$ und $+\infty$ liegt, es ergibt sich somit die »Binsenwahrheit«, daß diese Wahrscheinlichkeit 1 beträgt, daß es also gewiß ist, daß der Argumentwert eines aus einer Kollektivreihe herausgegriffenen Glieds zwischen $-\infty$ und $+\infty$ liegt.

Wichtiger ist es, daß in ganz entsprechender Weise die Wahrscheinlichkeit dafür, daß ein Argumentwert um höchstens $E - M = x$ bzw. $M - E = x$ von M nach der einen oder anderen Seite abweicht, wieder durch die Fläche zwischen den Ordinaten in den Punkten $M + x$ und $M - x$, dem Kurvenstück zwischen diesen Ordinaten und dem Achsenausschnitt $2x$ gegeben ist, und daß diese Fläche berechenbar ist als

$$\Phi^{1)} = \int_{-x}^{+x} \frac{1}{\mu \sqrt{2\pi}}\, e^{-\frac{(E-M)^2}{2\mu^2}}\, d E.$$

Drückt man wieder x in Einheiten der Streuung μ aus, so ergibt sich die Wahrscheinlichkeit dafür, daß ein beliebig herausgegriffenes Glied eines Kollektivs mit der Streuung μ einen Argumentwert innerhalb des Intervalls $\pm \frac{x}{\mu} = \pm t$ um M besitzt, zu

$$\Phi = \frac{1}{\sqrt{\pi}} \int_{-\frac{x}{\mu\sqrt{2}}}^{+\frac{x}{\mu\sqrt{2}}} e^{-u^2}\, d u = \frac{2}{\sqrt{\pi}} \int_{0}^{\frac{x}{\mu\sqrt{2}}} e^{-u^2}\, d u,$$

in welchem Ausdruck für u die Grenzen $+\frac{x}{\mu\sqrt{2}}$ und $-\frac{x}{\mu\sqrt{2}}$ bzw. $\frac{x}{\mu\sqrt{2}}$ und 0 einzusetzen sind.

Entwickelt man den Ausdruck e^{-u^2} zur Reihe und integriert, so ergibt sich

$$\Phi = \frac{2}{\sqrt{\pi}} \left(\frac{v}{0!1} - \frac{v^3}{1!3} + \frac{v^5}{2!5} - \frac{v^7}{3!7} + \frac{v^9}{4!9} - \frac{v^{11}}{5!11} + \dots \right),$$

---

zwischen 2 Argumentwerten. Die Grenzen des Intervalls, über welches sich diese Summierung erstrecken soll, werden dem Zeichen $\int$ unten und oben beigesetzt.

[1]) Großer Buchstabe des griechischen Alphabets, gelesen Phi.

worin für v der obere Grenzwert des Integrals $\frac{x}{\mu\sqrt{2}}$ zu setzen ist[1]). Die angeführte Reihe geht in der aus den gegebenen ersten Gliedern ersichtlichen Regelmäßigkeit weiter, bis man unendlich viele Glieder hat, deren letztes $v^{\infty} : \left(\frac{\infty}{2} - 1\right)! \infty$ den Wert 0,00000... hat. Für praktische Zwecke genügt es, je nach der gewünschten Genauigkeit, d. h. je nach der Anzahl der Dezimalstellen, die genau angegeben werden sollen, nur die ersten 3, 4, 5 usw. Glieder zu berücksichtigen.

Für $x = 0$ wird ersichtlich auch $v = \frac{x}{\mu\sqrt{2}}$ zu 0, und man erhält $\Phi = 0$. Wenn das Intervall um M überhaupt keine Ausdehnung besitzt, wird auch die Wahrscheinlichkeit dieses Intervalls 0. Setzt man beispielsweise $\frac{x}{\mu} = \sqrt{2}$, so wird $v = 1$. Man erhält bei Berücksichtigung der ersten 8 Glieder der aufgeführten Reihe mit einer Genauigkeit auf 5 Dezimalstellen somit

$$\Phi = \frac{2}{\sqrt{\pi}} (1 - 0{,}33333 + 0{,}1 - 0{,}02381 + 0{,}00463 - 0{,}00076 + 0{,}00011$$
$$- 0{,}00001) = 1{,}12838\,(1{,}10474 - 0{,}35791) = 0{,}84271.$$

Es besteht also die Wahrscheinlichkeit 0,84 . . . dafür, daß ein beliebiges Glied aus einem Kollektiv einen Argumentwert besitzt, der höchstens um 1,41 Streuungseinheiten von M abweicht. Umfaßt das Kollektiv N Glieder, so werden von diesen, eine symmetrische Zufallsverteilung vorausgesetzt, 0,84 N Glieder in dem erwähnten Intervall liegen. Soll in einem anderen Fall die Wahrscheinlichkeit des Intervalles $\frac{x}{\mu} = 1 : \sqrt{2}$ ermittelt werden, so ergibt sich $v = 0{,}5$, und man bestimmt

$$\Phi = \frac{2}{\sqrt{\pi}} (0{,}5 - 0{,}04167 + 0{,}00312 - 0{,}00019 + 0{,}00001) = 0{,}52048.$$

Dies bedeutet, daß bei Gaußscher Verteilung eine Wahrscheinlichkeit von rd. 0,5 dafür besteht, daß ein beliebiges Glied einer Kollektivreihe einen Argumentwert zwischen $M + \frac{\mu}{\sqrt{2}}$ und $M - \frac{\mu}{\sqrt{2}}$ aufweist. Rund die Hälfte der Glieder des Kollektivs liegt daher in diesem Intervall, und die andere Hälfte der Kollektivglieder liegt außerhalb dieses Intervalls.

[1]) Das Fakultätzeichen ! bedeutet die Multiplikation einer Zahl mit allen kleineren der natürlichen Zahlenreihe bis herab zu 1. Es ist also $n!$ (gelesen n Fakultät $= n \times (n - 1) \times (n - 2) \ldots 3 \times 2 \times 1$, also z. B. $4! = 4 \times 3 \times 2 \times 1 = 24$, $10! = 10 \times 9 \times 8 \ldots 3 \times 2 \times 1$. Zu beachten ist, daß $0! = 1$ ist.

Um die mehr oder weniger umständliche Berechnung eines Φ-Wertes in jedem Falle zu vermeiden, stellt man wieder Tafeln auf, welche zu bestimmten Werten $E - M = x$ die Werte der Φ-Funktion enthalten. Um für alle Fälle mit einer solchen Tafel auszukommen, mißt man die Intervalle wieder nicht in Argumenteinheiten, sondern in Einheiten der jeweiligen Streuung μ und gibt in der Tafel die Φ-Werte für verschiedene Werte $\frac{x}{\mu}$ an. Die Zahlentafel 14 zeigt eine solche Tafel, in welcher die Φ-Werte auf 4 Dezimalstellen abgerundet angegeben sind, eine Genauigkeit, welche für praktische Zwecke der Kollektivmaßlehre vollauf ausreichend ist. Die Φ-Werte für Werte von $\frac{x}{\mu}$, welche in der Tafel nicht aufgeführt sind, kann man wieder mit hinreichender Genauigkeit linear interpolieren.

Zahlentafel 14.

Werte der Funktion $\Phi = \frac{2}{\sqrt{\pi}} \int_0^{\frac{x}{\mu\sqrt{2}}} e^{-u^2}\, d\,u$ mit $x = E - M$

zur Berechnung der Wahrscheinlichkeiten der Intervalle $\pm\, x$ um M.

$\frac{x}{\mu}$	Φ	$\frac{x}{\mu}$	Φ	$\frac{x}{\mu}$	Φ	$\frac{x}{\mu}$	Φ	$\frac{x}{\mu}$	Φ	$\frac{x}{\mu}$	Φ
0,00	0,0000	0,23	0,1818	0,62	0,4648	1,08	0,7198	1,60	0,8904	2,75	0,9940
0,01	0,0080	0,24	0,1896	0,64	0,4778	1,10	0,7286	1,65	0,9010	2,80	0,9949
0,02	0,0160	0,25	0,1974	0,66	0,4908	1,12	0,7372	1,70	0,9108	2,85	0,9956
0,03	0,0240	0,26	0,2052	0,68	0,5034	1,14	0,7458	1,75	0,9198	2,90	0,9963
0,04	0,0320	0,27	0,2328	0,70	0,5160	1,16	0,7540	1,80	0,9282	2,95	0,9968
0,05	0,0398	0,28	0,2206	0,72	0,5284	1,18	0,7620	1,85	0,9356	3,00	0,9973
0,06	0,0478	0,29	0,2282	0,74	0,5408	1,20	0,7698	1,90	0,9426	3,05	0,9978
0,07	0,0558	0,30	0,2358	0,76	0,5528	1,22	0,7776	1,95	0,9488	3,10	0,9981
0,08	0,0638	0,32	0,2510	0,78	0,5646	1,24	0,7850	2,00	0,9544	3,15	0,9984
0,09	0,0718	0,34	0,2662	0,80	0,5762	1,26	0,7924	2,05	0,9596	3,20	0,9986
0,10	0,0786	0,36	0,2812	0,82	0,5878	1,28	0,7994	2,10	0,9642	3,25	0,9988
0,11	0,0876	0,38	0,2960	0,84	0,6010	1,30	0,8064	2,15	0,9684	3,30	0,9990
0,12	0,0956	0,40	0,3108	0,86	0,6102	1,32	0,8132	2,20	0,9722	3,35	0,9992
0,13	0,1034	0,42	0,3256	0,88	0,6212	1,34	0,8198	2,25	0,9756	3,40	0,9993
0,14	0,1114	0,44	0,3400	0,90	0,6318	1,36	0,8262	2,30	0,9786	3,45	0,9994
0,15	0,1192	0,46	0,3544	0,92	0,6424	1,38	0,8324	2,35	0,9812	3,50	0,9995
0,16	0,1278	0,48	0,3688	0,94	0,6528	1,40	0,8384	2,40	0,9836	3,60	0,9997
0,17	0,1350	0,50	0,3830	0,96	0,6630	1,42	0,8444	2,45	0,9858	3,70	0,9998
0,18	0,1428	0,52	0,3970	0,98	0,6730	1,44	0,8502	2,50	0,9876	3,80	0,9999
0,19	0,1506	0,54	0,4108	1,00	0,6826	1,46	0,8558	2,55	0,9892		
0,20	0,1586	0,56	0,4246	1,02	0,6922	1,48	0,8612	2,60	0,9906		
0,21	0,1664	0,58	0,4380	1,04	0,7016	1,50	0,8664	2,65	0,9920		
0,22	0,1742	0,60	0,4514	1,06	0,7108	1,55	0,8788	2,70	0,9930		

Es ist also die Wahrscheinlichkeit dafür, daß ein Einzelglied eines Kollektivs in dem Intervall $+\,x$ bis $-\,x$ um M liegt, durch den Wert der Φ-Funktion gegeben. Infolge der Symmetrie einer Gaußschen Verteilung ist nun weiter die Wahrscheinlichkeit dafür, daß ein Einzelglied in dem Intervall $M + x$ oder in dem Intervall $M - x$ liegt, gleich $0{,}5\,\Phi$. Die Wahrscheinlichkeit dafür, daß der Argumentwert eines Glieds außerhalb des Intervalls $+ x$ bis $- x$ um M fällt, ist $1 - \Phi$, und die Wahrscheinlichkeit dafür, daß der Argumentwert eines Glieds über $E = M + x$ oder unter $E = M - x$ liegt, ist $0{,}5\,(1 - \Phi) = 0{,}5 - 0{,}5\,\Phi$. Endlich erhält man die Wahrscheinlichkeit dafür, daß ein Einzelglied in das Intervall E_1 bis E_2 fällt, also in dem Intervall von $M + E_1 = x_1$ bis $M + E_2 = x_2$ oder auch in dem Intervall $M - E_1 = x_1$ bis $M - E_2 = x_2$ liegt, zu $0{,}5\,(\Phi_{x_2} - \Phi_{x_1})$. Von den Wahrscheinlichkeiten kommt man zu den Häufigkeiten durch Multiplikation mit N. Auf die praktische Anwendung der aufgeführten Formeln sowie der Zahlentafeln 13 und 14 wird hin und wieder noch zurückzukommen sein.

Es soll noch kurz erwähnt werden, daß die symmetrische Zufallsverteilung von Mittelwerten aus je n Einzelwerten ebenfalls durch die Funktion

$$\Phi = \frac{2}{\sqrt{\pi}} \int\limits_0^{\frac{x}{\mu\sqrt{2}}} e^{-u^2}\, d u$$

gegeben wird, wobei aber μ die Streuung der einzelnen Mittelwerte bezüglich des Gesamtmittels bedeutet, so daß statt der Streuung μ der Einzelwerte die Streuung $\frac{\mu}{\sqrt{n}}$ zu setzen ist. Bei der Reihenentwicklung hat man also für v die Werte $\frac{x\sqrt{n}}{\mu\sqrt{2}}$ zu nehmen, und der Zahlentafel 14 hat man die Φ-Werte zu $\frac{x\sqrt{n}}{\mu}$ zu entnehmen, wenn μ nach wie vor die Streuung der Einzelwerte bezüglich M bezeichnet[1]).

38. Eine ebenso typische Verteilung wie die symmetrische Zufallskurve stellt die einfache asymmetrische Kurve dar, die man auch als normale asymmetrische Verteilungskurve bezeichnen kann[2]). Sie unterscheidet sich von der symmetrischen Zufallskurve dadurch, daß sie von ihrem Maximum aus nach der einen Seite steiler abfällt als nach der anderen Seite. Je nach der Seite, nach welcher der Steilabfall der Kurve liegt, unterscheidet man eine linksseitige und eine rechtsseitige Asymmetrie. Eine Folge dieser bezüglich des häufigsten Wertes unsymmetrischen

---

[1]) Vgl. Art. 123.

[2]) Eine Gaußsche Verteilung nennt man nach Pearson kurzweg auch normale Verteilung.

Verteilung ist es, daß bei der asymmetrischen Kurve der arithmetische Mittelwert und der häufigste Wert nicht zusammenfallen sondern verschieden sind. Es ist ohne weiteres einzusehen, daß der Mittelwert nach der Seite des flacheren Kurvenabfalls verschoben sein muß, so daß also bei linksseitig asymmetrischen Kurven mit ihrem flacheren Abfall nach der rechten Seite, also nach der Seite der höheren Argumentwerte, der Mittelwert größer ist als der häufigste Argumentwert, wogegen umgekehrt die rechtsseitige Asymmetrie einen Mittelwert bedingt, der kleiner als der häufigste Wert ist.

Die einfache asymmetrische Verteilung ist nicht weniger zufälliger Art wie die symmetrische Verteilung. Auch die asymmetrische Verteilung zeigt einen häufigsten Wert, der sein Auftreten einem die Materie charakterisierenden Hauptumstand verdankt, wogegen die Abweichungen vom bevorzugten Argumentwert durch eine Reihe von Zufälligkeiten bedingt werden. Diese Zufälligkeiten wirken aber nun nach verschiedenen Seiten verschieden stark, es sind die Wahrscheinlichkeiten gleich starker Abweichungen nach verschiedenen Seiten des häufigsten Wertes verschieden. Die Zahl und die Stärke der Nebeneinflüsse sind bezüglich der beiden Seiten des häufigsten Wertes verschieden, und dies bedingt nach den beiden Seiten verschieden starke Abweichungen bzw. gleich starke Abweichungen verschiedener Häufigkeit. Es kann für eine Materie charakteristisch sein, daß die Nebeneinflüsse nach der guten und schlechten Seite bezüglich des bevorzugten Wertes gleich stark wirken, und es kann für eine andere Materie kennzeichnend sein, daß die nach einer Seite wirkenden Nebenumstände über die anderen Nebeneinflüsse dominieren. Im einen Fall ist der Materie eine symmetrische, im anderen Fall eine asymmetrische Verteilung typisch. Zahl und Stärke der Nebenumstände bezüglich des Haupteinflusses kann in beiden Fällen verschieden sein, symmetrische bzw. asymmetrische Verteilungen verschiedener Streuung, verschieden stark ausgeprägter Maxima bedingend. Ein Spiel mit 4 Münzen auf Zahl als Erfolg wird von einem Haupteinfluß beherrscht, das gleich mögliche »Entweder—Oder«. Zahl und Stärke der Zufälligkeiten wirken zu beiden Seiten des Maximums gleich stark. Dasselbe gilt für ein Spiel mit 10 Münzen, aber Zahl und Stärke der Nebenumstände sind nun größer, es resultiert eine symmetrische Verteilung mit flacherem Maximum und größerer Streuung. Spielt man mit 12 Würfeln auf die Sechs als Erfolg, so wirken nach der Seite der höheren Argumentwerte weit mehr Nebenumstände als nach der anderen Seite, und man erhält eine asymmetrische Verteilung. Spielt man mit 24 Würfeln, so wächst die Macht der Zufälligkeiten und die wieder asymmetrische Verteilung zeigt eine größere Streuung, stärkere und häufigere Abweichungen vom bevorzugten Wert.

Eine typisch linksseitig asymmetrische Kurve ist dem physikalisch Orientierten als Maxwellsche Verteilungskurve der Geschwindigkeiten von Gasmolekülen bekannt. Die Abb. 19 zeigt gestrichelt je eine einfache linksseitig und rechtsseitig asymmetrische Kurve. Die Abb. 7 stellt ebenfalls die asymmetrische Verteilung einer reinen Zufallsreihe dar, wie man sie als Ergebnis bestimmter Versuche mit Würfeln oder für andere reine Zufallsmaterien erhält. Es wurde in Abb. 7 als Beispiel eine Urnenziehung gewählt. Es sollen sich in einer Urne eine große Menge, vielleicht eine halbe Million oder noch mehr, gleich große Kügelchen befinden. Ein Neuntel der Kügelchen sei schwarz, ein anderes Neuntel sei weiß, und durch die restlichen sieben Neuntel aller Kugeln seien die 7 Regenbogenfarben je wieder

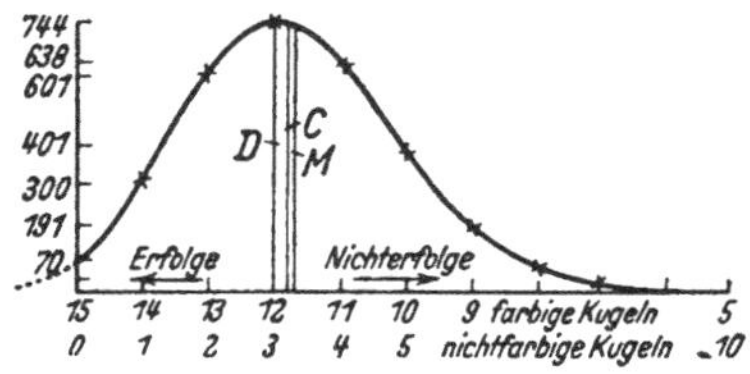

Abb. 7.

durch ein Neuntel der Gesamtkugelzahl vertreten. Man veranstaltet nun 3039 Ziehungsserien, derart, daß man pro Serie 15 Kugeln entweder auf einmal oder einzeln hintereinander zieht, und zählt jedesmal aus, wie viele der 15 Kugeln farbig sind bzw. wie viele schwarz oder weiß sind. Es kann dabei offenbar keine Kugel farbig sein, es kann eine farbige Kugel mitgezogen werden, es können deren 2 unter den 15 auftreten usf. bis im anderen extremen Fall alle 15 Kugeln farbig sein können. Führt man den Versuch durch und stellt die im ganzen aufgetretenen Häufigkeiten zu den verschiedenen möglichen Argumentwerten 0—15 fest, so ergibt die graphische Darstellung des Ziehungsergebnisses angenähert die Kurve der Abb. 7, die eine deutliche Asymmetrie besitzt. Die Art dieser Asymmetrie läßt sich leicht durch logische Überlegungen ermitteln. Man hat neun verschiedene Möglichkeiten beim Ziehen einer Kugel; die Zahl der günstigen Fälle ist, wenn es sich darum handelt, farbige Kugeln zu ziehen, sieben. Mithin ist die Wahrscheinlichkeit, eine farbige Kugel zu ziehen, $^7/_9$. Da dieser Wahrscheinlichkeitswert größer als $^1/_2$ ist, so ist es im allgemeinen wahrscheinlicher, farbige Kugeln zu ziehen als farbige Kugeln nicht und damit das Gegenteil, schwarze oder weiße Kugeln, zu ziehen. Man sieht hieraus ohne weiteres ein, daß es »leichter« sein wird, d. h. daß es sich öfter ereignen wird, daß man nur farbige Kugeln zieht, als daß man überhaupt keine farbige Kugel zieht. Die Wahrscheinlichkeit und damit die Häufigkeit der beiden extremen Fälle ist verschieden; dies bedeutet aber eine Asymmetrie, und da man durch die erwähnten logischen Überlegungen ganz allgemein die höheren Argumentwerte als häufiger erkennt, muß auch der maximale Argumentwert unter den höheren Argumentwerten liegen, und die Kurve muß mithin nach der Seite des größten Argumentwerts, 15 in dem Beispiel, steiler abfallen als nach der Seite des kleinsten Argumentwertes, null in dem Beispiel. In Übereinstimmung mit diesen Ausführungen ergibt denn auch die genaue Rechnung nach dem binomischen Satz, daß bei 3039 Versuchen der geschilderten Art 70 mal 15 farbige Kugeln gezogen werden, daß aber alle Fälle, in denen weniger als 5 farbige Kugeln gezogen werden, überhaupt nicht mehr auftreten. Es würde der Durchführung einer bedeutend größeren Versuchsreihe bedürfen, um auch diese Fälle realisiert zu erhalten.

Die Wahrscheinlichkeit, eine farbige Kugel zu ziehen, läßt sich zu $^7/_9$ angeben. Im Durchschnitt werden daher auf eine Serie von 15 Kugeln $^7/_9 \times 15 = 11^2/_3$ farbige Kugeln kommen. Da als häufigster Wert in diesem Beispiel eines unstetigen Arguments nur ein ganzzahliger Argumentwert auftreten kann, so läßt sich aus dieser Abweichung des Mittelwertes von einer ganzen Zahl bereits auf eine Asymmetrie schließen. Es sind nun nach der einen Seite des Mittels, und zwar nach der Seite mit kleineren Argumentwerten, viel mehr Möglichkeiten vorhanden als gegen die andere Seite, nämlich 11, 10, 9, . . . 0 farbige Kugeln gegenüber 12, 13, 14 oder 15 farbigen Kugeln. Wir konstatieren daher auch auf Grund dieser Überlegungen eine Asymmetrie mit dem Steilabfall gegen die Seite der höheren Argumentwerte, also im Sinne der erwähnten Bezeichnungsart eine rechtsseitige Asymmetrie. Daß in der Abb. 7 tatsächlich eine linksseitig asymmetrische Kurve erscheint, resultiert daraus, daß in der Abbildung die Argumentwerte nicht von links nach rechts, sondern umgekehrt von rechts nach links wachsend aufgetragen wurden. Anders ausgedrückt heißt dies: Die Argumentwerte sind in der Abb. 7 von links nach rechts nicht nach steigender Anzahl von Erfolgen, sondern nach fallender Anzahl von Erfolgen, oder, was dasselbe bedeutet, nach steigender Anzahl Nichterfolge (nichtfarbiger Kugeln) geordnet. Man ersieht aus diesem Beispiel, daß die Bezeichnungen rechts- und linksseitige Asymmetrie relativ sind und besser durch die Angabe Seite der höheren bzw. Seite der geringeren Argumentwerte ersetzt werden; oder aber muß man ein für allemal festlegen, die Argumentwerte von links nach rechts wachsend aufzutragen; man hat dann aber anzugeben, ob nach Erfolgen oder Nichterfolgen geordnet ist.

Eine normale asymmetrische Verteilung erhält man immer dann, wenn die Wahrscheinlichkeit für das Auftreten einer Eigenschaft größer oder kleiner ist als die Wahrscheinlichkeit für das Auftreten der gegenteiligen Eigenschaft, wenn also die beiden Größen p und q in dem binomischen Ausdruck nicht gleich sind. Dabei wird aber die Asymmetrie in dem Bezirk um den häufigsten Wert mit zunehmendem Wert für n immer kleiner und unmerklicher. Fechner denkt sich eine normale asymmetrische Kurve im Maximum als aus 2 Ästen verschiedener symmetrischer Kurven mit verschieden steilem Abfall zusammengesetzt und kommt auf Grund dieser Annahme zu einer mathematischen Behandlung asymmetrischer Kurven[1]).

[1]) Th. Fechner, »Kollektivmaßlehre«, herausgegeben von G. F. Lipps, Leipzig 1897.

Bei einem unstetigen Kollektiv kann eine gefundene asymmetrische Verteilung auf einer wirklich vorhandenen Asymmetrie der Materie beruhen, wie in dem Beispiel der Abb. 7, oder aber kann die Asymmetrie auch nur infolge zufälliger Störungen auftreten. Bei stetigen Kollektiven kann eine Asymmetrie außerdem noch durch die Klasseneinteilung bedingt sein. Man wird bei stetigen Kollektiven daher eine aufgefundene Asymmetrie zunächst durch eine andere Klasseneinteilung zu beseitigen versuchen, und erst wenn dies nicht gelingt an die Entscheidung der Frage, ob zufällige Störungen vorliegen oder die Asymmetrie ein Merkmal der untersuchten Materie ist, gehen. Das letztere ist immer nur dann der Fall, wenn wiederholte Untersuchungen verschiedener Kollektive derselben Materie dasselbe Ergebnis liefern. Im allgemeinen sind normale asymmetrische Kurven als typische Merkmale natürlicher Verteilungen sehr selten.

39. Als letzter Typ einfacher Verteilungen ist die einseitige Kurve zu nennen. Einseitige Kurven zeigen einen vom Maximum aus nur nach einer Seite ungefähr vollständig bis zur Abszissenachse verlaufenden Abfall, wogegen der Abfall nach der anderen Seite nur zum Teil oder überhaupt nicht vorhanden ist. Man kann diese Kurven auch den asymmetrischen zurechnen; man ergänzt dann den fehlenden Kurvenabfall durch die Ordinate des letzten Kurvenpunktes und faßt diese Ordinate als zur Kurve gehörigen Steilabfall direkt zur Häufigkeit Null auf. Man kann die Kurve jedoch auch vom letzten Kurvenpunkt aus bis zum Abszissenabschnitt der folgenden Klassenmitte durchführen.

Eine im strengen Sinne einseitige Kurve zeigt nur einen Aufstieg von einem geringsten Häufigkeitswert bis zur maximalen Häufigkeit und endigt dann. Eine derartige Verteilung einer Zufallsreihe zeigt die Abb. 8. Zieht man in dem erwähnten Beispiel einer Urnenziehung 5313 mal jedesmal 6 Kugeln und zählt aus, wie oft keine der 6 Kugeln weiß ist, wie oft eine weiße Kugel erscheint, wie oft deren 2, 3, 4, 5 oder 6 gleichzeitig bzw. direkt nacheinander in Serien von 6 Kugeln gezogen werden, so erhält man die in der Abb. 8 dargestellte Verteilung. Da neun verschiedene Kugeln in der Urne sind und weiß als Eintritt des Ereignisses gewertet wird, so ist die Wahrscheinlichkeit für das Eintreten dieses Ereignisses $^1/_9$ und damit also sehr gering. Man schließt hieraus ohne weiteres, daß der Fall keiner weißen Kugel bei 6 Kugeln viel häufiger auftreten muß als das Extrem, daß alle sechs gezogenen Kugeln weiß sind. Es ist somit in der Richtung von kleinen Argumentwerten zu großen der allein vorhandene Abfall der Kurve zu erwarten.

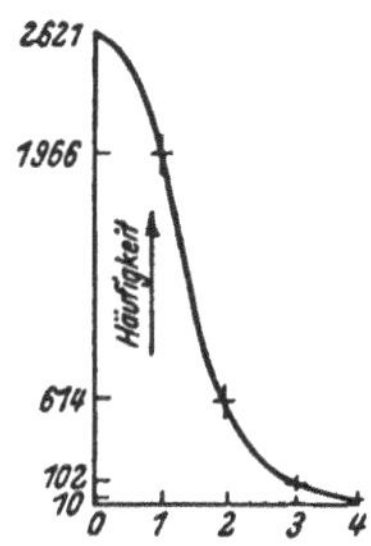

Abb. 8.

Im Gegensatz zu dem Beispiel der Abb. 8 zeigt die Abb. 9 drei einseitige Kurven, die streng genommen zweiseitig sind, da die Kurven nach beiden Seiten des Maximums abfallen. Da aber der Abfall auf einer Seite nicht bis zur Achse stattfindet, kann man diese Kurven zu den einseitigen im weiteren Sinne rechnen. Die in Abb. 9 dargestellten Kurven zeigen die Verteilungen von reinen Zufallsergebnissen, wie man sie beim Würfeln beispielsweise erhält.

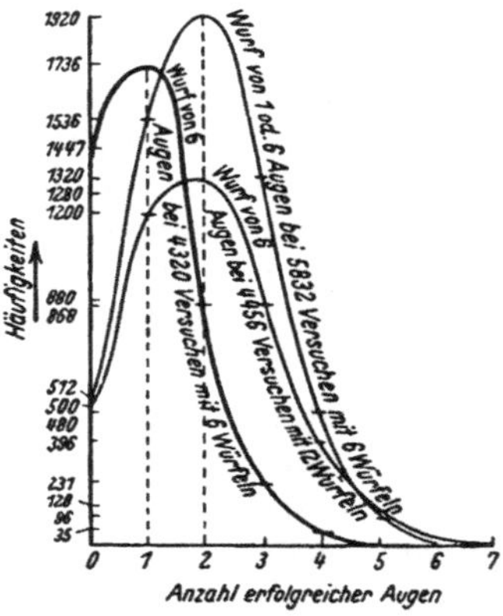

Abb. 9.

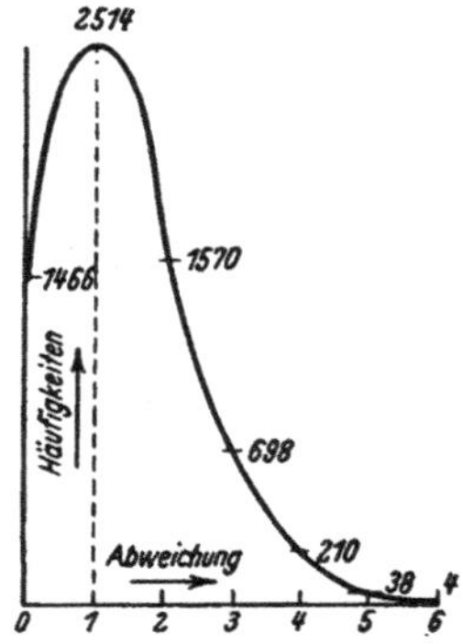

Abb. 10.

Einseitige Kurven erhält man auch immer dann, wenn man statt der Häufigkeiten irgendeines Ereignisses die Häufigkeiten der Abweichungen verschiedenen Grades des untersuchten Merkmals von dem häufigsten Wert aufzeichnet. Man addiert dabei die Häufigkeiten der Abweichungen gleichen Grades, aber nach verschiedenen Seiten des maximalen Wertes. Greifen wir auf das Beispiel der in Abb. 5 stark ausgezogenen Kurve zurück, so haben wir 1466 häufigste Fälle, also 1466 Fälle mit der Abweichung 0 vom häufigsten Wert, der in diesem Falle 6 Augenzahlen ist. Man konstatiert weiter 1257 Fälle, die nach der einen Seite und ebenfalls 1257 Fälle, die nach der anderen Seite die Abweichung einer Augenzahl zeigen, so daß die Abweichung 1 im ganzen 2514 mal auftritt. Ebenso findet man für die Abweichung 2 $785 + 785 = 1570$ Fälle usw. Die Abb. 10 zeigt die Verteilung der stark ausgezogenen Kurve der Abb. 5 durch die graphische Darstellung der Abweichungen von dem häufigsten Wert. Man sieht, daß man eine einseitige Kurve im weiteren Sinne erhält.

40. Die Berechnung asymmetrischer und einseitiger Zufallsverteilungen erfolgt nach der binomischen Formel, in der aber zum Unterschied gegen die symmetrische binomiale Verteilungsformel die Wahrscheinlichkeit p und ihre Gegenwahrscheinlichkeit q verschiedene Werte haben, sich gegenseitig stets zu 1 ergänzend. Man erhält also durch Auflösung des Binoms $N(p + q)^n$ als Häufigkeiten der Klassen 0 bis n die Reihe

$$N p^n + N n p^{(n-1)} q + N \frac{n!}{2!(n-2)!} p^{(n-2)} q^2 + N \frac{n!}{3!(n-3)!} p^{(n-3)} q^3$$
$$+ N \frac{n!}{4!(n-4)!} p^{(n-4)} q^4 + \ldots$$

Für das $(k+1)$te Glied gilt wieder

$$z_k = N \frac{n!}{k!(n-k)!} p^k q^{(n-k)} = N \binom{n}{k} p^k q^{(n-k)} \text{[1]}.$$

Die Maximalhäufigkeit ergibt sich näherungsweise zu

$$z_m = N : \sqrt{2\pi n p q} = N : (\text{mittlere Abweichung} \times \sqrt{2\pi}).$$

Gibt es für eine Eigenschaft einer Materie pro Einzelfall nur zwei Alternativen, so existiert für ausgesprochene Zufallsreihen oder für statistische Reihen, die sich einer Zufallsmaterie mehr oder weniger annähern, eine bestimmte Wahrscheinlichkeit p für das Auftreten der Eigenschaft und eine Wahrscheinlichkeit q für das Erscheinen des gegenteiligen Merkmals. In N Versuchen tritt das betreffende Merkmal dann Npmal auf und Nqmal erscheint dieses Merkmal nicht. Liegen N Versuche zu je n Ereignisfällen vor, so ist die gesamte Häufigkeit des Merkmals Nnp und die Häufigkeit des Gegenteils mißt Nnq. Konstatiert man umgekehrt in einer Reihe von N Versuchen zu je n Gliedern eine Gesamterfolgszahl a, so ergibt sich die empirische Wahrscheinlichkeit des Ereignisses zu $\frac{a}{Nn}$ und die Wahrscheinlichkeit des gegenteiligen Ereignisses ist $\left(1 - \frac{a}{Nn}\right)$.

Beim Vorliegen derartiger Gruppen oder Serien mit dem Umfang n interessiert aber in der Regel nicht nur die Aufteilung der Gesamtzahl Nn der Einzelfälle auf die beiden Alternativen, es sind vielmehr die verschiedenen pro Gruppe möglichen Kombinationen zwischen den beiden Alternativen des Einzelfalls und ihre Häufigkeiten von besonderem Interesse. Wie verteilen sich die N Serien auf die $(n+1)$ verschiedenen Erfolgsgrade 0 bis n pro Serie bei einer reinen Wirkung des Zufalls? Die Antwort hierauf erteilt der binomische Satz, der die Wahrscheinlichkeiten bzw. die Häufigkeiten der einzelnen graduell verschiedenen Erfolge, der verschiedenen Erfolgsgrade, der verschiedenen Erfolgs-

---

[1] $\binom{N}{n}$, gelesen N über n, ist die abgekürzte Schreibweise für $N! : [n!(N-n)!]$, gelesen N-Fakultät durch n-Fakultät mal $(N-n)$-Fakultät, wobei das Fakultätzeichen ! die Multiplikation einer Zahl mit allen in der natürlichen Zahlenreihe bis herab zu 1 folgenden Zahlen bedeutet. Es ist z. B. $\binom{16}{4} = 16! : 4!\,12! = (16 \times 15 \times 14 \times \ldots 3 \times 2 \times 1) : (4 \times 3 \times 2 \times 1 \times 12 \times 11 \times 10 \times \ldots 3 \times 2 \times 1) = 1820$. Es ist $0! = 1$.

häufigkeiten, theoretisch festzulegen gestattet. Der binomische Satz ergibt die Wahrscheinlichkeit, die dafür besteht, mit 6 Würfeln überhaupt keine Sechs zu werfen, er führt zu der Wahrscheinlichkeit, die dafür besteht, aus einer Urne mit zehn verschiedenfarbigen Kugelarten fünf schwarze Kugeln zu ziehen oder zwei grüne und drei rote Kugeln zu ziehen, er läßt im voraus die Wahrscheinlichkeit berechnen, mit 20 Münzen gleichzeitig Wappen zu werfen oder mit 9 Würfeln sechsmal die Augenzahl 1 und dreimal die Augenzahl 4 zu werfen usf. Experimentiert man N mal mit einer der angeführten Materien, so kommt man von der Wahrscheinlichkeit p' für den besonderen Erfolgsgrad zu der Häufigkeit dieses Erfolgsgrades durch die Bildung des Produktes Np'. Die Wahrscheinlichkeit dafür, in irgendeinem Fall einen anderen Erfolgsgrad zu erhalten als einen beabsichtigten, ist stets $q' = (1 - p')$.

Ganz ähnliche Fälle zu den erwähnten Zufallsmaterien liegen nun vor, wenn festzustellen ist, wie oft es vorkommt, daß in mehreren Gruppen von n Ringen einer Drahtsendung oder bei einer Reihe Beobachtungen von n Maschinen eines Arbeiters eine bestimmte Festigkeit oder das Merkmal im Betriebe sein nicht, einmal, zweimal usf. bis n mal auftritt. Im Prinzip unterscheidet sich nun diese Frage auch nicht mehr von der anderen, wie oft es vorkommt, daß die mittlere Festigkeit für n Ringe A kg/mm² beträgt, wie oft dieses Mittel B kg/mm² ist, wieviel Gruppen mit einer mittleren Festigkeit von C kg/mm² zu finden sind usf. Nimmt man nun noch davon Abstand, einzelne Gruppen zu je n Gliedern zu nehmen, so kommt man zu dem Fall der Verteilung eines Kollektivs auf die verschiedenen Werte einer stetig veränderlichen Eigenschaft. Man kann dabei annehmen, daß auch für stetig variable Eigenschaften ein n-Wert existiert, der aber in jedem Falle sehr groß, unendlich groß ist, weshalb nicht nur 2, 3, 4 . . . verschiedene Argumentwerte mit dem Unterschied 1, sondern unendlich viele Argumentwerte mit beliebig kleinen Unterschieden möglich sind. Damit vollzieht man gleichzeitig den Übergang von dem Häufigkeitspolygon zu der kontinuierlich gekrümmten Häufigkeitskurve. Man kommt durch diese Überlegungen zu dem Schluß, daß auch statistische Reihen anderer Art wie reine Zufallsreihen durch eine Behandlung, die sich an die Behandlung der Verteilungsfragen reiner Zufallsergebnisse anlehnt, bezüglich ihrer Verteilungsverhältnisse sondiert werden können. Das Werkzeug für jegliche derartige sondierende Behandlung eines Kollektivs, das Mittel, das Verteilungen nicht in ihrer Gesamtheit sondern im einzelnen zu studieren gestattet, ist der binomische Satz.

Für $n = 0$ wird entweder auch p oder q gleich 0. Man erhält mithin als $(p + q)^0$ entweder $q^0 = 1$ oder $p^0 = 1$. Man hat nur eine Möglichkeit, und zwar entweder die Gewißheit des Nichterfolgs oder die Gewißheit des Erfolgs. Dieser Fall hat nur formale Bedeutung. Wird $n = 1$, so erhält man zwei Möglichkeiten, den Eintritt des Ereignisses mit der

Wahrscheinlichkeit p oder den Eintritt des gegenteiligen Ereignisses mit der Wahrscheinlichkeit q. Man hat den Fall des Studiums von Einzelfällen mit einer alternativ veränderlichen Eigenschaft. Für $n = 2$ ergibt $(p + q)^2 = p^2 + 2\,pq + q^2$ die Wahrscheinlichkeiten für die drei möglichen Fälle gleichzeitig zweier Erfolge, eines Erfolgs und eines Nichterfolgs und zweier gleichzeitiger Nichterfolge. Wird $n = 3$, so ist die Zahl der verschiedenen Möglichkeiten schon 4, über die sich die Gesamtzahl N einer Versuchsreihe verteilt, man hat die 4 Erfolgsgrade 0, 1, 2 und 3. Allgemein ist die Anzahl der verschiedenen Möglichkeiten, der verschiedenen Erfolgsgrade für Serien zu n Gliedern $(n + 1)$. Die Wahrscheinlichkeiten für diese $(n + 1)$ Erfolgsgrade ergibt die Entwicklung des Ausdrucks $(p + q)^n$ zur Reihe, die Häufigkeiten dieser verschiedenen Erfolgsgrade in einer Reihe von N Serien ist als $N\,(p + q)^n$ gegeben. Da $p + q$ stets gleich 1 ist, so ist der algebraische Wert der Summe der einzelnen Wahrscheinlichkeiten für die verschiedenen Erfolgsgrade $1^n = 1$. Dies bedeutet die Gewißheit dafür, daß irgendein Glied der Reihe $N(p + q)^n$ in eine der $(n + 1)$ Erfolgsklassen zählt. Dementsprechend ist der algebraische Wert des Binoms $N(p + q)^n$ gleich N. Die Summe der Häufigkeiten aller Erfolgsklassen ist gleich dem Kollektivumfang.

Zur Ausrechnung der Wahrscheinlichkeiten oder der Häufigkeiten der verschiedenen Erfolgsgrade dürfen in dem Binom $(p + q)^n$ die Werte p und q nicht addiert werden. Die Ausrechnung der Reihe kann ohne weiteres so erfolgen, daß man die nicht addierte Summe $(p + q)$ $n$mal mit sich selbst multipliziert. Man multipliziert hierzu zunächst die Summe der getrennten Einzelwerte einmal mit sich selbst: $(p + q) \times (p + q) = p^2 + pq + pq + q^2 = p^2 + 2\,pq + q^2$. Diese dreigliedrige Summe multipliziert man ebenfalls wieder mit den nicht addierten Einzelwerten, mit $(p + q)$; man erhält $(p^2 + 2\,pq + q^2) \times (p + q) = p^3 + 2\,p^2q + pq^2 + qp^2 + 2\,pq^2 + q^3 = p^3 + 3\,p^2q + 3\,pq^2 + q^3$. Diese neue viergliedrige Summe multipliziert man wieder mit $(p + q)$ usf. bis im ganzen $(p + q)$ $n$mal mit sich selbst multipliziert ist. Dieses Verfahren ist zwar sicher, aber sehr sehr umständlich. Man kann auch ohne weiteres von seiner Anwendung absehen, da die Reihenentwicklung eines binomischen Ausdrucks äußerst regelmäßig ist und bestimmten im Gebrauch einfachen Gesetzmäßigkeiten unterliegt. Diese führen zu der allgemeinen Reihenentwicklung, die zu Eingang dieses Artikels bereits aufgeführt wurde.

Hat man in einer Urne eine Anzahl Kugeln so gemischt, daß auf 5 schwarze Kugeln 3 weiße Kugeln kommen, und zieht man in Serien zu je 2 Kugeln, so ist $n = 2$, $p = {}^5/_8$ und $q = {}^3/_8$, wenn als Erfolg die Ziehung schwarzer Kugeln gelten soll. Es können pro Versuchsserie entweder 2 schwarze Kugeln, oder 1 schwarze und 1 weiße Kugel oder aber 2 weiße Kugeln gezogen werden. Die Wahrscheinlichkeiten für diese drei Möglichkeiten erhält man durch die Auflösung des Ausdrucks $(^5/_8 + ^3/_8)^2 = ^{25}/_{64} + ^{30}/_{64} + ^9/_{64}$. Bei 1024 Ziehungen wird man also 400 Ziehungen mit nur schwarzen Kugeln, 480 Ziehungen mit einer schwarzen und einer weißen Kugel und 144 Ziehungsergebnisse mit zwei weißen Kugeln zu verzeichnen haben.

Für $n = 3$ erhält man die Zufallsreihe der Wahrscheinlichkeiten $(p + q)^3 = p^3 + 3\,p^2q + 3\,pq^2 + q^3$. Wirft man gleichzeitig 3 Münzen oder faßt man je 3 aufeinanderfolgende Würfe mit einer Münze zu einer Serie zusammen, so sind die Wahrscheinlichkeiten für die vier möglichen Fälle, bestehend in dem Wurf von 3, 2, 1 oder 0 Wappen, $(^1\!/_2 + ^1\!/_2)^3$ oder bzw. $^1/_8$, $^3/_8$, $^3/_8$ und $^1/_8$. Ist die Wahrscheinlichkeit des Erfolgs in einem Einzelversuch $^2/_5$, so ergeben sich bei Versuchsserien zu 3 Einzelversuchen die Wahrscheinlichkeiten für bzw. 3, 2, 1 und 0 Erfolge nach $(^2/_5 + ^3/_5)^3$ zu $^8/_{125}$, $^{36}/_{125}$, $^{54}/_{125}$ und $^{27}/_{125}$.

Für $n = 4$ ergibt sich die Wahrscheinlichkeitsreihe aus $(p + q)^4$ zu $p^4 + 4\,p^3q + 6\,p^2q^2 + 4\,pq^3 + q^4$. Würfelt man mit 4 Würfeln und bucht als Erfolg eine der Augenzahlen 1, 2 oder 3, oder wirft man mit 4 Münzen und bucht Wappen als Erfolg, so erhält man die Wahrscheinlichkeiten für bzw. 4, 3, 2, 1 oder 0 Treffer durch die Entwicklung des Ausdrucks $(^1\!/_2 + ^1\!/_2)^4$ zu bzw. $^1/_{16}$, $^4/_{16} = ^1/_4$, $^6/_{16} = ^3/_8$, $^4/_{16} = ^1/_4$ und $^1/_{16}$. Gilt beim Würfelspiel mit 4 Würfeln die Augenzahl 1 und 6 als Erfolg, so stellt die Reihe $(^1\!/_3 + ^2/_3)^4 = ^1/_{81} + ^8/_{81} + ^{24}/_{81} + ^{32}/_{81} + ^{16}/_{81}$ mit ihren einzelnen Gliedern die Wahrscheinlichkeiten für 4—0 Treffer dar. Für $p = ^4/_5$ erhält man, wenn $n = 4$ ist, die Reihe $(^4/_5 + ^1/_5)^4 = ^{256}/_{625} + ^{256}/_{625} + ^{96}/_{625} + ^{16}/_{625} + ^1/_{625}$.

Für weitere Werte von n ergeben sich z. B. folgende Reihen:

$$(p+q)^5 = p^5 + 5\,p^4q + 10\,p^3q^2 + 10\,p^2q^3 + 5\,pq^4 + q^5 \quad \text{z. B.}$$
$$(^1/_2 + ^1/_2)^5 = ^1/_{32} + ^5/_{32} + ^{10}/_{32} + ^{10}/_{32} + ^5/_{32} + ^1/_{32} \quad \text{oder}$$
$$(^1/_3 + ^2/_3)^5 = ^1/_{243} + ^{10}/_{243} + ^{40}/_{243} + ^{80}/_{243} + ^{80}/_{243} + ^{32}/_{243}$$
$$(p+q)^6 = p^6 + 6\,p^5q + 15\,p^4q^2 + 20\,p^3q^3 + 15\,p^2q^4 + 6\,pq^5 + q^6$$
$$(p+q)^7 = p^7 + 7\,p^6q + 21\,p^5q^2 + 35\,p^4q^3 + 35\,p^3q^4 + 21\,p^2q^5 + 7\,pq^6 + q^7$$
$$(p+q)^8 = p^8 + 8\,p^7q + 28\,p^6q^2 + 56\,p^5q^3 + 70\,p^4q^4 + 56\,p^3q^5 + 28\,p^2q^6 + 8\,pq^7 + q^8$$
$$(p+q)^9 = p^9 + 9\,p^8q + 36\,p^7q^2 + 84\,p^6q^3 + 126\,p^5q^4 + 126\,p^4q^5 + 84\,p^3q^6 + {} + 36\,p^2q^7 + 9\,pq^8 + q^9$$
$$(p+q)^{10} = p^{10} + 10\,p^9q + 45\,p^8q^2 + 120\,p^7q^3 + 210\,p^6q^4 + 252\,p^5q^5 + 210\,p^4q^6 + {} + 120\,p^3q^7 + 45\,p^2q^8 + 10\,pq^9 + q^{10}.$$

An allgemeinen Regeln kann man feststellen, daß die Zahl der Glieder eines binomischen Ausdrucks $(p + q)^n$ um 1 größer als n ist. Die Koeffizienten der Glieder einer Reihe,

$$1,\ n,\ \frac{n(n-1)}{1 \times 2},\ \frac{n(n-1)(n-2)}{1 \times 2 \times 3}\ \ldots,$$

bilden eine symmetrische Reihe, die vom Anfang bis zur Mitte der Reihe steigt und dann bis zum Schluß wieder in derselben Weise abfällt, so daß der Koeffizient des letzten Gliedes gleich dem Koeffizienten des ersten Gliedes gleich 1 ist, daß der Koeffizient des zweitletzten Gliedes gleich dem Koeffizienten des 2. Gliedes gleich n ist, daß der Koeffizient des drittletzten Gliedes gleich dem Koeffizienten des 3. Gliedes gleich $\frac{n(n-1)}{2}$ ist usf. Man stellt weiter durch Vergleich der angeführten Beispiele fest, daß der 2. Koeffizient irgendeiner Reihe gleich der Summe des 1. und 2. Koeffizienten der vorhergehenden Reihe mit einem um 1 kleineren n ist, daß ebenso der dritte Koeffizient einer Reihe gleich der Summe des 2. und 3. Koeffizienten der vorhergehenden Reihe mit einem um 1 kleineren n ist usw. Die Exponenten von p fallen von n im ersten Glied bis auf 1 im zweitletzten Glied bzw. bis auf 0 im letzten Glied, wobei für p^0 der Wert 1 zu setzen ist, so daß im letzten Glied p fehlt. Die Exponenten von q steigen von 1 im zweiten Glied bis auf n im letzten Glied. Im ersten Glied fehlt q, d. h. es tritt hier mit dem Exponenten 0 auf und wird daher immer gleich 1.

Ist $p = q = 1/2$, ist mit anderen Worten die Wahrscheinlichkeit eines Ereignisses ebenso groß wie die Wahrscheinlichkeit des Gegenteils, so wird der Anstieg und der Abfall der Glieder einer Reihe allein durch den Anstieg und den Abfall der Koeffizienten der Glieder bestimmt. Da deren Zu- und Abnahme symmetrisch erfolgt, so erhält man für $p = 1/2$ eine symmetrische Verteilung. Ist n eine gerade Zahl, die Gesamtzahl der Glieder $(n + 1)$ mithin ungerade, so liegt das Maximum der Verteilung beim mittelsten Glied. Ist n ungerade, so daß die Anzahl $(n + 1)$ der Glieder der Reihe gerade ist, so gibt es in der Mitte zwei Glieder mit denselben größten Wahrscheinlichkeiten bzw. bei der Rechnung mit Häufigkeiten mit denselben größten Häufigkeiten; das Maximum liegt in solchen Fällen zwischen den beiden gleichen mittleren Gliedern. Dieses Maximum wird durch die Wahrscheinlichkeit des in der Reihe nicht enthaltenen theoretischen Falles mit $\frac{n}{2}$ Erfolgen gebildet. Diese Wahrscheinlichkeit läßt sich nach der Näherungsformel $1 : \sqrt{2\,\pi n p q}$ errechnen.

Ist p, die Wahrscheinlichkeit des Erfolgs, in einem einzelnen Versuche größer als q, die Wahrscheinlichkeit des Gegenteils in einem Einzelversuche, dann bilden die Potenzprodukte p^n, $p^{(n-1)}q$, $p^{(n-2)}q^2$, $p^{(n-3)}q^3$ usf. bis q^n eine fallende Reihe. Für Fälle, in denen p kleiner als q ist, bilden die Potenzprodukte allein eine steigende Reihe. Es wird daher für Fälle, in denen p größer oder kleiner als q ist, die Symmetrie in dem Gang der Koeffizienten durch die durch die ganze Reihe fallenden bzw. steigenden Potenzprodukte gestört, so daß für ungleiche Werte der Wahrscheinlichkeit p des Erfolgs und der Wahrscheinlichkeit q

des Nichterfolgs in einem Einzelversuche eine asymmetrische Verteilung resultiert. Ist $p = q$, so liegt die größte Wahrscheinlichkeit, das Maximum, eben wegen der symmetrischen Verteilung, in der Mitte der Reihe. Ist p kleiner als q, dann liegt das Maximum von der Mitte aus gegen rechts, gegen das Ende zu verschoben, nach dem zu die Potenzprodukte allein steigen. Man hat in diesem Fall somit eine asymmetrische Verteilung mit dem Steilabfall auf der rechten Seite unter der Voraussetzung, daß man die Glieder der Reihe von links nach rechts in der Ordnung abnehmender Anzahl Erfolge, zunehmender Anzahl der Nichterfolge ordnet, in welcher Reihenfolge die Glieder bei der Auflösung der Reihe erhalten werden. Ordnet man in Fällen mit $p < q$ nach steigender Anzahl Erfolge, also nach abnehmender Anzahl der Nichterfolge, so erhält man den Steilabfall der Reihe auf der linken Seite. Ist p größer als q, dann liegt das Maximum, der größte Wahrscheinlichkeitswert, von der Mitte aus gegen das linke Ende der Reihe verschoben, also gegen das Ende, von dem aus die Potenzprodukte für sich genommen durch die Reihe hindurch abfallen. Man hat für $p > q$ mithin eine asymmetrische Verteilung mit dem Steilabfall auf der linken Seite der Verteilung, wenn man nach abnehmender Anzahl der Erfolge von links nach rechts ordnet. Schreibt man die Reihenglieder in der umgekehrten Ordnung, also so, daß von links nach rechts die Erfolgshäufigkeiten pro n Versuche wachsen, dann erhält man für $p > q$ rechtsseitige Asymmetrie. Zusammenfassend läßt sich also feststellen: ordnet man nach steigender Anzahl Nichterfolge, so ergibt $p < q$ rechtsseitige und $p > q$ linksseitige Asymmetrie; ordnet man nach steigender Erfolgsanzahl, so liefert $p < q$ linksseitige und $p > q$ rechtsseitige Asymmetrie.

Der Grad einer Asymmetrie wird um so kleiner, je geringer der Unterschied der beiden Wahrscheinlichkeiten p und q ist, und er wird um so größer, je kleiner unter sonst gleichen Bedingungen n ist. Man erhält dementsprechend auch bei relativ großen Unterschieden zwischen p und q wenigstens im Zentrum, im Kernteil einer Verteilung noch angenähert symmetrische Verhältnisse, wenn n sehr groß ist, wie anderseits bei kleinem Wert von n schon geringe Unterschiede zwischen p und q deutliche Asymmetrie ergeben.

Es ist eine Folge dieser im Kernteil zurückgehenden Asymmetrie einer Verteilung mit großen Werten für n, daß man auch asymmetrische Reihen, wenn sie großes n besitzen, nicht nur durch die Binomialentwicklung sondern auch durch die Exponentialfunktion näherungsweise darstellen kann, und zwar um so übereinstimmender mit dem Ergebnis der Binomialentwicklung, je größer n ist. Doch ist diese Übereinstimmung bereits bei mäßig großen n-Werten eine befriedigende und für die meisten Fälle ausreichende. Die relativen Abweichungen wachsen gegen die beiden Verteilungsenden zu, sie sind am geringsten im Kernteil der Verteilung. Faßt man z. B. die Verteilung $10000\,(^2/_3 + ^1/_3)^{42}$ ins Auge, so ergibt die Binomialentwicklung das Maximalglied 1296, die Exponentialfunktion die maximale Häufigkeit 1306. Für die beiden der Zentralklasse benachbarten Klassen ergibt die Binomialentwicklung die Häufigkeiten 1252 und 1211; die Exponentialfunktion liefert für $\frac{x}{\mu} = \frac{1}{3{,}053}$ die entsprechenden Häufigkeiten 1235 und 1235. Für die Abstände ± 2 bezüglich des maximalen Gliedes ergibt die Binomialentwicklung die Häufigkeiten 1085 und 1021, die Exponentialfunktion die Häufigkeiten 1056 und 1056. Für die Abstände ± 9 bezüglich des Maximums stehen sich die Häufigkeiten 11, 21 und 17, 17 gegenüber.

Führt man über ein Ereignis, dessen Wahrscheinlichkeit $p = {}^1/_{10}$ ist, 1000 Doppelversuche aus, so erhält man 10 Fälle, in denen das Ereignis zweimal eintritt, 180 Fälle, in denen das Ereignis je einmal zusammen mit seinem Gegenteil auftritt, und 810 Fälle, welche nur Nieten, nur Nichterfolge bringen. Es ist in diesem Beispiel der Unterschied zwischen p und q sehr groß, und außerdem ist der Wert für n sehr klein; man hat dementsprechend eine stark asymmetrische Verteilung zu erwarten. Tatsächlich ist die Asymmetrie in diesem Fall so groß, daß eine einseitige Verteilung resultiert. Der Steilabfall liegt bei der Ordnung nach zunehmender Anzahl Nichterfolge auf der rechten Seite. Stellt man statt 1000 nur 10 Versuche an, so erhält man die Verteilung 0,1, 1,8 und 8,1 bzw., da nur ganzzahlige Häufigkeiten Sinn haben, die Verteilung 0, 2 und 8. Fälle, in denen das Ereignis zweimal auftritt, kommen überhaupt nicht vor, man hat nur 2 Fälle zu erwarten, in denen ein Zutreffen des Ereignisses mit seinem Gegenteil zusammenfällt, und hat 8 totale Nichterfolge zu erwarten. Je kleiner somit N wird, um so geringer ist unter sonst gleichen Verhältnissen die Ausdehnung einer Verteilungstafel. Dasselbe gilt von n. Ergab die Verteilung $10\,(0{,}1 + 0{,}9)^2$ nur 2 Häufigkeiten, so werden bei der Verteilung $10\,(0{,}1 + 0{,}9)^6$ schon 3 Glieder real; man erhält 5 Fälle mit nur Nichterfolgen, 4 Fälle, in denen 5 Nichterfolge mit einem Erfolg zusammenkommen, und 1 Fall mit 4 Nichterfolgen auf 2 Erfolge. Ist die Einwirkung der Werte von N und n auf die Ausdehnung eines Kollektivs dieselbe, so verhalten sie sich in ihrer Einwirkung auf die Häufigkeiten verschieden. Mit wachsendem Wert für N nehmen mit der Ausdehnung des Kollektivs auch die einzelnen Klassenhäufigkeiten zu, mit steigendem Wert für n geht dagegen die Zunahme der Ausdehnung des Kollektivs auf Kosten der Klassenhäufigkeiten, so daß mit wachsendem Wert für n bei demselben Wert für N eine fortschreitende Verflachung der Verteilung zu konstatieren ist.

Man kann die allgemeine Auflösung einer binomischen Reihe auch durch die Newtonsche Formel darstellen.

Die Reihe der Wahrscheinlichkeiten p_m der verschiedenen Erfolgsgrade m einer binomialen Verteilung ist danach gegeben als

$$p_m = \frac{n!}{m!\,(n-m)!}\,p^m q^{(n-m)} = \binom{n}{m} p^m q^{(n-m)}.$$

Es sind für m in dieser Formel der Reihe nach die Werte 0, 1, 2, 3 . . . n zu setzen, wodurch man die Wahrscheinlichkeiten für bzw. 0, 1, 2, 3 . . . n Erfolge pro Serie erhält. Allgemein bedeutet p_m die Wahrscheinlichkeit dafür, daß in n Versuchen m mal ein Ereignis der Wahrscheinlichkeit p [und also $(n-m)$mal das Gegenteil der Wahrscheinlichkeit $q = 1 - p$] auftritt.

Die Anwendung der Newtonschen Formel erspart die Auflösung irgendeines Binoms von Fall zu Fall. Die Anwendung der Newtonschen Formel empfiehlt sich besonders dann, wenn nicht eine ganze Reihe zu entwickeln ist, wenn es sich vielmehr nur darum handelt, einige Glieder oder auch nur die Wahrscheinlichkeit eines einzelnen bestimmten Erfolgsgrades zu bestimmen. Für symmetrische Reihen mit $q = p = 0{,}5$ vereinfacht sich die angeführte Formel zu $p_m = n!\,0{,}5^n : m!\,(n-m)!$

Zählt man das erste Glied einer binomischen Reihe als 0tes Glied, so ergibt sich die Nummer des maximalen Gliedes der Reihe als np, wobei der genaue Wert des Produktes np zur nächsten ganzen Zahl ab- bzw. aufzurunden ist. Es ist somit für das maximale Glied $m = np$, so daß man die Wahrscheinlichkeit des wahrscheinlichsten Erfolgsgrades einer Reihe als

$$p_{\max} = \frac{n!}{(np)!\,(nq)!}\,p^{np} q^{nq}$$

festlegen kann. Ist die Reihe symmetrisch, so wird die Wahrscheinlichkeit des Maximalgliedes einer Reihe $p_{\max} = n!\,0{,}5^n : (0{,}5\,n)!\,(0{,}5\,n)!$. Bei ungeraden n-Werten ist für $0{,}5\,n$ einmal der abgerundete und einmal der aufgerundete Wert zu nehmen. Damit stimmt überein, daß man in einer symmetrischen Reihe mit ungeradem n zwei gleiche Glieder mit gleicher größter Wahrscheinlichkeit hat, das $(0{,}5\,n - 0{,}5)$te Glied und das $(0{,}5\,n + 0{,}5)$te Glied. Für gerades n hat man im Nenner der Newtonschen Formel die zwei gleichen Faktoren $(0{,}5\,n)!$ in Übereinstimmung damit, daß eine symmetrische Reihe mit geradem n nur ein Glied größter Wahrscheinlichkeit aufweist, eben das $(0{,}5\,n)$te Glied.

Man kann durch die Entwicklung eines Binoms oder mit Hilfe der Newtonschen Formel die Wahrscheinlichkeiten diskreter Argumentwerte errechnen, man kann die Verteilungen unstetiger Kollektive, die Häufigkeiten oder Wahrscheinlichkeiten bestimmter Erfolgsgrade ermitteln. Da man auch für Verteilungen stetig veränderlicher Eigenschaften Formalwerte für p und n ermitteln kann, so lassen sich auch stetige Verteilungen durch eine binomische Formel formal wiedergeben. Man erhält in solchen Fällen stetiger Verteilungen die relativen Häufigkeiten bzw. die absoluten Häufigkeiten naturgemäß nicht für bestimmte Eigenschaftswerte sondern für bestimmte Intervalle dieser Eigenschaften, und man nennt die auf eine bestimmte Argumenteinheit fallende relative Häufigkeit die Wahrscheinlichkeitsdichte für das betreffende Intervall. Meist spricht man allerdings auch in solchen Fällen lediglich von der Wahrscheinlichkeit statt der Wahrscheinlichkeitsdichte und gibt wohl auch diese Wahrscheinlichkeit nicht als Wahrscheinlichkeit des Intervalls, sondern als Wahrscheinlichkeit des bestimmten Argumentwertes an, welcher die Intervallmitte bezeichnet.

Kann man nicht nur Reihen unstetiger Argumentwerte, sondern auch stetige Reihen durch binomische Verteilungen darstellen und wiedergeben, so kann man auch umgekehrt mit Hilfe der »e hoch minus x^2-Funktion« bzw. mit Hilfe des Gaußschen Verteilungsintegrals nicht nur stetig veränderliche Merkmalswerte bezüglich ihrer Verteilung, sondern auch die Verteilungen unstetiger Eigenschaftswerte darstellen. Ergibt die e^{-x^2}-Funktion zunächst die Wahrscheinlichkeit bestimmter Intervalle, also Wahrscheinlichkeitsdichten, so sieht man in der Anwendung dieser Funktion auf unstetige Reihen mit ihren auf bestimmte Punkte zusammengeschrumpften Intervallen in den zu bestimmenden Wahrscheinlichkeitsdichten direkt die Wahrscheinlichkeiten der allein realen Intervallmitten. Die Berechnung einer Verteilung einerseits mit Hilfe des binomischen Ausdrucks und anderseits mit Hilfe der e^{-x^2}-Funktion oder des Gaußschen Integrals ergibt keine genaue Übereinstimmung, aber doch nur minimale Unterschiede, die in der Regel belanglos sind. Bestimmt man z. B. die Verteilung einer Materie mit $p = 0{,}5$ und $n = 4$, so ergibt die Auflösung des entsprechenden Binoms bzw. die Anwendung der Newtonschen Formel die Reihe der Wahrscheinlichkeiten 0,0625, 0,25, 0,375, 0,25 und 0,0625. Bestimmt man dagegen die Streuung der Verteilung als $\sqrt{npq} = \pm 1$ und ermittelt nach Zahlentafel 13 für $\frac{x}{\sqrt{npq}}$ gleich bzw. 0,1 und 2 die Wahrscheinlichkeiten, so findet man über die Werte y gleich bzw. 1, 0,6065 und 0,1353 die Wahrscheinlichkeiten $y : \sqrt{2\pi npq}$ zu bzw. 0,399, 0,242 und 0,054 gegenüber den »binomischen Wahrscheinlichkeiten« 0,375, 0,25 und 0,0625. Betreffs der Übereinstimmung zwischen der binomischen Reihe und der nach der Exponentialfunktion hergeleiteten Verteilung ist festzustellen, daß diese in dem vorliegenden Falle besonders schlecht ist, eine Folge des relativ kleinen Wertes für n. Mit wachsendem Wert für n wird die Übereinstimmung zwischen Binomialreihe und Exponentialfunktion besser, was verständlich ist, wenn man berücksichtigt, daß die Exponentialfunktion als für sehr große n-Werte umgeformte Binomialreihe aufgefaßt werden kann.

Es lassen sich auch asymmetrische Verteilungen mit $p \lessgtr 0{,}5$ durch die Gaußsche Verteilungsfunktion darstellen, und man kann untersuchen, ob sich eine asymmetrische empirische Verteilung dem mathematischen Häufigkeitsgesetz noch fügt oder nicht bzw. wie groß der Grad der Annäherung bzw. der Abweichung ist. Die Anpassung einer unsymmetrischen Verteilung an die Gaußsche Verteilung gleicher Streuung ist bei zufälliger Verteilung der empirischen Häufigkeiten um so genauer, je größer n ist, da einerseits mit wachsendem n bei gleichem p der Grad einer Asymmetrie wenigstens im Zentrum einer Verteilung geringer wird, und da anderseits die Gaußsche Kurve als Grenzfall einer binomialen Verteilung mit unendlich großem n aufgefaßt werden kann. Auf die Verteilungsberechnung bei sehr kleiner Wahrscheinlichkeit p wird noch zurückzukommen sein[1]).

Unterliegt eine Materie dem Gaußschen Verteilungsgesetz, so ist die Wahrscheinlichkeit dafür, daß ein Einzelwert der Reihe um höchstens x Argumenteinheiten oder höchstens das $\frac{x}{\mu}$- oder $t$fache der mittleren Abweichung μ vom Mittel abweicht und mithin innerhalb des Intervalls $M \pm x$ liegt, durch das Verteilungsintegral gegeben und als Φ nach Zahlentafel 14 bestimmbar. Die Einheit $\mu = \sqrt{npq}$ des Abweichungsmaßstabes hat nun unter sonst gleichen Verhältnissen für symmetrische Verteilungen den größten Wert (da unter allen Brüchen p und q, die sich zu 1 ergänzen, $p = 0{,}5$ und $q = 0{,}5$ das größte Produkt liefern). Bei gleichem Wert n hat somit eine Gaußsche Verteilung eine größere mittlere Abweichung als jede beliebige andere, nicht normale Verteilung, so daß die in Einheiten μ gemessene Abweichung t eines Einzelwertes für eine Gaußsche Verteilung den kleinsten Wert annimmt. Es wird t für jede Materie, die einem beliebigen Verteilungsgesetz unterliegt, bei gleichem x und n größer als für eine normale Verteilung. Geht man daher unter der Voraussetzung, daß eine Materie mit unbekanntem Verteilungsgesetz sich dem Gaußschen Gesetze füge, mit dem Wert $t = \frac{x}{\mu}$ in die Zahlentafel 14 ein, so kann man, wenn die Materie tatsächlich dem normalen Verteilungsgesetz nicht unterliegt, infolge ihres »zu kleinen« μ-Wertes eine zu große Wahrscheinlichkeit dafür erhalten, daß eine bestimmte Abweichung x von einem Einzelglied nicht überschritten wird. Die Beachtung dieses Umstandes ist wichtig, da man es in der Praxis sehr häufig, ja meistens mit Materien zu tun hat, deren Verteilungsgesetze zunächst unbekannt sind. Kennt man das Verteilungsgesetz einer Materie, so läßt sich die Wahrscheinlichkeit bestimmter Intervalle um M berechnen. So ist beispielsweise für die Verteilung $N\,(0{,}25 + 0{,}75)^{48}$ mit $\mu = \sqrt{npq} = \pm 3$ die Wahrscheinlichkeit dafür, daß ein beliebiges Glied der Reihe um höchstens $x = \pm 3$ oder das 1fache der mittleren Abweichung vom Mittelwert $M = np = 12$ abweiche, bestimmt als Σp_m[2]) $= p_9 + p_{10} + p_{11} +$

[1]) Vergl. Art. 140.

[2]) Σ (gelesen Summe) = Additionszeichen, es bedeutet also z. B. Σa die Summierung aller Werte a; kann a die Werte 1 bis 9 annehmen, so ist $\Sigma a = 45$.

$+ p_{12} + p_{13} + p_{14} + p_{15}$, wobei sich die einzelnen p_m nach der Newtonschen Formel berechnen lassen. Kennt man das Verteilungsgesetz einer Materie dagegen nicht, so muß man sich bei einer Auswertung nach Zahlentafel 14 darüber klar sein, daß man mit zunehmendem Grad der Abweichung einer Materie von den Verhältnissen einer normalen Verteilung zu hohe Wahrscheinlichkeiten für Abweichungen kleiner als x und zu geringe Wahrscheinlichkeiten für Abweichungen größer als x erhält. Für derartige Materien mit bezüglich ihrer Verteilung unbekanntem Charakter gibt das Tschebyscheffsche Theorem einen minimalen Wert für die Wahrscheinlichkeit einer kleineren Abweichung bzw. einen Maximalwert der Wahrscheinlichkeit einer größeren Abweichung als $t = \frac{x}{\mu}$. Es ist nach diesem Theorem unabhängig vom Verteilungsgesetz der Einzelwerte einer veränderlichen Größe die Wahrscheinlichkeit dafür, daß die Abweichung eines beliebigen Einzelgliedes einer Reihe vom Mittel der Reihe das t fache der mittleren Abweichung nicht übersteigt, größer als $\left(1 - \frac{1}{t^2}\right)$, und es ist die Wahrscheinlichkeit des Gegenteils, also die Wahrscheinlichkeit einer größeren Abweichung als $t\mu$ kleiner als $\frac{1}{t^2}$. Vergleicht man für einzelne bestimmte t-Werte die Wahrscheinlichkeiten, die man nach Zahlentafel 14 für Gaußsche Verteilung und nach dem Tschebyscheffschen Theorem für beliebige Verteilung erhält, so ergibt sich folgendes Bild:

	t	1	1,5	2	2,5	3
$p =$	Φ	0,683	0,866	0,954	0,988	0,997
$p >$	$\left(1 - \frac{1}{t^2}\right)$	> 0	$> 0{,}556$	$> 0{,}750$	$> 0{,}840$	$> 0{,}889$
$q =$	$(1 - \Phi)$	0,317	0,134	0,046	0,012	0,003
$q <$	$\frac{1}{t^2}$	< 1	$< 0{,}444$	$< 0{,}250$	$< 0{,}160$	$< 0{,}111$

Man stellt fest, daß der Spielraum zwischen den Wahrscheinlichkeiten nach Gauß und nach Tschebyscheff am größten für Intervalle direkt um M ist, und daß der Unterschied mit größer werdenden Abweichungsgrenzen kleiner wird.

41. Man kann die Entstehung einer binomialen Verteilung experimentell demonstrieren, und es läßt sich jede beliebige binomiale Verteilung zu beliebigen Werten für p und n empirisch herleiten. Es dient diesem Zwecke das Galtonsche Brett oder der Pearsonsche Binomialapparat[1]).

Das Galtonsche Brett ist ein gegen die Horizontalebene geneigt aufgestelltes Brett, das mehrere Reihen (senkrecht eingeschlagener)

[1]) Versuchsergebnisse mit der »Zufallsmaschine« gibt der 1. Vortrag in »Plaut, Fabrikationskontrolle«.

äquidistanter Stifte besitzt. Die Stifte der verschiedenen Reihen sind von Reihe zu Reihe um denselben Betrag gegeneinander versetzt. Läßt man nun mittelst einer Rinne oder durch eine Röhre eine Kugel gegen den »Stiftwald« laufen, so nimmt dieselbe unter verschiedenen Ablenkungen durch einzelne Stifte, welche die Kugel trifft, ihren (zickzackförmigen) Weg durch die Stiftreihen und verläßt die letzte (unterste) dieser Reihen zwischen zwei bestimmten, aber bei verschiedenen Versuchen verschiedenen Stiften. Führt man diesen Versuch N mal aus und zählt, wie oft die Kugel links des ersten Stiftes, wie oft die Kugel zwischen erstem und zweitem Stift, wie oft die Kugel zwischen zweitem und drittem Stift herausläuft usf., so geben die Häufigkeiten dieser Ereignisse eine binomiale Reihe (eine Reihe mit zufälligen Abweichungen von einer mathematisch exakten binomialen Reihe). Für diese empirische binomiale Verteilung bzw. für die entsprechende mathematisch genaue Verteilung gibt die Anzahl der Stiftreihen die Seriengliederzahl n, und das Verhältnis, in dem die Stifte verschiedener Reihen gegeneinander versetzt sind, ist gleich der relativen Wahrscheinlichkeit $p:q$. Hat man nur eine Reihe von Stiften, so ist $n = 1$, und die Zahl der möglichen Fälle ist $n + 1 = 2$: die Kugel kann von dem getroffenen Stift der einen Reihe aus nach links oder nach rechts ausweichen. Hat man 2 Stiftreihen, so ist $n = 2$, und die Zahl der möglichen Fälle beträgt $n + 1 = 3$: die erste Stiftreihe führt zu den beiden Möglichkeiten, daß die Kugel dem getroffenen Stift nach links oder nach rechts ausweicht. Dies bedingt eine Kollisionsmöglichkeit mit zwei benachbarten Stiften der zweiten Reihe, von denen aus eine Ablenkung je wieder nach rechts oder links erfolgen kann. Da die Ablenkung der Kugel vom linken Stift der zweiten Reihe aus nach rechts und die Ablenkung vom rechten Stift der zweiten Reihe aus nach links zu demselben Austrittsfeld der Kugel, zu demselben Ereignis führt, so hat man im ganzen mithin drei mögliche Fälle: die vom linken Stift der zweiten Reihe nach links abgebeugte Kugel, die von demselben Stift nach rechts oder von dem rechten Stift nach links abgelenkte Kugel und die von dem rechten Stift nach rechts geworfene Kugel. Halbiert jeder Stift den Zwischenraum zwischen 2 Stiften der vorhergehenden Reihe, so ist $p:q = 1:1$ und mithin $p = q = 0{,}5$. Bei jedem Stift, den die Kugel trifft, besteht die Wahrscheinlichkeit 0,5, daß die Kugel nach links und dieselbe Wahrscheinlichkeit, daß die Kugel nach rechts abgelenkt wird. Sind die Stifte so gegeneinander versetzt, daß jeder Stift den Zwischenraum zweier Stifte der vorhergehenden Reihe im Verhältnis 1:3 teilt, so ist $p:q = 1:3$ und daher $p = 0{,}25$. Schlägt man die Stifte in schmale Leisten, montiert dieselben verschiebbar auf einem Brett, so läßt sich durch Verschieben der Leisten die Wahrscheinlichkeit p für verschiedene Versuche variieren, und man kann mit einem solchen Brett jede beliebige Verteilung demonstrieren.

Ein solches (in der Regel senkrecht aufgestelltes und nach vorn durch eine Glasscheibe abgeschlossenes) Galtonsches Brett ist auch das Bajazzospiel, bei dem eine Kugel durch mehrere Reihen gegeneinander versetzter Stifte fällt. Durch die Art der Anordnung der Stifte ist somit bereits im voraus die Wahrscheinlichkeit dafür festgelegt, daß die Kugel an einer bestimmten Stelle aus dem »Stiftwald« austritt. Das Bajazzospiel ist allerdings kein reines Glücksspiel, sein Ergebnis ist insofern nicht allein vom Zufall bedingt, als man den Auffangbecher für die fallende Kugel nach Belieben verstellen kann. Dadurch wird das Spiel bis zu einem gewissen Grade zu einem Geschicklichkeitsspiel. Würde dagegen derart gespielt, daß der Auffangbecher in eine bestimmte Lage gebracht wird, ehe der Lauf der Kugel beginnt, so hätte man ein reines Glücksspiel mit bestimmten Gewinnchancen für die $n + 1$ möglichen Becherlagen, die durch die Glieder der Reihe $(p + q)^n$ festgelegt sind.

Bei dem Pearsonschen Binomialapparat treten an die Stelle der Stifte Holzkeile mit ihren Spitzen nach oben, Holzklötzchen mit dachförmiger Oberseite, die ebenfalls auf einem senkrecht gestellten Brett, der Rückwand des Apparates, mit gleichen Abständen voneinander reihenweise verschiebbar angeordnet sind, wodurch das Versetzungsverhältnis und damit die relative Wahrscheinlichkeit p/q variabel ist. Nach vorn ist der Apparat durch eine Glaswand abgeschlossen. Die Zwischenräume der untersten Keilreihe münden in Auffangbehälter (Kästchen oder Zylinder) mit gleichem Querschnitt. Durch einen Trichter gibt man oben in den Apparat Schrot oder ein anderes körniges Material mit möglichst runden und gleichmäßigen Körnern. Man kann somit 1000, 10000 und mehr Einzelversuche in einem rasch durchführen. Statt die Körner der einzelnen Kästchen zu zählen, mißt man die Höhe, bis zu der die einzelnen Kästchen sich auffüllen. Diese Höhen geben direkt die der bestimmten Einstellung und der Zahl der Keilreihen entsprechende binomiale Verteilung. Dasselbe, was das Galtonsche Brett durch viele einzelne Versuche »von Hand« ergibt, liefert also die Pearsonsche Binomialmaschine durch einen Versuch mit »maschineller Geschwindigkeit«.

Die Verteilung der Kügelchen auf die verschiedenen Fächer des Binomialapparates ist eine rein zufällige, die Sortierung, die Ablenkung der Kügelchen erfolgt lediglich nach dem Merkmal Zufall und ist allein durch die Zufallselemente n und p bestimmt. Die Streuung der Kügelchen beim Passieren des Apparates ist durch die Zahl der Keil- oder Stiftreihen und das Versetzungsverhältnis dieser Keilreihen festgelegt und im quadratischen Maß als npq gegeben. Den Schwankungen in der Nummer des Faches, in welches ein Kügelchen gelangt, den verschiedenen Abweichungen, der verschiedenen Dispersion verschiedener Kügelchen in der Binomialmaschine entsprechen ganz die Schwankungen, welche das Produkt einer bestimmten technischen Maschine, eines bestimmten technischen Prozesses zeigt, und es kann in bezug allein auf diese Schwankungen jede technische Maschinerie als Binomialapparat gelten mit dem Unterschied, daß die Materie einer Maschine der Technik nicht nach dem Schwankungsgrad sortiert erscheint, wogegen der Binomialapparat direkt nach dem Streuungsgrad sortiert. Die Schwankungen in der minutlichen Leistung einer Nadelmaschine, die Schwankungen der Stiftlängen einer Nagelmaschine, die Durchmesserschwankungen eines Drahtes, die verschiedenen Festigkeiten, Dehnungen oder Güteziffern eines Materials, die variabeln Brenndauern von Glühbirnen, die Variabilität der Schußzahl oder Maschenweite eines Drahtgewebes sind, solange sie allein dem Zufall ihr Vorhandensein verdanken, durch binomiale Reihen darstellbar, lassen sich durch bestimmte Einstellungen eines Binomialapparates reproduzieren. Man hat es weder hier noch dort mit streng kausalen Gesetzmäßigkeiten, mit prädestinierten und determinierten Vorgängen und Ereignissen zu tun; es ist vielmehr der Zufall, welcher diese wie jene Materien regiert, es ist der Zufall, welcher die Nummer des Faches bestimmt, in welches ein Kügelchen des Binomialapparates rollt, es ist der Zufall, welcher die (genaue) Länge eines Drahtstiftes, die (genaue) Maschenweite eines Gewebes, die (exakte) Schußzahl einer Tresse, die (genaue) Fahrtzeit eines Zuges u. dgl. m. bestimmt.

42. Zu den bisher besprochenen einfachen Häufigkeitskurven werden die Verteilungen, mit denen man es in der Praxis zu tun hat, im allgemeinen selten führen. Meistens wird man es vielmehr mit aus mehreren einfachen Kurven zusammengesetzten Kurven zu tun haben, und es handelt sich dann darum, die Art dieser Zusammensetzung klarzulegen. Derartige Überlagerungen mehrerer Verteilungen können, allerdings seltener, wieder zu symmetrischen Kurven führen oder aber, und dies ist die Regel, resultieren der Kombination zweier oder auch mehrerer Verteilungen unsymmetrische Kurvengebilde. In den letzteren Fällen kann die Asymmetrie so weit gehen, daß man auf Kurven mit zwei oder mehreren Maximis stößt.

Die in besonders seltenen Fällen aus der Kombination mehrerer einfacher symmetrischer Zufallskurven hervorgehenden zusammengesetzten symmetrischen Kurven können ebenfalls wieder Zufallscharakter haben, oder aber stellen sie symmetrische Kurven dar, die im Vergleich zu reinen Zufallskurven steiler ansteigende Maxima, flachere Maxima oder mehrere Maxima aufweisen.

Kombinieren 2 Kurven, die gleiche Zufallsverteilungen darstellen, derart, daß sie sich decken, so entsteht eine zusammengesetzte Kurve, die ebenfalls Zufallscharakter hat. Es ist dies leicht einzusehen, denn die Verteilung eines Kollektivs aus 3250 Würfen mit 12 Würfeln nach der Anzahl der geworfenen geraden Augenzahlen und die Verteilung eines Kollektivs derselben Materie mit dem gleichen Umfang $N = 3250$ ergibt, zusammengesetzt, eben ein Kollektiv derselben Materie des Umfangs $N = 6500$. Zu demselben Ergebnis führt die Kombination zweier Zufallskurven gleicher Art mit verschiedenen Maximis. Ein Kollektiv der erwähnten Art mit $N = 4000$ und ein zweites Kollektiv derselben Materie mit $N = 2500$ ergeben zusammengesetzt wieder die Verteilung eines Kollektivs mit $N = 6500$. In diesen Fällen handelt es sich wohl um zusammengesetzte Kurven, dagegen nicht um zusammengesetzte Materien, sondern um einheitliche Materien mit größerem Umfang der untersuchten Kollektive, und es ist daher selbstverständlich, daß die Verteilung einer solchen Zufallsmaterie durch eine einfache Verteilung wiedergegeben wird. Es wird weiter unten aber noch ein Fall Erwähnung finden, der zeigt, daß auch zusammengesetzte Materien symmetrische Zufallsverteilungen ergeben können. In der Regel unterscheiden sich aber von den ausgesprochenen Zufallsmaterien, dargestellt durch einfache symmetrische Wahrscheinlichkeitskurven, die Verteilungen, die wohl ebenfalls ein ausgeprägtes Maximum, einen bevorzugten Wert aufweisen, für die weiterhin ebenfalls der bevorzugte Wert gleichzeitig Mittelwert ist, die mithin ebenfalls eine symmetrische Verteilung der Abweichungen vom häufigsten Wert zeigen, und die graphisch durch Verteilungskurven ganz ähnlicher Gestalt wie die reinen Zufallskurven wiedergegeben werden, die aber in Wirklichkeit keine einfachen Materien sondern zusammengesetzte Materien darstellen. Solche Verteilungen, die übrigens noch seltener in völlig idealer Symmetrie auftreten wie die schon seltenen reinen Zufallskurven, führen zu zusammengesetzten Häufigkeitskurven, wogegen die Wahrscheinlichkeitskurven einfache Verteilungen charakterisieren. Die Kurven der Abb. 6 und ebenso die beiden ausgezogenen Kurven der Abb. 5 stellen einfache Wahrscheinlichkeitskurven dar; dagegen repräsentieren die übrigen Kurven der Abb. 5, die sich äußerlich kaum von den erstgenannten Wahrscheinlichkeitskurven unterscheiden, symmetrische Kurven, denen keine einfache Verteilung zugrunde liegt.

Kombinieren 2 Zufallskurven, deren Maxima verschieden oder gleich sind, aber bei demselben Argumentwert liegen, so daß bei der graphischen Darstellung die Maxima zusammenfallen, gehören die beiden Kurven aber verschiedenen Typen von Zufallskurven an, so erhält man als zusammengesetzte Kurve eine solche, die ebenfalls symmetrisch ist, aber gegenüber einer der einfachen Zufallsverteilungen einen steileren Anstieg, ein spitzeres, ausgeprägteres Maximum zeigt. Zwei oder auch mehrere typische Wahrscheinlichkeitskurven können auf diese Weise symmetrische Kurven mit gegenüber entsprechenden Zufallskurven überhöhten Maximis bilden.

Betrachtet man die stark ausgezogene Kurve der Abb. 5, welche die Verteilung der Anzahl geworfener gerader Augenzahlen beim Würfeln mit 12 Würfeln darstellt, so kann man sich diese Kurve derart verändert denken, daß die beiden Kurvenäste vom Maximum aus zwar wieder symmetrisch, aber rascher, steiler abfallen, daß also bei gleicher Klassenhäufigkeit der stärkstbesetzten Klasse die beiden benachbarten Klassen wesentlich geringere Häufigkeiten aufzeigen als bei der rein zufälligen Verteilung, und daß auch im übrigen die Häufigkeiten rascher abnehmen als in dem Falle der reinen Wahrscheinlichkeitskurve. Man kommt so zu einer Kurve, welche, wie beispielsweise die strichpunktierte Kurve der Abb. 5, bei kleinerem Umfang jedoch bei gleicher Ausdehnung dasselbe Maximum besitzt wie die Wahrscheinlichkeitskurve. Errechnet man oder ermittelt man durch Versuche die rein zufällige Verteilung zu dem geringeren Umfang der Verteilung dieser strichpunktierten Kurve steileren Abfalls, so erhält man die in Abb. 5 schwach ausgezogene Kurve, welche ein kleineres Maximum, eine kleinere Häufigkeit in der häufigsten Klasse aufweist, aber größere Häufigkeiten in den übrigen Klassen besitzt und dementsprechend einen flacheren Abfall, eine größere Streuung der Abweichungen vom häufigsten Wert, 6 gerade Augenzahlen, zeigt als die strichpunktierte Kurve. Bezüglich der Kurve desselben Maximums, also bezüglich der stark ausgezogenen Kurve der Abb. 5, besitzt die strichpunktierte Kurve einer Verteilung geringeren Umfangs einen steileren Abfall nach beiden Seiten des Maximums, bezüglich der Kurve gleichen Umfangs, also bezüglich der schwach ausgezogenen Kurve der Abb. 8, zeigt die strichpunktierte Kurve ein überhöhtes Maximum und ebenfalls einen steileren Abfall beider Kurvenäste.

Man kann sich auch die reine Zufallskurve der 6500 Dutzendwürfe, die stark ausgezogene Kurve in Abb. 5, so variiert denken, daß z. B. einige der mittelgroßen Häufigkeiten etwas verringert sind, und daß die maximale Häufigkeit um einen entsprechenden Betrag vergrößert erscheint. Würden die 6500 Würfe, die normalerweise zu der Verteilung der stark ausgezogenen Kurve in Abb. 5 führen, z. B. von einem ausgezeichneten Taschenspieler gemacht, und würde derselbe in geschickter Weise unbemerkt »corriger la fortune«, dadurch daß er bei den 6½ Tausend Würfen z. B. in ca. 130 Fällen die 12 Versuchswürfel vertauschte mit 12 falschen Würfeln, von denen 6 nur gerade und 6 nur ungerade Augenzahlen besitzen, so würden diese 130 Würfe 130 mal das Ergebnis 6 gerader Augenzahlen zeitigen. Dagegen berechnet man, daß mit den richtigen Würfeln bei diesen 130 Würfen nur ungefähr 30 mal 6 gerade Augenzahlen geworfen würden; die Wurfergebnisse der übrigen Würfe würden sich auf die benachbarten Klassen verteilen. Das Gesamtergebnis würde mithin durch die Manipulationen des Taschenspielers derart verändert, daß sich die Häufigkeit der Würfe mit gleichzeitig 6 geraden Augenzahlen um rund 100 größer auf Kosten der übrigen Möglichkeiten ergeben würde als normalerweise als Spiel des Zufalls zu erwarten wäre. Man würde also auf Grund der durch den Taschenspieler durchgeführten Versuche zu einer Verteilung kommen, welche die punktierte Kurve in Abb. 5 wiedergibt, deren Maximum weniger flach, und deren beiderseitiger Abfall steiler verläuft als bei der normalen Zufallskurve der Zufallsmaterie gleichen Umfangs.

Die Abweichungen der Materien der strichpunktierten und punktierten Kurven der Abb. 5 von einer reinen Zufallsmaterie bestehen somit darin, daß ihre Verteilungen einen bevorzugten Wert besitzen, der zwar mit dem häufigsten Wert einer zufälligen Verteilung übereinstimmt, aber öfter auftritt als im Falle einer zufälligen Verteilung. Solche Verteilungen mit überhöhten und möglichst stark herausgearbeiteten Maximis, im übrigen aber symmetrischen Abweichungen, sind nun für technische Materien oftmals wünschenswert.

Der reinen Zufallskurve liegt eine einheitliche Materie zugrunde, sie gibt eine einfache Verteilung wieder; die symmetrische Kurve mit überhöhtem Maximum bezieht sich auf eine zusammengesetzte Verteilung, auf eine uneinheitliche Materie. Die einzelnen Verteilungen zeichnen sich in diesem Fall aber dadurch aus, daß sie denselben (oder nahezu denselben) bevorzugten und häufigsten Argumentwert besitzen und selbst symmetrisch sind. Oder, anders aufgefaßt, die Kurve mit dem überhöhten Maximum stellt eine gestörte Verteilung dar, deren Störung darin besteht, daß das Auftreten der häufigsten Argumentwerte durch besondere Ursachen begünstigt wird. Störungen zufälliger Verteilungen, beruhend auf dem Hinzutreten eines weiteren wesentlichen Einflusses auf eine Eigenschaft oder auf dem Stärkerwerden eines Einzeleinflusses, äußern sich in der Regel durch eine Unregelmäßigkeit, durch einen »Buckel« im normalen Verlauf einer Verteilungskurve; bei den unter Diskussion stehenden Fällen tritt dieser Buckel zum Maximum und stört daher die Symmetrie der Verteilung nicht. Es kann allgemein eine Wahrscheinlichkeitsverteilung dadurch vereitelt werden, daß zu dem eine einfache Verteilung bestimmenden Hauptumstand ein zweiter Haupteinfluß tritt. Wirkt dieser zweite Hauptumstand in derselben Richtung und in demselben Grade bezüglich des Merkmals wie der erste, so ist das Ergebnis eine symmetrische Verteilung mit überhöhtem Maximum. Einige Beispiele zur weiteren Verdeutlichung dieser Verhältnisse.

43. Würfelt man mit 6 gleichen und möglichst idealen Würfeln auf gerade Augenzahlen, so ergibt sich bei 640 Versuchen folgende Verteilung der Spiele auf die Erfolgsgrade 0 bis 6: 10, 60, 150, 200, 150, 60, 10. Diese reine Zufallsverteilung wird durch die flachere der gestrichelten Kurven der Abb. 11 dargestellt.

Führt man eine andere Versuchsreihe durch, und zwar ebenfalls wieder auf gerade Augenzahlen als Erfolg, wirft man mit nur 5 Würfeln, von denen außerdem nur 4 normale Würfel darstellen, wogegen der 5. Würfel nur gerade Augenzahlen aufweist, so findet man den Fall, daß keiner dieser 5 Würfel eine gerade Augenzahl nach einem Wurf zeigt, offenbar überhaupt nicht. Der niederste Argumentwert eines Kollektivs von Würfen mit den festgesetzten Würfeln ist 1. An möglichen Fällen kommen vor 1, 2, 3, 4 oder 5 gerade Augenzahlen pro Wurf mit den 5 Würfeln. Für 512 Versuche errechnet man oder stellt man angenähert durch den Versuch die Häufigkeiten 32, 128, 192, 128, 32 fest.

Die graphische Darstellung dieser Verteilung gibt wieder eine reine Wahrscheinlichkeitskurve, und zwar die strichpunktierte Kurve der Abb. 11. Der Mittelwert dieser Verteilung ist derselbe wie derjenige der ersten Versuchsreihe, nämlich 3 (gerade Augenzahlen). Der Mittelwert fällt in Anbetracht der symmetrischen Verteilung wieder mit dem häufigsten Wert zusammen, das Maximum der Verteilung liegt ebenfalls bei dem Argumentwert 3, und die Abweichungen von diesem Wert nach beiden Seiten sind rein zufälliger Art.

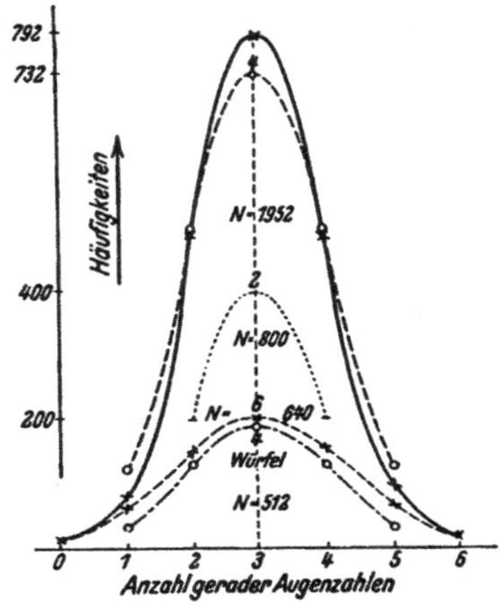

Abb. 11.

Eine 3. Versuchsreihe aus 800 Würfen mit 4 Würfeln, von denen 2 normal sind und 2 nur gerade Augenzahlen aufweisen, liefert die Möglichkeit von mindestens 2 und höchstens 4 geraden Augenzahlen pro Wurf der 4 Würfel und ergibt die idealen Klassenhäufigkeiten 200, 400, 200.

Diese Verteilung wird in der Abb. 11 durch die punktierte Kurve wiedergegeben. Der Mittelwert der Verteilung ist wieder 3 und fällt wieder mit dem Maximum zusammen, und die Abweichungen vom häufigsten Wert sind rein zufälliger Art.

Führt man nun die Versuche der 3 Reihen zusammen aus, entweder hintereinander oder beliebig durcheinander und stellt für diese 640 + 512 + 800 = 1952 Versuche fest, wie oft 0, 1, 2, 3, 4, 5 oder 6 Augenzahlen geworfen werden, so ergibt die Rechnung in Übereinstimmung mit dem Versuchsergebnis folgende Verteilung für die 7 Klassen: 10, 60 + 32 = 92, 150 + 128 + 200 = 478, 200 + 192 + 400 = 792, 150 + 128 + 200 = 478, 60 + 32 = 92, 10.

Diese Verteilung wird durch die ganz ausgezogene Kurve der Abb. 11 dargestellt. Rein zeichnerisch sind die Ordinaten dieser Kurve für jeden Argumentwert gleich der Summe der Ordinaten der Kurven der einfachen Materien. Man sieht, die Verteilung der zusammengesetzten Materie ist ebenfalls symmetrisch, sie zeigt ebenfalls den Mittelwert 3, der zugleich den häufigsten Wert auch der zusammengesetzten Verteilung darstellt, aber die Abweichungen von dem häufigsten Wert sind keine rein zufälligen, die Häufigkeitskurve der zusammengesetzten Materie ist wohl eine symmetrische Kurve, aber keine einfache Wahrscheinlichkeitskurve.

Man kann diese Kurve mit einer reinen Zufallskurve desselben Umfangs vergleichen. Zu diesem Vergleich ist in der Abb. 11 die Wahrscheinlichkeitskurve für 1952 Würfe mit 4 normalen Würfeln und einem falschen Würfel gestrichelt eingezeichnet. Der Vergleich ergibt, daß gegenüber dieser reinen Wahrscheinlichkeitskurve die ganz ausgezogene Kurve der zusammengesetzten Materie schlanker ist, ein überhöhtes Maximum und einen entsprechend steileren Abfall der beiden Kurvenäste vom Maximum aus zeigt.

Die zusammengesetzte Kurve gibt die Verteilung von 640 Würfen mit 6 normalen Würfeln gleich 3840 Einzelwürfen, vermehrt um 512 Würfe mit 4 normalen Würfeln und einem Würfel mit nur geraden Augenzahlen gleich 2048 + 512 Einzelwürfen, nochmals vermehrt um 800 Würfe mit 2 normalen Würfeln und 2 Würfeln mit nur geraden Augenzahlen gleich 1600 + 1600 Einzelwürfen. Im ganzen wurden mithin bei den 640 + 512 + 800 = 1952 Versuchen 3840 + 2048 + 1600 = 7488 mal normale Würfel und 512 + 1600 = 2112 mal Würfel mit nur geraden Augenzahlen geworfen. Auf einen Versuch kommen somit im Durchschnitt 7488 : 1952 oder rund 4 normale Würfel und 2112 : 1952 oder rund 1 Würfel mit nur geraden Augenzahlen. Es ergeben (nicht ganz genau) also 1952 Würfe mit 4 normalen Würfeln und einem Würfel mit nur geraden Augenzahlen die entsprechende Zufallsverteilung zu der zusammengesetzten Verteilung, d. h. die einfache Verteilung, die bei gleichem Umfang und gleichem Mittelwert der Zahl und Stärke nach dieselben Abweichungen bezüglich des Mittelwerts aufweist wie die zusammengesetzte Verteilung.

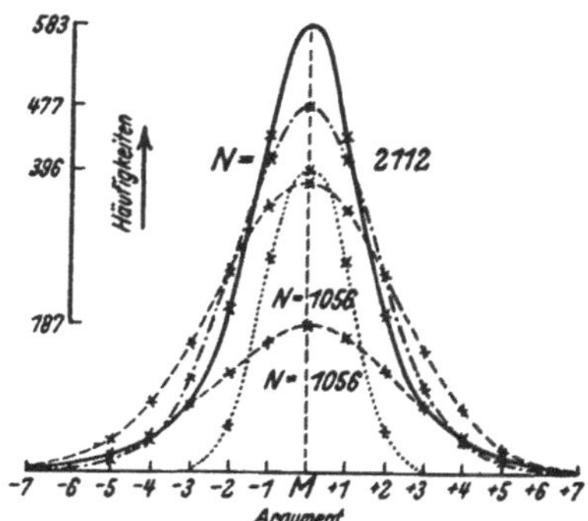

Abb. 12.

Die Abb. 12 zeigt den Fall einer aus 2 Wahrscheinlichkeitsverteilungen zusammengesetzten Verteilung, wobei die Einzelkollektive denselben Umfang $N = 1056$ haben. Stellen die Einzelmaterien wieder Zufallsergebnisse beim Würfelspiel auf gerade Augenzahlen dar, so kann die punktierte Kurve beispielsweise die Verteilung der Anzahl der geraden Augenzahlen beim gleichzeitigen Wurf von 4 normalen Würfeln und 12 Würfeln mit nur geraden Augenzahlen angeben. Man wirft die möglichen Fälle von 12, 13, 14, 15 und 16 geraden Augenzahlen bzw. 66, 264, 396, 264 und 66 mal, so daß der Mittelwert gleich 14 ist. Die flachere gestrichelte Kurve kann die Verteilung von Würfen mit 20 normalen Würfeln und 4 Würfeln mit nur geraden Augenzahlen wiedergeben. Für die möglichen Fälle 4 bis 24 gerade Augenzahlen pro Wurf mit den 24 Würfeln findet man durch den Versuch angenähert, durch die Rechnung genau die Häufigkeiten 0,0, 0, 1, 5, 16, 39, 78, 127, 169, 187, 169, 127, 78, 39, 16, 5, 1, 0, 0,0. Der häufigste Wert ist auch für dieses Kollektiv gleich dem Mittelwert und gleich 14. Die Verteilung der zusammengesetzten Materie, bestehend aus 1056 Würfen mit 4 normalen Würfeln und 12 Würfeln mit nur geraden Augenzahlen und aus 1056 Würfen mit 20 normalen Würfeln und 4 Würfeln mit nur geraden Augenzahlen, gibt die ausgezogene Kurve der Abb. 12 wieder. Konstruiert man die entsprechende Zufallskurve, welche die Verteilung von 1056 $+ 1056 = 2112$ Würfen mit $\frac{4 + 20}{2} = 12$ normalen Würfeln und $\frac{12 + 4}{2} = 8$ Würfeln mit nur geraden Augenzahlen graphisch wiedergibt, welche Verteilung in der Abbildung durch die strichpunktierte Kurve dargestellt wird, so stellt man ein stark überhöhtes Maximum der Kurve der zusammengesetzten Materie im Vergleich zu der einfachen Wahrscheinlichkeitskurve einer einfachen Materie desselben Umfangs fest. Dabei ist die Streuung der einfachen und der zusammengesetzten Verteilung, das Maß der Abweichungen beider Verteilungen von ihren häufigsten Werten, gleich.

Man kann die einfachen Kurven für die Verteilungen mit $N = 1056$ auch z. B. als Häufigkeitskurven der Kohlenstoffgehalte von Stahl, der Zinngehalte von Phosphorbronze, der Promille-Silbergehalte leonischer Drähte u. dgl. m. auffassen. Hat man z. B. eine Partie leonischer Feindrähte mit einem Sollgehalt an Silber von 20‰, und ergab die Analyse der Drahtproben von 1056 Spulen dieses Drahtes für bzw. 66, 264, 396, 264 und 66 Spulen Silbergehalte von bzw. 19,8‰, 19,9‰, 20‰, 21,1‰ und 20,2‰, so wird diese Verteilung der Kollektivglieder, der Drahtspulen, auf die verschiedenen Silbergehalte durch die punktierte Kurve der Abb. 12 wiedergegeben. Die Schwankungen des Silbergehaltes sind dann rein zufälliger Art, da die Häufigkeitskurve eine typische Wahrscheinlichkeitskurve ist. Der Mittelwert des Silbergehaltes ist 20‰, der häufigste Wert ist ebenfalls 20‰, und die Abweichungen von diesem Wert gegen höhere und geringere Silbergehalte sind gleich häufig und werden durch eine große Zahl von Nebenumständen verursacht, als da sind Schwankungen der Drahtstärke vor dem galvanischen Versilberungsprozeß, Schwankungen der Stromstärke während des Versilberns, wechselnde Silberverluste beim Ziehprozeß, und zwar auf dem Grobzug, auf dem Mittelzug oder auf dem Feinziehtisch, Schwankungen in der Bohrung der Schlußsteine der Feinziehbänke und noch andere mehr. Der eine Hauptumstand, welcher den bevorzugten und durchschnittlichen Wert 20‰ bedingt, ist die bestimmte Stromstärke des galvanischen Prozesses. Daß man in Fällen, die der Wirklichkeit entnommen sind, sehr wohl angenähert symmetrische Zufallsverteilungen bekommen kann, dagegen nicht die erwähnte ideale Verteilung, ist selbstverständlich.

Nimmt man nun ein zweites Kollektiv von 1056 Spulen leonischen Feindrahtes mit einem Sollgehalt an Silber von 20‰, das von einer anderen Firma stammt, oder von einer anderen Abteilung derselben Firma geliefert wurde, oder von derselben Firma zu einer anderen Zeit hergestellt wurde, so kann man durch Analyse z. B. 1, 5, 16, 39, 78, 127, 169, 187, 169, 127, 78, 39, 16, 5, 1 Spulen feststellen, deren Drähte Silberauflagen von bzw. 19,3‰, 19,4‰, 19,5‰, 19,6‰, . . . 20,5‰, 20,6‰ und 20,7‰ aufweisen.

Stellt man diese Verteilung wieder graphisch dar, so erhält man die gestrichelte Kurve der Abb. 12. Diese Kurve ergibt sich wieder als typische Zufallskurve. Der Mittelwert und der häufigste Wert des vorliegenden Kollektivs sind wieder gleich und betragen wieder 20‰, die Verteilung ist symmetrisch, d. h. die Abweichungen nach beiden Seiten vom häufigsten Wert sind gleich häufig. Diese Abweichungen sind rein zufälliger Art, verursacht durch die erwähnte große Zahl von beeinflussenden Einzelumständen, wogegen der das Kollektiv charakterisierende mittlere und häufigste Wert durch den Hauptumstand, die bestimmte Stromstärke beim galvanischen Prozeß, bedingt wird.

Werden die beiden verschiedenen Sendungen oder Fabrikationsserien der leonischen Feindrähte mit 20‰ Silberauflage nun absichtlich gemischt oder erfolgt, was der natürliche Gang sein wird, diese Mischung unabsichtlich bereits bei der fabrizierenden Firma oder vor bzw. bei der Weiterverarbeitung der Drähte im Betriebe des Kunden, und analysiert man z. B. nach dem Plätten des Drahtes je eine Probe Drahtes der 2112 Spulen, so findet man, ideale Verhältnisse vorausgesetzt, mit 19,3‰, 19,4‰, 19,5‰, . . . 20,7‰ Silbergehalt ihrer Drähte bzw. 1, 5, 16, 39, 78, 193, 433, 583, 433, 193, 78, 39, 16, 5, 1 Spulen.

Das graphische Bild dieser Verteilung gibt die ausgezogene Kurve der Abb. 12. Kennt man nun den zusammengesetzten Charakter der vorliegenden Materie nicht, kennt man die Verteilungen der einzelnen Materien des vorliegenden zusammengesetzten Kollektivs nicht, so stellt man auf Grund der Verteilung bzw. auf Grund des Aussehens der Häufigkeitskurve zunächst fest, daß der Mittelwert der zu überprüfenden Eigenschaft, des Silbergehaltes der Drähte, 20‰ beträgt, daß der Mittelwert gleich dem häufigsten, gleich dem bevorzugten Wert der untersuchten Eigenschaft ist, und daß die Abweichungen nach beiden Seiten des bevorzugten Wertes gleich häufig sind, daß die Verteilung symmetrisch ist. Auf Grund der äußeren Gestalt der Verteilungskurve könnte man vermuten, eine Wahrscheinlichkeitskurve vor sich zu haben. Der Vergleich mit einer Zufallsverteilung gleicher Streuung ergibt aber als die entsprechende Zufallskurve die strichpunktierte Kurve der Abb. 12, und man stellt außerdem fest, daß sich der ausgezogenen Kurve keine einfache Wahrscheinlichkeitskurve anpassen läßt. Man konstatiert mithin ein überhöhtes Maximum, einen steileren Abfall der empirischen Verteilung im Vergleich zu einer rein zufälligen Verteilung und schließt hieraus auf die zusammengesetzte Natur der vorliegenden Verteilung, der untersuchten Materie der 2112 Spulen leonischer Drähte.

Es ist in der Abb. 12 noch die Zufallsverteilung für ein Kollektiv von 2112 Spulen dargestellt, das prozentual dieselben Abweichungen vom bevorzugten Wert aufweist wie die Verteilung der gestrichelten Kurve und dieselbe Ausdehnung von 19,3‰ bis 20,7‰ besitzt wie diese Verteilung. Die höhere der gestrichelten Kurven der Abb. 12 bezieht sich auf diesen Fall. Man sieht ohne weiteres ein, daß die zusammengesetzte Materie mit ihrem überhöhten Maximum, dargestellt durch die ausgezogene Kurve der Abb. 12, der Materie der langgestrichelten Kurve vorzuziehen ist, da die Abweichungen von dem häufigsten Wert für die zusammengesetzte Materie bedeutend geringer sind als für die einfache Materie desselben Umfangs.

Stellt man die Kurve der Abweichungen bezüglich des häufigsten Wertes für eine Verteilung mit überhöhtem Maximum dar, so erhält man im Gegensatz zu dem Bild der Abb. 10 eine streng einseitige Kurve bzw. wenn die Überhöhung des Maximums nur von geringerem Grade ist, eine einseitige Kurve mit nur flachem Abfall nach der Seite des unvollständigen Abfalls, also eine einseitige Kurve mit relativ flachem und breitem Maximum.

Unter den in diesem und dem vorhergehenden Artikel diskutierten Beispielen nicht normaler, aber symmetrischer Verteilungen mit überhöhtem Maximum lassen sich zwei verschiedene Typen unterscheiden. Die in Abb. 5 dargestellten Materien nicht normaler Verteilung zeigen bei gleicher Ausdehnung mit ihren Zufallsmaterien größere Häufigkeiten ihrer häufigsten Argumentwerte. Ebenso verhält sich die zusammengesetzte Materie der Abb. 12 beim Vergleich mit der gestrichelt dargestellten entsprechenden einfachen Zufallsverteilung. Dagegen unterscheidet sich die zusammengesetzte Materie des Beispiels der Abb. 12 von der strichpunktiert gezeichneten Zufallsverteilung und ebenso die Materie des Beispiels der Abb. 11 von ihrer entsprechenden reinen Zufallsverteilung dadurch, daß bei den zusammengesetzten Verteilungen die Überhöhung des Maximums und die Zurückdrängung der Häufigkeiten der stärker abweichenden Argumentwerte durch eine größere Ausdehnung, durch stärkere Abweichungen des Arguments kompensiert wird.

In den letztgenannten Fällen ist daher die Streuung der zusammengesetzten Materie gleich der Streuung der entsprechenden Zufallsmaterie, die Einheitlichkeit der zusammengesetzten Materie ist im ganzen gleich der Homogenität der entsprechenden Zufallsverteilung, sie ist im Zentrum der Verteilung größer, gegen die Verteilungsenden zu aber geringer als die Stabilität der Zufallsmaterie. Ob eine derart charakterisierte Verteilung bei technischen Materien der entsprechenden Zufallsverteilung vorzuziehen sein wird, oder ob umgekehrt die Zufallsverteilung gleicher Streuung als besser anzusprechen ist, hängt davon ab, ob in einem Fall eine Einheitlichkeit derart, daß die geringsten Abweichungen möglichst oft auftreten, oder aber derart, daß die stärksten Abweichungen möglichst klein sind, vorzuziehen ist. Besteht die Möglichkeit, eine Materie ganz zu überprüfen und die relativ wenigen Glieder mit den stärksten Abweichungen auszusondern, so erhält man auf jeden Fall eine Materie mit kleinerer als zufälliger Streuung und größerer als zufälliger Stabilität, welche der entsprechenden Zufallsmaterie vorzuziehen sein wird.

In den andern, zuerst genannten Fällen bedingt dagegen das überhöhte Maximum bei gleicher Ausdehnung mit der Zufallsverteilung eine Materie mit kleinerer als zufälliger Streuung, gewissermaßen eine bereits aussortierte Materie des andern Falls, die in der Praxis immer zu bevorzugen sein wird. Eine Materie, die bei gleicher Streuung ein überhöhtes Maximum und dementsprechend eine größere Ausdehnung als die entsprechende Zufallsverteilung aufweist, ist stets zusammengesetzter Art. Dagegen ist eine Materie mit überhöhtem Maximum bei gleicher Ausdehnung mit der entsprechenden Zufallsmaterie als besonders beeinflußt, ihre Verteilung als gestörte Verteilung aufzufassen, wobei die Störung in der bevorzugten Ausbildung der geringeren und der Zurückdrängung der stärkeren Abweichungen besteht.

Somit muß eine Verteilung mit überhöhtem Maximum nicht zusammengesetzter Art sein. Es kann auch eine einheitliche Materie durch besondere Einwirkungen vereinheitlichender Art, es kann eine Materie, deren Einzelfälle eine gewisse Verbundenheit, eine Abhängigkeit voneinander aufweisen, infolge dieser Abhängigkeit, als Folge regulierender besonderer Ursachen und Einflüsse »einheitlicher als einheitlich«, d. h. mit größerer als zufälliger Einheitlichkeit und Gleichmäßigkeit auftreten. Endlich ergibt sich eine Verteilung geringerer Streuung und mit ausgeprägterem Maximum im Vergleich zu einer Zufallsverteilung auch dann, wenn statt einer Verteilung von Einzelwerten die Verteilung der Mittelwerte aus Gruppen von zwei oder mehreren Einzelfällen dargestellt und ausgewertet wird[1]).

44. Im Gegensatz zu Verteilungen mit überhöhten Maximis stehen Verteilungen mit flacheren Maximis im Vergleich zu entsprechenden reinen Zufallskurven. Kombinieren zwei symmetrische Zufallskurven, deren Maximi gleich sind, aber bei verschiedenen Werten des Arguments liegen, so daß sich die Maximi bei der graphischen Darstellung nicht decken, so vermag eine normale symmetrische Kurve zu resultieren, die ein flacheres Maximum besitzt als eine reine Zufallskurve. Die Abb. 13 stellt einen derartigen Fall dar.

---

[1]) Vgl. Art. 145.

Würfelt man einmal mit 4 Würfeln normaler Art und einem Würfe mit nur geraden Augenzahlen und ein andermal mit 4 Würfeln normaler Art und 3 Würfeln mit nur geraden Augenzahlen, gilt in beiden Fällen der Wurf gerader Augenzahlen als Erfolg, und macht man mit den beiden Würfelzusammenstellungen je 256 Versuche, so findet man für die erste Versuchsreihe für die Klassen 1 bis 5 und für die zweite Versuchsreihe für die Klassen 3 bis 7 die Häufigkeiten 16, 64, 96, 64, 16. Die bevorzugten und durchschnittlichen Argumentwerte für die beiden Versuchsreihen sind bzw. 3 und 5 (gerade Augenzahlen) und beide Reihen stellen einfache symmetrische Verteilungen dar, die in der Abb. 13 gestrichelt wiedergegeben sind, soweit sie nicht mit der zusammengesetzten Kurve zusammenfallen. Die Zusammensetzung dieser beiden einfachen Verteilungen ergibt ein Kollektiv mit einer Ausdehnung von 1 bis 7 Argumenteinheiten und den Häufigkeiten 16, 64, 112, 128, 112, 64, 16. Der häufigste Wert ist gleich dem Mittelwert, und beide liegen bei 4 Argumenteinheiten. Die entsprechende reine Zufallsverteilung ergibt ein Spiel mit 8 normalen Würfeln auf gerade Augenzahlen. Für 512 Versuche dieser Art findet man für die Klassen 0 bis 8 (gerade Augenzahlen) die Häufigkeiten 2, 16, 56, 112, 140, 112, 56, 16, 2. Der häufigste Wert und der Mittelwert liegen zusammen bei 4 Argumenteinheiten. Die graphische Darstellung der Verteilung ist in der Abb. 13 strichpunktiert ausgeführt. Der Vergleich der zusammengesetzten Materie mit der einfachen Materie gleichen Umfangs und gleicher mittlerer Abweichung vom Mittel auf Grund der Verteilungskurven ergibt, daß die vorliegende zusammengesetzte Verteilung ein flacheres Maximum besitzt wie die Zufallskurve.

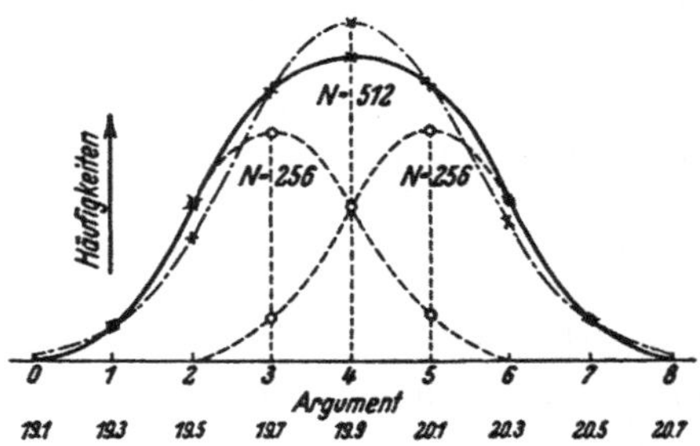

Abb. 13.

Die Zusammensetzung zweier gleicher Zufallsverteilungen mit gleichen Maximis bei verschiedenen Argumentwerten kann hin und wieder auch zu einer zusammengesetzten Kurve führen, die genau mit einer einfachen Wahrscheinlichkeitskurve übereinstimmt. Würfelt man mit 4 normalen Würfeln auf gerade Augenzahlen, so erhält man für die 5 möglichen Fälle 0, 1, 2, 3 oder 4 gerade Augenzahlen bei 256 Versuchen die Häufigkeiten 16, 64, 96, 64, 16. Würfelt man mit 4 normalen Würfeln und einem Würfel mit nur geraden Augenzahlen auf denselben Erfolg wieder 256 mal, so erhält man für die 5 möglichen Fälle 1, 2, 3, 4 oder 5 gerade Augenzahlen pro Versuch dieselben Häufigkeiten. Führt man die Versuche durcheinander aus und zählt, wie oft man bei den 512 Versuchen 0, 1, 2, 3, 4 oder 5 gerade Augenzahlen wirft, so zählt man die Häufigkeiten 16, 80, 160, 160, 80, 16. Die Abb. 14 gibt die beiden einzelnen einfachen Verteilungen und die aus beiden gebildete zusammengesetzte Materie wieder. Genau dieselbe Verteilung, wie sie die zusammengesetzte Materie aufweist, erhält man auch, wenn man 512 Versuche mit 5 normalen Würfeln ausführt und bei diesen Würfen ebenfalls gerade Augenzahlen als Erfolg bucht.

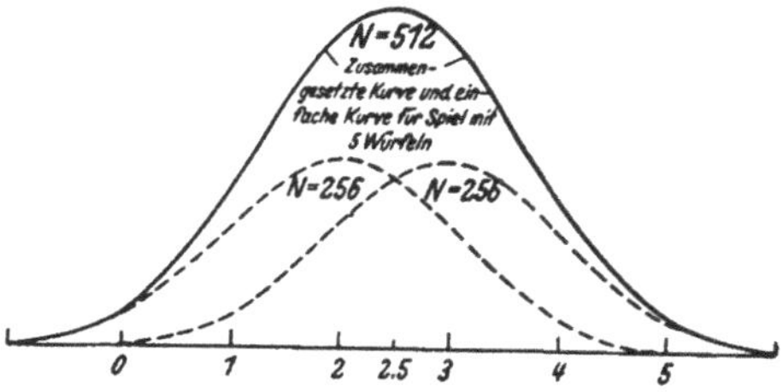

Abb. 14.

Kurven mit verflachtem Maximum ergeben sich auch dann, wenn man in besonderen Fällen statt der Verteilung von Mittelwerten aus n Einzelfällen nur Mittel aus $(n - m)$ Einzelfällen oder gar Einzelwerte selbst vorliegen hat. Verteilungen von Einzelfällen ergeben stets größere Streuungen, breitere Häufigkeitskurven als Verteilungen von Mitteln, und Verteilungen von Mittelwerten aus einer kleineren Anzahl von Einzelwerten führen zu breiteren Häufigkeitskurven als eine Reihe von Mitteln aus einer größeren Zahl von Einzelfällen. Es kann sodann eine Verteilung mit aus einer der im letzten Artikel angeführten Ursachen überhöhtem Maximum mit einer Verteilung mit verflachtem Maximum kombinieren, so daß als Verteilungskurve einer derart mehrfach zusammengesetzten oder beeinflußten Materie eine Kurve vom Typ einer reinen Zufallskurve erscheinen kann[1]).

Bezüglich der Streuungsverhältnisse von Verteilungen mit verflachtem Maximum im Vergleich zu den entsprechenden Zufallsverteilungen gelten ganz entsprechende Beziehungen wie für die Streuungsverhältnisse zwischen Zufallsmaterien und Materien mit überhöhtem Maximum. Es gibt Verteilungen mit verflachtem Maximum, deren Streuung gleich der Streuung einer entsprechenden Zufallsmaterie ist. Einen solchen Fall stellt das Beispiel der Abb. 13 dar. Die geringere Stabilität der zusammengesetzten Materie im Kernteil der Verteilung wird hierbei kompensiert durch eine geringere Ausdehnung der Verteilung. Unter Umständen kann eine derartige empirische Verteilung der entsprechenden Zufallsverteilung vorzuziehen sein, nämlich dann, wenn der Hauptwert darauf zu legen ist, daß die stärksten Abweichungen möglichst gering sind, wenn die Art einer Verteilung weniger wichtig ist als vielmehr die Forderung eines möglichst geringen Variationsintervalls.

Diesen verflachten Verteilungen gegenüber stehen ebenfalls verflachte Verteilungen, deren Streuung größer als die Streuung der entsprechenden Zufallsverteilung ist. Es kann hierbei die Ausdehnung der empirischen Verteilung mit der zufallsmäßigen Ausdehnung überein-

---

[1]) Vgl. Artikel 146, 154, 156, 160.

stimmen und lediglich das Maximum der Kurve eingedrückt, verflacht sein. Es kann aber auch bei mit der Zufallsmaterie übereinstimmender maximaler Partie die Ausdehnung der empirischen Materie oder auch lediglich die Häufigkeit der stärkeren Abweichungen bei gleicher Ausdehnung größer sein als für die Zufallsmaterie. Eine derartige empirische Verteilung mit im ganzen geringerer als zufälliger Stabilität wird immer ungünstig zu beurteilen sein.

Die Ursache einer verflachten Verteilung mit größerer als Zufallsstreuung kann die sein, daß besondere Einflüsse zur Auswirkung kommen, welche zu einer Zurückdrängung der Argumentwerte geringer Abweichungen vom Mittel oder zu einer bevorzugten Ausbildung stärker abweichender Argumentwerte führen. Ein zweiter Grund einer maximalen Verflachung bildet die Kombination mehrerer Verteilungen mit verschiedenen wahrscheinlichsten Werten. Hierher zählen auch Materien, deren Mittelwerte sich systematisch ändern, deren Einzelwerte mithin Zufallsschwankungen um einen variablen, sich entwickelnden Mittelwert, um einen Durchschnitt mit Gang bilden, wogegen Materien mit Zufallsschwankungen um einen konstanten, gemeinsamen Mittelwert zu Gaußschen Verteilungskurven führen. Endlich ergibt die Auswertung vermeintlicher Mittel Verteilungen mit unternormaler Stabilität, wobei derartige Verteilungen wohl zu Zufallskurven führen können, die aber vom Typ flacherer Kurven als die zu erwartenden sind.

Rücken die beiden gleichen Maxima zweier kombinierender normaler Kurven mehr und mehr auseinander, so entsteht zunächst über eine zusammengesetzte Kurve vom Typ einer reinen Zufallskurve und dann über eine Kurve mit einem breiten Rücken als Maximum eine immer noch symmetrische Kurve, die aber 2 Maxima aufweist.

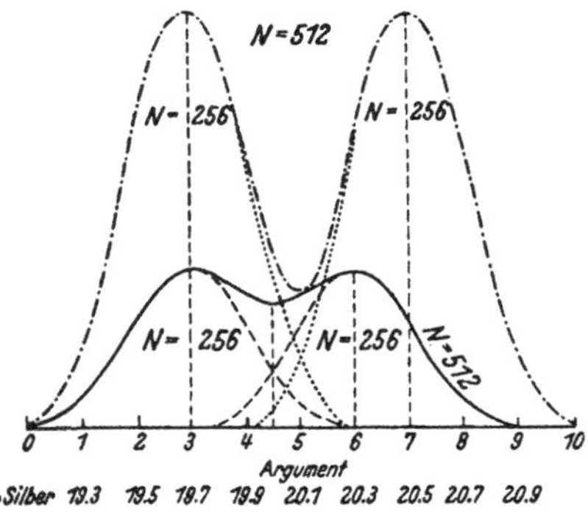

Abb. 15.

Betrachtet man den Fall der Abb. 13, so sieht man ohne weiteres ein, daß bei weiterem Abrücken der 2. gestrichelten Teilkurve des dargestellten Falles von der ersten ebenfalls gestrichelten Teilkurve eine Kurve mit doppeltem Maximum als zusammengesetzte Kurve entsteht. In der Abb. 15 wird dieser Fall durch die ausgezogene Kurve dargestellt.

Die strichpunktierte Kurve der Abb. 15 zeigt ebenfalls eine Verteilungskurve mit doppeltem Maximum, wobei der Einschnitt zwischen den beiden Maximis stärker ist als in dem Falle der ausgezogenen Kurve derselben Abbildung. Die Ursache dieses tieferen Einschnittes ist die, daß die beiden Teilkurven der Abb. 13 noch weiter auseinandergerückt sind als für den Fall der ausgezogenen Kurve der Abb. 15. Im übrigen sind die beiden einfachen Verteilungen dieselben wie in dem eben behandelten Fall; die graphische Darstellung erfolgte lediglich bezüglich der Häufigkeiten in einem 2,6 mal größeren Maßstabe, um durch Vermeidung einer Kollision der strichpunktierten Kurve mit der ausgezogenen Kurve die Übersichtlichkeit zu erhöhen.

45. Es wurden bislang die besonderen Fälle behandelt, daß symmetrische Verteilungen mit Zufallscharakter miteinander kombinieren, und zwar derartige symmetrische Verteilungen, deren Maximi gleich oder verschieden sind, aber bei demselben Argument liegen, oder deren Maximi gleich sind und bei verschiedenen Argumentwerten liegen. Solche Fälle werden im allgemeinen bei technischen Materien selten auftreten. Das allgemeinere und häufigere wird es sein, daß den Kombinationen mehrerer einfacher Verteilungen zusammengesetzte asymmetrische Verteilungen entspringen. Kombinieren wie in den zuletzt behandelten Beispielen zwei symmetrische Verteilungen miteinander und sind die Maxima der einzelnen einfachen Verteilungen verschieden, so entsteht, wenn die Maxima nicht zusammenfallen, bei verschiedenen Argumentwerten liegen, eine zusammengesetzte asymmetrische Verteilung. Dabei tritt die Asymmetrie im allgemeinen um so deutlicher und um so ausgeprägter in Erscheinung, je weiter die beiden einfachen symmetrischen Verteilungen mit ihren verschieden hohen Maximis auseinanderrücken, je verschiedener die Mittelwerte der einfachen Verteilungen sind. Es entstehen auf diese Weise Kurven, welche einerseits einen mehr oder weniger normalen Kurvenast zeigen und auf dem anderen Kurvenast mehr oder weniger ausgeprägte Buckel aufweisen. Ein sehr starkes Auseinanderrücken der einfachen Verteilungen, also Fälle, bei denen die Argumentwerte der verschieden hohen Maximi stark differieren, führen zu asymmetrischen Verteilungen mit 2 Maximis, einem Hauptmaximum und einem kleineren Nebenmaximum.

Es können nun weiter sowohl reine Zufallskurven miteinander kombinieren als auch bereits zusammengesetzte symmetrische oder asymmetrische Kurven, was in der Endwirkung auf eine Kombination dreier oder mehrerer Kurven hinauskommt. Weitere Fälle ergeben die Kombinationen, an denen normale asymmetrische Verteilungskurven beteiligt sind. Durch die Kombination zweier symmetrischer Kurven zufälliger Art oder einer symmetrischen Zufallskurve mit einer symmetrischen Kurve mit im Vergleich zu einer Zufallsverteilung überhöhtem Maximum, aber gleichem Maximum mit der kombinierenden Zufallskurve, kann auch eine mehr oder weniger normale asymmetrische Kurve als zusammengesetzte Kurve erscheinen.

In den Abb. 16—19 sind, reine Zufallsergebnisse, Würfelspiele betreffend, verschiedene Kombinationen zwischen einfachen Verteilungen zur weiteren Erläuterung solcher Kombinationen, die im allgemeinen zu keiner symmetrischen Verteilung führen, zusammengestellt. Die einfachen Verteilungen sind in diesen Abbildungen gestrichelt aufgeführt, die zusammengesetzten Verteilungen werden durch die ausgezogenen Kurven wiedergegeben.

Abb. 16 gibt eine unregelmäßige asymmetrische Verteilung mit 2 Maximis. Es weist das Auftreten eines zweiten Maximums auf die zusammengesetzte Natur des Kollektivs der ausgezogenen Kurve, auf die Einwirkung eines zweiten Haupteinflusses auf die Verteilung hin. Die beiden einfachen Materien bilden Würfe auf ungerade Augenzahlen, und zwar einmal mit 4 Würfeln und einmal mit 12 Würfeln.

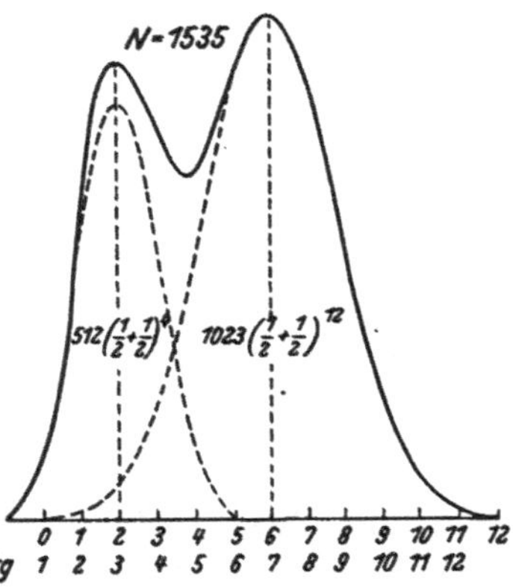

Abb. 16.

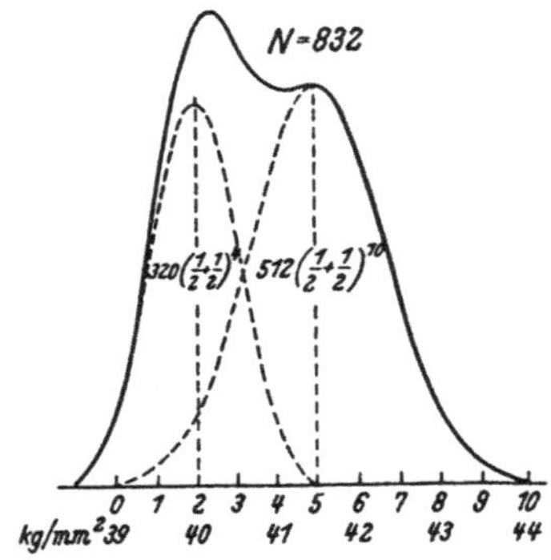

Abb. 17.

Die folgende Abb. 17 gibt eine zusammengesetzte asymmetrische Verteilung wieder, die ihren Steilabfall gegen die Seite geringerer Argumentwerte besitzt. Die Kurve ist linksseitig asymmetrisch. Auf der Seite des Flachabfalls weist die Kurve eine Unregelmäßigkeit auf, einen Buckel, den Beginn eines zweiten Maximums. Dies weist auf eine empfindliche Störung der durch den normalen Verlauf des aufsteigenden Kurvenastes angedeuteten normalen Verteilung hin, durch welche Störung das Auftreten höherer Argumentwerte begünstigt wird. Diese Störung bilden Würfe mit den 10 Würfeln, durch welche der Abfall der Verteilung auf der Seite der höheren Argumentwerte verlangsamt wird, und deren bevorzugter Argumentwert den Buckel auf dem abfallenden Kurvenast bedingt.

Abb. 18 zeigt eine schwach aber deutlich linksseitig asymmetrische Kurve von ziemlich regelmäßigem Verlauf, zusammengesetzt aus zwei einfachen symmetrischen Zufallsverteilungen, Würfelspielen mit 6 bzw. 7 Würfeln auf gerade Augenzahlen. Die der zusammengesetzten Kurve entsprechende symmetrische Zufallsverteilung ist strichpunktiert in der Abbildung eingezeichnet. Man sieht, wie die asymmetrische zusammengesetzte Kurve auf der linken Seite, der Seite geringerer Argumentwerte, steiler und auf der anderen Seite weniger steil gegen die Abszissenachse abfällt wie die symmetrische Vergleichskurve.

Die Abb. 19 bildet das Gegenstück zn der vorhergehenden Abbildung, nämlich eine aus zwei einfachen asymmetrischen Zufallsverteilungen zusammengesetzte symmetrische Kurve. Die einfachen Verteilungen zeigen gleiche Maxima bei verschiedenen Argumentwerten; die eine Verteilung ist linksseitig, die andere rechtsseitig asymmetrisch. Die Einzelverteilungen geben die Häufigkeiten zweier bzw. vier bestimmter Augenzahlen beim Spiel mit gleichzeitig 4 Würfeln wieder. Die zusammengesetzte Kurve ist eine symmetrische Kurve, die dadurch, daß sie ein flacheres Maximum aufweist als eine reine Zufallskurve, ihren zusammengesetzten Charakter verrät. Die entsprechende symmetrische Wahrscheinlichkeitskurve ist strichpunktiert eingezeichnet.

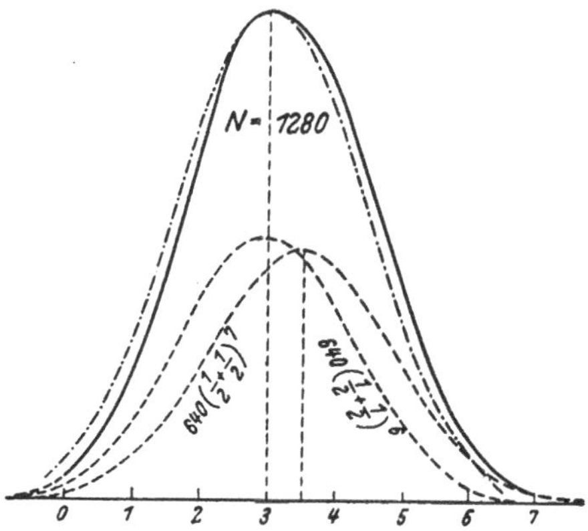

Abb. 81.

Asymmetrische Verteilungen resultieren durch Kombination mehrerer verschiedener Kollektive, durch Kombination von Kollektiven verschiedener Materien wie in den behandelten Fällen. Dabei weisen die kombinierenden Materien ungefähr dieselben Argumentwerte auf, aber Maximum und Mittel der Merkmale der verschiedenen Materien fallen nicht zusammen, und die Umfänge der kombinierenden Kollektive sind verschieden. Die Verschiedenheit der Argumentwerte der kombinierenden Materien ist nicht größer, als daß sich die Skalen der Argumentwerte teilweise noch überdecken. Eine »Kombination« eines Spiels mit 2 Würfeln auf gerade Augenzahlen und eines Spiels mit 4 Würfeln mit nur 6 Augen und 12 normalen Würfeln auf die Augenzahl 6 als Erfolg ergibt keine Kombination sondern getrennte Verteilungen.

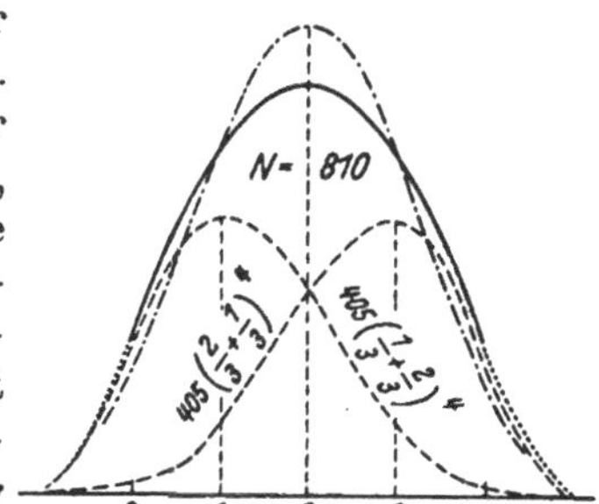

Abb. 19.

Asymmetrische Verteilungen können aber auch resultieren, wenn zusammengesetzte Eigenschaften vorliegen, die an allen Kollektivgliedern auftreten, wobei die Argumentwerte der einfachen Eigenschaften beliebig weit auseinanderliegen können. Mißt man beispielsweise die Längen von 500 Streichhölzern genau aus, so erhält man eine asymmetrische Verteilung des Arguments Länge, das in diesem Fall zusammengesetzter Art ist, da sich die Länge in jedem Fall durch Addition der Kopfstärke zur Holzlänge ergibt. Mißt man die Größe bekleideter Menschen, so erhält man ebenfalls eine asymmetrische Verteilung der Eigenschaft Länge, da die Längenbeanspruchung jedes einzelnen Kollektivgliedes eine zusammengesetzte Größe ist aus der variierenden eigentlichen Körperlänge, aus der veränderlichen Größe der Kopfbedeckung und aus der schwankenden Höhe der Fußbekleidung. Dagegen zeigt sowohl die Verteilung der Streichholzlängen ohne Kopf als auch die Verteilung der Körpergrößen unbekleideter Menschen näherungsweise Symmetrie. Trennt man in solchen Fällen in Teilreihen mit den einfachen Eigenschaften, so erhält man stets Teilreihen mit demselben Umfang und gleichem Umfang mit der zusammengesetzten Materie, und die Eigenschaftsverteilungen der getrennten Reihen können wie in den angeführten Beispielen weit auseinanderliegen. Im ersten Fall der Kombination verschiedener Kollektive erscheinen Glieder verschiedener Materien mit gleichen Eigenschaftswerten vereint, sind die einzelnen Häufigkeiten der Verteilung somit zusammengesetzt. Im zweiten Fall sind Glieder, die zusammen ein Glied eines übergeordneten Kollektivs bilden, vereint, es erscheinen nicht die Häufigkeiten sondern die Argumentwerte zusammengesetzt.

46. Auf die Auswertungsmöglichkeiten für Verteilungskurven und die aus einer Häufigkeitskurve zu ziehenden Schlüsse wurde bislang bereits des öfteren hingewiesen. Vor allem wurde festgestellt, daß eine Zufallskurve immer dann erscheint, wenn eine Verteilung durch einen Hauptumstand und eine große Zahl zufälliger Nebenumstände bedingt wird. Der Hauptumstand bestimmt die Lage des Maximums der Verteilung, das selbst wieder den charakteristischen Wert der untersuchten Eigenschaft einer Materie angibt. Die zufälligen Nebenumstände ergeben die Abweichungen vom häufigsten Wert, der bei symmetrischer Verteilung zugleich Mittelwert des Merkmals ist, nach der guten und nach der schlechten Eigenschaftsseite. Es können nun bei rein zufälliger Verteilung die Abweichungen vom häufigsten Wert stark betont sein, der Maximalwert kann also relativ wenig ausgeprägt erscheinen, was ein flaches Maximum der zufälligen Verteilung bedingt. Eine derartige Verteilung wird oftmals nicht befriedigen. Umgekehrt kann durch Zurücktreten der Abweichungen vom maximalen Wert das Maximum stark ausgeprägt sein, was zu einer Kurve mit spitzem, steil abfallendem Maximum führt, ein Fall, der oftmals anzustreben ist. Eine Änderung des Mittelwertes verschiedener Kollektive derselben Materie mit verschieden starken Abweichungen tritt in diesen Fällen nicht ein, solange der Hauptumstand der Verteilung derselbe ist. Veränderlich ist allein der Grad der Abweichungen, die sog. noch zu diskutierende Streuung. Um bei dem aus dem Gebiete der drahttechnischen Fragen herausgegriffenen Beispiel der leonischen Drähte zu bleiben, heißt dies, daß der häufigste Wert eines Kollektivs von Drähten bezüglich ihres Silbergehaltes unabänderlich durch den Hauptumstand Stromstärke bestimmt wird — solange nicht eine bedeutende Störung z. B. durch starkes Abschuppen des Silbers beim Ziehprozeß infolge schlechter Ziehsteine in Erscheinung tritt oder ein anderer der vielen normalerweise an Bedeutung geringen Nebeneinflüsse derart an Stärke gewinnt, daß er zu einem beeinflussenden Hauptumstand wird. Dagegen können Stärke und Häufigkeiten der Abweichungen von dem bevorzugten Wert bezüglich der Häufigkeit dieses bevorzugten Wertes oder bezüglich des Kollektivumfangs verschieden sein, je nach Stärke und Zahl der Nebeneinflüsse. Eine Beeinflussung des Mittelwertes ist durch eine Änderung des einwirkenden Hauptumstandes, der Stromstärke, allein zu erreichen; alle Versuche, den Mittelwert dadurch zu verändern, daß man die geringen Schwankungen in der Stromstärke beim galvanischen Prozeß zu vermeiden trachtet, daß man bestpolierte Ziehsteinsätze auf die Feinziehtische gibt, daß man die Bohrungen der Schlußsteine genau gleich hält u. dgl. m., sind erfolglos und vermögen keine wesentliche Änderung des Mittelwertes zu bewirken. Dagegen ist durch diese und andere Maßregeln eine Beeinflussung der Häufigkeiten und Stärke der Abweichungen von dem bevorzugten Wert möglich und von praktischer Bedeutung; man kann durch dieselben Wahrscheinlichkeitsverteilungen für eine Materie erhalten, die möglichst stark ausgeprägte Maxima und möglichst geringe Abweichungen von dem häufigsten Argumentwert besitzen.

Stellt man Tombakfeindrähte einer bestimmten Legierung her, und glüht man die Drähte bei einer bestimmten Temperatur, so wird die Festigkeit der Drähte im Mittel durch die Glühtemperatur festgelegt. Die Glühtemperatur bedeutet den Haupteinfluß bezüglich der Eigenschaft Festigkeit. Der Grad dieses Einflusses, d. h. die bestimmte Glühtemperatur, bedingt den Mittelwert der Eigenschaft, bedingt den häufigsten Wert der Eigenschaft, die Lage des Maximums der Verteilung der Einzelwerte der Festigkeit eines Kollektivs von Tombakfeindrähten. Dementsprechend bedingt eine Erhöhung der Glühtemperatur eine Verschiebung des Maximums einer Verteilung von Festigkeitswerten gegen geringere Argumentwerte, und das Maximum einer Verteilung von Festigkeiten solcher Drähte, die bei niederer Temperatur geglüht wurden, liegt bei entsprechend höheren Festigkeitswerten. In jedem Falle werden die Abweichungen einer größeren oder kleineren Zahl von Einzelwerten von dem bevorzugten häufigsten Wert durch viele Nebeneinflüsse bedingt, wie Schwankungen in der Zusammensetzung, der Legierung der Drähte, Vorbehandlung der Grobdrähte, gleichzeitige Dehnungswerte der einzelnen Drahtringe, Schwankungen in der Glühdauer, in der Temperatur, bei welcher die Glühtöpfe eingesetzt werden, in der Endtemperatur des Glühprozesses u. dgl. m. Eine Verbesserung des Mittelwertes durch die Eliminierung dieses oder jenes Einzeleinflusses ist wieder nicht möglich, dagegen lassen sich die Abweichungen von dem bevorzugten Wert, von dem Mittelwert, durch Ausschaltung bzw. Abschwächung möglichst vieler der möglichen Einzeleinflüsse verringern. Man muß wieder bestrebt sein, den Fabrikationsprozeß so zu gestalten, daß eine möglichst schlanke Verteilungskurve vom Typ der Zufallskurven als Charakteristikum der Verteilung der Festigkeitswerte der Drähte erhalten wird.

Zusammengesetzte Kurven, die in der allergrößten Mehrzahl der Fälle unsymmetrisch sein werden, weisen nun dagegen darauf hin, daß in dem untersuchten Kollektiv mehrere Verteilungen zusammentreffen bzw. daß nicht nur zufällige, sondern bedeutende Störungen die normale Verteilung beeinflußten. Mit anderen Worten, man schließt aus einer als zusammengesetzt erkannten Kurve darauf, daß zwei oder mehrere Hauptumstände das vorliegende Verteilungsergebnis bestimmen. Jeder dieser Hauptumstände bedingt für sich eine wenigstens angenähert normale und in der Regel symmetrische Wahrscheinlichkeitskurve. Fallen die Maxima der einzelnen Haupteinflüsse zusammen, so resultiert wieder eine symmetrische Kurve.

Werden Phosphorbronzedrähte verschiedener Stärke auf 2 Durchziehglühofenanlagen geglüht und arbeitet die eine Anlage bei konstanter Temperatur und variabler Geschwindigkeit, wogegen die andere Anlage bei derselben Durchziehgeschwindigkeit aber mit veränderlicher Temperatur glüht, so ist für die Drähte der ersten Anlage die Geschwindigkeit und für die Drähte der anderen Anlage die Temperatur der Hauptumstand, welcher die Dehnung der fabrizierten Drähte bestimmter Dimension bestimmt. Drähte gleicher Stärke, welche auf der ersten Anlage mit derselben Geschwindigkeit oder auf der anderen Anlage bei derselben Temperatur geglüht wurden, zeigen einen häufigsten Wert der Dehnung, der durch die betreffende Geschwindigkeit bzw. die bestimmte Temperatur bedingt ist, und im übrigen als Folge der hereinspielenden vielen Zufälligkeiten symmetrische Zufallsschwankungen der Dehnungswerte. Drähte der ersten Anlage, die mit verschiedenen Geschwindigkeiten durch den Ofen gezogen wurden, oder ebenso Drähte der anderen Anlage, die ihre Glühung bei verschiedenen Temperaturen erfahren haben, ergeben je für sich symmetrische Zufallsverteilungen, deren Maximi aber bei verschiedenen Argumentwerten liegen. Wird im allgemeinen das Maximum der Verteilungskurve von Drähten der ersten Anlage, die bei einer bestimmten Geschwindigkeit geglüht wurden, bei einem anderen Dehnungswert liegen als das Maximum einer Verteilung von Drähten, die auf der zweiten Anlage bei einer bestimmten Temperatur behandelt wurden, so wird es doch bestimmte Temperaturen der zweiten Anlage geben, welche dieselben häufigsten Dehnungswerte bedingen wie bestimmte Geschwindigkeiten der ersten Anlage. Ergeben 2 Kollektive der Drähte der beiden Anlagen denselben bevorzugten und häufigsten Dehnungswert, so ist der Grad des Haupteinflusses in beiden Fällen derselbe, und eine aus Drähten beider Anlagen zusammengesetzte Materie weist wieder denselben bevorzugten Wert auf und zeigt eine symmetrische Verteilung als Folge des Zusammenfallens der durch die beiden verschiedenen Haupteinflüsse bedingten Maximi. Hat man eine dritte Anlage, welche mit veränderlicher Temperatur und mit variabler Durchziehgeschwindigkeit der Drähte arbeitet, so wird die Verteilung der Dehnungswerte der Drähte, die auf dieser Anlage gefertigt werden, durch zwei Hauptumstände beeinflußt, Geschwindigkeit und Temperatur. Resultiert als Verteilungskurve der Dehnungswerte der Drähte dieser Anlage eine symmetrische Kurve, so fallen die Maxima, welche durch die beiden Haupteinflüsse bedingt sind, zusammen, fallen diese dagegen nicht zusammen, so wird eine Verteilungskurve mit doppelten Maximis mit verflachtem Maximum oder mit asymmetrischer Gestalt als für die Materie dieser Anlage charakteristisch erscheinen.

Funktioniert eine Topfglühofenanlage nicht exakt, derart, daß die Temperatur beispielsweise auf einer Seite der Töpfe höher ist als auf der anderen Seite, so wird der Mittelwert der Festigkeit einer größeren Anzahl Ringe auf der Seite der stärkeren Glühung ein anderer sein als der Mittelwert der Festigkeit auf der Gegenseite. Die Bestimmung der Festigkeiten durchweg auf der einen Seite würde zu einer Verteilung der Festigkeiten gemäß einer Kurve, wie z. B. der linken der gestrichelten Kurven der Abb. 13 oder der Abb. 15 führen. Die Festigkeiten der Gegenseite sämtlicher Ringe ergäben vielleicht die rechte gestrichelte Verteilungskurve der Abb. 13 bzw. der Abb. 15. Bei einer Durchführung der Prüfungen wird man nun zufällig teils die eine, höher geglühte Seite und an einem anderen Teil der Ringe die geringer geglühten Seiten prüfen, und man wird dementsprechend statt einer einfachen Wahrscheinlichkeitskurve eine Verteilungskurve vom Typ der ausgezogenen Kurven der erwähnten Abbildungen mit verflachtem Maximum oder mit doppeltem Maximum erhalten. Man schließt hieraus, daß keine einheitliche Verteilung vorliegt, daß mehr als ein Hauptumstand die Verteilung bedingt, daß die Haupteinflüsse entsprechend der Symmetrie der Verteilung gleich stark sein müssen, daß sie aber, da keine Zufallsverteilung bzw. keine Verteilung mit überhöhtem Maximum vorliegt, Einflüsse verschiedenen Grades darstellen, getrennte bevorzugte Werte bedingend. Je nach dem Unterschied der Einflußgrade der Hauptumstände, also je nach der Temperaturdifferenz, liegen die bevorzugten Werte beider Hauptumstände mehr oder weniger weit auseinander, resultiert als Verteilungskurve der uneinheitlichen bzw. gestörten Verteilung eine verflachte Kurve oder eine Kurve mit mehr oder weniger weit voneinander entfernten doppelten Maximis.

Erhält man als Verteilungskurve einer Materie eine Kurve mit überhöhtem Maximum, so liegt entweder ebenfalls eine Kombination zweier Materien vor, deren Haupteinflüsse zwar denselben bevorzugten Argumentwert hervorbringen, für die aber die Nebeneinflüsse der Stärke und Zahl nach verschieden sind, oder aber ist die an und für sich einheitliche Materie derart gestört, daß regulierende Einflüsse, vereinheitlichende Einwirkungen, egalisierende Eingriffe am Werke waren, welche die Wirkung des Haupteinflusses unterstützten, welche die Zahl und Stärke der nebensächlichen Zufälligkeiten und der durch diese bedingten Abweichungen vom bevorzugten Wert herabsetzten.

Sind die einzelnen Haupteinflüsse einer Eigenschaft nicht gleich stark und von verschiedenem Grade, so daß die durch die Haupteinflüsse bedingten Maxima verschieden hoch und gegeneinander verschoben sind, so ist das Ergebnis eine asymmetrische zusammengesetzte Kurve, wie solche z. B. die Abb. 16—18 darstellen.

Werden in einer Topfglühanlage für Feindrähte die Töpfe nicht gleichmäßig erwärmt, derart, daß beispielsweise eine kleinere untere Topfpartie eine höhere Temperatur erhält als der übrige Topf, so werden die wenigen untersten Ringe jeder Glühcharge stärker geglüht als der übrige Hauptinhalt des Topfes, die unteren Ringe werden daher im Durchschnitt eine geringere Festigkeit zeigen als die übrigen Ringe. Die Eigenschaft Festigkeit einer größeren Partie von Drähten wird mithin durch 2 Haupteinflüsse bestimmt, die Temperatur der unteren Topfpartie und die Temperatur im übrigen Teil des Glühschachtes. Würde man die Festigkeitswerte der unteren Ringe einer größeren Reihe von Glühchargen für sich untersuchen, so fänden sich z. B. ein bevorzugter Wert von 39 kg/mm^2 und im übrigen Abweichungen nach beiden Seiten dieses Wertes von annähernd symmetrischer Verteilung. In entsprechender Weise würde die Verteilung der Festigkeitswerte der übrigen Ringe der Glühungen ein Maximum beispielsweise bei 41 kg/mm^2 aufweisen mit ebenfalls symmetrischen Zufallsabweichungen nach beiden Seiten. Beide Kollektive können also für sich betrachtet normale Wahrscheinlichkeitsverteilungen bezüglich der Festigkeitswerte der Drähte besitzen. Da bei jeder Glühcharge nur wenige Ringe bei der höheren Temperatur des unteren Ofenteils geglüht wurden, wogegen die größte Zahl der Ringe der eingestellten und gemessenen Glühtemperatur ausgesetzt war, so ist das Maximum des Kollektivs der Drähte mit dem geringeren bevorzugten Festigkeitswert kleiner als das Maximum des anderen Kollektivs, welches bei dem höheren Argumentwert liegt. Werden nun die einzelnen Glühchargen so wie es der normale Gang sein wird ohne Beachtung ihrer Lage im Glühtopf und ohne Kenntnis der Temperaturunterschiede im Glühofen auf ihre Festigkeit untersucht, so werden die ermittelten Festigkeitswerte keine einfache symmetrische Verteilung ergeben sondern eine Verteilung, welche auf der Seite der-

geringeren Festigkeitswerte bezüglich des häufigsten Festigkeitswertes ein Nebenmaximum, einen Buckel oder einen flacheren Abfall aufweist, man wird eine rechtsseitig asymmetrische Verteilung erhalten. Dies weist auf den zusammengesetzten Charakter der vorliegenden Verteilung hin, weist auf eine Störung der normalen Zufallsverteilung hin, weist auf die Einwirkung eines zweiten (evtl. auch dritten) Hauptumstandes auf das Ergebnis der Glühung, auf die Festigkeit hin, durch den allgemein das Auftreten geringerer Festigkeitswerte begünstigt wird. Die asymmetrische Verteilungskurve gibt ohne weiteres zu erkennen, daß irgend etwas bei dem Glühverfahren nicht in Ordnung ist.

Würde der Mangel einer Glüherei darin bestehen, daß die Glühtöpfe über einen kleineren unteren Teil geringere Temperaturen annehmen als im übrigen, so würde durch diesen störenden Zustand einer zweiten Glühtemperatur das Auftreten höherer Festigkeitswerte begünstigt, und man würde diese Tatsache dadurch feststellen, daß die Verteilungskurve der Festigkeitswerte einer größeren Partie geglühter Drähte linksseitig asymmetrisch ist.

In der Abb. 16 kann die erste der gestrichelten Teilkurven die Verteilung der in kg gemessenen Leistungen an Feinnickeldraht von 0,05 mm Durchmesser, die eine größere Anzahl von Diamantziehsteinen zu verzeichnen hat, darstellen. Die zweite gestrichelte Kurve kann die Verteilung der Leistungen einer Reihe von Steinen beim Ziehen von Phosphorbronzedrähten derselben Dimension geben. Werden ohne Berücksichtigung der Art des gezogenen Materials die Leistungen der Ziehsteine über eine längere Zeitspanne gesammelt, dann wird die Verteilung der Leistungen der Steine durch die ausgezogene Kurve der Abb. 16 festgelegt. Die beiden Maxima dieser Kurve weisen auf die beiden Hauptumstände der Verteilung hin, die Widerstandsfähigkeit der Ziehhole gegen Nickel und gegen Phosphorbronze. Werden Nickelfeindrähte auf Maschinen verschiedener Ziehgeschwindigkeiten gezogen, so ist wieder eine asymmetrische Verteilung der Leistungen der Ziehsteine zu erwarten, da mehrere Hauptfaktoren, die Widerstandsfähigkeit der Diamanten gegen die verschiedenen Geschwindigkeiten, neben einer großen Zahl von nebensächlichen Zufälligkeiten die Verteilung beeinflussen. Die getrennte Auswertung der Leistungen der Ziehsteine auf den beiden Maschinenarten ergibt Verteilungen, die ungefähr Zufallscharakter aufweisen, und deren Maximi durch je einen Hauptfaktor, die bestimmte Geschwindigkeit, in ihrer Lage gegeben sind, wogegen Stärke und Grad der Abweichungen, der mehr oder weniger ausgeprägte Charakter der Maximi, durch die Güte der Diamanten, die Härte des gezogenen Materials, die Art des Schmiermittels und andere Nebenfaktoren bedingt werden.

Die Untersuchung einer als zusammengesetzt erkannten Verteilung hat sich sodann in jedem Fall auch darauf zu erstrecken, ob eine Vermischung verschiedener Materien mit ungefähr denselben Eigenschaftswerten aber verschiedenen bevorzugten Werten vorliegt, oder ob eine nicht einheitliche Eigenschaft, ein zusammengesetztes Merkmal die Ursache einer Asymmetrie, einer Unregelmäßigkeit, einer Abweichung vom Charakter einer Zufallsverteilung ist.

Ermittelt man die Silbergehalte feingezogener leonischer Drähte bestimmten Nenngehaltes an Silber, so wird man meistenteils eine mehr oder weniger asymmetrische Kurve als Verteilungsbild der Silbergehalte erhalten. Werden die Silbergehalte derselben Drähte vor dem Ausziehen direkt nach der Versilberung festgestellt, so ergibt sich eine angenähert symmetrische Verteilung. Im ersten Fall sind 2 Umstände für den Silbergehalt bestimmend, die durch die Stromstärke beim galvanischen Prozeß bedingte Silberauflage und der durch den Ziehprozeß bedingte Silberverlust, der Silbergehalt der Feindrähte ist eine zusammengesetzte Größe; die Verteilung der Silbergehalte der Grobdrähte nach dem Passieren des galvanischen Bades wird allein durch die Stromstärke und eine Reihe Zufälligkeiten festgelegt, man hat ein einfaches Merkmal vorliegen.

Wie bereits erwähnt wurde, gibt es auch Materien einfacher Art, denen eine asymmetrische Verteilung nach einer bestimmten Eigenschaft typisch ist. Solche Fälle sind dadurch gekennzeichnet, daß die resultierende asymmetrische Verteilung einfacher, normaler Art ist. Doch kann auch eine derartige Verteilung besonderen, störenden Einflüssen unterliegen. Eine asymmetrische Verteilung einfacher Art kommt dann zustande, wenn nur ein Haupteinfluß vorhanden ist, die nebensächlichen Zufälligkeiten aber in Zahl und Stärke bezüglich der beiden Seiten des bevorzugten Wertes nicht gleichermaßen wirken. Es ist also von Wichtigkeit, in jedem Fall festzustellen, ob die Zufälligkeiten gleich häufige und gleich starke Abweichungen vom bevorzugten Wert bedingen, oder ob die Zufälligkeiten nach den beiden Seiten vom Maximum aus verschieden wirken, ob einer Materie symmetrische oder asymmetrische Verteilung charakteristisch ist. In jedem der beiden Fälle kann sodann bei gleichem Grundcharakter der Verteilung die Zahl und Stärke der Abweichungen vom bevorzugten Wert eine verschiedene sein, kann das Maximum mehr oder weniger ausgeprägt oder verflacht auftreten, können die Zufälligkeiten bezüglich des Haupteinflusses mehr oder weniger überwiegen.

Die Fälle zusammengesetzter Verteilungen, die Fälle nicht einfacher sondern komplizierter gestalteter Verteilungskurven sind insofern äußerst wichtig, als durch ihre Analyse die Anzahl der bei einem Verfahren mitsprechenden Hauptumstände ermittelt werden kann, als man Aufschluß über die Stärke der einzelnen Einflüsse und die gegenseitige Lage der Teilmaximi und deren Lage zum Hauptmaximum erhalten kann. Man kann die einzelnen Verteilungen bzw. die Störungen, welche die Deformation einer normalen Verteilung bewirken, erkennen. Es besteht also in jedem Fall nach der Aufstellung einer Verteilung bzw. der Festlegung einer Häufigkeitskurve die Aufgabe, durch Überlegungen logischer Art und durch Studium der Gestalt der Verteilungskurve Aufschluß über die Art einer eventuellen Zusammensetzung der Kurve zu erhalten, und man hat durch entsprechende Zerlegungen des untersuchten Kollektivs in Teilkollektivreihen zu versuchen, solche Teilkollektive zu erhalten, in denen nach Möglichkeit nur der Einfluß eines Hauptumstandes zum Vorschein kommt, und die demgemäß durch eine Zufallskurve darstellbar sind. Die folgenden Abschnitte werden zwecks näherer Erläuterung der Art und des Wertes solcher Untersuchungen an Beispielen aus der Praxis des Betriebs die Analyse und die Enträtselung von Häufigkeitskurven nach den hier skizzierten Gesichtspunkten bringen. Es ist ohne weiteres einzusehen, daß diese Aufgabe nicht immer einfach ist. So leicht es ist, aus mehreren einzelnen Kurven die resultierende Kurve zu konstruieren, so schwer ist oftmals der umgekehrte Weg, aus einer zusammengesetzten Kurve die einzelnen Teilkurven zu bestimmen oder auch nur die Lage der einzelnen Teilmaximi zu ermitteln. Ja, man wird hin und wieder vor Fällen stehen, deren Lösung in dem hier behandelten Sinne nicht gelingt oder auch nur teilweise möglich ist, zumal die Mathematik für diese Operationen der Zerlegung zusammengesetzter Kurven keine Hilfe zu bieten vermag. Doch begegnet man in der täglichen Praxis auch zahlreichen Fällen, deren Behandlung nach den Methoden der Verteilungskurve einfach ist, und die durch derartige Untersuchungen reiche Förderung erfahren können. Im übrigen gilt auch hier wieder das alte und ewig wahre Wort von der Übung, die den Meister macht.

Neben dem bislang allein betonten Ziel der Aufstellung einer Verteilung und ihrer graphischen Darstellung muß als weiterer Vorteil einer Häufigkeitskurve erwähnt werden, daß eine Verteilungskurve erlaubt, auch das größte Zahlenmaterial und Beobachtungsreihen über lange Zeiträume anschaulich und in gedrängtester Form darzustellen. Dabei gibt die Darstellung einer Verteilungskurve ein charakteristisches Bild des normalen Betriebszustandes irgendeiner Fabrikation, und zwar wieder von prägnanter Einfachheit und größter Anschaulichkeit. Und ohne jegliche weitere Analyse und Überlegung läßt die Gestalt der Kurve in vielen Fällen erkennen, ob eine normale Verteilung vorhanden ist, oder ob Störungen die Verteilung beeinflußten bzw. ob eine Mischung mehrerer einfacher Kollektive vorliegt.

47. Ein sehr dankbares und nutzbringendes Anwendungsgebiet der Verteilungsuntersuchung muß noch besonders hervorgehoben werden. Es ist dies die Überprüfungsmöglichkeit zusammengesetzter Merkmale, der Wertverbindungen zweier oder mehrerer Eigenschaften einer Materie daraufhin, ob eine solche Merkmalsverbindung der Materie charakteristisch ist, oder ob sie zu ihrer Kennzeichnung nicht dienen kann. Es wird an Hand bestimmter Beispiele auf diese Auswertungsmöglichkeit der Häufigkeitskurve noch zurückzukommen sein. Zunächst ein allgemeines Beispiel zu dem Problem.

Dividiert man die Promille-Silbergehalte leonischer Drähte durch die Stromstärke, unter der die Drähte das galvanische Bad passierten, so ist dieser Quotient, ganz ideale Verhältnisse vorausgesetzt, konstant. Denn unter sonst gleichen Verhältnissen bedingt z. B. eine Verdoppelung der Stromstärke auch eine Verdoppelung der niedergeschlagenen Silbermenge. Bestimmt man nun aus der laufenden Fabrikation leonischer Drähte verschiedener Silbergehalte durch Analyse die genauen Werte der Silberauflage der Fertigdrähte, und dividiert man diese Werte durch die Stromstärken, unter denen diese Drähte durch das galvanische Bad gingen, so wird man Abweichungen von dem theoretischen idealen Wert finden, entsprechend den Abweichungen der durch die Analysen ermittelten Silbergehalte von den im Idealfalle zu erwartenden Sollwerten. Man findet einen häufigsten Wert des Quotienten Promille Silber durch Ampere und Abweichungen von diesem Wert nach beiden Seiten. Sind nun die Schwankungen der Silbergehalte rein zufälliger Art, so stimmt der festgestellte bevorzugte Wert der Einzelwerte des genannten Quotienten mit dem theoretischen konstanten Wert angenähert überein, und die Abweichungen verteilen sich symmetrisch um diesen bevorzugten Wert. Ist die Verteilung der Werte des angeführten Verhältnisses dagegen keine symmetrische, so schließt man hieraus auf Störungen, derart, daß z. B. die Silberverluste beim Ziehen verschieden stark sind od. dgl. Die Asymmetrie weist wieder auf das Vorhandensein von zwei oder noch mehr Hauptumständen hin, welche die Verteilung beeinflussen. Der eine dieser Faktoren ist die Stromstärke, welche für die betreffende Fabrikationsmethode die Abscheidung von 1‰ Silber bewirkt, der andere Faktor kann in starken Schwankungen der Stromstärke (z. B. infolge zeitweisen Erdschlusses der Anlage), in veränderlicher Geschwindigkeit der Drähte beim galvanischen Prozeß (z. B. als Folge von Spannungsschwankungen im Netz, an welches der Motor für die mechanische Durchziehvorrichtung der Drähte angeschlossen ist) oder in schwankenden Silberverlusten durch den Ziehprozeß gegeben sein. Es kann auch beim Auftreten mehrerer dieser Mißstände eine Verteilung resultieren, für die mehr als 2 Hauptumstände charakteristisch sind. Insbesondere kann ein weiterer Hauptumstand durch Analysenfehler hinzutreten.

Man kann allgemein feststellen: ist irgendeine Beziehung, also in den einfachsten Fällen ein Verhältnis, ein Produkt, eine Differenz oder eine Summe zweier Merkmale, die veränderliche Werte annehmen können, wie in diesem Fall das Verhältnis aus Silbergehalten und Stromstärken, ein charakteristisches Merkmal einer Materie, so sind die Schwankungen der Einzelwerte dieser Beziehung rein zufällige, und die Verteilung wird durch eine symmetrische Wahrscheinlichkeitskurve wiedergegeben.

Ist diese Verteilung dagegen keine einfache Zufallsverteilung, so bedeutet dies, daß keine Berechtigung dafür vorhanden ist, diese Beziehung als charakteristisch für die betreffende Materie anzusehen. Hat man die Verteilung zusammengehöriger Einzelwerte zweier Merkmale einer normalen Materie vorliegen, so läßt sich auf Grund dieser Tatsache überprüfen, ob eine vermutete Beziehung zwischen diesen Merkmalen berechtigt ist oder nicht; sie ist es nur dann, wenn die Verteilung der einzelnen Werte der betreffenden Beziehung zu einer Wahrscheinlichkeitsverteilung führt. Kennt man umgekehrt bereits die Berechtigung irgendeiner bestimmten Beziehung zwischen zwei veränderlichen Merkmalen, so läßt sich durch Untersuchung der Verteilung der Einzelwerte dieser Beziehung in einem speziellen Fall feststellen, ob die Materie, aus welcher das untersuchte Kollektiv einen Ausschnitt bildet, normal ist oder nicht, ob sie eine einfache Materie ist oder zusammengesetzter Natur ist, ob ihre Verteilung durch bedeutende Störungen beeinflußt ist oder nicht.

48. Die Zahl mehrerer Hauptumstände, die eine Verteilung beeinflussen, darf immer nur eine geringe sein. Beim Auftreten einer größeren Zahl von Haupteinflüssen drücken sich diese gegenseitig auf das Niveau relativ nebensächlicher zufälliger Nebenumstände herab, und das Ergebnis ist eine Zufallsverteilung. Der Illustration dieser Tatsache dient die Abb. 20. Dieselbe bezieht sich auf Zufallsergebnisse beim Werfen von Münzen auf Wappen als Erfolg. Die gestrichelten Kurven geben die Verteilungen der möglichen Erfolgshäufigkeiten pro Wurf für 12 verschiedene Versuchsserien an, bei denen mit verschiedener Anzahl normaler Münzen und Münzen mit beiderseitigem Wappen geworfen wurde. Die Zahl der für jede Versuchsserie verwendeten normalen Münzen und der Münzen mit 2 Wappen ist in der Abbildung unter dem Argumentwert, der für jede Versuchsserie der häufigste ist, also unter den Ordinaten der Maximi der Verteilungskurven vermerkt; ebenso sind die Umfänge der 12 Versuchsreihen am Fuße der Abbildung unter den jeweils bevorzugten Argumentwerten aufgeführt. Nimmt man nun von der einzelnen Betrachtung der 12 Versuchsreihen Abstand, führt die Gesamtzahl aller Versuche in beliebiger Reihenfolge durch und zählt hierbei aus, wie oft keine Münze Wappen zeigt, wie oft bei einem Wurf unbeachtet der Anzahl der Münzen und der Art der Münzen ein Wappen geworfen wird, wie oft weiter 2, 3, 4 . . . 12 Wappen pro Wurf erscheinen, so erhält man eine Verteilung, welche die ausgezogene Kurve der Abb. 20 darstellt, und die durch 12 Haupteinflüsse bedingt wird. Es resultiert eine Kurve als Verteilungskurve, welche von einer idealen Zufallskurve nicht mehr abweicht als das Ergebnis irgendeiner tatsächlich durchgeführten einfachen Versuchsreihe von seiner idealen Verteilung. Die der vorliegenden zusammengesetzten Verteilung entsprechende einfache Zufallsverteilung ergibt ein Spiel mit 12 Münzen auf Wappen als Erfolg. Diese

Verteilung ist, da sie sich von der zusammengesetzten Verteilung zu wenig unterscheidet, nicht in die Abb. 20 eingezeichnet. Der Vergleich der folgend aufgeführten Häufigkeiten ergibt den praktisch belanglosen Unterschied, der nicht als Folge einer Zusammensetzung zu werten ist, wenn man von dieser Zusammensetzung nichts weiß, sondern als auf minimalen Störungen zufälliger Art beruhend aufgefaßt werden kann.

Klasse	0	1	2	3	4	5	6	7	8	9	10	11	12
Zusammengesetzte Verteilung	0	20	64	225	525	820	967	825	510	231	66	16	0
Einfache Verteilung	1	13	69	229	515	824	962	824	515	229	69	13	1

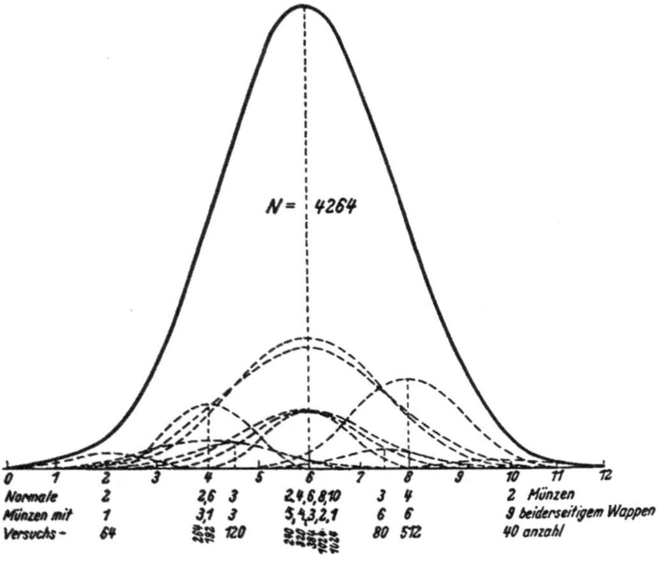

Abb. 20.

Setzt man an die Stelle der 12 verschiedenen einfachen Zufallsversuche der Abb. 20 z. B. die Verteilungen der Leistungen von Diamantziehsteinen für Maschinen, die mit verschiedenen Geschwindigkeiten ziehen, die verschiedene Materialien, wie Kupfer, Nickel und Phosphorbronze, teils an 0,05 mm und teils an 0,07 mm ziehen, und die zum Teil Seifenwasser und zum Teil eine Emulsion von Rüböl in Seifenwasser als Schmiermittel haben, so führt eine entsprechend große Zahl von Versuchen zu einer angenähert symmetrischen Verteilung aller festgestellten Leistungen, da die große Zahl der aufgeführten Umstände, welche in jedem Fall, sofern derselbe für sich untersucht wird, einen Hauptumstand bilden, auf das Niveau zufälliger Störungen sinkt.

49. Es wurde schon hin und wieder erwähnt, daß zufällige Störungen eine Verteilung beeinflussen können, und daß derartige Störungen sog. zufällige Abweichungen einer Verteilung bedingen, also Abweichungen, denen keine besondere Bedeutung beizumessen ist, die keine feststellbare besondere Verursachung haben, sondern eben zufälliger Art sind. Die Folge solcher Zufallsstörungen ist es, daß man auch für Verteilungen, denen an und für sich Zufallscharakter zukommt, nie die ideale Gestalt der Verteilung erhält, so wie sie sich mit Hilfe des binomischen Satzes errechnen läßt, welche errechnete, theoretische Zufallsverteilung frei von Störungen jeglicher Art ist.

Man erhält daher auch für ausgesprochene Zufallsmaterien, wie Würfelspiele oder Urnenziehungen, auf Grund der Durchführung der entsprechenden Versuche nie das ideale Bild einer theoretischen binomialen Verteilung, sondern eine mit kleineren Abweichungen behaftete Verteilung. Gewinnen die Einflüsse, welche diese oder jene zufällige Abweichung einer Verteilung von ihrer theoretischen Zufallsverteilung bedingen, an Stärke, so können sie naturgemäß wirkliche Störungen der Verteilung bedingen, so daß die Verteilung ganz oder teilweise ihren Zufallscharakter einbüßt.

Um ein allgemeines Bild über den Grad der Abweichungen zu geben, welche auch ausgesprochene Zufallsmaterien von ihren idealen binomischen Verteilungen aufweisen können, seien 2 Beispiele aus dem Gebiete der Würfelspiele angeführt. Die Beispiele beziehen sich auf Würfe mit 12 Würfeln, wobei als Erfolg der Wurf der Augenzahlen 4, 5 oder 6 galt. Die erste Versuchsreihe[1]) umfaßt 4096 solcher Dutzendwürfe, der Umfang der zweiten Versuchsreihe[2]) ist $N = 6500$.

Die Zahlentafel 15 zeigt die Ergebnisse der beiden Versuchsreihen sowie die entsprechenden binomialen Verteilungen. Die theoretischen sowie die empirischen Daten der beiden Verteilungen sind der Zahlentafel beinotiert. Es ist aus denselben zu folgern, daß die Abweichungen, welche beide Reihen je von ihren idealen Zufallsreihen aufweisen, zufälliger Art sind. Es fällt allerdings auf, daß systematisch für beide Versuchsreihen die geringeren Argumentwerte seltener und die höheren Argumentwerte häufiger auftreten als bei rein zufälliger Verteilung.

Im Anschluß an die erste dieser Versuchsreihen, die statt 13 nur 11 Klassen besetzt zeigt, noch ein Wort über die Beurteilung der Häufigkeit 0.

Ist man über die Zahl der möglichen Fälle oder Klassen einer Verteilung informiert, so läßt sich stets, wenn die Anzahl der Möglichkeiten einer zu beurteilenden Verteilung größer ist als die Zahl der Möglichkeiten der zufälligen Vergleichsverteilung, folgern, daß eine tatsächliche Abweichung von der Zufallsverteilung einfacher Art vorliegt. Dagegen kann der umgekehrte Fall, die Tatsache, daß eine Verteilung eine ge-

---

[1]) Encycl. Brit., 10. Aufl., Bd. XXVIII, p. 282, zitiert nach »Die statistischen Forschungsmethoden« von E. Czuber.

[2]) Mem. and Proc. of the Manchester Lit. and Phil. Soc., Bd. 51 (1907), zitiert nach »Die statistischen Forschungsmethoden« von F. Czuber.

Zahlentafel 15.

Experimentell festgestellte Verteilung zweier Zufallsmaterien.

Anzahl der Augenzahlen 4, 5 oder 6 (Klasse)	Erste Versuchsreihe		Zweite Versuchsreihe	
	Theoretische Verteilung z	Empirische Verteilung z	Theoretische Verteilung z	Empirische Verteilung z
0	1	0	2	1
1	12	7	19	14
2	66	60	105	103
3	220	198	349	302
4	495	430	785	711
5	798	731	1 257	1 231
6	931	948	1 466	1 411
7	798	847	1 257	1 351
8	495	536	785	844
9	220	257	349	391
10	66	71	105	117
11	12	11	19	21
12	1	0	2	3
Umfang N	4 096	4 096	6 500	6 500
Mittel M	6	$M_1 = 6{,}139$	6	$M_2 = 6{,}116$
Wahrscheinlichkeit p	0,5	$p_1 = 0{,}5116$	0,5	$p_2 = 0{,}5097$
Streuung μ	$\pm 1{,}732$	$\pm 1{,}712$	$\pm 1{,}732$	$\pm 1{,}731$
Gesamterfolgszahl a	24 756	25 145	39 000	39 756
Mittlere Abweichung der Gesamterfolgszahl	± 111		± 140	
		$M_1 - M_2 = 0{,}023$		$p_1 - p_2 = 0{,}0019$
μ_M	$\pm 0{,}028$		$\pm 0{,}021$	
		$\mu_{MD} = \pm 0{,}034$		$\mu_{pD} = \pm 0{,}003$
$\mu_1 = \sqrt{\frac{pq}{n}}$	$\pm 0{,}144$		$\pm 0{,}144$	
		$n\,p_1 q_1 = 2{,}9984$		$\frac{p_2 q_2}{n} = 0{,}0208$
		$\mu^2 = 2{,}9309$		$\mu_1^2 = 0{,}0208$
μ_p	$\pm 0{,}002$		$\pm 0{,}0018$	
		$X = -0{,}068$		$X_1 = 0$
		$Q^2 = 0{,}98$		$Q^2 = 1$

ringere Ausdehnung zeigt als die entsprechende Zufallsverteilung, sehr wohl lediglich eine Folge zufälliger, belangloser Nebenumstände sein, wenn die Vergleichshäufigkeiten der theoretischen Verteilung nur geringe sind. Die Abweichungen der Häufigkeit 0 bezüglich einer geringen Häufigkeit von 1, 2 oder 3 ist zu gering, um »ernst« genommen werden zu müssen. Dagegen weist das Auftreten einer größeren Anzahl besetzter Klassen im Vergleich zu der entsprechenden Zufallsverteilung stets auf ein wirkliches Abweichen der zu beurteilenden Verteilung hin; die Differenz der Häufigkeit 0 gegen eine geringe Häufigkeit ist nun bezüglich 0 zu beurteilen, sie ist daher sehr groß und in jedem Falle größer als auf Grund zufälliger Störungen zu erwarten wäre. Diese Feststellungen gelten natürlich auch für zusammengesetzte unregelmäßige Verteilungen.

50. Ihre ursprüngliche Anwendung fand die Häufigkeitskurve in der Fehlertheorie. Die Ursachen von Fehlern, die bei der Messung z. B. einer physikalischen Größe unterlaufen, sind äußerst mannigfach, und die als Fehler aufzufassenden Abweichungen verschiedener Resultate mehrerer Bestimmungen derselben Größe von einem als richtig angenommenen Wert zeigen Zufallsverteilung. Die Verteilung der Werte, welche der zufällige Fehler bei einer Reihe von Messungen derselben Größe besitzen kann, folgt dem Gesetz der zufälligen Verteilung, dem Gesetz der Häufigkeitskurve. Die Verhältnisse liegen hier also ganz entsprechend denen, die bei den hier behandelten Kollektiven mit graduell veränderlicher Eigenschaft ihrer einzelnen Glieder festgestellt wurden. Diese Übereinstimmung zwischen Fehlertheorie und Kollektivmaßlehre ist aber nur eine äußerliche; im Prinzip handelt es sich in der Fehlertheorie um etwas anderes wie bei der Untersuchung eines Kollektivs.

Zwecks Ermittlung des Fehlers einer Messung führt man wiederholte Messungen ein und derselben Größe unter völlig gleichen Umständen aus. Die Häufigkeitsbestimmung in der Kollektivmaßlehre dagegen beruht auf der Messung eines veränderlichen quantitativen Merkmals an einer Reihe gleichartiger Gegenstände. Weiterhin ist sodann das Ziel mehrerer Messungen im Falle der Ermittlung eines Fehlers die Festlegung der Genauigkeit des gemessenen Wertes einer Größe. Es existiert eine exakte Größe, z. B. die Lichtgeschwindigkeit oder die Dichtigkeit von Wasser oder Kupfer, die einen ganz bestimmten Wert besitzt, der ermittelt werden soll. Die Wiederholung der einschlägigen Bestimmungen dient lediglich dem Zwecke, die Genauigkeit des Meßresultates zu erhöhen und ein Maß eben dieser Genauigkeit durch die Fehler- oder Häufigkeitskurve zu erhalten. Bei der Auswertung eines Kollektivs dagegen liegen graduell verschiedene Verwirklichungen ein und derselben Größe vor, und die Messung dieser Größe, beispielsweise die Bestimmung der Dehnung verschiedener Drahtringe, bezweckt nicht, einen möglichst genauen Wert dieser Größe, also nicht z. B. einen möglichst genauen Dehnungswert von Tombakdrähten zu erhalten, da es ja einen solchen Wert überhaupt nicht gibt, sondern stets nur mehrere Dehnungswerte bzw. ein bestimmtes Dehnungsintervall und ein bevorzugter Dehnungswert festzustellen sind; die wiederholten Messungen wollen in diesen Fällen vielmehr ein Maß der Beständigkeit bzw. der Veränderlichkeit der gemessenen Größe beschaffen.

Führt man wiederholte Messungen einer unbekannten Größe aus, so stimmen die einzelnen Ergebnisse infolge der unvermeidlichen Beobachtungsfehler weder unter sich noch mit dem gesuchten wahren Wert der betreffenden Größe genau überein. Man kann daher eine Reihe verschiedener Messungen oder Beobachtungen über dieselbe Größe zu einem Kollektiv zusammenfassen, dessen einzelnen Glieder die einzelnen Messungen und dessen Argumentwerte die gemessenen Werte darstellen. Die Fehlertheorie beschäftigt sich demnach ebenso wie die Kollektivmaßlehre mit Kollektiven, aber mit Kollektiven ganz spezieller Art. Die Kollektivreihe in der Fehlertheorie besteht aus verschiedenen beobachteten oder gemessenen Einzelwerten einer bestimmten physikalischen, astronomischen oder anderen Größe. Es gibt einen und nur einen wahren Wert einer jeden solchen Größe, dem die ermittelten Werte mehr oder weniger nahe kommen, und deren Abweichungen von dem wahren Wert auf Meßfehlern und Beobachtungsfehlern der mannigfaltigsten Art beruhen. Die Schwankungen, welche bei allen Arten von Messungen und Beobachtungen die einzelnen Ergebnisse untereinander zeigen, haben ihre Ursache nicht in der gemessenen Größe selbst, die einen konstanten Wert aufweist, sondern sind durch Beobachtungsfehler bedingt.

Das arithmetische Mittel einer Reihe solcher infolge verschiedener Beobachtungsfehler schwankender Werte einer konstanten Größe nähert sich dem wahren Wert dieser Größe besser als die Einzelwerte, und die Annäherung des Mittels an den wirklichen Wert wird mit steigender Zahl der Beobachtungen, der Meßergebnisse enger, allerdings nur unter der Voraussetzung, daß keine systematischen, groben Fehler gemacht werden. Sind die Beobachtungsfehler nicht auf die eine oder andere besondere Ursache, nicht auf systematische Fehler bei der Untersuchung zurückzuführen, sind sie vielmehr zufällig, d. h. durch eine große Reihe verschiedener Ursachen bedingt, so liegen die von dem Mittelwert abweichenden Werte einer Reihe von Einzelmessungen symmetrisch zu dem Mittelwert, und die Verteilung der Einzelwerte ist eine solche, wie sie durch die symmetrische Wahrscheinlichkeitskurve dargestellt wird.

K. F. Gauß war einer der ersten, welcher — lange vor der Schöpfung der Kollektivmaßlehre — die Anwendbarkeit der Wahrscheinlichkeitslehre auf die Untersuchung der Beobachtungsfehler erkannt hat. Der Grund dieser Anwendbarkeit der Wahrscheinlichkeitstheorie auf diese besondere Materie ist derselbe wie der, welcher die Anwendbarkeit der Wahrscheinlichkeitsrechnung auf die hier zu behandelnden Materien der Kollektivmaßlehre ermöglicht, nämlich die Vielseitigkeit der vorkommenden Ursachen für die schwankenden Einzelwerte, die allerdings bei der Fehlertheorie die mannigfaltigsten Fehlerquellen bei einer einzelnen Beobachtung sind, wogegen sie bei den Materien der Kollektivmaßlehre eine Variabilität der gemessenen Größe selbst bedingen.

Die Voraussetzung der Gaußschen Fehlertheorie ist also die, daß ein Einzelwert einer beobachteten Größe durch das Zusammenwirken sehr vieler an und für sich kleiner Einflüsse, die Fehler, bedingt wird, wobei jeder einzelne Fehler den Beobachtungswert entweder vergrößert oder verkleinert, und zwar beides mit derselben Wahrscheinlichkeit. Wirken daher z. B. 100 Fehlerquellen zusammen, so ist es am wahrscheinlichsten, daß 50 dieser Einflüsse eine Vergrößerung und 50 eine Verkleinerung des beobachteten Wertes und damit einen dem mittleren Beobachtungswert gleichen Einzelwert bedingen. Treffen 60 negativ wirkende und 40 positiv wirkende Fehlerquellen zusammen, welcher Fall seltener ist als der zuerst erwähnte, und welcher Fall ebenso häufig ist wie der umgekehrte, daß 60 positive und 40 negative Fehler zusammenwirken, so ist eine Abweichung des beobachteten Einzelwertes nach der negativen Seite hin um 10 Einheiten der Störung bedingt. Noch stärker abweichende Beobachtungswerte folgen z. B. aus dem Zusammenwirken von 70 positiven und 30 negativen Einzeleinflüssen, welche Kombination aber noch seltener auftritt als die zuvor erwähnte. In derselben Häufigkeit wird eine längere Reihe von Beobachtungen aber auch wieder Fälle mit 70 negativen und 30 positiven Fehlern aufweisen, wodurch Abweichungen von derselben Größe aber nach der entgegengesetzten, negativen Seite bezüglich des mittleren Beobachtungswertes zustande kommen.

Allgemein zeigt die Wahrscheinlichkeitslehre, daß die Fälle mit ungefähr gleich viel den Beobachtungswert vergrößernden und verkleinernden Einflüssen, deren Gesamtwirkung somit zur bevorzugten Herausbildung eines mittleren Wertes beitragen, viel häufiger sind, als Fälle, bei denen fast nur vergrößernde oder fast nur verkleinernde Fehler vorhanden sind, und je stärker die eine Art der Einflüsse die andere Art der Fehler überwiegt, um so seltener sind derartige Kombinationen von Fehlern, um so seltener finden sich daher auch Einzelwerte mit den entsprechend großen Abweichungen vom Mittelwert. Da die Wahrscheinlichkeit für die vergrößernde oder verkleinernde Wirkung eines Fehlers als gleich angenommen wird, so beträgt die Wahrscheinlichkeit für die eine oder andere Richtung der Wirkung einer Fehlerursache je 0,5. Mithin zeigen die Schwankungen der Einzelwerte um den Mittelwert die Gestalt der symmetrischen Zufallskurve, im Rahmen der Fehlertheorie auch Fehlerkurve genannt. Dies ist der Inhalt des Gaußschen Gesetzes über die Verteilung der Beobachtungsfehler. Mathematisch ausgedrückt lautet es, die Verteilung der Meßergebnisse über eine bestimmte Größe ist im Falle nur zufälliger Fehler gegeben durch das Exponentialgesetz

$$z = \frac{N}{\mu\sqrt{2\pi}} e^{-\frac{x^2}{2\mu^2}}.$$

Man kann auch in der Fehlertheorie statt mit der Gaußschen Verteilung mit der binomialen Verteilung rechnen. Hat man n verschiedene Fehlerquellen, so ergibt sich die Zufallsverteilung der Meßergebnisse, da jeder Fehler mit derselben Wahrscheinlichkeit positiv oder negativ wirken kann, durch die Entwicklung des Ausdrucks

$$N\,(0{,}5 + 0{,}5)^n$$

zur Reihe. Die Wahrscheinlichkeiten der einzelnen Abweichungen ergibt die Auflösung des Ausdrucks $(0{,}5 + 0{,}5)^n$. Insbesondere findet man die Wahrscheinlichkeit dafür, daß von den n Fehlerquellen m eine Vergrößerung und $(n - m)$ daher eine Verkleinerung des Meßwertes bedingen, nach der Newtonschen Formel als

$$p = \frac{n!}{m!\,(n-m)!} \times 0{,}5^n =$$

$$= \frac{n\,(n-1)\,(n-2)\ldots 3\times 2\times 1\times 0{,}5^n}{m\,(m-1)\,(m-2)\ldots 3\times 2\times 1\times (n-m)\,(n-m-1)\,(n-m-2)\ldots 3\times 2\times 1}.$$

Die durch das Gaußsche Exponentialgesetz bestimmte Verteilungskurve ist symmetrisch, und dies führte allmählich zu der dogmatischen Auffassung, daß die Begriffe Zufallsverteilung und symmetrische Verteilung bzw. anderseits die Begriffe nicht symmetrische Verteilung und nicht zufällige Verteilung identisch seien, daß die Symmetrie der Verteilung der Glieder eines Kollektivs ein Charakteristikum und ein unbedingtes Kennzeichen für Kollektivreihen vom Zufallstyp sei. Aber abgesehen davon, daß es auch symmetrische Verteilungen gibt, die nicht einfacher sondern zusammengesetzter Art sind, welche auf mehrere Haupteinflüsse zurückzuführen sind, die im Vergleich zu typischen Zufallsverteilungen überhöhte oder verflachte Maxima aufweisen, und die allesamt nicht den Zufallsverteilungen zuzurechnen sind, ist es weder logisch einzusehen noch aus der Erfahrung abzuleiten, daß eine Zufallsverteilung symmetrisch sein müsse. Es müßte ganz im Gegenteil als sehr merkwürdige Erscheinung betrachtet werden, wenn die Symmetrie eine allgemeine, alleinige und erforderliche Eigenschaft zufälliger Verteilungen sein würde. Es war Fechner, der wohl zuerst deutlich von der Auffassung einer notwendigen Symmetrie zufälliger Kollektivreihen abrückte. Daß aber selbst Fechner noch nicht den radikalen Schritt wagte, die Symmetrie lediglich als Sonderfall der Verteilung von Kollektivreihen und die Asymmetrie als die allgemeinere und häufigere Erscheinung darzustellen, dafür spricht wohl am deutlichsten die Tatsache, daß er die asymmetrischen Verteilungskurven aus 2 Ästen symmetrischer Kurven verschiedener Streuung zusammensetzt. Auch heute findet man noch vielfach die Auffassung, als sei das Gaußsche Exponentialgesetz der Prüfstein und die Norm jedes Kollektivs. Diese Auffassung ist jedoch als sowohl für die Kollektivmaßlehre als auch für die Fehlertheorie ganz unbegründet und zu eng abzulehnen. Nur in den Fällen, in denen eine Urne gleich viel schwarze und weiße Kugeln enthält, führt die N mal wiederholte Ziehung von je n Kugeln zu einer symmetrischen Verteilung der Ziehungsergebnisse, in allen anderen Fällen resultieren dagegen asymmetrische Verteilungen, die aber denselben Habitus der Zufälligkeit tragen wie die symmetrische Verteilung des Sonderfalls. Desgleichen ist der Lauf der Kugel beim Bajazzospiel, ist das Ergebnis an der Roulette durchaus vom Zufall bestimmt, und doch ergibt die Zusammenfassung einer größeren Zahl von Spielergebnissen keine symmetrische Verteilung. Was aber den ausgesprochenen Zufallsmaterien recht ist, das ist für die Materien der Kollektivmaßlehre billig. Diese notwendige Einengung der Bedeutung der symmetrischen Verteilungen gegenüber den nicht symmetrischen Verteilungen ist mit ein Grund, weshalb in diesen Ausführungen geringerer Nachdruck auf die Anwendung des Gaußschen Exponentialgesetzes, der »e hoch minus x^2-Funktion« und des Gaußschen Fehlerintegrals, der »Φ-Funktion« gelegt wurde gegenüber den binomialen Vergleichsverteilungen zufälliger Art, unter denen die symmetrische Verteilung in keiner Weise besonders bevorzugt, sondern nur als das, was sie wirklich ist, als Sonderfall erscheint.

51. Noch ein Wort über die Vorarbeiten zur Aufstellung einer Verteilungskurve. Im Gegensatz zu der noch zu behandelnden, im Prinzip aber allgemein bekannten Mittelwertsbildung ist das Verfahren der Häufigkeitsuntersuchung kein summierendes sondern ein rein abzählendes. Die Vorarbeit, auf Grund deren man zu irgendeiner Verteilung gelangt, besteht dementsprechend zuerst in einer Sortierung nach Klassen, also nach verschiedenen Werten der veränderlichen Eigenschaft, die in einem speziellen Fall das Argument darstellt, und zweitens in einer Zählung der einzelnen Klassenhäufigkeiten. Diese Arbeiten sind bei Kollektiven kleineren Umfangs einfach zu bewältigen. Geht der Umfang von Kollektiven jedoch in die Tausende oder gar in die Zehntausende, so bedeutet die Sortierung und die Auszählung eine mühselige und langwierige Arbeit. Diese Arbeit läßt sich nun durch ein maschinelles Verfahren, das Hollerithverfahren, bedeutend vereinfachen. Die Notierung von Werten erfolgt dabei auf Karten, die in Kolonnen und Zeilen eingeteilt sind, mit Hilfe einer Lochmaschine, und das Sortieren der gelochten Karten geschieht mittels besonderer Sortiermaschinen, die in der Stunde bis zu 15000 Karten bewältigen. Die folgende Auszählung der Karten läßt sich relativ einfach »von Hand« vornehmen, kann aber auch unter Hinzuziehung von Zählmaschinen oder Tabelliermaschinen erfolgen[1]).

[1]) Diese Maschinen werden hergestellt bzw. verliehen von der Deutschen Hollerith Maschinen-Gesellschaft (Dehomag), Berlin W 35, Potsdamerstr. 112. Vgl. z. B. den Aufsatz »Lochkartenmaschinen« von Dr. A. Brüggemann, Umschau, XXXIII. Jhrg., 1929, Heft 19, oder Technische Mitteilungen, 20. Jhrg., 1927, Nr. 14, S. 411 (»Moderne Auswertungsverfahren für Betriebsanalysen« von Dr. F. Heinrich), oder »Das Lochkartenverfahren« von L. W. Pollak, Die Naturwissenschaften, Jhrg. 18, 1930, Heft 16, S. 343.

VI. Abschnitt.

Anwendungsbeispiele für Häufigkeitskurven. Stetige Kollektive.

52. Die Aufstellung einer Verteilungstafel und noch anschaulicher die Aufzeichnung der entsprechenden Häufigkeitskurve vermittelt rasch ein sicheres und übersichtliches Bild von der Verteilung der einzelnen Werte eines graduell veränderlichen Merkmals über eine durch die Klasseneinteilung gebildete Skala. Die Verteilungskurve läßt mit einem Blick erkennen, ob ein besonders bevorzugter Wert, ein ausgeprägtes Maximum vorliegt oder nicht, ob dieser wahrscheinlichste Wert gegenüber den übrigen Werten stark dominiert, oder ob er die anderen Werte nur wenig an Häufigkeit übertrifft, ob die Abweichungen von dem häufigsten Wert nach der besseren und der schlechteren Seite gleich häufig sind, die Verteilung also symmetrisch oder unsymmetrisch ist, ob sie regelmäßig oder unregelmäßig, einfach oder zusammengesetzter Natur ist; die Kurve orientiert über die Ausbreitung, über das Variationsintervall eines Kollektivs, sie gibt die extremsten Werte des Arguments an, läßt erkennen, ob der Mittelwert gleich dem häufigsten Wert ist, oder ob er über diesem bzw. unter diesem liegt, und gestattet ein Urteil darüber, ob die Verteilung der Argumentwerte eines Kollektivs mehr oder weniger zufällige Anordnung besitzt, oder ob starke Abweichungen vom Zufallscharakter der Verteilung vorliegen. Darüber hinaus lassen sich in speziellen Fällen aus der Gestalt der Kurve genaue Schlüsse auf die Beschaffenheit des untersuchten Kollektivs bzw. der Materie, aus welcher das Kollektiv einen Ausschnitt bildet, ziehen, und es lassen sich durch Analyse einer zusammengesetzten Kurve weitgehende Folgerungen herleiten über Art und Zahl der Faktoren, die an der Herausbildung der vorliegenden speziellen Merkmalswerte mitwirkten. Anwenden läßt sich die Methode der Untersuchung der Verteilungskurve einer Materie bzw. eines Kollektivs stets dann, wenn viele Ursachen eine Größe bedingen, deren Einzelwerte immer in nahezu gleichen Grenzen schwanken, und die sich bald im einen, bald im anderen Sinne verändert, die sich also innerhalb der im großen und ganzen stets gleichen Grenzen bald vergrößert, bald verkleinert.

Solche Größen mit innerhalb gewisser Intervalle variablen Einzelwerten mannigfacher Verursachung spielen in der Technik eine häufige Rolle. Derartige Größen sind, um besonders treffende Beispiele anzuführen, die Dehnungs- und Festigkeitswerte von Drähten, und auf diese Merkmale lassen sich daher die Methoden der Verteilungsermittlung und des Studiums der Verteilungskurve ohne weiteres und mit Aussicht auf besonderen Erfolg anwenden.

53. Als erstes Beispiel einer Verteilung verschiedener Dehnungswerte von Tombakfeindrähten sei das schon erwähnte Kollektiv der

Zahlentafel 2 in der durch die Zahlentafel 8 bzw. die Abb. 4 gegebenen Klassenskala behandelt. Die Abb. 21 stellt dieselbe Verteilung in einem größeren Maßstabe für die Abszissen, für die Argumenteinheit dar, und zwar bezieht sich die ausgezogene Kurve auf die Verteilung der Dehnungswerte des erwähnten Kollektivs. Man stellt vor allem fest, daß sich bezüglich der Verteilung dieser Dehnungswerte die untersuchte Materie genau so verhält wie ausgesprochene Zufallsergebnisse bei irgendeinem Glücksspiel.

Wirft man 132 mal 6 Münzen auf Wappen als Erfolg, so ergibt die Berechnung, daß man bzw. 2mal, 12mal, 31mal, 42mal, 31mal, 12mal und 2mal bzw. 0, 1, 2, 3, 4, 5 und 6 Erfolge pro Wurf buchen kann. Zeichnet man diese Ergebnisse des Glücksspiels, die Häufigkeiten der verschiedenen Erfolgsmöglichkeiten, der verschiedenen Erfolgsgrade, der verschiedenen Erfolgshäufigkeiten pro Versuch in die Abb. 21 ein, so erhält man als Verteilungskurve die gestrichelte Kurve der Abbildung. Man konstatiert eine nahezu vollkommene Übereinstimmung der ausgezogenen Kurve mit der gestrichelten Zufallskurve. Dabei muß man bei der Beurteilung der Verhältnisse berücksichtigen, daß, wie in Art. 49 bereits diskutiert wurde, die tatsächliche Durchführung der Zufallsversuche infolge zufälliger Störungen nicht genau die berechnete, theoretisch-ideale Verteilung der verschiedenen Erfolgsgrade ergibt, so daß die ausgezogene Kurve der Abb. 21 auch das Ergebnis wirklich durchgeführter Zufallsversuche der erwähnten Art darstellen könnte. (Mit Ausnahme der zwei der Dehnung 27,5% der empirischen Verteilung entsprechenden Fälle; Fälle relativ geringer Häufigkeiten an den Enden einer Verteilung sind aber im allgemeinen nur von geringem Interesse und geringer Bedeutung.) Die untersuchte technische Materie, Dehnungen von Tombakfeindrähten, in Einheiten von 1,5% festgehalten, und eine entsprechende Zufallsmaterie führen mithin in dem vorliegenden Falle bei gleichem Umfang der beiden gebildeten Kollektive zu praktisch gleichen Verteilungskurven.

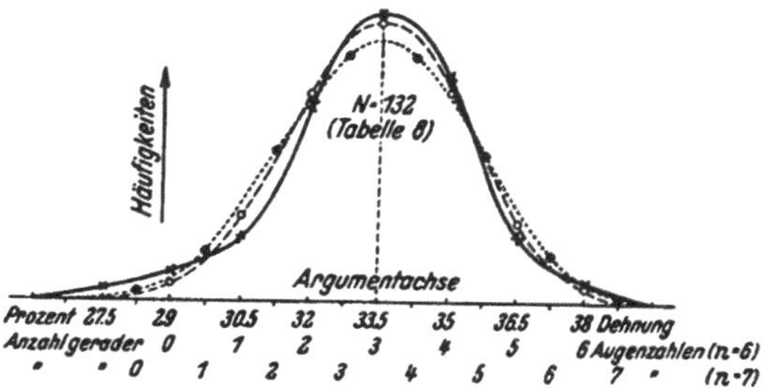

Abb. 21.

Die Abb. 21 gibt, wie besonders deutlich der Vergleich mit der Zufallskurve zeigt, das Bild einer ziemlich symmetrischen, regelmäßigen Kurve; die Abweichungen vom bevorzugten, vom häufigsten, vom wahrscheinlichsten Wert der Dehnung nach der guten und nach der schlechten Seite sind nahezu gleich häufig, so daß der wahrscheinlichste Wert der Verteilung zugleich als Mittelwert angesprochen werden kann. Die genaue Berechnung des Mittels nach der Zahlentafel 8 ergibt 33,42% Dehnung, welcher Wert praktisch mit dem häufigsten Wert 33,5% übereinstimmt. In Anbetracht des äußerst kleinen Umfangs des Kollektivs, der nur wenig über der zulässigen untersten Grenze eines Kollektivumfangs liegt, ist die Symmetrie der vorliegenden Verteilung als außerordentlich groß anzusprechen. Die Zahlentafel 8 gibt demnach einen Ausschnitt aus einer Materie, bei der eine bestimmte mittlere Eigenschaft, die Dehnung von 33,5% überwiegt, und die Abweichungen von diesem Mittelwert sind annähernd rein zufälliger Natur, bedingt durch eine große Menge von Nebenumständen.

Es interessiert nun vor allem die Frage, ob das Maximum der Verteilung mit dem Maximum, das einer im ganzen rein zufälligen Verteilung zukommen würde, übereinstimmt. Es wurde bereits erwähnt, daß die Häufigkeit der dichtbesetztesten Klasse als $z_m = N : \sqrt{2\pi npq}$ errechnet werden kann. Die Größen n, p und q sind in dem vorliegenden Falle wie auch in vielen anderen unbekannt; die Wahrscheinlichkeitsrechnung führt aber zu Methoden, die eine Errechnung dieser Größen aus dem arithmetischen Mittelwert und der mittleren quadratischen Abweichung, dem Maß für die Streuung der Einzelwerte, ermöglichen. Es ergibt sich, daß im besonderen in dem angeführten Ausdruck für z_m der Wert $\sqrt{npq}$ ersetzt werden kann durch den Wert der mittleren quadratischen Abweichung. Dieser Abweichungswert läßt sich nun in jedem Falle nach noch zu erörternden Methoden einfach berechnen[1]). Bezeichnet man also die mittlere Abweichung mit μ, so ist $\sqrt{npq} = \mu$, und das Maximum, die größte Ordinate einer symmetrischen Zufallskurve, errechnet sich demnach zu $z_m = N : \mu\sqrt{2\pi}$ oder rund zu $z_m = N : 2{,}5\,\mu$. Nach dieser Formel berechnet man unter der Voraussetzung einer zufälligen Verteilung für das Beispiel der Abb. 21 z_m zu 40 gegenüber dem ermittelten Wert von 43. Die Abweichung ist zu gering, als daß sie als wirkliche, durch besondere Verhältnisse bedingte Abweichung aufgefaßt werden müßte; sie ist vielmehr als zufällige Störung zu werten, so daß man die Verteilung der Zahlentafel 8 als zufällige ansprechen kann.

Die Wahrscheinlichkeitsrechnung gestattet, wie noch erörtert werden wird, aus dem arithmetischen Mittelwert und dem Wert der mittleren quadratischen Abweichung die Werte der Wahrscheinlichkeitsgrößen p, q und n abzuleiten[2]). Kennt man diese Größen, so kann man mit Hilfe des binomischen Satzes die theoretische reine Zufallsverteilung durch die Entwicklung des Ausdrucks $N \times (p + q)^n$ errechnen. Diese Berechnungsweise auf den vorliegenden Fall angewandt, ergibt die in Abb. 21 punktiert eingezeichnete Verteilungskurve. Im Vergleich zu

[1]) Vgl. Art. 114.
[2]) Vgl. Art. 138.

der gestrichelten Kurve weicht die punktierte Kurve in der maximalen Partie etwas stärker von der empirischen Kurve der Dehnungswerte ab, dagegen umfaßt die Verteilung der punktierten Kurve in Übereinstimmung mit der empirischen Verteilung 8 Klassen, wogegen sich die Verteilung der gestrichelten Kurve nur über 7 Klassen erstreckt. Die punktierte Kurve stellt die ideale Verteilung der acht verschiedenen Erfolgsgrade beim Spiel mit 7 Würfeln auf gerade Augenzahlen als Erfolg dar.

Die Verteilung eines Spiels mit 6 Würfeln auf gerade Augenzahlen, dargestellt durch die gestrichelte Kurve, gibt die empirische Verteilung im Kernteil, im Zentrum, um die maximale Partie der Verteilung besser wieder, wogegen die Zufallsergebnisse eines Spiels mit 7 Würfeln, veranschaulicht durch die punktierte Kurve, bei etwas weniger gutem Anschluß an die empirische Verteilung im Kernteil dieselbe Streuung, dieselben Abweichungen nach Grad und Stärke wie die empirische Verteilung aufweisen.

Auch die Differenz zwischen der theoretischen Verteilung, welche die punktierte Kurve wiedergibt, und der Verteilung der Kurve des empirischen Kollektivs ist nicht größer als die Differenz, die auf Grund zufälliger Störungen die durch den Versuch ermittelte Verteilung einer ausgesprochenen Zufallsmaterie gegen die berechnete ideale Verteilung aufweisen kann. Es ist der Abweichung der Kurve der Dehnungswerte in Abb. 21 von der punktierten Kurve der entsprechenden idealen Zufallsverteilung keine tiefere Bedeutung beizumessen.

Die Häufigkeiten der 8 Klassen der punktierten Kurve sind 1, 7, 22, 36, 36, 22, 7, 1; diese sind nicht direkt mit den ermittelten Häufigkeiten der empirischen Verteilung zu vergleichen, da die Klassenmitten dieser theoretischen Verteilung mit den Klassengrenzen der empirischen Verteilung zusammenfallen. Der Vergleich beider Verteilungen erfolgt an Hand der graphisch dargestellten Verteilungen, wobei die beiden Verteilungen so aufzuzeichnen sind, daß ihre Maxima zusammenfallen, wie dies aus der Abb. 21 ersichtlich wird. Bezüglich der gestrichelt dargestellten Verteilung mit $n = 6$ gilt dagegen, daß die Klassenmitten dieser Verteilung mit den Klassenmitten der empirischen Verteilung zusammenfallen, so daß man in diesem Fall auch direkt die errechneten Häufigkeiten der Zufallsmaterie mit den empirischen Häufigkeiten des zu untersuchenden Kollektivs vergleichen kann.

Die größte Ordinate für die punktierte Kurve der Zufallsverteilung mit $n = 7$ ergibt sich nicht direkt. Die maximale Häufigkeit dieser Verteilung mit $n = 7$ errechnet sich nach der erwähnten Formel für ein Zufallsmaximum zu dem bereits angeführten Wert 40.

Dieser Wert 40 als maximale Häufigkeit bzw. als Häufigkeit des Mittelwertes bei symmetrischer Verteilung ergibt sich nach dem Gaußschen Exponentialgesetz für eine Gaußsche Verteilung, da in dem Ausdruck

$$z = \frac{N}{\mu \sqrt{2\pi}} e^{-\frac{x^2}{2\mu^2}}$$

für $x = 0$ die Potenz von e den Wert 1 annimmt. Man kann nun auch statt der binomialen Verteilung überhaupt die Gaußsche Verteilung mit Hilfe der Zahlentafel 13 zu der vorliegenden empirischen Verteilung ermitteln. Man benötigt hierzu die Kenntnis der mittleren Abweichung, welche auch zur Bestimmung der maximalen Häufigkeit bereits erforderlich ist. Nach den noch zu besprechenden Methoden errechnet man diese Streuung zu $\mu = \pm 1{,}31$ in Klasseneinheiten des empirischen Kollektivs. Zum Vergleich genügt es, die theoretischen Häufigkeiten lediglich für die empirischen Klassenmitten zu bestimmen. Man hat also die Häufigkeiten für die Argumentwerte festzulegen, deren Abstände von M in Klassen 1, 2, 3 usw. Einheiten betragen. Für $x = 1$ ergibt sich zunächst $t = x/\mu = 1/1{,}31 = 0{,}76$. Zu diesem Wert für t entnimmt man der Zahlentafel 13 den Wert der Funktion

$$y = e^{-\frac{t^2}{2}} \text{ zu } 0{,}7488.$$

Mit diesem Wert hat man $N : \mu \sqrt{2\pi}$ oder 40 zu multiplizieren und erhält als Häufigkeit der Gaußschen Verteilung für $x = 1$ mithin 30. Für $x = 2$ wird $t = 1{,}53$, man entnimmt zu diesem t-Wert der Zahlentafel 13 den Wert $y = 0{,}3108$; die Multiplikation mit $z_m = 40$ ergibt die Häufigkeit für $E = M \pm 2\,x$ zu 12. Für $x = 3$ findet sich $t = 2{,}29$ und $y = 0{,}0728$, dies ergibt $z = 3$. Für $x = 4$ bestimmt man bereits eine Häufigkeit, die nur noch rund 0,4 und mithin praktisch 0 beträgt. Es ergibt sich somit nach dem Gaußschen Exponentialgesetz als symmetrische Zufallsverteilung gleicher Streuung mit dem vorliegenden empirischen Kollektiv und bezogen auf die Klassenmitten der empirischen Verteilung die Reihe von Häufigkeiten 3, 12, 30, 40, 30, 12, 3. Man sieht, daß diese Verteilung mit der binomialen, welche dem Spiel mit 6 Würfeln entspricht, sehr nahekommt, für welche man die Häufigkeiten 2, 12, 31, 42, 31, 12, 2 ermittelte. Auch mit der empirischen Verteilung erhält man eine befriedigende Übereinstimmung, wenn man davon absieht, daß für die erste Klasse der empirischen Verteilung mit der Häufigkeit 2 die theoretische Verteilung eine Häufigkeit ergibt, die zu 0 abzurunden ist. Man kann feststellen, daß die vorliegende empirische Verteilung durch das Exponentialgesetz wiederzugeben ist, und daß der Verteilung der Charakter einer Gaußschen Zufallsverteilung nicht abzusprechen ist.

Man kann die ideale Zufallsverteilung zu der vorliegenden Materie auch nach der Φ-Funktion, also mit Hilfe der Zahlentafel 14 ermitteln. Die maximale Häufigkeit ergibt sich für die mittelste Klasse der Verteilung, d. h. für die Klasse, welche in Klasseneinheiten von $M - 0{,}5$

bis $M + 0{,}5$ reicht. Es ist mithin $x = 0{,}5$ in die obere Integrationsgrenze einzusetzen. Man mißt den Abstand x wieder in Einheiten der Streuung und findet für $t = x/\mu = 0{,}5/1{,}31 = 0{,}382$. Zu diesem Wert bestimmt man nach Zahlentafel 14 den Wert der Funktion Φ; man findet durch Interpolation $\Phi = 0{,}298$. Dies ist die Wahrscheinlichkeit dafür, daß ein Glied eines Kollektivs mit der Streuung $\mu = 1{,}31$ in das Intervall $x = \pm\, 0{,}5$ um M fällt. Von der Wahrscheinlichkeit kommt man zur Häufigkeit durch Multiplikation mit N, in dem vorliegenden Fall also mit 132. Es ergibt sich die Häufigkeit für die Mittelwertsklasse zu 39,5. Man rechnet nun weiter mit $x = 1{,}5$ und erhält damit die Häufigkeit der Mittelwertsklasse und der beiden benachbarten Klassen zusammen. Es ist zunächst $\frac{x}{\mu}$ zu bestimmen, man errechnet 1,145. Nach der Zahlentafel entspricht diesem t-Wert ein Wert $\Phi = 0{,}748$. Man multipliziert mit 132 und erhält als Häufigkeit für die drei mittelsten Klassen 98,5. Man subtrahiert die Häufigkeit der zentralen Klasse, 39,5, und dividiert den Rest, 59, durch 2, so ergibt sich mit 29 die Häufigkeit für die eine oder andere der beiden der zentralen Klasse benachbarten Klassen. Für $x = 2{,}5$ findet man $\frac{x}{\mu} = 1{,}91$ und $\Phi = 0{,}944$. Daraus folgt als Häufigkeit des Intervalls $M - 2{,}5$ bis $M + 2{,}5$, also der fünf innersten Klassen, 124,5. Subtrahiert man die Häufigkeit für die drei innersten Klassen, 98,5, und dividiert den Rest, 26, durch 2, so erhält man die Häufigkeit 13 für die beiden drittinnersten Klassen. Endlich ergibt sich für $x = 3{,}5$ der Wert $t = 2{,}67$, $\Phi = 0{,}992$ und $z = 131$ sowie als $(131 - 124{,}5):2 = 3$ die Häufigkeit der äußersten Klassen. Die geringen Differenzen der derart ermittelten Verteilung gegen die nach Zahlentafel 13 bestimmte theoretische Verteilung beruhen auf der in beiden Fällen nicht ganz genauen Berechnung, auf den verschiedentlichen Ab- bzw. Aufrundungen.

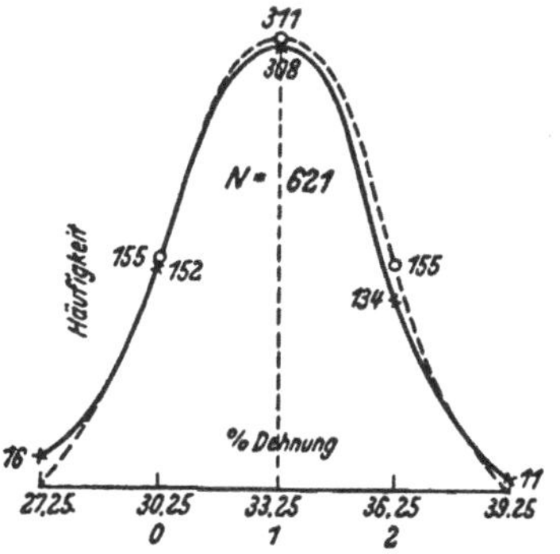

Abb. 22.

54. Als zweites Beispiel zeigt die Abb. 22 das Auswertungsergebnis eines anderen, größeren Kollektivs von Tombakfeindrähten, die bezüglich ihrer Dehnungswerte untersucht wurden. Man konstatiert wieder eine im großen und ganzen symmetrische Verteilung. Die maximale Häufigkeit errechnet sich unter der Voraussetzung einer zufälligen Verteilung nach der angeführten Formel $z_m = N : 2{,}5\,\mu$ zu rd. 310, womit der ermittelte Wert von 308 tadellos übereinstimmt. Auch dieses Kollektiv zeigt demnach nicht nur eine symmetrische sondern auch eine zufällige Verteilung der Dehnungswerte der untersuchten Tombakdrähte. Die theoretisch berechnete Zufallsverteilung ist durch den gestrichelten Kurvenzug angegeben. Abgesehen von dem wenig steileren Abfall der empirischen Kurve nach der Seite der höheren Dehnungswerte schmiegt sich die empirische Kurve der theoretischen Zufallskurve sehr gut an. Der wahrscheinlichste Wert, der auch bei diesem Beispiel praktisch gleich dem Mittelwert ist, findet sich zu 33¼% Dehnung.

Die Klassengröße des vorliegenden Kollektivs von Dehnungswerten beträgt, wie man aus den in der Abbildung vermerkten Klassenmitten ersieht, 3% Dehnung. Das Variationsintervall der Verteilung reicht von $27{,}25 - {}^3/_2 = 25{,}75\%$ bis $39{,}25 + {}^3/_2 = 40{,}75\%$; die Variationsweite des Arguments beträgt mithin $40{,}75 - 25{,}75 = 15$ Argumenteinheiten. Bei einer Klassengröße von 3% ergeben sich mithin 5 Klassen. Die Häufigkeiten für diese 5 Klassen entnimmt man der Abbildung zu 16, 152, 308, 134, 11. Der genaue Mittelwert der Verteilung errechnet sich zu 33,11% Dehnung.

Will man die theoretische Verteilung gleicher Streuung mit der empirischen Verteilung nach dem Exponentialgesetz festlegen, so kann man sich der Zahlentafel 13 bedienen. Man bestimmt zum Vergleich die Häufigkeiten für die Argumentwerte, welche in Klasseneinheiten von M die Abstände 0, 1, 2, 3, 4 besitzen. Die Streuung beträgt $\mu = \pm 0{,}795$ Klasseneinheiten, so daß die Quotienten $t = \frac{x}{\mu}$ für $x = 0$ bis 3 die Werte 0, 1,26, 2,5 und 3,8 annehmen. Man entnimmt zu diesen t-Werten der Zahlentafel 13 die entsprechenden y-Werte zu 1, 0,453, 0,044 und 0,0007. Die maximale Häufigkeit wird, wie bereits festgestellt, zu rd. 310 errechnet. Es ergeben sich für die 4 Argumentwerte mit den Abständen 0, 1, 2 und 3 von M daher die Häufigkeiten 310, 140, 14 und 0. Man hat also folgende 3 Kollektivreihen mit folgenden Häufigkeiten:

Empirische Reihe	16	152	308	134	11
Binomiale Verteilung		155	311	155	
Gaußsche Verteilung	14	140	310	140	14

Man konstatiert die bessere Wiedergabe der empirischen Verteilung durch die Gaußsche Verteilung, was damit zu begründen ist, daß diese Gaußsche Verteilung die theoretische Verteilung mit der genau empirischen Streuung darstellt, wogegen die Streuung der binomialen Reihe etwas geringer ist, da man binomiale Verteilungen nur mit ganzzahligen n-Werten herleiten kann, da man nur mit 2 oder 3 Würfeln, aber nicht mit 2,5 Würfeln spielen kann. Man kann aber durch Interpolieren oder durch Rechnen mit Argumenteinheiten statt mit Klasseneinheiten auch mit Hilfe des binomischen Satzes genauere Vergleichsverteilungen erhalten[1]).

[1]) Vgl. Art. 69, 71, 138, 169 und 170.

55. Um die Verteilungskurven verschiedener Kollektive vergleichen zu können, ist es erforderlich, die Argumenteinheiten stets in derselben Länge auf der Abszissenachse abzutragen, wie dies z. B. für die Abb. 21 und 22 durchgeführt ist. Für diese beiden Abbildungen ist die Argumenteinheit zeichnerisch durch dieselbe Länge gegeben, da 2 Dehnungsklassen zu je 1,5 Einheiten des einen Kollektivs ebenso groß sind wie eine Klasse zu 3% Dehnung des andern Kollektivs.

Trotzdem lassen sich aber die beiden Verteilungen auf Grund der äußeren Gestalt ihrer Häufigkeitskurven schlecht miteinander vergleichen, auch dann noch, wenn man die Kurven derart zusammen aufzeichnet, daß die maximalen Argumentwerte beider Verteilungen zur Deckung kommen. Schon der Vergleich der schwach ausgezogenen Kurve der Abb. 5 mit der stark ausgezogenen Kurve derselben Abbildung, die beide identische Verteilungen lediglich verschiedenen Umfangs darstellen, läßt nicht ohne weiteres die Entscheidung zu, ob die Maxima der beiden Kurven gleich ausgeprägt sind oder nicht. Um diesen Vergleich genau ziehen zu können, müssen die zu vergleichenden Verteilungen so dargestellt werden, daß nicht nur die Argumenteinheiten der Verteilungen zeichnerisch gleich sind, es muß vielmehr auch die zeichnerische Einheit der Häufigkeit für beide Verteilungen derart verschieden gewählt werden, daß die Ordinaten der häufigsten Argumentwerte der zu vergleichenden Verteilungen gleich lang werden. Die zeichnerischen Einheiten der Maßstäbe für die Häufigkeiten der zu vergleichenden Verteilungen müssen sich mithin umgekehrt wie die maximalen Häufigkeiten der Verteilungen verhalten. Wählt man unter diesen Voraussetzungen die Darstellung dann so, daß die Maxima der zu vergleichenden Verteilungen zur Deckung kommen, so ist die Entscheidung, welche Kurve das ausgeprägteste Maximum besitzt, ohne weiteres möglich. Sind die Verteilungen nicht ineinandergezeichnet, so läßt sich diese Entscheidung rasch dadurch treffen, daß man die Breite der Kurven an beliebigen aber gleichen Stellen mißt. Der größeren Breite entspricht der flachere Abfall der Kurvenäste, die größere Streuung der Einzelwerte, das flachere Maximum. Das statistisch geeignetste Breitenmaß erhält man hierbei, wenn man für jede Kurve den Abstand der Wendepunkte der beiden Kurvenäste mißt. Diese »Taillenbreite« einer Kurve ist nämlich direkt proportional der mittleren Abweichung und für symmetrische Zufallskurven gleich 2μ. Man kann endlich 2 Verteilungen aber auch derart vergleichen, daß man sie in gleichen Argumenteinheiten darstellt, die Häufigkeitseinheiten ebenfalls gleich wählt, und die Häufigkeiten des einen Kollektivs für einen Umfang gleich dem des andern Kollektivs durch Multiplikation mit $N_2 : N_1$ umrechnet. Es ist dann die Verteilung mit der größten Höhe die einheitlichste, da die maximalen Ordinaten nun den mittleren Abweichungen indirekt proportional und für Gaußsche Verteilungen gleich $N_2 : \mu\sqrt{2\pi}$ sind.

Dem Vergleich der Verteilungen der Abb. 21 und 22 auf Grund ihrer Häufigkeitskurven mit gleichen Argumenteinheiten und gleichen maximalen Ordinaten dient die Abb. 23. Da das Variationsintervall der einen Verteilung in Klassen zu je 1,5 Argumenteinheiten, das Variationsintervall der andern ·Verteilung in Klassen zu je 3 Argumenteinheiten unterteilt ist, so zeigt die Abb. 23 das Klassenintervall der einen

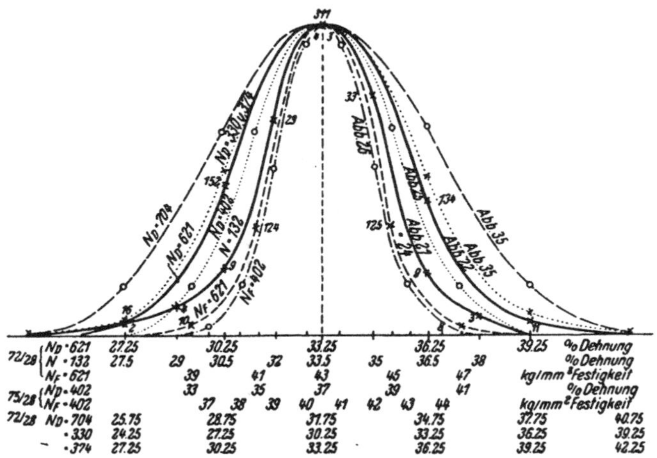

Abb. 23.

Verteilung nur halb so groß als das Klassenintervall der andern Verteilung, wodurch die gleiche zeichnerische Einheit für 1% Dehnung für beide Verteilungen gegeben ist. Des weiteren stellt dieselbe Ordinate, welche für das eine Kollektiv 43 Einheiten mißt, für das andere Kollektiv 311 Einheiten dar. Die Darstellung der beiden Verteilungen in dieser Art erlaubt nun eincn einwandfreien Vergleich der beiden Kollektivreihen. Man stellt fest, daß das Kollektiv der Abb. 21 ein ausgeprägteres Maximum, steiler gegen die Abszissenachse abfallende Kurvenäste, einen geringeren Grad von Abweichungen bezüglich des bevorzugten Argumentwertes aufweist als das Kollektiv der Abb. 22. Da beide Verteilungen als angenäherte Zufallsverteilungen erkannt worden waren, so ist die Materie, welcher das Kollektiv der Abb. 21 entnommen wurde, als die einheitlichere und daher bessere anzusprechen. Dasselbe Ergebnis gibt die zahlenmäßige Festlegung der Abweichungen der Einzelwerte bezüglich der häufigsten Werte, die bei symmetrischen Verteilungen zugleich Mittelwerte darstellen.

56. Als weiteres Beispiel einer symmetrischen Verteilung ist in der Abb. 24 die Verteilungskurve der Festigkeitswerte desselben Kollektivs, das in Abb. 22 bezüglich seiner Dehnungsverteilung veranschaulicht ist, dargestellt. Man sieht, daß der normalen Verteilung der Dehnungswerte eine ebensolche Verteilung der Festigkeitswerte entspricht. Besonders auffallend ist die nahezu vollständige Symmetrie der Häufigkeitskurve der Festigkeiten dieses Kollektivs, die man selten in solch hohem Grade verwirklicht findet. Die Errechnung des Maximums unter der Annahme einer rein zufälligen Verteilung der Abweichungen von dem häufigsten Wert ergibt 343. Demgegenüber zeigt das empirisch ermittelte Maximum mit 354 eine schwache Überhöhung. Doch ergibt die genaue rechnerische Beurteilung, daß die festgestellte Differenz zwischen empirischem Maximum mit 354 Einheiten und theoretischem Maximum mit 343 Einheiten noch im Rahmen der Abweichungen liegt, die infolge zufälliger Störungen zu erwarten sind[1]). Mithin ist der Diskrepanz keine Bedeutung beizumessen, und die Verteilung, welche durch die Abb. 24 dargestellt wird, ist als zufällige Verteilung zu werten. Die Kurve der entsprechenden reinen Zufallsverteilung, die frei von allen Störungen ist, zeigt die Abb. 24 gestrichelt.

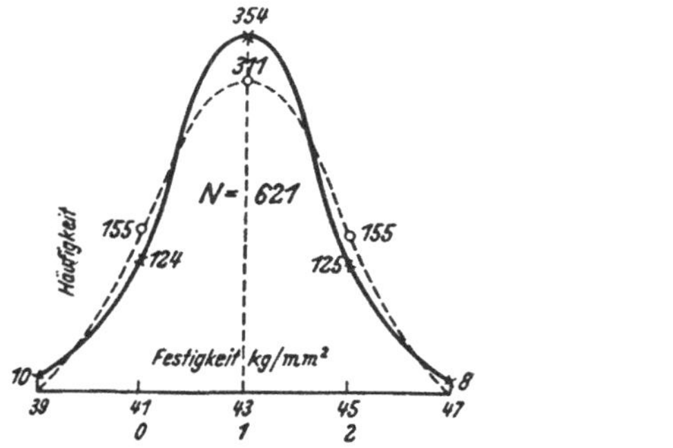

Abb. 24.

Die Verteilungskurve der Abb. 24 ist in die Abb. 23 gestrichelt eingezeichnet, und zwar derart, daß die Einheit der Festigkeit, 1 kg/mm², zeichnerisch auf der Abszissenachse durch dieselbe Länge dargestellt wird wie 1% Dehnung. Die Häufigkeiten der Verteilung der Abb. 24 sind in der Abb. 23 so aufgetragen, daß die maximale Häuigkeit 354 durch dieselbe Länge dargestellt wird wie die Häufigkeiten 311 und 43 der beiden andern Verteilungen. Man sieht, daß die Verteilungskurve der Festigkeiten schlanker ist als die Kurven der beiden Kollektivreihen der Dehnungswerte, daß also die Streuung der Festigkeitswerte, die Abweichungen der Festigkeiten von ihrem bevorzugten Wert geringer sind als die Streuung der Dehnungen.

57. Die bisher angeführten Beispiele über Verteilungen variabler Merkmale bezogen sich auf Eigenschaften von Tombakdrähten der Legierung 72/28. Die beiden folgenden Abb. 25 und 26 fixieren die Verteilung der Dehnungs- und Festigkeitswerte eines Kollektivs von Tombakdrähten der Legierung 75/25[2]). Der Umfang der beiden Kollektivreihen beträgt $N = 402$; die beiden Kollektivreihen beziehen sich auf die Glieder desselben Kollektivs.

Die Klassengröße der Dehnung der in der Abb. 25 dargestellten Reihe beträgt 2%. Das Variationsintervall reicht von 31% bis 43%; die

[1]) Vgl. Art. 139.

[2]) Mit der Bezeichnung Tombak schlechtweg, ohne nähere Legierungsangabe, ist in diesen Ausführungen stets die Legierung mit 72% Kupfer gemeint.

Ausdehnung der Kollektivreihe macht mithin 12 Argumenteinheiten aus. Die Anzahl der Klassen ergibt sich zu 12:2 = 6. Die Häufigkeiten für die 6 Klassen wurden zu 2, 70, 129, 139, 60, 2 ermittelt. Die Verteilung ist als angenähert symmetrisch zu bezeichnen, derart, daß das Maximum der Verteilung zwischen die beiden größten der festgestellten Häufigkeiten fällt, also rund dem Argumentwert 37% Dehnung zukommt. Die Abweichung von der völligen Symmetrie ist so, daß sie als auf zufälligen Störungen beruhend betrachtet werden kann, zumal die zweite Klasse mit der Häufigkeit 70 gegenüber ihrer Symmetrie-Klasse 5 mit der Häufigkeit 60 eine größere Häufigkeit aufweist, die folgende dritte Klasse dagegen mit der Häufigkeit 129 gegenüber der ihr symmetrisch liegenden vierten Klasse mit der Häufigkeit 139 eine geringere Häufigkeit zeigt. Überdies errechnet sich der Mittelwert der Verteilung zu 36,95; er fällt also nahezu mit der Klassengrenze 37% Dehnung der beiden dichtest besetzten Klassen zusammen, und die Zahl der Klassen zu beiden Seiten des Mittelwertes ist dieselbe, ebenso die Gesamtzahl der Kollektivglieder dieser symmetrisch zum Mittelwert liegenden Klassen.

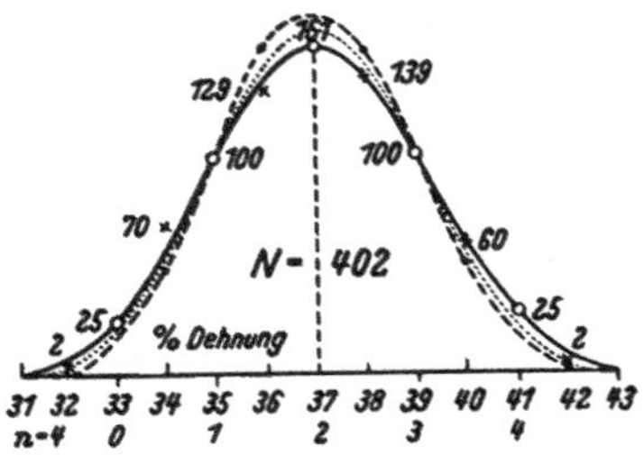

Abb. 25.

In der Abb. 25 ist die Verteilungskurve einer ausgesprochenen Zufallsmaterie ausgezogen aufgezeichnet, und zwar die Verteilung der Anzahl geworfener gerader Augenzahlen bei 402 Würfen mit je 4 Würfeln. Man erhält für die 5 Klassen die Häufigkeiten 25, 100, 151, 100, 25. (Daß die Summe dieser Häufigkeiten mit 401 nicht genau mit dem Umfang des empirischen Kollektivs $N = 402$ übereinstimmt, hat seinen Grund darin, daß die angeführten Häufigkeiten auf ganze Zahlen abgerundet wurden.) Die empirische Verteilung ist in der Abbildung nicht durch ihre Häufigkeitskurve wiedergegeben; es wurden vielmehr lediglich die Häufigkeiten der einzelnen Klassen durch Kreuze gekennzeichnet, es wurden mit anderen Worten nur die Eckpunkte des der empirischen Verteilung entsprechenden Häufigkeitspolygons eingezeichnet. Hierbei müssen die häufigsten Argumentwerte der beiden Verteilungen, die als Folge der Symmetrie der Verteilungen zugleich als Mittelwerte anzusprechen sind, zur Deckung kommen. Man sieht, daß sich die durch Kreuze markierte empirische Verteilung der aufgezeichneten idealen Häufigkeitskurve der Zufallsmaterie befriedigend gut anpaßt.

Man konstatiert für die Materie, der das vorliegende Kollektiv entnommen wurde, eine symmetrische Verteilung der Dehnungswerte, welche durch eine einfache symmetrische Verteilungskurve einer Zufallsmaterie dargestellt werden kann. Die Materie verhält sich so, daß ein bestimmter Mittelwert der untersuchten Eigenschaft überwiegt, die Dehnung von rd. 37%, es bestimmt ein einziger Hauptumstand den Wert der Dehnung der untersuchten Drähte, und die von dem bevorzugten, häufigsten und durchschnittlichen Wert der Dehnung abweichenden Einzelwerte resultieren einer Beeinflussung der Eigenschaft durch eine große Reihe von Zufälligkeiten. Die Abweichungen der Verteilung von einer idealen sind zu gering, als daß ihnen tiefere Bedeutung zugemessen werden müßte, sie sind auf zufällige Störungen zurückzuführen.

Daß die vorliegende Verteilung im Vergleich mit den Verteilungen der Abb. 21 und 22, die sich auf die Dehnungswerte von Tombakdrähten der Legierung 72/28 beziehen, nach der Seite höherer Argumentwerte verschoben ist, daß mit anderen Worten das Maximum, der Mittelwert der vorliegenden Verteilung bei einem höheren Dehnungswert liegt als für die Verteilungen der Abb. 21 und 22, ist eine Folge der verschiedenen Haupteinflüsse, der verschiedenen Legierung der Drähte der gegenübergestellten Materien, der verschiedenen Kupfergehalte der beiden Legierungen. Geringe Schwankungen des Kupfergehaltes in beiden Fällen bilden eine der vielen Zufälligkeiten, welche die Abweichungen von den bevorzugten Werten verursachen.

Es soll in diesem Zusammenhang noch besonders betont werden, daß als Hauptumstand einer Verteilung je nach der Fragestellung und je nach dem Zweck einer Untersuchung ein anderer gelten kann. Vergleicht man verschiedene Drähte, so ist der Hauptumstand, welcher den bevorzugten Dehnungswert bestimmt, das Material der Drähte, vergleicht man verschiedene Kupfer-Zinklegierungen, so bedingt der Kupfergehalt den häufigsten Wert der Dehnung, vergleicht man Drähte derselben Legierung, so bildet beispielsweise die Glühtemperatur bzw. die Glühdauer den Haupteinfluß bezüglich der Dehnung der Materie.

Die Abb. 26 bringt die Verteilung der Festigkeiten desselben Kollektivs von Tombakfeindrähten der Legierung 75/25, das in der Abb. 25 bezüglich der Verteilung seiner Dehnungswerte dargestellt ist. Die empirischen Häufigkeiten für die 9 Klassen entnimmt man der Abbildung zu 3, 6, 47, 84, 127, 91, 37, 4, 3. Das Mittel der Verteilung fällt mit 40,45 kg/mm² nahezu mit der Mitte 40,5 kg/mm² der häufigsten Klasse zusammen. Die Verteilung ist angenähert symmetrisch.

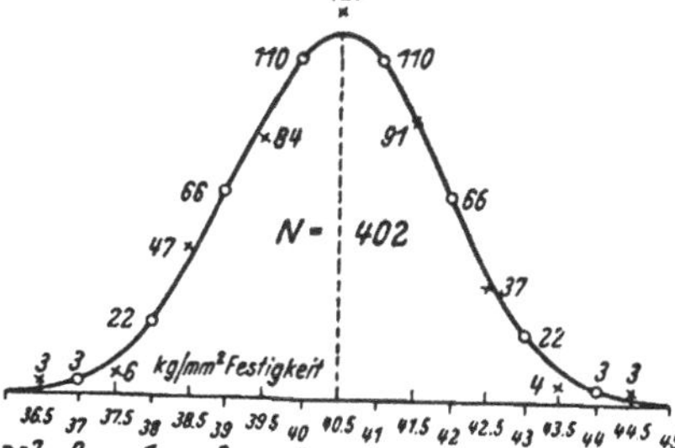

Abb. 26.

Es ist in der Abbildung wieder die Verteilung einer ausgesprochenen Zufallsmaterie aufgezeichnet, und zwar die Verteilung der Anzahl gerader Augenzahlen bei einem Würfelspiel mit gleichzeitig 7 Würfeln. Für die

8 Klassen, 0 bis 7 gerade Augenzahlen pro Versuch, errechnet sich die ideale Verteilung für 402 Versuche zu 3, 22, 66, 110, 110, 66, 22, 3. In das Diagramm der idealen Verteilung dieses Würfelspiels sind die Häufigkeiten der empirischen Verteilung durch Kreuze markiert eingezeichnet, wobei die Klassen der beiden Verteilungen, der Zufallsmaterie und des empirischen Kollektivs, derart gegeneinander verschcben sind, daß die bevorzugten und durchschnittlichen Werte beider Verteilungen zusammenfallen, wie dies aus der Abbildung ersichtlich ist. Man stellt auch in diesem Falle wieder eine sehr gute Annäherung der empirischen Häufigkeiten an die ideale Verteilungskurve der Zufallsmaterie fest.

Das vorliegende Kollektiv zeigt mithin auch bezüglich der Festigkeitswerte seiner Glieder einen bevorzugten Wert, der zugleich Mittelwert ist. Die Abweichungen von diesem Wert sind symmetrisch verteilt und sind auf eine große Zahl von Nebenumständen zurückzuführen. Der im Vergleich zu der Verteilung der Abb. 24 geringere mittlere Festigkeitswert des vorliegenden Kollektivs der kupferreicheren Legierung entspricht ganz dem durchschnittlich höheren Dehnungswert dieser Materie, welcher aus dem Vergleich der Abb. 22 und 25 folgt.

Will man die vorliegende Verteilung mit der Gaußschen Verteilung gleicher Streuung vergleichen, so ermittelt man zunächst die Streuung des empirischen Kollektivs. Sie beträgt $\mu = \pm 1{,}31$ Klasseneinheiten. Man berechnet sodann z_m als $N:\mu\sqrt{2\pi}$. Man findet 123. Mit Hilfe der Zahlentafel 13 lassen sich nun die Häufigkeiten für die Mittelwertsentfernungen 1, 2, 3, 4 Klassen bestimmen. Man bildet die Quotienten $t = \frac{x}{\mu}$. Es ergeben sich die Werte 0,76, 1,53, 2,29, 3,05. Der Zahlentafel entnimmt man die entsprechenden Werte für y als 0,75, 0,311, 0,073 und 0,01. Man multipliziert mit $z_m = 123$, und kommt damit zu der Reihe der theoretischen Häufigkeiten für die empirischen Klassenmitten: 1, 9, 38, 92, 123, 92, 38, 9, 1.

Will man die nach dem binomischen Satz errechneten theoretischen Häufigkeiten mit den Häufigkeiten der Gaußschen Verteilung vergleichen, so muß man berücksichtigen, daß die binomiale Vergleichsverteilung gegen die empirische Verteilung um eine halbe Klasseneinheit verschoben ist, man muß mit anderen Worten berücksichtigen, daß das maximale Glied in der binomialen Verteilung nicht erscheint, daß die binomiale Verteilung die Häufigkeiten für die Mittelwertsabstände $x = 0{,}5$, $x = 1{,}5$, $x = 2{,}5$, $x = 3{,}5$ zeigt. Man hat demnach auch die Häufigkeiten der Gaußschen Verteilung zwecks eines direkten Vergleichs für diese Mittelwertsabstände zu ermitteln.

Die Verteilungen der Abb. 25 und 26, die sich auf die Dehnungs- bzw. Festigkeitswerte von Tombakdrähten der Legierung 75/25 beziehen, sind punktiert bzw. strichpunktiert in die Abb. 23 eingetragen. Und zwar wurden die entsprechenden idealen Zufallsverteilungen in das Diagramm der Abb. 23 aufgenommen, welche die empirischen Verteilungen sehr gut wiedergeben. Die Abb. 23 zeigt, daß die Abweichungen der Einzelwerte der Dehnung des Kollektivs der Drähte der Legierung 75/25 kleiner sind als die Abweichungen der Einzelwerte des Kollektivs der Abb. 22, daß sie dagegen größer sind als die Abweichungen des Kollektivs der Abb. 21. Den geringeren Abweichungen der Dehnung der kupferreicheren Materie im Vergleich zu den Abweichungen der Dehnungswerte der Drähte des Kollektivs der Abb. 22 entspricht eine ebenfalls geringere Abweichung der Festigkeitswerte der Legierung 75/25 gegenüber der Abweichung der Festigkeitswerte der anderen Legierung. Weiter konstatiert man an Hand der Abb. 23, daß sowohl bei den Drähten der einen als auch der anderen Legierung die Abweichungen der Einzelwerte von den bevorzugten Werten für die Festigkeit geringer sind als für die Dehnung.

58. Die Verteilung der Dehnungen von Phosphorbronzedrähten eines Kollektivs, auf das sich die Abb. 27 bezieht, bildet ein Beispiel einer symmetrischen Verteilung mit stark überhöhtem Maximum. Diese starke Überhöhung läßt sich ohne weiteres schon aus der Gestalt der Kurve erkennen und auch aus dem äußerst beträchtlichen Unterschied der beiden größten Häufigkeitszahlen erschließen. Die Errechnung des Maximums bei Annahme einer zufälligen Verteilung ergibt den Wert 68 gegenüber der festgestellten größten Häufigkeit mit 122. Man hat in dem Kollektiv der Abb. 27 einen Fall, bei dem die ganze Fabrikation darauf eingestellt wurde, einen möglichst einheitlichen Wert der Dehnung zu erhalten, und die Gestalt der Verteilungskurve zeigt, daß dieses Ziel sehr gut erreicht wurde. Die Abweichung des Mittelwertes vom wahrscheinlichsten Wert beträgt noch nicht die Hälfte eines Zehntelprozents Dehnung, eine Folge der symmetrischen Verteilung und des stark dominierenden maximalen Häufigkeitswertes, demgegenüber die relativ geringen Verschiedenheiten der Häufigkeiten der gleich starken Abweichungen nach verschiedenen Seiten des Maximums kaum eine Rolle spielen. Alles in allem stellt man fest, daß das vorliegende Kollektiv einen Ausschnitt einer Materie darstellt, die mit 61,5% eine mittlere Dehnung gleich dem wahrscheinlichsten Wert der Dehnung besitzt, und das den häufigsten Wert bedeutend öfter, die Abweichungen viel seltener verwirklicht zeigt, als bei einer bloßen Zufallsverteilung zu erwarten wäre. Zum Vergleich ist die nach dem binomischen Satz berechnete zufällige Verteilung in die Kurve der empirisch festgestellten Verteilung gestrichelt eingezeichnet. Überdies ist die Kurve der empi-

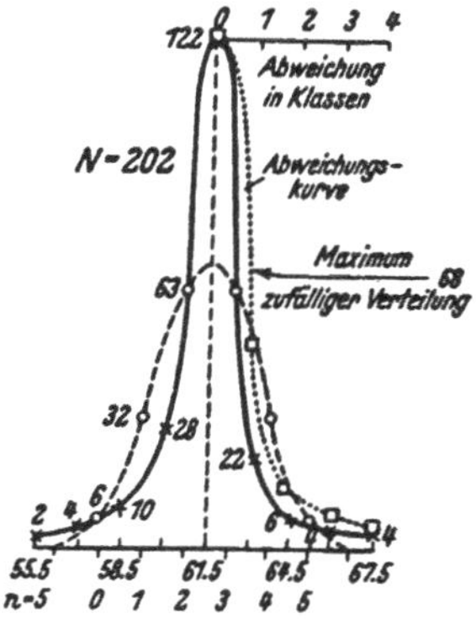

Abb. 27.

rischen Abweichungen von dem empirisch häufigsten Wert punktiert in der Abbildung gezeichnet. Man erhält als Abweichungskurve eine streng einseitige Kurve im Gegensatz zu dem Bild der Abweichungskurve in Abb. 10, welche die Abweichungen der reinen Zufallsverteilung der Abb. 5 vom häufigsten Wert graphisch darstellt. Auch aus dieser streng einseitigen Gestalt der Abweichungskurve ergibt sich das starke Dominieren des häufigsten Argumentwertes und die Abweichung der Verteilung von einer zufälligen Verteilung.

Man kann die vorliegende Verteilung als zusammengesetzt betrachten, und zwar als Kombination einer symmetrischen Zufallsverteilung mit einer Materie, die nur den bevorzugten Wert der ganzen Verteilung aufweist, deren Häufigkeitskurve zu einer Senkrechten, der Maximalordinate, zusammengeschrumpft ist. Man kann aber in dem überhöhten Maximum auch die Auswirkung einer Störung sehen, die besonders verursacht ist, und die zu einer besonderen Bevorzugung des häufigsten Wertes, zu einer Zurückdrängung der Abweichungen, der Streuung, zu einer mehr als zufälligen Einheitlichkeit führte.

59. Die nächsten Abbildungen bilden Beispiele asymmetrischer Verteilungen. Die Abb. 28 veranschaulicht die Verteilung der Dehnungswerte eines Kollektivs von Tombakfeindrähten großen Umfangs. Die Verteilungstafel des Kollektivs zeigt die Zahlentafel 21. Es fällt auf, daß die Verteilung der Dehnungswerte linksseitig asymmetrisch ist, d. h. daß sie einen Steilabfall nach der Seite der geringeren Dehnungen aufweist. Der Mittelwert stimmt daher nicht mit dem wahrscheinlichsten Dehnungswert überein sondern liegt gegen die Seite höherer Dehnung verschoben. Der wahrscheinlichste Dehnungswert ergibt sich zu 30,75% bzw. auf Grund genauerer noch näher zu erläuternder Berechnung zu 31,35%. Der Mittelwert beträgt dagegen 31,88% Dehnung.

Es wird noch eine Regel angegeben werden, auf Grund deren es möglich ist, zu entscheiden, ob eine asymmetrische Verteilung normal im Sinne einer asymmetrischen Zufallsreihe ist, oder ob sie unregelmäßig asymmetrischer Art ist[1]). Meistenteils wird die Entscheidung zwischen normaler und unregelmäßiger Asymmetrie sich decken mit dem Unterschied zwischen einfacher und zusammengesetzter asymmetrischer Kurve, wenn auch durch Zusammensetzung eine Kurve der Gestalt der normalen, einfachen asymmetrischen Kurve entstehen kann. Die Anwendung der erwähnten Regel auf das zur Diskussion stehende Kollektiv ergibt, daß keine normale, keine einfache asymmetrische Verteilung vorliegt. Dies ist auch zu erwarten, denn nach den Ausführungen des letzten Abschnitts ergibt sich eine einfache, normale, stark asymmetrische Kurve nur dann, wenn die Asymmetrie im Wesen der Materie liegt und nicht durch die Klasseneinteilung bedingt ist. Ist die Asymme-

---

[1]) Vgl. Art. 111.

trie aber ein Kennzeichen einer Materie, dann muß sich diese Asymmetrie immer und in allen Fällen ergeben. Sowohl die Kurve der Abb. 22 als auch die Kurve der Abb. 21 zeigt jedoch für die Dehnungswerte von Tombakfeindrähten eine symmetrische Verteilung an, so daß die Asymmetrie der Verteilung der Dehnungswerte des in Abb. 28 dargestellten Kollektivs nicht als allgemeines Charakteristikum der untersuchten Materie aufgefaßt werden darf.

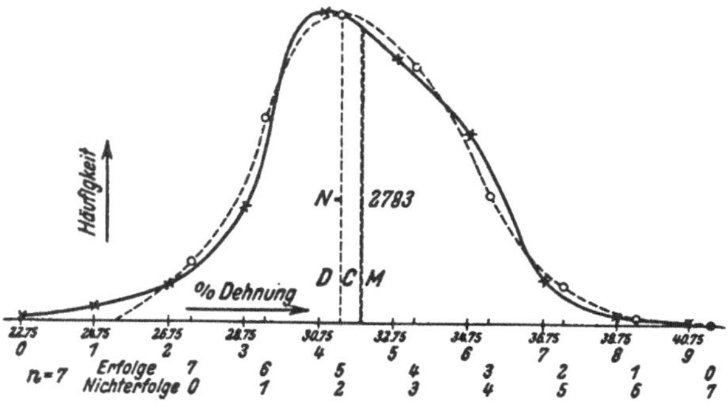

Abb. 28.

Es läßt sich auf Grund häufiger Erfahrungen konstatieren, daß die Asymmetrie in der Verteilung der Dehnungswerte mit dem Steilabfall gegen die geringeren Dehnungswerte hin ein typisches Merkmal für schwach überglühte Drähte ist. Stets, wenn Drähte derart stark geglüht werden, daß neben solchen, die ihre maximale Dehnung erhalten, auch solche vorkommen, die infolge schwacher Überglühung schon wieder verminderte Dehnung besitzen, stößt man auf die asymmetrische Verteilung der Art der Abb. 28. Die Asymmetrie ist hierbei als durch Zusammensetzung mehrerer symmetrischer Verteilungen resultierend aufzufassen. Es läßt sich also die Kurve der Abb. 28 als aus 2 oder 3 symmetrischen Kurven zusammengesetzt betrachten, deren Maximi verschieden groß sind und bei verschiedenen Werten des Arguments Dehnung liegen. Selbstverständlich kann man Verteilungen ähnlicher Art wie die der Abb. 28 auch erhalten, wenn beispielsweise Drähte verschieden starker Glühungen oder Drähte schwankenden Zinkgehaltes ein Kollektiv bilden, so daß eine zusammengesetzte Verteilung vorliegt, derart, daß verschiedene Teilkollektive mit verschieden hohen Maximis entsprechend verschieden starken Haupteinflüssen und verschiedenen häufigsten Argumentwerten entsprechend verschiedenen Einflußgraden der Hauptumstände vorhanden sind. Die Ursache einer linksseitig asymmetrischen Verteilung der Dehnungswerte von Tombakdrähten kann eine verschiedene sein, aber eine Überglühung äußert sich, solange dieselbe nicht stark ist, auf jeden Fall stets durch das Auftreten einer solchen linksseitig asymmetrischen Verteilung. Es ist mithin im Falle asymmetrischer linksseitiger Verteilungen der Dehnungswerte Sache weiterer Untersuchungen, festzustellen, ob die Ursache dieser Asymmetrie eine schwache Überglühung der Drähte bildet oder ob sie anderer Art ist.

Die genaue Zerlegung solcher als zusammengesetzt aufzufassender Verteilungen schwach überglühter Drähte in Teilkurven symmetrischer Art ist schwer. Denn eine Dehnung von z. B. 31% kann zu diesem oder jenem Teilkollektiv gehören, und die Entscheidung, zu welchem Teilkollektiv der Wert gehört, ist oftmals überhaupt nicht möglich, da bei schwacher Überglühung die Einzelglieder verschiedenen, im Rahmen des praktisch Möglichen gleichen Glühungen entstammen, von denen jede Glühung Ringe mit normalen größeren oder kleineren Dehnungswerten und Ringe mit durch Überglühung mehr oder weniger verminderter Dehnung aufweisen wird. Eine Trennung einer derart zusammengesetzten Kurve in ihre Teilkurven wird daher in den allermeisten Fällen nicht gelingen; eine derartige Trennung ist in derartigen Fällen aber auch kaum von Bedeutung und kaum von Interesse. Es genügt, festgestellt zu wissen, daß beginnende leichte Überglühung eine linksseitige Asymmetrie der Verteilungskurve der Dehnung bedingt, und daß das Auftreten einer derartigen Asymmetrie durch eine eben beginnende schwache Überglühung verursacht sein kann. Bei stärkerer Überglühung, also bei der Erscheinung regelrecht verbrannter Drähte, wird, wie leicht einzusehen ist, das Maximum der Verteilung weiter nach links, nach geringeren Dehnungswerten rücken, und der Steilabfall auf der linken Kurvenseite wird mit zunehmendem Grade der Überglühung flacher entsprechend den wachsenden Häufigkeiten in den Klassen geringer Dehnungen.

In der Abb. 28 ist eine Kurve gestrichelt eingezeichnet, welche eine normale, rein zufällige asymmetrische Verteilung mit derselben Streuung wie die empirische Kurve darstellt. Man findet als Hauptunterschied, daß die empirisch ermittelte Verteilung einen etwas steileren Steilabfall und einen flacheren Abfall auf der Gegenseite als die theoretische Kurve zeigt. Überdies fällt bei der empirischen Kurve der Buckel bei 34,75% Dehnung auf. Derselbe weist auf das Maximum einer symmetrischen Teilkurve eines nicht überglühten Teilkollektivs hin, das bei diesem Dehnungswert liegt.

Ein zweites Beispiel eines Kollektivs überglühter Tombakfeindrähte gibt die Abb. 29. Die durch die Verteilungskurve dieser Abbildung dargestellte Materie unterscheidet sich von der Materie, auf welche sich die vorhergehende Abbildung bezieht, dadurch, daß sie etwas stärker überglüht ist als jene. Dementsprechend ist für die Kurve der Abb. 29 der Steilabfall weniger steil und der Flachabfall der Verteilung weniger flach als für die Kurve der Abb. 28. Weiter ist der Mittelwert der Verteilung der Abb. 29 rd. 1,5% kleiner als der Mittelwert der andern Verteilung überglühter Drähte. Mit zunehmendem Grade der Überglühung würde die Linksseitigkeit der Verteilung bald verschwinden, um für stark überglühte Drähte einer rechtsseitigen Asymmetrie Platz zu machen, wobei der Mittelwert noch mehr sinken würde.

Die empirischen Häufigkeiten des vorliegenden Kollektivs entnimmt man der Abb. 29. Dieser ist wieder eine entsprechende Zufallskurve einer ausgesprochenen einfachen Zufallsmaterie eingezeichnet. Man erhält die Zufallsverteilung, welche der empirischen Verteilung entspricht, wenn man durch Rechnung oder durch den Versuch ermittelt, wie oft man beim Spiel mit 5 Würfeln 4 bestimmte Augenzahlen, z. B. die 1, 2, 3 und 4, nicht, einmal, 2-, 3-, 4- und 5-mal pro Versuch wirft. Da von den 6 möglichen Fällen eines Würfels 4 den Erfolg bedeuten, so ist die Wahrscheinlichkeit p des Wurfs einer der 4 bestimmten Augenzahlen $^4/_6$ oder $^2/_3$. Dementsprechend gibt die Anordnung der Ergebnisse des Würfelspiels nach abnehmender Anzahl Erfolge pro Versuch eine Verteilung mit steil aufsteigendem Ast und einem langsamer gegen kleinere Erfolgsgrade abfallenden Aste. Wie man an Hand der Abb. 29 feststellt, ist der Anschluß der empirischen Verteilung an die genannte theoretische Verteilung befriedigend. Der Hauptunterschied beider Verteilungen besteht darin, daß bei der empirischen Verteilung der bevorzugte Argumentwert stärker hervortritt als bei der Verteilung der Zufallsergebnisse des Würfelspiels, eine Folge der zusammengesetzten Natur der empirischen Verteilung im Gegensatz zu dem einfachen Charakter der Zufallsverteilung. Der zusammengesetzte Charakter der empirischen Verteilung ist bedingt durch verschiedene Grade der Überglühung.

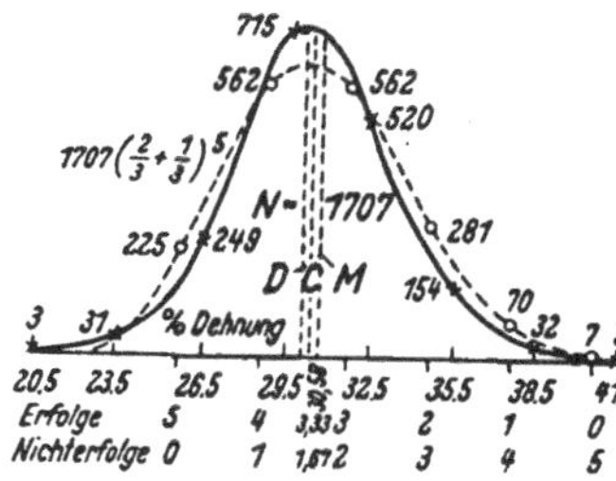

Abb. 29.

Eine einfache asymmetrische Verteilung tritt als allgemeines Charakteristikum einer Materie nur dann auf, wenn die Asymmetrie in der Materie selbst begründet ist. Würfe mit einer Anzahl Würfel auf 4 bestimmte Augenzahlen als Erfolg stellen eine solche Materie dar. Die Dehnungen von Tombakdrähten zeigen dagegen normalerweise eine symmetrische Verteilung. Versuche, durch eine andere Klassifizierung der Argumentwerte die Asymmetrie in den vorliegenden Fällen zu umgehen, sind erfolglos. Die Asymmetrie muß daher in den Fällen der Abb. 28 und 29 auf Störungen bzw. auf der Einwirkung mehrerer Hauptumstände beruhen. Diese Störungen sind in diesem Falle in der schwachen Überglühung der Drähte zu erblicken, die verschiedenen Haupteinflüsse bestehen in den verschiedenen Graden der Überglühung, und die Materie überglühte Tombakdrähte, welcher die Asymmetrie der Verteilung ihrer Dehnungswerte typisch ist, muß als zusammengesetzt betrachtet werden.

60. Eine Überglühung von Drähten äußert sich nicht allein in der Verteilungskurve der Dehnung sondern auch in der Verteilung der Festigkeitswerte. Auch diese zeigen gegenüber ihrer normalen symmetrischen Verteilung bei schwacher Überglühung bereits eine asymmetrische Verteilung, die in diesem Falle aber rechtsseitig ist, was besagen soll, daß die Häufigkeitskurve ihren Steilabfall nach der Seite der hohen Festigkeitswerte hin besitzt. Ein Vergleich der Abb. 30, die eine asymmetrische Kurve der Festigkeiten schwach überglühter Tombakfeindrähte darstellt, mit der Abb. 24 zeigt den Wechsel in der Verteilung der Festigkeitswerte beim Übergang von einem Kollektiv mit normal geglühten Drähten zu einem Kollektiv aus schwach überglühten Drähten. Der wahrscheinlichste, häufigste Wert liegt bei einer um 2 kg/mm^2 geringeren Festigkeit, die Verteilung erstreckt sich weiter nach der Seite der geringen Festigkeiten und nicht mehr so weit nach der Seite der hohen Festigkeitswerte, und die Abweichungen vom häufigsten Wert sind häufiger auf der Seite der geringeren Argumentwerte vertreten als auf der anderen Seite.

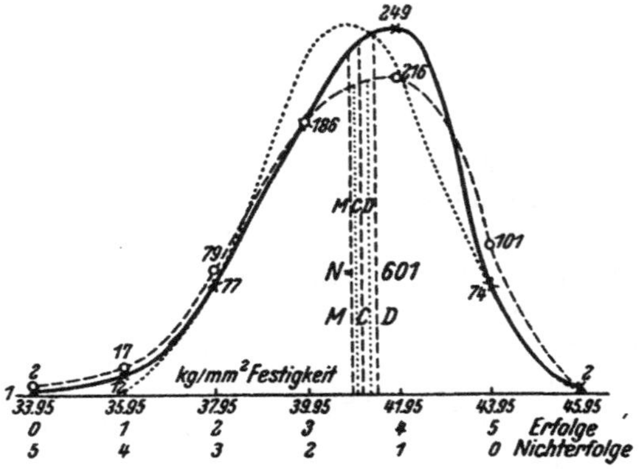

Abb. 30.

Da bei einer Überglühung die Werte der Festigkeit zurückgehen, und zwar stärker zurückgehen als bei nicht übermäßiger Glühbehandlung, ist die Anreicherung der Einzelglieder eines überglühten Kollektivs in den Klassen geringer Festigkeitswerte und die entsprechende Verarmung der höheren Klassen und damit die rechtsseitige Asymmetrie ohne weiteres verständlich. Anderseits liegen die Verhältnisse bei der Dehnung insofern umgekehrt, als bei dieser nicht wie bei der Festigkeit die bereits durch die Glühung bewirkte Abnahme der Werte durch eine Überglühung lediglich vergrößert wird, sondern die durch die Glühung normalerweise verursachte Steigerung der Dehnung durch die Überglühung in eine Abnahme der Dehnung umgekehrt wird. Hieraus versteht man die andersseitige Asymmetrie der Dehnungskurve im Vergleich zu der Festigkeitskurve im Falle einer schwachen Überglühung.

Die theoretisch errechnete asymmetrische Verteilung, die sich der empirischen am besten anschließt, ist in der Abb. 30 durch eine gestrichelte Kurve dargestellt. Man konstatiert vor allem auf der Seite des flacheren Kurvenastes, auf der Seite der geringeren Festigkeitswerte also, eine sehr gute Übereinstimmung der wirklichen Kurve mit der theoretischen, ferner eine größere Häufigkeit des empirisch wahrscheinlichsten Wertes als bei rein zufälliger Verteilung und dementsprechend einen etwas steileren Steilabfall, den die Kurve gemeinsam mit den entsprechenden Dehnungskurven hat. Man erhält die Vergleichsverteilung zufälliger Art praktisch durch Ziehen von Kugeln in Gruppen zu je 5 aus einer Urne, die schwarze und weiße Kugeln im Verhältnis 7:3 enthält, theoretisch durch Entwicklung des Binoms $601\ (0{,}7 + 0{,}3)^5$ zur Reihe. Der Mittelwert dieser Verteilung ist $np = 3{,}5$, das Mittel der empirischen Verteilung mißt 40,95 kg/mm² oder $(40{,}95 - 33{,}95):2 = 3{,}5$ Klassen. Das Streuungsquadrat der Zufallsverteilung ist $npq = 1{,}05$, die empirische Streuung errechnet man zu 0,99 Klassenquadraten. Die Abb. 30 zeigt zum Vergleich noch die symmetrische Zufallsverteilung gleicher Streuung mit der empirischen Verteilung punktiert, die man als Gaußsche Verteilung oder als binomiale Verteilung $601\ (0{,}5 + 0{,}5)^4$ erhält.

Die Asymmetrie der Verteilung ist wieder keine Charakteristik der untersuchten Materie; denn die Festigkeitswerte von Tombakdrähten ergeben nicht immer rechtsseitig asymmetrische Verteilungen, sondern führen normalerweise zu einfachen symmetrischen Verteilungen. Man schließt aus der Asymmetrie wieder auf bedeutende Störungen, auf die Beeinflussung der untersuchten Eigenschaft durch mehr als einen Hauptumstand, auf den zusammengesetzten Charakter der Materie und erkennt auf Grund der Art der Asymmetrie und auf Grund weiterer Überlegungen die Ursache der Asymmetrie in einer teilweisen Überglühung der Drähte.

61. Die Abb. 31 zeigt wieder eine symmetrische Verteilung. Es ist die Verteilung der Produktionsziffern einer Durchziehglühofenanlage dargestellt. Betreffs der Wahl der Einheit des Arguments ist in diesem Falle folgendes zu beachten. Es werden auf einer derartigen Anlage in der Regel innerhalb gewisser Grenzen verschiedene Drahtdimensionen geglüht. Man muß daher für die Zwecke der Zeichnung einer Häufigkeitskurve selbstverständlich alle Leistungen auf dieselbe Dimension umrechnen. Diese Einheitsdimension wurde in dem vorliegenden Beispiel zu 1 mm Durchmesser gewählt.

Die erhaltene Kurve gibt das Bild einer symmetrischen Verteilung. Das Maximum der entsprechenden Zufallsverteilung errechnet sich nach der Formel $z_m = N:2{,}5\,\mu$ als gleich der gefundenen maximalen Häufigkeit, was für eine mindestens angenähert zufällige Verteilung spricht. Die Errechnung der entsprechenden Zufallsverteilung nach dem binomischen Satz ergibt, daß die geringen Abweichungen auf Kosten der stärkeren Abweichungen etwas stärker vertreten sind als bei bloß zufälliger Verteilung. Dies bedingt das relativ sehr breite Maximum und den folgenden verhältnismäßig sehr steilen Abfall der empirischen Kurve. Die Zufallskurve ist strichpunktiert in Abb. 31 eingezeichnet. Man ersieht aus dem Vergleich der empirischen Kurve mit der theoretischen Kurve die Tendenz der Arbeitsweise, das Größtmögliche herauszuholen, weshalb die stärkeren Abweichungen vom wahrscheinlichsten und mittleren Wert seltener auftreten als bei zufälliger Verteilung. Diese Feststellung bestätigt also eine normale, anzustrebende Arbeitsweise an der Glühanlage. Die gestrichelte einseitige Kurve in Abb. 31 stellt dieselben Verhältnisse dar, aber als Abweichungen vom häufigsten Wert. Man konstatiert an der Abweichungskurve den auf der rechten Seite bedeutend steileren Abfall als auf der (nicht vollständigen) linken Seite, woraus man denselben Schluß zieht wie aus der Gestalt der symmetrischen Häufigkeitskurve, nämlich das Überwiegen der geringeren Abweichungen vom wahrscheinlichsten Wert auf Kosten der größeren Abweichungen. Zum Vergleich sind die Abweichungen der strichpunktiert eingezeichneten Zufallsverteilung vom häufigsten Wert durch eine punktierte Kurve in der Abb. 31 dargestellt. Der Vergleich der gestrichelten mit der punktierten Kurve, also der empirischen Abweichungskurve mit der theoretischen Abweichungskurve, dokumentiert wieder das Zurücktreten der größeren Abweichungen bei der empirischen Materie.

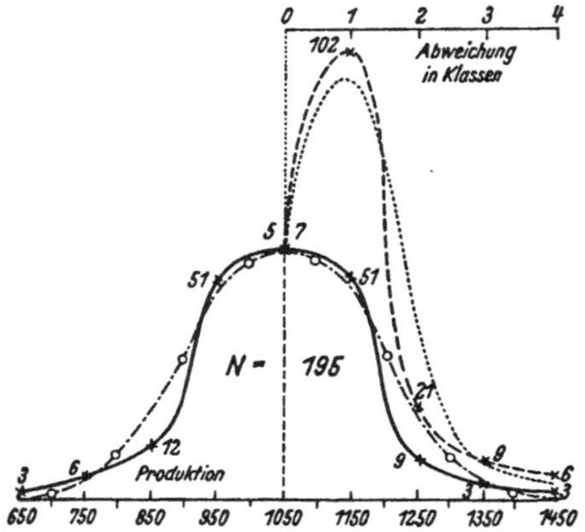

Abb. 31.

62. Nach diesen Beispielen einfacher Kurven und der Beurteilung von Kollektiven aus der Gestalt der Verteilungskurven der Kollektivglieder nach einer Eigenschaft seien im folgenden noch etliche Beispiele der Beurteilung zusammengesetzter Kurven und der Zerlegung zusammengesetzter Kurven erörtert. In Zahlentafel 16 findet man zunächst unter Gesamtreihe die Verteilungstafel eines Kollektivs aus Tombakdrähten mit 0,80 mm Durchmesser, deren prozentualen Dehnungen die Kollektivreihe bilden. Die ausgezogene Kurve der Abb. 32 stellt die Häufigkeitskurve dieser Verteilung dar. Man konstatiert keine symmetrische Verteilung, sondern eine asymmetrische Kurve mit dem Steilabfall nach der Seite der geringeren Dehnung. Die genauere Betrachtung der Kurve bzw. der Verteilungstafel ergibt jedoch, daß zunächst der Abfall nach der linken Seite geringer ist als nach der rechten Seite, daß er dann aber auf der linken Seite stärker einsetzt und steiler wird als auf der Gegenseite, so daß im ganzen eine linksseitige Asymmetrie resultiert. Dies ist eine Unregelmäßigkeit in der Verteilung, die deshalb, weil sie im Zentrum der Verteilungstafel, also um das Maximum der Häufigkeitskurve auftritt und nicht etwa erst gegen die Enden der Verteilung zu, nicht als zufällige Störung aufgefaßt werden kann.

Zahlentafel 16.

Verteilung der prozentualen Dehnungen von Tombakdrähten mit 0,80 mm Dmr.

Klassen- Intervall	Mitte	Gesamtreihe z	d	dz	Σz	Diff. z	Teilreihe A z	d	dz	Σz	Diff. z	Teilreihe B $(C+D)$ z	d	dz	Σz	Diff. z
33,75—35,75	34,75	3	−4	−12	3		1	−4	−4	1		2	−3	−6	2	
35,75—37,75	36,75	33	−3	−99	36		10	−3	−30	11		23	−2	−46	25	64
37,75—39,75	38,75	172	−2	−344	208	10	85	−2	−170	96		87	−1	−87	112	6
39,75—41,75	40,75	182	−1	−182		40	101	−1	−101		16	81 (79 + 2)	0	−139		70
41,75—43,75	42,75	142	0	−637		50	86	0	−305		15	76 (46 + 10)	1	56		
43,75—45,75	44,75	96	1	96			47	1	47		31	49 (24 + 25)	2	98		
45,75—47,75	46,75	40	2	80			20	2	40			20 (5 + 15)	3	60		
47,75—49,75	48,75	13	3	39			6	3	18			7 (1 + 6)	4	28	$^1/_2 N =$	
49,75—51,75	50,75	1	4	4	$^1/_2 N =$		1	4	4	$^1/_2 N =$		325 (267 + 58)		242	162,5	
		682		219	341		357		109	178,5				−139	−112	
				−637	−208				−305	−96				103	50,5	
				−418	133				−196	82,5						

	Gesamtreihe	Teilreihe A	Teilreihe B $(C+D)$
$M =$	$42{,}75 - 1{,}23 = 41{,}52$	$42{,}75 + 1{,}1 = 41{,}65$	$40{,}75 + 0{,}63 = 41{,}38$
$C =$	$39{,}75 + \frac{133 \times 2}{182} = 41{,}21$	$39{,}75 + \frac{82{,}5 \times 2}{101} = 41{,}38$	$39{,}75 + \frac{50{,}5 \times 2}{81} = 41$
$D =$	$39{,}75 + \frac{10 \times 2}{50} = 40{,}15$	$39{,}75 + \frac{16 \times 2}{31} = 40{,}78$	$37{,}75 + \frac{64 \times 2}{70} = 39{,}58$
$(M-C):(M-D) =$	1:4,4	1:3,2	1:4,7
$\mu_k =$	± 1,375 Klassen	± 1,303 Klassen	± 1,449 Klassen
$S =$	+ 0,5	+ 0,34	+ 0,6

Diese Unregelmäßigkeit weist zusammen mit der Asymmetrie der Verteilung, welche als nicht charakteristisch für Kollektivreihen von Dehnungen erkannt wurde, vielmehr darauf hin, daß das vorliegende Kollektiv zusammengesetzt ist. Vergleicht man die Verteilungstafel der Gesamtreihe in Zahlentafel 16 mit der Verteilung des Kollektivs der Zahlentafel 21 bzw. die Hauptkurve der Abb. 32 mit den Hauptkurven der Abb. 28 und 29, so fällt die erwähnte Unregelmäßigkeit des zur Diskussion stehenden Kollektivs gegenüber den Vergleichsverteilungen sofort ins Auge. Man kann daher in diesem Fall auch nicht die Asymmetrie durch eine teilweise Überglühung erklären. Es muß vielmehr eine Verquickung mehrerer Kollektive zu einem vorliegen, deren Maximi bei verschiedenen Argumentwerten liegen. Man zieht also aus der unregelmäßigen Verteilung den wichtigen Schluß, daß das Kollektiv der Zahlentafel 16 kein einheitliches Material umfaßt, und hat man dies einmal sicher festgestellt, so ist die Untersuchung nach den zusammengefaßten Teilkollektiven nicht mehr so sehr schwierig, da man in vielen Fällen Anhaltspunkte für die Herausarbeitung der Einzelkollektive besitzen wird. Im vorliegenden Fall handelt es sich um zwei verschiedene Lieferungen von zwei Firmen und daher um zwei in größerem oder geringerem Grade verschiedene Fabrikate. Zerlegt man das Kollektiv nach Lieferfirmen, d. h. sondert man die Ringe der einen Firma aus, so erhält man die beiden Teilreihen A und B der Zahlentafel 16, welche durch die gestrichelten Kurven in der Abb. 32 dargestellt sind. Man sieht zwei im weiteren Sinne normale asymmetrische Kurven, die auf einer Seite einen Steilabfall und auf der anderen Seite einen flacher verlaufenden Kurvenast besitzen, und zwar von der Gestalt wie sie Kollektiven aus schwach überglühten Drähten zuzukommen pflegt. Die wahrscheinlichste Dehnung der Teilreihe A liegt bei 40¾%, der Mittelwert bei 41,65%, und das Kollektiv B besitzt einen wahrscheinlichsten Wert von 38¾%, genauer von 39,58% Dehnung und ein Mittel von 41,38% Dehnung. Die weitere Untersuchung nach noch auszuführenden Methoden ergibt, daß die Asymmetrie des Kollektivs A normal ist, diejenige des Teilkollektivs B dagegen nicht. Überdies zeigt die Kurve des letzteren noch einen unregelmäßigen Flachabfall mit einem Buckel bei 44¾% Dehnung. Das Kollektiv A ist ohne weiteres als angängig anzusprechen, dagegen ist die Sendung B wegen ihres geringen häufigsten Dehnungs-

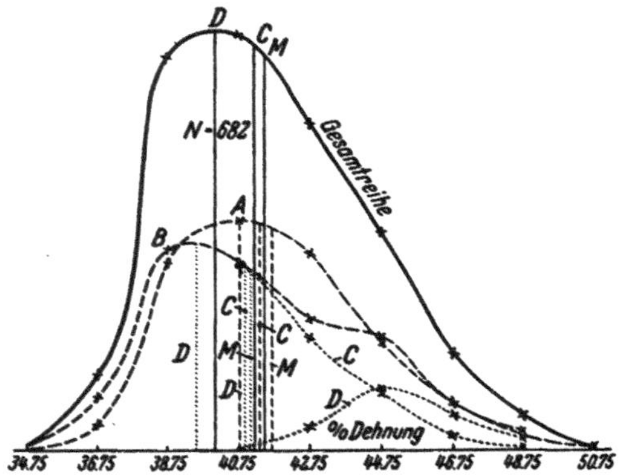

Abb. 32.

wertes und wegen ihrer unregelmäßigen Verteilung der höheren Dehnungswerte stark zu bemängeln.

Es konnte nun unter Berücksichtigung der Festigkeitswerte des Kollektivs B dieses nochmals unterteilt werden. Man fand zum größeren Teil Festigkeiten, die bei relativ geringen Werten liegen und außerdem in weniger reicher Zahl Ringe mit normalen Werten für die Festigkeit. Scheidet man hiernach die Glieder des Teilkollektivs B nochmals, so erhält man eine linksseitig asymmetrische Kurve, deren Steilabfall mit der Kurve des ganzen Teilkollektivs B zusammenfällt, und die einen regelmäßigen flachen Abfall aufweist, und außerdem eine kleinere nur schwach linksseitig asymmetrische Kurve, deren Verteilung als angenähert symmetrische Verteilung aufgefaßt werden kann. Diese beiden Kurven zeigt die Abb. 32 als Kurve *C* und Kurve *D* punktiert. Der größte Teil des Kollektivs B entpuppt sich demnach als schlechter wie das Kollektiv A, und man bemerkt, daß das gegenüber dem Maximum des Kollektivs A verschobene Maximum des schlechten Teils des Kollektivs B den zunächst sehr geringen Abfall der Gesamtreihe nach der Seite der geringen Dehnung verursacht. Ist dieser größere Teil des Kollektivs B als minderwertig zu bezeichnen, so ist der kleinere Teil des Kollektivs B bezüglich seiner Dehnung als ausnahmsweise gut anzusprechen.

Die weitere Untersuchung dieses Falles ergab, daß die Hauptmenge des Kollektivs B zu stark geglüht war, daß aber die 58 Ringe, die das kleinere Teilkollektiv des Einzelkollektivs B bilden, nicht wie der Hauptteil des Kollektivs B und das Kollektiv A aus Tombak mit 72% Kupfer sondern aus Tombak mit 75% Kupfer und normaler Glühart bestanden. Damit fanden in diesem Falle die Eigenarten der Verteilung des vorliegenden Gesamtkollektivs ihre restlose Aufklärung, wie sie nicht immer zu erzielen ist.

63. Die Abb. 33 bezieht sich wieder auf die Verteilung der Dehnungen eines Kollektivs von Tombakfeindrähten. Die Verteilung ist rechtsseitig asymmetrisch. Diese Art der Asymmetrie und der hohe Wert der wahrscheinlichsten Dehnung mit 33¾% schließen eine Erklärung der Abweichung von einer symmetrischen Verteilung durch Überglühung von vornherein aus. Das Beispiel zeigt vielmehr als Gesamtkollektiv die Vereinigung zweier Kollektive, die in zwei verschiedenen Öfen verschieden geglüht wurden. Die Abb. 33 zeigt die Teilkollektive gestrichelt. Man sieht, die asymmetrische Gesamtreihe resultiert zwei angenähert normalen symmetrischen Verteilungen mit gegeneinander verschobenen verschieden hohen Maximis. Der Ofen A lieferte das maximal weich geglühte Material mit einer Dehnung von ungefähr 33¾% im Mittel, und das Teilkollektiv B eines anderen Ofens ist nicht bis zur größten Weichheit behandelt und zeigt eine entsprechend geringere Dehnung von im Mittel nur ungefähr 31¾%. Daß es sich bei dem Teilkollektiv B um kein überglühtes Kollektiv handelt, zeigen einmal die Festigkeitswerte, die zum Vergleich herangezogen werden können, und überdies widerspricht dieser Annahme eines überglühten Kollektivs der nahezu symmetrische Verlauf der Verteilung. Die zu den symmetrischen Teilkurven nach der Formel $z_m = N : 2{,}5\,\mu$ gehörigen maximalen Häufigkeiten der Zufallsverteilungen errechnen sich zu 176 bzw. zu 92. Die Abweichungen des Kollektivs B von seinem wahrscheinlichsten Wert sind hiernach rein zufälliger Natur und lediglich das Maximum scheint ein wenig verflacht zu sein im Vergleich zu einer Zufallsverteilung. Dasselbe gilt von der Kurve A mit dem Unterschied, daß das Maximum dieser Kurve etwas überhöht erscheint. Errechnet man die entsprechenden Zufallsreihen nach dem binomischen Satz, so findet man tatsächlich, daß sich beide Kurven den theoretischen, punktiert eingezeichneten Kurven ziemlich genau anschmiegen. Damit ist die Eigentümlichkeit der Materie, die zu der durch die Hauptkurve der Abb. 33 dargestellten Verteilung führte, restlos geklärt, und man kann nicht nur die entsprechende Sortierung vornehmen sondern auch Anordnungen treffen, die auf gleichmäßigere Glühergebnisse verschiedener Öfen in Zukunft hinzielen.

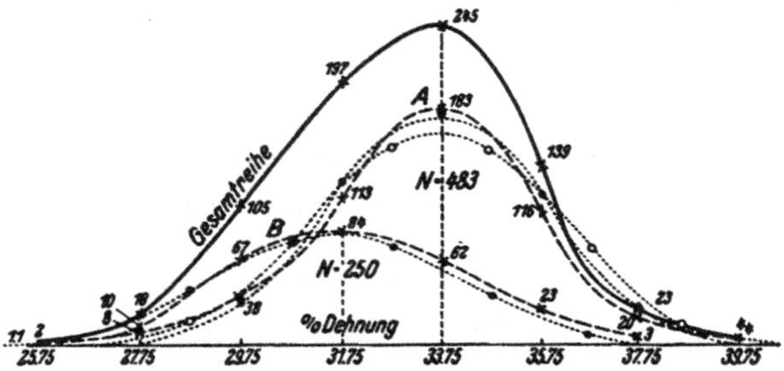

Abb. 33.

64. Die Abb. 34 bezieht sich wieder auf die Dehnungen von Tombakfeindrähten. Die ausgezogene Kurve stellt die Verteilung der Dehnungswerte der laufenden Fabrikation einer Feindrahtzieherei dar. Die Verteilung ist deutlich asymmetrisch, und zwar linksseitig asymmetrisch. Sie läßt sich angenähert durch eine einfache asymmetrische Verteilungskurve wiedergeben, die in der Abbildung punktiert eingezeichnet ist. Aus der Asymmetrie der Verteilung schließt man auf einen zusammengesetzten Charakter der untersuchten Materie. Die Heranziehung der Festigkeitswerte derselben Materie läßt eine Erklärung der Asymmetrie durch Überglühung nicht zu.

Ohne die Festlegung der Verteilung der Einzelwerte würde in dem vorliegenden Falle nicht der Verdacht irgendeiner Unregelmäßigkeit des Betriebs geweckt werden. Der Mittelwert der Dehnung der geglühten

Drähte ist mit stark 31% für die speziellen Verwendungszwecke der Drähte befriedigend, und eine besonders starke Abweichung der Einzelwerte nach der einen oder anderen Seite läßt sich aus dem nicht ausgewerteten Zahlenmaterial nicht erkennen. Erst die Klassifizierung nach Dehnungen und die resultierende asymmetrische Verteilung gibt einen Fingerzeig dahin, daß Unregelmäßigkeiten derart vorliegen, daß die fabrizierten Drähte nicht einheitlicher Natur sind.

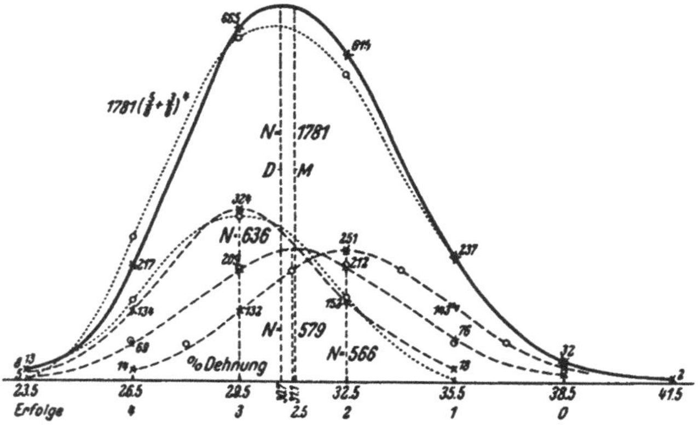

Abb. 34.

Die weitere Verfolgung der Angelegenheit ergab die Unzulänglichkeit der Glühanlage. Es wurde in einer Muffel geglüht, in welche mehrere Töpfe gleichzeitig zur Glühung eingefahren wurden, und es ergab sich, daß die Glühung in verschiedenen Töpfen entsprechend deren verschiedener Lage in der Muffel verschieden ausfiel. Wurden 4 oder 3 Töpfe eingefahren, so ergab die gesonderte Verfolgung der Dehnungswerte der einzelnen Töpfe Unterschiede zwischen den beiden hinteren Töpfen und den beiden vorderen Töpfen bzw. dem einen vorderen Topf, wurden nur zwei oder ausnahmsweise nur ein Topf eingefahren, so ergaben diese entsprechend ihrer Lage in der Mitte des Wagens (zwischen den beiden Topfreihen bei voller Besetzung) wieder andere Dehnungswerte. Die Muffel zeigte mit anderen Worten in ihren verschiedenen Teilen keine einheitliche Temperatur und bewirkte dadurch eine Spaltung der geglühten Drähte in solche höherer Dehnung und in solche geringerer Dehnung und, bei einer nur teilweisen Besetzung der Muffel, in Drähte von mittlerer Dehnung.

Die getrennte Auswertung der Drähte nach den drei verschiedenen Standorten in der Glühmuffel führt zu 3 Teilkollektiven, deren Verteilungen nach Dehnungen in der Abb. 34 gestrichelt aufgeführt sind. Man erhält 3 Verteilungen, welche mit großer Annäherung als einfache symmetrische Verteilungen angesprochen werden können. Die Maxima und Mittelwerte der 3 Verteilungen liegen bei 29,5, 31 und 32,5% Dehnung; im übrigen greifen die 3 Kurven derart ineinander, daß man leicht einsieht, daß an dem nicht gesonderten Gesamtmaterial keine Unregelmäßigkeit zu entdecken ist, da es, wie die Abbildung erkennen läßt, oft vorkommt, daß der »härteste Topf« weichere Drähte aufweist als der »weichere Topf«. Die den Teilkollektiven entsprechenden normalen symmetrischen Kurven idealer Zufallsverteilungen sind in der Abbildung punktiert gezeichnet bzw. durch Ringe gekennzeichnet.

Die Abb. 35 bezieht sich auf Tombakdrähte, welche in verschiedenen Schächten eines Schachtglühofens geglüht wurden. Der Mittelwert der Dehnung der gefertigten Drähte beträgt rd. 32%, und die Aufzeichnung der Verteilung ergibt eine Kurve, welche einer einfachen symmetrischen Kurve identisch ist. Die empirische Verteilung wird in der Abb. 35 durch die ausgezogene Verteilungskurve dargestellt; die theoretische ideale Verteilung ist, da diese zum größten Teil mit der empirischen Verteilung zusammenfällt, lediglich durch Ringe markiert. Stellt man aber die Streuung der Einzelwerte des vorliegenden Kollektivs fest, so findet man für die Abweichung der Einzelwerte von ihrem häufigsten und durchschnittlichen Wert einen erheblich höheren Betrag, als man ihn sonst bei Dehnungswerten von Tombakfeindrähten feststellt. Auch ohne eine solche zahlenmäßige Festlegung der Streuung läßt sich erkennen, daß die Abweichungen der Dehnungswerte des unter Diskussion stehenden Kollektivs relativ stark sind, und daß das Maximum infolgedessen relativ wenig ausgeprägt erscheint und flache Abfälle gegen die Abszissenachse aufweist. Dieser Schluß läßt sich durch Vergleich der vorliegenden Verteilung mit normalen Verteilungen ziehen. Es ist in Abb. 23 die durch die ausgezogene Kurve der Abb. 35 dargestellte Verteilung langgestrichelt eingezeichnet, und zwar in den für die Abb. 23 gültigen relativen Einheiten für Dehnung und Häufigkeit. Man sieht ohne weiteres, daß die beiden Äste der erhaltenen langgestrichelten Kurve viel flacher gegen die Abszissenachse hin verlaufen als die Äste der Verteilungen der Abb. 21 und 22, welche ebenfalls Verteilungen der Dehnungswerte von Tombakfeindrähten darstellen. Das Maximum der Kurve der Abb. 35 ist demnach viel weniger ausgeprägt als die Maxima der Kurven der Abb. 21 und 22, es dominiert für die vorliegende Verteilung der häufigste, mittlere und bevorzugte Wert nicht in dem Maße wie dies bei normalen und befriedigenden

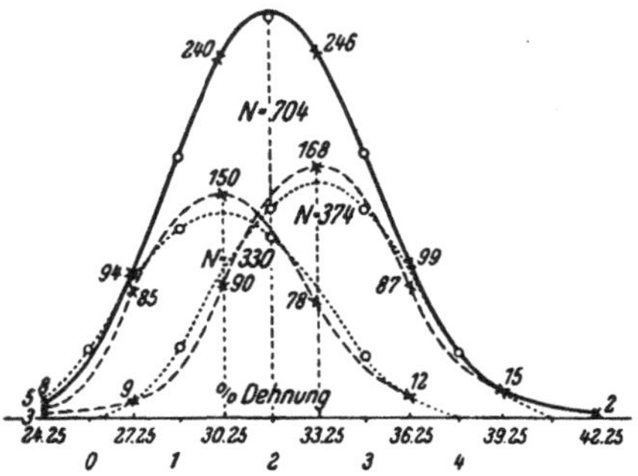

Abb. 35.

Verteilungen der Fall ist, die ganze Verteilung des vorliegenden Kollektivs ist zu flach. Aus diesem Grunde kann man vermuten, daß die untersuchte Materie nicht einheitlicher Natur ist, daß sie zusammengesetzt ist, derart, daß die Maxima der einzelnen einfachen Verteilungen bei verschiedenen Argumentwerten liegen, so daß dadurch die größere Streuung der zusammengesetzten Verteilung bedingt wird. Kennt man die ganze Art und Weise einer Fabrikation, so wird sich in solchen Fällen wie dem vorliegenden in der Regel leicht der eine oder andere Anhaltspunkt für die eventuelle Verursachung der abnormalen Uneinheitlichkeit einer Materie finden. Da in dem vorliegenden Falle das Vorzugmaterial einwandfreie Werte in jeder Beziehung ergab, so lag es nahe, die wahrscheinlich zusammengesetzte Natur der Materie als durch den Glühprozeß bedingt zu betrachten. Die getrennte Untersuchung der Glühchargen zweier verschiedener Schächte eines Schachtglühofens, in denen die Drähte geglüht wurden, führte denn auch zur Festlegung zweier Verteilungen, die nahezu identisch sind, aber auf der Argumentachse gegeneinander verschoben erscheinen, deren Maximi also bei verschiedenen Dehnungen liegen. Die nach Glühschächten gebildeten Teilkollektive sind in der Abb. 35 gestrichelt eingezeichnet. Beide Verteilungen lassen sich durch einfache symmetrische Zufallskurven darstellen, welche in der Abbildung punktiert aufgeführt sind. Die beiden Zufallsverteilungen, welche den empirischen Verteilungen der nach Glühschächten getrennten Drähte entsprechen, sind identisch und weisen nur die Unterschiede aus, welche durch den verschiedenen Umfang der beiden Verteilungen bedingt sind. Die Zufallsverteilungen ergeben sich als Verteilungen der Anzahlen gerader Augenzahlen beim Spiel mit 3 Würfeln bzw. mit 3 Würfeln und einem Würfel mit nur geraden Augenzahlen. Die zweite Verteilung ist um eine Argumenteinheit gegen die erste Verteilung verschoben. Die idealen Häufigkeiten der beiden Versuchsreihen mit bzw. 374 und 330 Versuchen sind bzw. 47, 140, 140, 37 und 41, 124, 124, 41. Die häufigsten Werte liegen bzw. bei 1,5 und 2,5 geraden Augenzahlen. Die Maxima der empirischen Verteilungen liegen bei 30,25% bzw. bei 33,25%; sie differieren um 3 Argumenteinheiten oder eine Klasse.

Zeichnet man die Verteilungen der Teilkollektive wieder in die Abb. 23 ein, so daß die Maxima zur Deckung kommen, so fallen die beiden Verteilungen praktisch zusammen; sie sind durch die weitpunktierte Kurve der Abb. 23 dargestellt. Man findet, daß die Abweichungen der Einzelwerte der beiden einfachen Verteilungen von ihren Mittelwerten ungefähr so stark sind wie diejenigen der Verteilung der Abb. 22 und somit im Rahmen des Üblichen liegen. Nach der erfolgten Klärung der vorliegenden Verhältnisse war es natürlich ein Leichtes, Vorkehrungen derart zu treffen, daß auch die Drähte des Schachtes, welche die geringere Dehnung erhielten, den Glühungen des andern Schachtes gleich wurden.

65. Die Abb. 36 weist ausgezogen die Häufigkeitskurve der Dehnungen von Phosphorbronzefeindrähten, die auf Durchziehglühöfen geglüht wurden, auf. Die Abbildung zeigt eine Kurve mit 2 Maximis, einem Hauptmaximum, das bei 65,25% Dehnung liegt, und einem kleineren Nebenmaximum bei 50,25% Dehnung. Man hat demnach auf jeden Fall ein zusammengesetztes Kollektiv vorliegen.

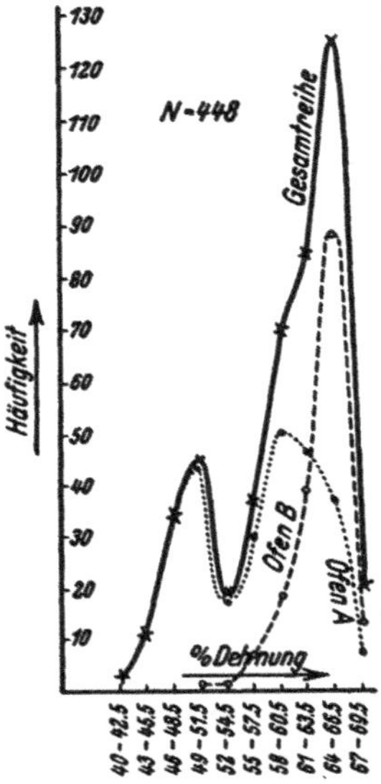

Abb. 36.

Zerlegt man das Gesamtkollektiv nach Glühungen auf verschiedenen Öfen, so erhält man 2 Teilkollektive, deren Verteilungen in der Abb. 36 punktiert bzw. gestrichelt eingezeichnet sind. Man erhält eine Kurve von im großen und ganzen regelmäßigem Verlauf und eine andere Kurve, welche zwei beinahe gleich hohe Maxima besitzt. Man ersieht hieraus, daß der mit B bezeichnete Ofen auf jeden Fall annähernd normal und regelmäßig arbeitet.

Im Unterschied zu dem Kollektiv des Ofens B zeigt die Verteilung des Kollektivs des Ofens A einen sehr unregelmäßigen Verlauf. Man ersieht sodann aus der Abb. 36, daß das Maximum des Teilkollektivs B allein das Hauptmaximum der Gesamtreihe bei 65,25% Dehnung bedingt. Das Nebenmaximum der Gesamtreihe geht voll und ganz auf das Konto des Kollektivs A. Aber auch das wenig höhere Maximum der Teilkurve A bei 59,25% fällt nicht mit dem Hauptmaximum der Gesamtreihe und dem Maximum der Teilreihe B zusammen; es bedingt vielmehr einen Buckel, den die Kurve des Gesamtkollektivs auf ihrem zum Hauptmaximum aufsteigenden Kurvenast bei 59,25% zeigt.

Die Tatsache, daß keines der beiden Maximi der Teilkurve A mit dem Maximum des Teilkollektivs B zusammenfällt, beweist, daß die Arbeitsweise der beiden Öfen nicht übereinstimmt, sei es infolge verschiedener Glühtemperaturen, infolge verschiedener Durchlaufgeschwindigkeiten der Drähte oder infolge verschiedener Ausdehnung der Glühzonen in den beiden Öfen. Die entsprechenden Abänderungen, welche die Fabrikation eines gleichmäßigen Materials auf beiden Öfen erfordert, sind leicht durchzuführen, nachdem die Unterschiede erkannt sind. Schwieriger ist es dagegen, die Ursachen des zweiten Maximums des Teilkollektivs A festzustellen und auszumerzen.

Es liegt zunächst nahe, besonders auch wegen der ungefähr gleichen Höhe der beiden Maximi, an eine verschiedene Arbeitsweise während der zwei Schichten an dem Ofen A zu denken. Zur Klärung dieser Annahme zerlegt man das Teilkollektiv A nochmals in zwei kleinere Teilkollektive, von denen das eine alle während der einen Schicht geglühten Drähte und das andere die während der anderen Schicht geglühten Drähte enthält. Man gelangt so zu dem Bild der Abb. 37. Man sieht zwei Teilkurven (zweiter Ordnung), deren jede im großen und ganzen ziemlich genau dieselbe Gestalt besitzt wie die gesamte Teilkurve (erster Ordnung), deren jede vor allem 2 Maxima an denselben Stellen und an den gleichen Stellen wie das unzerlegte Teilkollektiv A aufweist. Man liest aus den beiden Teilkurven des Kollektivs A ab, daß in der Arbeitsweise der beiden Schichten kein wesentlicher Unterschied besteht.

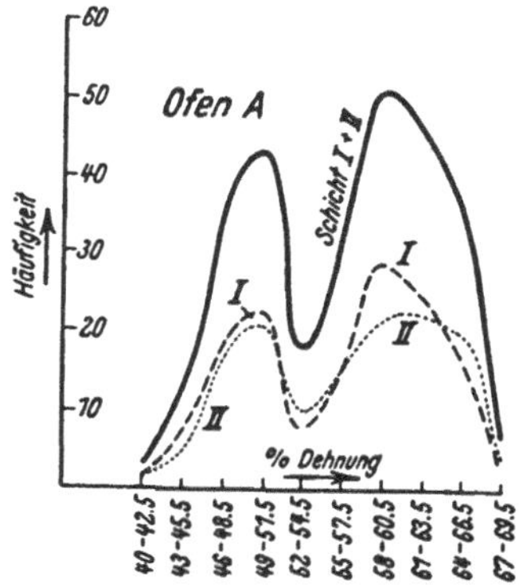

Abb. 37.

Man erhält also durch die eben durchgeführte Zerlegung des Teilkollektivs A nach Arbeitsschichten keinen Aufschluß über die Ursachen des zweiten Maximums dieses Kollektivs. Dasselbe muß daher offenbar durch die Arbeitsweise des Ofens selbst bedingt sein. Die weitere Verfolgung dieser Angelegenheit führte denn auch zur Aufdeckung eines Fehlers an dem Ofen A, nach dessen Beseitigung die Verteilung der Dehnungswerte der auf diesem Ofen geglühten Drähte kein Nebenmaximum mehr aufwies.

66. Die folgende Abb. 38 bezieht sich wieder auf Dehnungswerte von Phosphorbronzefeindrähten, und zwar entstammt das Kollektiv, dessen Dehnungswerte in Abb. 38 bezüglich ihrer Häufigkeit veranschaulicht werden, einer Materie, die auf derselben Anlage und unter denselben Bedingungen geglüht wurde wie die Materie des Teilkollektivs, das in Abb. 36 einem Ofen A zugeschrieben ist. Die ausgezogene Kurve bezieht sich auf das Gesamtkollektiv und zeigt wieder 2 Maxima. Das Kollektiv gibt sich dadurch als ebenfalls zusammengesetzt, als nicht einheitlich zu erkennen. Der Vergleich der ausgezogenen Kurve der Abb. 38 mit der Teilkurve für den Ofen A in Abb. 36 zeigt des weiteren eine

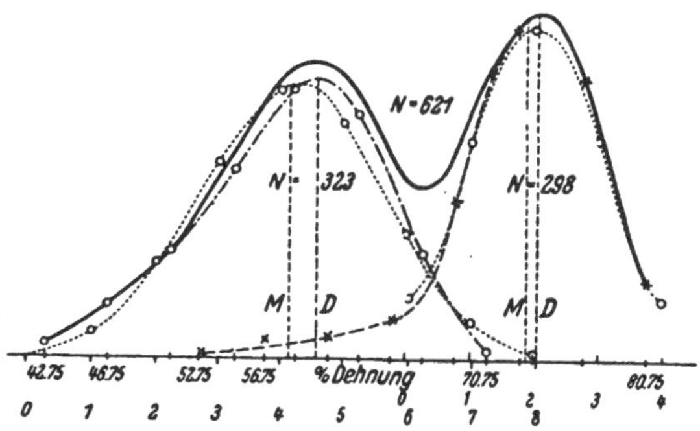

Abb. 38.

äußerst große Ähnlichkeit der beiden zusammengesetzten Verteilungen, wenn man davon absieht, daß die Maxima des Kollektivs der Abb. 38 nach der Seite höherer Dehnungen verschoben sind im Vergleich zu der Lage der beiden Maxima der Teilkurve in Abb. 36. Die Ursache für die Uneinheitlichkeit der Materien ist, wie schon erwähnt, ein Fehler der betreffenden Glühanlage. Im besonderen geht aus der Gleichartigkeit der Verteilungskurven zweier verschiedener aber auf derselben Anlage behandelter Materien hervor, daß die Ursache der Unregelmäßigkeit nicht auf eine vorübergehende Unstimmigkeit im Betriebe zurückzuführen ist, sondern auf einem konstanten Fehler in der Arbeitsweise der Anlage beruhen muß.

In der Abb. 38 sind nun auch die beiden Teilkollektive, welche die Verteilung des Gesamtkollektivs bedingen, eingezeichnet. Die Trennung der Glieder beider Kollektive erfolgte nach der mutmaßlichen Feststellung der Ursache der Ungleichmäßigkeit der auf der Anlage A gefertigten Drähte direkt während des Fabrikationsganges, wobei die Richtlinie für die Scheidung der Materie in die beiden Teilkollektive der vermutete Fehler abgab. Eine nachträgliche Trennung der vereinten Glieder auf Grund der Dehnungswerte wäre nur teilweise gelungen, da sich die Dehnungskurven beider Teilkollektive, wie die Abb. 38 erkennen läßt, zum Teil überschneiden. Und in diesem, beiden Teilkollektiven gemeinsamen Gebiet ist eine Bestimmung der Zugehörigkeit einzelner Glieder zu diesem oder jenem Teilkollektiv nicht möglich. Die Häufigkeitskurven der beiden derart getrennten Teilkollektive zeigen im großen und ganzen die Gestalt normaler Zufallskurven, stellen durch kleinere Abweichungen zwar beeinflußte, aber immerhin angenähert symmetrische Verteilungen dar.

In Abb. 39 sind für dasselbe Kollektiv der Abb. 38 die Verteilungsverhältnisse bezüglich der Festigkeitswerte dargestellt. Die Gesamtkurve zeigt ebenfalls 2 Maxima und dokumentiert sich damit als zusammengesetzte Verteilungskurve. Die Darstellung der beiden Teilkurven führt zu zwei angenähert normalen symmetrischen Kurven. Man stellt fest, daß das Studium der Verteilung der Festigkeitswerte zu demselben Ergebnis führt wie die Untersuchung der Verhältnisse derselben Materie an Hand der Dehnungswerte.

Das Teilkollektiv des Umfangs $N = 323$, dem nach Abb. 38 die geringeren Dehnungswerte zukommen, zeigt nach Abb. 39 die hohen Festigkeiten, und umgekehrt besitzt das Teilkollektiv des Umfangs $N = 298$ mit seinen hohen Dehnungswerten die geringeren Festigkeiten. Dies ist das normalerweise zu erwartende Verhalten zweier Materien verschiedenen Glühgrades. Daß ein solches festzustellen ist, beweist, daß die Unregelmäßigkeiten der Gesamtverteilung nicht in dem Material begründet sind sondern auf verschiedener Glühbehandlung beruhen.

Die Untersuchungen, auf welche sich die Abb. 38 und 39 beziehen, hatten in dem vorliegenden Falle den Zweck, einen vermutlich erkannten Fehler in der Glühbehandlung sicherzustellen. Dieses Ziel wurde durch die geschilderte Methode mit größter Sicherheit erreicht. Denn einmal führt die Trennung der Fabrikate der Anlage nach der vermuteten Ursache der Ungleichmäßigkeit zu zwei sowohl bezüglich der Verteilung der Festigkeitswerte als auch bezüglich der Verteilung der Dehnungswerte normalen Kollektiven, sowohl was die Art der Verteilung für beide Eigenschaften anbetrifft als auch bezüglich der zusammengehörigen Wertepaare für Festigkeit und Dehnung der beiden Kollektive. Überdies ergibt die aus den einzelnen Verteilungen aufzubauende Gesamtverteilung ein im wesentlichen identisches Bild mit der Darstellung des direkt und nicht aus seinen getrennten Teilkollektiven erhaltenen Gesamtkollektivs der Abb. 37. Damit ist aber in diesem Falle die Richtigkeit der Vermutung betreffs des Fehlers zweifelsfrei festgestellt. Besteht im allgemeinen die Aufgabe, eine zusammengesetzte Kurve in ihre Teilkurven

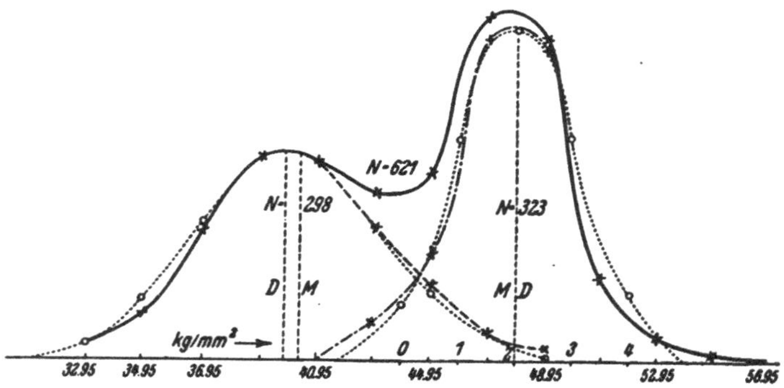

Abb. 39.

zu zerlegen, so führte im Falle des vorliegenden Beispiels die umgekehrte Methode der Synthese einer zusammengesetzten Kurve aus den Einzelverteilungen zum Ziel, das in der Klärung der Verhältnisse eines Arbeitsverfahrens durch Studium des Fabrikates nach der Methode der Verteilungskurve bestand.

Das Variationsintervall der Dehnungswerte, deren Verteilung in Abb. 38 festgehalten ist, beträgt 82,75 — 40,75 = 42 Argumenteinheiten; das Variationsintervall der Festigkeitswerte desselben Kollektivs beträgt, wie die Abb. 39 abzulesen gestattet, nur 57,95 — 31,95 = 26 Einheiten. Man schließt hieraus auf eine bedeutend größere Beweglichkeit oder Veränderlichkeit der Dehnungswerte gegenüber den Festigkeitswerten. Derselbe Schluß konnte in bezug auf Tombakdrähte sowohl der Legierung 72/28 als auch der Legierung 75/25 bereits auf Grund der Darstellungsweise und Vergleichsmethode der Abb. 23 gezogen werden.

67. Die Abb. 40 zeigt die Verteilung des Brikettverbrauchs eines Generators zu einer Glühofenanlage. Als Argument ist die Anzahl Kilogramm, die pro Tag in den Generator gegeben werden, aufgetragen.

Die Häufigkeiten bilden die Anzahl der Tage, an denen diese oder jene Brikettmengen vergast wurden.

Die Häufigkeitskurve zeigt auf der Seite der kleineren Brikettmengen ein kleines Nebenmaximum. Zerlegt man die Gesamtreihe in 2 Teilreihen, derart, daß man zu der einen Teilreihe nur ganze Glühtage und zur anderen Teilreihe nur halbe Glühtage zählt, so erhält man 2 Verteilungen, die in der Abb. 40 gestrichelt eingezeichnet sind. Die große dieser beiden Teilkurven zeigt einen ungewöhnlich regelmäßigen Verlauf, wogegen die kleinere Teilkurve weniger regelmäßig ist, eine Folge des kleinen Kollektivumfangs und der ziemlich schwankenden Beanspruchung der Glühanlage an halben Arbeitstagen. Viel wichtiger ist es aber betreffs der Beurteilung des Brennstoffverbrauchs, der Kontrolle über den Verbleib des Heizstoffes und der Arbeitsweise der Glüherei, daß die Hauptkurve normalen Charakter besitzt. Das Maximum dieser Hauptkurve errechnet sich zu 55 gegenüber der empirisch festgestellten Häufigkeit 53. Dies spricht für eine bloße Zufallsverteilung der Abweichungen vom wahrscheinlichsten Wert. Einer Zufallskurve, berechnet nach dem binomischen Satz, schmiegt sich die Verteilung tadellos an. Der Zufallscharakter dieser Verteilungskurve spricht für eine äußerst planmäßige Arbeitsweise in der Glüherei.

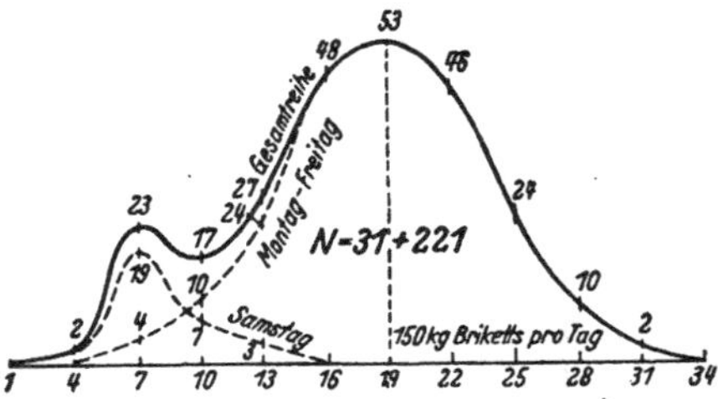

Abb. 40.

68. Die folgende Abb. 41 bildet einen Beitrag zu der Frage Steinverschleiß. Eine Nickelfeindrahtziehanlage mit Maschinen verschiedener Konstruktion und verschiedener Geschwindigkeiten fabriziert u. a. Drähte von 0,05 mm Durchmesser. Man läßt die Schlußsteine im Betrieb bis sie eine Kante von 0,052 bis 0,053 mm zeigen und bestimmt für jeden Stein die Anzahl Kilogramm, die er bringt, bis er auf das angegebene Maß aufgezogen ist. Diese Kilogrammzahlen bilden das Argument des Kollektivs. Die Steinzahlen, die diese oder jene bestimmte durch die Klasseneinteilung festgelegte Drahtmenge bringen, sind die Häufigkeiten. Die erhaltene Häufigkeitskurve, ausgezogen in der Abbildung, ist asymmetrisch mit einem Steilabfall nach der Seite der hohen Leistungen pro Stein. Es scheinen demnach die Abweichungen vom wahrscheinlichsten Wert nach der Seite der geringeren Steinleistungen, nach der Seite des rascheren, größeren Steinverschleißes größer zu sein als die entgegengesetzten Abweichungen. Dieser Schluß kann aber nicht befriedigen. Einmal ist die erhaltene Asymmetrie, wie sich ermitteln läßt, nicht normal, und zum anderen ist die Widerstandsfähigkeit der Steine gegen ein Aufziehen in erster Linie von dem Diamantmaterial, das die Natur liefert, abhängig, zumal dann, wenn die Behandlung der Steine bei

der Fabrikation dieselbe ist. Dementsprechend wird man als Verteilungskurve des Ziehsteinverschleißes eine wenigstens angenähert normale symmetrische Häufigkeitskurve erwarten, eine Verteilung, deren Abweichungen nach beiden Seiten vom wahrscheinlichsten Wert gleich wahrscheinlich sind und daher gleich häufig auftreten. Tatsächlich ergibt sich auch in diesem Fall die zunächst erhaltene asymmetrische Kurve als aus zwei symmetrischen Zufallskurven zusammengesetzt. Zu diesen Kurven kommt man durch die Zerlegung der Gesamtreihe in 2 Teilkollektive nach den Ziehgeschwindigkeiten. Ein Teilkollektiv umfaßt die Leistungen von Steinen auf langsam laufenden Maschinen mit rd. 250 m/min Geschwindigkeit des Fertigdrahtes, und das 2. Kollektiv enthält nur die Leistungen rasch laufender Kratosmaschinen mit ca. 700 m/min Geschwindigkeit des Fertigdrahtes.

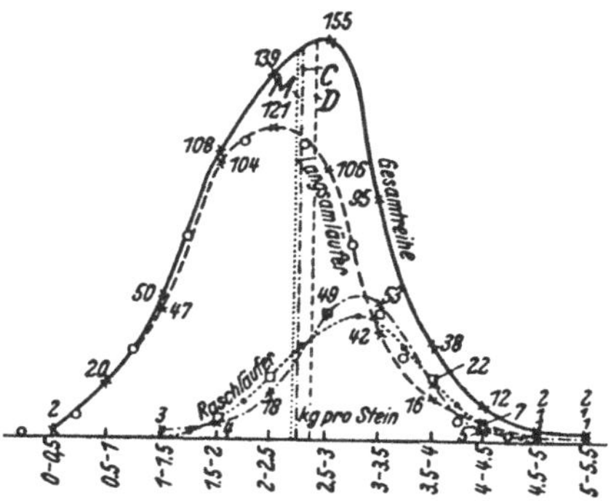

Abb. 41.

Beide Teilkollektive zeigen, wie die Abb. 41 erkennen läßt, eine symmetrische Verteilung. Die Maxima beider Kurven sind gegeneinander verschoben und verschieden hoch, da der untersuchte Betrieb mehr Langsamläufer als Raschläufer besitzt. Der wahrscheinlichste Wert für die Leistung eines Ziehsteins, der in Anbetracht der symmetrischen Verteilung zugleich Mittelwert ist, wurde für die Langsamläufer zu $2\frac{1}{4}$ kg Draht von 0,05 mm bis 0,052/0,053 mm Durchmesser ermittelt; der entsprechende Wert für die Raschläufer beträgt 3 kg. Die Raschläufer schneiden somit ganz bedeutend günstiger ab, und es ist damit festgestellt, daß der Ziehsteinverschleiß mit wachsender Geschwindigkeit bis zu einer gewissen Grenze geringer und nicht größer wird, eine Befürchtung, die völlig grundlos sehr allgemein gehegt wird.

Das Maximum der Kurve für die Langsamläufer errechnet sich zu 125 gegenüber dem gefundenen Wert von 121, und die größte Häufigkeit der Raschläufer wird zu 50 berechnet gegenüber der empirisch ermittelten maximalen Häufigkeit, die »zwischen« 49 und 53, und zwar nach dem Kurvenverlauf bei 55 liegt. Beide Teilkurven schmiegen sich ihren entsprechenden Zufallskurven gut an.

69. Die folgenden Beispiele sollen das in Artikel 47 allgemein skizzierte Verfahren der Untersuchung von Eigenschaftsverbindungen auf ihren eine Materie kennzeichnenden Charakter nach der Methode des Verteilungsstudiums illustrieren.

Es ist für die drahterzeugende und drahtverarbeitende Industrie von größter Wichtigkeit, durch eine einfache Formel die Qualität oder

Güte eines Drahtmaterials zahlenmäßig errechnen und festlegen zu können, um vor allem für genaue Vergleiche und Beurteilungen ein richtiges Maß zu haben. Die Festigkeit allein sagt ja betreffs der Qualität eines Drahtes so wenig aus wie anderseits die Dehnung allein oder auch das Ergebnis irgendeiner anderen Qualitätsprobe wie Torsionszahl oder Biegezahl. Die Angabe zweier Werte ist umständlich und unbequem, besonders für Vergleiche, und überdies und vor allem ist es in vielen Fällen auch nicht möglich, bei einer gleichzeitigen Verschiedenheit von Dehnung und Festigkeit zu entscheiden, welches Material das bessere ist, weil man nicht weiß, wie bei derartigen Vergleichen die Festigkeit, wie die Dehnung zu werten ist.

Es läßt sich nun diese relative Bewertung beispielsweise der beiden Eigenschaften Festigkeit und Dehnung zwecks Festlegung eines Gütemaßes ermitteln durch die Klärung der Abhängigkeitsverhältnisse, der gegenseitigen Beeinflussung der beiden Eigenschaften Festigkeit und Dehnung eines bestimmten Drahtmaterials. Man stellt fest, in welcher Richtung und in welcher Stärke sich die Festigkeit eines bestimmten Drahtmaterials durchschnittlich ändert, wenn die Dehnung im Mittel z. B. um 1% größer wird. Diese Feststellung läßt sich auf Grund der Durchführung einer regelrechten Korrelationsberechnung erreichen[1]). Man kann aber auch, wenn ein großes Zahlenmaterial zusammengehöriger Werte für die Festigkeit und Dehnung gesammelt wird, zwecks Ermittlung eines näherungsweise richtigen Resultates einfach so vorgehen, daß man für verschiedene Gruppen der Festigkeit deren Mittelwerte sowie die Mittel der zu den Festigkeitseinzelwerten gehörigen Dehnungen zusammenstellt. Man trägt hierauf zu jedem Festigkeitsmittel in einem Koordinatensystem den Dehnungsdurchschnitt ein und paßt der dadurch erhaltenen Punktreihe eine gerade Schaulinie an, die durch den durch die Mittelwerte für Festigkeit und Dehnung des ganzen ausgewerteten Materials festgelegten Mittelpunkt des Diagramms geht. Stellt man für diese Gerade die analytische Gleichung fest, so hat man damit die Formel, welche die mittlere Änderung der Festigkeit mit der Dehnung festlegt, und die als Güteformel zur Errechnung von Qualitätsmassen gelten kann.

Ordnet man nämlich die Werte einer Eigenschaft, wie der Dehnung von Drähten, die von verschiedenen Einflüssen, wie in dem vorliegenden Fall von der Festigkeit, vom Drahtdurchmesser, von der Glühdauer, von der Glühtemperatur und anderen variablen Größen abhängt, nach den Einflußgraden eines dieser Einflüsse, so heben sich dabei, wenn eine genügend große Zahl von Einzelfällen ausgewertet wird, nach dem Gesetz der großen Zahlen die Einwirkungen der übrigen schwankenden Einflüsse

---

[1]) Näheres hierüber findet man z. B. in dem Buche von E. Czuber, »Die statistischen Forschungsmethoden«.

heraus, und man erhält für jeden Wert des einen Einflußes, der Eigenschaft, nach der geordnet wurde, also der Festigkeit z. B., einen charakteristischen Wert der als beeinflußt aufgefaßten Eigenschaft, der Dehnung beispielsweise. Operiert man statt mit Einzelwerten mit Mittelwerten, so offenbart der Gang der Mittel der einen Eigenschaft mit den Mittelwerten der anderen Eigenschaft die charakteristische Änderung der einen Eigenschaft mit der anderen Eigenschaft, unbeeinflußt von allen möglichen anderen Einflüssen, die in einem Einzelfall mit verantwortlich sind für einen bestimmten Einzelwert der einen oder anderen Eigenschaft, da sich durch die ganze Beobachtungsreihe durch nach dem Gesetz der großen Zahlen alle Einflüsse überdecken und kompensieren, mit Ausnahme des einen, nach dem geordnet wurde.

Häufig rechnet man mit der Summe aus Festigkeit pro mm^2 Drahtquerschnitt und Dehnung in Prozenten als Güteziffer und spricht bei Vergleichen das Material für das bessere an, das den größten Wert dieser Summe $F + D$ besitzt. Es läßt sich aber nach der eben skizzierten Methode herleiten, daß sich die Festigkeit mit der Dehnung einmal bei verschiedenen Materialien verschieden ändert, und daß außerdem dieses Änderungsverhältnis im allgemeinen nicht den Wert 1 annimmt. So ist es in dem speziellen Falle von Tombakdrähten 72/28 richtiger, die Summe aus dem dreifachen Festigkeitswert und der Dehnung zu bilden. Die Entscheidung, ob nun der Ausdruck $F + D$ oder der Ausdruck $3F + D$ zur Gütebezeichnung eines Tombakdrahtes richtiger ist, kann mit Hilfe der Häufigkeitstheorie gefällt werden.

Wenn der eine oder der andere Ausdruck ein allgemeines Charakteristikum der Güte von Tombakdrähten ist, so müssen die Schwankungen, welche die Werte dieses Ausdrucks in einer größeren Reihe von Fällen zeigen, dem Häufigkeitsgesetz folgen, d. h. die Verteilung der einzelnen Werte um einen wahrscheinlichsten Wert muß so sein, daß die Abweichungen nach der guten und schlechten Seite gleich häufig sind. Die Verteilungskurve der Güteziffern muß also den Charakter einer normalen symmetrischen Häufigkeitskurve tragen.

Man ist also ganz allgemein in der Lage, auf Grund einer exakten Korrelationsberechnung oder, mit etwas geringerer Präzision, durch die kurz angedeutete, auf dem Gesetz der großen Zahlen basierende Methode der Ordnung von Mitteln einer Eigenschaft nach den entsprechenden Mittelwerten eines anderen Merkmals, charakteristische Werteverbindungen für die auf ihre Abhängigkeit zu überprüfenden Eigenschaften zu erhalten. Diese typischen und eine Materie charakterisierenden Merkmalsverbindungen variabler Größen mit schwankenden Einzelwerten entsprechen den funktionalen Zusammenhängen nichtvariabler Größen mit festen und eindeutig bestimmten Einzelwerten, und sie haben betreffs der Beziehungen zwischen veränderlichen Merkmalen dieselbe Bedeutung wie die mathematischen Funktionen für die Zusammenhänge zweier nicht variabler Eigenschaften. Gelten die letzteren aber für jeden beliebigen Einzelfall, so haben die ersteren nur für Mittelwerte Gültigkeit, bewahren diese Gültigkeit aber auch für eine große Zahl von Einzelfällen im Sinne des Häufigkeitsgesetzes. Dies bedeutet, daß eine große Zahl von Einzelwerten einer charakteristischen Merkmalsverbindung, gebildet aus entsprechenden Einzelwerten zweier variabler Eigenschaften, einen bevorzugten und daher häufigsten Einzelwert aufweist und im übrigen Abweichungen bezüglich dieses bevorzugten Wertes zeigt, welche zufälliger Art sind. Man hat daher in der Überprüfung einer Merkmalsverbindung auf ihr Häufigkeitsgesetz ein einfaches Verfahren zur Entscheidung der Frage, ob die betreffende zusammengesetzte Eigenschaft die Materie, welche Träger der einfachen Eigenschaften ist, zu charakterisieren vermag oder nicht. Ist im besonderen eine derartige aus Festigkeit und Dehnung kombinierte Größe vom Typ $(mF + D)$ als einem bestimmten Drahtmaterial charakteristisch zu identifizieren, so ist man berechtigt, die zusammengesetzte Größe als Qualitätsmaß und die Werte dieser Größe als Gütewerte des betreffenden Drahtmaterials zu betrachten. Als erstes Beispiel sei die Materie Tombakdraht 72/28 herangezogen.

Für die Untersuchung werde dasselbe Kollektiv gewählt, das durch die Kurven der Abb. 22 und 24 sowohl bezüglich der Verteilung der Dehnungswerte als auch bezüglich der Verteilung der Festigkeitswerte bereits bekannt ist. Da beide Verteilungen des Kollektivs normale symmetrische Verteilungen bilden, so ist um so eher zu erwarten, daß eine Verteilung der Werte irgendwelcher Kombinationen von Dehnungs- und Festigkeitswerten ebenfalls zufällig und symmetrisch ist, sofern ihre Auffassung als Güteziffer, als die Materie kennzeichnendes Merkmal berechtigt ist. Es wird nun einmal die Summe aus Festigkeitswert und Dehnungswert für jeden der 621 Ringe gebildet; die 621 Werte $F + D$ bilden die eine Kollektivreihe. Sodann wird die Festigkeit jedes Ringes verdreifacht und seine Dehnung zu diesem Wert addiert; die derart erhaltenen 621 Werte $3F + D$ bilden die andere Kollektivreihe. Es folgt die übliche Einteilung in Klassen und der Versuch, auftretende Unregelmäßigkeiten oder Asymmetrie durch eine andere Klasseneinteilung zu beseitigen. Die derart erhaltenen Verteilungen sind in der Abb. 42 graphisch dargestellt. Die gestrichelte Kurve bezieht sich auf die Kollektivreihe der $(F + D)$-Werte; die ausgezogene Kurve gibt die Verteilung der $(3F + D)$-Werte wieder. Man stellt fest, daß die Summenwerte $F + D$ eine stark rechtsseitig asymmetrische Kurve ergeben, daß dagegen der Verlauf der $(3F + D)$-Kurve vorbildlich symmetrisch ist. Daraus darf man aber die Überlegenheit der Formel $3F + D$ über den Ausdruck $F + D$ als Gütemaß für Tombakdrähte folgern, und die tadellos symmetrische Verteilungskurve der $(3F + D)$-Werte gibt die Berechtigung, den Ausdruck $3F + D$ tatsächlich als

Gütemaß zu bezeichnen, beweist, daß die Größe $3F + D$ eine charakteristische Größe des Materials Tombak bildet mit Abweichungen von einem wahrscheinlichsten oder mittleren Wert, die lediglich zufälliger Art sind. Man wird demnach für Vergleiche verschiedener Tombakdrähte nicht die Werte $F + D$ berechnen, sondern die Werte $3F + D$ ermitteln, um richtige Vergleichsresultate zu erhalten.

Den wahrscheinlichsten, häufigsten Wert der Größe $3F + D$ liest man aus der Abb. 42 zu 162 ab. Den Abb. 22 und 24 entnimmt man als wahrscheinlichste Werte für bzw. Dehnung und Festigkeit desselben Kollektivs 33,1% Dehnung und 43 kg/mm² Festigkeit. Errechnet man hiernach den wahrscheinlichsten Wert $3F + D$, so erhält man 162,1, in guter Übereinstimmung mit dem nach Abb. 42 direkt ermittelten Wert. Das theoretisch zu errechnende Maximum der Kurve $3F + D$ findet man mit 262 in bestem Einklang mit dem empirisch gefundenen Wert 261. Für die der empirischen Verteilung entsprechende binomiale Verteilung bestimmt man $n = 3{,}5$. Die Verteilung $621\ (0{,}5 + 0{,}5)^3$ ist in der Abb. 42 durch Ringe markiert, und die Verteilung $621\ (0{,}5 + 0{,}5)^4$ ist durch Quadrate bezeichnet. Die zwischen diesen beiden Verteilungen verlaufende Kurve ist in der Abbildung strichpunktiert; sie entspricht der Verteilung mit $n = 3{,}5$. Der Anschluß der empirischen Verteilung der $(3F + D)$-Werte an die interpolierte Zufallskurve ist sehr gut.

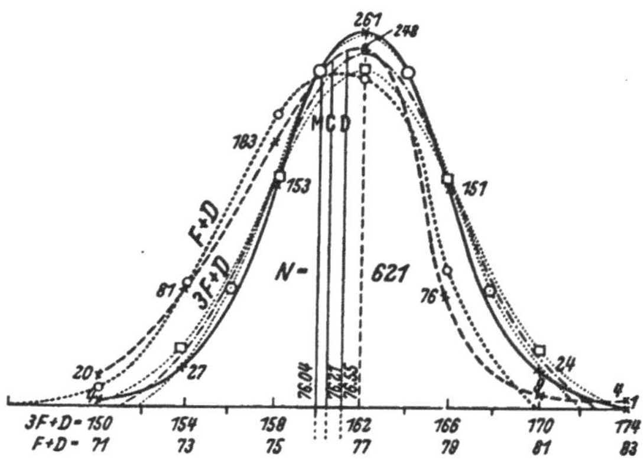

Abb. 42.

Ist der Wert $F + D$ für die Güte eines Drahtmaterials nach diesen Untersuchungen nicht maßgebend, so gibt er doch in vielen Fällen ein qualitativ ausreichendes Bild für Gütevergleiche. Dies ist ohne weiteres für einen besonderen Fall einzusehen: Von 2 Drähten, von denen der eine neben der höheren Festigkeit auch die größere Dehnung besitzt, ist dieser zweifellos der bessere; er besitzt aber auch den größeren Summenwert $F + D$. Derartige Fälle, bei denen die Gruppierung von Drähten nach den Werten $F + D$ zu derselben Ordnung führt wie die Reihung nach den Werten $3F + D$ gibt es des öfteren. Ganz allgemein steckt in der Anwendung des Ausdrucks $F + D$ zur Gütebezeichnung eines Materials die richtige Erkenntnis, daß ein Material um so besser ist, je größer seine Festigkeit und je größer seine Dehnung ist. Der verschiedene Grad des Einflusses einerseits der Festigkeit und anderseits der Dehnung auf die Güte ist durch die Größe $F + D$ allerdings nicht berücksichtigt. Die Kurve der $(F + D)$-Werte ist, wie die Abb. 42 deutlich erkennen läßt, nicht unregelmäßig, sondern zeigt einen zwar asymmetrischen, aber sehr regelmäßigen Verlauf. Nach der noch zu erörternden Methode findet man, daß die Kurve als im weiteren Sinne normal anzusprechen ist. Eine der Kurve angenäherte Zufallsreihe erhält man durch die Entwicklung des Ausdrucks $621 \times ({}^3/_8 + {}^5/_8)^4$; die Kurve dieser Verteilung ist punktiert in der Abb. 42 eingezeichnet. Man konstatiert als wesentlichsten Unterschied gegenüber der empirischen Verteilung der $(F + D)$-Werte den kleineren Wert der theoretischen Kurve für die maximale Häufigkeit.

Es muß betont werden, daß auf Grund der Untersuchung nur eines Kollektivs die gezogenen Schlüsse betreffs des kennzeichnenden Charakters der $(3\,F + D)$-Werte bzw. der $(F + D)$-Werte nicht bindend wären. Aber man stößt auf dieselben Verhältnisse immer wieder bei der Untersuchung verschiedener Kollektive, und hieraus ergibt sich die Berechtigung, die Größe $(3\,F + D)$ als typisch für die Materie Tombak 72/28 zu postulieren.

Zur Erhärtung der gemachten Ausführungen diene daher ein weiteres Kollektiv von Tombakdrähten. Zur Untersuchung wurden Drähte mit 0,80 mm Durchmesser herangezogen. Der Kollektivumfang beträgt 1204. Die Voruntersuchung liefert demgemäß 1204 Paare zusammengehöriger Werte für Festigkeit und Dehnung, aus denen die 1204 Werte der Merkmalsverbindung $3\,F + D$ errechnet werden. Diese Kollektivreihe wird in Klassen zu je 2 Argumenteinheiten eingeteilt. Die Abb. 43 bezieht sich auf die Verteilung dieser Kollektivreihe. Und zwar ist die Darstellung in diesem Falle derart, daß die Abbildung die der empirischen Verteilung entsprechende symmetrische Zufallsverteilung als ausgezogene Kurve zeigt; die Häufigkeiten der empirischen Verteilung sind in das Diagramm der reinen Wahrscheinlichkeitskurve eingetragen und durch Ringe markiert. Man stellt eine tadellose Anpassung der Ringe an die Kurve, der empirischen Verteilung an die symmetrische Zufallsverteilung fest, womit durch ein zweites Beispiel die Größe $3\,F + D$ als charakteristisches Merkmal für Tombakdrähte 72/28 festgestellt ist.

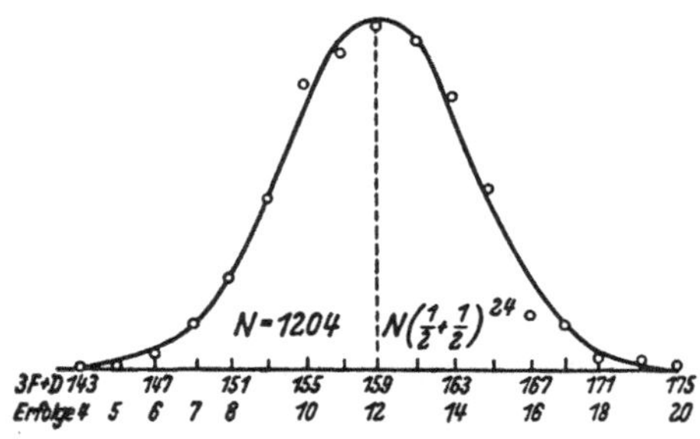

Abb. 43.

Man kann die vorliegende symmetrische Verteilung auch mit der entsprechenden Gaußschen Verteilung vergleichen. Man bestimmt die empirische Streuung zu $\mu = \pm$ 2,42 Klassen. Die Errechnung des Maximums der Gaußschen Verteilung ergibt $z_m = 198$. Man kann nun mit Hilfe der Zahlentafel 13 oder auch mit Hilfe der Zahlentafel 14 beliebig viele Punkte der Gaußschen Kurve ermitteln und die Kurve aufzeichnen. Man trägt sodann die empirischen Häufigkeiten zu den entsprechenden Klassenmitten auf und vergleicht die Anpassung. Einfacher ist es, lediglich die theoretischen Häufigkeiten für die Argumentwerte zu bestimmen, deren empirischen Häufigkeiten festliegen. Diese Berechnung und der Vergleich mit den empirischen Häufigkeiten und den Häufigkeiten der entsprechenden binomialen Verteilung führt dann zu folgendem Bild:

x	t	y	Gaußsche Verteilung	Empirische Verteilung	Binomiale Verteilung
0	0	1	198	189	194
1	0,41	0,92	182	174,180	179
2	0,83	0,71	141	156,150	140
3	1,24	0,46	91	91,100	94
4	1,65	0,26	51	50,34	53
5	2,07	0,12	24	25,26	25
6	2,48	0,046	9	8,8	10
7	2,89	0,015	3	2,6	3
8	3,3	0,004	1	1,3	1

Man muß bei Vergleichen wie dem Vergleich der Werte $(F + D)$ mit den Werten $(3\,F + D)$ eines Kollektivs Tombakdrähte darauf achten, daß die Klasseneinteilung der beiden Kollektivreihen einander entspricht, daß also nicht vielleicht durch stärkere Zusammenziehung der Einzelwerte einer Reihe in eine kleinere Anzahl von Klassen größeren Intervalls ein falsches Bild entsteht, das zu Trugschlüssen führen könnte, indem etwa in der relativ stärker zusammengezogenen Reihe vorhandene Unregelmäßigkeiten verdeckt werden, wogegen solche Unregelmäßigkeiten in der anderen Kollektivreihe mit ihrer größeren Klassenanzahl zum Ausdruck kommen. Schwanken z. B. die Festigkeitswerte eines Kollektivs zwischen 35 und 45 kg/mm², also um rd. 10 kg/mm², so müssen die Werte der dreifachen Festigkeit zwischen 105 und 135 kg/mm², also um 30 kg/mm² schwanken. Teilt man das Variationsintervall der Festigkeitswerte mithin beispielsweise in 10 Klassen zu je einer Argumenteinheit ein, so muß man, um vergleichbare Verhältnisse zu erhalten, auch das Variationsintervall der $(3\,F)$-Werte in 10 Klassen einteilen, deren jede nun 3 kg/mm² umfaßt. Wählt man für die Klassifizierung der $(3\,F)$-Werte ein kleineres Klassenintervall, so wird dadurch das Verteilungsbild dieser Kollektivreihe gegenüber dem Bild der anderen Reihe im allgemeinen verschlechtert; wählt man das Klassenintervall der $(3\,F)$-Werte größer als das dreifache Intervall der einfachen Festigkeitswerte, so bedeutet dies eine Begünstigung der Kollektivreihe der $(3\,F)$-Werte, da eventuell vorhandene Unregelmäßigkeiten, die sich in der Verteilung der F-Werte bemerkbar machen, in der Verteilung der ($3F$)-Werte infolge der geringeren Unterteilung in Klassen verschwinden können.

Hat man es nun statt mit F-Werten und mit ($3F$)-Werten mit den Werteverbindungen $F + D$ und $3F + D$ zu tun, so liegen die Verhältnisse zwar nicht so durchsichtig und klar, da der Variabilität der Festigkeitswerte die Veränderlichkeit der Dehnungswerte entgegenwirkt, und zwar in zunächst unbekannter Art und in für die beiden Werteverbindungen verschiedenem Maße. Auf jeden Fall wird man aber die Klassengröße der Kollektivreihe der ($3F + D$)-Werte größer zu wählen haben als das Klassenintervall der ($F + D$)-Reihe. Am einfachsten wird man für den ersten orientierenden Versuch eine Klassifizierung für die beiden Vergleichsreihen wählen, nach der beiden Reihen dieselbe Anzahl Klassen zukommt. Es wird sodann durch eine Benachteiligung in der Klassifizierung des Merkmals, dessen Berechtigung im Gegensatz zu einem anderen erwiesen werden soll, zutreffendenfalls die Überlegenheit dieses Merkmals nur um so deutlicher herausgestellt. Die umgekehrte Behandlungsweise einer Bevorzugung der Reihe der ($3F + D$)-Werte bei der Klassifizierung wäre dagegen in diesem Falle zu verwerfen, da sie zu einem falschen Bilde führen könnte.

Daß die Größe $3F + D$ für überglühte Drähte nicht mehr den Charakter eines typischen Merkmals der Materie Tombakdraht besitzen kann, ist einleuchtend. Man wird für die Verteilung der ($3F + D$)-Werte eines Kollektivs, das den Ausschnitt aus einer überglühten Materie bildet, einmal einen häufigsten Wert erwarten, der im Vergleich zu dem häufigsten Wert eines Kollektivs aus einer nicht überglühten Materie je nach dem Grad der Überglühung mehr oder weniger kleiner ist, und zudem wird man nicht erwarten, daß die Abweichungen vom häufigsten Wert

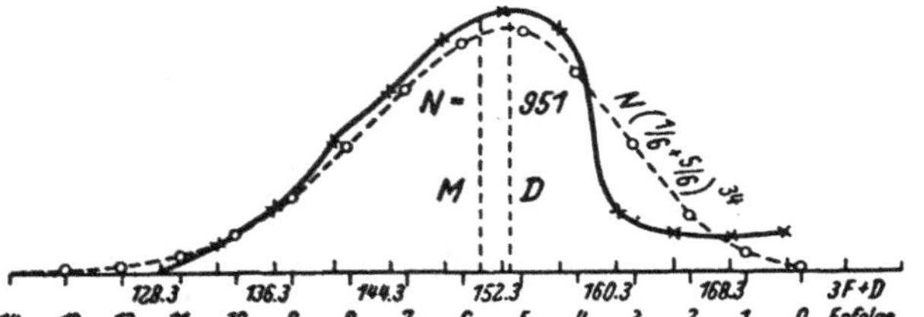

Abb. 44.

nach beiden Seiten ungefähr gleich sind, man wird vielmehr eine Anhäufung der Abweichungen nach der Seite der geringeren Argumentwerte zu erwarten haben.

Ergeben die Dehnungswerte schwach überglühter Tombakdrähte eine linksseitig asymmetrische Verteilung, so zeigen die Festigkeitswerte einer solchen Materie, wie ausgeführt wurde, rechtsseitige Asymmetrie. Da in der Merkmalsverbindung der Einfluß der Festigkeit bei einer Störung der normalen Verteilung überwiegen muß, so wird auch auf Grund dieser Überlegung eine rechtsseitige Asymmetrie der Verteilung der $(3\,F + D)$-Werte überglühter Tombakdrähte verständlich. Man hat also auch durch das Studium der Verteilung der $(3\,F + D)$-Werte eines Kollektivs von Tombakdrähten die Möglichkeit, Überglühungen schwachen Grades festzustellen. Der Verifizierung dieser Verhältnisse dient die Abb. 44.

70. Die Größe $3\,F + D$ bildet lediglich ein charakteristisches Merkmal und ein relatives Gütemaß für Tombakdrähte der Legierung 72/28. Andere Drahtmaterialien dürfen nicht nach diesem Ausdruck bewertet werden; dagegen gibt es auch für diese Materialien typische Verbindungen ihrer Werte für Festigkeit und Dehnung, welche diese Materialien bezüglich ihrer Güte zu charakterisieren vermögen. Solche Güteformeln für andere Drahtmaterialien unterscheiden sich von der für Tombak angeführten Formel lediglich durch den Faktor für F. So läßt sich dieser Faktor für Phosphorbronzedrähte z. B. zu 1,8 bestimmen, und der Ausdruck $1{,}8\,F + D$ bildet eine charakteristische Größe, ein Gütemaß für Phosphorbronzedrähte. Die Berechtigung oder Nichtberechtigung, die Größe $1{,}8\,F + D$ als kennzeichnendes Merkmal für Phosphorbronzedrähte zu betrachten, läßt sich ebenfalls nach der Methode des Häufigkeitsgesetzes überprüfen, wie diese Methode auch wieder die Zulässigkeit einer Qualitätsbewertung durch die Summe aus Festigkeit und Dehnung zu beurteilen und zu bewerten gestattet.

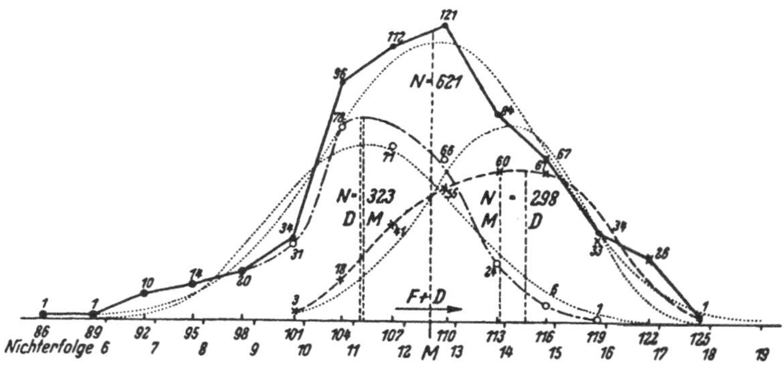

Abb. 45.

Ein erstes Beispiel ist in den Abb. 45 und 46 behandelt, die sich auf dasselbe Material beziehen, das in den Abb. 38 und 39 bezüglich seiner Dehnung bzw. bezüglich seiner Festigkeit dargestellt ist. Je zwei zusammengehörige, d. h. an demselben Kollektivglied festgestellte Werte für Festigkeit und Dehnung dieser beiden Kollektivreihen wurden zum

Zwecke dieser Untersuchung zu den Werteverbindungen $F + D$ und $1{,}8\,F + D$ zusammengefaßt.

Die Verteilung der $(F + D)$-Werte des Gesamtkollektivs ist in der Abb. 45 durch das Häufigkeitspolygon dargestellt. Dieses zeigt zwar im Vergleich zu den Verteilungsbildern, welche man mit den Festigkeitswerten bzw. den Dehnungswerten allein für das Gesamtkollektiv erhält, insofern bereits ein einheitlicheres Bild, als die Verteilung nur ein Maximum aufweist. Aber im übrigen ist diese Verteilung ziemlich unregelmäßig und läßt sich keiner symmetrischen Zufallsverteilung anpassen. Desgleichen besitzen die beiden Verteilungskurven der $(F + D)$-Werte der beiden Teilkollektive nicht die Form symmetrischer Wahrscheinlichkeitskurven. Insbesondere sind die Maxima der beiden Teilkurven gegeneinander und gegen das Maximum der Gesamtkurve verschoben, was beweist, daß die Teilkollektive, die an und für sich auf Grund der Verteilungen ihrer Festigkeits- und Dehnungswerte nach den Abb. 38 und 39 als normal anzusprechen sind, durch die Größe $F + D$ nicht einheitlich charakterisiert werden. Die erwähnte Einheitlichkeit des Gesamtkollektivs, die man aus dem Auftreten nur eines Maximums zunächst vermuten könnte, ist, wie die Zerlegung in die beiden Teilkollektive beweist, scheinbar und dadurch bedingt, daß in diesem Beispiel ein Fall vorliegt, in dem die Maxima der beiden Teilkollektive nicht so stark gegeneinander verschoben sind, daß sich die beiden Maxima auch noch in der Gesamtkurve äußern. Alles in allem kann man der Verteilung der beiden Teilkollektive und des Gesamtkollektivs entnehmen, daß keine Berechtigung vorhanden ist, die Summe $F + D$ als charakteristisches Merkmal der Materie Phosphorbronzedraht zu betrachten.

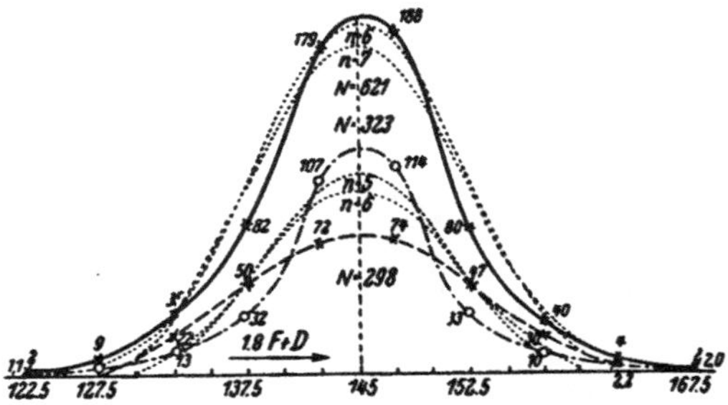

Abb. 46.

Ganz anders das Bild der Abb. 46, das die Verteilung der Werte $1{,}8\,F + D$ für dasselbe Kollektiv wiedergibt. Die Gesamtverteilung besitzt angenähert den Charakter einer typischen Wahrscheinlichkeitsverteilung; sie zeigt ein Maximum, und die Abweichungen von diesem häufigsten Wert sind symmetrisch zu diesem verteilt. Die Annäherung an die punktiert eingezeichneten Zufallskurven ist gut, und die Abweichungen zwischen empirischer Verteilung und Zufallsverteilungen sind im Rahmen der Abweichungen, die durch zufällige Störungen bedingt sein können. Es zeigen aber auch die Kurven der beiden Teilkollektive einen hohen Grad von Symmetrie, und ihre Maxima fallen unter sich und mit dem Maximum der Gesamtverteilung zusammen. Trotzdem die Verteilungen der einfachen Variabeln Festigkeit und Dehnung bei den Teilkollektiven stark differieren, ergibt die Verteilung der zusammengesetzten veränderlichen Größe $1{,}8\,F + D$ für beide Teilkollektive ein einheitliches Bild. Und die Zusammensetzung der Einzelverteilungen führt zu einer ebenfalls normalen symmetrischen Verteilung. Man zieht aus diesen Verhältnissen, die sich charakteristisch von denen der Verteilungen der $(F + D)$-Werte unterscheiden, den Schluß, daß die Auffassung der Größe $1{,}8\,F + D$ als typisches Merkmal der Materie Phosphorbronze berechtigt ist, daß die gleiche Bewertung der Größe $F + D$ dagegen nicht gerechtfertigt ist.

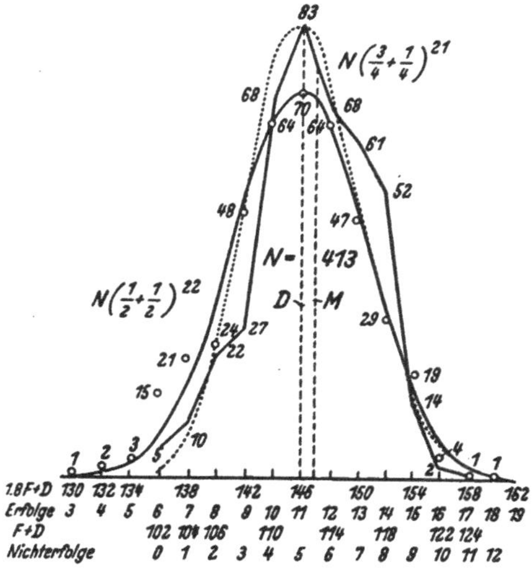

Abb. 47.

Bezog sich der eben abgehandelte Fall auf Phosphorbronzefeindrähte, so zeigen die folgenden Beispiele einige Untersuchungen an Drähten mit 0,80 mm Durchmesser. Ein erstes Kollektiv solcher Drähte besteht aus 413 Gliedern. Die graphische Darstellung der Angelegenheit gibt die Abb. 47. Die Verteilung der $(F + D)$-Werte ist in dieser Abbildung wieder durch ihr Häufigkeitspolygon dargestellt. Man sieht eine ziemlich unregelmäßige Verteilung, die sich keiner normalen Kurve anpassen läßt.

Für die empirische Verteilung der $(1{,}8\,F + D)$-Werte ist in Abb. 47 die entsprechende ideale Wahrscheinlichkeitskurve eingezeichnet, und die empirischen Häufigkeiten des Kollektivs sind durch Ringe markiert. Man stellt fest, daß sich diese Ringe, also die empirischen Häufigkeiten, der idealen Zufallsverteilung gut anpassen.

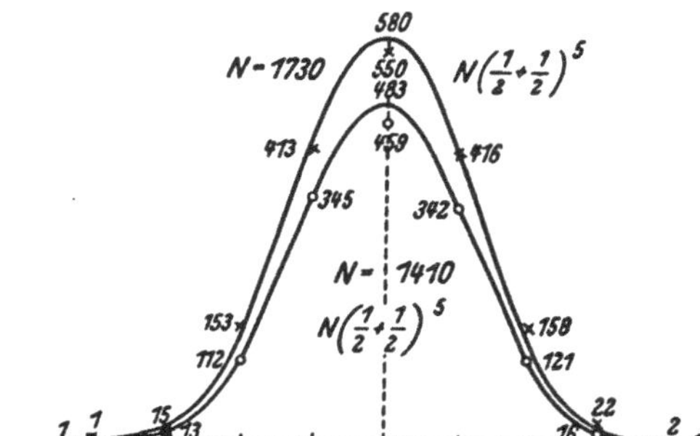

Abb. 48.

In der Abb. 48 sind zwei weitere Kollektive von Phosphorbronzedrähten bezüglich der Verteilung ihrer $(1{,}8\,F + D)$-Werte zur Darstellung gebracht. In der Abbildung sind für beide Fälle wieder die entsprechenden Zufallskurven ausgeführt, und die empirischen Häufigkeiten sind durch Ringe bzw. Kreuze markiert. Beide Reihen der empirischen ($1{,}8\,F + D$)-Werte zeigen Verteilungen, die sich ihren Wahrscheinlichkeitskurven sehr gut anschmiegen, so daß alle Abweichungen zwischen »Theorie und Praxis« auf bedeutungslose zufällige Störungen zurückzuführen sind.

Berechnet man für die beiden Verteilungen die entsprechenden Gaußschen Verteilungen mit Hilfe der Zahlentafel 13 und unter Auswertung der empirischen Streuungen von bzw. $\mu = \pm\,1{,}13$ und $\pm\,1{,}16$ Klassen, so ergibt sich folgende Zusammenstellung:

Für das Kollektiv mit $N = 1410$:

x	t	y	z (Gauß)	z (empirisch)	z (binomial)
0	0	1	498	459	
0,5	0,44	0,907	452		441
1	0,88	0,679	338	345,342	
1,5	1,33	0,413	206		220
2	1,77	0,209	104	112,121	
2,5	2,21	0,087	43		44
3	2,66	0,029	14	13,16	
3,5	3,1	0,008	4		0
4	3,54	0,002	1	1,1	

Für das Kollektiv mit $N = 1730$:

x	t	y	z (Gauß)	z (empirisch)	z (binomial)
0	0	1	595	550	
0,5	0,43	0,911	542		541
1	0,86	0,691	411	413,416	
1,5	1,29	0,435	259		270
2	1,73	0,224	133	153,158	
2,5	2,16	0,097	58		54
3	2,59	0,035	21	15,22	
3,5	3,02	0,011	7		0

71. Für Tombakdrähte 75/25 ergibt sich als charakteristisches Merkmal zur Gütebezeichnung die Größe $2\,F + D$. Es läßt sich die Berechtigung der Auszeichnung der Größe $2\,F + D$ als Charakteristikum der Materie Tombak 75/25 wieder durch das Gesetz der Häufigkeitskurve erbringen. Es zeigt sich, daß die Verteilung der Einzelwerte für die Größe $2\,F + D$ einer größeren Anzahl Ringe Tombakfeindrahtes der Legierung 75/25 die Gestalt einer Wahrscheinlichkeitsverteilung mit bevorzugtem und daher häufigstem Wert und Abweichungen von diesem, die nach beiden Seiten des bevorzugten Wertes gleich häufig und mit zunehmender Abweichung seltener auftreten, annimmt. Den Beleg hierfür bringen die Abb. 49 bis 51. In diesen sind die entsprechenden

symmetrischen Wahrscheinlichkeitskurven aufgezeichnet, und die empirischen Verteilungen sind durch Kreuze markiert. Der Verteilung der Abb. 50 entspricht eine binomiale Verteilung mit $n = 8{,}5$, weshalb die Abbildung die beiden Zufallsverteilungen mit $n = 8$ und $n = 9$ zeigt. Die leicht zu interpolierende, der Übersichtlichkeit wegen nicht gezeichnete Zwischenkurve gibt die genaue Vergleichsverteilung. Die Abweichungen der empirischen Verteilungen von ihren entsprechenden Zufallskurven sind in keinem Fall größer als solche Abweichungen, die als Folge zufälliger Störungen auftreten können. Man schließt auf den kennzeichnenden Charakter der Werteverbindung $2\,F + D$ für die Materie Tombakdraht 75/25.

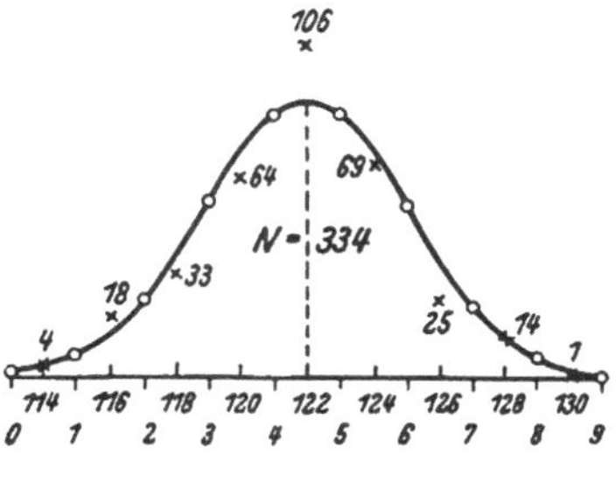

Abb. 49.

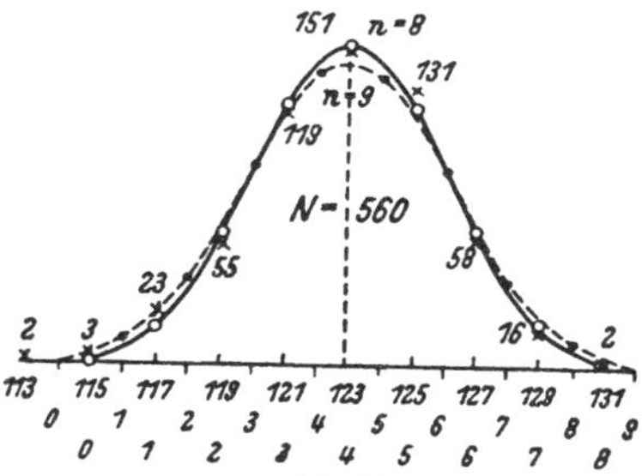

Abb. 50.

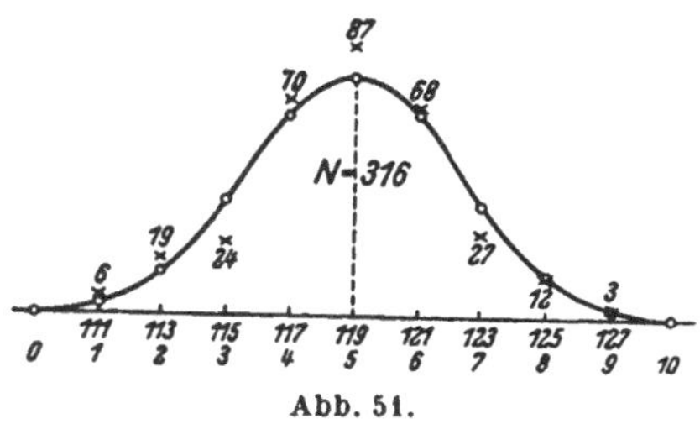

Abb. 51.

72. Es läßt sich feststellen, daß für Molybdändrähte im Unterschied zu anderen Drahtmaterialien die Variabilität der Festigkeit größer ist als die Veränderlichkeit der Dehnung. Dem entspricht, daß die für Molybdändrähte charakteristische Verbindung aus Festigkeit und Dehnung für die Festigkeit einen Faktor kleiner als 1 aufweist. Man kann für Molybdändrähte mit der Güteformel $0{,}33\,F + D$ oder auch $F + 3\,D$ rechnen. D. h. für einheitliche Molybdändrähte ist die Summe $F + 3\,D$ konstant, wenn man F und D je als Mittelwerte einer größeren Zahl Proben bestimmt, und eine Reihe von Einzelwerten $F + 3\,D$ ergibt einen bevorzugten und häufigsten Wert, der zugleich Mittelwert ist, und Abweichungen von diesem Wert, die nach beiden Seiten ungefähr gleich oft auftreten und in gleicher Stärke vorhanden sind. Die Größe $F + 3\,D$ zeigt mit anderen Worten Zufallsschwankungen.

In der Abb. 52 ist die Verteilung der $(F + 3\,D)$-Werte eines größeren Kollektivs von Molybdändrähten durch Kreuze markiert angegeben. Zum Vergleich ist ausgezogen die Gaußsche Verteilungskurve gleicher Streuung gezeichnet. Man konstatiert einen befriedigenden Anschluß der empirischen Verteilung an die symmetrische Zufallsverteilung. Man schließt hieraus wieder — unter der Voraussetzung, daß wiederholte Untersuchungen derselben Art zu demselben Ergebnis führen — auf die Berechtigung, die Größe $F + 3\,D$ als charakteristisches Merkmal der Materie Molybdändraht zu betrachten.

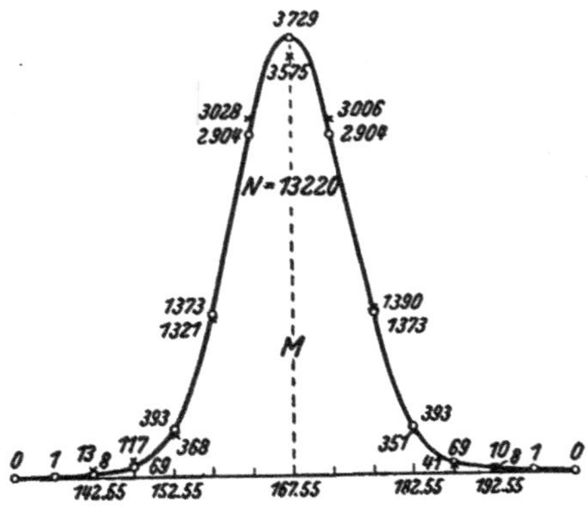

Abb. 52.
× Empirische Verteilung der $(F + 3\,D)$-Werte für Molybdändrähte.
○ Gaußsche Verteilung $\frac{13220}{1{,}414\sqrt{2\pi}}\, e^{-\frac{(E-M)^2}{2\times 2{,}00}}$.

73. Für Molybdänbleche läßt sich nach der Korrelationsrechnung herleiten, daß sich die durch die Tiefung auf dem Erichsenapparat festgelegte Qualität der Bleche mit der Blechstärke derart ändert, daß für eine größere Untersuchungsreihe der Ausdruck $(T - 2{,}2) : S$ einen konstanten Wert annimmt, wenn T die in mm gemessene Tiefung und S die ebenfalls in mm festgelegte Blechstärke bedeutet. Eine Reihe von Tiefungswerten für verschieden starke Bleche aus Molybdän zeigt dementsprechend Schwankungen derart, daß man einen häufigsten Wert der Größe $(T - 2{,}2) : S$ feststellt und im übrigen Abweichungen nach beiden Seiten dieses häufigsten Wertes, die gleich stark und gleich häufig sind, so daß der Mittelwert identisch mit dem häufigsten Wert wird, wobei die abweichenden Werte in ihrer Häufigkeit mit wachsender Stärke der Abweichung rasch seltener werden.

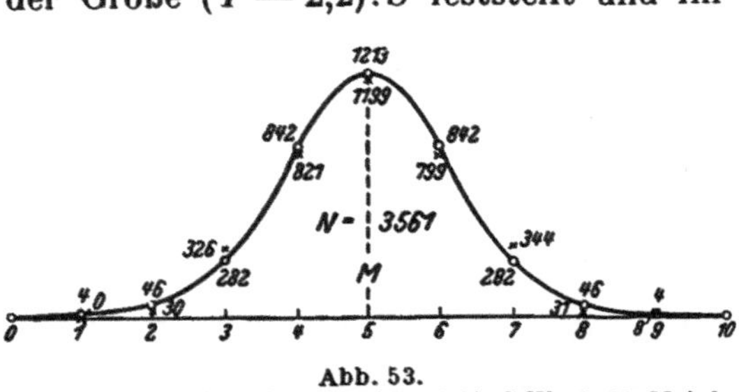

Abb. 53.
× Empirische Verteilung der $(T - 2{,}2) : S$-Werte für Molybdänbleche.
○ Gaußsche Verteilung $\frac{3561}{1{,}17\sqrt{2\pi}}\, e^{-\frac{(E-5)^2}{2\times 1{,}36}}$.

Die Abb. 53 gibt wieder durch Kreuze markiert für eine größere Untersuchungsreihe von Molybdänblechen die Verteilung der $(T - 2{,}2) : S$-Werte an. Der Vergleich mit der gezeichneten Gaußschen Verteilungskurve gleicher Streuung ergibt die gute Anpassung der empirischen Verteilung an eine symmetrische Zufallsverteilung. Man kann somit mit

Recht die Güte eines Molybdänblechs durch den Wert der Größe $(T - 2{,}2) : S$ angeben und kann die zusammengesetzte Größe als die Materie Molybdänblech kennzeichnend betrachten.

74. Es wurde bereits betont, daß man einen bündigen und zuverlässigen Schluß betreffs der kennzeichnenden Art einer Größe nach dem Verteilungsbild ihrer Einzelwerte nur auf Grund mehrerer Untersuchungen ziehen darf, da eine normalerweise asymmetrische oder unregelmäßige Verteilung einer Größe sehr wohl in besonderen Fällen zusammengesetzter Materien nahezu symmetrisch auftreten kann, wie umgekehrt eine normalerweise symmetrisch und zufällig verteilte Eigenschaft durch Störungen oder Kombinationen mehrerer Kollektive asymmetrische oder unregelmäßige Verteilungen ergeben kann. Aus diesem Grunde ist stets die Heranziehung mehrerer Kollektive erforderlich, um die typische Größe einer Materie auf Grund der Untersuchung der Verteilung der Einzelwerte einer solchen Größe identifizieren zu können. Der Charakterisierung der Materie eines bestimmten Kollektivs genügt die Verteilungsgestalt der betreffenden Kollektivreihe; das Untersuchungsergebnis ist in einem solchen Falle aber nicht verallgemeinerungsfähig. Dies gilt übrigens für alle Untersuchungen statistischer Art: Jedes Kollektiv charakterisiert die spezielle Materie, der es direkt entnommen ist, also beispielsweise eine bestimmte Sendung Tombakdraht; der allgemeinen Charakterisierung einer Materie im weiteren Sinne, also beispielsweise allgemein der Materie Tombakdraht, können dagegen nur mehrere Kollektive dienen.

Das dargestellte umfangreiche Material gibt die Berechtigung für die Annahme einer Größe $1{,}8\,F + D$ oder auch rd. $2\,F + D$ als kennzeichnendem Merkmal der Materie Phosphorbronzedraht sowie der Eigenschaftverbindung $2\,F + D$ als typischem Merkmal der Materie Tombak 75/25, wie durch den Charakter der Verteilung der $(3\,F + D)$-Werte diese Größe als charakteristisches Merkmal für Tombakdrähte 72/28 identifiziert werden konnte. Die eingehende Beschäftigung mit diesen Verhältnissen ergibt übrigens, daß diese als charakteristisch festgestellten Werteverbindungen sich naturgemäß bei der Untersuchung nach der Methode der Verteilungskurve nur dann ergeben, wenn die Legierung des untersuchten Materials dem angegebenen Sollgehalt ziemlich genau entspricht, und wenn vor allem auch die Umrechnung der festgestellten Festigkeit einer Drahtdimension in die Festigkeit pro 1 mm^2 Querschnitt richtig erfolgt, was bei unrunden Drähten, die z. B. als Vorzugmaterial eingehen, nicht immer leicht ist. Überdies ist die als typisch zu ermittelnde Werteverbindung auch von dem Grad der Glühung eines Materials etwas abhängig. Dies beruht in erster Linie darauf, daß die den aufgestellten typischen Werteverbindungen zugrunde liegende Annahme einer linearen Abhängigkeit zwischen Dehnung und Festigkeit nicht genau zutrifft. Diese Abhängigkeit wird vielmehr genauer durch eine gekrümmte Kurve dargestellt, die innerhalb bestimmter Abschnitte durch ihre Sehnen oder Tangenten vertreten gedacht werden kann, wobei diese Sehnen oder Tangenten für verschiedene Kurvenabschnitte verschiedene Richtungen besitzen, was verschiedenen Werteverbindungen zwischen Festigkeit und Dehnung für diese Abschnitte entspricht. Zur Beurteilung und Begutachtung eines im großen und ganzen normal behandelten Materials genügen jedoch im allgemeinen die angeführten Formeln und Werteverbindungen. Will man aber ganz exakte Urteile und Vergleiche führen, so muß nach den kurz erörterten Methoden von Fall zu Fall die genaue Werteverbindung, welche für das vorliegende Material im engeren Sinne typisch ist, ermittelt werden. Eine symmetrische Zufallsverteilung findet man z. B. auch für das Verhältnis der Festigkeit eines Materials zu seiner nach dem Brinell-Verfahren gemessenen Härte oder für das Verhältnis der Dehnungen, die mit kurzen und langen Drahtenden gefunden werden[1]). In all diesen und ähnlichen Fällen ist durch die symmetrische Zufallsverteilung, durch die Möglichkeit der Wiedergabe einer Verteilung durch eine symmetrische Wahrscheinlichkeitskurve, die Berechtigung solcher Verhältnisse und Beziehungen und ihrer Auffassung als typische Kennzeichen der Materien erwiesen.

Ein dankbares Anwendungsgebiet für Verteilungsstudien sei noch besonders erwähnt: die Ergebnisse chemischer Analysen. Die Anwendung des Häufigkeitsgesetzes auf Analysenwerte oder die Abweichungen von Kontrollanalysen von den Sollwerten, die da, wo dauernd Kontrollanalysen ausgeführt werden, vor allem gegeben ist, erlaubt nicht nur eine Kontrolle der Fabrikation oder der Beschaffenheit eines Werkstoffs, sondern z. B. auch eine Beurteilung der Fähigkeit und Zuverlässigkeit verschiedener Laboranten.

VII. Abschnitt.

Anwendungsbeispiele für Häufigkeitskurven. Unstetige Kollektive.

75. Es wurde bereits festgestellt, daß es für die Untersuchung einer Materie betreffs der Verteilung ihrer Glieder nach einer Eigenschaft von geringer Bedeutung ist, ob die Argumentwerte sich stetig, um beliebig kleine Beträge ändern können, oder ob die untersuchten Eigenschaftswerte unstetig sind, nur in diskreten Werten, in den einfachsten und häufigsten Fällen also nur in den ganzzahligen Werten der natürlichen Zahlenreihe 0, 1, 2, 3, 4 ... auftreten. Für die Praxis der Aus-

---

[1]) Vgl. »Auswertung statistischer Unterlagen für Betriebsüberwachung und Forschung« von Dr.-Ing. K. Daeves, Stahl und Eisen, 43. Jhrg., 1923, Heft 14.

wertung einer Kollektivreihe verschwindet überdies in der Regel der Unterschied zwischen stetigen und unstetigen Argumenten ganz, da durch die Klassifizierung einer Materie mit stetig veränderlichem Merkmal und die Zusammenfassung aller Werte innerhalb gewisser gleicher Intervalle, der Klassenintervalle, zu einem durch die Klassenmitte bestimmten Wert jedes stetige Argument unstetig unterteilt und gewissermaßen in ein Merkmal mit sprunghaft veränderlichen, diskreten Werten überführt wird. Umgekehrt läßt sich das Häufigkeitspolygon eines unstetigen Kollektivs ebensogut durch eine Verteilungskurve ersetzen wie das viel eckenreichere Polygon eines in kleinste Intervalle unterteilten stetigen Kollektivs. Weiterhin hat für die theoretische Untersuchung, die Charakterisierung und die Beurteilung eines Kollektivs die Operation mit gebrochenen Werten eines an und für sich nur mit ganzzahligen Werten auftretenden Merkmals dieselbe Bedeutung wie die Angabe gebrochener Dehnungswerte, gebrochener Festigkeitswerte u. dgl.

Die Verhältnisse liegen jedoch bei Kollektiven mit von Natur aus unstetigen Einzelwerten und nicht erst durch eine künstliche Klassifizierung unstetig unterteilten Werten insofern einfacher, als die Frage der Klassifizierung bei solchen Kollektiven wenigstens in den meisten Fällen wegfällt. Aus der Urliste erhält man direkt die endgültige Verteilungstafel, bzw. man kann diese Verteilungstafel, da das Klassengerüste durch die unstetigen Argumentwerte bereits im voraus festgelegt ist, direkt bei der Aufnahme des Kollektivs aufstellen; primäre Verteilungstafeln und modifizierte oder reduzierte Verteilungstafeln, eventuell auch Urlisten, sind für die Untersuchung unstetiger Kollektive aus technischen Gebieten meistens entbehrlich. Anders ist es, wenn die Ausdehnung eines unstetigen Kollektivs sehr groß ist, in welchem Fall man auch bei unstetigen Kollektiven mehrere Argumentwerte zu einer Klasse zusammenfassen wird. So wird man bei einer Statistik über Geburtenzahlen beispielsweise gewiß nicht nach einzelnen Neugeborenen unterteilen.

Abgesehen von der einfacheren Herleitung ihrer Verteilungstafel bieten aber Kollektive mit unstetig veränderlichen Merkmalen den Vorteil, direkt mit den Verteilungen einfacher Zufallsmaterien, wie Würfelspielen, Münzenspielen, Urnenziehungen oder Lotterien, die allesamt ebenfalls Materien mit unstetigen Argumentwerten bilden, vergleichbar zu sein. Aus diesem Grunde wird auch der Zusammenhang zwischen statistisch zu bearbeitenden Materien und reinen, den Gesetzen der Wahrscheinlichkeitsrechnung nachweisbar gehorchenden Zufallsmaterien der genannten Art durch die Betrachtung unstetiger Kollektive klarer, einleuchtender und ursprünglicher aufgedeckt und herausgestellt. Endlich ist eine sinngemäße Anwendung der binomialen Verteilung auf die Verhältnisse einer statistischen Materie nur bei unstetigen

Kollektiven möglich, da die binomiale Verteilung direkt die Verteilungen reiner Zufallsmaterien mit unstetigen Merkmalen darstellt und stets nur die Häufigkeiten der diskreten Werte 0, 1, 2, 3 . . . eines Arguments angibt. Es unterliegt jedoch keinem Anstand, auch stetige Kollektive bzw. ihre Verteilungen durch binomische Reihen darzustellen, was schon daraus als zulässig folgt, daß, wie erwähnt, jedes stetige Kollektiv unstetig unterteilt und anderseits auch jede binomiale Verteilung graphisch durch eine Häufigkeitskurve dargestellt werden kann, womit die Ablesbarkeit gebrochener Merkmalswerte aus der graphischen Darstellung gegeben ist. Läßt aber eine entsprechende binomiale Verteilung lediglich die mathematische Beschreibung eines Kollektivs mit stetig veränderlicher, klassifizierter Eigenschaft zu, so ermöglicht sie bei unstetigen Kollektiven eine direkte Erklärung der Entstehung einer Verteilung. Erlaubt die binomiale Verteilung für stetige Kollektive lediglich eine mehr oder weniger gute Wiedergabe der äußeren Gestalt der Verteilungen ohne in innerem Zusammenhang mit der Verteilung der zu beschreibenden statistischen Reihe zu stehen, so ist diese innere Verbundenheit und eine gewisse Wesensgleichheit zwischen unstetigen Kollektiven und binomialen Reihen vorhanden, und es läßt sich daher für jede statistische Reihe eines unstetigen Kollektivs durch eine entsprechende binomiale Verteilung die Verteilung angeben, welche das empirische Kollektiv besitzen müßte, wenn seine Verteilung nur vom Zufall diktiert würde, und der Vergleich der empirischen Verteilung mit der entsprechenden Zufallsverteilung erlaubt Schlüsse darauf, inwieweit der empirischen Verteilung Zufallscharakter zukommt oder nicht zukommt[1]).

76. Unter den Kollektiven mit unstetigen Argumenten gibt es solche, bei denen ein an und für sich beliebig veränderliches Merkmal oder ein bestimmter Grad einer beliebig variabeln Eigenschaft vorhanden oder nicht vorhanden bzw. bei der Untersuchung von Gruppen in geringerer oder größerer Zahl von Fällen vorhanden bzw. nicht vorhanden sein kann. Ein Beispiel hierzu bildet die Frage nach der Verteilung eines bestimmten Dehnungswertes über verschiedene Glühchargen eines bestimmten Drahtmaterials. Lediglich rein äußerlich unterscheiden sich von diesen Kollektiven solche Kollektive mit an und für sich unstetigen Merkmalen, wie z. B. Kollektive über im Betriebe befindliche Maschinen, über Zahl der laufenden Drähte einer Zementier-, Versilberungs- oder Verzinnungsanlage u. dgl. m. Handelt es sich nur um die Untersuchung, ob ein an und für sich beliebig veränderliches Merkmal in verschiedenen Einzelfällen vorhanden ist oder nicht vorhanden ist, so bedarf es zu dieser Untersuchung nicht der Methoden der Verteilungskurve; denn die Verteilung erstreckt sich in solchen Fällen lediglich auf 2 Möglich-

---

[1]) Vgl. Art. 137 u. 138.

keiten, eben das Auftreten oder das Fehlen des bestimmten Merkmals. Liegen dagegen verschiedene Grade des Vorhandenseins oder Nichtvorhandenseins von Merkmalen vor, sind also eine gewisse Anzahl n Einzelfälle zu einer Gruppe vereinigt und kann in verschiedenen solcher Gruppen ein Merkmal verschieden oft auftreten, so liegt ein typischer Fall einer unstetigen Verteilungsreihe vor. Die Zusammenfassung mehrerer Einzelfälle zu Gruppen kann in solchen Fällen künstlich erfolgen, wie bei der Frage der Verteilung eines bestimmten Festigkeitswertes einer Sendung Phosphorbronzedraht über eine Reihe Gruppen von je 5 Drahtringen, oder aber kann die Zahl n der Einzelglieder bereits durch die Verhältnisse gegeben sein, wie z. B. dann, wenn es sich darum handelt, wie viele Maschinen eines Arbeiters oder eines Ziehsaals oder eines ganzen Betriebes zu bestimmten Zeiten im Betriebe sind. In diesen Fällen ist der Wert der zu einer Gruppe zusammengefaßten Einzelfälle durch die Gesamtzahl n der Maschinen eines Arbeiters oder eines Ziehsaals oder eines Betriebes gegeben. Zunächst einige Beispiele zu der letzten Art von Verteilungen.

77. Eine Durchziehglühofenanlage besitzt 30 Rohre, so daß auf der Anlage gleichzeitig 30 Drähte geglüht werden können. Um ein Bild über die Arbeitsweise der Anlage zu erhalten, stellt man über eine längere Beobachtungsperiode fest, wieviel von den 30 Rohren zu bestimmten beliebigen Zeiten täglich im Betriebe sind bzw. wie viele Rohre augenblicklich infolge Ablaufens eines Ziehstockes vor dem Ofen, infolge Wechselns einer Spule hinter dem Ofen, infolge Reißens eines Drahtes u. dgl. Ursachen außer Betrieb sind. Bei 282 Beobachtungen und Auszählungen dieser Art stellte man fest, daß 70mal sämtliche 30 Rohre im Betriebe waren, daß 81 mal 29 Drähte liefen, daß in 78 Fällen 28 Drähte den Ofen passierten, daß 40mal nur 27 Rohre besetzt waren, daß 11mal 26 Drähte liefen, und daß 2mal nur 25 Gänge der Spulmaschine im Betriebe waren. Noch weniger im Betriebe befindliche Rohre wurden nie festgestellt, d. h. den Argumentwerten 24 bis 0 kommen die Häufigkeiten 0 zu. Das vorliegende Kollektiv besitzt mithin einen Umfang $N = 282$, jedes Glied umfaßt eine Gruppe von $n = 30$ Einzelfällen, die sich in der angegebenen Weise in Arbeits- und Stillstandsfälle teilen. Ob man nach im Betriebe befindlichen Rohren oder nach zufällig stillstehenden Rohren auswertet, bleibt sich natürlich gleich.

Statt mit den Häufigkeiten der im Betriebe befindlichen Rohre als den Argumentwerten kann man auch mit den Wahrscheinlichkeiten des Betriebszustandes rechnen. Diese Wahrscheinlichkeiten betragen 1, $^{29}/_{30}$, $^{28}/_{30}$ . . . $^{2}/_{30}$, $^{1}/_{30}$, 0. Dieselbe Berechtigung hat ferner eine Rechnung mit dem Verhältnis $\frac{p}{q}$ der Wahrscheinlichkeit der im Betriebe befindlichen Rohre zu der Wahrscheinlichkeit der außer Betrieb stehenden Rohre. Nimmt man dieses Verhältnis $\frac{p}{q} = a' : (n - a')$ als veränderliches Merkmal, so erhält man folgende Reihe von Argumentwerten: $^1/_0 = \infty$, $^{29}/_1 = 29$, $^{28}/_2 = 14$, $^{27}/_3 = 9$, $^{26}/_4 = 6{,}5$, $^{25}/_5 = 5$, $^{24}/_6 = 4$ usw. Endlich kann man auch den relativen Überschuß der im Betriebe befindlichen Rohre pro Beobachtung festhalten. Es ergibt sich dann folgende Reihe von Argumentwerten, die man als $2\,p - 1 = (2\,a' - n) : n$ festlegt: 1, $^{28}/_{30}$, $^{26}/_{30}$, $^{24}/_{30}$, $^{22}/_{30}$, $^{20}/_{30} \ldots$ $^2/_{30}$, 0, $-\,^2/_{30}$, $-\,^4/_{30} \ldots$ $-\,^{28}/_{30}$, -1. In jedem Falle läßt sich, wenn die Urliste der Häufigkeiten, der Wahrscheinlichkeiten, der Verhältnisse $\frac{p}{q}$ oder der relativen Überschußwerte vorliegt, nach der Methode der Stellenauswahl, welche in den Artikeln 9 bis 11 und 27 an Hand von Beispielen diskutiert wurde, der zufällig-regellose Charakter der Beobachtungsreihe überprüfen. Für die Aufstellung der Verteilungstafel und deren Auswertung gestaltet sich natürlich die Rechnung mit Häufigkeiten, mit Wahrscheinlichkeiten, mit relativen Wahrscheinlichkeiten oder mit dem relativen Überschuß genau gleich. Im folgenden seien die Überlegungen an Hand der Häufigkeiten als den direkt beobachteten Argumentwerten weitergeführt.

Die Abb. 54 zeigt die graphische Darstellung der vorliegenden Verteilung nach im Betriebe befindlichen Rohren. Die ausgezogene Kurve gibt die Verteilungskurve des Kollektivs, wie sie durch die Erfahrung festgestellt wurde. Die Häufigkeitskurve ist einseitig, und zwar rechtsseitig. Dementsprechend ist auch der häufigste Wert sowie der Durchschnittswert stark gegen das Ende der höheren Argumentwerte verschoben. Der häufigste Wert liegt mit 81 Gliedern bei dem Argumentwert 29. Als Mittelwert errechnet man 28,54 Rohre. Rund $1\frac{1}{2}$ Rohre stehen durchschnittlich also dauernd still. Die Ermittlung dieses Wertes ist an und für sich wichtig einmal zur Beurteilung der Arbeitsweise der Anlage und weiterhin zur Berechnung von Produktionen, von Lieferzeiten, von Gestehungskosten und Akkordsätzen sowie für die Projektierung neuer Anlagen.

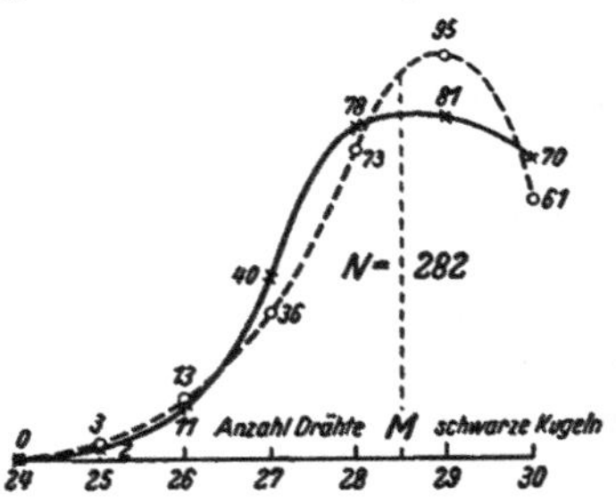

Abb. 54.

Es ist einleuchtend, daß man in Fällen wie dem vorliegenden nicht eine symmetrische Zufallsverteilung als Ideal der empirischen Verteilung erwarten und anstreben darf; im Gegenteil, man wird und muß eine asymmetrische Kurve als Verteilungskurve fordern, deren Maximum möglichst weit nach der Seite der höheren Argumentwerte zu liegt. Eine einseitige Kurve ist mithin das Ideal einer Verteilung wie der vorliegenden. Diese wird auch dieser Forderung weitgehend gerecht. Man erhält als Häufigkeitskurve eine einseitige Kurve mit einem nur sehr unvollständigen Abfall nach der Seite der höheren Argumentwerte, mit einem breiten Maximum und einem relativ raschen Abfall gegen kleinere Argumentwerte zur Abszissenachse. In weitaus den häufigsten Fällen, nämlich in $78 + 81 + 70 = 229$ Fällen, arbeitet der Ofen mit 28, 29 und 30 Rohren, das breite Maximum am rechten Ende der Verteilungskurve ergebend. Dieser Charakter der Verteilung kommt klar zum Ausdruck durch die Lage des häufigsten Wertes bzw. des Durchschnittswertes im Vergleich zu dem höchsten Argumentwert. Auf Grund dieser Lage bzw. des Abstandes des Mittelwertes von dem höchsten Argumentwert läßt sich in dem vorliegenden Falle wie auch in jedem anderen Falle unter Würdigung der bekannten einschlägigen Verhältnisse einer Materie entscheiden, ob die Arbeitsweise einer Anlage befriedigend ist, oder ob eine Verbesserung derart möglich ist, daß eine Verschiebung des Maximums, eine Verschiebung des Mittelwertes nach höheren Argumentwerten zu erreichen ist.

Multipliziert man jeden Argumentwert mit der für ihn festgestellten Häufigkeit, so ergibt die Summe dieser Produkte die Gesamtzahl aller über die Beobachtungsreihe im Betriebe befindlichen Rohre, und wenn die Beobachtungsreihe keinen zu kleinen Ausschnitt aus der untersuchten Materie bildet, wenn sie mit anderen Worten genügend groß ist, erhält man damit einen allgemein gültigen Wert, welcher die Gesamtzahl der im Betriebe befindlichen Rohre (innerhalb gewisser Schwankungen) für gleich lange Versuchsreihen stets richtig wiedergibt. Diese Zahl, die in der Sprache reiner Zufallsmaterien Gesamterfolgszahl zu nennen ist, errechnet sich für den Fall des vorliegenden Kollektivs zu $2 \times 25 + 11 \times 26 + 40 \times 27 + 78 \times 28 + 81 \times 29 + 70 \times 30 = 8049$. Dividiert man diesen Wert, diese Gesamterfolgszahl, durch die Anzahl der Beobachtungsreihen, $N = 282$, so erhält man die mittlere Erfolgszahl pro Beobachtungsreihe, man erhält den Mittelwert, 28,5 für den vorliegenden Fall. Die Ergänzung dieses Wertes zur Gesamtzahl der Einzelfälle pro Versuchsreihe, 30 im Falle des vorliegenden Beispiels, ergibt den Mittelwert der Nichterfolge, in der Sprache der Zufallsmaterien ausgedrückt. Diesen Mittelwert der Nichterfolge erhält man anderseits auch direkt, wenn man nach Nichterfolgen pro Beobachtungsreihe statt nach Erfolgen, also nach außer Betriebe befindlichen Rohren statt nach im Betriebe befindlichen Rohren klassifiziert. Die Summe aller Produkte aus Argumentwert und Häufigkeit durch die Gesamtzahl der Beobachtungsreihen dividiert ergibt dann den Durchschnitt der Nichterfolge, der unproduktiven Rohre. Man findet: $(2 \times 5 + 11 \times 4 + 40 \times 3 + 78 \times 2 + 81 \times 1 + 70 \times 0) : 282$ oder rd. 1,5. Dividiert man die Gesamtzahl der Erfolge bzw. die Gesamtzahl der Nichterfolge durch die Gesamtzahl der Einzelfälle der Beobachtungsreihe, also durch 282×30, so ergibt sich die empirische Wahrscheinlichkeit des Erfolgs bzw. des Nichterfolgs, d. h. die empirische Wahrscheinlichkeit dafür, daß ein Rohr im Betriebe ist bzw. die Wahrscheinlichkeit des Gegenteils, also dafür, daß ein Rohr stillsteht. Die Rechnung ergibt $p = 8049 : (282 \times 30) = 0{,}95$ bzw. $q = 411 : (282 \times 30) = 0{,}05$. Es werden also von der unter der Voraussetzung keinerlei Stillstandes errechneten theoretischen Sollproduktion nur 95% geleistet. Dies ist ein als sehr gut anzusprechender Wirkungsfaktor. Man sieht, die Wahrscheinlichkeit bildet ein direktes Maß der Arbeitsweise einer Anlage. Je größer die Wahrscheinlichkeit des Erfolgs, in dem vorliegenden Falle also des Merkmals im Betriebe sein, ist, je kleiner die Wahrscheinlichkeit des Gegenteils ist, um so besser arbeitet eine Anlage. Multipliziert man den Wert für die Wahrscheinlichkeit eines Ereignisses mit der Zahl der Einzelfälle pro Beobachtungsserie, also in dem vorliegenden Falle mit $n = 30$, so ergibt sich der Mittelwert des Ereignisses pro Beobachtungsreihe, also der Mittelwert der Erfolge, der im Betriebe befindlichen Rohre, bzw. der Mittelwert der Nichterfolge, der außer Betrieb stehenden Rohre. Es ist $np = 30 \times 0{,}95 = 28{,}5$ bzw. $nq = 30 \times 0{,}05 = 1{,}5$.

78. Für jede Verteilung eines unstetigen Kollektivs läßt sich die entsprechende Zufallsverteilung errechnen, d. h. es läßt sich die Verteilung ermitteln, welche das empirische Kollektiv zeigen müßte, wenn die Verteilung lediglich vom Zufall diktiert würde. Diese Berechnung erfolgt mit Hilfe des binomischen Ausdrucks $N(p + q)^n$. Von den 4 Größen N, n, p und q dieser Formel kennt man N, den Umfang des untersuchten Kollektivs, und n, die Zahl der Einzelfälle pro Beobachtungsgruppe, pro Untersuchungsserie. Die Wahrscheinlichkeiten p und q lassen sich auf die eben geschilderte Art errechnen, bzw. man errechnet nur die eine dieser beiden Wahrscheinlichkeiten und erhält die andere Wahrscheinlichkeit als Ergänzung der errechneten zu 1.

Setzt man für das unter Diskussion stehende Beispiel die Werte in die binomische Formel ein, so erhält man den speziellen binomischen Ausdruck $282\,(0{,}95 + 0{,}05)^{30}$. Die Entwicklung dieses Ausdrucks zur binomischen Reihe ergibt die Häufigkeiten 0 . . . 0, 3, 13, 36, 73, 95, 61 für bzw. die Argumentwerte 0 bis 24, 25, 26, 27, 28, 29, 30. Dies sind die idealen Häufigkeiten der vorliegenden empirischen Verteilung unter der Voraussetzung, daß der ganze Prozeß außer von seinen grundlegenden Umständen allein von den Gesetzen des Zufalls abhängt. Man kann sich nun auch aus der Reihe der reinen Zufallsmaterien eine bestimmte aussuchen, welche genau dieselben Häufigkeiten im Idealfalle aufweist.

Veranstaltet man eine Urnenziehung, bei der die Urne eine sehr große Zahl von Kugeln enthält, die zu $^{19}/_{20}$ schwarz und zu $^{1}/_{20}$ weiß sind, zieht man 282mal in Serien zu je 30 Kugeln und zählt für jede Ziehungsserie aus, wie viele der 30 gezogenen Kugeln schwarz sind, so erhält man die vorgenannte Zufallsverteilung, theoretisch genau, durch den tatsächlich durchgeführten Versuch infolge zufälliger Störungen angenähert. Bezüglich der zu erhaltenden Verteilung ist es also einerlei, ob man die Zufallsversuche der angeführten Art ausführt, oder ob man statt der 30 Kugeln aus der Urne zu ziehen pro Ziehung einen Blick auf die erwähnte Durchzieh-Glühofen-Anlage wirft, und, wie man in jenem Fall die Anzahl der gezogenen schwarzen Kugeln auszählt, die Anzahl der im Betriebe befindlichen Rohre feststellt. Allerdings gilt diese Gleichsetzung dieser beiden grundverschiedenen Materien bezüglich ihrer Verteilungen nur dann, wenn gewisse als selbstverständlich geltende Voraussetzungen in beiden Fällen erfüllt sind, wenn also im einen Fall die schwarzen und die weißen Kugeln z. B. gleich groß sind und eine für die Beurteilung durch das Gefühl der ziehenden Hand gleiche Oberflächenbeschaffenheit besitzen, wenn die Kugeln nach jeder Ziehung wieder gut durchgemischt werden, wenn durch Zurückgabe der gezogenen Kugeln nach jeder Ziehung in die Urne oder durch Verwendung einer äußerst großen Zahl von Kugeln als Urneninhalt dafür Sorge getragen wird, daß das Verhältnis der schwarzen zu den weißen Kugeln wenigstens angenähert dasselbe bleibt u. dgl. m., und wenn im anderen Falle der Durchziehglüherei nicht zum Teil ausnahmsweis kurze Drahtenden auf den ablaufenden Ziehstöcken sind, wenn die Dimensionen der geglühten Drähte ungefähr dieselben sind, wenn die Geschwindigkeit, mit welcher die Drähte den Ofen passieren, nicht stark wechselt, wenn unter den Ziehstöcken mit dem zu glühenden Draht nicht eine größere Zahl schlecht gespulter und daher schlecht ablaufender ist u. dgl. m. Es dürfen mit anderen Worten weder im einen noch im anderen Fall besondere Ursachen mitwirken, welche das bevorzugte Auftreten des bestimmten Ereignisses oder das bevorzugte Auftreten seines Gegenteils bedingen, es muß alles sowohl bei der Urnenziehung als auch bei der Glühanlage nach den im einzelnen undurchsichtigen Vorschriften des Zufalls vor sich gehen, und es darf der Zufall in keiner Weise in seiner Auswirkung behindert werden, d. h. jeder Einzelfall muß das Ergebnis einer großen Zahl unübersehbarer Einzelumstände sein. Für die Zufallsmaterie ist diese Voraussetzung nun ohne weiteres erfüllt, wenn man ihre Verteilung rechnerisch feststellt, und man hat daher in dem Vergleich der empirischen Verteilung mit der errechneten idealen Zufallsverteilung ein einfaches Mittel zur Entscheidung der Frage, ob auch die empirische Verteilung Zufallscharakter besitzt, oder ob sie keine zufällige Verteilung darstellt.

Der Abb. 54 ist die reine Zufallsverteilung der erwähnten Urnenziehung, zugleich also auch die theoretische ideale Verteilung der technischen Materie für den Fall ihrer rein zufälligen Verteilung, gestrichelt eingezeichnet. Man stellt eine im großen und ganzen gute Übereinstimmung des aufsteigenden Astes der empirischen Verteilung, dargestellt durch die ausgezogene Kurve, mit dem entsprechenden Teil der gestrichelten Zufallskurve fest. Lediglich die maximale Partie der empirischen Häufigkeitskurve zeigt eine bemerkenswerte Differenz gegen die maximale Partie der reinen idealen Zufallskurve.

Man muß aber nun beim Ziehen eines derartigen Vergleiches berücksichtigen, daß bei der tatsächlichen Ausführung der geschilderten Urnenziehung auch nicht genau die angegebenen errechneten Häufigkeiten für die einzelnen Möglichkeiten festgestellt würden; man würde vielmehr als Folge zufälliger, d. h. nicht durch einen besonderen Einfluß bedingter Störungen eine von der errechneten, idealen, theoretischen Verteilung abweichende Verteilung als empirische Verteilung der Zufallsmaterie erhalten, wie dies durch das Beispiel der Zahlentafel 15 dokumentiert wird. Mithin ist nicht allein der Vergleich einer empirischen Verteilung mit der entsprechenden idealen Zufallsverteilung von Interesse, sondern zur Beurteilung einer empirischen Verteilung ist auch noch die Frage von Bedeutung, ob die empirische Verteilung von der entsprechenden empirischen Zufallsverteilung abweicht. Die wirkliche Durchführung der entsprechenden Zufallsversuche von Fall zu Fall wäre natürlich ein viel zu umständliches Vergleichsverfahren, und zudem würde diese Methode insofern wenig Zweck haben, als eben infolge des Zufälligkeitscharakters der Störungen, welche die geringen Abweichungen von der idealen Verteilung bedingen, diese Störungen bei verschiedenen Versuchsreihen bei verschiedenen Argumentwerten auftreten und in verschiedenen Richtungen sowie innerhalb gewisser Grenzen auch in verschiedener Stärke wirken, Abweichungen an verschiedenen Stellen, im Sinne einer Erhöhung oder Erniedrigung der Häufigkeit bestimmter Argumentwerte und in verschiedener Stärke bedingend. Es werden noch Methoden anzugeben sein, auf Grund deren festzustellen ist, ob die Abweichungen zwischen einer empirischen Verteilung und der entsprechenden theoretischen Zufallsverteilung noch als zufällig aufgefaßt werden können oder aber als wirkliche, d. h. durch besondere Ursachen bedingte Abweichungen zu werten sind[1]).

Wendet man diese Methoden auf den vorliegenden Fall des Vergleichs der empirischen technischen Materie mit der idealen Verteilung der Urnenziehung an, so ergibt sich, daß die Abweichungen der empirischen Verteilung von der theoretischen Zufallsverteilung an keiner Stelle größer sind als die Abweichungen, welche die empirische Verteilung der tatsächlich durchgeführten Urnenziehungen gegen ihre ideale Verteilung aufweisen könnte. Mithin kann die empirische Verteilung der untersuchten technischen Materie als Zufallsverteilung angesprochen werden, und es liegen wahrscheinlich keine besonders verursachten Störungen vor. Die einwandfreie Urteilsbildung hierüber würde die Untersuchung der Verteilungen mehrerer Kollektive derselben Materie erlauben. Würden diese Verteilungen stets wieder ungefähr dasselbe

---

[1]) Vgl. Art. 136 u. 137.

Bild wie das vorliegende Kollektiv ergeben, so hätte man besonders verursachte Störungen anzunehmen; sind die Störungen dagegen zufälliger Art, so sind auch die Abweichungen verschiedener empirischer Verteilungen von der idealen Vergleichverteilung einer Zufallsmaterie innerhalb der zulässigen Grenzen verschieden, sowohl was die Stärke als vor allem auch was die Richtung der Abweichungen anbetrifft.

79. Ein anderes Beispiel. Eine Feindrahtzieherei besitzt eine Topfglühanlage mit 4 Schächten. Um ein Bild über die Arbeitsweise der Glühanlage zu erhalten, stellt man die Verteilung ihrer verschiedenen Besetzungsgrade fest. Man findet, wie Zahlentafel 17 ausweist, daß an 154 Arbeitstagen 2mal kein Schacht im Betriebe war, daß 11mal ein Schacht Glühglut enthielt, daß 75mal zwei Schächte beschickt wurden, daß 44mal drei Schächte im Betriebe waren, und daß 22mal alle vier Schächte mit Töpfen besetzt waren. Die graphische Darstellung dieser Verteilung gibt die ausgezogene Kurve der Abb. 55.

Das Maximum der Verteilung liegt bei dem Argumentwert 2; es kommt am häufigsten vor, daß von den 4 Schächten 2 im Betriebe sind und mithin 2 ungenutzt stehen. Als durchschnittliche Besetzung der Anlage errechnet man 2,5 Schächte. Für den Beschäftigungsgrad der Untersuchungsperiode ist mithin die Anlage mit 4 Schächten zu groß; es hätte eine Anlage mit 3 Schächten genügt, um die vorliegenden Arbeiten zu bewältigen. Dieselbe Untersuchung derselben Anlage im nächsten halben Jahre ergab aber bereits ein anderes Bild, das durch die Zahlentafel 17 und die Abb. 56 festgehalten wird. Die Häufigkeiten der einzelnen Besetzungsmöglichkeiten sind nun bzw. 3, 7, 35, 80 und 26. Man stellt fest, daß im Vergleich zu der Verteilung I der Abb. 55 das Maximum bei der vorliegenden Verteilung II um eine Einheit nach rechts,

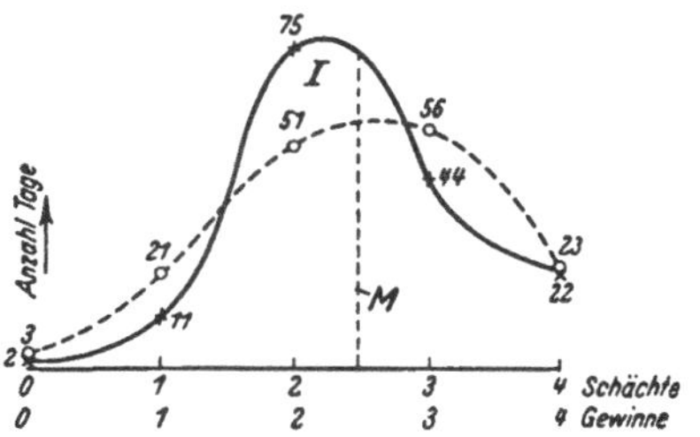

Abb. 55.

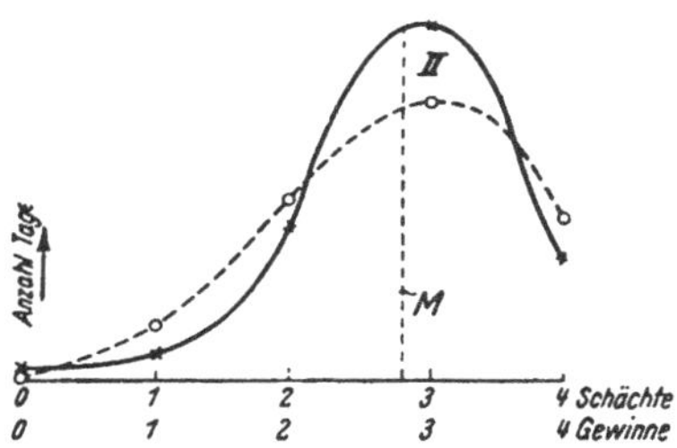

Abb. 56.

nach der Seite höherer Argumentwerte gerückt ist. Es sind nun drei Schächte an der Mehrzahl der Tage im Betriebe. Auch die durchschnittliche Besetzungszahl der Anlage hat eine Erhöhung erfahren; sie ist auf 2,79 gestiegen. Man würde auch für diese Leistung noch mit 3 Schächten der Anlage auskommen, vorausgesetzt, daß die Beanspruchung der Anlage eine möglichst gleichmäßige ist. Es bedarf aber lediglich einer

Zahlentafel 17.

Verteilungstafel über die Besetzung einer Schachtglühofenanlage.

I. Halbjahr			Binomiale Verteilung gleicher Entstehung 154 (0,62 + 0,38)⁴ $n = 4$ $p = 0,62$				II. Halbjahr			Binomiale Verteilung gleicher Entstehung 151 (0,7 + 0,3)⁴ $n = 4$ $p = 0,7$			
Klasse	z	»Einzelerfolge«	Klasse	z	str. z	z-Differenz	Klasse	z	»Einzelerfolge«	Klasse	z	str. z	z-Differenz
0	2	0	0	3	± 1,7	1	0	3	0	0	1	± 1	2
1	11	11	1	21	± 4,2	10	1	7	7	1	11	± 3,2	4
2	75	150	2	51	± 5,8	24!	2	35	70	2	40	± 5,4	5
3	44	132	3	56	± 6	12	3	80	240	3	62	± 6	18
4	22	88	4	23	± 4,4	1	4	26	104	4	36	± 5,2	10
	154	381						151	421				

I. Halbjahr:

$$M = \frac{381}{154} = 2,47$$

$$p = \frac{381}{154 \times 4} = 0,62$$

$$q = 1 - p = 0,38$$

$$\mu^2 = 0,76 \quad \mu = \pm 0,87$$

$$V = \pm 34,8$$

Binomiale Verteilung mit empirischem M und μ

$$np = 2,47 \quad npq = 0,76$$

$$q = \frac{0,76}{2,47} = 0,33 \quad p = 0,67$$

$$n = 2,47 : 0,67 = 3,7$$

$$n = 4 \quad p = \frac{2,47}{4} = 0,62 \quad q = 0,38$$

II. Halbjahr:

$$M = \frac{421}{151} = 2,79$$

$$p = \frac{421}{151 \times 4} = 0,7$$

$$q = 1 - p = 0,3$$

$$\mu^2 = 0,72 \quad \mu = \pm 0,85$$

$$V = \pm 30,1$$

Binomiale Verteilung mit empirischem M und μ

$$np = 2,79 \quad npq = 0,72$$

$$q = \frac{0,72}{2,79} = 0,25 \quad p = 0,75$$

$$n = 2,79 : 0,75 = 3,7$$

$$n = 4 \quad p = \frac{2,79}{4} = 0,7 \quad q = 0,3$$

$$M_{II} - M_I = 2,79 - 2,47 = 0,32 \qquad \mu_{M_D} = \pm \sqrt{\mu_I^2 : N_I + \mu_{II}^2 : N_{II}} = \pm 0,099$$

$$p_{II} - p_I = 0,70 - 0,62 = 0,08 \qquad \mu_{p_D} = \pm \sqrt{\mu_I^2 : n_I^2 N_I + \mu_{II}^2 : n_{II}^2 N_{II}} = \pm 0,0246$$

I. Halbjahr	II. Halbjahr
$\mu_1^2 = 0,0475$	$\mu_1^2 = 0,045$
$\frac{pq}{n} = 0,0589$	$\frac{pq}{n} = 0,0525$
$X_1 = -0,0114$	$X_1 = -0,008$
str. $\frac{pq}{n} = \pm 0,006$	str. $\frac{pq}{n} = \pm 0,006$
$Q^2 = 0,81$	$Q^2 = 0,86$

noch geringen Steigerung der Produktion, die für einen normalen, entwicklungsbestrebten Betrieb selbstverständlich zu erwarten ist, um die mittlere Besetzungszahl der Schächte über 3 zu bringen. Man wird daher die vorliegende Anlage nicht als zu reichlich bemessen, aber auch nicht als zu knapp für die Bedürfnisse des Betriebes bezeichnen können.

Der vorliegende Fall bildet ein typisches Beispiel solcher Fälle, in denen es sich darum handeln kann, eine Entwicklung oder auch ein pendelartiges Schwanken zu bestimmten Zeiten zu verfolgen. Der Vergleich der Verteilungskurven für dieselbe Materie zu verschiedenen Zeiten, in verschiedenen Lagen des »Produktionspendels«, gibt ein anschauliches Bild eingetretener Veränderungen. So wird im vorliegenden Fall der Unterschied in der Beanspruchung der Glühanlage während der beiden Halbjahre an Hand der Verteilungskurven deutlich illustriert. Beide Verteilungen sind zwar asymmetrisch, aber ihre Maxima liegen bei verschiedenen Argumentwerten, und damit hängt zusammen, daß auch der Steilabfall der beiden Verteilungen auf verschiedenen Seiten liegt. Die Verteilung I der Abb. 55 ist linksseitig, die Verteilung II der Abb. 56 ist rechtsseitig asymmetrisch.

Es ist klar, daß, solange die Dimensionen der fabrizierten Drähte des Betriebes ungefähr dieselben bleiben, die Verfolgung der Verteilungskurven der Besetzung der Glühanlage auch ein anschauliches Bild über den Stand der Produktion eines Betriebes wenigstens ungefähr zu geben vermag, da in der Regel die gesamte Produktion einer Zieherei die Glüherei passiert.

80. Den beiden Verteilungen der Abb. 55 und 56 sind ihre idealen Zufallskurven gestrichelt eingezeichnet. Diese Zufallskurven geben beispielsweise die idealen Verteilungen von Urnenziehungen in Serien zu je 4 Kugeln wieder, wobei die Mischung des Urneninhalts für die Vergleichsverteilung der empirischen Verteilung I derart ist, daß auf 31 schwarze Kugeln 19 weiße Kugeln entfallen, wogegen für die Vergleichsverteilung der empirischen Verteilung II auf 7 schwarze Kugeln 3 weiße Kugeln kommen. Als Erfolg hat in beiden Fällen die Ziehung schwarzer Kugeln zu gelten.

Durch die Festlegung der pro Serie zu ziehenden Anzahl Kugeln mit 4 wird die Zahl der möglichen Fälle für die Vergleichsverteilungen dieselbe wie für die empirischen Verteilungen, werden Vergleichsverteilungen gleicher Entstehungsart mit den empirischen Verteilungen, für welche n ebenfalls gleich 4 ist, bedingt. Das Mischungsverhältnis der beiden Kugelarten ist so zu wählen, daß sich die Anzahlen der beiden Kugelarten in der Urne so verhalten wie die empirischen Wahrscheinlichkeiten dafür, daß ein Schacht besetzt ist bzw. daß er nicht besetzt ist. Dadurch erhält man je eine Zufallsverteilung für den Vergleich, welche dieselbe Wahrscheinlichkeit eines bestimmten Ereignisses und damit auch dieselbe Wahrscheinlichkeit des Gegenteils des bestimmten Ereignisses besitzt wie die technische Materie. Der binomische Ausdruck der Zufallsverteilung lautet für das empirische Kollektiv I dementsprechend $154\,(0{,}62 + 0{,}38)^4$ und für das empirische Kollektiv II $151\,(0{,}7 + 0{,}3)^4$. Diese Verteilungen sind den Abb. 55 bzw. 56 gestrichelt eingezeichnet.

Vergleicht man die empirischen Verteilungen mit den idealen, gestrichelt dargestellten Zufallsverteilungen, so konstatiert man erhebliche Abweichungen sowohl für das Kollektiv I als auch für das Kollektiv II, man stellt fest, daß die tatsächlich festgestellten Verhältnisse der Besetzungen der Schächte in beiden untersuchten Fällen erheblich anders liegen, als sie beim Walten des Zufalls allein liegen müßten. Nun ist die Arbeitsweise einer Glüherei durch die Produktion der Zieherei festgelegt, die Produktion der Zieherei wird ihrerseits durch den Grad des Auftragseingangs bestimmt, und dieser selbst wird wieder wechselnd von diesen oder jenen besonderen wirtschaftlichen, sozialen oder politischen Faktoren mitbedingt, ist also kein reines Ergebnis des Zufalls. Es ist im vorliegenden Falle somit von vornherein auch für die Besetzungsverhältnisse einer Glühereianlage keine zufällige Verteilung zu erwarten. Daß diese Abweichung tatsächlich auch festzustellen ist, dafür spricht nicht nur die starke Divergenz zwischen empirischer Häufigkeitskurve und theoretischer Verteilungskurve sondern auch die Tatsache, daß für die beiden dargestellten empirischen Verteilungen die Abweichungen von den berechneten idealen Zufallsverteilungen in derselben Richtung liegen. In beiden Fällen zeigen die empirischen Verteilungen ausgeprägtere Maxima gegenüber den Zufallsverteilungen, und die Abfälle der Kurvenäste gegen die Abszissenachsen sind dementsprechend für die empirischen Verteilungen schroffer als für die entsprechenden Zufallsverteilungen. Mit dieser äußeren Verschiedenheit der empirischen Verteilungskurven und der theoretischen Häufigkeitskurven hängt es sodann zusammen, daß die Streuung der Einzelwerte bezüglich der Mittelwerte für die empirischen Kollektive kleiner ist als für die entsprechenden Zufallsmaterien[1]). Die Divergenz zwischen tatsächlicher Verteilung und theoretischer Zufallsverteilung ist für die Verteilung I allerdings insofern noch erheblicher als für die Verteilung II, als für diese letztere der Charakter der Asymmetrie für empirische Verteilung und Zufallsverteilung derselbe ist, da beide Verteilungen rechtsseitig asymmetrisch sind, wogegen der linksseitig asymmetrischen Verteilung I die rechtsseitig asymmetrische theoretische Zufallsverteilung gegenübersteht.

81. Die beiden folgenden Abb. 57 und 58 geben den Vergleich des Leistungsgrades zweier Arbeiter, gemessen an der Zahl der über eine Reihe von Beobachtungen im Betriebe befindlichen Maschinen dieser Arbeiter.

Ein Arbeiter A hat 6 Maschinen eines bestimmten Typs zu bedienen. Man stellt bei täglich mehrmaligen Rundgängen durch den Betrieb fest,

---

[1]) Vgl. Art. 43.

wie viele der 6 Maschinen des Arbeiters A jedesmal im Betriebe sind und wie viele nicht im Betrieb sind sondern zufällig stehen, infolge Auslaufens des Ringes Vorzugdraht, infolge Umwechselns des Ziehstocks, infolge Reißens des Drahtes und was dergleichen Möglichkeiten mehr sind. Bei 163 solchen Beobachtungen fand sich kein Fall mit nur außer Betrieb befindlichen Maschinen oder mit nur einer Maschine oder mit nur 2 Maschinen im Arbeitszustand. Es ließ sich 2mal das Arbeiten nur dreier Maschinen feststellen, 33mal waren 4 Maschinen im Betrieb, 65mal liefen 5 Maschinen und 63mal arbeiteten alle 6 Maschinen.

Man wird als Gestalt der idealen Verteilungskurve für den vorliegenden Fall sowie für ähnliche Materien eine stark rechtsseitig asymmetrische oder entsprechend einseitige Kurve fordern, eine Verteilung, deren Maximum möglichst weit gegen das rechte Ende zu liegt und einen relativ steilen Aufstieg zu diesem Maximum aufweist. In diesem Sinne ist die vorliegende empirische Verteilung als befriedigend anzusprechen. Es kommt am häufigsten und praktisch gleich häufig vor, daß 5 oder 6 Maschinen im Betrieb sind, und der Fall nur 4 arbeitender Maschinen ist bereits nur noch rund halb so häufig wie die beiden häufigsten Fälle. Über 75% aller Fälle gehören den beiden Klassen der höchsten Argumentwerte an. Dementsprechend errechnet man als Mittelwert der Verteilung 5,16, welcher Wert besagt, daß im Durchschnitt von den 6 Maschinen des Arbeiters A 5,16 produktiv arbeiten und nur 0,84 Maschinen, also noch nicht einmal eine Maschine, zufällig außer Betrieb sind. Die Wahrscheinlichkeit für den Betriebszustand einer Maschine errechnet sich zu 0,86, und als Wahrscheinlichkeit des Gegenteils ermittelt man 0,14. Es ist die Wahrscheinlichkeit des in der Sprache der Zufallsmaterien als Nichterfolg zu bezeichnenden Ereignisses kleiner als $^1/_n = {}^1/_6$. Man könnte in diesem Falle, sofern es die Verhältnisse des Betriebes zulassen, dem Arbeiter eine weitere Maschine zur Bedienung geben, und man würde damit wahrscheinlich eine Vergrößerung der Produktion und dadurch eine Verbilligung der Produktion erreichen, selbst wenn man den betreffenden Arbeiter an der Leistungssteigerung durch eine entsprechend größere Gesamtverdienstmöglichkeit interessieren würde (bzw. nur unter Berücksichtigung dieses psychologischen Moments!). Man wird allgemein in den meisten Fällen, für die q kleiner als $^1/_n$ ist, durch eine Vergrößerung der Einzelfälle pro Serie, durch eine Vergrößerung von n, zu einer rationelleren Ausnutzung einer Anlage kommen.

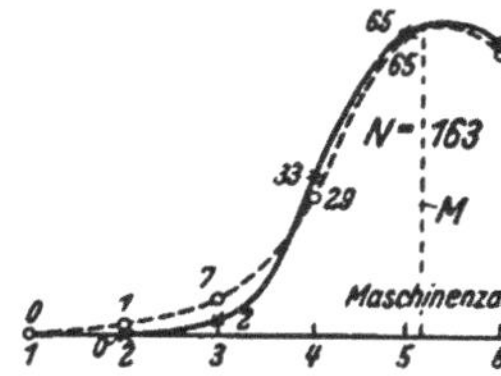

Abb. 57.

In dem Mittelwert der vorliegenden Verteilung, durch die Kenntnis der durchschnittlichen Anzahl Maschinen, die im Betriebe sind, hat man in diesem Falle weiterhin eine verläßliche Grundlage für Akkordfestsetzungen, für Produktionsberechnungen, für die Festlegung von Lieferzeiten u. dgl. m. Um aber verläßliche Schlüsse und Daten durch derartige Verteilungsstudien zu erhalten, wird es in den meisten Fällen erforderlich sein, daß der betreffende Arbeiter von der Kontrolle seiner Maschinen nichts weiß. Es läßt sich zwar durch Vergleich mit einer entsprechenden Zufallsverteilung feststellen, ob eine empirisch ermittelte Verteilung Zufallscharakter besitzt, oder ob sie durch besondere Ursachen, wie absichtliche Leistungsverminderung durch den Arbeiter, beeinflußt wurde. Man hat aber mit dieser Feststellung zugleich die Gewißheit, daß sich aus den aus einer solchen beeinflußten Verteilung ermittelten Daten keine weiteren Schlüsse ziehen lassen.

Die der behandelten Materie entsprechende Zufallsverteilung erhält man durch Veranstaltung einer Urnenziehung, wenn der Urneninhalt auf je 86 schwarze Kugeln 14 weiße Kugeln zählt oder auch (angenähert) auf je 17 schwarze Kugeln 3 weiße Kugeln, wenn in Serien zu je 6 Kugeln gezogen wird, und wenn man schwarze Kugeln als Erfolg wertet. Im Idealfalle, beim Fehlen aller Störungen, findet man bei 163 Ziehungsserien keinen Fall, bei dem keine schwarze Kugel gezogen würde, oder bei dem nur eine schwarze Kugel unter den 6 gezogenen Kugeln wäre. Man zählt sodann nur einen Fall mit 2 schwarzen Kugeln unter den 6 Kugeln, findet 7 Fälle mit 3 schwarzen Kugeln, stellt 29 mal 4, 65 mal 5 und 61 mal 6 schwarze Kugeln fest. Diese Zufallsverteilung, zugleich die ideale Verteilung der vorliegenden technischen Materie für den Fall ihres Zufallscharakters, ist gestrichelt in Abb. 57 eingezeichnet. Man konstatiert eine selten gute Übereinstimmung der empirischen Verteilung mit dieser errechneten idealen Zufallsverteilung.

Ein etwas anderes Bild ergibt die Untersuchung der Verteilung der im Betriebe befindlichen Maschinen desselben Typs eines Arbeiters B. Auch dieser Arbeiter B hat 6 Maschinen zur Bedienung. Die graphische Darstellung der Verteilung gibt die Abb. 58 durch die ausgezogene Kurve. Vergleicht man diese Verteilung mit der Verteilung der Maschinenzahl des Arbeiters A, so stellt man als Hauptunterschiede folgendes fest: Kann man bei der Verteilung der arbeitenden Maschinen des Arbeiters A von einem abfallenden Kurvenast kaum sprechen, so zeigt die entsprechende Verteilung des Arbeiters B einen schroffen Abfall auf der rechten Seite, eine Folge der relativ geringen Häufigkeit des höchsten Argumentwertes der Verteilung B. Überdies ist die Ausdehnung des Kollektivs B nach der Seite kleinerer Argumentwerte um eine Einheit größer als die Ausdehnung der Verteilung A. Dementsprechend verläuft auch der Aufstieg der Verteilungskurve des Kollektivs B von der Argumentachse zum Maximum langsamer, unter geringerer Steigung als der Aufstieg der Häufigkeitskurve des Kollektivs A. All diese

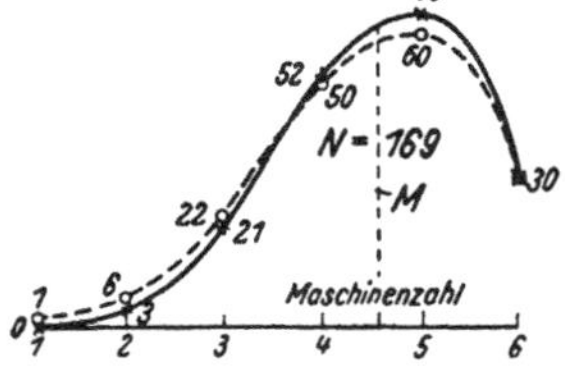

Abb. 58.

Momente stempeln die Verteilung B, die Arbeitsleistung des Arbeiters B, zu einer schlechteren gegenüber der Verteilung des Kollektivs A, gegenüber der Leistung des Arbeiters A.

Berechnet man die Durchschnittszahl der im Betriebe befindlichen Maschinen des Arbeiters B, so findet man $M = 4{,}57$ Maschinen gegenüber dem Mittelwert $M = 5{,}16$ des Kollektivs A. Die Wahrscheinlichkeit dafür, daß eine Maschine des Arbeiters B im Betriebe ist, ergibt sich zu $p = 0{,}76$ gegenüber dem Wahrscheinlichkeitswert $p = 0{,}86$ für das Kollektiv A. Die Wahrscheinlichkeit dafür, daß eine Maschine zufällig stillsteht, ist für das Kollektiv B 0,24, für das Kollektiv A 0,14.

Es ist zur richtigen Beurteilung des Unterschiedes zwischen den Leistungen der beiden Arbeiter A und B bzw. zur richtigen Einschätzung der Leistung des Arbeiters B noch wichtig, festzustellen, ob der Arbeiter B nicht absichtlich seine Leistung niedrig hält, um beispielsweise einen besseren Akkordsatz zu erreichen, ob es ihm lediglich am guten Willen, am Fleiß fehlt, oder ob seine geringere Geschicklichkeit für den schlechteren Wirkungsgrad der von ihm bedienten Maschinen verantwortlich zu machen ist. Im letzteren Falle hat man eine angenähert zufällige Verteilung als empirische Verteilung der Anzahl im Betriebe befindlicher Maschinen zu erwarten, dagegen wird die absichtliche, die gewollte oder die durch Bummeln verschuldete Herabminderung der Leistung sich als besonders verursachte Störung auswirken und daher die Ausbildung einer rein zufälligen Verteilung unmöglich machen.

Die entsprechende Zufallsverteilung ist der Abb. 58 wieder gestrichelt eingezeichnet. Man konstatiert eine gute Anpassung der empirischen Verteilung an diese ideale Zufallsverteilung und stellt damit fest, daß sich die untersuchte Materie wie eine Zufallsmaterie verhält. Die Minderleistung des Arbeiters B beruht mithin auf der geringeren Geschicklichkeit dieses Arbeiters im Vergleich zu dem Arbeiter A und nicht auf Sabotage oder Böswilligkeit.

82. Ein anderer Fall. Ein Arbeiter hat 4 Maschinen (eines anderen Typs als des eben abgehandelten) zur Bedienung. Man führt 210 Beobachtungsreihen durch. Die graphische Darstellung der Verteilung bildet die ausgezogene Kurve der Abb. 59. Der häufigste Fall ist der, daß gleichzeitig 2 Maschinen von den 4 Maschinen im Betriebe sind, und im Durchschnitt befinden sich nur 1,94 Maschinen im Produktionszustande. Die Wahrscheinlichkeit der Eigenschaft im Betriebe sein errechnet man zu $p = 0{,}485$. Es ist mithin die Wahrscheinlichkeit des in der Sprache der Zufallsmaterien als Erfolg zu bezeichnenden Ereignisses kleiner als $\frac{1}{2}$ und damit auch kleiner als die Wahrscheinlichkeit des Gegenteils, des Nichterfolgs, der Eigenschaft Stillstand, mit $q = 0{,}515$. Näherungsweise kann man die Wahrscheinlichkeit des Erfolgs in diesem Falle auch gleich $\frac{1}{2}$ annehmen.

Errechnet man unter der Voraussetzung einer Wahrscheinlichkeit $p = 0,5$ die entsprechende ideale Zufallsverteilung, so findet man die 5 Häufigkeiten 13, 53, 79, 53 und 13. Diese Verteilung ist gestrichelt in Abb. 59 eingezeichnet. Die Abweichungen der empirischen Verteilung von dieser idealen Zufallsverteilung sind noch als gering anzusprechen; die genaue rechnerische Auswertung ergibt, daß die Abweichungen nicht größer sind als die Abweichungen, die auf Grund zufälliger Störungen zu erwarten sind, als die Abweichungen, welche ein empirisches Kollektiv der entsprechenden Zufallsmaterie, Würfe mit 4 Würfeln auf gerade Augenzahlen als Erfolg, gegen die ideale Zufallsverteilung zeigen könnte.

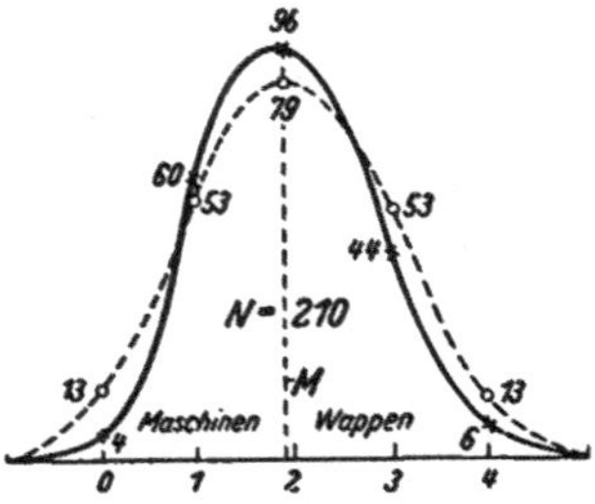

Abb. 59.

Errechnet man die ideale Zufallsverteilung unter Zugrundelegung der genauen empirischen Wahrscheinlichkeit $p = 0,485$, so findet man mit den Häufigkeiten dieser idealen Verteilung, die 13, 57, 79, 49 und 12 betragen, eine noch etwas bessere Übereinstimmung zwischen »Theorie und Praxis«. Man ist mithin berechtigt, die vorliegende empirische Verteilung als Verteilung mit Zufallscharakter anzusprechen. Das Kollektiv zeigt einen bevorzugten Wert, der durch einen Hauptumstand bedingt wird, der in der Materie selbst begründet ist, der charakteristisch für die vorliegende Materie ist, und die Abweichungen von diesem bevorzugten Wert, zwei im Betriebe befindliche Maschinen, sind zufälliger Art. Alle Versuche, den Mittelwert, der praktisch mit dem häufigsten Wert zusammenfällt, durch Ausschaltung einzelner Nebenumstände zu beeinflussen, sind erfolglos. Es liegt im Wesen der Sache, daß im Durchschnitt nur 2 Maschinen im Betriebe sein können, und es ist daher nicht richtig, dem Arbeiter 4 Maschinen zur Bedienung aufzubürden.

83. Auf einen gegenteiligen Fall bezieht sich die Abb. 60. Die ausgezogene Kurve stellt die Verteilung der Anzahl arbeitender Maschinen eines Arbeiters, der im ganzen 3 Maschinen zur Bedienung hat, dar. Die Häufigkeitskurve ist eine streng einseitige Kurve. Der häufigste Fall ist der, daß alle Maschinen im Betriebe sind, und zwar umfaßt diese Klasse größter Häufigkeit über die Hälfte aller Fälle. Die durchschnittlich sich im Betriebe befindliche Maschinenzahl beträgt 2,66. Die Wahrscheinlichkeit dafür, daß eine Maschine im Betriebe ist, errechnet man zu rd. 0,9; die Wahrscheinlichkeit des Gegenteils ist 0,1.

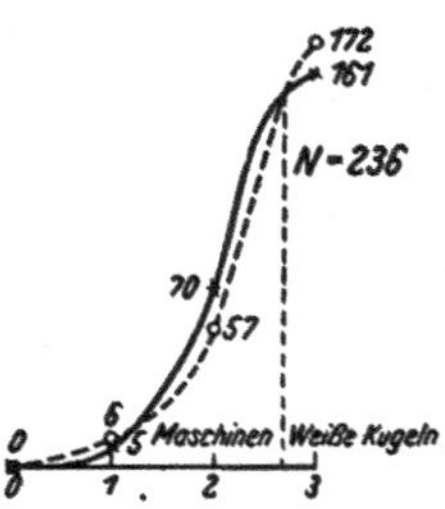

Abb. 60.

Man schließt aus dieser Verteilung und den aus ihr abgeleiteten Werten, daß die dem betreffenden Arbeiter unterstellte Maschinenanlage mit sehr hohem Wirkungsgrad arbeitet, und daß an der Leistungsfähigkeit des Arbeiters nichts auszusetzen ist. Beides ist aber, wie aus dem starken Dominieren der häufigsten Klasse, ihrer Lage am rechten Ende der Verteilung, dem entsprechend hohen Wert des Durchschnitts und der geringen Wahrscheinlichkeit des Nichterfolgs hervorgeht, zunächst als Folge der Tatsache zu werten, daß der betreffende Arbeiter in seiner Leistungsfähigkeit in bezug auf den ihm zugeteilten Maschinentyp nicht voll ausgenützt wird. Man kommt aus dem Studium der vorliegenden Verteilung zu der Erkenntnis, daß dem betreffenden Arbeiter mehr Maschinen zur Bedienung zugeteilt werden können. Der in Abb. 60 gestrichelt gezeichneten entsprechenden Zufallsverteilung schmiegt sich die empirische Verteilung gut an.

84. Es lassen sich nach der Methode der Verteilungskurve nicht nur einzelne Arbeiter sondern ganze Abteilungen und Betriebe kontrollieren und überprüfen. Eine Feinzieherei umfaßt $n = 56$ gleiche Maschinen. Die Arbeitsweise dieser Maschinen wurde über 654 Beobachtungsreihen verfolgt. Es wurde ausgezählt, wie viele der 56 Maschinen bei jedem von 654 Rundgängen durch den Betrieb außer Betrieb waren. Die Verteilung gibt die Abb. 61, in der die empirische Verteilung durch Kreuze markiert ist, denen die festgestellten Häufigkeiten beigesetzt sind.

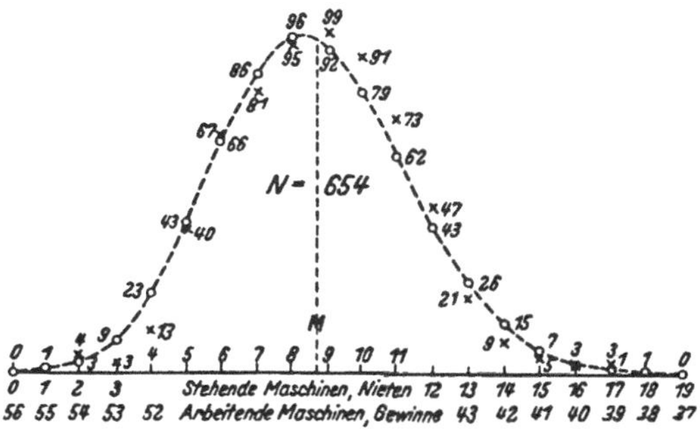

Abb. 61.

Das Maximum der Verteilung liegt bei dem Argumentwert 9; im Durchschnitt sind 8,75 Maschinen außer Betrieb. Dies sind rd. 15% der Anlage, ein für dieselbe eben noch angängiger Satz. Zu dieser Beurteilung ist natürlich die Kenntnis der Maschinen und des auf ihnen gefertigten Erzeugnisses erforderlich.

Die Wahrscheinlichkeit dafür, daß eine Maschine im Betriebe ist, errechnet sich zu $^{11}/_{13}$; die Wahrscheinlichkeit des gegenteiligen Merkmals ist $^{2}/_{13}$. Die zu diesen Werten und $n = 56$ gehörige ideale Zufallsverteilung gleichen Umfangs ist in Abb. 61 gestrichelt eingezeichnet. Die Anordnung in der Abb. 61 ist derart, daß nach steigenden Nichterfolgen, nach wachsender Anzahl nicht produktiver Maschinen oder nach abnehmender Anzahl Erfolge, nach abnehmender Anzahl im Betriebe befindlicher Maschinen von links nach rechts geordnet ist. Bezüglich der Anordnung nach steigenden Nichterfolgen ist die ideale Zufallsverteilung linksseitig asymmetrisch. Die empirische Verteilung ist dagegen rechtsseitig asymmetrisch. Dies läßt die Verteilung ohne Durchführung einer genaueren Rechnung erkennen, da von den empirischen Häufigkeiten, die symmetrisch zu beiden Seiten der größten Häufigkeit liegen, die auf der Seite der höheren Nichterfolge fast durchweg kleiner sind als die entsprechenden Häufigkeiten der andern Seite. Damit hängt auch zusammen, daß das Maximum der empirischen Verteilung bei einem um eine Einheit höheren Nichterfolgswert liegt als das Maximum der theoretischen Verteilung. Auffallend ist sodann, daß die empirischen Häufigkeiten auf der Seite der bezüglich der Nichterfolge anwachsenden Verteilung fast durchweg unter den theoretischen Häufigkeiten liegen, wogegen man auf der andern Seite der Verteilung das Gegenteil feststellt. Wiederholte Beobachtungsreihen derselben Art könnten die Entscheidung darüber bringen, ob diesen Abweichungen besondere Bedeutung beizumessen ist, oder ob sie rein zufälliger Art sind, was in Anbetracht der relativ geringen Größe der Abweichungen der empirischen Häufigkeiten von den theoretischen Häufigkeiten möglich wäre.

Die Tatsache, daß die Abweichungen des empirischen Kollektivs von der theoretischen Verteilung einerseits des Mittels nahezu allesamt in derselben Richtung liegen und auf der anderen Seite des Mittelwertes für die Nichterfolgsklassen 9, 10, 11 und 12 ebenfalls aber nach der entgegengesetzten Seite einheitlich auftreten, läßt es wahrscheinlich erscheinen, daß keine zufälligen Abweichungen sondern besonders verursachte Abweichungen vorliegen. Diese besondere Ursache würde also eine Steigerung der Häufigkeiten der höheren Nichterfolge wenigstens teilweise bedingen und eine Verminderung der niederen Nichterfolge zur Folge haben. Es ist das Wahrscheinlichste, daß diese ungünstige Beeinflussung der vorliegenden Verteilung durch den einen oder anderen ungeeigneten Arbeiter unter dem Bedienungspersonal bewirkt wird. Durch diesbezügliche Beobachtungen und Studien läßt sich diese Frage leicht klären.

Die Ausdehnung des empirischen Kollektivs ist etwas geringer als die Ausdehnung der theoretischen Zufallsverteilung, was an und für sich ein günstiges Moment des empirischen Kollektivs darstellt. Dagegen bedeutet die Rechtsseitigkeit der empirischen Verteilung bezüglich der Nichterfolge, also die Linksseitigkeit der Verteilung bezüglich der Erfolge, bezüglich der im Betriebe befindlichen Maschinen, eine ungünstige Beeinflussung.

85. In den bislang abgehandelten Beispielen lagen durchweg Fälle vor, bei denen der Wert von n, die Zahl der Einzelfälle pro Beobachtungsreihe, pro Versuchsserie, durch die Materie selbst bereits gegeben war. Es mögen im folgenden noch einige Beispiele von Verteilungen mit unstetigem Argument, bei denen n willkürlich festzulegen ist, zur Diskussion kommen.

In einem Betrieb werden Tombakfeindrähte der Legierung 72/28 fabriziert. Die Dehnung der Drähte wird dauernd ermittelt und kontrolliert. Man teilt nun eine Reihe von 2082 Dehnungswerten in Gruppen zu beispielsweise je 6 Werten, zählt aus, wie oft in jeder der erhaltenen 347 Gruppen die Dehnungswerte 31 bis 34% auftreten und bestimmt hiernach, wie oft in einer Gruppe keiner dieser Dehnungswerte auftritt, in wieviel Gruppen diese Dehnungswerte bzw. 1, 2, 3, 4, 5 und 6mal vorkommen. Die auf diese Weise erhaltene unstetige Verteilung zeigt die Zahlentafel 10, deren Inhalt allgemein bereits in Artikel 25 besprochen wurde. Die Häufigkeitskurve dieses Kollektivs wird durch die Abb. 62 wiedergegeben, zusammen mit ihrer, gestrichelt gezeichneten, entsprechenden Zufallsverteilung.

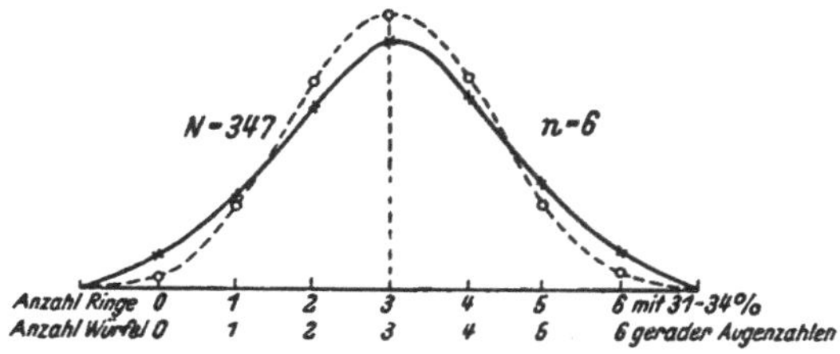

Abb. 62.

Die Verteilungskurve des empirischen Kollektivs ist mit großer Annäherung eine symmetrische. Der bevorzugte Argumentwert der Verteilung ist 3, und die Abweichungen nach beiden Seiten sind gleich häufig, weshalb 3 zugleich auch der Mittelwert der Verteilung ist. Die Gesamtzahl der Ringe mit einer Dehnung in dem festgelegten Intervall ergibt sich zu $35 \times 1 + 72 \times 2 + 98 \times 3 + 74 \times 4 + 40 \times 5 + 15 \times 6 = 1059$; dieser Zahl steht gegenüber die Gesamtzahl der untersuchten Ringe, $347 \times 6 = 2082$. Das Verhältnis dieser beiden Zahlen gibt die Wahrscheinlichkeit des Dehnungsintervalls 31 bis 34% für die untersuchte Materie. Es ist diese Wahrscheinlichkeit rd. 0,5, und die Wahrscheinlichkeit des Gegenteils, die Wahrscheinlichkeit, daß ein Ring eine höhere oder geringere Dehnung hat, ist ebenfalls $\frac{1}{2}$. Man hat also einen Fall vor sich, der bezüglich seiner Wahrscheinlichkeit z. B. zu vergleichen ist mit der Verteilung der Anzahl geworfener Wappen beim Spiel mit Münzen. Führt man solche Spiele mit 6 Münzen durch, so erhält man eine Zufallsverteilung der gleichen Entstehungsart, wie sie der vorliegenden technischen Verteilung zukommt. Wie man dieselbe Verteilung, die ein Spiel mit 6 Würfeln auf gerade Augenzahlen als Erfolg ergibt, auch erhalten muß, wenn man mit 6 Münzen auf Wappen als Erfolg wirft, so muß die Verteilung des vorliegenden Kollektivs, für das ebenfalls $n = 6$ und $p = q = 0{,}5$ ist, wieder dieselbe sein, wenn sie zufällig zustande kommt. Ergeben sich daher tatsächliche Abweichungen zwischen dieser empirischen Verteilung und einer der erwähnten Zufallsverteilungen, so dokumentieren diese, daß die technische Materie keinen Zufallscharakter besitzt sondern besonderen Einflüssen unterliegt.

Errechnet man die der vorliegenden empirischen Verteilung entsprechende ideale Zufallsverteilung, so findet man die Häufigkeiten 5, 33, 81, 109, 81, 33, 5. Dies ist die ideale Verteilung der Anzahl geworfener Wappen bei 347 Würfen mit je 6 Münzen, dies ist zugleich die ideale Verteilung der Anzahl Ringe mit 31 bis 34% Dehnung in 347 Gruppen zu je 6 Ringen unter der Voraussetzung, daß in allen Fällen die Verteilungen zufällige sind. Wie die Abb. 62 erkennen läßt, lehnt sich die empirische Verteilung des vorliegenden Kollektivs gut an ihre ideale Zufallsverteilung an, und der exakte rechnerische Vergleich der empirischen Häufigkeiten mit den berechneten Häufigkeiten ergibt, daß die Differenzen zwischen empirischen und idealen Häufigkeiten in keinem Falle größer sind, als sie auf Grund zufälliger Störungen zu erwarten sind. Mithin kann man die Verteilung der Ringanzahlen Tombakdraht mit 31 bis 34% Dehnung als Zufallsverteilung ansprechen. Der bevorzugte, häufigste Wert der Verteilung ist der untersuchten Materie typisch, und alle Abweichungen von diesem zugleich durchschnittlichen Wert sind rein zufälliger Art. Die Verteilung wird von keinem besonderen Umstand beeinflußt, denn dieser müßte die Ausbildung einer Zufallsverteilung stören.

Das Bild der idealen Zufallskurve im Vergleich zur empirischen Häufigkeitskurve läßt geringe Abweichungen erkennen, die ihrer Größe nach als zufällig bewertet werden können, dadurch aber, daß sie in einer gewissen Regelmäßigkeit auftreten, doch nicht ohne Bedeutung und besondere Ursache sein könnten. Wohl stellt das empirische Kollektiv eine symmetrische Verteilung dar, aber es fällt auf, daß die größeren und geringeren Argumentwerte häufiger auftreten, die mittleren Argumentwerte dagegen seltener zu finden sind als bei der idealen zufälligen Verteilung. Ob diese Abweichung der empirischen Verteilung nur zufällig ist oder aber besonders verursacht wurde, ließe sich, falls in einem besonderen Fall dieser Frage Bedeutung beizumessen ist, nur an Hand mehrerer Verteilungen derselben Materie entscheiden. Würden diese Kollektive allesamt geringere Häufigkeiten für den bevorzugten Wert und seine benachbarten Abweichungen und größere Häufigkeiten für die stärkeren Abweichungen von dem bevorzugten Wert im Vergleich zu den Zufallsverteilungen ergeben, so müßte man auf eine besondere Beeinflussung der Verteilung schließen. Dürfte man die Differenzen zwischen empirischer Verteilung der Materie und Zufallsverteilung dagegen nur als zufällig auffassen, so würde das eine oder andere Kollektiv auch einmal eine größere Häufigkeit für den bevorzugten Wert und geringere Häufigkeiten der stärkeren Abweichungen vom bevorzugten Wert ergeben. Außerdem läßt sich der Vergleich der empirischen Streuung mit der theoretischen Streuung der Zufallsverteilung mit zur Beurteilung heranziehen. Man stellt im vorliegenden Fall eine wirklich größere, eine übernormale Streuung fest[1]).

Auf jeden Fall bedeutet die Tatsache, daß die empirische Verteilung der untersuchten Materie geringere Häufigkeiten im Kernteil der Verteilung aufweist, und dementsprechend größere Häufigkeiten gegen die

---

[1]) Vgl. Art. 44 und 146 bis 148.

beiden Enden der Verteilung besitzt, verglichen mit der idealen Zufallsmaterie, eine Verschlechterung der Verteilung. Die Streuung der Einzelwerte des empirischen Kollektivs ist eine wesentlich größere als die Streuung der Einzelwerte einer entsprechenden Zufallsmaterie. Die Berechnung ergibt, daß sich die beiden Streuungen rund wie 1,42:1,23 verhalten. Anders ausgedrückt, sucht man die Zufallsmaterie, welche dieselbe Streuung aufweist wie die vorliegende empirische Verteilung, so ergibt sich als derartige Zufallsmaterie das Ergebnis eines Spiels mit 8 Würfeln auf gerade Augenzahlen als Erfolg. Die Häufigkeiten der empirischen Verteilung sind mithin über das Intervall 0—6 Argumenteinheiten derart verteilt, daß dieselbe Streuung, dieselbe Abweichung der Einzelwerte vom Mittelwert resultiert wie für eine ideale Zufallsmaterie, die ihre Häufigkeiten über das Intervall 0—8 Argumenteinheiten verteilt zeigt.

86. Ein anderes Kollektiv von Tombakfeindrähten derselben Fabrikationsserie werde bezüglich der Verteilung des Dehnungsintervalls von 30 bis 33% untersucht, und zwar wird wieder festgestellt, wie oft die Werte des erwähnten Intervalls in Gruppen zu je 6 Ringen vorkommen. Die Häufigkeitskurve des Kollektivs zeigt die Abb. 63 durch die ausgezogene Kurve. Der häufigste Wert ist im Vergleich zu dem zuvor behandelten Kollektiv um eine Einheit nach der Seite der höheren Argumentwerte gerückt; der bevorzugte Wert beträgt 4 Ringe mit 30 bis 33% Dehnung. Dementsprechend ist auch der Mittelwert dieses Kollektivs mit rd. 3,5 größer als der Mittelwert des Kollektivs der Abb. 62 mit rd. $M = 3$. Man kann durch diesen Vergleich erschließen, daß Dehnungswerte von 30 bis 31% häufiger an den Ringen der untersuchten Materie vorkommen als Dehnungen von 33 bis 34%.

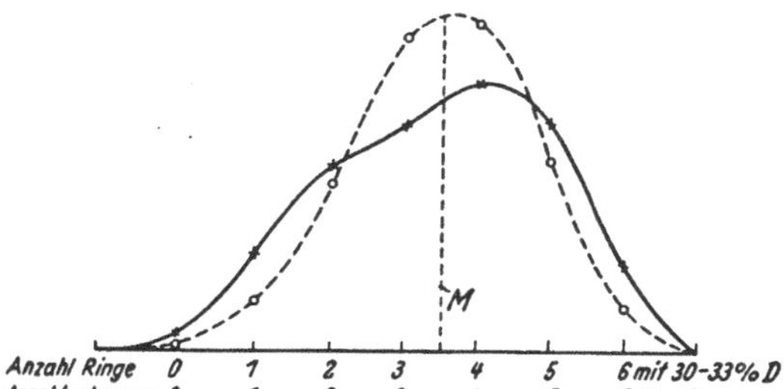

Abb. 63.

Die Verteilung, welche durch die ausgezogene Kurve der Abb. 63 wiedergegeben wird, ist nicht symmetrisch, sondern unregelmäßig asymmetrisch mit einem Steilabfall nach der Seite der höheren Argumentwerte. Es kommen die höheren Argumentwerte häufiger vor als bei symmetrischer Verteilung, und es zeigt sich häufiger, daß eine größere Zahl von Ringen unter 6 Ringen die Dehnung von 30 bis 33% besitzt, als daß nur eine kleinere Anzahl unter den 6 Ringen diese Dehnung aufweist. Die entsprechende Zufallsverteilung, welche die Abb. 63 gestrichelt zeigt, ist ebenfalls rechtsseitig asymmetrisch, wenn auch nicht so ausgeprägt wie die empirische Verteilung. Man bemerkt beträchtliche Abweichungen zwischen der empirischen und der idealen Zufallsverteilung, und man wird die empirische Verteilung nicht als zufällig ansprechen sondern annehmen, daß Einflüsse besonderer Art die Verteilung mitbestimmen. Die Abweichungen zwischen empirischer Verteilung und Zufallsverteilung bestehen, allgemein ausgedrückt, darin, daß die niederen und hohen Argumentwerte auf Kosten der mittleren Argumentwerte stärker hervortreten als bei der Zufallsverteilung, und daß sich demgemäß als Häufigkeitskurve der empirischen Verteilung im Vergleich zur Zufallskurve eine Kurve mit weniger ausgeprägtem, breitem Maximum ergibt.

Dieselbe Feststellung wurde bereits bei dem zuvor behandelten Kollektiv gemacht; es sind lediglich die Abweichungen zwischen »Theorie und Praxis« bei dem vorliegenden Kollektiv noch deutlicher als bei dem zuvor behandelten Kollektiv. Dementsprechend ist in dem vorliegenden Fall auch der Unterschied zwischen der Streuung der empirischen Verteilung und der Streuung der entsprechenden idealen Zufallsverteilung größer als bei dem ersten dieser Beispiele. Die beiden Streuungen verhalten sich wie 1,47:1,21. Errechnet man den n-Wert der Zufallsverteilung, welche dieselbe Streuung besitzt wie die empirische Verteilung, so ergibt sich statt $n = 6$ ein Wert $n = 9$. Es ist auf Grund dieser Werte wieder wahrscheinlich, daß die Verteilung des unter Diskussion stehenden Kollektivs nicht allein von den grundlegenden Umständen der Materie und vom Zufall beeinflußt wird.

87. Die Abb. 64 zeigt die Verteilung der Anzahl Ringe mit 30 bis 32% Dehnung unter je 6 Ringen eines Kollektivs von Tombakfeindrähten, das ebenfalls derselben Fabrikationsserie entnommen ist wie die beiden vorhergehenden Kollektive. Das Maximum der Verteilung liegt bei dem Argumentwert 3. Der Mittelwert beträgt 2,6. Die Zufallsverteilung, welche denselben Wert für n und als Wahrscheinlichkeit die Wahrscheinlichkeit des empirischen Kollektivs besitzt, ist gestrichelt in Abb. 64 eingezeichnet. Die Differenz zwischen der empirischen Verteilung und der entsprechenden idealen Zufallsverteilung ist nicht groß; sie liegt aber in derselben Richtung wie bei den beiden vorhergehenden Kollektiven.

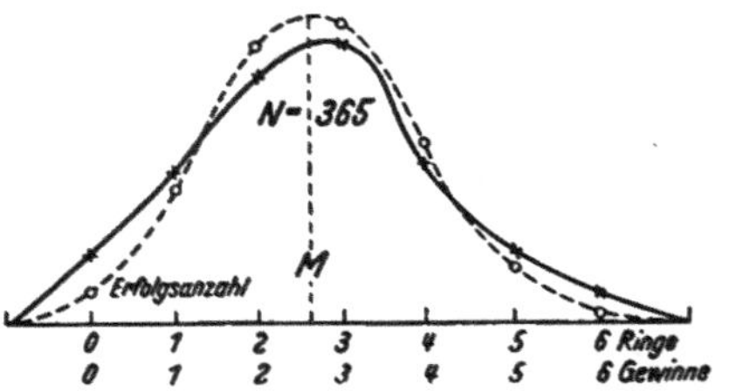

Abb. 64.

Die drei zuletzt behandelten Kollektive sind verschieden, bilden aber Ausschnitte derselben Materie, sind Tombakdrähten derselben Fabrikationsserie entnommen. Die Verteilungen dieser Kollektive beziehen sich auf verschiedene Argumente, die verschiedenen angeführten Dehnungsintervalle in den 3 Fällen. Da es sich bei den Argumenten der 3 Kollektivreihen aber nicht um gänzlich voneinander unabhängige und beziehungslose Eigenschaften handelt, sondern im Gegenteil um solche Merkmale, die eng zusammenhängen, nämlich um verschiedene Grade derselben Eigenschaft, so läßt sich in diesem Fall aus der Tatsache, daß die Abweichungen aller 3 Verteilungen von ihren Zufallsmaterien in derselben Richtung liegen, daß bei allen Verteilungen die Häufigkeiten des Kernteils kleiner und die Häufigkeiten der Verteilungsenden größer sind als bei den entsprechenden Zufallsverteilungen, der Schluß ziehen, daß diese Abweichungen nicht zufälliger Art sind, und daß demgemäß die untersuchte Materie keinen Zufallscharakter besitzt, sondern einer besonderen Beeinflussung unterlegen sein muß, welche das Zurücktreten der mittleren Argumentwerte und das öftere Erscheinen der niederen und hohen Argumentwerte bedingt.

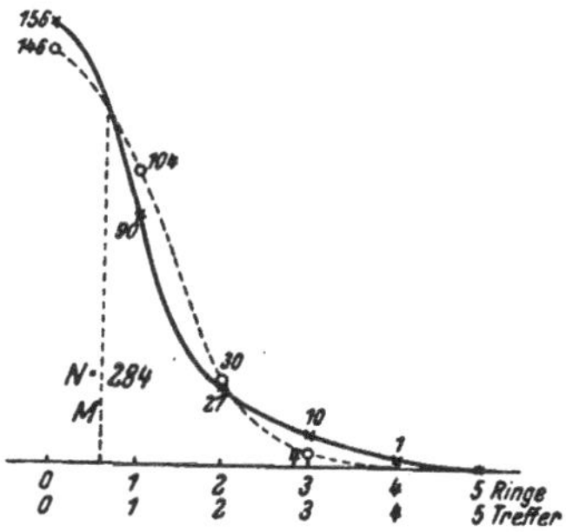

Abb. 65.

88. Die Abb. 65 gibt durch die ausgezogene Kurve die Verteilung der Anzahl Ringe Tombakdraht 72/28 mit 31% Dehnung in Gruppen von 5 Ringen wieder. Es ereignet sich am häufigsten, daß von den 5 Ringen einer Gruppe keiner eine Dehnung von 31% aufweist, und alle Fälle mit größerer Anzahl von Ringen der genannten Dehnung finden sich in abnehmender Häufigkeit. Der Mittelwert der Verteilung beträgt 0,63, die Wahrscheinlichkeit der Dehnung 31% ist nur $^1/_8$. Der Anschluß der empirischen Verteilung an die gestrichelt eingezeichnete Zufallsverteilung ist gut. Der Unterschied der Streuungen der empirischen und der theoretischen Verteilung ist nur gering. Man kann die geschilderte Verteilung als mit Zufallscharakter behaftet ansprechen.

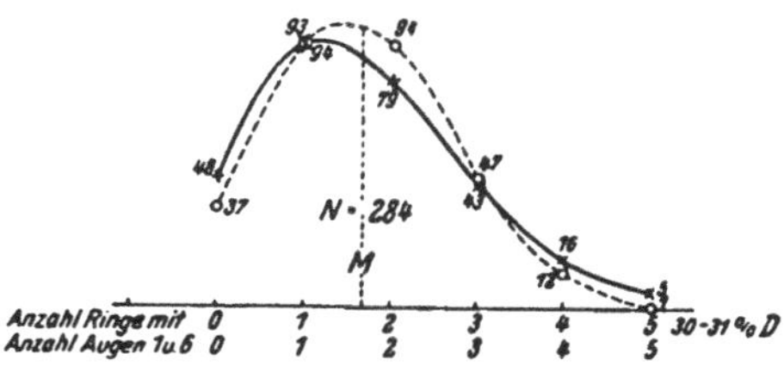

Abb. 66.

Auf dasselbe Kollektiv wie die Abb. 65 bezieht sich die Abb. 66; das untersuchte Merkmal bildet in diesem Falle aber eine Dehnung von 30 bis 31%. Es sind für die vorliegende Verteilung die Werte für Maximum, Mittelwert und Wahrscheinlichkeit größer als für die zuvor behandelte Kollektivreihe. Das Maximum ist nach 1 gerückt, der Durchschnitt beträgt 1,65, und die Wahrscheinlichkeit ist $p = \frac{1}{3}$. Auch diese Verteilung schließt sich der entsprechenden idealen Zufallsverteilung sehr gut an, wie der Vergleich der gestrichelten Kurve und der ausgezogenen Kurve der Abb. 66 zeigt, so daß die empirische Verteilung als zufällig bezeichnet werden kann.

Gliedert man dasselbe Kollektiv nach der Häufigkeit der Dehnungen von 30 bis 32% in Gruppen zu je 5 Ringen, so erhält man eine Verteilung, deren Maximum bei dem Argumentwert 2 liegt. Mittel und Wahrscheinlichkeit messen bzw. 2,27 und 0,45. Die Kurve III der Abb. 67 zeigt diese Verteilung. Bildet man eine vierte Verteilungsreihe nach der Häufigkeit der Ringe mit 30% und mehr Dehnung wieder in Gruppen zu 5 Ringen, so erhält man die Verteilung der Kurve IV in Abb. 67. Diese Verteilung ist einseitig und zudem unregelmäßig und weicht vollständig ab von der entsprechenden Zufallsverteilung. Das Maximum liegt bei 5, das Mittel bei 3,14, die Wahrscheinlichkeit ist 0,63. Diese Verteilung der Kurve IV in Abb. 67 stellt gleichzeitig auch die Verteilung der Dehnungswerte unter 30% dar, aber nicht nach steigenden sondern nach fallenden Argumentwerten geordnet.

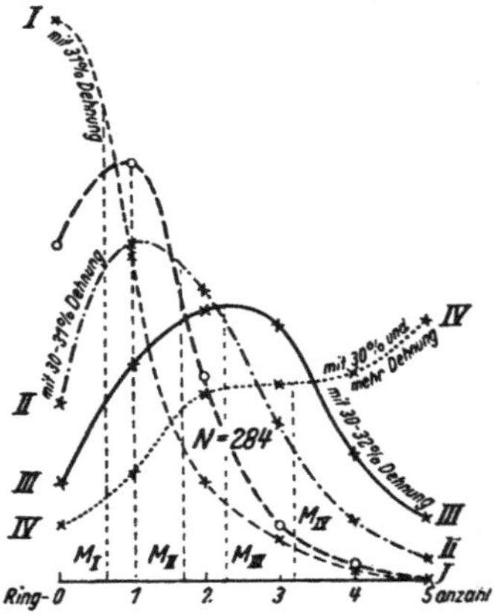

Abb. 67.

Zum Vergleich der 4 Kollektivreihen über verschiedene Merkmale derselben Materie im engern Sinn zeichnet man die 4 Verteilungen zusammen, wie dies in Abb. 67 durchgeführt ist. Die Abbildung läßt deutlich erkennen, wie das Maximum von dem Argumentwert 0 für die Reihe der Ringzahlen mit 31% Dehnung über die Argumentwerte 1 und 2 für die Reihen der Ringzahlen mit bzw. 30 bis 31% und 30 bis 32% Dehnung zu dem Argumentwert 5 für die Reihe der Ringzahlen mit 30% und mehr Dehnung rückt. Dieser Verschiebung des Maximums durch die Reihe der 4 Kollektivreihen entspricht eine gleichsinnige Wanderung des Mittelwertes von 0,63 über 1,65 und 2,27 zu 3,14 und ein entsprechendes Anwachsen der Wahrscheinlichkeit des betreffenden Merkmals bzw. des bestimmten Merkmalsgrades von $^3/_8 = {}^{15}/_{120}$ auf $^1/_3 = {}^{40}/_{120}$, auf $^9/_{20} = {}^{54}/_{120}$ und auf $^5/_8 = {}^{75}/_{120}$. Als weitere Regelmäßigkeit der 4 Verteilungen fällt auf, daß in derselben Weise, in welcher der häufigste oder der mittlere Argumentwert der Reihen anwächst, die Häufigkeit der Klasse 0 abfällt und die Häufigkeit des höchsten Argumentwertes, der Klasse 5, ansteigt.

Die Verteilung, welche die Kurve III der Abb. 67 darstellt, bezieht sich auf die Dehnungswerte von 30 bis 32%, und die Verteilung, welche die Kurve IV wiedergibt, bezieht sich auf die Verteilung der Dehnungswerte über 30% incl. 30%. Der Abstand der beiden Mittelwerte gibt offenbar ein direktes Maß der mittleren Anzahl Ringe unter 5 Ringen, die eine Dehnung über 32% besitzen. Es ist leicht einzusehen, daß in derselben Weise die Differenz der Mittelwerte der Verteilungen II und III ein Maß der durchschnittlichen Häufigkeit der Dehnung 32% abgibt oder die Differenz der Mittelwerte der Verteilungen I und II ein Maß für die durchschnittliche Häufigkeit der Dehnung 30% liefert.

Unter $284 \times 5 = 1420$ Ringen befinden sich $284 \times 1{,}65 = 469$ Ringe mit 30 bis 31% Dehnung und $284 \times 0{,}63 = 178$ Ringe mit 31% Dehnung.

Daraus ergibt sich, daß auf die 1420 Ringe 469 — 178 = 291 Ringe mit 30% Dehnung entfallen. Auf eine Gruppe zu 5 Einheiten kommen mithin durchschnittlich $^{291}/_{284} = 1{,}02$ Ringe mit 30% Dehnung. Es ist der Mittelwert der (selbst nicht bekannten) Verteilung der Ringe mit 30% Dehnung 1,02, und die Wahrscheinlichkeit, einen Ring mit 30% Dehnung zu finden, beträgt $^{1{,}02}/_{5} = 0{,}2$. Denselben Wert des Mittels erhält man einfacher, statt über die Gesamterfolgszahlen der beiden Reihen für 30 bis 31% und für 31% zu rechnen, durch Differenzenbildung der Mittelwerte der beiden Verteilungen; es ist 1,65 — 0,63 = 1,02. Durch Division mit 5 ergibt sich wieder die Wahrscheinlichkeit, die man aber auch direkt als Differenz der Wahrscheinlichkeiten der beiden Verteilungen erhält. Es läßt sich nun auch mit Hilfe des binomischen Satzes durch Auflösung des Ausdrucks $284\,(0{,}2 + 0{,}8)^5$ die der empirischen (nicht ermittelten) Verteilung entsprechende ideale Zufallsverteilung bestimmen. Man findet die Häufigkeiten 93, 116, 58, 15, 2 und 0 für bzw. 0 bis 5 Ringe mit 30% Dehnung pro Gruppe zu 5 Ringen. Die Häufigkeitskurve dieser idealen Zufallsverteilung ist langgestrichelt in Abb. 67 eingezeichnet.

Die mittlere Anzahl Ringe mit 32% des vorliegenden Kollektivs findet man, indem man von dem Mittelwert der Reihe für 30 bis 32% den Mittelwert der Reihe für 30 bis 31% subtrahiert; man erhält 2,27 — 1,65 = 0,62. Dieser Mittelwert stimmt nahezu exakt überein mit dem Mittelwert für die Reihe mit der Ringverteilung nach dem Argument 31% Dehnung. Man erhält mithin als Zufallsverteilung für die (empirisch nicht ermittelte) Reihe für 32% Dehnung dieselbe wie für die Reihe des Arguments Anzahl Ringe mit 31%. Da die empirische Verteilung der Anzahl Ringe mit 31% Dehnung nach Abb. 65 relativ gut mit ihrer Zufallsverteilung übereinstimmt, kann die Kurve I der Abb. 67 wenigstens angenähert die Zufallsverteilung der Kollektivreihe mit 32% Dehnung darstellen.

Die Gesamtzahl aller Ringe über 30% Dehnung bestimmt man zu 894. Hiervon entfallen auf das Intervall 30 bis 32% nach der oben gemachten Feststellung 644 Ringe. Es liegen mithin über 32% Dehnung 250 Ringe, woraus sich ein Mittelwert für die Häufigkeit der Dehnungswerte über 32% von 0,88 errechnet. Die Anzahl der Ringe über 32% Dehnung ist also etwas größer als die Anzahl Ringe mit 31% oder 32% ($M = 0{,}63$ bzw. 0,62) und etwas kleiner als die Anzahl Ringe mit 30% Dehnung ($M = 1{,}02$). Die Anzahl der Dehnungswerte über 30% incl. 30% und unter 30% verhalten sich wie 3,14 : 1,86 oder rund wie 5 : 3. Es liegen mithin mehr Ringe über 30% als unter 30%, und zwar durchschnittlich 2,12 — 1,86 = 0,26 Ringe. Es liegt daher auch der mittlere Dehnungswert der untersuchten Materie über 30%.

89. Die Abb. 68 und 69 beziehen sich auf die Ausschnitte verschiedener Materien, die auf dieselbe Eigenschaft untersucht wurden. Die Abbildungen zeigen für zwei verschiedene Lieferungen Tombakdraht 72/28 die Verteilung der Ringe, welche bei einer Festigkeit über 40 kg/mm² eine Dehnung über 40% aufweisen. Ausgezählt wurden Gruppen zu je drei Ringen. Man erhält für die beiden Materien zwei ganz verschiedene Verteilungen; die eine ist zweiseitig und annähernd symmetrisch, die andere ist streng einseitig. Das Maximum der einen liegt bei dem Argumentwert 1 bis 2, das der anderen Verteilung bei dem Argumentwert 0. Die Mittelwerte betragen dementsprechend 1,56 und 0,67, die Mittelwerte pro Einzelfall, die Wahrscheinlichkeiten, sind 0,52 und 0,22. Die Annäherung an eine Zufallsverteilung ist für beide Fälle gut und für den Fall der Abb. 68 besser als für den Fall der Abb. 69. Es können beide Verteilungen als zufällig angesprochen werden. Der die Verteilung bedingende Hauptumstand ist in beiden Fällen aber ein anderer, und zwar ist in diesem Fall vermutlich die Glühung als der ungleiche Hauptumstand anzusprechen.

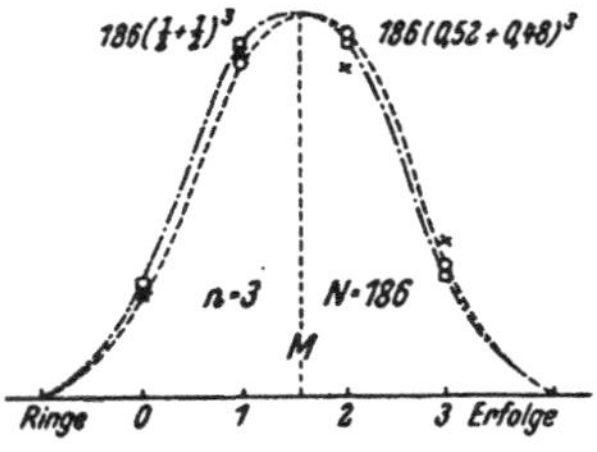

Abb. 68.

Von den beiden Materien ist die, deren Verteilung die Abb. 69 festhält, an und für sich als die schlechtere anzusprechen. Es kommt bei dieser am häufigsten vor, daß unter 3 Ringen überhaupt keiner ist, welcher gleichzeitig die hohe Festigkeit und die hohe Dehnung aufweist, und im Durchschnitt zeigt diese Materie weniger als halb so viele Ringe der hohen Eigenschaftswerte wie die andere Materie.

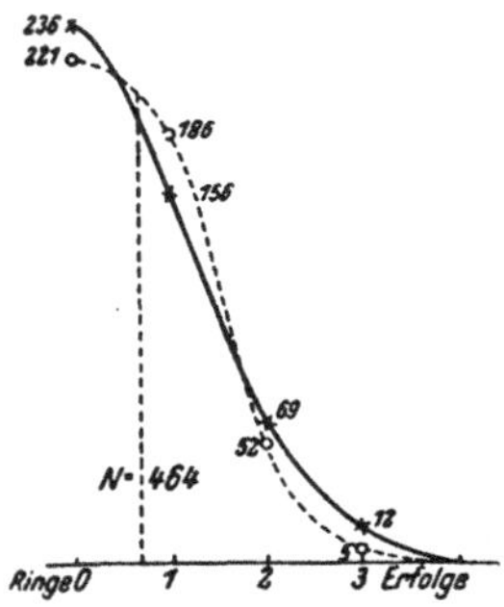

Abb. 69.

Vergleicht man in derselben Weise z. B. die Verteilung der Kurve III der Abb. 67 mit der Verteilung der Abb. 64, die sich auf dieselbe Eigenschaft, aber eine andere Materie im engeren Sinn bezieht, so ergibt sich praktisch kein Unterschied der beiden Materien. Da n in den beiden Fällen verschieden ist, darf man die Mittel nicht vergleichen, man vergleicht vielmehr die Wahrscheinlichkeiten für das Auftreten des Dehnungsintervalls von 30 bis 32%. Diese betragen bzw. 0,44 und 0,45.

90. In allen Fällen, in denen die Zahl der zu einer Serie oder Gruppe zusammengefaßten Einzelfälle willkürlich gewählt werden kann, entsteht die Frage, ob das Ergebnis der Untersuchung einer Materie von dieser willkürlichen Wahl für n abhängig ist oder nicht. Der Mittelwert ist als das Produkt np, als die mittlere Serienhäufigkeit $\frac{a}{N}$, naturgemäß in jedem Fall von n abhängig, wogegen die Wahrscheinlichkeit $\frac{a}{Nn}$ unabhängig von dem Serienumfang n ist. Man hat daher stets, wenn für zwei unstetige Kollektive n verschieden ist, nicht nach den Mitteln sondern nach den Wahrscheinlichkeiten zu vergleichen.

Dasselbe gilt bezüglich der Streuung. Es können für Reihen mit verschiedenen n-Werten nicht die Streuungen der Einzelhäufigkeiten bezüglich der Mittel verglichen werden; es müssen vielmehr die Streuungen der einzelnen Erfolgswahrscheinlichkeiten bezüglich der mittleren Erfolgswahrscheinlichkeiten in Beziehung gesetzt werden[1]).

Kann nun weiterhin eine Verteilung als solche durch die Wahl von n beeinflußt werden? Die Häufigkeiten der einzelnen Klassen sowie die Ausdehnung einer Kollektivreihe ist natürlich ohne weiteres von n abhängig. Die Ausdehnung wächst mit n an, wogegen die Häufigkeiten der einzelnen Erfolgsgrade mit wachsendem Wert für n kleiner werden[2]). Dies ist selbstverständlich und beeinflußt das Wesentliche einer Verteilung nicht. Besitzen doch auch zwei Kollektivreihen über dasselbe Ereignis und mit gleichen Werten für n und p aber verschiedenem Umfang N verschiedene Häufigkeiten in den einzelnen Klassen, und die Ausdehnung solcher Reihen kann ebenfalls eine verschiedene sein, indem Klassen, die bei einem Kollektiv des größeren Umfangs besetzt sind bei Kollektiven geringeren Umfangs mit den Häufigkeiten Null auftreten können[2]). Beispiele derartiger Fälle bieten die kleinere empirische Reihe der Zahlentafel 15, welche die Erfolgshäufigkeiten 0 und 12 nicht aufweist, die Abb. 7, nach welcher bei der dargestellten Zufallsmaterie Fälle mit weniger als fünf farbigen Kugeln infolge des zu geringen Umfangs der Reihe nicht mehr real sind, oder die Abb. 61.

Diese eben behandelten Punkte sind nun nicht das Wesentliche einer Verteilung, sie sind lediglich von äußeren Umständen, wie dem Kollektivumfang abhängig. Wichtiger ist die Frage, ob der Charakter einer Verteilung von der Wahl von n abhängig ist, ob beispielsweise ein Kollektiv bei bestimmter Wahl des Wertes n Zufallscharakter aufweisen kann und bei einer anderen Wahl des Wertes n eine nicht zufällige Verteilung zu ergeben vermag, ob Unregelmäßigkeiten, die sich bei einem bestimmten Wert für n bemerkbar machen, bei anderen n-Werten verschwinden können. Hierzu ist festzustellen, daß dies nicht der Fall ist. Voraussetzung ist natürlich, daß einerseits der Wert für n nicht zu klein gewählt wird, daß er anderseits im Verhältnis zum Umfang eines Kollektivs und unter Berücksichtigung der Art einer Kollektivreihe nicht zu groß genommen wird.

Es ergibt sich diese Unabhängigkeit des Charakters einer Verteilung von n ohne weiteres für ausgesprochene Zufallsmaterien. Ob man aus einer Urne mit bestimmtem Mischungsverhältnis in Serien zu 3, zu 10

---

[1]) Vgl. Art. 124.
[2]) Vgl. Art. 40.

oder 15 zieht, ist ohne Einfluß auf den Charakter der Verteilung. Stets ergibt sich eine Zufallsverteilung, solange alles nach den Regeln des Zufalls vor sich geht, und in jedem Falle, in dem besondere Ursachen auf die einzelnen Ziehungsergebnisse einwirken, ergibt sich eine von einer Zufallsverteilung abweichende Verteilung. Man kann in der Serienbildung auch eine wiederholte Stellenauswahl erblicken, woraus sich indirekt ebenfalls ergibt, daß der Serienumfang ohne Einfluß auf den Grundcharakter einer Verteilung sein muß.

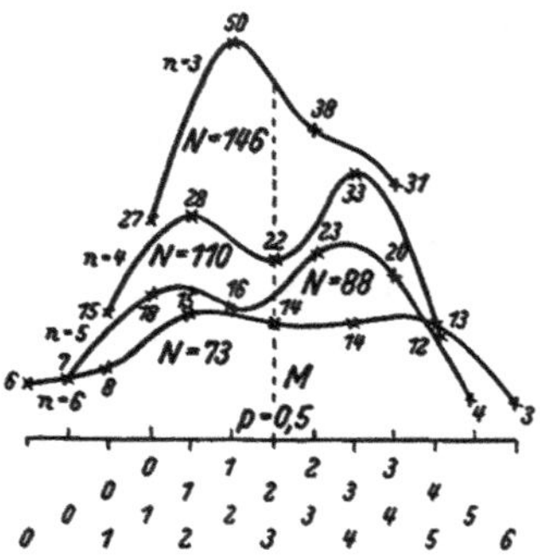

Abb. 70.

Die Abb. 70 illustriert die Unabhängigkeit des Charakters einer Verteilung von der Wahl des Wertes für n. Es wurden 440 Ringe Tombakdraht untersucht, und als Erfolg wurden Dehnungswerte über 40% gebucht. Die Abbildung zeigt die Kollektivreihen für eine Einteilung in Gruppen zu $n = 6$, $n = 5$, $n = 4$ und $n = 3$ Ringen. Die Wahrscheinlichkeit der Dehnungswerte über 40% für das vorliegende Kollektiv errechnet sich (unabhängig von n) zu 0,5. Die Mittelwerte betragen dagegen bzw. 3, 2,5, 2 und 1,5 Argumenteinheiten. Die Verteilungen sind derart zusammengezeichnet, daß die Mittelwertsordinaten für alle 4 Reihen zusammenfallen. Da die Wahrscheinlichkeit $p = 0{,}5$ ist, so sind die jeder Reihe entsprechenden Zufallsverteilungen mit derselben Wahrscheinlichkeit $p = 0{,}5$ und demselben Wert für n von bzw. 6, 5, 4 und 3 symmetrische Wahrscheinlichkeitskurven. Man konstatiert, daß keine der 4 Reihen durch eine symmetrische Wahrscheinlichkeitskurve wiedergegeben werden kann, man stellt also für jede Reihe eine Abweichung von rein zufälligen Verhältnissen fest. Im übrigen zeigen die 4 Kollektivreihen denselben Habitus, sie verraten allesamt den zusammengesetzten Charakter des Kollektivs, weisen auf das Vorhandensein zweier Hauptumstände hin, teils durch ein sehr breites, flaches Maximum, teils durch 2 Maxima, teils durch einen Buckel auf dem abfallenden Ast der Verteilungskurve. Diese Unterschiede in der äußeren Gestalt der Verteilungen, die aber alle auf dasselbe, eben den zusammengesetzten Charakter der Materie hinweisen, erklären sich daraus, daß in Anbetracht der verschiedenen Werte für n, welche jeweils auch den Teilkollektivreihen der zusammengesetzten Reihen zukommen, die Maxima der Teilkurven für die Fälle verschiedener n-Werte verschiedene Lage zueinander haben, so daß teilweise das erste Maximum verstärkt erscheint und der Abfall der zusammengesetzten Verteilung unregelmäßig verläuft wie bei der Reihe mit $n = 3$, daß teilweise zwei getrennte Maxima erscheinen wie bei den Reihen mit $n = 4$ und $n = 5$, und daß bei noch weiterem Auseinanderrücken der Teilkurvenmaximi ein verflachtes Maximum entsteht wie bei dem Fall mit $n = 6$, wobei zu berücksichtigen ist, daß Hand in Hand mit dem Auseinanderrücken der Maximi an und für sich eine gewisse Verflachung der Teilreihen eintritt entsprechend der größeren Anzahl Klassen, in welche sich die kleiner werdenden Umfänge N_1 und N_2 der Teilkollektive aufteilen. Die beste Charakterisierung der Verhältnisse des vorliegenden Kollektivs erfolgt offenbar durch die Reihen mit $n = 4$ oder $n = 5$. Der Wert $n = 3$ ist schon etwas klein und läßt das Charakteristische der Materie, wenn auch noch deutlich erkennbar, so doch nicht so deutlich wie die Reihen mit $n = 4$ und $n = 5$ hervortreten. Der Wert $n = 6$ ist anderseits schon etwas groß, so daß die einzelnen Klassenhäufigkeiten relativ sehr gering werden, wodurch die Möglichkeit einer nicht eindeutigen oder unsicheren Kennzeichnung der Verhältnisse gegeben erscheint.

Ein zweites Beispiel für die Untersuchung einer Materie nach verschiedenen Kollektivreihen mit verschiedenen n-Werten bringt die Abb. 71. Es wurden wieder Tombakdrähte nach der Verteilung der Dehnungswerte über 40% untersucht, es wurde aber nicht dasselbe Kollektiv nach verschiedenen Seriengrößen ausgewertet, es wurden vielmehr verschiedene Kollektive mit verschiedenen n-Werten, aber aus derselben Materie, also aus Tombakdrähten gleicher Behandlung, gebildet. Die drei dargestellten Kollektivreihen weisen Gruppen mit $n = 4$, $n = 5$ und $n = 6$ Ringen auf. Die Gesamtzahl der Einzelfälle einer Reihe ist für die 3 Reihen verschieden, sie beträgt bzw. $4 \times 92 = 368$, $5 \times 103 = 515$ und $6 \times 108 = 648$. Die Wahrscheinlichkeit für die Dehnung über 40% aus den 3 Reihen ist, da sich diese Reihen auf verschiedene Kollektive beziehen, nicht mehr genau gleich, aber die 3 Wahrscheinlichkeitswerte zeigen, da sie für dieselbe Materie gelten, nur zufällige Unterschiede, ihre Differenzen sind nur auf zufällige Störungen zurückzuführen, auf Grund deren bei einem Kollektiv zufällig einige Erfolgsfälle mehr und bei einem anderen Kollektiv zufällig einige Erfolgsfälle weniger auftreten als bei einem dritten Kollektiv. Es ist $p_4 = 0{,}693$, $p_5 = 0{,}676$ und $p_6 = 0{,}684$; der arithmetische Mittelwert der Wahrscheinlichkeit der vorliegenden Materie errechnet sich hieraus zu $p = 0{,}682$. Die Mittelwerte der 3 Verteilungen betragen bzw. 2,8, 3,4 und 4,1; sie fallen bei der Darstellungsart der Abb. 71 etwas auseinander.

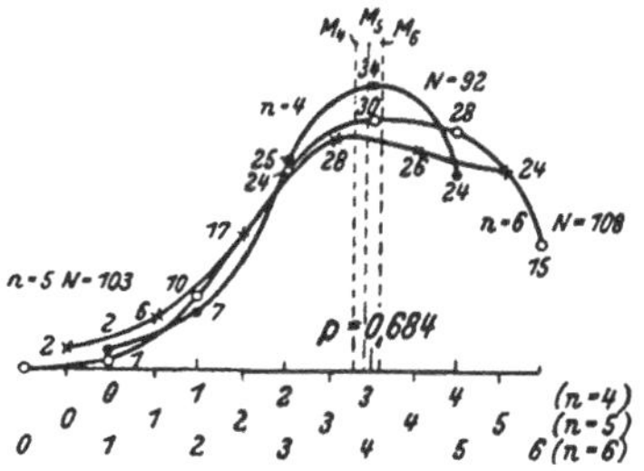

Abb. 71.

Als wesentlich stellt man fest, daß alle 3 Kollektivreihen einseitige Verteilungen ergeben mit einem nur teilweisen Abfall nach der Seite der höheren Argumentwerte. Der Grundzug der 3 Verteilungen ist also derselbe. Die aufsteigenden Kurvenäste stimmen des weiteren sehr gut überein, und lediglich die maximalen Partien der 3 Verteilungen weichen etwas voneinander ab. Sämtliche 3 Verteilungen stimmen mit ihren idealen Zufallsverteilungen bis auf zufällige Abweichungen überein. Die Abweichungen der 3 Reihen voneinander sind mithin nicht größer als die Abweichungen, die man auch bei ausgesprochenen Zufallsmaterien wie beispielsweise Urnenziehungen erwarten müßte. Die drei entsprechenden Zufallsverteilungen, deren n- und p-Werte mit den 3 Reihen der Abb. 71 übereinstimmen, sind in der Abb. 72 dargestellt. Der Vergleich der den Kurven beigesetzten idealen Häufigkeiten mit den empirischen Häufigkeiten der Abb. 71 ergibt innerhalb der als Folgen des Zufalls zulässigen Grenzen Übereinstimmung, so daß man auch hieraus den Schluß ziehen kann, daß das Untersuchungsergebnis der vorliegenden Materie unabhängig von der Größe des Wertes n ist.

91. Es wurde bereits des öfteren erwähnt, daß der Schluß auf den zufälligen Charakter einer Abweichung einer empirischen Verteilung von der entsprechenden idealen Zufallsverteilung aus der Tatsache, daß diese Abweichung nach ihrer Größe in das Intervall der Zufallsschwankungen fällt, auf Grund einer Untersuchung nicht gesichert ist. Erst wenn verschiedene Kollektive über denselben Erfolg zur Untersuchung vorliegen, läßt sich ein definitives Urteil über die Realität oder Zufälligkeit einer Abweichung fällen. Tritt die Abweichung stets in derselben Richtung auf, dann ist ihr wirkliche Bedeutung beizumessen, ist sie dagegen zufällig, so wird sie in Richtung und Stärke bei verschiedenen Kollektiven verschieden sein. Vergleicht man unter diesem Gesichtspunkt die empirischen Verteilungen der Abb. 71 mit ihren entsprechenden idealen Zufallsverteilungen der Abb. 72, so stellt man für jede der 3 Kollektivreihen zwar (nach noch zu besprechenden Methoden)[1] innerhalb der Grenzen zufälliger Schwankungen Zufallscharakter fest. Vergleicht man aber die Maxima der drei empirischen Verteilungen mit den Maximis der Zufallsverteilungen, so konstatiert man in allen drei Fällen übereinstimmend, daß die empirischen Maxima etwas weniger ausgeprägt sind als die Zufallsmaxima. Die empirischen Verteilungen sind allesamt etwas verflacht. Wenn diese Verflachung auch von verschiedenem Grade ist, und zwar am deutlichsten bei der Verteilung mit $n = 5$ und am schwächsten bei der Verteilung mit $n = 4$, so liegt die Abweichung der maximalen Häufigkeit doch in allen 3 Kollektiven in derselben Richtung, und man wird daher diese Abweichung trotz ihres geringen Ausmaßes, die sie für jeden einzelnen Fall als zufällig erscheinen läßt, nicht als zufällig betrachten, sondern als besonders verursacht, als in der Materie begründet ansehen. Es ist nur zufällig, daß der Grad

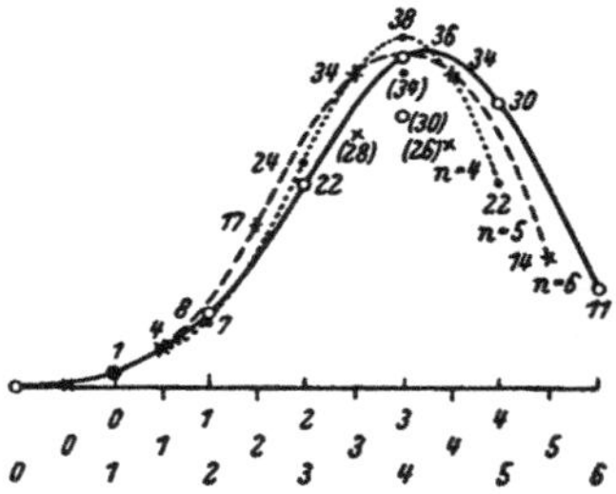

Abb. 72.

[1]) Vgl. Art. 136 bis 139.

dieser Abweichung in den 3 Fällen verschieden stark ist. Zum besseren Vergleich sind die drei empirischen Maxima in der Abb. 72 angedeutet. Aus dem geringen Grad der Abweichungen in allen 3 Fällen, gemessen an der Größe der möglichen Zufallsabweichungen, ist natürlich zu schließen, daß die Stärke des diese Störung bedingenden Einflusses nur gering ist.

Die Abb. 73 und 74 zeigen durch ihre ausgezogenen Kurven die empirischen Verteilungen zweier Kollektive über denselben Erfolg an derselben Materie. Es wurden aus einer größeren Partie Tombakdrähte zwei Kollektive gezogen und die Verteilung der Dehnungswerte über 40% in Gruppen von 5 Ringen festgestellt. Das Kollektiv der Abb. 74 ist identisch mit der Kollektivreihe der Abb. 70, für welche $n = 5$ ist. Der Vergleich der beiden Kurven der Abb. 73 und 74 ergibt, daß beide Kurven nahezu identisch sind. Die Lage der empirischen Verteilungskurven zu den gestrichelt eingezeichneten idealen Zufallskurven gleicher

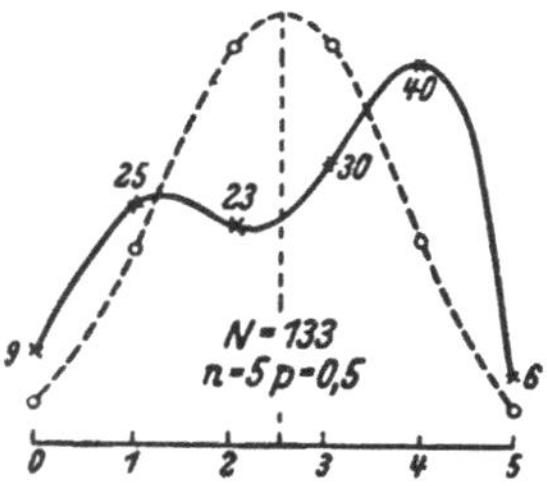

Abb. 73.

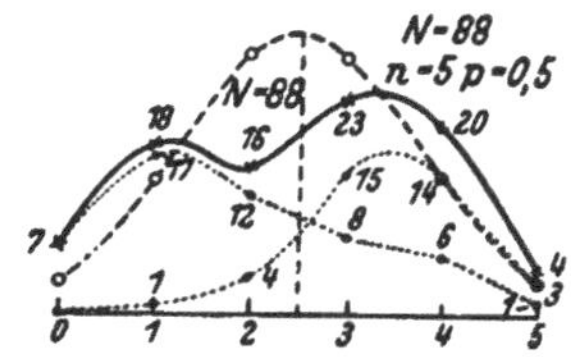

Abb. 74.

Wahrscheinlichkeit ist für beide Kollektive ebenfalls dieselbe. Man schließt aus beiden Kollektiven auf ein Abweichen der Materie vom Zufallsmäßigen und auf die zusammengesetzte Natur der Materie. Die Wahrscheinlichkeit bestimmt man, weil zwei verschiedene Kollektive vorliegen, nicht exakt gleich, aber mit nur geringen Zufallsunterschieden, da es sich um dieselbe Materie handelt. Es ist $p_{88} = 0{,}5$ und $p_{133} = 0{,}53$. Die Differenz der beiden Wahrscheinlichkeiten ist rein zufällig.

Die Abb. 62 bis 64 zeigen empirische Verteilungen über dieselbe Materie im engern Sinn. Die Abweichungen dieser Verteilungen bezüglich der ihnen entsprechenden Zufallsverteilungen sind in allen 3 Fällen gleich gelagert. Man wird daher ungeachtet der Stärke dieser Abweichungen diese nicht als Folge zufälliger Störungen werten, sondern als die Auswirkung besonderer Ursachen betrachten.

Ein weiteres Beispiel mit teilweise realen Abweichungen der empirischen Verteilungen von ihren Zufallsverteilungen ist in der Zahlentafel 18 zusammengestellt. Es wurden Tombakdrähte der Legierung 72/28 auf die Verteilung der Dehnungen über 30% in Gruppen von je

Zahlentafel 18.

Vergleich mehrerer Verteilungen der Dehnungen über 30 % an Tombakfeindrähten 72/28 mit ihrer Zufallsverteilung.

Klasse (Ringanzahl)	Empirische Häufigkeiten				Zufallsverteilung	Differenz der empirischen Häufigkeiten gegen die Zufallshäufigkeiten			
	I	II	III	IV		I	II	III	IV
0	10	6	6	4	1	+	+	+	+
1	10	6	10	14	7	+	—	+	+
2	20	24	26	26	28	—	—	—	—
3	42	58	58	40	57	—	+	+	—
4	48	34	40	56	57	—	—	—	—
5	42	44	32	32	23	+	+	+	+
Umfang	172	172	172	172	173				
Wahrscheinlichkeit	0,672	0,679	0,647	0,663	0,6653 $\cong$ ²/₃				

Reihe II $\mu_1^2 = 0,0663$
$\mu_p^2 = 0,00039$
Reihe III $\mu_1^2 = 0,0449$
$\mu_p^2 = 0,00026$
II—III $p_D = 0,679 - 0,647 = 0,032$
$\mu_{p_D} = \pm\sqrt{0,00039 + 0,00026} = \pm 0,026$
Differenz kann zufällig sein.

Mittlere Wahrscheinlichkeit 0,6653 $\cong$ ²/₃.

5 Ringen Feindrahtes untersucht. Derselben Materie wurden vier verschiedene Kollektive entnommen. Die Umfänge dieser Kollektive sind gleich. Bei ungleichen Kollektivumfängen könnte man die Verteilungen auf gleiche Umfänge umrechnen, um den Vergleich der Verteilungen zu erleichtern. Die empirisch ermittelten 4 Verteilungen sind in der Zahlentafel 18 aufgeführt. Desgleichen entnimmt man der Zahlentafel für jedes der 4 Kollektive die aus ihm abgeleitete Wahrscheinlichkeit der Dehnungswerte über 30%. Diese p-Werte sind, da sie aus verschiedenen Kollektiven hergeleitet wurden, nicht identisch, unterscheiden sich aber nur zufällig voneinander. Man kann daher auch annehmen, daß die ermittelten Wahrscheinlichkeiten mit zufälligen Abweichungen behaftete Werte einer wahren Wahrscheinlichkeit der Materie sind. Diese wahre Wahrscheinlichkeit würde die Untersuchung und Auswertung der ganzen Materie ergeben. Man kommt diesem wirklichen Wahrscheinlichkeitswert aber auch schon näher, wenn man die Wahrscheinlichkeit einer Dehnung über 30% aus allen vier vorliegenden Kollektiven ableitet, mit anderen Worten, wenn man das arithmetische Mittel der Wahrscheinlichkeiten der 4 Verteilungen bestimmt. Man findet $p = 0,6653$ oder rd. ²/₃. Man erhält nun auch die den 4 Verteilungen gemeinsame Zufallsverteilung und überhaupt die Zufallsverteilung der untersuchten Materie durch Entwicklung des binomischen Ausdrucks mit $p = {}^2/_3$, $q = {}^1/_3$, $n = 5$ und $N = 172$. Vergleicht man die einzelnen Häufigkeiten der empirischen Verteilungen mit der Zufallsverteilung, so stellt man auf Grund der Methoden der Wahrscheinlichkeitsrech-

nung[1]) fest, daß für das Kollektiv I in Klasse 0 eine Realabweichung vorliegt, daß dagegen die übrigen Häufigkeiten dieser Verteilung gegen die Zufallsverteilung nicht stärker differieren, als die experimentell ermittelte Zufallsverteilung infolge zufälliger Störungen gegen die ideale Zufallsverteilung differieren könnte. Für das Kollektiv II konstatiert man für die Klassen 0 und 5 stärkere als zufällige Abweichungen. Dagegen ergeben sich die Verteilungen der Kollektive III und IV als im Rahmen der zufälligen Abweichungen zufällige Verteilungen. Zieht man nun zur Beurteilung der Materie alle 4 Kollektive heran und legt fest, nach welcher Richtung die einzelnen Abweichungen der empirischen Häufigkeiten von den Zufallshäufigkeiten weisen, so erhält man das Bild der rechten Seite der Zahlentafel 18. Es bedeutet in dieser Zusammenstellung + eine größere empirische Häufigkeit und — eine kleinere empirische Häufigkeit als die Zufallshäufigkeit der entsprechenden Klasse des betreffenden Kollektivs angibt.

An Hand dieser Zusammenstellung konstatiert man nun, daß übereinstimmend für alle 4 Kollektive die Häufigkeiten der Klasse 0 sowie die Häufigkeiten der Klasse 5 größer sind als die entsprechenden Zufallshäufigkeiten, und für die Klassen 2 und 4 stellt man das entgegengesetzte Verhalten fest, wogegen für die Klassen 1 und 3 die Abweichungsrichtungen wechseln, allerdings auch unter deutlicher Bevorzugung einer Seite. Man kommt auf Grund dieser Betrachtung der Verhältnisse zu dem Schluß, daß die Abweichungen der vorliegenden Materie von einer entsprechenden Zufallsmaterie sich darin äußern, daß die Häufigkeiten der beiden Verteilungsenden größer sind, wogegen die Häufigkeiten des Kernteils der Verteilungen geringer sind als die entsprechenden Zufallshäufigkeiten. Und zwar hat man diese Abweichung ohne Rücksichtnahme auf die Größe der Differenzen, auf den Grad der Abweichungen, nicht als zufällig, sondern als besonders verursacht aufzufassen, da diese Abweichung der empirischen Materie bei allen 4 Kollektiven festgestellt wird. Es ist kein Zufall, daß für alle 4 Kollektive beispielsweise die Häufigkeiten der Klasse 5 größer sind als die entsprechenden Zufallshäufigkeiten. Zufällig wären die Abweichungen, wenn sie innerhalb des Intervalls der zufälligen Abweichungen teils nach der einen, teils nach der andern Seite liegen würden.

Die folgende Zahlentafel 19 bringt endlich ein Beispiel einer Materie, die sich auf Grund der vergleichenden Betrachtung verschiedener Kollektive dieser Materie als reine Zufallsmaterie dokumentiert. Die Untersuchung erstreckt sich auf Tombakfeindrähte der Legierung 75/25. Es wurde wieder nach Dehnungen untersucht, und es sind wieder 5 Einzelglieder, 5 Ringe zu einer Serie zusammengefaßt. Ausgezählt wurde, wie oft in solchen Gruppen zu 5 Ringen Dehnungen über 35%

[1]) Vgl. Art. 136.

festgestellt werden. Allen Kollektiven kommt wieder eine gemeinsame, gleiche Wahrscheinlichkeit zu, die Wahrscheinlichkeit, die der untersuchten Materie, welcher die Kollektive entnommen wurden, charakteristisch ist. Bestimmen läßt sich diese Wahrscheinlichkeit näherungsweise als Summe der Erfolgszahlen für alle 5 Kollektive, dividiert durch die Summe der Einzelfälle aller Kollektive. Rechnerisch einfacher ergibt sich diese Wahrscheinlichkeit wieder als Durchschnitt der Wahrscheinlichkeiten der fünf einzelnen Kollektive. Mit Hilfe dieser Wahrscheinlichkeit $p = 0{,}752$ oder rd. $^3/_4$ läßt sich die Verteilung errechnen, welche jedes der 5 Kollektive aufweisen müßte, wenn die dargestellte Verteilung eine rein zufällige wäre, wobei für jedes Kollektiv zufällige Abweichungen von der zu errechnenden idealen Zufallsverteilung bedeutungslos sind.

Zahlentafel 19.

Vergleich mehrerer Verteilungen der Dehnungen über 35 % an Tombakfeindrähten 75/25 mit ihrer Zufallsverteilung.

Klasse (Ringanzahl)	Empirische Häufigkeiten					Zufallsverteilung	Differenz der empirischen Häufigkeiten gegen die Zufallshäufigkeiten				
	I	II	III	IV	V		I	II	III	IV	V
0	0	0	0	3	3	0	0	0	0	+	+
1	3	6	6	3	0	2	+	+	+	+	—
2	9	15	9	12	18	15	—	0	—	—	+
3	39	54	39	45	39	44	—	+	—	+	—
4	78	57	66	60	57	66	+	—	0	—	—
5	39	36	48	45	51	40	—	—	+	+	+
Umfang	168	168	168	168	168	167					
Wahrscheinlichkeit	0,768	0,721	0,768	0,746	0,757	$0{,}752 \cong {^3/_4}$					

Reihe I $\mu_1^2 = 0{,}0325$, $\mu_p^2 = 0{,}0002$

Reihe II $\mu_1^2 = 0{,}0426$, $\mu_p^2 = 0{,}00025$

I—II $p_D = 0{,}768 - 0{,}721 = 0{,}047$

$\mu_{p_D} = \pm\sqrt{0{,}0002 + 0{,}00025} = \pm\, 0{,}021$

Differenz kann zufällig sein.

Mittlere Wahrscheinlichkeit $0{,}752 \cong {^3/_4}$.

Betrachtet man jedes der 5 Kollektive für sich und vergleicht es mit der gemeinsamen Zufallsverteilung idealer Art, so stellt man fest, daß die Abweichungen der empirischen Häufigkeiten von den entsprechenden Zufallshäufigkeiten durchweg Zufälligkeitscharakter haben und, soweit man aus ihrer Stärke erschließen kann, nicht ernst genommen zu werden brauchen. Trotzdem ist der Schluß auf den Zufälligkeitscharakter der vorliegenden Materie auf Grund der Betrachtung e i n e s Kollektivs nicht sicher, da reale Abweichungen je nach der Stärke ihres verursachenden besonderen Einflusses nicht stärker zu sein brauchen als zufällige Abweichungen.

Zieht man nun zur Beurteilung der Materie sämtliche vorliegenden Kollektive heran und vergleicht, in welcher Richtung die Abweichungen der Häufigkeiten gleicher Argumentwerte von den entsprechenden Zufallshäufigkeiten für die verschiedenen Kollektive liegen, so ergibt sich, daß die nach ihrer Größe zufällig zu wertenden Abweichungen für die verschiedenen Kollektive betreffs ihrer Richtung ganz unregelmäßig verteilt sind, wie man an Hand der Zahlentafel 19 feststellt. Man kann demnach die Verteilung der vorliegenden Materie mit Fug und Recht als zufällig ansprechen. Die Verteilung ist außer vom Zufall nur von den grundlegenden Umständen der Materie bedingt. Es versteht sich wohl von selbst, soll aber trotzdem nochmals besonders hervorgehoben werden: dieser Schluß aus dem rechten Teil der Zahlentafel 19 besitzt nur Gültigkeit, wenn, wie es bei dem vorliegenden Beispiel der Fall ist, die Wahrscheinlichkeiten der einzelnen Verteilungen lediglich zufällig verschieden sind und auch der Grad der einzelnen Abweichungen das für Zufälligkeitsschwankungen zulässige Maß nicht überschreitet.

92. Es wurde bei der Behandlung stetiger Kollektive eingehend die Zerlegung zusammengesetzter Kollektive in ihre Teilkollektive behandelt. Es lassen sich naturgemäß in ganz derselben Weise auch unstetige Kollektive, die als zusammengesetzt erkannt wurden, in ihre Teilkollektive zerlegen. So gibt sich, um nur ein Beispiel zu erwähnen, die in der Abb. 74 dargestellte Materie durch das Auftreten zweier Maximi an ihrer Verteilungskurve als nicht einfacher Art zu erkennen. Die genauere Untersuchung der Materie ergab in diesem Fall das Vorliegen zweier verschiedener Glühungen von Tombakdrähten, einer weicher geglühten Partie, welche im Mittel und am häufigsten unter 5 Ringen 3 bis 4 Ringe mit der hohen Dehnung aufweist, und einer härteren Partie, bei der am häufigsten unter 5 Ringen nur 1 Ring mit der hohen Dehnung vorkommt. Die Verteilungen der beiden Teilkollektive sind punktiert in Abb. 74 eingezeichnet. Die Wahrscheinlichkeiten der hohen Dehnung sind für die beiden Teilkollektive bzw. 0,37 und 0,68.

VIII. Abschnitt.

Allgemeines über Mittelwertsbildung und Streuung.

93. Die richtige Erkenntnis, daß irgendwelche zahlenmäßig festgelegten Untersuchungsergebnisse erst durch eine systematische Auswertung ihre volle Bedeutung erlangen, führte allgemein dazu, eine größere oder kleinere Anzahl von Einzelwerten zur Errechnung eines Mittelwertes heranzuziehen. Diese Mittelung ist die längstgeübte, gebräuchlichste und einfachste Art, Untersuchungsergebnisse rechnerisch auszuwerten und so dem Einzelwert einerseits eine über seinen individuellen Eigenwert hinausgehende Bedeutung, eben durch seine Beteiligung an der Gestaltung des Mittels, beizulegen, und anderseits die Bedeutung des Einzelwertes abzuschwächen durch sein Aufgehenlassen mit vielen anderen in dem Mittel.

Der Mittelwert dient in erster Linie zusammen mit der noch ausführlich zu besprechenden Streuung zur Charakterisierung eines Kollektivs für Vergleichszwecke. Die Festlegung der Verteilung verschiedener Argumentwerte eines Kollektivs durch eine Verteilungstafel oder anschaulicher durch eine Häufigkeitskurve gibt wohl ein charakteristisches Bild von der Häufigkeit bestimmter Argumentwerte. Aber einmal ist es viel zu umständlich, mehrere Verteilungstafeln beispielsweise miteinander zu vergleichen. Es fehlt der Verteilungstafel bzw. der Häufigkeitskurve im Gegensatz zu dem Mittelwert und dem Streuungsmaß die für Vergleiche notwendige Kürze, Einfachheit und Bestimmtheit der Angabe. Zum anderen ist die Kenntnis der Verteilung für viele Zwecke der Beurteilung wohl ausreichend, und ihre Feststellung ist zwecks völliger Klarlegung der Verhältnisse einer Materie unumgänglich notwendig; sie gibt aber kein vollständiges und ausreichendes Bild einer Materie. Und zwar können sich zwei Kollektive bei gleicher oder ähnlicher Verteilung durch ihren Mittelwert unterscheiden, wie auch umgekehrt zu verschiedenen Verteilungen derselbe Mittelwert gehören kann. Es kann aber auch noch bei demselben Mittelwert das Maximum der Verteilung bei im übrigen mehr oder weniger ähnlicher Verteilung flacher oder steiler sein, und es kann für verschiedene Materien bei gleichem Mittelwert die Ausbreitung, das Variationsintervall der verschiedenen Kollektive verschieden sein. Es ist aus diesem Grunde neben der Angabe des Mittels die Festlegung der Streuung erforderlich, und es wurden dementsprechend auch schon bei der seitherigen Behandlung von Verteilungen diese beiden Daten für Vergleiche und Beurteilungen herangezogen. Die Wahrscheinlichkeit, die für unstetige Kollektive oftmals eine wichtigere Rolle als das Mittel spielt, ist im Grunde auch lediglich ein Mittelwert, bezogen auf einen Einzelfall.

94. Der am häufigsten benutzte und allgemein bekannte Mittelwert ist das arithmetische Mittel, schlechtweg als Mittelwert oder Mittel oder auch als Durchschnitt bezeichnet.

Für unstetige Kollektive sind die Argumentwerte allgemein Erfolgshäufigkeiten bzw. Nichterfolgsgrade pro Serie, pro Gruppe. Der Mittelwert ist für solche Kollektive also der durchschnittliche Erfolgs- bzw. Nichterfolgsgrad pro Serie. Die durchschnittliche Erfolgshäufigkeit bzw. Nichterfolgshäufigkeit pro Einzelfall ist die Wahrscheinlichkeit des Erfolgs bzw. des Nichterfolgs.

Es mag zunächst betont werden, daß im allgemeinen die Bedeutung der Mittelwertsbildung nicht genügend gewürdigt wird. Vor allem werden Mittelungen über längere Zeiträume kaum durchgeführt oder meist viel zu früh wieder eingestellt, zum Nachteil einer möglichst genauen Kennzeichnung einer Materie. Ganz abgesehen von der großen Bedeutung, die ein guter Mittelwert an und für sich zur Beurteilung irgendeines Fabrikationsganges, als Maßstab für Leistungen, Produktionsmengen oder Qualitäten von Erzeugnissen, als Norm für Vergleiche sowie als Grundlage für Kalkulationen und andere Berechnungen besitzt, gibt eine dauernd und regelmäßig in den Dienst der Fabrikationskontrolle gestellte Mittelwertsbildung jederzeit ein genaues Bild über den Stand der Fabrikation und die bislang genommene Entwicklung derselben. Die fortgesetzte Mittelwertsbildung gibt weiter wertvolle Aufschlüsse über Änderungen in der Fabrikation, also z. B. über Änderungen von Leistungen oder Qualitäten, sie sichert dadurch eine weitestgehende Gleichmäßigkeit von Produktionsmengen oder Qualitätswerten, erlaubt ein sofortiges Eingreifen, wenn Abweichungen über das zulässige Maß hinaus vorkommen, und gestattet endlich bei gewollten Änderungen rasch, einfach und genau festzustellen, ob und in welchem Ausmaße die gewünschten Änderungen, wie beispielsweise Produktionssteigerungen oder eine Verringerung der Dehnung von Drähten u. dgl., eintreten.

95. Um die Qualität, beispielsweise die Festigkeit eines Drahtes zu charakterisieren, wird man mehrere diesbezügliche Proben anstellen und aus den erhaltenen einzelnen Werten das Mittel errechnen. Dieses Mittel dient dann als Grundlage für Berechnungen oder für den Vergleich mit entsprechend erhaltenen Mittelwerten anderer Drahtproben bzw. mit einem zu fordernden Normal- oder Minimalwert. Es gibt nun ein aus 50 Einzelwerten errechnetes Mittel einen richtigeren Wert als ein nur auf Grund von drei ermittelten Einzelwerten festgelegter Mittelwert. Dies gilt in um so höherem Grade, je unterschiedlicher ein Material ist, je mehr also die Einzelwerte, die zur Mittelung verwendet werden, differieren. Dies ist ohne weiteres klar, wird aber meist nicht berücksichtigt. So ergaben z. B. Festigkeitsbestimmungen mit Proben aus einer größeren Drahtpartie folgendes Bild:

1. Zerreißprobe	38,6 kg/mm²
2. »	38,8 »
3. »	40,5 »
Mittel der 3 ersten Proben	39,3 »
» aus 10 Proben	39,0 »
» » 20 »	38,9 »
» » 30 »	38,5 »
» » 220 »	38,8 »
» » anderen 220 Proben	38,7 »
» » 440 »	38,75 »

Man sieht, wie die Mittel aus einer kleineren Anzahl von Einzelwerten um den aus einer großen Anzahl abgeleiteten Mittelwert schwanken, sieht wie das Mittel aus nur 3 Proben erheblich von dem weit genaueren Mittel aus einer großen Anzahl von Bestimmungen abweicht, sieht aber auch wie anderseits die beiden Mittel aus 220 Proben übereinstimmen und gegen das Mittel aus 440 Einzelwerten praktisch nicht differieren.

Aus dem eben Ausgeführten folgt, daß es Unterschiede bezüglich der Zuverlässigkeit, der Genauigkeit, der Richtigkeit von Mittelwerten gibt. Dies ist bei zu ziehenden Vergleichen wichtig, und die Nichtbeachtung dieses Umstandes führt sehr häufig zu unrichtigen Schlußfolgerungen. Um einwandfreie Vergleiche ziehen zu können, ist es daher notwendig, sich davon zu überzeugen, ob ein Mittelwert zuverlässig ist, d. h. ob er sich bei Hinzuziehung weiterer Einzelwerte nicht mehr wesentlich ändern würde. Berechnet man ein Mittel aus einer sehr großen Zahl von Einzelwerten, so besitzt man die Gewähr für ein zuverlässiges Mittel ohne weiteres. Ein Mittelwert aus nur 3 Werten wird dagegen nur dann für Vergleiche u. dgl. verwendet werden dürfen, wenn ein zweiter aus drei anderen Einzelwerten gebildeter Mittelwert praktisch mit dem ersten Mittel übereinstimmt. Für exakte Vergleiche hat man daher einen Mittelwert stets durch die Bildung eines 2. Mittelwertes zu überprüfen; ergibt sich innerhalb der zulässigen Grenzen Übereinstimmung, so wird man den Mittelwert aus den beiden Mitteln für die Vergleiche zugrunde legen, andernfalls wird man zu diesem Mittelwert der beiden Mittel einen zweiten Mittelwert berechnen müssen aus derselben Anzahl von Einzelwerten, also z. B. 6, usf. bis man zwei übereinstimmende Mittel aus einer gleichen Anzahl Einzelwerte erhält. In bezug auf unstetige Kollektive wird die erwähnte Tatsache im allgemeinen mehr gewürdigt. Man sieht ohne weiteres ein, daß, um ein Beispiel aus der Reihe der ausgesprochenen Zufallsmaterien zu nennen, viele Würfe mit 5 Würfeln ausgeführt werden müssen, um einwandfrei festzustellen, wie viele Würfel im Durchschnitt mit geraden Augenzahlen geworfen werden. Trotzdem begnügt man sich aber allgemein bei der Errechnung des Mittels eines stetigen Arguments, wie beispielsweise der Festigkeit eines Drahtmaterials, mit der Auswertung weniger Einzelwerte. Und doch gibt es entsprechend den verschiedenen Erfolgsgraden bei dem Würfelspiel auch für stetige Argumente verschiedene »Erfolgsgrade«, also beispielsweise verschiedene Festigkeits- oder Dehnungswerte eines bestimmten Drahtmaterials. Logischerweise können daher auch für stetige Kollektive nur viele Einzelfälle zur Bildung eines sicheren Mittelwertes führen. Ein zweites Beispiel:

Man will für Kalkulationszwecke den Ziehsteinverschleiß bei einem bestimmten Ziehprozeß ermitteln. Dazu wird festgestellt, wieviel kg Draht mit jedem Ziehstein von 0,05 mm Bohrung gezogen werden können, und zwar an 0,05 mm und nach Aufpolieren des aufgezogenen Steins an 0,055 mm, wobei die Abweichungen der Drahtstärken von den Nenndimensionen 0,002 — 0,003 mm betragen dürfen. Die über eine längere Zeitspanne fortgesetzten Versuche ergaben, daß an beiden Dimensionen zusammen pro 1 Stein gezogen werden konnten:

beim 1. Versuch	4,6 kg
» 2. »	3,6 »
» 3. »	8,0 »
im Mittel aus den 3 Versuchen	5,4 »
als mittlere Leistung von 300 Steinen	4,82 »
» » » » 313 »	4,89 »
» » » » 324 »	4,82 »
» » » » 354 »	4,88 »
» » » » 370 »	4,91 »
» » » » 378 »	4,87 »

Man stellt wieder fest, daß die Mittel aus einer großen Versuchszahl unter sich nicht mehr bedeutend schwanken, und daß der aus 378 Einzelwerten errechnete Mittelwert von dem Mittel aus nur 3 Versuchen erheblich abweicht.

Wirft man 12 Würfel 10000mal, so ergibt sich aus dieser Versuchsreihe eine bestimmte mittlere Häufigkeit und eine bestimmte relative Häufigkeit für die Sechs. Wiederholt man diese Versuchsreihe beliebig oft, so folgt aus jeder Versuchsreihe wieder ein Wert für die mittlere oder relative Häufigkeit der Sechs, der mit dem Resultat nach der ersten Versuchsreihe übereinstimmt. Derartige Erfahrungen an ausgesprochenen Zufallsmaterien führen zu dem Bernoulli-Poissonschen Theorem, zu dem Gesetz der großen Zahlen, nach dem verschiedene Beobachtungsreihen über ein bestimmtes Ereignis denselben Grenzwert der relativen Häufigkeit, dieselbe Wahrscheinlichkeit des Ereignisses ergeben. Bei großem Kollektivumfang erhält man mithin im Mittel oder in der Wahrscheinlichkeit einen der betreffenden Materie charakteristischen Wert, wobei der Mindestkollektivumfang, der als große Zahl zu gelten hat, von der erwarteten Genauigkeit für Mittel bzw. Wahrscheinlichkeit abhängt.

Die Gültigkeit des Poissonschen Gesetzes der großen Zahlen ist nun nicht auf ausgesprochene Zufallsereignisse beschränkt. Das Gesetz ist verallgemeinerungsfähig und gilt für alle Materien mit im Einzelfalle zufälliger Note. Hat man also irgendeine Materie mit einer Eigenschaft, die in verschiedenen Einzelfällen ohne angebbare besondere Ursache schwankende Einzelwerte aufweist, so ergibt sich aus einer genügend großen Zahl solcher variierender Einzelfälle ein Mittelwert dieser Eigenschaft, der dieser Materie typisch ist, und den wiederholte Untersuchungen immer wieder ergeben, solange die ausgewerteten Kollektive derselben Materie entstammen. Die zufälligen Schwankungen, welche die Einzelwerte in einer Beobachtungsreihe zeigen, heben sich in jeder Beobachtungsreihe bei einer genügend großen Zahl der herangezogenen Einzelfälle heraus, die bezüglich Grad und Richtung verschiedenen Abweichungen kompensieren sich, und man erhält mithin als Folge dieses Ausgleichs des Zufalls aus verschiedenen Beobachtungsreihen stets dieselben der Materie charakteristischen Daten. Diese Konstanz und die Berechtigung, einen Mittelwert z. B. als einer Materie charakteristisch zu betrachten, gilt aber nur für Reihen mit großen Umfängen, für Kollektive, welche der Voraussetzung des Gesetzes der großen Zahlen gerecht werden.

96. Die an Hand der beiden angeführten Beispiele über die Mittelung von Festigkeitswerten und den durchschnittlichen Ziehsteinverschleiß gewonnenen Erkenntnisse folgen ohne weiteres aus der Ähnlichkeit der hier interessierenden statistisch auszuwertenden Kollektive mit Kollektiven reiner Zufallsereignisse.

Wirft man gleichzeitig 18 Würfel, so wird man auf Grund logischer Überlegungen voraussagen, daß von den 18 Würfeln $18 \times {}^1/_6 = 3$ Würfel die Augenzahl 3 zeigen[1]). Niemand wird aber erwarten, daß von mehreren Würfen mit je 18 Würfeln jeder einzelne Versuch genau 3 Würfel mit der Augenzahl 3 nach oben ergeben wird. Tatsächlich bestätigt auch die Erfahrung, daß bei mehreren Versuchen nur im Mittel auf einen Versuch 3 Würfel mit der Drei nach oben kommen, daß im übrigen aber auch Versuche mit 0,1 oder 2 Würfeln und Versuche mit mehr als 3 Würfeln mit der Drei nach oben auftreten. Außerdem stellt man durch den Versuch fest, daß die mittlere Anzahl von Würfeln, die pro einen Versuch zu 18 Würfeln mit der Augenzahl 3 nach oben liegen, um so näher dem theoretisch erschlossenen Mittelwert 3 liegt, je größer die Gesamtzahl der durchgeführten Versuche ist.

Die Annäherung eines durch das Experiment bestimmten Mittels an den auf Grund logischer Überlegungen hergeleiteten Wert wächst somit mit steigender Anzahl der Versuche. Man konstatiert mit anderen Worten mit dem Größerwerden des Kollektivumfangs einen genaueren und sichereren Mittelwert und folgert die Gültigkeit dieser für reine Zufallsereignisse bewiesenen Regel auch für solche Kollektive, bei denen sich wie bei den hier behandelten ein theoretischer Mittelwert nicht im voraus logisch erschließen läßt[1]).

Es erfordert bei der Behandlung der hier diskutierten technischen Fragen allgemein eben immer ganz besondere Beachtung, daß die vorliegenden Materien keine bestimmten, keine festen, keine einheitlichen

---

[1]) Man nennt einen solchen theoretischen Mittelwert, wie z. B. 3 für ein Spiel mit 18 Würfeln auf eine bestimmte Augenzahl, auch mathematische Erwartung.

Werte für irgendeine Eigenschaft zeigen, daß im Einzelfall stets die Wirkung des Zufallsspiels zum Ausdruck kommt.

Hat man 2 Tombakdrähte mit verschiedenen Durchmessern, so kann man jede Wette eingehen, daß der Draht mit dem größeren Durchmesser pro Längeneinheit das größere Gewicht zeigt, ja man kann sogar ohne Wägung genau berechnen, wievielmal schwerer der stärkere Draht pro Längeneinheit ist. Im Gegensatz zu derartigen Fällen funktionaler Abhängigkeit zwischen mehreren Merkmalen stehen Fälle, die wohl auch eine Art Abhängigkeit zwischen bestimmten Eigenschaften aufweisen, welche Abhängigkeit aber loserer Natur ist und sich vor allem im Einzelfall nicht mathematisch exakt, nicht quantitativ festlegen läßt, die im Einzelfall sogar fehlen oder gar entgegengesetzter Art sein kann. Sie ist nur im allgemeinen, bei der Betrachtung einer größeren Anzahl von Einzelfällen zu beobachten.

Eine derartige Abhängigkeit ist allen Zufallsmaterien typisch. Wirft man 6 Würfel, so zählt man vielleicht 4 Würfel, welche gerade Augenzahlen aufweisen, wirft man dann 10 Würfel, so gibt ein einzelner Wurf vielleicht nur 3 gerade Augenzahlen. Erst wenn man von beiden Spielen eine größere Anzahl von Einzelwürfen zusammenfaßt, wird man finden, daß eine gewisse Abhängigkeit zwischen der Anzahl der geworfenen Würfel und der Anzahl geworfener gerader Augenzahlen besteht, daß man im einen Fall durchschnittlich 3 und im andern Fall durchschnittlich 5, daß man allgemein mit n Würfeln im Mittel $\frac{n}{2}$ gerade Augenzahlen zählt. In Einzelfällen wird man dagegen oftmals andere Abhängigkeitsgrade feststellen müssen, man wird hin und wieder überhaupt keinen Einfluß der Würfelzahl auf das Wurfergebnis konstatieren können, und es wird sich sogar gar nicht selten eine Beziehung entgegengesetzter Art ergeben.

Ganz ähnlich der geschilderten Art von Abhängigkeit ist nun auch beispielsweise die Abhängigkeit zwischen Festigkeit und Dehnung bestimmter Drähte. Es gilt wohl ganz allgemein und es gilt normalerweise immer, wenn man eine größere Anzahl von Drähten ins Auge faßt, daß der größeren Festigkeit eine kleinere Dehnung entspricht. Aber in Einzelfällen kann auch oftmals zu verschiedenen Dehnungswerten dieselbe Festigkeit gehören, ja es kann mit der größeren Dehnung eine größere Festigkeit in bestimmten Einzelfällen vergesellschaftet sein. Man kann in keinem Einzelfall auf Grund der bekannten Festigkeit die Dehnung eines Drahtes berechnen, so wenig man vor dem Wurf etlicher Würfel auf Grund der bekannten Anzahl Würfel die Anzahl der erscheinenden geraden Augen angeben kann. In beiden Fällen kann man nur den Versuch entscheiden lassen, man kann aber auch in beiden Fällen durch die Zusammenfassung einer großen Zahl von völlig unkontrollierbaren Einzelfällen zu bestimmten Beziehungen zwischen den betrachteten Merkmalen kommen, welche sehr wohl die eine wie die andere Materie charakterisieren können. Man nennt eine derartige lose Abhängigkeit wie die zwischen der Anzahl geworfener Würfel und der Anzahl geworfener gerader Augen oder wie die zwischen Festigkeit und Dehnung eine korrelative Abhängigkeit oder stochastische Verbundenheit.

Es ergibt sich somit, daß man zur Erfassung von Beziehungen zwischen korrelierenden Eigenschaften, aber auch zur Erfassung einer Eigenschaft allein, die von einer anderen korrelativ beeinflußt wird, kurz, daß man für alle Beobachtungen und Untersuchungen über Merkmale mit im einzelnen ohne erkennbare besondere Verursachung schwankenden Werten eine große Zahl von Einzelwerten heranziehen muß. Im besonderen genügt der Bestimmung einer derartigen Eigenschaft nie ein Einzelwert sondern immer nur ein Mittelwert aus einer genügend großen Anzahl von Einzelwerten. Das Gewicht einer Drahtsendung läßt sich durch e i n e Messung festlegen; die Dehnung dieser Drähte muß immer durch einen Mittelwert aus einer größeren Anzahl von Einzelmessungen angegeben werden. Faßt man allein die Tatsache der Schwankungen ins Auge, so besteht kein Unterschied, ob man nun einer Drahtsendung eine Reihe Proben entnimmt und auf ihre Dehnung überprüft, oder ob man eine Reihe Würfe mit etlichen Würfeln auf gerade Augenzahlen ausführt. Es läßt sich sodann keine Ursache dafür angeben, daß eine bestimmte Drahtprobe 30% Dehnung und eine andere 33% Dehnung ergibt, so wenig der Grund feststellbar ist, warum ein Wurf mit 7 Würfeln 3 und ein zweiter Wurf 6 gerade Augenzahlen ergibt. Die wohl im einen wie im anderen Fall vorhandenen besonderen Ursachen des bestimmten Merkmalswertes lassen sich weder im einen noch im anderen Fall erkennen und angeben, weshalb man die Verantwortung für derartige Einzelfälle eben dem Zufall in die Schuhe schiebt.

Wirft man 2 Münzen einmal auf den Tisch, so können zufällig beide mit dem Wappen nach oben zu liegen kommen. Es wäre aber sehr töricht, wollte man dieses Ergebnis daraufhin als charakteristisch für Würfe mit 2 Münzen hinstellen. Wirft man gleichzeitig 20 Münzen, so ergibt ein erster Wurf vielleicht 5 Wappen, ein zweiter Wurf ergibt 17 Wappen, ein dritter, vierter und fünfter Wurf zeigen bzw. 6, 4 und 8 Wappen. Man bestimmt die mittlere Wappenhäufigkeit zu 8. Es wäre wieder weit gefehlt, wollte man diesen Wert als für die vorliegende Materie charakteristisch postulieren. Tatsächlich ist es auch jedermann ganz selbstverständlich, daß man für derartige Materien schwankende Einzelwerte erhält, und daß man dementsprechend nicht nur einen Versuch und auch mehr als 5 Versuche durchführen muß, um das Charakteristische solcher Materien zu erfahren. Ebenso selbstverständlich erscheint es aber nun auch oftmals, daß man die charakteristische Dehnung eines Drahtmaterials, die typische Tiefung bestimmter Bleche, die Ziehsteinleistung unter bestimmten Bedingungen u. dgl. Daten aus noch weniger als 5 Beobachtungen ableiten kann! Erklärt man ohne weiteres den Mittelwert aus den 5 Münzenspielen als nicht gesichert, ja als falsch, als nicht charakteristisch für die Materie, und denkt man nicht daran, auf Grund dieses tatsächlich festgestellten Mittels die Münzen als abnormal zu bezeichnen, so wird umgekehrt bei einer entsprechenden Dehnungsbestimmung bestimmter Drähte meistenteils nicht die Mittelwertsbildung als unrichtig abgelehnt, es wird vielmehr das aus wenigen Proben hergeleitete Mittel als der vorliegenden Materie typisch betrachtet, und es wird als Basis zur Beurteilung der ganzen Materie genommen. Und doch liegen beide Fälle ganz gleich. Der einzige Unterschied ist nur der, daß man im Falle einer ausgesprochenen Zufallsmaterie durch einfachste logische Überlegungen den zur erwartenden charakteristischen Wert im voraus berechnen kann, was für die nicht weniger zufälligen technischen Materien nicht möglich ist. Bei der großen Wichtigkeit zuverlässiger und wirklich charakteristischer Mittelwerte und in Anbetracht der groben Verstöße, die so oft bei der einfachsten Mittelwertsbildung gegen das Grundgebot des Umgangs mit graduell veränderlichen Merkmalen und schwankenden Eigenschaftswerten zu verzeichnen sind, sollte an dieser Stelle besonders nachdrücklich auf Sinn, Bedeutung und Bildung guter Mittel hingewiesen werden. Aber noch ein Punkt ist zu berücksichtigen.

97. Wirft man gleichzeitig mit 6 Würfeln, so ist im Mittel pro Versuch irgendeine bestimmte Augenzahl einmal zu erwarten. Würfelt man aber gleichzeitig mit 18 Würfeln, so ist das auf Grund logischer Überlegungen zu erwartende Mittel 3. Man sieht aber nun leicht ein, daß die Streuung bei den Versuchen mit 18 Würfeln viel größer ist als bei den Versuchen mit nur 6 Würfeln. Bei den Versuchen mit 6 Würfeln liegen nämlich folgende Möglichkeiten vor: man kann die bestimmte Augenzahl mit allen 6 Würfeln gleichzeitig werfen, oder man kann sie mit 5 oder mit 4, mit 3, 2, einem oder gar keinem Würfel werfen. Die Abweichungen nach der schlechten Seite vom Mittelwert 1 aus betragen somit eine Klasse. Die Abweichungen nach der guten Seite vom Mittelwert 1 aus umfassen 5 Klassen. Betrachtet man in analoger Weise die Verhältnisse bei einem Spiel mit gleichzeitig 18 Würfeln, so findet man, daß die Abweichungen nach der schlechten Seite vom Mittelwert 3 dieser Materie aus 3 Klassen umfassen, und nach der guten Seite zählt man 15 Klassen möglicher Abweichungen. Man konstatiert somit bei dem Spiel mit 18 Würfeln nach jeder Seite des Mittelwertes 3mal so viele Abweichungsmöglichkeiten als bei dem Spiel mit nur 6 Würfeln. Mit anderen Worten, die Ausdehnung des Kollektivs, das sich auf die Würfe mit 18 Würfeln bezieht, ist 3mal größer als die Ausdehnung des anderen Kollektivs, und da die Verteilungsverhältnisse im übrigen bei beiden Versuchsreihen entsprechende sind, so besitzt das Kollektiv der Würfe mit 18 Würfeln auf jeden Fall eine viel größere Streuung

als das andere Kollektiv. Man muß daher die Versuchsreihe mit den 18 Würfeln länger fortführen als die Versuchsreihe mit den 6 Würfeln, um in beiden Fällen einen gleich genauen Mittelwert zu erhalten. Ist der Kollektivumfang der Versuche mit 18 Würfeln gleich dem Umfang des anderen Kollektivs, so ist die Ungenauigkeit, die dem Mittelwert des ersten Kollektivs anhaftet, $\sqrt{3}$ mal größer als die Unsicherheit des Mittels der anderen Versuchsreihe.

Man zieht aus diesen und ähnlichen Vergleichen mit solchen reinen Zufallsmaterien, deren logisch erschlossenen Verhältnisse jederzeit durch den Versuch in Übereinstimmung mit den theoretischen Erwartungen bestätigt werden können, für die hier behandelten Probleme den Schluß, daß je nach der Größe des Variationsintervalls und allgemein je nach dem Betrage der Streuung eines Arguments eine verschieden große Anzahl von Einzelwerten erforderlich ist, um dieselbe Genauigkeit der abgeleiteten Mittelwerte zu erhalten. Um noch ein ganz spezielles Beispiel zu erwähnen, sei darauf hingewiesen, daß man im allgemeinen für die Dehnung eine größere Streuung feststellt als für die Festigkeitswerte eines Materials. Man hat daher, um für Festigkeit und Dehnung gleich genaue Mittelwerte zu erhalten, eine größere Anzahl von Werten zur Mittelberechnung der Dehnung heranzuziehen als zur Ermittlung der durchschnittlichen Festigkeit. Da man Dehnung und Festigkeit oft zusammen in einem Versuch ermittelt, so wird die Gesamtzahl der Versuche durch die angestrebte Genauigkeit der mit der größeren Streuung behafteten Dehnung bestimmt. Eine Ausnahme von diesem Verhalten zeigen Drähte aus Molybdän. Für diese weist die Eigenschaft Festigkeit größere Schwankungen auf als die Eigenschaft Dehnung. Und zwar entspricht die Streuung der Dehnungswerte für Molybdändrähte ungefähr den Streuungen der Dehnungswerte für andere Drahtmaterialien; die Festigkeitswerte streuen aber für Molybdän stärker als für andere Materialien. Drückt man allerdings die Streuung in Prozenten des Mittelwertes aus, so gilt für alle Materialien einschließlich des Molybdäns, daß die derart gemessene Variabilität stets für die Dehnung größer ist als für die Festigkeit. In jedem Fall zeigen aber Festigkeit und Dehnung verschiedene Streuungen. Aber auch 2 Kollektivreihen desselben Umfangs von beispielsweise Dehnungswerten werden, wenn das Variationsintervall des einen Kollektivs größer ist als die Ausdehnung des anderen Kollektivs, oder wenn auch bei gleicher Ausdehnung der Kollektive die Verteilung der Dehnungswerte auf die einzelnen Klassen eine verschiedene ist, nicht gleich sichere Dehnungsmittelwerte ergeben. Hieraus erklärt sich die Bedeutung der Angabe des »mittleren Fehlers« eines Mittelwertes.

Kehren wir nochmals zu den beiden angeführten praktischen Beispielen über die mittlere Festigkeit von Drähten und den mittleren Ziehsteinverschleiß zurück. Diese beiden Arten von Mittelwertsbestimmungen decken noch einen wesentlichen Unterschied betreffs der Bedeutung, die man einem Mittelwert zuerkennen darf, auf. In dem Beispiel des Steinverschleißes kommt es tatsächlich einzig und allein darauf an, einen möglichst zuverlässigen Mittelwert zu erhalten. Ob dabei jeder einzelne Stein 4,5 bis 5 kg bringt, oder ob bei demselben Mittelwert eine Reihe von Steinen nur 1 kg und eine andere Anzahl Steine 8,5 kg leistet, interessiert für Kalkulationszwecke nicht. Anders verhält es sich dagegen in dem Fall des ersten Beispiels der Errechnung eines mittleren Festigkeitswertes, oder wenn es sich beispielsweise darum handelt, den Silbergehalt leonischer Drähte oder den Kohlenstoffgehalt verschiedener Stahlsorten im Mittel festzulegen. In diesem Fall genügt es nicht, zu wissen, der Draht besitzt im Durchschnitt 10‰ Silberauflage, wenn an der Bildung dieses Mittels auch Werte von 6‰ und 15‰ beteiligt sind, und ein Drahtmaterial mit im Mittel 40 kg/mm² Festigkeit wird sogar einem anderen mit im Mittel 44 kg/mm² Festigkeit vorzuziehen sein, wenn das eine Material Schwankungen zwischen 39 und 41 kg/mm² aufweist, das nach dem Mittelwert bessere Drahtmaterial dagegen zum Teil nicht genügend weich geglühtes und zum Teil verbranntes Material enthält und Abweichungen vom Mittel im Betrage von beispielsweise 7 kg nach oben und 6 kg nach unten in den Einzelwerten zeigt. Es interessiert uns bei einem leonischen Draht oder bei einem Stahldraht wohl der mittlere Silber- bzw. der mittlere Kohlenstoffgehalt, und von Drähten für Seile oder Papiermaschinensiebe ist wohl ein möglichst hoher mittlerer Festigkeitswert zu fordern; aber noch wichtiger als diese Mittelwerte selbst sind in diesen und anderen Fällen die Schwankungen, die Abweichungen von dem Mittel. Nicht nur daß der schwächste Draht eines Seiles, einer Kette oder eines Gewebestückes die Stärke des betreffenden Fabrikates bestimmt, es ist auch in sehr vielen Fällen die Inhomogenität des Materials an und für sich von großem Nachteil, sei es für die Verarbeitung, sei es in bezug auf allgemeine Qualitätseigenschaften des Erzeugnisses, sei es in bezug auf Verarbeitung und Erzeugnis.

Um diesen Erkenntnissen Rechnung zu tragen, und um den Grad der Abweichungen der Einzelwerte von dem Mittelwert und damit auch den Grad der Inhomogenität einer Materie, also z. B. die Größe der Schwankungen eines Drahtmaterials bezüglich Dehnung oder Festigkeit, durch eine einfache Zahlengröße zu kennzeichnen, ist es notwendig, neben einem Mittelwert stets auch ein Maß für die Streuung der Einzelwerte anzugeben, wenigstens in all den Fällen, in denen es sich nicht allein um die Herausstellung eines möglichst genauen und gesicherten Mittels handelt.

98. Es gibt Fälle von Mittelwertsbildung, in denen der Mittelwert als solcher einzig und allein interessiert. Die Schwankungen, welche die einzelnen Werte um das Mittel ausführen, sind ganz ohne Belang, und jeder Einzelwert bildet lediglich »Zweck zum Mittel«. Einzelwerte verlieren nun ihre Bedeutung naturgemäß um so mehr, je größer die Gesamtzahl der zur Mittelwertsbildung herangezogenen Einzelwerte ist. Es folgt hieraus, daß immer dann, wenn es sich, wie in dem diskutierten Beispiel über die Ermittlung des mittleren Ziehsteinverschleißes für Kalkulationszwecke, darum handelt, lediglich einen genauen Mittelwert zu erhalten, eine große Zahl von Einzelwerten zur Mittelung verwertet werden muß. Geht es aber darum, neben dem Mittelwert auch noch einen Überblick über die durch die Einzelwerte gegebenen Schwankungen zu erhalten, soll mit anderen Worten die Bedeutung der Einzelwerte nicht vollständig in dem Mittel untergehen, so bildet man nicht das Mittel aus einer sehr großen Zahl von Einzelwerten, man unterteilt vielmehr das ganze Kollektiv in kleinere Gruppen und errechnet deren Mittelwerte. Die Schwankungen, welche diese Gruppenmittel unter sich und gegen das Gesamtmittel aufweisen, geben einen Anhalt betreffs Art und Größe eventueller Unregelmäßigkeiten der untersuchten Eigenschaft. Folgendes Beispiel möge diese Ausführungen erläutern und belegen.

In einer Feindrahtzieherei werden Tombakdrähte in den Stärken von 0,20 bis 0,27 mm gezogen und geglüht; es soll ein weiches Material fabriziert werden, das in bezug auf seine Dehnung keine allzu großen Schwankungen aufweist. Zwecks Überwachung und Kontrolle des Fabrikationsverfahrens interessiert somit neben der mittleren Dehnung auch die Gleichmäßigkeit der Drähte bezüglich ihrer Dehnungen, und zwar muß man naturgemäß in erster Linie eine Übersicht über die Gleichmäßigkeit verschiedener Glühungen erhalten, wobei vorausgesetzt ist, daß man über die Gleichmäßigkeit der Glühungen in sich bereits informiert ist.

Um die zur Kontrolle notwendigen Daten zu erhalten, wurde nun wie folgt vorgegangen: Von jeder Glühung, d. h. von dem Inhalt jedes Glühtopfes wurden 12 Proben auf ihre Dehnung geprüft, und aus den 12 Werten wurde die mittlere Dehnung jeder Glühung errechnet. In der Abb. 75 sind diese Werte der prozentualen Dehnungen von 66 aufeinanderfolgenden Glühungen von Tombakdrähten eingetragen, und die erhaltenen Punkte sind durch einen Linienzug verbunden. Diese in der Abbildung mit I bezeichnete Kurve gibt also ein anschauliches Bild des Verlaufs der Dehnungswerte der einzelnen Glühungen, der Dehnungsänderung von Glühung zu Glühung. Die Kurve II der Abb. 75 fixiert den Verlauf des Gesamtmittels, das jeweils aus den Dehnungswerten aller Glühungen vom Beginn der Versuche an errechnet wurde, so daß die aufeinanderfolgenden Punkte der Kurve II die Mittelwerte aus 1×12, 2×12, 3×12 usf. bis 66×12 Dehnungsproben darstellen. Eine Kurve III zeigt endlich die Mittelwerte, die man durch Zusammenfassen von je 6 Glühungen zu einer Gruppe, also durch Mittelung von je 6 × 12 Werten erhält. In diesem Beispiel sind an die Stelle der Einzelwerte bereits Mittelwerte getreten, nämlich die Mittel aus je 12 Proben einer Glühung, und statt einfacher Mittel erhält man dementsprechend die Mittel von Mittelwerten.

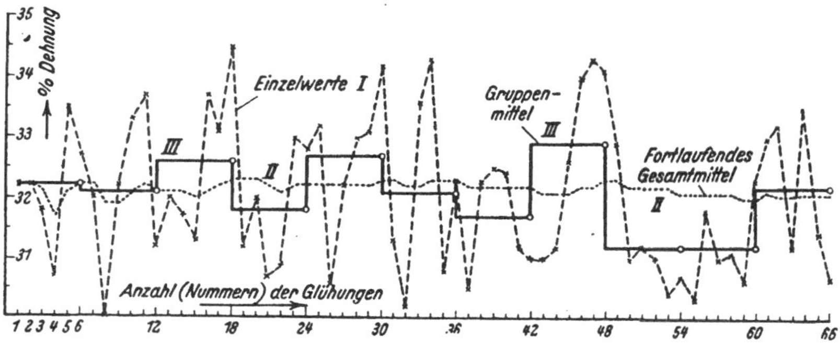

Abb. 75.

Man erkennt nun aus der Abbildung, daß in dem Gesamtmittel, dessen Gang durch die Kurve II wiedergegeben wird, der Einfluß der Einzelwerte auf das Mittel mit steigender Anzahl der an der Mittelwertsbildung beteiligten Einzelwerte immer mehr zurücktritt. Diese Kurve des Gesamtmittels liefert daher wohl gegen ihr rechtes Ende zu wachsend zuverlässigere Mittelwerte, sie läßt weiter sehr wohl erkennen, daß ein Gang des Mittelwerts, d. h. eine bleibende Zu- oder Abnahme des Mittels, nicht vorhanden ist, daß im Durchschnitt mithin die Glühungen gleichmäßig sind; sie gibt naturgemäß aber keine Aufschlüsse über den Grad der Homogenität des Materials der verschiedenen Glühungen. Ein Vergleich der Kurve II mit der Kurve I, also der Mittelwerte mit der Änderung der Einzelwerte, läßt dagegen sofort erkennen, daß die Schwankungen der Einzelwerte um die Mittelwertskurve sich ziemlich regelmäßig auf die beiden Seiten der Kurve des Mittels verteilen. Genau zu demselben Schluß gelangt man aber auch durch einen Vergleich der Kurven II und III. Es geben die Mittel aus kleineren Gruppen von Werten, hier die Mittel der Dehnungen für je 6 Glühungen, ein ungefähres Bild der Abweichungen, der Streuung der Einzelwerte. Insbesondere läßt die Kurve III erkennen, daß die Abweichungen der Mittelwerte der verschiedenen Gruppen ziemlich regelmäßig nach den Seiten höherer und geringerer Dehnung verteilt sind, daß die Stärke der Abweichungen nach beiden Seiten ebenfalls im großen und ganzen dieselbe ist, und daß keine Tendenz einer Entwicklung zu höheren oder zu geringeren Dehnungswerten vorhanden ist. Man wird alles in allem durch die Aufzeichnung der Kurve III zu einem viel genaueren Bild über die vorliegenden Verhältnisse kommen, als es lediglich durch Errechnung eines Gesamtmittelwertes möglich wäre. Eine Orientierung über das Maß und über die Zahl der Abweichungen nach oben und unten von einem Mittel ist aber unerläßlich, wenn diesen Schwankungen der Einzelwerte Bedeutung zukommt, wie es bei allen Qualitätsdaten der Fall ist.

Stellt in der Abb. 75 die Kurve I die individuellen Änderungen der Dehnung dar, so führt die systematische Auswertung einer großen Zahl von Einzelwerten zu Zahlenwerten, welche das Ergebnis der an der Bildung der untersuchten und beobachteten Eigenschaften wirksamen allgemeinen Ursachen bilden. Die Verfolgung einzelner Werte oder auch wie in dem durch die Kurve I der Abb. 75 dargestellten Fall die Verfolgung von Mittelwerten aus einer kleineren Anzahl von Einzelwerten gibt neben den allgemein wirkenden Ursachen einer Eigenschaft auch alle individuellen Momente wieder, zu einem Bilde sehr mannigfacher Verschiedenheiten führend und die Erkenntnis des allgemein Charakteristischen erschwerend, ja unmöglich machend. Durch die statistische Zusammenfassung werden dagegen alle vereinzelten Zufälligkeiten und alle individuellen Besonderheiten eliminiert, und es werden lediglich die allein kennzeichnenden und wichtigen Besonderheiten, die im Wesen der betreffenden Materie liegen, und ihre allgemeinen Ursachen zahlenmäßig festgelegt, es wird mit einem Wort die große Linie herausgearbeitet. Den Unterschied zwischen dem Studium von Einzelwerten einerseits und der Erfassung des Ganzen nach den Methoden der Statistik beleuchtet nichts so treffend als etwa gerade der Vergleich der Dehnungskurve I der Abb. 75 mit einer der in dem Abschnitt VI abgehandelten Verteilungskurven. Es ist hier genau so wie auch sonst in der Statistik: die einzelnen Werte, z. B. die Lebensalter von Menschen, differieren ganz erheblich, lassen keine Gesetzmäßigkeiten erkennen und bedingen, graphisch dargestellt, das Bild einer stark gebrochenen, unregelmäßig und planlos zickzackartig verlaufenden, jede individuelle Schwankung wiedergebenden Kurve; die statistische Erfassung und Auswertung einer großen Zahl solcher Einzelwerte führt aber trotzdem zu anerkanntermaßen ganz bestimmten und zuverlässigen charakteristischen Werten, beispielsweise über das durchschnittliche Lebensalter verschiedener Berufsklassen.

Man nennt eine Reihe von Zahlenwerten, die keinen Gang, d. h. im Durchschnitt weder eine Zunahme noch eine Abnahme zeigen, und die sich stets innerhalb gewisser gleichbleibender Grenzen zufällig ändern, eine stationäre Zahlenreihe. Abb. 76 gibt die stationäre Zahlenreihe der Dehnungen von Nickelfeindrähten wieder. Je 10 Einzelwerte wurden zu einem Gruppenmittel zusammengefaßt, und die Änderungen dieser Gruppenmittel werden in der Abb. 76 durch die eingezeichnete Staffellinie festgehalten. Die Grenzen, innerhalb deren sich die Einzelwerte bewegen, liegen bei 18% und 22,5% Dehnung, sie sind in der Abbildung durch gestrichelte Linien angegeben. Zum Unterschied gegen die Abb. 76 ist in der folgenden Abb. 77 eine nicht stationäre Zahlenreihe betreffend die steigende Tendenz der Dehnungen von Tombakdrähten dargestellt. Es sind in diesem Beispiel je 13 Einzelwerte zu Gruppenmitteln zusammengezogen, deren Gang durch einen gebrochenen Linienzug festgehalten

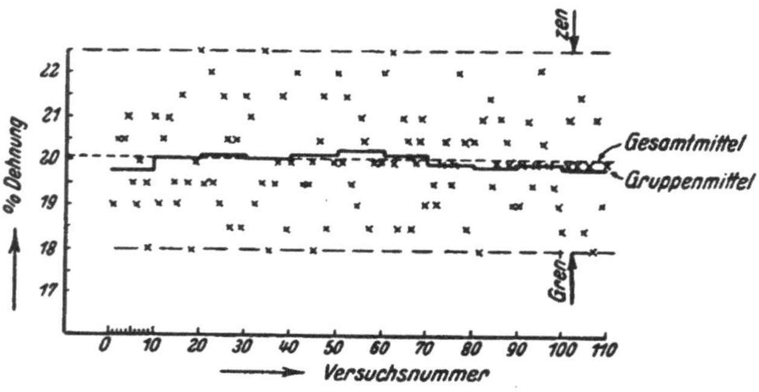

Abb. 76.

wird. Der Verlauf der durch Kreuze bezeichneten Einzelwerte und noch deutlicher der Verlauf des Linienzugs der Gruppenmittel in Abb. 77 läßt im Unterschied zu Abb. 76 die Zunahme der Dehnungswerte erkennen.

In einer stationären Reihe schwanken die Gruppenmittel nur wenig und unregelmäßig nach beiden Seiten des Gesamtmittels, und wenn man die Anzahl der zu einem Gruppenmittel zusammengefaßten Werte

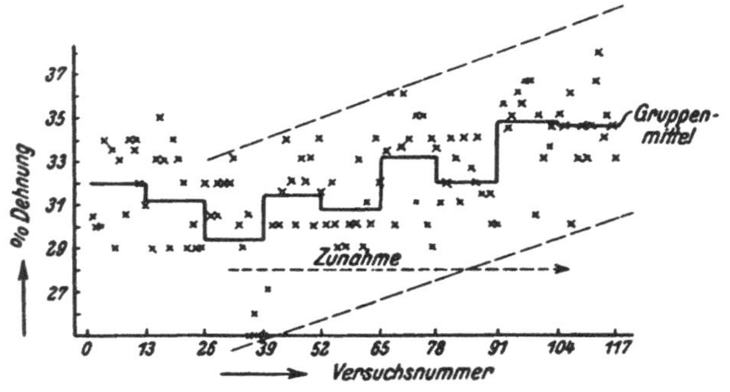

Abb. 77.

größer nimmt, so gehen die Schwankungen der Gruppenmittel immer mehr zurück. Dieses Verhalten ist ein charakteristisches Merkmal stationärer Zahlenreihen. Anders liegen die Verhältnisse bei nicht stationären Zahlenreihen. Bei diesen treten zu den unregelmäßigen normalen Schwankungen geringsten Ausmaßes plötzliche Schwankungen nach einer Seite, und dementsprechend zeigen auch die Gruppenmittel nach dieser Seite ein Abweichen von dem normalen Verlauf der Gruppenmittel, und die Schwankungen dieser Gruppenmittel verringern sich nicht in dem Maße wie bei stationären Reihen.

Eine ausgesprochene Zufallsmaterie, also z. B. die Folge der Wurfergebnisse mit n Würfeln auf bestimmte Augenzahlen, führt zu einer stationären Reihe. Die Reihe zeigt eine normale Stabilität, indem die Einzelwerte lediglich zufällig um ihre gleiche, gemeinsame, konstante mathematische Erwartung oder deren empirische Annäherung, das arithmetische Mittel, streuen. Würfelt man in N Versuchen z. B. nacheinander mit n, $n+1$, $n+2$, ... Würfeln, so steigt von Versuch zu Versuch die mathematische Erwartung, und die Wurfergebnisse schwanken zufällig um die sich entwickelnde, also z. B. steigende, Reihe der charakteristischen Grundwerte, um ihre nun nicht stabile, nicht konstante, nicht gemeinsame mathematische Erwartung. Diese Zufallsschwankungen der Einzelwerte einer nicht stationären Reihe um ihre veränderlichen mathematischen Erwartungen entsprechen ganz den zufälligen Gesamtschwankungen einer stationären Reihe, bilden aber für die nicht stationäre Reihe nur einen Teil ihrer Gesamtschwankungen. Vermehrt werden diese Zufallsschwankungen der nicht stabilen Reihe um die Schwankungen der einzelnen mathematischen Erwartungen bezüglich ihres Durchschnitts, bezüglich des Mittels aller Einzelwerte, die sog. Realschwankungen. Jede Reihe mit einem Gang ihrer Werte besitzt dementsprechend eine übernormale Streuung, eine unternormale Stabilität, und die Reihe zeigt eine gewisse Verbundenheit positiver Art in sich, da jeder Einzelwert mehr oder weniger von dem vorhergehenden Einzelwert abhängig ist, woraus der im ganzen steigende, fallende oder auch komplizierter gestaltete Verlauf der Reihe resultiert [1]). Bildet man Gruppenmittel, so werden allein die Zufallsschwankungen vermindert, wogegen die Realschwankungen in ihrer ursprünglichen Stärke erhalten bleiben. Diese Gruppenmittel können als fortschreitende Mittel, durch Mittelung der Einzelwerte 1 bis z, $(z+1)$ bis $2z$, $(2z+1)$ bis $3z$ usw. oder als gleitende Mittel durch Mittelung der Werte 1 bis z, 2 bis $(z+1)$, 3 bis $(z+2)$ usw. gebildet werden. Man kann den Gang aus einer nicht stationären Reihe in der Regel »herausdifferenzieren«, indem man wiederholt die Differenzen der aufeinanderfolgenden ursprünglichen Werte und ihrer Differenzen bildet [2]).

Würfelt man abwechslungsweise mit n und mit $(n+a)$ Würfeln, so schwanken die mathematischen Erwartungen der Ergebnisse »zickzackartig« um ihr Mittel (das gleich der konstanten mathematischen Erwartung für ein Spiel mit $\left(n+\frac{a}{2}\right)$ Würfeln ist), und die Einzelwerte einer solchen Reihe zeigen Zufallsschwankungen um ihre kurzwellig oszillierenden Grundwerte, um ihre pendelnden mathematischen Er-

---

[1]) Vgl. Art. 13, 44, 146 ff., 120 und 150 ff.

[2]) Vgl. Art. 120 sowie Heft 4 der Veröffentlichungen der Frankfurter Gesellschaft für Konjunkturforschung, 1929 (O. Anderson, Die Korrelationsrechnung in der Konjunkturforschung).

wartungen, sie zeigen eine negative Verbundenheit in sich, eine ebenfalls nichtstationäre Reihe aber mit unternormaler Streuung, mit übernormaler Stabilität bedingend[1]).

Die durch die Abb. 76 und 77 illustrierten Untersuchungsmethoden wendet man mit Vorteil immer an, wenn es sich darum handelt, eine möglichst gleichmäßige Fabrikation irgendwelcher Art durchzuführen, aber auch, wenn man sich einfach und zuverlässig darüber orientieren will, ob eine etwa gewollte Änderung eingetreten und in welchem Ausmaße dieselbe eingetreten ist.

99. An Stelle von Gruppenmitteln eignet sich auch die Häufigkeitszahl bestimmter Werte aufeinanderfolgender Gruppen zur Kontrolle und Beurteilung von Fabrikationsprozessen. Daß man hierzu nicht die Häufigkeit ganz ausgefallener Werte auszählen darf, versteht sich von selbst. Ein Beispiel für diese Untersuchungsmethode gibt die Abb. 78.

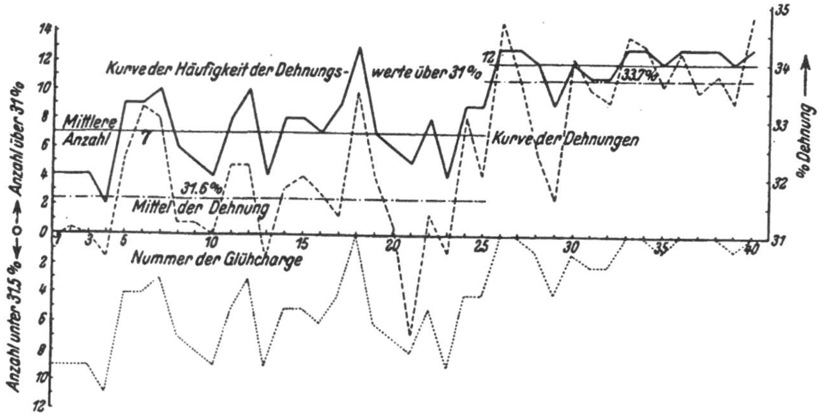

Abb. 78.

Diese zeigt zunächst als gestrichelten Linienzug den Verlauf der mittleren Dehnung aufeinanderfolgender Glühungen von Tombakfeindrähten. Die Gesamtmittel der ersten 25 und der letzten 15 Glühungen sind strichpunktiert eingezeichnet. Der ausgezogene Linienzug gibt für jede Glühcharge die Anzahl Ringe an, deren Dehnung über 31% liegt. Trägt man, wie dies in der Abb. 78 ebenfalls geschehen ist, die Anzahl der Ringe mit einer Dehnung unter 31,5% in entgegengesetzter Richtung von der Null-Achse auf wie die Häufigkeit der Dehnungen über 31%, so erhält man die zu dem ausgezogenen Linienzug kongruente gebrochene Linie, die in der Abbildung punktiert ist.

Die Abbildung läßt deutlich erkennen, wie die ausgezogene bzw. punktierte Häufigkeitslinie im großen und ganzen den Gang der mittleren

[1]) Vgl. Art. 13, 43, 145 ff., 120 und 150 ff.

Dehnung genau wiedergibt, und wie vor allem auch die plötzliche Dehnungssteigerung nach der 25. Glühung durch die Häufigkeitslinie deutlich markiert wird. Solange keine plötzlichen Schwankungen auftreten, zeigt eine Häufigkeitslinie in dem hier gemeinten Sinne einen im großen und ganzen stationären Verlauf, und sie schwankt, ganz entsprechend dem Verhältnis zwischen den Gruppenmitteln der Eigenschaftswerte und deren Gesamtmittel, ziemlich regelmäßig nach beiden Seiten um ihren mittleren Wert. Eine Abweichung nach einer Seite, wie es in dem Beispiel von der 25. Glühung an eintritt, weist auf eine plötzliche Schwankung hin und gilt — wenn unbeabsichtigt — als Warnungssignal oder als Bestätigung einer gewollten Abweichung.

Die Aufzeichnung einer Häufigkeitslinie besitzt gegenüber der Aufzeichnung von Gruppenmitteln der Eigenschaftswerte den Vorteil, daß die Auszählung von Werten rascher und einfacher durchzuführen ist als die Bildung von Mittelwerten, so daß für manche Fälle die Kontrolle der Häufigkeitsschwankungen der Verfolgung des Verlaufs von Gruppenmitteln der Eigenschaftswerte vorzuziehen ist. Besonders vorteilhaft ist natürlich die Verfolgung beider Linienzüge, da man dann in der Lage ist, aus etwaigen Diskrepanzen der beiden Linienzüge seine Schlüsse zu ziehen. Ein derartiges Auseinandergehen zeigt sich in der Abb. 78 beispielsweise bei der 21. Glühung: die mittlere Dehnung fällt stark ab, wohingegen die Häufigkeitslinie nur schwach nach unten zieht. Man schließt hieraus, daß die Dehnungswerte über 31% in diesem Falle nur sehr knapp über 31% liegen, oder daß die Abweichungen nach unten sehr stark ausgefallen sein müssen, oder daß beides der Fall sein muß. Die geringe mittlere Dehnung der Glühung 21 läßt in diesem Fall nur die eine Erklärung sehr starker Abweichungen unterhalb 31,5% zu.

Die hier diskutierten Häufigkeitslinien stehen offenbar zu der Verteilungskurve eines unstetigen Kollektivs in demselben Verhältnis wie die graphische Darstellung der Änderung stetig veränderlicher Einzelwerte zu der Verteilungskurve eines stetigen Kollektivs. Der gebrochene Linienzug, welcher in der Abb. 78 die Änderung der Dehnungswerte wiedergibt, bildet gewissermaßen die auseinandergezogene Verteilungskurve der Verteilung der stetigen Argumentwerte Dehnung, er bildet die graphische Darstellung der Urliste des Kollektivs, wogegen die Verteilungstafel desselben Kollektivs durch die Häufigkeitskurve bildlich wiedergegeben wird. Analogerweise bildet der gebrochene Linienzug betreffs der Wechsel der Anzahl bestimmter Dehnungswerte, der Linienzug über den Gang der Erfolgshäufigkeiten in verschiedenen gleich großen Gruppen von Einzelfällen, gewissermaßen die auseinandergezogene Verteilungskurve der entsprechenden unstetigen Verteilung, er ist die graphische Darstellung der Urliste des entsprechenden unstetigen Kollektivs, wogegen die Verteilungstafel dieses Kollektivs wieder durch die Häufigkeitskurve dargestellt wird. Die pro Einzelfall dargestellte

Änderung von Eigenschaftswerten oder von Häufigkeitszahlen bestimmter Eigenschaftswerte verfolgt die Schwankungserscheinungen einer Materie im einzelnen und fortlaufend. Die Häufigkeitskurve gibt dagegen ein Bild der Zusammenfassung aller graduell gleichen Schwankungen, sie dient der Charakterisierung einer Materie als Einheit und ohne Bezugnahme auf Einzelfälle.

IX. Abschnitt.

Der arithmetische Mittelwert.

100. Hat man die Urliste oder eine als solche zu bezeichnende Werteaufnahme eines Kollektivs vorliegen und soll das Mittel der Argumentwerte gebildet werden, so geht man ganz entsprechend der geläufigen Definition des arithmetischen Mittels so vor, daß man den Nten Teil der Summe aller Einzelwerte E bildet, wenn N den Kollektivumfang bedeutet. Es ist

$$M = \frac{1}{N} \Sigma E$$[1].

Liegt eine Kollektivreihe dagegen als primäre Verteilungstafel geordnet vor, so ist die Berechnung des Mittels etwas einfacher. Es ergibt sich in diesem Fall als die Summe der Produkte der Einzelwerte E mit ihren empirisch ermittelten Wahrscheinlichkeiten, welch letztere, wie aus der Zahlentafel 8 hervorgeht, gleich den Quotienten aus den Häufigkeiten z der Einzelwerte und dem Kollektivumfang N sind. Es gilt in diesem Falle:

$$M = \Sigma \left(\frac{z}{N} E\right) \text{ oder } M = \frac{\Sigma z E}{N}.$$

Bei Kollektiven großen Umfangs würde auch noch die Errechnung des Mittels aus der primären Verteilungstafel viel Arbeit bedeuten. In solchen Fällen vollzieht man die Mittelwertsbildung am einfachsten auf Grund der endgültigen Verteilungstafel, welche nach den bereits gemachten Ausführungen mehrere benachbarte Argumentwerte zu einer Klasse vereinigt zeigt. Man hat dann im Prinzip für jede Klasse das Produkt aus dem Argumentwert der Klasse und der Klassenhäufigkeit zu bilden und die Summe all dieser Produkte durch N zu dividieren. Als Argumentwert einer Klasse, die ja tatsächlich meist mehrere Argumentwerte umfaßt, wird hierbei die Klassenmitte genommen. Dies bedeutet gegenüber der Rechnung mit der primären Verteilungstafel eine Unge-

[1] Σ = Zeichen für Summe.

nauigkeit, die aber nur gering ist, da sich die durch die vereinfachte Rechnungsart bildenden Fehler zum größten Teil gegenseitig wieder aufheben. Mit dem Umfang eines Kollektivs nimmt zudem die Häufigkeit der einzelnen Klassen zu, und damit wächst die Genauigkeit der Übereinstimmung zwischen Klassenmitte und dem tatsächlichen Mittelwert der in einer Klasse vereinigten Einzelwerte, und dies bedingt wieder eine Steigerung der Genauigkeit des ganzen Kollektivmittels. Auf diese Verhältnisse wurde bereits im Zusammenhang mit der Frage der Klassenbildung hingewiesen, und es sei hier nochmals auf die Zusammenstellung der Zahlentafel 9 verwiesen, welche die Mittelwerte der Dehnungen von Tombakfeindrähten, nach den Verteilungstafeln der Zahlentafeln 3 bis 8 berechnet, zusammengestellt enthält. Der Vergleich ergibt die Belanglosigkeit der Unterschiede für praktische Zwecke und vor allem die (praktisch vollständige) Übereinstimmung der nach den Verteilungstafeln 4 bis 8 errechneten Mittelwerte mit dem (richtigen) Mittel 33,47% Dehnung nach der primären Verteilungstafel der Zahlentafel 3.

Die Mittelwertsbildung nach einer Verteilungstafel läßt sich nun rechnerisch noch vereinfachen und erleichtern. An Hand des Zahlenmaterials der Zahlentafel 8 ist in der Zahlentafel 20 ein Ausführungsbeispiel einer möglichst einfachen Mittelwertsbildung gegeben. Zwecks vereinfachter Errechnung des Mittels nimmt man zunächst ein provisorisches Mittel an. Man erwählt zu diesem zweckmäßig die Klassenmitte der häufigsten Klasse oder, wenn die Verteilung stark unsymmetrisch ist, die Klassenmitte einer Klasse in der Mitte der Verteilungstafel. In dem Ausführungsbeispiel der Zahlentafel 20 wurde die in der Mitte der Tafel liegende und gleichzeitig auch die größte Häufigkeit aufweisende Klasse mit der Mitte 33,5% als vorläufiger Mittelwert angenommen. Man rechnet weiter nicht wie bei der gewöhnlichen Methode der Mittelung mit den einzelnen Argumentwerten bzw. den einzelnen Klassenmitten selbst, sondern mit den Abweichungen dieser Werte von dem angenommenen Mittel und multipliziert also diese Abweichungen statt der Werte selbst mit den Häufigkeitszahlen. Dabei kann man noch eine weitere rechnerische Vereinfachung treffen, indem man diese Abweichungen nicht in Einheiten des Arguments, also in dem Ausführungsbeispiel nicht nach Prozenten Dehnung mißt, sondern in Einheiten der Klassengröße zählt, in dem Beispiel der Zahlentafel 20 mithin in Einheiten von $1\frac{1}{2}\%$. Sowohl die Wahl eines provisorischen Mittels aus der Reihe der Klassenmitten und die Verlegung dieses provisorischen Mittelwertes möglichst in das Zentrum der Verteilungstafel als auch das Operieren mit den Abweichungen der Einzelwerte von diesem provisorischen Mittel und mit Klasseneinheiten ermöglichen ein Rechnen mit ganzen und möglichst kleinen Zahlen und damit ein rasches, leichtes und fehlerfreies Rechnen.

Zahlentafel 20.

Arithmetisches Mittel, Dichtemittel, Zentralwert und Quartile der Dehnungen von Tombakdrähten.

(zu Zahlentafel 8).

Klassenmitte	Häufigkeit z	Abweichung d von 33,5 % in Klassen	$z \times d$	Differenzen der 3 größten z		Summentafel
27,5	2	—4	— 8			2
29	4	—3	—12			6
30,5	9	—2	—18			15
32	29	—1	—29	29	14	44
33,5	43	0	Σ —67	43	10	87
35	33	1	33	33	Σ 24	120
36,5	9	2	18			129
38	3	3	9			132
	Σ 132		Σ 60			$\frac{N}{2} = 66$

Gesamtabweichung von 33,5%: $-67 + 60 = -7$ Klassen.
Mittlere Abweichung $-7 : 132 = -0{,}053$ Klassen $= -0{,}053 \times 1{,}5 = -0{,}08$ %.
Arithmetisches Mittel $M = 33{,}50 - 0{,}08 = 33{,}42$ %.
Intervall der Klasse größter Häufigkeit: 32,75 — 34,25.

Dichtemittel $D = 32{,}75 + \frac{14 \times 1{,}5}{24} = 33{,}63$ %.

Zentralwert liegt im Intervall 32,75 — 34,25.

Abweichung von 32,75%: $\left(\frac{132}{2} - 44\right) : 43 = 0{,}51$ Klassen.

$C = 32{,}75 + 1{,}5 \times 0{,}51 = 33{,}52$ %.

$q_1 = 31{,}25 + \frac{18}{29} \times 1{,}5 = 32{,}18$ %.

$q_3 = 34{,}25 + \frac{12}{33} \times 1{,}5 = 34{,}8$ %.

$(C - q_1) = 1{,}34$ %, $(q_3 - C) = 1{,}28$ %.
$q = 0{,}5\,(q_3 - q_1) = 1{,}31$ %.

Durch diese Operationen gelangt man in dem Beispiel der Zahlentafel 20 zu den in der dritten Kolonne der Zahlentafel zusammengestellten Abweichungen d. Die Abweichungen kleinerer Werte gegen das angenommene Mittel sind hierbei negativ zu nehmen, und die Abweichungen nach der anderen Seite des vorläufigen Mittels sind positiv. Die folgende Spalte 4 der Zahlentafel 20 enthält die als nächstes zu bildenden Produkte aus den Abweichungen d und den Häufigkeiten z, die ebenfalls im oberen Teil der Tafel negativ und im unteren Teil der Tafel positiv ausfallen. Nun summiert man sowohl die negativen Abweichungsprodukte zd als auch die positiven Abweichungsprodukte zd und bildet die algebraische Summe beider Summen, d. h. man zieht den Betrag der negativen Teilsumme von der Summe der positiven Abweichungen ab. Dadurch erhält man die Gesamtheit aller Abweichungen vom provisorischen Mittel in Klasseneinheiten, —7 in dem Ausführungsbeispiel. Die Division dieses Wertes durch N ergibt die mittlere Abweichung vom angenommenen Mittel in Klasseneinheiten, in dem Beispiel —0,053 Klasseneinheiten. Nun folgt noch die Umwandlung dieser durchschnittlichen Abweichung in die Einheit der untersuchten veränderlichen Eigenschaft durch Multiplikation der gefundenen mittleren Abweichung in Klassengrößen mit der Anzahl Argumenteinheiten, die ein Klassenintervall umfaßt. In dem Beispiel ist die Klassengröße gleich 1½ Dehnungseinheiten, so daß man als mittlere Abweichung von dem provisorischen Mittelwert 33,5% Dehnung den Betrag von $-0{,}053 \times 1{,}5 = -0{,}08\%$ erhält. Die derart errechnete mittlere Abweichung in Argumenteinheiten wird je nach ihrem Vorzeichen von dem angenommenen Mittelwert abgezogen oder zu ihm addiert, um den Wert zu erhalten, von dem aus gemessen sich die Abweichungen nach der einen und nach der anderen Seite aufheben, bezüglich dessen die Abweichungen Null betragen, welcher Wert das gesuchte arithmetische Mittel darstellt. In dem behandelten Ausführungsbeispiel erhält man so als Mittelwert $33{,}5 - 0{,}08 = 33{,}42\%$ Dehnung.

Die behandelte Methode der Mittelwertsbildung führt auch bei sehr umfangreichen Kollektiven und Kollektiven mit großen und unbequemen Zahlenwerten rasch und sicher und in der praktischen Durchführung viel rascher und einfacher, als es sich mit Worten schildern läßt, zum Ziel. Betreffs weiterer praktischer Beispiele für die Mittelung nach der besprochenen Methode sei auf die Zahlentafeln 12, 16, 21, 23, 24 und 26 verwiesen.

101. Bei unstetigen Kollektiven erfolgt die Errechnung des Mittels in derselben Weise wie bei stetigen Kollektiven. Die Rechnung ist bei unstetigen Kollektiven insofern in der Regel einfacher, als für die Rechnung mit den Argumentwerten in den meisten Fällen ganze Zahlen vorliegen und für die Rechnung mit Abweichungen von einem vorläufig angenommenen Mittel die Klasseneinheit in der Regel gleich der Argumenteinheit ist. Stellt das Mittel eines stetigen Kollektivs mit den Klassenmitten als den Vertretern aller in dasselbe Klassenintervall zählenden Werte nur einen Näherungswert dar, so führt die Rechnung nach der Verteilungstafel für unstetige Kollektive zu exakten Mittelwerten. Für praktische Zwecke ist jedoch dieser Unterschied der beiden Fälle belanglos.

Der Mittelwert unstetiger Kollektive ist die mittlere Erfolgshäufigkeit bzw. der durchschnittliche Nichterfolgsgrad eines bestimmten Ereignisses pro einer Gruppe von Einzelfällen. Hat man die Gesamtzahl a der Einzelerfolge durch Auszählen oder nach der Verteilungstafel durch Summierung aller Produkte aus Argumentwerten und ihren Häufigkeiten festgestellt, so führt die Division dieser Gesamterfolgszahl a durch den Kollektivumfang N ebenfalls zu dem Mittelwert M. Es ist

$$M = \frac{a}{N}.$$

Umgekehrt erhält man aus dem Mittelwert eines unstetigen Kollektivs des Umfangs N die Gesamterfolgszahl als

$$a = N \times M.$$

Die Wahrscheinlichkeit eines bestimmten Ereignisses ist der Mittelwert seiner Häufigkeit pro Einzelfall. Umfaßt also eine Gruppe eines unstetigen Kollektivs n Einzelfälle und ist die mittlere Erfolgshäufigkeit pro Gruppe M, so ergibt sich die Wahrscheinlichkeit des als Erfolg gewerteten Ereignisses als

$$p = \frac{M}{n}.$$

Aus der Gesamtzahl der Einzelerfolge erhält man die Wahrscheinlichkeit zu

$$p = \frac{a}{N n}.$$

Man kann die Wahrscheinlichkeit aber auch ganz entsprechend der Bestimmung eines Mittelwertes errechnen, nämlich als Mittelwert der Einzelwahrscheinlichkeiten einer Verteilung, welche sich aus den Erfolgshäufigkeiten (pro Gruppe) durch Division mit n ergeben. Ausführungsbeispiele zu diesem Artikel geben die Zahlentafeln 1, 10, 11, 12, 17, 24, 28 und 29.

Es gibt Materien, wie alle ausgesprochenen Zufallsmaterien, für die man auf Grund logischer Überlegungen »im voraus« einen theoretischen, idealen Mittelwert angeben kann. Dieses Mittel nennt man mathematische Erwartung. Man kann diese mathematische Erwartung auch definieren als den Grenzwert des arithmetischen Mittels (den man durch Auswertung aller Einzelfälle einer Materie, unendlich vieler Versuche oder Beobachtungen erhalten würde). Die mathematische Erwartung als Grenzwert eines Mittels entspricht der (theoretischen) Wahrscheinlichkeit eines Ereignisses als dem Grenzwert der relativen Häufigkeit (der empirischen Wahrscheinlichkeit) des Ereignisses [1]. Jedes Mittel ist ein mehr oder weniger guter Annäherungswert an die seiner Reihe zugrunde liegende, charakteristische mathematische Erwartung. Für technische und andere empirische Materien unstetiger oder stetiger Art sind in nahezu allen Fällen mathematische Erwartung und theoretische Wahrscheinlichkeit unbekannt, so daß man als M und $\frac{a}{N n}$ lediglich deren empirischen Annäherungen ermitteln kann.

102. Bei völlig symmetrischer Verteilung fällt das arithmetische Mittel mit der Klassenmitte der Klasse größter Häufigkeit zusammen. In allen praktischen Fällen wird man allerdings kaum ein völliges Zu-

---

[1] Vgl. Art. 10.

sammentreffen finden, aber man wird bei symmetrisch anzusprechenden Verteilungen nur ein geringes Abweichen des Mittelwertes von der Mitte der Klasse größter Häufigkeit konstatieren, dem keine wirkliche Bedeutung beizumessen ist. Mit zunehmender Asymmetrie einer Verteilung rückt auch der Mittelwert mehr und mehr von dem Wert der Klassenmitte der häufigsten Klasse ab, ohne daß indessen Proportionalität zwischen dem Grad der Asymmetrie und der Differenz des Mittels gegen die Klassenmitte der häufigsten Klasse bestände. Bei linksseitig asymmetrischen Verteilungen, die ihren Steilabfall gegen die niederen Argumentwerte zu haben, liegt der Mittelwert über der Klassenmitte der häufigsten Klasse; rechtsseitig asymmetrische Verteilungen zeigen eine Verschiebung des Mittels gegen kleinere Argumentwerte von der häufigsten Klasse aus.

103. Hat man mehrere Kollektive mit den Mittelwerten M_1, M_2, M_3 usw. und den Umfängen N_1, N_2, N_3 usw., so ergibt sich das Mittel der vereinigten Kollektive, das Gesamtmittel der Einzelwerte aller Kollektive, das sog. gewogene Mittel der Gesamtreihe als

$$M = (N_1 \times M_1 + N_2 \times M_2 + N_3 \times M_3 + \ldots) : (N_1 + N_2 + N_3 + \ldots).$$

Beispielsweise errechnet sich das Gesamtmittel der Teilkollektive der Zahlentafel 16 zu $(357 \times 41{,}65 + 325 \times 41{,}38) : (357 + 325) = 41{,}52$ kg/mm^2 in Übereinstimmung mit dem direkt errechneten Mittelwert der Gesamtreihe der Zahlentafel 16. Das Mittel mehrerer unstetiger Kollektive ergibt sich auch als Summe der Gesamterfolgshäufigkeiten aller Kollektive dividiert durch die Summe der Umfänge der Kollektive. Es ist

$$M = (a_1 + a_2 + a_3 + \ldots) : (N_1 + N_2 + N_3 + \ldots).$$

Geht man von den Wahrscheinlichkeiten der einzelnen Kollektive aus, so ergibt sich

$$M = (N_1 n_1 p_1 + N_2 n_2 p_2 + \ldots) : (N_1 + N_2 + \ldots).$$

Sind p_1, p_2, p_3 usw. die Wahrscheinlichkeiten verschiedener Kollektive, welche bzw. N_1 Gruppen zu je n_1 Einzelfällen, N_2 Gruppen zu je n_2 Einzelfällen, N_3 Gruppen zu je n_3 Einzelfällen usw. umfassen, dann ist die Wahrscheinlichkeit der vereinigten Kollektive

$$\begin{aligned} p &= (N_1 n_1 p_1 + N_2 n_2 p_2 + \ldots) : (N_1 n_1 + N_2 n_2 + \ldots) \\ &= (a_1 + a_2 + \ldots) : (N_1 n_1 + N_2 n_2 + \ldots). \end{aligned}$$

Geht man von den Mittelwerten der einzelnen Kollektive aus, so gilt

$$p = (N_1 M_1 + N_2 M_2 + \ldots) : (N_1 n_1 + N_2 n_2 + \ldots).$$

Sind die Werte n_1, n_2 usw. gleich, so vereinfacht sich die Rechnung zu

$$\begin{aligned} p &= (N_1 p_1 + N_2 p_2 + \ldots) : (N_1 + N_2 + \ldots) = \\ &= (N_1 M_1 + N_2 M_2 + \ldots) : n(N_1 + N_2 + \ldots) = \frac{M}{n}. \end{aligned}$$

Sind die Kollektivumfänge N_1, N_2, N_3 usw. gleich, so ergibt sich

$$p = (n_1 p_1 + n_2 p_2 + \ldots) : (n_1 + n_2 + \ldots) = \\ = (M_1 + M_2 + \ldots) : (n_1 + n_2 + \ldots).$$

Sind N_1, N_2, N_3 usw. einerseits und n_1, n_2, n_3 usw. anderseits gleich, dann ist

$$p = (p_1 + p_2 + p_3 + \ldots) : \text{Anzahl der Kollektive} \\ = (M_1 + M_2 + M_3 + \ldots) : n \text{ fache Anzahl der Kollektive.}$$

Anwendungsbeispiele zur Berechnung gemeinsamer Wahrscheinlichkeiten oder gemeinsamer Mittelwerte zweier oder mehrerer Kollektive nach den hier aufgeführten Formeln aus dem Gebiete technischer Materien lassen sich dem VII. Abschnitt entnehmen.

Die Sicherheit bzw. die Streuung eines Mittels ist einmal von der Anzahl der gemittelten Einzelwerte und zum andern von der Streuung dieser Einzelwerte abhängig[1]). Liegen über eine Materie daher Mittel mehrerer Kollektive vor, so kommt diesen Mitteln verschiedener Wert, verschiedene Bedeutung, kommen diesen Mitteln verschiedene Gewichte zu. Das Gewicht eines Mittels ist direkt proportional dem Umfang seines Kollektivs. Diese Regel führt zu den eben diskutierten Rechenvorschriften für die Festlegung des Mittels einer Gesamtreihe aus den Mitteln verschiedener Teilreihen. Das Gewicht eines Mittels ist weiter indirekt proportional der Streuung seiner Einzelwerte. Die Gewichte für Mittel aus verschieden streuenden Kollektiven verschiedenen Umfangs sind mithin im ganzen den Streuungen der Mittel selbst, und zwar $\mu^2 : N$, den Quadraten der mittleren Abweichungen der Mittel, umgekehrt proportional[1]). Mit diesen Gewichten operiert die Ausgleichungsrechnung, um die ausgeglichenen Werte für Mittel und Streuung einer Materie zu ermitteln, für welche mehrere Beobachtungsgruppen verschiedener Streuung bzw. verschiedenen Umfangs vorliegen[2]).

Der Zusammenfassung mehrerer Beobachtungsreihen über eine Materie steht die Zergliederung eines Kollektivs in Gruppen gegenüber. Es kommt praktisch allein eine Aufteilung in Gruppen mit gleichen Umfängen in Betracht. Im besonderen führt diese Unterteilung einer Reihe zur Bestimmung einer Reihe von Serien- oder Gruppenmitteln, welche den stationären oder nichtstationären Charakter einer Reihe, deren einheitliche oder nicht homogene Natur deutlicher hervortreten lassen als die Einzelwerte der Gesamtreihe. Man unterscheidet zwischen fortschreitenden Serienmitteln, gebildet aus den Gliedern 1 bis n, $(n+1)$ bis $2n$, $(n+2)$ bis $3n$ usf. der Gesamtreihe, welche keine gemeinsamen Einzelwerte enthalten, und gleitenden Mitteln, hergeleitet aus den Glie-

[1]) Vgl. Art. 95—97 und 123.

[2]) Vgl. Art. 123, sowie Handbuch der Physik, Bd. III.

dern 1 bis n, 2 bis $(n + 1)$, 3 bis $(n + 2)$ usf. der Gesamtreihe, welche gemeinsame Einzelwerte enthalten. N Einzelwerte ergeben $N:n$ fortschreitende Mittel und $1 + N - n$ gleitende Mittel.

104. Ist eine veränderliche Größe die Summe oder die Differenz zweier anderer variabler Größen und wurden für diese die Mittel M_1 bzw. M_2 festgestellt, so errechnet sich das Mittel der zusammengesetzten Variabeln zu

$$M = M_1 + M_2$$

bzw. zu

$$M = M_1 - M_2.$$

Die Mittelwerte für Dehnung und Festigkeit des Kollektivs, das in den Abb. 22 und 24 bezüglich der Verteilung seiner Dehnungs- und Festigkeitswerte dargestellt ist, betragen 33,11% Dehnung und 42,99 kg/mm² Festigkeit. Das Mittel der Größe $F + D$ errechnet sich demnach zu $42{,}99 + 33{,}11 = 76{,}1$. Die direkte Errechnung nach den aus der Abb. 42 ersichtlichen Daten führt zu einem Mittelwert für $F + D$ von 76,04. In entsprechender Weise berechnet man das Mittel für die Größe $3\,F + D$ aus den angeführten Mittelwerten für Festigkeit und Dehnung zu 162,08. Die direkte Bestimmung des Mittels auf Grund der in Abb. 42 graphisch dargestellten Verteilung ergibt 161,97. Die geringen Unterschiede der nach den beiden verschiedenen Methoden ermittelten Werte erklären sich als Folgen der Klassifizierung sowohl der Einzelwerte für Festigkeit und Dehnung als auch der zusammengesetzten Größen $F + D$ bzw. $3\,F + D$.

Die Zahlentafel 24 zeigt die Verteilung zweier Kollektive nach derselben Eigenschaft, Häufigkeit der Festigkeitswerte von 41 kg/mm² in Gruppen zu je 5 Ringen. Es sind die Mittel dieser beiden Verteilungen $M = 1{,}05$ und $M = 0{,}88$. Stellt man die Frage, wieviel Ringe der genannten Festigkeit das eine Kollektiv durchschnittlich mehr enthält als das andere, so ergibt sich dieser Wert als $M = 1{,}05 - 0{,}88 = 0{,}17$. Man kann diesen Wert auch direkt, ohne Verwendung der Mittelwerte der einzelnen Kollektive, allerdings auf umständlicherem Wege errechnen. Man hat zu diesem Zweck die Einzelwerte der Differenz, nach deren Mittelwert gefragt ist, zu bestimmen, man hat die Verteilung der zusammengesetzten Größe, Ringanzahl des einen Kollektivs weniger Ringanzahl des andern Kollektivs, festzulegen, indem man jeden der 144 Argumentwerte des einen Kollektivs von jedem der 332 Argumentwerte des andern Kollektivs subtrahiert. Man erhält 144×332 Differenzen als Werte der zusammengesetzten Variabeln, deren Mittelwert nach den bekannten Methoden zu errechnen ist.

Für Kollektive mit stetigen Argumentwerten ist die skizzierte ausführliche Rechenart ziemlich umständlich; da in dem vorliegenden Fall aber Werte einer unstetig veränderlichen Größe in Betracht kommen, so ist die Rechnung bedeutend einfacher. Denn die 144 Werte des einen

Kollektivs verteilen sich auf nur sechs verschiedene Argumentwerte, und die 332 Werte des anderen Kollektivs verteilen sich ebenfalls nur auf 6 Argumentwerte. Man hat mithin nur die 6 Argumentwerte der einen Verteilung von jedem der 6 Argumentwerte der anderen Verteilung abzuziehen. Man erhält somit nur 36 Differenzen, deren jede mehrmals auftritt, entsprechend den verschiedenen Häufigkeiten der Argumentwerte der einfachen Kollektive, von welchen 36 Differenzen überdies nochmals ein großer Teil gleich wird, so daß man für die zur Differenz zusammengesetzte Variable nur elf verschiedene Argumentwerte erhält, die aus der Zahlentafel 25 ersichtlich sind. Diese Zahlentafel läßt auch den einfachsten und übersichtlichsten Weg erkennen, der zur Festlegung der Häufigkeiten der Argumentwerte der zusammengesetzten Eigenschaft und damit überhaupt zu der Verteilung des zusammengesetzten Kollektivs führt. Die Zahlentafel 26 gibt des weiteren die Auswertung der derart festgelegten Verteilung der zusammengesetzten Größe, wobei sich als Mittelwert der zusammengesetzten Verteilung $M = 0{,}17$ ergibt, ein Wert, der gleich dem aus den Mittelwerten der einfachen Variabeln abgeleiteten ist. Die Zahlentafeln 24 bis 26 enthalten mithin den Beweis, daß die Berechnung des Mittels einer als Differenz zusammengesetzten Größe veränderlicher Art auf einfache Weise durch Subtraktion der Mittelwerte der einfachen Veränderlichen erfolgen kann.

Was betreffs der Mittelwerte zusammengesetzter veränderlicher Größen ausgeführt wurde, gilt auch wieder für die Wahrscheinlichkeit eines zusammengesetzten Merkmals als dem Mittelwert pro Einzelfall. Ist eine Variable die Summe zweier oder mehrerer einfacher veränderlicher Größen mit den Wahrscheinlichkeiten p_1 und p_2, so ist die Wahrscheinlichkeit der zusammengesetzten Veränderlichen

$$p = p_1 + p_2.$$

Desgleichen ist der Unterschied der Wahrscheinlichkeiten zweier einfacher Größen im Mittel gleich der Differenz der mittleren Wahrscheinlichkeiten der einfachen Verteilungen; es ist

$$p = p_1 - p_2.$$

Weitere Beispiele sowohl für die Bestimmung des Mittels als auch für die Ermittlung der Wahrscheinlichkeit zusammengesetzter Größen entnimmt man dem VII. Abschnitt.

Stellt endlich eine Veränderliche das Produkt zweier anderer Variabeln dar, deren Mittelwerte M_1 und M_2 seien, so ist das arithmetische Mittel der zusammengesetzten Veränderlichen unter der Voraussetzung, daß keinerlei Abhängigkeit zwischen den einzelnen veränderlichen Größen besteht, $M = M_1 \times M_2$[1]).

[1]) Betreffs Produkten aus Variabeln, die sich gegenseitig beeinflussen, sei verwiesen auf E. Czuber, »Die statistischen Forschungsmethoden«, S. 151. Über das Mittel von Quotienten aus einfachen Variabeln vgl. Art. 132.

X. Abschnitt.

Das Dichtemittel.

105. Von den mannigfachen Möglichkeiten einer Mittelwertsbildung kommt für praktisch-technische Zwecke außer dem arithmetischen Mittel noch dem Dichtemittel oder dem häufigsten Wert größere Bedeutung zu. Dieser Wert, der in engster Verbindung mit der Theorie der Häufigkeitskurve steht, ist gemäß seiner Bezeichnung der Argumentwert, um den sich die Glieder eines Kollektivs am dichtesten ansammeln, der am häufigsten auftritt. Die Erfahrung ergibt, und die Darstellungsmöglichkeit einer Verteilung durch ihre Häufigkeitskurve führt zu derselben Annahme, daß einer untersuchten Materie die Tendenz innewohnt, den Argumentwert der Häufungsstelle, die mit wachsendem Kollektivumfang immer deutlicher hervortritt, bevorzugterweise hervorzubringen. Der dichteste Wert ist das Ideal, der Repräsentant, der charakteristische Wert, der Typus der in dem untersuchten Kollektiv zusammengefaßten Glieder. Daraus erklärt sich auch die englische Bezeichnung »Mode« für den dichtesten Wert. Abweichungen nach beiden Seiten des häufigsten Wertes zu größeren und kleineren, besseren und schlechteren Werten treten normalerweise seltener auf, von dem häufigsten Wert aus findet nach beiden Seiten ein rascher Abfall statt, zu dem Bild einer normalen symmetrischen Häufigkeitskurve als dem Ideal einer Verteilung führend. In einer graphisch dargestellten Verteilung und auch schon in einer Verteilungstafel fällt der häufigste Wert im Unterschied zu dem arithmetischen Mittelwert sofort durch das Maximum, durch die größte Klassenhäufigkeit in die Augen und dokumentiert sich damit als bevorzugten Wert, als »Mode« der betreffenden Materie.

Bei einem Kollektiv mit unstetigen Argumentwerten ist der häufigste Wert ohne weiteres gleich dem Argumentwert, der laut Verteilungstafel die größte Häufigkeit aufweist. Bei einem Kollektiv mit stetig veränderlichem Argument muß dagegen dieser Wert größter Häufigkeit, größter Dichte durch eine kleine Rechnung, die allerdings in diesem Falle nur näherungsweise richtige Ergebnisse liefert, ermittelt werden. Denn die Verteilungstafel gibt zunächst nur die Klasse an, innerhalb welcher der häufigste Wert liegt, dagegen nicht den genauen Wert innerhalb des Klassenintervalls, der das Dichtemittel ausmacht.

Zeigt eine Verteilung mehrere Maxima, mehrere Häufungsstellen, so besitzt sie mehrere Dichtemittel, die sich, bei einer möglichen Zerlegung einer als zusammengesetzt erkannten Verteilung, auf die bevorzugten Werte einfacher Verteilungen zurückführen lassen. Die Bestimmung zweier Dichtemittel oder auch mehrerer häufigster Werte einer Verteilung mit mehreren Maximis erfolgt für jedes Dichtemittel nach der in Artikel 107 behandelten Näherungsmethode.

106. Es läßt sich der häufigste Wert der Verteilung eines stetigen Kollektivs bei der Darstellung der Häufigkeitskurve äußerlich dadurch hervorheben, daß man die Verteilungskurve derart aufzeichnet, daß ihr höchster Punkt nicht bei der Klassenmitte der reichstbesetzten Klasse liegt sondern bei dem Argumentwert, welcher als der häufigste errechnet wurde. Derart sind die meisten der hier veranschaulichten Verteilungen dargestellt. Dieses Vorgehen ist ohne weiteres gegeben bei Verteilungen, welche wie beispielsweise die ideale Verteilung der Abbildung 26 in zwei nebeneinanderliegenden Klassen des Kernteils gleich oder wie die Gesamtreihe der Abb. 35 nahezu gleich große größte Häufigkeiten aufweisen. Bei solchen Verteilungen und ihren Häufigkeitskurven liegt das Maximum zwischen den beiden gleich häufig und reichstbesetzten Klassen, und zwar für symmetrische Verteilungen genau bei dem Argumentwert der Grenze dieser Klassen, und es liegt »zwischen«, d. h. über den beiden größten Häufigkeiten der Verteilung. Darüber hinaus liegt aber auch bei Verteilungen, welche nur e i n e n ausgeprägten häufigsten Wert für eine bestimmte Klasse ausweisen, das Maximum zwischen den beiden Klassen reichster Besetzung, bei einem Argumentwert zwischen den Klassenmitten der beiden dichtesten Klassen, und die Ordinate dieses Argumentwertes ist, dem Charakter dieses Wertes als Maximum entsprechend, größer als die Ordinate der Mitte der dichtesten Klasse zu zeichnen. Besonders typische Beispiele für die zeichnerische Betonung des häufigsten Wertes durch die Verlegung des Maximums der Verteilungskurve auf diesen häufigsten Wert bilden die Abb. 28, 29, 32, 34.

Durch dieses Vorgehen erhält man allgemein ein Bild der Häufigkeitskurve, welches der mathematischen Häufigkeitskurve näher steht als die Verteilungskurve, welche ihr Maximum bei der Mitte der reichstbesetzten Klasse aufweist. Diese Art der Darstellung einer Verteilungskurve gehört gewissermaßen zu dem konsequenten Übergang vom Häufigkeitspolygon zu der Häufigkeitskurve als anschaulicher Ausdrucksmöglichkeit einer Verteilung. Für das Häufigkeitspolygon fällt das Maximum der Verteilung mit der Klassenmitte der dichtesten Klasse zusammen. Dem Ersatz der geraden Verbindungslinien des Polygons durch einen stetig gekrümmten Linienzug beim Übergang zu der Kurve entspricht auch die Korrektur der Spitze des Polygons.

Dieser Korrektur des Kernteils einer Verteilung stellt sich eine andere an den Verteilungsenden zur Seite, die ein absichtliches Abweichen von den Verhältnissen einer mathematischen Kurve bedeutet. Diese Korrektur besteht darin, daß man die beiden Enden einer Verteilungskurve bis zur Abszissenachse durchführt, wie dies bei den hier aufgeführten Beispielen ebenfalls häufig geschehen ist. Dieses Vorgehen entspricht der Auffassung, daß es für jedes Kollektiv einen endlichen Argumentwert bzw. deren zwei gibt, für welche die Häufigkeiten 0 sind. Tatsächlich stellt man ja auch für alle Klassen, welche sich nach beiden Seiten an das besetzte Intervall einer Argumentwertskala anschließen lassen, die Häufigkeiten 0 fest, und dies berechtigt die Durchführung der beiden Enden einer Verteilungskurve bis zur Abszissenachse, bis zu den Klassenmitten der beiden ersten nicht besetzten Klassen jederseits des besetzten Intervalls der Argumentwertskala.

Für unstetige Kollektive hat die Berechnung des häufigsten Wertes lediglich formale Bedeutung und Interesse zur Beurteilung ihrer Häufigkeitskurven. Es läßt sich beispielsweise der häufigste Wert der in Abb. 7 dargestellten Urnenziehungsergebnisse zu 11,93 errechnen. Tatsächlich können natürlich 11,93 farbige Kugeln überhaupt nie gezogen werden, und der tatsächlich häufigste Argumentwert ist 12. Aber die formale Berechtigung einer Darstellung eines unstetigen Kollektivs durch eine Häufigkeitskurve statt ein Polygon schließt auch die formale Berechtigung der Errechnung des Dichtemaximums der Häufigkeitskurve in sich.

107. Zwecks einer angenäherten Berechnung des Dichtemittels hat man die Differenzen a und b der Häufigkeitszahl der Klasse größter Häufigkeit mit den Häufigkeiten der vorhergehenden bzw. nachfolgenden Klasse zu bilden. Die Summe $a + b$ beider Differenzen ergibt den Betrag, um den sich die Häufigkeit beim Gang durch die häufigste Klasse ändert, die Entfernung der unteren auf der Seite der aufsteigenden Häufigkeitswerte, des aufsteigenden Astes der Verteilungskurve liegenden Grenze der häufigsten Klasse von der oberen auf der anderen, absteigenden Seite liegenden Grenze, gemessen über den Gipfel, über das Maximum der Verteilung und gemessen durch die erst zu-, dann abnehmende Änderung der Häufigkeitswerte, der Kurvenordinaten. Der häufigste Wert selbst liegt auf dieser Strecke unter der nicht ganz zutreffenden Voraussetzung einer gleichmäßigen Verteilung der Argumentwerte über das häufigste Klassenintervall von der unteren Grenze der häufigsten Klasse aus gemessen um den Betrag a der ersten Differenz entfernt und teilt mithin das ganze Intervall der häufigsten Klasse im Verhältnis $\frac{a}{(a+b)}$ zu $\frac{b}{(a+b)}$. Man erhält demnach den häufigsten Argumentwert, indem man zu der unteren Grenze der häufigsten Klasse ein $a:(a+b)$tel des Klassenintervalls addiert oder von der oberen Klassengrenze der häufigsten Klasse ein $b:(a+b)$tel der Klassengröße subtrahiert.

Die Zahlentafel 20 zeigt ein Ausführungsbeispiel zur Dichtemittelbestimmung. Die Kolonne »Differenzen der drei größten z« bezieht sich auf diese Berechnung. Das Kollektiv zeigt seine größte Häufigkeit in der Klasse, deren Mitte bei 33,5% Dehnung liegt. Da die Klassengröße $1\frac{1}{2}$% beträgt, reicht das Intervall der Klasse größter Häufigkeit von $33{,}5 - 0{,}75 = 32{,}75$% bis $33{,}5 + 0{,}75 = 34{,}25$%. Die Häufigkeit dieser Klasse ist $z = 43$. Die Häufigkeitswerte der beiden benachbarten

Klassen sind 29 und 33, und ihre Differenzen gegen $z = 43$ betragen bzw. 14 und 10. Der dichteste Dehnungswert liegt mithin $^{14}/_{24}$ der Klassengröße von 32,75% entfernt gegen höhere Dehnungswerte zu oder auch $^{10}/_{24}$ der Klassengröße von 34,25% entfernt gegen geringere Dehnungswerte zu. Das Klassenintervall beträgt $1\frac{1}{2}$%, $^{14}/_{24}$ von $1\frac{1}{2}$% macht rd. 0,88% aus. Der häufigste Wert ist somit $32{,}75 + 0{,}88 = 33{,}63$%. Zu demselben Wert führt natürlich die Rechnung $34{,}25 - {^{10}/_{24}} \times 1{,}5$. Weitere Ausführungsbeispiele zur Errechnung des Dichtemittels enthalten die Zahlentafeln 12, 16, 21, 23. In die Häufigkeitskurven eingezeichnet sind die Ordinaten der häufigsten Argumentwerte in den Abb. 7, 28, 29, 30, 32, 34, 38, 39, 41, 42, 44, 45, 47.

Im Gegensatz zu dem arithmetischen Mittel hängt das Dichtemittel erheblicher von der Klasseneinteilung ab. Zum Vergleich sind in Zahlentafel 9 zu den verschiedenen Klasseneinteilungen des Kollektivs der Zahlentafel 2, wie sie durch die Zahlentafeln 3 bis 8 dargestellt sind, die Dichtemittel D aufgeführt. Die Beeinflussung des Dichtemittels durch die Klasseneinteilung geht allerdings mit zunehmendem Kollektivumfang zurück.

Besitzt eine Verteilung zwei gleich große häufigste Werte in benachbarten Klassen und ist die Verteilung symmetrisch, so liegt das Dichtemittel genau bei dem Argumentwert der Klassengrenze der beiden gleich häufig besetzten Klassen. Liegen dagegen zwei gleiche häufigste Werte vor, ohne daß die Verteilung als symmetrisch anzusprechen ist, ein Fall, der in der Praxis wohl sehr selten vorkommen wird, so ist die Bestimmung des Dichtemittels etwas umständlicher als in dem seither behandelten Falle nur einer Klasse größter Häufigkeit. Bezeichnet man die beiden gleichen Häufigkeiten mit z, die diesen vorhergehende Häufigkeit mit x, und die diesen folgende Häufigkeit mit y, so lassen sich zunächst folgende 3 Differenzen bilden: $a = (y - x):6$, $b = [(x - z) - (z - y)]:4$ und $c = (x - y):12$. Man findet nun weiter den Wert u, um den das Dichtemittel von der Klassengrenze der beiden Klassen mit den gleichen Häufigkeiten entfernt ist, als $u = (-b \pm \sqrt{b^2 - 3ac}) : 3a$[1]). Da das Dichtemittel in den Bereich der 2 Klassenintervalle mit den gleichen Häufigkeiten z fallen muß, so hat man von den beiden Werten für u, die man entsprechend dem doppelten Vorzeichen des Wurzelausdrucks der aufgeführten Formel erhält, denjenigen auszuwählen, der, je nach seinem Vorzeichen, durch Addition oder Subtraktion mit der Klassengrenze der beiden gleich häufigen Klassen einen Argumentwert in dem festgelegten Intervall ergibt. Der Wert für u ist vor seiner Vereinigung mit dem Argumentwert der Klassengrenze der beiden Klassen mit der Häufigkeit z in Argumenteinheiten umzurechnen[2]).

---

[1]) Vgl. die Anmerkung zu dem Artikel 114.

[2]) Vgl. E. Czuber, »Die statistischen Forschungsmethoden«.

Zahlentafel 21.

Verteilungstafel der prozentualen Dehnungen von Tombakdrähten.

Klassen- Intervall	Klassen- Mitte	Häufigkeit z	Abweichung d in Klasseneinheiten d	d^2	$z\,d$	$z\,d^2$	Σz	Diff. z
21,75—23,75	22,75	10	—4	16	— 40	160	10	
23,75—25,75	24,75	40	—3	9	—120	360	50	
25,75—27,75	26,75	115	—2	4	—230	460	165	
27,75—29,75	28,75	325	—1	1	—325	325	490	547
29,75—31,75	30,75	872	0		—715		1362	137
31,75—33,75	32,75	735	1	1	735	735		
33,75—35,75	34,75	536	2	4	1072	2144		
35,75—37,75	36,75	121	3	9	363	1089		
37,75—39,75	38,75	21	4	16	84	336		
39,75—41,75	40,75	8	5	25	40	200	$^1/_2\,N =$	
Summen:		2783			2294	5809	1391,5	684
					—715		—1362	
					1579		29,5	
Durchschnitt $\left(=\frac{1}{2783}\right)$ in Klassen à 2% Dehnung:					0,567	2,087		
Durchschnitt in % Dehnung:					1,13	8,348		

$M = 30{,}75 + 1{,}13 = 31{,}88\,\%$.

$C = 31{,}75 + \frac{29{,}5 \times 2}{735} = 31{,}83\,\%$.

$D = 29{,}75 + \frac{547 \times 2}{684} = 31{,}35\,\%$.

$\mu^2 = 8{,}348 - (31{,}88 - 30{,}75)^2 = 7{,}071$.

$\mu = \pm \sqrt{7{,}071} = \pm 2{,}66\,\%$ Dehnung oder $\pm 1{,}33$ Klassen.

Sheppard-Korrektion: $7{,}071 - \frac{4}{12} = 6{,}738$.

$\mu_k = \pm \sqrt{6{,}738} = \pm 2{,}6\,\% = \pm 1{,}3$ Klassen.

$V = \pm 100 \times 2{,}6 : 31{,}88 = \pm 8{,}16$.

Schiefe $= (31{,}88 - 31{,}35) : 2{,}6 = +0{,}204$.

$\mu_M = \pm 2{,}6 : \sqrt{2783} = \pm 0{,}05\,\%$ Dehnung.

$V_M = \pm 100 \times 0{,}05 : 31{,}88 = \pm 0{,}16$.

$\Sigma |z d| : N = (2294 + 715) : 2783 = 1{,}08$ Klassen.

$\delta = 1{,}08 - \frac{(1421 - 1362) \times 0{,}567}{2783} = 1{,}07$ Klassen.

$\delta : \mu = 1{,}07 : 1{,}33 = 0{,}805$.

$q_1 = 29{,}75 + 0{,}47 = 30{,}22\,\%$.

$q_3 = 31{,}75 + 1{,}98 = 33{,}73\,\%$.

$(C - q_1) = 1{,}61 < (q_3 - C) = 1{,}90$.

$q = 0{,}5\,(q_3 - q_1) = 1{,}76\,\% = 0{,}88$ Klassen.

$q : \mu = 0{,}66$.

$q : \delta = 0{,}82$.

$\mu_{\mu^2} = \pm \mu^2 \sqrt{\frac{2}{N}} = \pm 0{,}191\,\%$ Dehnung.

$\mu_\mu = \pm \mu \sqrt{\frac{1}{2N}} = \pm 0{,}100\,\%$ Dehnung.

Da sich unter den empirischen Verteilungen dieses Buches keine findet, welche als Anwendungsbeispiel für die eben gegebenen Ausführungen herangezogen werden könnte, so seien diese Ausführungen an einer Zufallsverteilung verdeutlicht. Würfelt man mit 5 Würfeln 285 mal auf die Augenzahlen 1 und 6 als Erfolg, so erhält man die Häufigkeiten 37, 94, 94, 47, 12 und 1 für die Erfolgsklassen 0, 1, 2, 3, 4 und 5. Die beiden gleichen Häufigkeiten sind $z = 94$; die vorhergehende Häufigkeit ist $x = 37$, und die folgende Häufigkeit ist $y = 47$. Man erhält

$$a = (47 - 37) : 6 = \frac{5}{3}, \quad b = [(37 - 94) - (94 - 47)] : 4 =$$

$$= [(-57) - (47)] : 4 = -104 : 4 = -26 \text{ und } c = (37 - 47) : 12 = -\frac{5}{6}.$$

Man bestimmt nach diesen Werten

$$u = \left(26 \pm \sqrt{26 \times 26 + \frac{25}{6}}\right) : 5;$$

die Auflösung ergibt für u die beiden Werte $(26 + 26{,}1) : 5 = 10{,}42$ und $(26 - 26{,}1) : 5 = -0{,}02$. Eine Umrechnung in Argumenteinheiten erübrigt sich, da die Klasseneinheit gleich der Argumenteinheit ist. Der häufigste Wert muß in das Intervall 0,5 bis 2,5 fallen, so daß nur der zweite u-Wert in Betracht kommen kann. Man bestimmt $D = 1{,}5 - 0{,}02 = 1{,}48$.

108. Bei völlig symmetrischer Verteilung fällt das Dichtemittel mit dem arithmetischen Mittel zusammen, der dichteste Wert ist zugleich arithmetisches Mittel, das arithmetische Mittel ist auch »Mode«. Bei unsymmetrischer Verteilung rückt das arithmetische Mittel von dem Dichtemittel ab, und zwar nach der Seite des langsameren Abfalls. Es ist daher bei rechtsseitiger Asymmetrie das Dichtemittel größer als das arithmetische Mittel und bei linksseitiger Asymmetrie das arithmetische Mittel größer als der häufigste Wert. Ein Vergleich der Werte für M und D eines Kollektivs gibt somit Aufschluß über Symmetrie oder Asymmetrie einer Verteilung, über die Art der Asymmetrie, sowie in groben Zügen durch den Wert der Differenz $D - M$ auch über den Grad der Asymmetrie.

Der Wert $D - M$ ergibt sich offenbar als positiv bei rechtsseitiger Asymmetrie und als negativ bei linksseitiger Asymmetrie, und natürlich zu annähernd null bei Symmetrie. Fälle von rechtsseitiger Asymmetrie mit $D > M$ zeigen die Zahlentafeln 23 und 33 oder auch die asymmetrischen Kurven der Abb. 30, 33, 41, 42, 44, 56, 63; linksseitige Asymmetrie und daher $M > D$ kennzeichnet die Kollektive der Zahlentafeln 16, 17, 21, 24, 26 und 35, sowie der Abb. 7, 8, 9, 28, 29, 32, 34, 47, 55, 66. Das Kollektiv der Zahlentafel 20 zeigt ebenfalls eine schwach rechtsseitige Asymmetrie, aber in diesem Falle liegen die Werte von D und M so nahe beisammen, daß der durch ihre geringe Differenz angezeigten

Asymmetrie keine reale Bedeutung beizulegen ist. Das Auseinanderfallen von D und M ist in diesem Falle lediglich auf zufällige Störungen zurückzuführen, und die Verteilung dieses Kollektivs darf ohne weiteres als symmetrisch angesprochen werden. Diesem Vorgehen liegt die Auffassung zugrunde, daß die ideale Verteilungskurve, die man bei einer Untersuchung der ganzen Materie statt nur des durch das Kollektiv gebildeten kleinen Ausschnitts aus dieser Materie erhalten würde, völlig symmetrisch ausfallen würde. Erst wenn mehrere Kollektive derselben Materie die gleiche schwach rechts- oder linksseitige Asymmetrie ergeben, muß diese Asymmetrie als wirklich und nicht nur zufällig betrachtet werden.

XI. Abschnitt.

Der Zentralwert.

109. Eine dritte Art von Mittelwert bildet der Zentralwert C, der auch die Bezeichnung Medianwert führt. Man versteht unter diesem den Argumentwert, welcher den Umfang eines Kollektivs in zwei gleiche Teile spaltet, der also dieselbe Anzahl von Einzelwerten unter sich und über sich besitzt. Zu seiner Berechnung bildet man die Summe der Häufigkeiten, also die Summentafel, wie eine solche in der Zahlentafel 8 aufgeführt ist. Man benötigt diese Summentafel für die Zwecke der Zentralwertbildung jedoch nur so weit, bis die erhaltene Summe gleich $\frac{1}{2} N$ ist, oder, was meist der Fall sein wird, möglichst nahe unterhalb $\frac{1}{2} N$ liegt. In die folgende Klasse fällt dann der Zentralwert, und er liegt in dieser so weit von der unteren Klassengrenze entfernt als das Verhältnis Differenz der erhaltenen Häufigkeitssumme gegen $\frac{1}{2} N$ zu der Häufigkeit der Klasse, in welcher der Zentralwert liegt, angibt. Die Zahlentafel 20 enthält auch für die Zentralwertbestimmung ein Ausführungsbeispiel. Da $\frac{1}{2} N$ des daselbst behandelten Kollektivs 66 ist, so liest man aus der Summentafel der Zahlentafel 20 ab, daß diesem Wert von unten her die Summe 44 der vier ersten Klassenhäufigkeiten am nächsten kommt. Denn die Hinzunahme der Häufigkeit der nächsten Klasse ergibt bereits mit 87 einen über 66 liegenden Summenwert. Der Zentralwert fällt mithin in die Klasse mit der Häufigkeit 43, der das Intervall von 32,75 — 34,25% zukommt. Man bildet die Differenz $66 - 44 = 22$. Mithin liegt der Zentralwert $^{22}/_{43}$ Klasseneinheiten oder $^{22}/_{43} \cdot 1{,}5 = 0{,}77\%$ von der Klassengrenze 32,75% ab. Es ist also $C = 32{,}75 + 0{,}77 = 33{,}52\%$ Dehnung. Weitere Bestimmungen von C und die einschlägigen Rechenverfahren dazu sind den Zahlentafeln 12, 16, 21 und 23 zu entnehmen. Die Ordinate des Zentralwerts ist eingezeichnet z. B. in die Häufigkeitskurven der Abb. 7, 28, 29, 30, 32, 41, 42.

Die Genauigkeit des Zentralwertes steigt und fällt mit dem besseren oder weniger guten Zutreffen der zu seiner Berechnung gemachten Voraussetzung, daß die Einzelglieder gleichmäßig über das Klassenintervall, in dem der Zentralwert liegt, verteilt seien. Die geringen Schwankungen des Zentralwertes mit der Klasseneinteilung eines Kollektivs sind der Zeile C der Zahlentafel 9 zu entnehmen.

110. Für die Selbstzwecke einer Mittelwertsbildung, d. h. wenn es sich darum handelt, lediglich für Vergleiche einen charakterisierenden Mittelwert zu erhalten, wird man in der Regel allein das arithmetische Mittel errechnen. Der dichteste Wert interessiert vor allem im Zusammenhang mit Verteilungsstudien und zur Beurteilung des Grades einer Asymmetrie, und die Bedeutung des Zentralwertes liegt im Rahmen dieser Ausführungen darin, daß er zusammen mit dem Dichtemittel eine rohe Beurteilung der Art einer Asymmetrie ermöglicht.

Gleich dem Dichtemittel fällt auch der Zentralwert bei symmetrischer Verteilung mit dem arithmetischen Mittel zusammen, so daß bei völliger Symmetrie alle 3 abgehandelten Mittelwerte gleich groß sind. Praktisch kommen solche Fälle natürlich kaum vor. Statt identischer Werte der 3 Mittel wird man dagegen hin und wieder Werte für die 3 Mittelwerte finden, die nur wenig differieren, in welchen Fällen die vorliegenden Verteilungen nicht viel von einer völlig symmetrischen Verteilung abweichen. Eine solch geringe Abweichung von einer symmetrischen Verteilung zeigt z. B. das Kollektiv der Zahlentafel 20, und der Vergleich der dieser Zahlentafel beigesetzten Werte für die 3 Mittel M, D und C, die alle in dieselbe Klasse fallen, läßt dementsprechend nur geringe Unterschiede erkennen. Solche geringen Differenzen beruhen auf zufälligen Störungen, und es kommt denselben daher keine wirkliche Bedeutung zu. Man betrachtet vielmehr solche Verteilungen als symmetrisch. Man wird sodann an mehreren Kollektiven derselben Materie mit symmetrisch anzusprechender Verteilung unregelmäßig verschiedene Größenbeziehungen der 3 Mittelwerte feststellen können, wogegen eine tatsächlich vorhandene Asymmetrie geringfügiger Art stets dieselben Größenbeziehungen der 3 Mittelwerte ergeben muß.

Im Falle einer asymmetrischen Verteilung liegt der Wert für C zwischen den Werten für D und M: Fechnersches Lagegesetz. Es gilt also bei rechtsseitiger Asymmetrie die Regel, daß das arithmetische Mittel kleiner als der Zentralwert und dieser wieder kleiner als der dichteste Wert ist. Dieser Beziehung $M < C < D$ für rechtsseitige Asymmetrie entspricht für linksseitige Asymmetrie die umgekehrte Beziehung $M > C > D$. Die Zahlentafel 16 zeigt für alle 3 Kollektive, die daselbst aufgeführt sind, die Lage des Zentralwertes zwischen dem Dichtemittel und dem arithmetischen Mittel in aller Deutlichkeit, und zwar liegen drei Beispiele linksseitig asymmetrischer Verteilung vor, für welche $M>C>D$ gilt. Die Abb. 32, die sich auf den Inhalt der Zahlentafel 16 bezieht, zeigt für alle 3 Verteilungskurven die Ordinaten der 3 Mittelwerte eingezeichnet. Die Abstände dieser Ordinaten stellen die Differenzen der verschiedenen Mittelwerte bildlich dar. Es zeigen weiter die drei Mittel-Ordinaten für linksseitige Asymmetrie die Abb. 7, 28 und 29 und für rechtsseitige Asymmetrie die Abb. 30, 41 und 42.

111. Die Werte für M, D und C sind absolute und sind von der ganzen Art einer Verteilung abhängig. Demgegenüber sind die Verhältnisse der Abstände dieser Werte voneinander zwar auch keine festen, aber ihre Veränderlichkeit hängt nicht in so hohem Grade von der Verteilung ab wie die der absoluten Werte. Es läßt sich so allerdings die nur ganz grobe Regel feststellen, daß bei asymmetrischen Verteilungen, die als normal im weiteren Sinne angesprochen werden können, der Zentralwert die Differenz zwischen M und D ungefähr im Verhältnis 1:2 teilt. Es ist also $M - C$ ungefähr $^1/_3$ von $M - D$. Eine starke Abweichung der Differenz $M - C$ von dem dritten Teil der Differenz $M - D$ läßt darauf schließen, daß eine Verteilung vorliegt, die nicht allein nicht symmetrisch ist, sondern auch von einer angenähert normalen asymmetrischen Verteilung erheblich abweicht. Zwecks Überprüfung der Symmetrieverhältnisse einer Verteilung leisten mithin C und D gute Dienste.

So erhält man beispielsweise für die Häufigkeitskurve der $(F + D)$-Werte in Abb. 42 für $(M - C):(M - D)$ genau den Wert $^1/_3$, weshalb die Asymmetrie dieser Verteilung bei ihrer Besprechung als normal bezeichnet wurde. Dem Gesamtkollektiv der Zahlentafel 16 kommt dagegen für das eingeführte Verhältnis der in der Zahlentafel aufgeführte Wert 1:4,4 zu. Die Verteilung dieses Kollektivs ist somit nicht normal im weiteren Sinne, und man vermutet daher ein zusammengesetztes Kollektiv. Die Zerlegung ergibt eine Teilreihe A mit einem Verhältnis $(M - C):(M - D) = 1:3{,}2$, das auf eine angenähert normale asymmetrische Verteilung schließen läßt. Die Teilreihe B ergibt sich aber nach ihrem in Zahlentafel 16 aufgeführten Wert für dieses Verhältnis als nicht normal. Die auch in der diesbezüglichen Abb. 32 jedoch durchgeführte weitere Zerlegung der Teilreihe B führt zu einer asymmetrischen Kurve, deren rechtsseitiger Flachabfall in der Abbildung punktiert eingezeichnet ist, und die mit ihrem Verhältnis $(M - C):(M - D) = 1:2{,}9$ als normal asymmetrisch anzusprechen ist. Die Errechnung des entsprechenden Verhältnisses für die Hauptkurve der Abb. 41 ergibt dagegen $(2{,}45 - 2{,}47):(2{,}45 - 2{,}6) = 2:15$[1]).

[1]) Betreffs des geometrischen Mittels $G = (E_1 \times E_2 \times \ldots E_N)^{\frac{1}{N}}$, das sich einfach nach $\log G = \frac{1}{N} (\log E_1 + \log E_2 + \ldots \log E_N)$ ermitteln läßt, betreffs der Betrachtung von Verhältniswerten und der logarithmischen Behandlung von Kollektiven nach Fechner, sowie betreffs des harmonischen Mittels H, das sich als $N : \Sigma\left(\frac{1}{E}\right)$ ergibt, sei verwiesen z. B. auf E. Czuber, »Die statistischen Forschungsmethoden« und Th. Fechner, »Kollektivmaßlehre«.

XII. Abschnitt.

Die Streuung.

112. Es ist für die Kennzeichnung einer Materie nicht allein notwendig, ihren arithmetischen Mittelwert zu kennen, sondern man muß auch wissen, ob die einzelnen zur Mittelung herangezogenen Werte stark differieren oder weniger weit auseinander liegen, ob nur etliche Werte gegen den Mittelwert stark differieren, oder ob eine größere Anzahl von Einzelwerten nach beiden Seiten des Mittels erheblich abweicht, sowie welches insbesondere die größten Abweichungen sind. Es interessiert also einmal die Ausbreitung, die Variationsweite, das Variationsintervall des Kollektivs, und es interessiert überdies die ganze Art der Verteilung, das Ausmaß der stellenweisen Häufung von Einzelwerten, es interessiert mit einem Wort die Streuung einer Materie.

Die Variationsweite läßt sich nun ohne weiteres durch die Angabe der beiden äußersten Argumentwerte eines Kollektivs festlegen. Dieser Angabe haftet jedoch der Nachteil an, daß sie aus 2 Zahlenwerten besteht. Und bildet man die Differenz dieser beiden Werte, so ist wohl die Größe des Variationsintervalls bezeichnet, aber seine Lage in der Skala der möglichen Werte der untersuchten veränderlichen Eigenschaft bleibt unbekannt; diese ist aber ebenso wichtig wie die Größe des Variationsintervalls selbst. Überdies hat man selbst bei genauer Kenntnis von Größe und Lage eines Variationsintervalls keinerlei Anhaltspunkte über die Verteilung der einzelnen Argumentwerte über das ganze Intervall und ihre stellenweise Häufung. Variationsweite und Häufigkeit sind zwar oftmals in einer gewissen Beziehung voneinander abhängig, derart, daß einer geringeren Variationsweite eine stärkere Häufung entspricht und umgekehrt; aber dieser Zusammenhang ist absolut keine immer vorhandene Notwendigkeit. Natürlich kann man all diese Daten vollständig der Verteilungstafel eines Kollektivs entnehmen. Aber zwei oder gar mehrere Verteilungstafeln und ebenso ihre graphischen Darstellungen als Häufigkeitskurven eignen sich nur sehr schlecht für Vergleiche. Man benötigt für solche vielmehr eine Größe, die in e i n e m Zahlenwert all die angeführten möglichen Variationen einer Verteilung umfaßt und festlegt. Ein solches Streuungsmaß bildet die sog. mittlere quadratische Abweichung. Sie mißt die Streuung der Einzelwerte, wobei als Zentrum, um das die Streuung statthat, das arithmetische Mittel gilt, und sie mißt damit den Grad der Veränderlichkeit bzw. der Beständigkeit einer Materie bezüglich ihres arithmetischen Mittelwertes.

113. An Hand der Abb. 23 wurde bereits eingehend erörtert, wie auch unter Umgehung der rechnerischen Ermittlung eines Streuungsmaßes in einfachen Fällen ein Bild über den mehr oder weniger ausgeprägten Charakter des Maximums einer Verteilung, über das stärkere oder weniger starke Dominieren des bevorzugten Wertes einer Verteilung, über Stärke und Häufigkeiten der Abweichungen von dem bevorzugten Wert einer Verteilung zu erhalten ist. Aber dieser Methode haftet einmal der Mangel großer Umständlichkeit an, indem sie die Darstellung der zu vergleichenden Verteilungen in zeichnerisch gleichen Einheiten für die Argumenteinheiten erfordert und eine Wahl der zeichnerischen Einheiten der Häufigkeiten bedingt, welche für die verschiedenen Verteilungen derart verschieden sind, daß die maximalen Ordinaten der zu vergleichenden Verteilungen gleich lang werden. Ein ungefähr quantitatives Vergleichsmaß für die Abweichungen verschiedener Verteilungen läßt sich nach dieser Methode zwar für einfache Verteilungen herleiten, indem man die Breiten der Kurven für verschiedene zu vergleichende Verteilungen in derselben Höhe der Kurven mißt. Einem solchen Maße ermangelt aber eine feste Beziehung zu anderen statistisch erfaßbaren Größen. Überdies müßte die Breitenmessung der Kurven stets in derselben Höhe erfolgen. Man bekäme auf diese Weise aber nur für regelmäßige normale Verteilungen richtige relative Maße ihrer Abweichungen, da z. B. ein abnormales Verhalten einer Verteilung gegen die Enden der Verteilung zu nicht erfaßt werden kann. Endlich eignet sich diese graphische Vergleichsmethode zwar nicht nur zu Vergleichen symmetrischer oder angenähert symmetrischer Verteilungen, sondern sie läßt auch einen Vergleich symmetrischer Verteilungen mit asymmetrischen Verteilungen, einen Vergleich asymmetrischer Verteilungen von verschiedenem Asymmetriegrade, einen Vergleich asymmetrischer Verteilungen, deren Asymmetrie verschiedener Art ist, zu, aber alle Vergleiche zusammengesetzter Verteilungen, welche unregelmäßig verlaufende Kurven, Kurven mit Buckeln oder gar mit mehreren Maximis ergeben, kurz aller Verteilungen, die sich in ihrem mittleren Teil keiner einfachen Verteilungskurve wenigstens annähernd anpassen lassen, sind nach dieser Methode überhaupt unmöglich. Dies ist, zumal man in der Praxis in den meisten Fällen nicht auf einfache Verteilungen stößt, der wichtigste Grund, welcher eine allgemeine Anwendung der graphischen Vergleichsmethode nicht ermöglicht. Für Vergleiche normaler Verteilungen und überhaupt solcher Verteilungen, welche Kurven ergeben, die sich als einfache Kurven darstellen lassen, kommt diesem graphischen Verfahren jedoch der Vorteil großer Anschaulichkeit zu, so daß man sich für Vergleiche solcher Verteilungen dieser Methode mit Vorteil bedienen kann.

114. Unter der mittleren Abweichung versteht man die Quadratwurzel[1]) aus dem Mittel der Quadrate[1]) der Abweichungen der einzelnen

---

[1]) Unter dem Quadrat eines Wertes versteht man allgemein den mit sich selbst multiplizierten Wert in Analogie zu dem speziellen Fall, daß der Inhalt eines Quadrates als Seitenlänge mal Seitenlänge anzugeben ist. Bezeichnet wird die mathematische Operation des Quadrierens, des Mit-sich-selbst-multiplizierens, durch eine hochgesetzte 2 an dem zu quadrierenden Wert. Es ist 2^2 (gelesen

Argumentwerte von ihrem arithmetischen Mittel. Es ist

$$\mu = \sqrt{\frac{1}{N}\,\Sigma\,(z\,d^2)},$$

worin d die Differenzen $E - M$ zwischen Einzelwerten und arithmetischem Mittel bedeutet.

Die ausgezeichnete Stellung des arithmetischen Mittelwerts besteht darin, daß die Gesamtheit aller Abweichungen der Einzelwerte von diesem Mittel, die $\Sigma z\,d$, null ist. Ebenso zeichnet sich M nun unter allen anderen Mittelwerten dadurch aus, daß es zur kleinsten Summe der Abweichungsquadrate der Einzelwerte vom Mittel führt. Der Wert $\Sigma z d^2$ bildet bezüglich M ein Minimum. Zwischen M und der mittleren Abweichung besteht überdies noch folgende Beziehung:

$$M^2 + \mu^2 = \frac{1}{N}\,\Sigma\,E^2.$$

Zwischen μ und der Gaußschen Verteilungskurve besteht der Zusammenhang, daß $2\,\mu$ den Abstand der Wendepunkte der beiden Kur-

---

2 hoch 2 oder 2 im Quadrat) $= 2 \times 2 = 4$, $3^2 = 3 \times 3 = 9$, $10^2 = 10 \times 10 = 100$, $1{,}6^2 = 1{,}6 \times 1{,}6 = 2{,}56$, $\left(\frac{5}{6}\right)^2 = \left(\frac{5}{6}\right) \times \left(\frac{5}{6}\right) = \frac{25}{36}$.

Das Wurzelziehen oder Radizieren ist die dem Quadrieren entgegengesetzte mathematische Operation. Die Wurzel aus einem Wert ziehen bedeutet das Aufsuchen des Wertes, der mit sich selbst multipliziert den zu radizierenden Wert ergibt. Aus dem Inhalt eines Quadrates errechnet man die Seitenlänge, indem man die Wurzel des Inhaltes zieht. Das Zeichen für die Operation des Wurzelziehens ist $\sqrt{}$. Es ist $\sqrt{16} = 4$, da $4 \times 4 = 16$, $\sqrt{144} = 12$, $\sqrt{\frac{9}{100}} = \frac{3}{10}$, $\sqrt{0{,}0009} = 0{,}03$.
Genau genommen ist das Ergebnis des Radizierens mit 2 Vorzeichen zu versehen: $\sqrt{25} = +5$ oder $-5 = \pm 5$ (gelesen plus oder minus 5). Rechenbeispiel: $\sqrt{13481{,}7896}$; Abteilen vom Dezimalkomma aus nach links und rechts in Gruppen von 2 Ziffern:

1/34/81,/78/95. Wurzel aus 1 = 1 (1)
1 34 81, 78 95
—) 1 = 1 × 1
34 2 × 1 = 2, 2 in 3 = 1 (11)
—) 1 = 1 × 1
—) 2 = 1 × 2
13 81 2 × 11 = 22, 22 in 138 = 6 (116,)
= 36 = 6 × 6
132 = 6 × 22
—) 13 56 1356
25 78 2 × 116 = 232, 232 in 257 = 1 (116,1)
1 = 1 × 1
232 = 1 × 232
—) 23 21 2321
2 57 95 2 × 1161 = 2322, 2322 in 2579 = 1 (116,11) usw.

venäste mißt. Des weiteren ist die maximale Ordinate μ indirekt proportional; es gilt $z_m = N:\mu\sqrt{2\pi}$.

Zur Bestimmung der mittleren Abweichung hat man zunächst das arithmetische Mittel M zu errechnen. Man bildet hierauf die Differenzen d aller Einzelwerte gegen M, multipliziert diese Differenzen mit sich selbst und bildet das arithmetische Mittel dieser quadrierten Differenzen d^2. Damit hat man das Quadrat der mittleren Abweichung. Man zieht aus diesem Wert die Wurzel und gelangt so zu dem Wert der mittleren Abweichung μ selbst. Aus dem Gang dieser Rechnung erklärt sich nun auch die Bezeichnung mittlere quadratische Abweichung.

Die angeführte Berechnungsart der mittleren Abweichung ist bei Kollektiven mit großem Umfang und besonders dann, wenn, was meist der Fall sein wird, M nicht eine ganze Zahl ist sondern mehrere Dezimalstellen hat, sehr beschwerlich und mühsam. Man rechnet daher auch in diesem Fall praktischer zunächst wieder mit einem provisorisch angenommenen Mittelwert. Zweckmäßig wählt man wieder eine Klassenmitte, am besten denselben Wert, der bereits bei der Bestimmung des arithmetischen Mittels als vorläufig eingeführter Mittelwert diente. Des weiteren vereinfacht man die Rechnung wieder durch Rechnen mit Klasseneinheiten. Man bestimmt also zunächst die Abweichungen der Einzelwerte bzw. der einzelnen Klassenmitten von dem provisorischen Mittelwert in Klasseneinheiten, bzw. man beginnt die Rechnung damit, daß man diese Abweichungen d, die man bereits bei der Mittelwertsbildung festgestellt hat, quadriert. Zur verständlicheren Erläuterung der folgenden Ausführungen mögen die Zahlentafeln 12, 16, 21, 23, 24, 26 dienen, die alle Beispiele zur Errechnung der mittleren Abweichung bringen. Man kommt durch die erste neue Rechenoperation also von der Spalte der d-Werte zu der Kolonne der d^2-Werte. Diese d^2-Werte werden als nächstes mit den Klassenhäufigkeiten z multipliziert. Dies ergibt die Werte der mit zd^2 überschriebenen Spalten der angeführten Zahlentafeln. Man bildet nun die Summe aller Werte zd^2 und dividiert diese Summe durch N. Damit hat man das mittlere Abweichungsquadrat bezüglich des provisorischen Mittels in Klasseneinheiten. Als nächstes folgt die Umrechnung in Einheiten des Arguments, wozu man mit dem Quadrat der Anzahl dieser Einheiten pro Klasse multipliziert. Nun muß man von dem provisorischen Mittel auf das tatsächliche Mittel umrechnen. Man bildet hierzu die Differenz zwischen provisorischem und wirklichem Mittelwert, die man aus dem Gang der Bestimmung des arithmetischen Mittels bereits kennt, quadriert diesen Wert und subtrahiert das Quadrat von dem mittleren Abweichungsquadrat bezüglich des provisorischen Mittels. Damit hat man das mittlere Abweichungsquadrat μ^2 bezüglich des arithmetischen Mittelwertes. Aus diesem Wert wird die Wurzel gezogen, womit man den Wert der mittleren Abweichung μ erhält, und zwar in Einheiten des betreffenden Arguments.

Will man μ in Klasseneinheiten, so bedarf es nur noch einer Division mit der Anzahl Argumenteinheiten, die eine Klasse umfaßt.

Man kann auch, statt nach der Ermittlung des durchschnittlichen Abweichungsquadrates bezüglich des angenommenen Mittels in Argumenteinheiten umzurechnen, diese Umrechnung bis zum Schluß der Rechnung verschieben. Man hat dann von dem mittleren Abweichungsquadrat wieder das Quadrat der Differenz zwischen provisorischem und wirklichem Mittel abzuziehen, muß nun aber auch diese Differenz in Klasseneinheiten bilden. Zieht man aus der erhaltenen Differenz die Wurzel, so erhält man μ in Klasseneinheiten. Durch Multiplikation mit der Klassengröße ergibt sich die mittlere Abweichung in Argumenteinheiten.

Um die zur Errechnung von μ nötigen Rechenoperationen auf einfache Formeln zu bringen, werde die Abweichung der einzelnen Klassen von dem angenommenen Mittel mit d, die mittlere Abweichung bezüglich dieses provisorischen Mittels mit m und die Differenz zwischen provisorischem und wirklichem Mittel mit u bezeichnet. Es ist dann zunächst

$$m^2 = \frac{1}{N} \Sigma z d^2$$

zu berechnen. Es ergibt sich weiter

$$\mu^2 = m^2 - u^2 \text{ oder } \mu = \pm \sqrt{m^2 - u^2}.$$

Hat man Kollektive mit kleinem Umfang oder mit stark streuenden Einzelwerten, so daß eine Klassifizierung nicht angängig ist, so kann man die Berechnung der mittleren Abweichung auf jeden Fall durch die Annahme eines vorläufigen Mittels vereinfachen. Man wählt als U einen Wert, mit dem sich die Differenzen $(E - U)$ möglichst einfach errechnen lassen. Man ermittelt dann $m^2 = \Sigma (E - U)^2 : N$ und $\mu^2 = m^2 - (M - U)^2$. Ein Ausführungsbeispiel für eine derartige μ-Bestimmung gibt die Zahlentafel 22.

115. Betreffs der Genauigkeit der errechneten mittleren Abweichung ist festzustellen, daß bei klassifizierten Kollektiven die Berechnung ein Näherungsverfahren darstellt. Die Genauigkeit wächst mit dem Umfang des Kollektivs und mit der Abnahme der Klassengröße. Aus der Zusammenstellung der Zahlentafel 9 ist die Abhängigkeit des Wertes für μ von der Klasseneinteilung für das Kollektiv kleinen Umfangs, das die Zahlentafeln 3 bis 8 in verschiedenen Klasseneinteilungen zeigen, zu ersehen.

Für große Klassenintervalle kann man für μ eine Korrektur, die Sheppard angegeben hat, berechnen. Auch diese Korrektur beruht wieder auf einer Näherungsannahme, nämlich der, daß sich die einzelnen Argumentwerte einer Klasse gleichmäßig über das Klassenintervall verteilen. Der korrigierte μ-Wert ist demnach auch nicht exakt, aber er kommt dem eigentlichen auf Grund der primären Verteilungstafel errechneten μ näher. Bezeichnet man die Klassengröße mit k, so beträgt die Sheppard-Korrektion an μ^2 den zwölften Teil von k^2, und es ist das korrigierte μ hiernach $\mu_k = \pm \sqrt{\mu^2 - k^2/_{12}}$. Rechnet man mit Klasseneinheiten, so beträgt die Korrektur an μ^2 einfach $^1/_{12}$ oder 0,0833.

Da man μ bzw. μ_k durch Ziehen einer Quadratwurzel erhält, so erscheint die mittlere Abweichung rein rechnerisch stets mit zwei Vorzeichen behaftet. Der Sinn dieses doppelten Vorzeichens plus oder minus ist der, daß μ die mittlere Abweichung nach beiden Seiten des Mittels, also nach größeren und kleineren Werten vom Mittel aus, festlegt.

116. Von anderen Streuungsmassen sei zunächst die durchschnittliche Abweichung δ erwähnt[1]). Man versteht unter dieser das arithmetische Mittel der absoluten Werte[2]) der Abweichungen der Einzelwerte von irgendeinem Mittelwert. Bestimmt man dabei die Abweichungen von dem Zentralwert aus, so erhält man den kleinsten Wert für die durchschnittliche Abweichung. Meist bezieht man aber die durchschnittliche Abweichung gleich der mittleren Abweichung auf das arithmetische Mittel.

Errechnet man z. B. für das Kollektiv der Zahlentafel 12 die durchschnittliche Abweichung, so erhält man als Summe der absoluten Abweichungen $4401 + 4401 = 8802$. Im Durchschnitt beträgt die Abweichung somit $\delta = 8802 : 6500 = 1{,}354$. Dividiert man diesen Wert für die durchschnittliche Abweichung durch den Wert der mittleren Abweichung, die in dem Beispiel 1,732 beträgt, so ergibt sich für das Verhältnis durchschnittliche Abweichung zu mittlerer Abweichung der Wert 0,78. Es gilt allgemein die Regel, daß für symmetrische Verteilungen die durchschnittliche Abweichung rd. $^4/_5$ der mittleren Abweichung ausmacht. Weitere Beispiele für die Berechnung der durchschnittlichen Abweichung und der Verhältnisse aus durchschnittlicher Abweichung zu mittlerer Abweichung geben die Zahlentafeln 21, 22, 23. Man stellt im allgemeinen einen übereinstimmenden Gang der durchschnittlichen Abweichungswerte mit den Werten der mittleren Abweichungen fest.

Bestimmt man die durchschnittliche Abweichung aus den Abweichungen der Klassenmitten bzw. der Einzelwerte bezüglich eines provisorischen Mittels, so erfordert die Berechnung in jedem Fall einige Überlegung, um den richtigen Wert für δ aus der Summe der Abweichungen bezüglich U zu erhalten. Dies soll an dem Beispiel der Zahlentafel 22

---

1) δ (delta), Buchstabe des griechischen Alphabets, entspricht unserem *d*.

2) Der absolute Wert einer Größe ignoriert das Vorzeichen, das der algebraische Wert mit umfaßt. In der Mathematik bezeichnet man absolute Werte einer Variabeln dadurch, daß man das Symbol der Variabeln zwischen 2 senkrechte parallele Striche setzt. Es ist somit $\delta = \Sigma \mid E - M \mid : N$, wogegen $\Sigma (E - M) : N = 0$ ist.

Zahlentafel 22.

Schlußstein-Leistungen für Draht von 0,125 mm (± 0,005 mm) Stärke.

I. Reihe ($U = 12\,000$)			II. Reihe ($U = 8\,000$)		
E	$E-U$	$(E-U)^2$	E	$E-U$	$(E-U)^2$
16 580	4 580	20 976 400	4 500	— 3 500	12 250 000
9 750	— 2 250	5 062 500	2 440	— 5 560	30 913 600
6 120	— 5 880	34 574 400	14 880	6 880	47 334 400
5 670	— 6 330	40 068 900	15 950	7 950	63 202 500
12 600	600	360 000	11 320	3 320	11 022 400
4 000	— 8 000	64 000 000	3 200	— 4 800	23 040 000
8 400	— 3 600	12 960 000	1 750	— 6 250	39 062 500
9 000	— 3 000	9 000 000	12 410	4 410	19 448 100
13 720	1 720	2 958 400	10 520	2 520	6 350 400
12 300	300	90 000	3 240	— 4 760	22 657 600
9 420	— 2 580	6 656 400	5 880	— 2 120	4 494 400
16 570	4 570	20 884 900	3 690	— 4 310	18 576 100
18 360	6 360	40 449 600	7 280	— 720	518 400
9 810	— 2 190	4 796 100	6 780	— 1 220	1 488 400
12 000			9 290	1 290	1 664 100
4 720	— 7 280	52 998 400	13 250	5 250	27 562 500
10 250	— 1 750	3 062 500	12 660	4 660	21 715 600
12 710	710	504 100	11 240	3 240	10 497 600
11 560	— 440	193 600	9 750	1 750	3 062 500
10 100	— 1 900	3 610 000	4 320	— 3 680	13 542 400
20 700	8 700	75 690 000	4 180	— 3 820	14 592 400
11 610	— 390	152 100	5 850	— 2 150	4 622 500
14 200	2 200	4 840 000	9 500	1 500	2 250 000
13 370	1 370	1 876 900	5 810	— 2 190	4 796 100
7 860	— 4 140	17 139 600	9 710	1 710	2 924 100
11 100	— 900	810 000	9 600	1 600	2 560 000
19 250	7 250	52 562 500	5 700	— 2 300	5 290 000
12 600	600	360 000	12 140	4 140	17 139 600
10 580	— 1 420	2 016 400	5 820	— 2 180	4 752 400
14 630	2 630	6 916 900	15 610	7 610	57 912 100
13 990	1 990	3 960 100	12 400	4 400	19 360 000
10 620	— 1 380	1 904 400	8 390	390	152 100
6 290	— 5 710	32 604 100	12 530	4 530	20 520 900
11 550	— 450	202 500	7 650	— 350	122 500
8 940	— 3 060	9 363 600	8 060	60	3 600
17 770	5 770	33 292 900	3 790	— 4 210	17 724 100
16 240	4 240	17 977 600	8 200	200	40 000
11 070	— 930	864 900	8 860	860	739 600
19 360	7 360	54 169 600	7 610	— 390	152 100
12 980	980	960 400	6 810	— 1 190	1 416 100
10 770	— 1 230	1 512 900	8 480	480	230 400
14 970	2 970	8 820 900			
15 100	3 100	9 610 000			
14 970	2 970	8 820 900			
20 280	8 280	68 558 400			
16 260	4 260	18 147 600			
570 700	148 320	756 340 800	341 050	124 450	555 704 100

N, M, δ, μ, V : 46 12 407 3 229 $\pm 4\,034$ $\pm 32{,}5$, 41 8 318 3 030 $\pm 3\,668$ $\pm 44{,}1$,

$D = M_I - M_{II} = 4089$ $\mu_{I-II} = \pm \sqrt{4034^2 + 3668^2} = \pm 5453$ $V_{I-II} = \pm 133$,

$\mu_D = \pm \sqrt{4034^2 : 46 + 3668^2 : 41} = \pm 826$ $V_D = \pm 20{,}2$,

$M_{I:II} = 12407 : 8318\,(1 + 3668^2 : 8318^2) = 1{,}78$,

$\mu_{I:II} = \pm \sqrt{(12407 : 8318)^2 \times (4034^2 : 12407^2 + 3668^2 : 8318^2)} = \pm 0{,}82$ $V_{I:II} = \pm 46{,}1$.

erläutert werden. Für das erste der beiden Beispiele ist die Summe aller Abweichungen bezüglich U 148320.

Es ist $U < M$, und es sind 23 der $(E - U)$ negativ oder 0, und 22 der $(E - U)$ sind positiv und gleichzeitig größer als $(M - U)$. Mithin ist die Summe aller d_v gegenüber der Summe aller d_M 23mal um den Betrag $(M - U)$ zu klein und 22mal um denselben Betrag zu groß, im ganzen als um 1 mal $(M - U)$ zu klein. Es muß $\Sigma|d_v| = 148320$ um $(M - U) = 407$ vergrößert werden. Es ist nun noch eine positive Abweichung vorhanden, die kleiner als $(M - U)$ ist, es ist dies mit 300 der zehnte d_v-Wert. Für die Rechnung bezüglich M ist $d_v = 300$ zu ersetzen durch $d_M = (E_{10} - M) = -107$, so daß die Rechnung mit d_v eine um $300 - 107 = 193$ zu große Abweichungssumme gibt, weshalb die $\Sigma|d_v|$ um 193 verkleinert werden muß. Mithin ergibt sich $\Sigma|d_M| = 148320 + 407 - 193 = 148534$. Der Nte Teil ist $\delta = 3229$. Für die Reihe II erhält man durch entsprechende Überlegungen $\Sigma|d_M| = \Sigma|d_v| - 318 + 198 - 82 = 124248$.

Als weiteres Mittel, die Streuung einer Reihe von Einzelwerten quantitativ zu kennzeichnen, das heute jedoch seltener zur praktischen Anwendung gelangt, kann die Bestimmung der Quartile genannt werden. Es wurde bereits der Zentralwert C als zur Charakterisierung einer Verteilung dienlich eingeführt. In entsprechender Weise läßt sich ein Argumentwert q_1 eines Kollektivs ermitteln, unter dem $\frac{1}{4}$, und über dem $\frac{3}{4}$ aller Kollektivglieder liegen. Die Herleitung dieses Wertes geht analog der Festlegung des Wertes C vor sich. Man bildet somit nach der Verteilungstafel die Summe der Häufigkeiten, aber nur bis zu dem Argumentwert, bei dem die Häufigkeitssumme möglichst nahe unterhalb $\frac{N}{4}$ liegt; man bestimmt die Differenz der Häufigkeitssumme gegen $\frac{N}{4}$ und teilt das folgende Argumentintervall in dem Verhältnis, das die Differenz der Häufigkeitssumme gegen $\frac{N}{4}$ zur Häufigkeit der folgenden Klasse angibt. Bestimmt man nun noch in analoger Weise einen Argumentwert q_3, welcher den Kollektivumfang im Verhältnis 3:1 teilt, so wird durch die 3 Quartile q_1, $q_2 = C$ und q_3 das ganze Kollektiv in vier Teile der gleichen Häufigkeit $\frac{N}{4}$ gespalten.

Es sind nun bei völliger Symmetrie einer Verteilung die Argumentwert-Intervalle $C - q_1$ und $q_3 - C$ gleich, es gilt

$$C - q_1 = q_3 - C.$$

Weiterhin ergibt sich allerdings nicht als Gesetz aber als Regel, daß bei linksseitiger Asymmetrie

$$C - q_1 < q_3 - C$$

ist, und daß bei rechtsseitiger Asymmetrie umgekehrt

$$C - q_1 > q_3 - C$$

ist. Für alle Fälle aber dient als einheitliches Maß der Streuung

$$q = 0{,}5\,((C - q_1) + (q_3 - C)) = 0{,}5\,(q_3 - q_1).$$

Dieser Wert q heißt schlechtweg das Quartil einer Verteilung. Er legt ein zentrales Intervall fest, in dem sich $\frac{1}{4}$ aller Kollektivglieder befinden, und je größer q ist, um so größer wird im allgemeinen die Streuung einer Materie sein. Das Streuungsmaß q bezieht sich im Gegensatz zu der mittleren Abweichung μ und der durchschnittlichen Abweichung δ, welche bezüglich des Mittelwertes M angegeben werden, in der Regel auf keinen ausgezeichneten Argumentwert. Was sodann für unstetige Argumentwerte bezüglich des Zentralwertes als dem zweiten oder mittleren Quartil ausgeführt wurde, gilt in derselben Weise natürlich auch für die übrigen Quartile.

Lediglich bei symmetrischen Verteilungen bezieht sich q auf den Zentralwert, und es liegen dann in dem Intervall $\pm\, q$ um C (bzw. um M) die Hälfte der Kollektivglieder. Man nennt in dieser Hinsicht q auch die wahrscheinliche Abweichung, da es »ebensogut« möglich ist, d. h. da es ebenso wahrscheinlich ist, daß ein beliebig herausgegriffenes Kollektivglied einen Argumentwert in dem Intervall $C - q$ bis $C + q$ hat, wie daß sein Argumentwert unter oder über diesem Intervall liegt. Es besteht mit anderen Worten die Wahrscheinlichkeit 0,5 dafür, daß der Argumentwert eines beliebigen Gliedes in das Intervall $\pm\, q$ um M fällt. Es gilt sodann für die Gaußsche Verteilung rd. $q = \frac{2\mu}{3}$ und $q = \frac{5\delta}{6}$. Die Zahlentafeln 20 und 21 geben Beispiele zur Quartilbestimmung.

Es möge noch ein logarithmisches Streuungsmaß kurz erwähnt sein, der sog. Geißsche Gleichförmigkeitsfaktor, dessen Anwendung in der Praxis der Glühlampenfabrikation geübt wird[1]). Bezeichnet man dieses Streuungsmaß mit s, so ist $\log s$ das negative Mittel aus allen Differenzen der Einzelwertlogarithmen und des Logarithmus des Mittelwertes. Es gilt

$$\log s = -\,[\,|\log E_1 - \log M| + |\log E_2 - \log M| + \ldots |\log E_N - \log M|\,] : N,$$

wobei die logarithmischen Differenzen mit ihren absoluten Werten zu nehmen sind. Der Geißsche Gleichförmigkeitsfaktor ist also eine Art durchschnittliche Abweichung, aber nicht mit den Numeri, den Argumentwerten, sondern mit deren Logarithmen gerechnet. Ist die Streuung 0, ist also $E_1 = E_2 = \ldots E_N = M$, so wird $s = 1$; in allen Fällen, in denen eine Streuung vorhanden ist, wird s stets kleiner als 1.

---

[1]) R. Becker, H. Plaut und I. Runge, »Anwendungen der mathematischen Statistik auf Probleme der Massenfabrikation«.

117. Es sei nun noch etwas näher auf die Beziehungen eingegangen, welche zwischen der mittleren, durchschnittlichen und wahrscheinlichen Abweichung einer Gaußschen Verteilung bestehen. Es ist für eine symmetrische Zufallsverteilung die durchschnittliche Abweichung δ rd. $\frac{4\mu}{5}$, genau ist $\delta = \mu\sqrt{\frac{2}{\pi}} = 0{,}79788\,\mu$. Es gilt ferner, daß die wahrscheinliche Abweichung rd. $\frac{2\mu}{3}$, genau gleich $0{,}67449\,\mu$ ist. Dieser letztere Wert läßt sich (mit etwas geringerer Genauigkeit) nach Zahlentafel 14 ermitteln. Da q für symmetrische Verteilungen das Intervall um M festlegt, in welches die Hälfte der Kollektivglieder fällt, also das Intervall der Wahrscheinlichkeit 0,5, so bestimmt man nach Zahlentafel 14 zu dem Wert $\Phi = 0{,}5000$ den Wert $\frac{x}{\mu}$. Man findet durch lineare Interpolation $\frac{x}{\mu} = 0{,}67 + 0{,}01 \times \frac{28}{62} = 0{,}6745$. Es ist also x, das Intervall mit der Wahrscheinlichkeit $q = 0{,}5$, gleich $0{,}6745\,\mu$.

Es gilt nun angenähert

$$q:\delta:\mu = 10:12:15 \text{ oder } 6\,q = 5\,\delta = 4\,\mu,$$

und es gilt für ideale Gaußsche Verteilungen exakt

$$q:\delta:\mu = 0{,}4769 : \frac{1}{\sqrt{\pi}} : \frac{1}{\sqrt{2}} \text{ bzw. } \frac{q}{0{,}4769} = \frac{\delta}{\sqrt{\pi}} = \frac{\mu}{\sqrt{2}}.$$

Liegt also eine empirische Verteilung vor, welche sich einer Gaußschen Verteilung annähert, so genügt es, das Kollektiv nach einem der 3 Streuungsmaße auszuwerten, und man kann aus diesem empirischen Wert die übrigen Streuungsmaße theoretisch ableiten. Will man umgekehrt eine Verteilung darauf überprüfen, ob sie Zufallscharakter im Sinne einer Gaußschen Verteilung besitzt, so bestimmt man μ als $\sqrt{\frac{1}{N}\Sigma\,(E-M)^2}$ bzw. nach dem klassifizierten Kollektiv als $\sqrt{\frac{1}{N}\Sigma\, z\, d^2}$, bestimmt weiter δ als $\frac{1}{N}\,\Sigma\,|E-M|$ und q als $0{,}5\,(q_3 - q_1)$ und untersucht, ob die 3 Streuungswerte ungefähr in dem theoretischen Verhältnis stehen, das diesen Streuungsmaßen für Gaußsche Verteilungen zukommt. Man kann auch nach einem empirisch festgelegten Streuungswert den Wert eines anderen Streuungsmaßes für den Fall einer Gaußschen Verteilung berechnen und mit dem entsprechenden empirischen Streuungswert vergleichen. Ist ungefähr

$$(\Sigma|E-M|):N = \frac{4}{5}\sqrt{\frac{\Sigma\,(E-M)^2}{N}}$$

oder

$$0{,}5\,(q_3 - q_1) = \frac{2}{3}\sqrt{\frac{\Sigma\,(E - M)^2}{N}}$$

oder

$$0{,}5\,(q_3 - q_1) = \frac{5}{6}\,(\Sigma\,|E - M|) : N,$$

so ist die empirische Verteilung von der Art einer symmetrischen Zufallsverteilung. Ebenso kann man z. B. q theoretisch aus dem empirischen Wert für δ oder μ herleiten, und kann dann das Kollektiv überprüfen, ob die Hälfte seiner Glieder in das Intervall $M \pm q$ fällt oder nicht.

Es folgt unmittelbar aus dem Vorhergehenden, daß das doppelte Produkt aus der Zahl N der Kollektivglieder und der Summe der Abweichungsquadrate der Einzelwerte bezüglich des Mittelwertes dividiert durch das Quadrat der Summe der einfachen Abweichungen der Einzelwerte bezüglich des Mittelwertes gleich der Ludolphschen Zahl $\pi = 3{,}1415926$ ist. Es gilt in Formeln

$$2\,N \times \Sigma\,(M - E)^2 : (\Sigma\,|M - E|)^2 = \pi$$

oder

$$\frac{2\,\mu^2}{\delta^2} = \pi.$$

In dem Verhältnis $\frac{2\,\mu^2}{\delta^2}$ hat man mithin ein weiteres Kriterium für die Entscheidung der Frage, ob eine Verteilung durch das Gaußsche Exponentialgesetz darstellbar ist oder nicht. Die Differenz zwischen dem Wert für $\frac{2\,\mu^2}{\delta^2}$ eines Kollektivs und $\pi = 3{,}14$ kann als ungefähres Maß der Abweichung einer Verteilung von einer einfachen Gaußschen Verteilung dienen.

Den genauen Wert π wird naturgemäß das erwähnte doppelte quadratische Verhältnis $\frac{\mu}{\delta}$ für empirische Kollektive nie ergeben; man findet vielmehr mit zufälligen Abweichungen behaftete »π-Werte«[1]). Hat man über eine Materie z. B. N Kollektive mit je n Gliedern, so läßt sich für jedes Kollektiv der Wert $\frac{2\,\mu^2}{\delta^2} = 2\,n\,\Sigma\,(M - E)^2 : (\Sigma|\,M - E\,|)^2$ herleiten. Man erhält dadurch eine Reihe von N Werten $\frac{2\,\mu^2}{\delta^2}$, und die Verteilung dieser Werte muß, wenn ihre Abweichungen von π nur zufällige sind, selbst wieder eine durch das Exponentialgesetz darstellbare symmetrische Zufallsverteilung ergeben. Der Mittelwert der N Werte

[1]) Der genaue Wert π ist die mathematische Erwartung für $\frac{2\mu^2}{\delta^2}$. Vgl. Art. 101.

$\frac{2\mu^2}{\delta^2}$ muß dem wahren Wert π sehr nahe liegen, es müssen ungefähr $\frac{N}{2}$ der $\frac{2\mu^2}{\delta^2}$-Werte unter 3,14 und ebenso viele über 3,14 liegen, in das Intervall der wahrscheinlichen Abweichung

$$q = \pm\frac{2}{3}\sqrt{\Sigma\left(3{,}14 - \frac{2\mu^2}{\delta^2}\right)^2 : N}$$

beiderseits um π müssen $\frac{N}{2}$ der $\frac{2\mu^2}{\delta^2}$-Werte fallen, und die Streuungen μ und δ des Kollektivs der N Werte $\frac{2\mu^2}{\delta^2}$ müssen selbst wieder als doppeltes quadratisches Verhältnis genommen den Wert π ergeben.

Es ist interessant, daß man auf Grund der Beziehung $\frac{2\mu^2}{\delta^2} = \pi$ die Ludolphsche Zahl π empirisch ermitteln kann. Man führt eine große Reihe von N Versuchen aus, und zwar über eine ausgesprochene Zufallsmaterie, für welche die Wahrscheinlichkeit des Eintreffens eines bestimmten Ereignisses gleich der Wahrscheinlichkeit des Ausbleibens dieses Ereignisses, gleich 0,5 ist. Jeder der N Versuche besteht darin, daß man Z mal aus je n Einzelversuchen die Zahl a' der Treffer feststellt. Jede der Z Serien eines Versuchs ergibt die empirische Wahrscheinlichkeit des bestimmten Ereignisses zu $\frac{a'}{n}$, und die Z Wahrscheinlichkeitsbrüche $\frac{a'}{n}$ eines Versuches bilden ein Kollektiv, das zur Festlegung eines Wertes $\frac{2\mu^2}{\delta^2}$ führt. Aus den N Werten für $\frac{2\mu^2}{\delta^2}$ aller N Versuche ist der Mittelwert herzuleiten, der mit wachsender Anzahl der Versuche dem Wert π näher kommt[1]).

[1]) Es möge des Interesses halber noch eine zweite Methode zur empirischen Herleitung der Zahl π erwähnt sein, welche ebenfalls in den Rahmen der Wahrscheinlichkeitsrechnung fällt. Es ist dies die Lösung des Buffonschen Nadelproblems. Wirft man auf ein ebenes Gitter von Parallelen mit dem Abstand d eine dünne Nadel von der Länge l, wobei $l < d$ sein muß, und rechnet man bei einer größeren Zahl solcher Würfe diejenigen als Erfolge, bei denen die Nadel eine der äquidistanten Parallelen schneidet, so gilt, wenn p die Wahrscheinlichkeit des als Erfolg gewerteten Ereignisses bedeutet,

$$p = 2\,l : d\,\pi$$

oder

$$\pi = 2\,l : d\,p.$$

R. Wolf führte die Versuche aus, und er fand für $l = 36$ mm und $d = 45$ mm bei $N = 5000$ Versuchen als Erfolgswahrscheinlichkeit $p = 0{,}5064$. Berechnet man nach diesen Daten π, so ergibt sich 3,16. Auch in diesem Fall ist $\pi = 3{,}141\ldots$ der charakteristische Grundwert, die mathematische Erwartung der Größe $2\,l{:}dp$.

Für die Beurteilung von Kollektiven ist es zweckmäßig, stets nur mit ein und demselben Streuungsmaß zu operieren — abgesehen von Beurteilungen des Charakters einer Verteilung auf Grund der Größenverhältnisse verschiedener Streuungswerte. Und zwar kommt der mittleren Abweichung die größte und allgemeinste Bedeutung unter den Streuungsmaßen zu. Daneben mag für Sonderzwecke die durchschnittliche Abweichung herangezogen werden. Die wahrscheinliche Abweichung hat zwar den Vorteil großer Anschaulichkeit, indem sie das Intervall um den mit dem Zentralwert bei symmetrischen Verteilungen identischen Mittelwert festlegt, in dem die Hälfte der Glieder eines Kollektivs liegt, im übrigen gehört aber, wie Bruns bereits 1905 vielleicht etwas übertrieben feststellte[1]), die wahrscheinliche Abweichung in die Sammlung »historischer Altertümer«. Nun noch einige Beispiele zu den letzten Ausführungen über die Beziehungen zwischen verschiedenen Streuungsmaßen und ihrer Auswertung zur Feststellung des zufälligen Charakters einer symmetrischen Verteilung. Es möge das in Zahlentafel 11 aufgeführte Beispiel über die Wahrscheinlichkeiten einer hohen Dehnung für verschiedene Glühungen dazu dienen.

Der Mittelwert dieser 288 Wahrschəinlichkeitswerte beträgt 0,64. Man errechnet die durchschnittliche Abweichung $\delta = 0{,}16$ und das mittlere Abweichungsquadrat $\mu^2 = 0{,}0363$ bzw. die mittlere Abweichung $\mu = \pm\, 0{,}19$. Bildet man das Verhältnis $\frac{\delta}{\mu}$, so ergibt sich mit 0,84 ein größerer Wert als für eine Gaußsche Verteilung. Dementsprechend bleibt das Verhältnis $\left(\frac{\mu}{\delta}\right)^2$ unter $\frac{\pi}{2}$. Es ist $\frac{2\,\mu^2}{\delta^2} = 2{,}84$ statt 3,14. Die Schwankungen können also wohl, wie in Artikel 27 durch Stellenauswahl festgestellt wurde, in ihrer Aufeinanderfolge als zufällig-regellos angesprochen werden, aber die Verteilung der verschiedenen Schwankungsgrade ist keine solche, wie sie einer Gaußschen Verteilung zukommt.

Die Errechnung der Streuung der 18 Monatsmittel ergibt $\mu^2 = 0{,}00415$, $\mu = \pm\, 0{,}0644$, $\delta = 0{,}0472$. Das Verhältnis $\frac{\delta}{\mu}$ nimmt den Wert 0,73 statt rd. 0,8 an, und $2\left(\frac{\mu}{\delta}\right)^2$ ist 3,72 statt 3,14. Es sind mithin auch die monatlichen Schwankungen der Wahrscheinlichkeit der hohen Dehnung nicht allein auf zufällige Ursachen zurückzuführen. Bestimmt man noch z. B. die wahrscheinliche Abweichung nach der Methode der kleinsten Quadrate, also über die mittlere Abweichung, so findet man $q = 0{,}6745\,\mu = 0{,}043$. Es liegen nun in dem Intervall $(0{,}64 \pm 0{,}04)$ 10 Glieder von 18; aber es liegen von den 18 Gliedern 6 unterhalb des genauen Mittels 0,636 und 12 über diesem Wert.

---

[1]) H. Bruns, »Wahrscheinlichkeitsrechnung und Kollektivmaßlehre«, 1905, S. 123.

Man kann für jedes Monatskollektiv die Streuung seiner 16 Einzelwerte bestimmen. Man erhält:

$$\mu^2 = 0{,}0344,\ 0{,}0158,\ 0{,}0335,\ 0{,}0201,\ 0{,}0309,\ 0{,}0416,\ 0{,}0311,\ 0{,}0318,\ 0{,}0250,\ 0{,}0372,\ 0{,}0244,\ 0{,}0501,\ 0{,}047,\ 0{,}0354,\ 0{,}036,\ 0{,}0224,\ 0{,}0386,\ 0{,}0229;$$

$$\delta = 0{,}161,\ 0{,}106,\ 0{,}165,\ 0{,}107,\ 0{,}141,\ 0{,}161,\ 0{,}146,\ 0{,}132,\ 0{,}115,\ 0{,}167,\ 0{,}126,\ 0{,}201,\ 0{,}176,\ 0{,}155,\ 0{,}161,\ 0{,}138,\ 0{,}166,\ 0{,}128;$$

$$\frac{2\mu^2}{\delta^2} = 2{,}66,\ 2{,}82,\ 2{,}46,\ 3{,}51,\ 3{,}11,\ 3{,}21,\ 2{,}92,\ 3{,}65,\ 3{,}79,\ 2{,}67,\ 3{,}07,\ 2{,}48,\ 3{,}03,\ 2{,}95,\ 2{,}78,\ 2{,}38,\ 2{,}8,\ 2{,}79.$$

Man stellt fest, daß die Werte $\frac{2\mu^2}{\delta^2}$ allesamt mehr oder weniger von 3,14 abweichen. Sind nun diese Abweichungen nur zufälliger Art oder sind dieselben besonders verursacht? Zur Beantwortung dieser Frage faßt man die 18 Werte $\frac{2\mu^2}{\delta^2}$ selbst wieder als Kollektivreihe auf. Man bestimmt den Mittelwert und findet mit 2,95 einen deutlich von 3,14 abweichenden Wert, so daß die einzelnen Werte $\frac{2\mu^2}{\delta^2}$ nicht symmetrisch zu $M = 3{,}14$ verteilt sein können. Es liegen auch von den 18 Werten 14 unterhalb 3,14 und nur 4 über 3,14. Die Streuung der 18 $\left(\frac{2\mu^2}{\delta^2}\right)$-Werte bezüglich $\pi = 3{,}14$ beträgt $\mu^2 = 0{,}185$, $\mu = \pm\, 0{,}43$, $\delta = 0{,}369$. Man bestimmt hieraus für die Reihe der $\left(\frac{2\mu^2}{\delta^2}\right)$-Werte den Wert $\frac{2\mu^2}{\delta^2}$ zu 2,72 statt 3,14, woraus ebenfalls folgt, daß die Verteilung der empirischen »π-Werte« keine symmetrisch-zufällige ist. Man kann noch die wahrscheinliche Abweichung als $0{,}6745\,\mu$ zu 0,29 bestimmen und untersuchen, wie viele der $\frac{2\mu^2}{\delta^2}$-Werte in dem Intervall $3{,}14 \pm 0{,}29$, also zwischen 3,43 und 2,85 liegen. Man zählt nur 6 Fälle von den 18, so daß das Intervall der wahrscheinlichen Abweichung nur 33% aller Fälle enthält statt 50%, wie es für eine Gaußsche Verteilung der Fall sein müßte. Man stellt fest: weder das Kollektiv als Ganzes, noch die einzelnen monatlichen Kollektive, noch die Monatsgruppen im Vergleich unter sich zeigen bezüglich ihrer Schwankungen die Gesetzmäßigkeiten einer Gaußschen Verteilung.

Es wurde bereits festgehalten, daß man anstatt mit Wahrscheinlichkeiten auch mit einfachen Funktionen solcher Wahrscheinlichkeiten rechnen kann[1]). Es läßt sich also in dem vorliegenden Fall z. B. feststellen, wieviel Ringe hoher Dehnung auf je 100 Ringe geringer Dehnung entfallen, was eine Rechnung mit dem Verhältnis $\frac{100\,p}{q}$ bedeutet. Bestimmt

[1]) Vg. Art. 28.

man für die 18 Monate für jeden Monat das Verhältnis $\frac{100\,p}{q}$, so ergeben sich folgende 18 Argumentwerte (Ringanzahlen):

150, 223, 92, 113, 245, 270, 203, 186, 178, 156, 223, 186, 257, 122, 178, 156, 178, 178.

Die Auswertung dieser Kollektivreihe ergibt $M = 183$, $\mu^2 = 2235{,}33$, $\mu = \pm\, 47{,}3$ und $\delta = 36{,}6$. Berechnet man wieder $2\left(\frac{\mu}{\delta}\right)^2$, so ergibt sich 3,34 statt 3,14.

Sowohl die durchschnittliche Abweichung δ als auch die über μ^2 errechnete mittlere Abweichung berücksichtigen lediglich die absoluten Werte der Abweichungen einer Kollektivreihe. Zur Untersuchung einer Reihe auf ihren Zufallscharakter gehört daher noch die gesonderte Überprüfung der Verteilung der Abweichungsrichtungen, der Vorzeichen der Abweichungen. Es wurde bereits erwähnt, daß bei Gaußscher Verteilung (innerhalb gewisser Schwankungsgrenzen) die Anzahl der positiven Abweichungen gleich der Anzahl der negativen Abweichungen gleich $\frac{N}{2}$ ist. Bildet man die Differenz aus der Anzahl der positiven und der Anzahl der negativen Abweichungen, so ist im Idealfall diese Vorzeichensumme S bei geradem N 0 und bei ungeradem $N \pm 1$. Zählt man aus, wie oft in einer Reihe einander gleichsinnige Abweichungen folgen, wie oft also auf eine positive Abweichung wieder eine positive und auf eine negative Abweichung wieder eine negative folgt, und außerdem wie oft eine Abweichungsrichtung mit der entgegengesetzten wechselt, so gilt für eine ideale Gaußsche Verteilung, daß die Anzahl f der Folgen gleicher Abweichungsrichtungen gleich der Anzahl w der Wechsel der Abweichungsrichtungen ist. Es ist der wahrscheinlichste Wert der Differenz $(f - w) = 0$. Abweichungen 0 (für Einzelwerte, die gleich dem Mittel sind) werden hierbei nicht mitgezählt und einfach ignoriert.

Für das Beispiel der Zahlentafel 1 bestimmt man z. B. $S = 156 - 144 = 12$ und $(f - w) = 150 - 149 = 1$; für die Reihe der Zahlentafel 11 ergibt sich $S = 158 - 130 = 28$ und $(f - w) = 165 - 122 = 43$.

Ordnet man insbesondere irgendeine Kollektivreihe nach einem veränderlichen Einfluß, der vermutlich die Ursache systematischer Änderungen der untersuchten Eigenschaft bilden könnte, so läßt sich aus dem Ergebnis der Überprüfung der geordneten Reihe nach der Methode der Vorzeichenfolgen und -wechsel der Abweichungen beurteilen, ob der Einfluß ein systematischer, realer oder nur ein zufälliger ist. Auf die Streuungsverhältnisse der in diesem und dem vorhergehenden Artikel diskutierten Größen und damit auf die Frage, wann eine Abweichung zwischen dem wirklichen Wert einer derartigen Größe und ihrem idealen, wahrscheinlichsten Wert, ihrem Erwartungswert, als zufällig und wann als real zu gelten hat, wird an späterer Stelle einzugehen sein[1]).

118. In der Fehlertheorie, in welcher an die Stelle verschiedener realer Einzelwerte eine Reihe verschiedener Meßergebnisse über dieselbe konstante Größe treten, spricht man statt von Streuung von Fehlern, und zwar entsprechen den behandelten Streuungsmaßen der Kollektivmaßlehre in der Fehlertheorie die Fehlermaße, welche man als mittleren, durchschnittlichen und wahrscheinlichen Fehler bezeichnet. Die Bedeutung und Bestimmung dieser Fehlermaße ist dieselbe wie die der entsprechenden Streuungsmaße. Ein Unterschied besteht aber: in der Kollektivmaßlehre bezieht man, symmetrische Verteilung vorausgesetzt, die Abweichungen der einzelnen wirklichen Argumentwerte auf den Mittelwert, in der Fehlertheorie bezieht man dagegen das Fehlermaß auf den wirklichen Wert der beobachteten Größe, dem der Mittelwert aus den verschiedenen Meßergebnissen nur beliebig nahekommt. Auf Grund der Ausgleichungsrechnung trägt man dieser Tatsache dadurch Rechnung, daß man statt mit dem Kollektivumfang N mit dem um 1 verminderten Kollektivumfang $N - 1$ operiert. Es ist somit der mittlere Fehler einer Reihe von N Beobachtungen

$$\mu_f = \sqrt{\frac{\Sigma (E - M)^2}{N - 1}},$$

und es ist der wahrscheinliche Fehler

$$q_f = 0{,}4769 \sqrt{2}\, \mu_f = 0{,}6745\, \mu_f,$$

und der durchschnittliche Fehler wird bestimmt als

$$\delta_f = 0{,}7979\, \mu_f,$$

bzw. direkt als

$$\delta_f = \frac{\Sigma | E - M |}{\sqrt{N (N - 1)}}.$$

In der Kollektivmaßlehre hat das Rechnen mit dem um 1 verminderten Kollektivumfang keine Berechtigung, und es bedeutet erst recht keine Verschärfung der Rechnung sondern einen Fehler, da es sich bei Kollektiven über Materien mit realen veränderlichen Einzelwerten nicht um einen wahren Wert handelt, da vielmehr jeder Einzelwert (abgesehen von seinen Meßfehlern, mit denen auch die verschiedenen Einzelwerte einer veränderlichen Größe behaftet sind) einen wahren Wert eines Individuums darstellt. Für die Praxis ist, wie man wohl einsieht, der Unterschied zwischen z. B. μ und μ_f, also zwischen der mit N und der mit $N - 1$ ermittelten Größe, nicht von Bedeutung, und er verschwindet

[1]) Vgl. Art. 125 sowie Art. 120.

um so mehr, je größer N ist. Auch in der Fehlertheorie rechnet man mit N und nicht mit $N-1$ stets dann, wenn man den wahren Wert W einer Größe kennt, und nur in den Fällen, in denen man W nicht kennt, und in denen man daher das Mittel M als den wahrscheinlichsten Wert für W statt W nehmen muß, hat man mit $N-1$ zu rechnen. Lassen sich somit die wahren Fehler $d = E - W$ einer Reihe von Einzelbeobachtungen ermitteln, so ist $\mu_f^2 = (\Sigma d^2) : N$ und $\delta_f = (\Sigma |d|) : N$; kann man lediglich die scheinbaren Fehler $v = E - M$ festlegen, so gilt $\mu_f^2 = (\Sigma v^2) : (N-1)$ und $\delta_f = (\Sigma |v|) : \sqrt{N(N-1)}$. Es verhalten sich demnach im Durchschnitt die wahren Fehler d zu den scheinbaren Fehlern v wie $\sqrt{N : (N-1)}$. Sind die wahren Fehler d einer Beobachtungsreihe durch eine Gaußsche Verteilungskurve mit der Streuung μ_f darstellbar, so unterliegen nach Czuber die scheinbaren Fehler v gleichfalls dem Gaußschen Gesetz, ergeben aber eine Verteilung mit der Streuung $\mu_f \sqrt{(N-1) : N}$. Fügen sich die scheinbaren Fehler dem Gaußschen Gesetze nicht, so zeigen die wirklichen Fehler eine noch stärkere Abweichung von einer Gaußschen Verteilung.

In der Fehlertheorie geben die Werte μ_f, δ_f oder q_f die Größe der Fehler einer Reihe von Messungen an. Je größer das Fehlermaß einer solchen Reihe ist, um so kleiner ist offenbar die Genauigkeit der gemessenen Größe. Um diesen Genauigkeitsgrad direkt quantitativ festzulegen, benutzt man in der Fehlertheorie ein besonderes Maß, die Präzision h, welche dem Fehler umgekehrt proportional ist. Es gilt

$$h_f = \sqrt{(N-1) : 2\,\Sigma (E-M)^2} = \frac{1}{\mu_f \sqrt{2}} = \frac{1}{\delta_f \sqrt{\pi}} = \frac{0{,}4769}{q_f}.$$

Man kann das Maß h auch zur Beschreibung der Materien der Kollektivmaßlehre verwenden, hat dann aber so wenig wie von einem mittleren oder durchschnittlichen Fehler von Präzision oder Genauigkeit zu reden, sondern man hat in h ein Maß der Beständigkeit, der Konstanz, der Homogenität einer Materie zu erblicken, wogegen die Streuung das direkte Maß der Unbeständigkeit, der Veränderlichkeit, der Variabilität einer Materie bildet. Unter Berücksichtigung dieser formalen Unterschiede gilt dann in der Kollektivmaßlehre

$$h = 0{,}47694 \times 2 : (q_3 - q_1) = N : \sqrt{\pi}\,\Sigma |E - M| = \sqrt{N : 2\,\Sigma (E-M)^2}$$

oder

$$h^2 = (0{,}47694)^2 : q^2 = 1 : \pi \delta^2 = 1 : 2\mu^2.$$

Diese Beziehungen gelten wieder nur für Gaußsche Verteilungen, wogegen für andere Verteilungen die den 3 Streuungsmaßen entsprechenden Beständigkeitswerte h differieren, damit wieder den »Nicht-Gaußschen« Charakter einer Verteilung dokumentierend. Es ist klar, daß h nicht mehr über ein Kollektiv aussagt als die Streuung, da beide ja durch einfache mathematische Operationen auseinander hervorgehen. Bestimmt μ die Breite einer Gaußschen Verteilungskurve, indem es den Abstand der beiden Wendepunkte der Kurve von der maximalen Ordinate festlegt, so legt h die Höhe einer Gaußschen Verteilung fest. Es ist die maximale Ordinate $\frac{h}{\sqrt{\pi}}$ proportional, es ist $z_m = \frac{N h}{\sqrt{\pi}}$.

Eine besondere Bedeutung auch für die Materien der Kollektivmaßlehre besitzt der Fehler, der durch Abrunden gemacht wird. Ganz exakte Messungen lassen sich ja nie ausführen, weshalb stets die letzte Dezimalstelle des Wertes einer Größe zu klein oder zu groß ist als Folge ihrer Ab- bzw. Aufrundung auf Grund der geschätzten folgenden Dezimalstelle. Es mißt der mittlere Abrundungsfehler in Einheiten der letzten Dezimalstelle einer Messung

$$\mu_r = \pm 1 : \sqrt{12} = \pm 0{,}29.$$

Mißt man beispielsweise Dehnungen auf 0,5 % genau, so beträgt für eine Reihe von Dehnungsbestimmungen der mittlere Abrundungsfehler $\mu_r = \pm 0{,}29 \times 0{,}5\,\%$ oder rund $\pm 0{,}15\,\%$. Zu beachten ist, daß das Abrundungsintervall höchstens das Doppelte des anderweitigen mittleren Beobachtungsfehlers bzw. in der Kollektivmaßlehre der mittleren Abweichung betragen soll.

Hat man über eine Größe mehrere z. B. Z Beobachtungen verschiedener Genauigkeit vorliegen, so kommen den einzelnen Beobachtungen verschiedene Gewichte zu. Bilden die Beobachtungen Mittel aus gleich genauen Einzelmessungen aber aus Teilkollektiven verschiedener Umfänge n, so sind die Gewichte der verschiedenen Beobachtungen direkt n proportional. Besitzen dagegen die einzelnen Messungen, die zu den Mitteln verschiedener Beobachtungen führen, bei gleichen Umfängen der Beobachtungsserien verschiedene Zuverlässigkeit, so sind die Gewichte der einzelnen Beobachtungsmittel μ^2 indirekt bzw. h^2 direkt proportional, wenn μ und h den mittleren Fehler bzw. die Präzision einer Beobachtungsserie bedeuten.

Derartige verschieden präzise Messungsreihen wertet man nun nach der Ausgleichungsrechnung folgendermaßen aus. Man legt einer beliebigen Beobachtung bzw. ihrem Mittel das Gewicht $p = 1$ bei. Es ergeben sich dann die Gewichte der übrigen Beobachtungen nach den Beziehungen

$$p_1 : p_2 : p_3 : \ldots = n_1 : n_2 : n_3 : \ldots,$$
$$p_1 : p_2 : p_3 : \ldots = \ldots : \mu_3^2 : \mu_2^2 : \mu_1^2 = h_1^2 : h_2^2 : h_3^2 : \ldots,$$
$$p_1 : p_2 : p_3 : \ldots = \ldots : (\mu_3^2 : n_3) : (\mu_2^2 : n_2) : (\mu_1^2 : n_1) =$$
$$= \frac{n_1}{\mu_1^2} : \frac{n_2}{\mu_2^2} : \frac{n_3}{\mu_3^2} : \ldots = n_1 h_1^2 : n_2 h_2^2 : n_3 h_3^2 : \ldots$$

Man erhält das Mittel nach der Ausgleichung, das gewogene Mittel aller Beobachtungen, als

$$M_g = (p_1 M_1 + p_2 M_2 + \ldots) : (p_1 + p_2 + \ldots) = \Sigma\, pM : \Sigma\, p.$$

Es hat ein Wert des Gewichts p dieselbe Bedeutung wie p Werte des Gewichtes 1. Der mittlere Fehler nach der Ausgleichung ergibt sich, indem man die Reihe der Abweichungen d der einzelnen M-Werte von M_g bestimmt und die Z Produkte pd^2 bildet. Es ist dann $\sqrt{\Sigma\, pd_2 : (Z-1)}$ der mittlere Fehler einer Beobachtung des Gewichtes $p = 1$ nach der Ausgleichung. Diesen Wert μ_a vergleicht man mit dem mittleren Fehler $\mu_v = (\mu_x : \sqrt{n_x})$ der Beobachtung, welcher das Gewicht $p = 1$ beigelegt wurde, welches μ_v den mittleren Fehler pro Gewichtseinheit vor der Ausgleichung bedeutet. Stimmen μ_v und μ_a (innerhalb ihrer Schwankungsgrenzen) überein, so liegen Beobachtungen mit zufälligen Fehlern vor, wogegen im andern Fall systematische Fehler oder grobe Verstöße zu konstatieren sind. Das Verhältnis der beiden mittleren Fehler μ_v und μ_a vor und nach der Ausgleichung kann als relatives Maß der systematischen Fehler gelten. Auch diese Untersuchungsmethode läßt sich auf das Gebiet der Kollektivmaßlehre übertragen zwecks Überprüfung mehrerer Teilkollektive mit verschiedenen Umfängen oder mit verschiedener Einheitlichkeit, verschiedener Streuung, auf das Vorliegen von systematischen Schwankungen [1]).

119. Hat man ein Kollektiv, bestehend aus N Gliedern oder aus Z Gruppen mit je n Elementen, so ist die Streuung der Einzelwerte des Gesamtkollektivs mit dem Umfang N gegeben als

$$\mu^2 = \frac{\Sigma\,(E - M)^2}{N} = \frac{1}{N}\,\Sigma\, E^2 - M^2.$$

Die Streuung der Einzelwerte irgendeiner der Z Gruppen aus n Gliedern bezüglich des betreffenden Gruppenmittels M_G beträgt

$$\mu_n{}^2 = \Sigma\,(E_G - M_G)^2 : n = \frac{1}{n}\,\Sigma\, E_G{}^2 - M_G{}^2.$$

Man kann den Mittelwert dieser Gruppeneinzelstreuungen aus allen Gruppen bestimmen. Nennt man diesen Mittelwert, gebildet aus den Z Streuungen $\mu_n{}^2$, $\mu_Z{}^2$, so ist

$$\mu_Z{}^2 = \frac{1}{Z}\,\Sigma\,\mu_n{}^2 = \frac{1}{N}\,\Sigma\, E^2 - \frac{1}{Z}\,\Sigma\, M_G{}^2.$$

Bestimmt man die Z Mittelwerte der Z Serien, so beträgt die Streuung dieser Gruppenmittel M_G bezüglich ihres Mittels M (das gleich dem Mittel des Gesamtkollektivs der N Einzelwerte ist)

$$\mu_G{}^2 = \Sigma\,(M_G - M)^2 : Z = \frac{1}{Z}\,\Sigma\, M_G{}^2 - M^2.$$

[1]) Vgl. Handbuch der Physik, Bd. III, sowie die Art. 103, 123 und 125.

Für Gaußsche Verteilungen ergeben sich die durchschnittliche oder die wahrscheinliche Abweichung in jedem Fall auf Grund der diskutierten Beziehungen zwischen μ, δ und q.

Es gilt nun ganz allgemein für jede Art von Verteilung die Gleichung

$$\mu^2 = \mu_Z^2 + \mu_G^2.$$

Im quadratischen Maß ist die Streuung der Einzelwerte eines Kollektivs bezüglich ihres Mittels M gleich der Summe aus dem Mittel der Einzelwertstreuungen aller möglichen Serien (mit beliebiger Gliederzahl n) bezüglich ihrer Serienmittel und der Streuung der Serienmittel bezüglich M.

Die eben angeführte Gleichung gilt wie erwähnt für jede Verteilung. Zeigen nun aber die N Werte einer Kollektivreihe Gaußsche Verteilung, so läßt sich die Verteilung des Kollektivs durch das Exponentialgesetz

$$Np = \frac{N}{\mu\sqrt{2\pi}}\, e^{-\frac{(E-M)^2}{2\mu^2}}$$

bzw. durch das Abweichungsintegral

$$\Phi = \frac{2}{\sqrt{\pi}} \int_0^{\frac{(E-M)}{\mu\sqrt{2}}} e^{-u^2}\, d\, u$$

darstellen. Es lassen sich dann aber auch die Z Mittelwerte von Z ausgesonderten Serien zu n Gliedern durch das Exponentialgesetz bzw. die Φ-Funktion darstellen. Und zwar gilt für diese M_G-Verteilung

$$Zp = \frac{Z}{\mu_G\sqrt{2\pi}}\, e^{-\frac{(M_G-M)^2}{2\mu_G^2}}$$

und

$$\Phi = \frac{2}{\sqrt{\pi}} \int_0^{\frac{(M_G-M)}{\mu_G\sqrt{2}}} e^{-u^2}\, d\, u.$$

Dabei gilt, wenn die Zahl n der Serienglieder im Verhältnis zum Umfang N des ganzen Kollektivs sehr klein ist,

$$\mu^2 = n\,\mu_G^2$$

oder

$$\mu_G = \frac{\mu}{\sqrt{n}}.$$

Die mittlere Abweichung der Gruppenmittel ist gleich der Gesamtstreuung dividiert durch die Wurzel aus dem Serienumfang. Denkt man sich n bereits sehr groß und daher N ganz außerordentlich groß, so werden die einzelnen M_G nicht mehr viel gegen M differieren und die Serienstreuungen werden nahezu gleich der Gesamtstreuung werden, so daß man allgemein die Regel aufstellen kann, daß die mittlere Abweichung eines Mittels gleich der mittleren Abweichung der Einzelwerte dividiert durch die Wurzel aus der Gliederzahl ist. Es gilt

$$\mu_M = \frac{\mu}{\sqrt{N}} = \frac{\sqrt{\Sigma d^2}}{N} \text{ und entsprechend auch } \delta_M = \frac{\delta}{\sqrt{N}} = \frac{\Sigma |d|}{N\sqrt{N}},$$

in der Fehlertheorie

$$\mu_{Mf} = \frac{\mu_f}{\sqrt{N}} = \frac{\sqrt{\Sigma d^2}}{\sqrt{N(N-1)}} \text{ u. entsprechend auch } \delta_{Mf} = \frac{\delta_f}{\sqrt{N}} = \frac{\Sigma |d|}{N\sqrt{N-1}}.$$

Ist N nicht beträchtlich größer als n, so tritt an Stelle der Beziehung $\mu^2 = n\mu_G^2$ die genauere Gleichung

$$\mu^2 = n(N-1)\,\mu_G^2 : (N-n).$$

Betreffs der Darstellbarkeit von Gruppenmitteln durch eine Gaußsche Kurve ist noch festzuhalten, daß die Verteilung von Gruppenmitteln stets besser durch eine Gaußsche Kurve wiederzugeben ist als die Verteilung der Einzelwerte, aus denen die Gruppenmittel hergeleitet sind. Selbst Verteilungen von Einzelwerten, die sich einer Gaußschen Kurve praktisch nicht mehr anpassen lassen, ergeben Gruppenmittel, deren Wiedergabe durch eine Gaußsche Kurve als gut zu bezeichnen ist. Dabei ist die Anpassung von Gruppenmitteln an eine Gaußsche Kurve um so besser, je größer die Seriengliederzahl ist, und je besser bereits die Einzelwerte dem Gaußschen Gesetz folgen. Man kann aus diesem Grund in vielen Fällen über eine Reihe von Mittelwerten einer Materie bestimmtere Aussagen machen als über eine Reihe von Einzelwerten[1]).

Aus den beiden Gleichungen $\mu^2 = \mu_Z^2 + \mu_G^2$ und $\mu^2 = n\mu_G^2$ folgt des weiteren

$$\mu_Z^2 = \frac{1}{Z}\Sigma\mu_n^2 = (n-1)\,\mu_G^2 = \frac{n-1}{n}\,\mu^2$$

bzw. für Fälle, in denen N nicht beträchtlich größer als n ist, und für welche somit die Gleichung

$$\mu^2 = \frac{n(N-1)\,\mu_G^2}{(N-n)}$$

gilt,

$$\mu_Z^2 = \frac{1}{Z}\Sigma\mu_n^2 = \frac{N(n-1)}{N-n}\,\mu_G^2 = \frac{N(n-1)}{n(N-1)}\,\mu^2$$

[1]) Ein Beispiel hierzu findet sich bei Plaut, »Fabrikationskontrolle«, S. 25.

bzw. für Fälle, für welche $N = Z\,n$ ist,

$$\mu_Z^2 = \frac{1}{Z}\,\Sigma\,\mu_n^2 = \frac{Z\,(n-1)}{Z-1}\,\mu_G^2 = \frac{Z\,(n-1)}{N-1}\,\mu^2.$$

In den letzten Formeln bedeutet μ_Z^2 den Mittelwert der Einzelwertstreuungen μ_n^2, welche für Serien zu je n Gliedern zu ermitteln sind. Es ist dabei angenommen, daß das ganze Kollektiv mit N Gliedern in $Z = \frac{N}{n}$ Serien unterteilt wird. Streng genommen müßte man den Wert μ_Z^2 und in entsprechender Weise den Wert μ_G^2 aus allen überhaupt möglichen Gruppen bilden, die durch Kombination von je n Gliedern aus N Elementen hergeleitet werden können. Hat man z. B. $N = 4$ Glieder a, b, c und d, und sollen aus diesen alle möglichen Gruppen mit $n = 2$ gebildet werden, so ergeben sich die 6 Gruppen *ab*, *ac*, *ad*, *bc*, *bd* und *cd*, wogegen die im Vorhergehenden vorausgesetzte Praxis nur zu $\frac{N}{n} = 2$ Gruppen, *ab* und *cd*, führt.

Bezeichnet man die Anzahl der verschiedenen Gruppen, welche sich aus N Gliedern durch Zusammenfassen von je n verschiedenen Gliedern bilden lassen, mit K, so bedeutet nach den Regeln der Kombinatorik K die Anzahl der Kombinationen mit N Elementen zur $n$ten Klasse ohne Wiederholung, und es ist

$$K = \binom{N}{n} = \frac{N!}{n!\,(N-n)!} =$$

$$= \frac{N\,(N-1)\,(N-2)\ldots 3\times 2\times 1}{n\,(n-1)\,(n-2)\ldots 3\times 2\times 1\times (N-n)\,(N-n-1)\,(N-n-2)\ldots 3\times 2\times 1}.$$

Die Zahl der für die seitherigen Überlegungen benutzten Gruppen, welche nicht nur in sich, sondern auch unter sich keine gleichen Glieder zeigen, beträgt dagegen nur $Z = \frac{N}{n}$. Praktisch läßt sich nun die Arbeit einer Bildung von Z Gruppen, der Berechnung ihrer Streuungen μ_n^2 und deren Mittelung zu μ_Z^2 bequem durchführen; dagegen dürfte es bereits bei mäßig großen Werten für N ein äußerst zeitraubendes Beginnen sein, die $K = \binom{N}{n}$ Gruppen entsprechend auszuwerten. Tatsächlich ist diese Arbeit aber auch nicht erforderlich, und man erhält, solange N und Z nicht zu klein sind und vor allem die Gruppierung der Einzelwerte zufällig, frei von jeder Willkür und ohne Auswahl nach besonderen Prinzipien (also nach der Urliste) erfolgt, durch Auswertung von $Z = \frac{N}{n}$ Gruppen, die derart gebildet werden, daß jedes Glied nur einmal in e i n e r Gruppe erscheint, Werte für μ_Z^2, und ebenso für μ_G^2, welche für praktische Zwecke vollauf genügen. Man hat dann, je nachdem Z groß oder klein ist, nach der einen oder anderen der angeführten Beziehungen μ_Z^2 oder μ_G^2 aus μ^2, das selbst empirisch aus dem Kollektiv bestimmt wird, zu errechnen. Anderseits bestimmt man dieselbe Größe empirisch, also μ_Z^2 als $\frac{1}{Z}\,\Sigma\,\mu_n^2$ oder als $\frac{1}{N}\,\Sigma E^2 - \frac{1}{Z}\,\Sigma\,M_G^2$ bzw. μ_G^2 als $\frac{1}{Z}\Sigma\,(M_G - M)^2$ oder als $\frac{1}{Z}\,\Sigma\,M_G^2 - M^2$. Für eine Gaußsche Verteilung ist dann die errechnete Streuung gleich der empirischen Streuung, wogegen eine deutliche Differenz zwischen theoretischer und empirischer Bestimmung dartut, daß keine Verteilung vom Charakter einer Gaußschen Verteilung vorliegt.

Der Ersatz aller Kombinationen K durch die Gruppenzahl $Z = \frac{N}{n}$ bedeutet eine Annäherung, die bei großem N und relativ kleinem n praktischen Zwecken genügt. Ist dabei nun N sehr viel größer als n, dieses n aber selbst auch schon groß, so kann man die Vereinfachung noch weiter treiben, indem man an die Stelle der Z Gruppen nunmehr nur noch eine beliebige Gruppe von n aus dem Kollektiv ausgesonderten Werten setzt. Man bestimmt die Streuung μ_n^2 dieser einen Gruppe; sie kann an Stelle des μ_Z^2 genommen werden. Man kann dann μ^2 als

$$\mu^2 = n\,\mu_n^2 : (n-1) = \Sigma\,(E_G - M_G)^2 : (n-1)$$

bestimmen. Man sieht, daß μ^2 zu μ_n^2 in demselben Verhältnis steht wie die Streuung μ^2 zu dem Fehler μ_f^2, daß mit anderen Worten μ^2 nach dem ausgesonderten Teilkollektiv und nach der Fehlerformel bestimmt wird. Man hat allgemein an Stelle der Beziehung $\mu^2 = \Sigma\,(E - M)^2 : n$ die Formel

$$\mu^2 = \Sigma\,(E - M)^2 : (n-1) = \mu_f^2.$$

Der Nenner $(n-1)$ ist nun aber insofern berechtigt, als sich

$$\mu_n = \sqrt{\Sigma\,(E_G - M_G)^2 : n}$$

auf den Mittelwert M_G der Gruppe bezieht, wogegen $\mu^2 = \Sigma\,(E - M)^2 : N$ die Streuung gegen den »wahren« Mittelwert M des ganzen Kollektivs festlegt. Hat man demnach eine Reihe von N Werten über eine Materie, z. B. N Dehnungen von Nickelfeindrähten, so richtet sich die Rechnung danach, wie man dieses Kollektiv auffaßt: Betrachtet man dasselbe als selbständiges Kollektiv, so ergibt sich die Streuung der untersuchten Materie als $\mu^2 = \Sigma\,(E - M)^2 : N$; betrachtet man dagegen das Kollektiv nur als Ausschnitt aus der betreffenden Materie, als Teilkollektiv, das allein ausgewertet wird, da die Bearbeitung der ganzen Materie zu umständlich oder nicht lohnend wäre, so ist zwar wieder die Streuung der untersuchten Materie als $\mu^2 = \Sigma\,(E - M)^2 : N$ anzugeben, aber die

Streuung der ganzen Materie mit dem untersuchten Kollektiv als Ausschnitt beträgt dann $\mu^2 = \Sigma (E - M)^2 : (N - 1)$.

Als vorläufiges Beispiel zur Erläuterung der behandelten Beziehungen läßt sich das in Zahlentafel 1 angeführte Würfelspiel heranziehen. Es ist für dieses Spiel $N = 300$, $Z = 10$ und $n = 30$. Ermittelt man die Streuung des ganzen Kollektivs, so findet man, eine sehr einfache Rechnung in diesem Fall, als $\Sigma (E - M)^2 : N$ den Wert 0,2496; es ist $\mu = \pm 0{,}4996$. Man bestimmt nun die Mittelwerte und die Einzelstreuungen der 10 Gruppen; man berechnet:

$$30 \times M_G = 16, 14, 18, 16, 19, 19, 11, 17, 14, 12;$$
$$900 \times \mu_n^2 = 224, 224, 216, 224, 209, 209, 209, 221, 224, 216.$$

Man bestimmt den Mittelwert der Streuungen μ_n^2 zu $\mu_Z^2 = 0{,}2418$ und legt noch die Streuung der 10 Gruppenmittel bezüglich des Gesamtmittels $M = 0{,}52$ fest, es ist $\mu_G^2 = 0{,}00782$.

Addiert man die Werte für μ_Z^2 und μ_G^2, so ergibt sich mit 0,2496 genau der Wert μ^2. Man sieht die Gleichung $\mu^2 = \mu_Z^2 + \mu_G^2$ bestätigt. Man untersucht nun weiterhin, ob die Streuungswerte der Gleichung $\mu^2 = n\mu_G^2$ bzw., da in dem vorliegenden Fall N nicht beträchtlich größer als n ist, der Gleichung $\mu^2 = n\ (N - 1)\ \mu_G^2 : (N - n)$ genügen. Entsprechen die Werte dieser Gleichung, so kann die Verteilung als Zufallsverteilung im Sinne einer Gaußschen Verteilung angesprochen werden, andernfalls nicht. Die Rechnung ergibt $\mu^2 = 30 \cdot 299 \cdot 0{,}00782 : (300 - 30) = 0{,}2598$. Der empirisch bestimmte Wert ist $\mu^2 = 0{,}2496$. Die Differenz ist zu klein, um auf besondere Ursachen zurückgeführt zu werden, zumal man berücksichtigen muß, daß die Streuung μ^2 selbst noch mit einer Streuung behaftet ist, worüber noch zu handeln sein wird. Es kommt natürlich auf dasselbe hinaus, wenn man zu dem empirisch ermittelten Wert μ_G^2 die Gruppenmittelstreuung nach den angeführten Gleichungen theoretisch entweder aus μ^2 oder aus μ_Z^2 bestimmt. Irgendein Wert μ_n^2 darf in diesem Falle nicht an die Stelle von μ_Z^2 treten, da hierzu der Serienumfang $n = 30$ zu klein ist.

Betrachtet man das in Zahlentafel 11 dargestellte und in Artikel 117 weiter diskutierte Beispiel über die Wahrscheinlichkeit hoher Dehnungen von Tombakdrähten, so läßt sich aus der Reihe der 18 Gruppenstreuungen, die in Artikel 117 aufgeführt wurden, die mittlere Serienstreuung berechnen. Es ist $\mu_Z^2 = 0{,}0321$. Weiter berechnet man aus den in Zahlentafel 11 angegebenen Gruppenmitteln, den durchschnittlichen Monatswahrscheinlichkeiten, die Streuung $\mu_G^2 = 0{,}00415$ bezüglich $M = 0{,}64$. Man bestimmt somit $\mu^2 = 0{,}0321 + 0{,}00415 = 0{,}03625$, in Übereinstimmung mit der empirischen Gesamtstreuung der 288 Wahrscheinlichkeitswerte, die in Artikel 117 zu $\mu^2 = 0{,}0363$ angegeben wurde. Bestimmt man nun auch in diesem Fall μ^2 als $n\ (N - 1)\ \mu_G^2 : (N - n)$ oder, was dasselbe bedeutet, μ_G^2 als $(N - n)\ \mu^2 : n\ (N - 1)$, so ergibt sich $\mu_G{}^2 = 0{,}00215$ gegenüber dem empirisch ermittelten $\mu_G{}^2 = 0{,}00415$. Die Differenz $X = 0{,}002$ ist in diesem Fall relativ groß, und man kann daher die Verteilung der Wahrscheinlichkeitswerte kaum als Gaußsche Verteilung ansprechen.

120. Es sei noch ein Sonderfall der abgehandelten Beziehungen herausgestellt, der ein Kriterium des zufällig-regellosen Charakters der Aufeinanderfolge einer Reihe von Argumentwerten ergibt. Ein solches Kriterium wurde ja bereits unter der Bezeichnung Stellenauswahl oder Teilkollektiv-Aussonderung behandelt oder in der Bildung der Differenz $(f - w)$ gefunden.

Es gilt, wenn $N \gg n$[1]) ist, die Beziehung $\mu_Z{}^2 = \frac{n-1}{n}\mu^2$. Wählt man $n = 2$, so ergibt sich $\mu_Z{}^2 = 0{,}5\,\mu^2$. Bildet man nun die Serien zu $n = 2$ Gliedern aus der Urliste oder allgemein aus einer »Ordnung«, der kein Ordnungsprinzip zugrunde liegt, die sich vielmehr zufällig so ergab wie sie ist, und zwar derart, daß man nicht der seitherigen Auffassung entsprechend die Einzelwerte E_1 und E_2, E_3 und E_4 usw. zusammenfaßt, daß man vielmehr aus E_1 und E_2, dann aus E_2 und E_3, dann aus E_3 und E_4 usf. eine Gruppe bildet, so erhält man offenbar $Z = N - 1$ Gruppen, bzw. wenn man als letzte Gruppe die Werte E_N und E_1 nimmt, $Z = N$ Gruppen. Die Einzelstreuungen dieser Gruppen beziehen sich auf die Gruppenmittel M_G, welche man als $0{,}5\,(E_1 + E_2)$, als $0{,}5\,(E_2 + E_3)$ usw. bestimmt, und es ist das Mittel dieser Einzelstreuungen $\mu_Z{}^2 = 0{,}5\,\mu^2$.

Trifft man nun aber eine derartige Änderung, daß man an Stelle der einzelnen Serienstreuungen $\mu_n{}^2$ für jede Gruppe das Quadrat der Differenz ihrer beiden Einzelwerte setzt, so ist dieser Wert $m_n{}^2$ offenbar in jedem Falle gleich $4\,\mu_n{}^2$. Es ist z. B. für eine beliebige Gruppe[2])

$$\begin{aligned}\mu_n{}^2 &= [(E_a - 0{,}5(E_a + E_b))^2 + (E_b - 0{,}5(E_a + E_b))^2]:2 = \\ &= \frac{1}{2}\left[(0{,}5E_a - 0{,}5E_b)^2 + (0{,}5E_b - 0{,}5E_a)^2\right] = \\ &= 0{,}5\,(0{,}5E_a{}^2 + 0{,}5E_b{}^2 - E_aE_b) = 0{,}25\,(E_a{}^2 + E_b{}^2 - 2E_aE_b) = \\ &= 0{,}25\,(E_a - E_b)^2 = 0{,}25\,m_n{}^2.\end{aligned}$$

Es ist somit die quadrierte Differenz zweier Einzelwerte viermal so groß als $\mu_n{}^2$. Dem entspricht weiter, daß auch das Mittel aller $m_n{}^2$ das Vierfache des Mittels aller $\mu_n{}^2$-Werte darstellt. Es gilt:

$$m_Z{}^2 = 4\,\mu_Z{}^2.$$

---

[1]) $\gg$ Zeichen für »viel größer als«.

[2]) Die Umformungen ergeben sich durch wiederholte Anwendung der Formel $(a - b)^2 = a^2 + b^2 - 2\,ab$, z. B. $(11 - 9)^2 = 121 + 81 - 198 = 4$ $(= 2 \times 2)$.

Da man nun für μ_z^2 bei $n = 2$ auch $0{,}5\,\mu^2$ setzen kann, so gilt weiter

$$m_z^2 = 2\,\mu^2$$

oder

$$\frac{m_z^2}{2\,\mu^2} = 1.$$

Dabei bestimmt man μ^2 als

$\Sigma\,(E - M)^2 : N = \frac{1}{N}\,[(E_1 - M)^2 + (E_2 - M)^2 + \ldots (E_N - M)^2]$ und m_z^2 als

$$\frac{1}{N-1}\,[(E_1 - E_2)^2 + (E_2 - E_3)^2 + \ldots (E_{N-1} - E_N)^2]$$

oder als

$$\frac{1}{N}\,[(E_1 - E_2)^2 + (E_2 - E_3)^2 + \ldots (E_{N-1} - E_N)^2 + (E_N - E_1)^2].$$

Die Beziehung $m_z^2 = 2\,\mu^2$ oder $\frac{m_z^2}{2\,\mu^2} = 1$ oder $\frac{2\,\mu^2}{m_z^2} = 1$ oder

$$\frac{m_z}{\mu} = \sqrt{2} = 1{,}414$$

nennt man das Abbesche Kriterium einer Verteilung. Ist dieses Kriterium erfüllt, so ist die Aufeinanderfolge der Argumentwerte eine zufällige, andernfalls nicht. Es ist wichtig, zu beachten, daß dieses Kriterium allein die Aufeinanderfolge einzelner Argumentwerte zu beurteilen gestattet, da bei gleichem μ^2 der Wert m_z^2 je nach der Anordnung der Werte des Arguments ganz verschieden ausfallen wird. Selbst für eine ideale Gaußsche Verteilung ist daher das Abbesche Kriterium nicht erfüllt, wenn man z. B. m_z^2 nach der Verteilungstafel ermitteln würde.

Bei einer gewissen Ordnung in der Aufeinanderfolge der Einzelwerte eines Kollektivs wird zwar der Wert für μ^2 nicht geändert, aber der Wert für m_z^2 ist von der Aufeinanderfolge der Einzelwerte abhängig. Besteht eine Ordnung derart, daß die einzelnen Glieder ganz oder teilweise nach ihren Argumentwerten aufeinanderfolgen, so wird m_z^2 kleiner als bei zufälligem Durcheinander der Argumentwerte, und man erhält für $\frac{2\,\mu^2}{m_z^2}$ einen Wert > 1. Ist umgekehrt derart »geordnet«, daß bevorzugterweise extreme Argumentwerte aufeinanderfolgen, daß also die Unordnung größer ist als die Unordnung, welche das Spiel des Zufalls erzeugt, dann wird der Wert m_z^2 größer als bei zufälliger Aufeinanderfolge der Argumentwerte, und es wird $\frac{2\,\mu^2}{m_z^2} < 1$. Gruppiert man beliebig, so wird im ersten Fall einer unnatürlich großen Ordnung im Vergleich zur Zufallsordnung μ_G^2 zu groß, so daß $n\mu_G^2 - \mu^2$ nicht zu 0 wird wie für eine Gaußsche Verteilung, sondern einen positiven Wert annimmt.

Ist die Unordnung größer als zufällig, so wird umgekehrt μ_G^2 zu klein, so daß $n\mu_G^2 - \mu^2$ einen von 0 abweichenden negativen Wert ergibt.

Weicht $2\mu^2 : m_z^2$ deutlich nach oben von 1 ab oder ergibt $n\mu_G^2 - \mu^2$ einen relativ großen positiven Wert, so weist dies darauf hin, daß die untersuchte Materie besonderen Einflüssen unterliegt, welche eine systematische Änderung der mathematischen Erwartung der Eigenschaft, der Wahrscheinlichkeit des Ereignisses durch die Reihe bedingen. Ordnet man daher eine Kollektivreihe nach einer vermuteten Ursache systematischer Schwankungen, so wird durch ein Untersuchungsergebnis $2\mu^2 : m_z^2 > 1$ oder $n\mu_G^2 - \mu^2 = +X$ die Vermutung bestätigt, wogegen aus dem Resultat $2\mu^2 : m_z^2 = 1$ bzw. $n\mu_G^2 - \mu^2 = 0$ zu folgern ist, daß der Einfluß, nach dem geordnet wurde, lediglich zufälliger Art ist, daß er keine realen Schwankungen bedingt. Ist ein besonderer systematischer Einfluß vorhanden und festzustellen, so hat man eine Materie unternormaler Stabilität oder übernormaler Streuung vorliegen; es ändert sich von Glied zu Glied oder von Gruppe zu Gruppe die mathematische Erwartung, der Kollektivreihe liegt eine Reihe verschiedener mathematischer Erwartungen zugrunde. Hierher zählen alle Reihen, die einen Gang aufweisen, eine Entwicklung zeigen, also die typischen nichtstationären Reihen. Die Glieder solcher Reihen zeichnen sich durch eine positive Verbundenheit aus, als deren Folge im allgemeinen, durchschnittlich auf einen größeren Wert wieder ein größerer Wert folgt und umgekehrt. Dagegen wird durch den Wert 1 des Verhältnisses $2\mu^2 : m_z^2$ eine stationäre Zufallsreihe dokumentiert, in der die einzelnen Werte zufällig um einen konstanten, gemeinsamen charakteristischen Grundwert schwanken.

Den Gegensatz zu den diskutierten nichtstationären Reihen bilden scheinbar stationäre Reihen, deren Gieder eine negative Verbundenheit zeigen, derart, daß bevorzugterweise auf einen größeren Wert ein kleinerer und auf einen kleineren Wert ein größerer folgt. Die Werte solcher Reihen pendeln kurzperiodisch, schwanken »zickzackartig« um einen konstanten Durchschnittswert, der aber im Unterschied zu den Verhältnissen stationärer Zufallsreihen nicht jedem Glied als mathematische Erwartung zugrunde liegt, der vielmehr den mittleren Erwartungswert der verschiedenen negativ verbundenen mathematischen Erwartungen der Reihe bildet. Für solche Folgen extremer Werte werden die Differenzen $(E_a - E_{a+1})$ abnormal groß, so daß $2\mu^2 : m_z^2 < 1$ wird. Bildet man Gruppen zu je n Gliedern, so schwanken die Erwartungswerte bzw. die Wahrscheinlichkeiten innerhalb jeder Gruppe um denselben gemeinsamen Durchnittswert, so daß die Gruppenmittel relativ wenig differieren, und es wird $n\mu_G^2 - \mu^2 < 0$. Derart charakterisierte Materien zeigen übernormale Stabilität und unternormale Streuung. Es kann eine unternormale Streuung aber auch lediglich die Folge besonderer regulierender, egalisierender Einflüsse, vereinheitlichender Eingriffe, ausgleichender Einwirkungen sein, wie sie z. B. Gesetze und Verordnungen für Materien der Volkswirtschaft oder sichtende und sortierende Manipulationen für technische Materien bilden können[1]).

Zur praktischen Durchführung der Berechnung der Werte μ^2 und m_z^2 eines Kollektivs notiert man die Reihe der Differenzen $E_1 - M = d_1$, $E_2 - M = d_2$ usw., aber unter Beachtung der Vorzeichen dieser Differenzen, die in allen Fällen mit $E < M$ negativ werden. Es ist dann

$$\mu^2 = \frac{1}{N}(d_1^2 + d_2^2 + d_3^2 + \ldots d_N^2) = \frac{1}{N}\Sigma d^2$$

und

$$m_z^2 = \frac{1}{N}((d_1 - d_2)^2 + (d_2 - d_3)^2 + (d_3 - d_4)^2 + \ldots (d_{N-1} - d_N)^2 + (d_N - d_1)^2),$$

wobei bei der Bildung der Differenzen $d_a - d_{a+1}$ die Vorzeichen von d_a und d_{a+1} genau zu berücksichtigen sind. Bezeichnet man die Differenz $d_a - d_{a+1}$ als $u_{a(a+1)}$, so läßt sich setzen

$$m_z^2 = \frac{1}{N}(u_{12}^2 + u_{23}^2 + u_{34}^2 + \ldots u_{(N-1)N}^2 + u_{N1}^2) = \frac{1}{N}\Sigma u^2.$$

Das Charakteristikum einer Zufallsaufeinanderfolge von Argumentwerten läßt sich somit auch schreiben als

$$\Sigma u^2 = 2\,\Sigma d^2 \text{ oder } \frac{1}{N}\Sigma u^2 = \frac{2}{N}\Sigma d^2.$$

Hat man die Aufgabe, z. B. aus einer Partie Glühlampen einer bestimmten Fabrikationsserie, aus einer Sendung Tombakdraht oder aus der Produktion einer Durchziehglühofenanlage eine beliebige, nicht beeinflußte Auswahl zwecks weiterer Überprüfung auf Brenndauer, Zinkgehalt oder Dehnung zu treffen, so kann man, ehe man an die Auswertung dieses Teilkollektivs geht, feststellen, ob das Abbesche Kriterium durch das Teilkollektiv erfüllt wird oder nicht, ob also die Auswahl eine zufällige oder eine beeinflußte war. Nun noch einige Beispiele. Zunächst das Würfelspiel der Zahlentafel 1.

Die Auswertung ist in diesem Falle sehr einfach. Man zählt aus, wie oft auf eine 0 eine 1 oder auf eine 1 eine 0 folgt. Die Differenz sowie ihr Quadrat ist in jedem Fall 1. Man zählt 150 derartige Differenzen und erhält mithin $m_z^2 = \frac{150}{300} = 0{,}5000$. Für μ^2 wurde bereits des öfteren der Wert 0,2496 angegeben, so daß das Verhältnis $\frac{m_z^2}{2\,\mu^2}$ den Wert $0{,}5000 : 0{,}4992 = 1{,}002$ annimmt. Das Abbesche Kriterium ist erfüllt, woraus man schließen kann, daß der zu den Versuchen verwendete Würfel einem idealen Würfel sehr nahe kommt.

[1]) Vgl. Art. 13, 43, 44, 98 und 144 ff.

Aus einer laufenden Lieferung an Tombakdrähten mit einem Sollgehalt an Kupfer von 75% wurden 33 Ringe ausgesondert und auf ihren Kupfergehalt analysiert. Man erhielt folgende Werte in %

75,39	76,09	75,80	76,01	75,20	75,38	75,70	75,56	75,40	75,38	75,80
75,56	75,36	76,04	75,84	75,38	75,60	76,09	75,72	76,02	75,58	76,08
75,54	75,30	75,36	76,04	75,40	75,68	75,90	75,38	75,34	75,24	75,68

Die Aufeinanderfolge der Einzelwerte geht nach Reihen, nicht nach Kolonnen. Den Mittelwert errechnet man zu $M = 75{,}63\%$ Kupfer. Man bestimmt die Differenzen d der Einzelwerte gegen das Mittel. Man erhält die Reihe

−0,24	+0,46	+0,17	+0,38	−0,43	−0,25	+0,07	−0,97	−0,23	−0,25	+0,17
−0,07	−0,27	+0,41	+0,21	−0,25	−0,03	+0,46	+0,09	+0,39	−0,05	+0,45
−0,09	−0,33	−0,27	+0,43	−0,23	+0,05	+0,27	−0,25	−0,29	−0,39	+0,05

Von diesen Differenzen sind 18 negativ und 15 positiv, so daß, da der Unterschied 3 gegen $N = 33$ nicht groß ist, praktisch Symmetrie bezüglich der Richtung der Abweichungen der E von M herrscht. Dies spricht schon für eine zufällige Anordnung. Denselben Schluß zieht man aus der Untersuchung der Folgen der Abweichungsrichtungen; es ist $(w - f) = 2$. Man quadriert nun die Differenzen und berechnet den Mittelwert, dadurch findet man $\mu^2 = 0{,}07814$. Jetzt bestimmt man die Werte $u = d_a - d_{a+1} = E_a - E_{a+1}$ und erhält die Reihe

−0,70	+0,29	−0,21	+0,81	−0,18	−0,32	+0,14	+0,16	+0,02	−0,42	+0,24
+0,20	−0,68	+0,20	+0,46	−0,22	−0,49	+0,37	−0,30	+0,44	−0,50	+0,54
+0,24	−0,06	−0,70	+0,66	−0,28	−0,22	+0,52	+0,04	+0,10	−0,44	+0,29

Man quadriert diese u-Werte, summiert und nimmt das Mittel. Man erhält $m_z^2 = 0{,}1626$. Das Verhältnis $\frac{m_z^2}{2\mu^2}$ ist gleich $0{,}1626 : 0{,}1563 = 1{,}04$. Die Abweichung von dem idealen Wert 1 ist nicht groß, wobei man berücksichtigen muß, daß der Umfang des Kollektivs mit $N = 33$ sehr klein ist, so daß auch die Unsicherheit der ermittelten Streuungswerte entsprechend groß ist.

Die Urliste der Zahlentafel 2 zeigt die Glieder nach Kolonnen geordnet. Man bestimmt das Verhältnis $\frac{m_z^2}{2\mu^2}$ zu $7{,}489 : 7{,}566 = 0{,}99$, so daß die Anordnung der Argumentwerte wieder als zufällig bezeichnet werden kann.

Man kann das Abbesche Untersuchungsverfahren noch weiter führen und kommt damit zu der Methode der endlichen Differentiation. Entsprechend der Bildung der Reihe der Differenzen $E_a - E_{a+1} = u_1$ aus den ursprünglichen Werten einer Reihe kann man wieder die Differenzen dieser ersten Differenzen bilden, wodurch man eine Reihe zweiter Differenzen $u_2 = u_{1a} - u_{1(a+1)}$ erhält usf., bis man zu der Reihe der $k$ten Differenzen $u_k = u_{(k-1)a} - u_{(k-1)(a+1)}$ kommt. In jedem Fall bildet man das Mittel der Quadrate aller Differenzen einer Reihe: $m_k^2 = \Sigma u_k^2 : N$ [bzw. $\Sigma u_k^2 : (N - k)$]. Es gilt dann für Reihen mit reinen Zufallsschwankungen für jede beliebige $k$te Differenz $m_k^2 = \binom{2k}{k} \mu^2$. Für die erste Differenzenreihe folgt hieraus das Abbesche Kriterium $m_1^2 (m_z^2) = 2\mu^2$. Für die zweite Differenzenreihe gilt $m_2^2 = 6\mu^2$, es ist weiter $m_3^2 = 20\mu^2$, $m_4^2 = 70\mu^2$ usf. Reihen mit systematischen Schwankungen sind dadurch charakterisiert, daß $m_k^2 < \binom{2k}{k} \mu^2$ ist. Für Reihen, deren Gang durch eine einfache mathematische Funktion darstellbar ist bzw. deren mathematischen Erwartungen einen derartigen Gang zeigen, verschwindet dieser Gang durch die Differentiation, so daß anfänglich, für kleine Differenzenordnungen k, die erwähnte Ungleichung gilt, diese aber für größere k-Werte (oft schon von $k = 2$ ab) in die Gleichung für Zufallsschwankungen übergeht: $m_k^2 : \binom{2k}{k} = \mu^2$. Für »Zickzack-Reihen« gilt dagegen $m_k^2 : \binom{2k}{k} > \mu^2$, und man erhält mit der Differenzenordnung stets wachsende Werte für $m_k^2 : \binom{2k}{k}$[1]).

121. Die mittlere Abweichung und ebenso die durchschnittliche Abweichung stellen absolute Abweichungswerte dar, sind absolute Streuungsmaße; daher sind sie für Vergleiche nur bedingt zu gebrauchen. Dies ist ohne weiteres verständlich, denn größeren Eigenschaftswerten werden auch größere Abweichungen entsprechen als kleineren Werten. Daraus darf aber nicht geschlossen werden, daß auch die Veränderlichkeit in dem Fall der größeren mittleren Abweichung größer ist als in jedem anderen Fall.

Man benötigt daher für Vergleiche ein relatives Maß der Streuung, das unabhängig von den speziellen Eigenschaftswerten eines Kollektivs dessen Streuung bestimmt. Als solches dient der durch Pearson in die Statistik eingeführte Variabilitätskoeffizient V. Dieser mißt das mit 100 multiplizierte Verhältnis der mittleren Abweichung zu dem arithmetischen Mittel. Die mittlere Abweichung bezieht sie ja auf das arithmetische Mittel als Streuzentrum der Einzelwerte; man rechnet daher, um ein vergleichbares Streuungsmaß zu erhalten, die mittlere Abweichung in allen Fällen auf einen arithmetischen Mittelwert $M = 100$ um. Es ist somit der Variabilitäts- oder Veränderlichkeitskoeffizient

$$V = \pm 100 \frac{\mu}{M}.$$

V kann einfach auch als die in Prozenten des arithmetischen Mittelwertes angegebene mittlere Abweichung aufgefaßt werden.

---

[1]) Vgl. Art. 98.

Daß diese Größe V mit Recht als ein relatives Maß der Streuung gelten kann, erhellt daraus, daß der Wert für V mit der mittleren Abweichung wächst und mit zunehmendem Mittelwert abnimmt. Die Veränderlichkeit einer Eigenschaft ist aber ebenfalls um so größer, je größer sich die mittlere Abweichung ergibt; sie ist anderseits aber auch bei gleichem μ um so größer, je kleiner die verglichenen Werte sind, als deren Vertreter das arithmetische Mittel gelten kann.

Vergleicht man z. B. die beiden Reihen der Zahlentafel 22, so stellt man für die Reihe I eine größere absolute Streuung μ fest. Die Berechnung der Variabilitätskoeffizienten ergibt aber, daß tatsächlich die Veränderlichkeit der Reihe I kleiner ist als die Variabilität der Reihe II, eine Folge der durchschnittlich größeren Argumentwerte der Reihe I. Vergleicht man die beiden Kollektive der Zahlentafel 17, so findet man $\mu_I = \pm 0{,}87$ und $\mu_{II} = \pm 0{,}85$. Die Variabilitätskoeffizienten errechnet man zu bzw. $\pm 34{,}8$ und $\pm 30{,}1$. Die Beanspruchung der Glühanlage ist mithin im ersten Halbjahr etwas wechselnder als im zweiten Halbjahr. Weitere Beispiele für die Bestimmung von V enthalten die Zahlentafeln 1, 10, 12, 21, 23.

Zahlentafel 23.

Verteilungstafel der Dehnungen von Phosphorbronze-Feindrähten.

Klasse	z	d	zd	d^2	zd^2	Σz	Diff. z
42,75	3	−4	−12	16	48	3	
46,75	19	−3	−57	9	171	22	
50,75	34	−2	−68	4	136	56	
54,75	62	−1	−62	1	62	118	
58,75	88	0					26
62,75	80	1	80	1	80		8
66,75	35	2	70	4	140	$^1/_2$N=	
70,75	2	3	6	9	18	161,5	
Summen:	323		−43		655	43,5	34
Durchschnitt:			−0,133		2,028		

Binomiale Vergleichsverteilung			
Klasse	z	str. z	z-Differenz
0	2	± 1,4	1
1	13	± 3,5	6
2	41	± 6	7
3	76	± 7,5	14
4	88	± 8	0
5	65	± 7,2	15
6	30	± 4,2	5
7	8	± 2,7	6
8	1	± 1	1

$M = 58{,}75 - 4 \times 0{,}133 = 58{,}22\,\%$,

$C = 56{,}75 + 4 \times 43{,}5 : 88 = 58{,}73\,\%$,

$D = 56{,}75 + 4 \times 26 : 34 = 59{,}81\,\%$,

$(C - M) : (D - M) = 0{,}51 : 1{,}59 = 1 : 3{,}1$ (normal),

$\mu^2 = 2{,}028 - 0{,}133^2 = 2{,}01$ Klassenquadrate,

$\mu = \pm\sqrt{2{,}01} = \pm 1{,}42$ Klassen $= \pm 5{,}68\,\%\, D$,

$V = \pm 100 \times 1{,}42 : 58{,}22 = \pm 2{,}44$ Klassen $= \pm 9{,}76\,\%\, D$,

$S = (M - D) : \mu = -0{,}28$ (rechtsseitig),

$\Sigma zd/N = 355/323 = 1{,}13$ Klassen,

$\delta = 1{,}13 - (206 - 117) \times 0{,}133 : 323 = 1{,}094$ Klassen,

$\delta : \mu = 0{,}77$.

M in Klassen: $(58{,}22 - 42{,}75) : 4 = 3{,}87$,

$np = M = 3{,}87$,

$npq = \mu^2 = 2{,}01$,

$q = 2{,}01 : 3{,}87 = 0{,}52$,

$p = 0{,}48$,

$n = 3{,}87 : 0{,}48 = 8{,}1$ n 8,

$p = 3{,}87 : 8 = 0{,}48$ $q = 0{,}52$.

Vergleichsverteilung:

$323\,(0{,}48 \times 0{,}52)^8$

nach Erfolgen geordnet.

Daß die Streuung von Festigkeitswerten normalerweise geringer ist als die Streuung von Dehnungswerten, wurde bereits erwähnt. Da im Falle von Tombakdrähten 72/28 außerdem das Mittel der Festigkeitswerte größer ist als die in Prozenten Verlängerung gemessene durchschnittliche Dehnung, so ergibt sich die durch V gemessene Beständigkeit der Festigkeitswerte als wesentlich größer als die Beständigkeit der Dehnungswerte. Es gilt außerdem, daß beginnende Überglühung die Streuung und die Variabilität der Qualitätseigenschaften eines Drahtmaterials vergrößert.

Für Phosphorbronzedrähte ist ebenfalls in der Regel $V_D > V_F$, doch kann für dieses Material auch der umgekehrte Fall hin und wieder auftreten, eine Folge der hohen Dehnungswerte für Phosphorbronze. Für Molybdändrähte ist $\mu_F > \mu_D$, dagegen $V_D > V_F$.

Es gilt sodann die Regel, daß die einer Materie typische Werteverbindung zweier Eigenschaften eine kleinere Variabilität aufweist als irgendwelche anderen Wertekombinationen derselben Eigenschaften. Bezüglich der Eigenschaften Festigkeit und Dehnung gilt also, daß für Tombakdrähte 72/28 die Größe $3\,F + D$, für Tombakdrähte 75/25 $2\,F + D$, für Phosphorbronzedrähte $1{,}8\,F + D$ oder für Molybdändrähte $F + 3\,D$ eine kleinere Veränderlichkeit besitzt als irgendwelche anderen aus F und D zusammengesetzten Größen.

Die Güte zweier Materien bezüglich einer Eigenschaft vergleicht man durch Gegenüberstellung der Mittelwerte, die größere (absolute) Einheitlichkeit zeigt die Materie mit dem kleinsten μ^2. Es kann sodann V zur Charakterisierung einer Materie bezüglich des Grades und der Streuung einer Eigenschaft dienen. Je kleiner μ und je größer M, um so besser die Materie, so daß bezüglich Einheitlichkeit und Eigenschaftsgrad die Materie mit dem kleinsten V als beste anzusprechen ist.

122. Mit Hilfe der Streuung läßt sich nun auch ein relatives Maß für die Asymmetrie einer Verteilung angeben, das für Vergleiche geeignet ist. Als absolutes Asymmetriemaß wurde die Differenz $M - D$ erwähnt, die positiv bei linksseitiger und negativ bei rechtsseitiger Asymmetrie ausfällt.

Setzte man zur relativen Festlegung der Veränderlichkeit einer Eigenschaft das absolute Maß der Streuung zu dem ebenfalls absoluten arithmetischen Mittel ins Verhältnis, so dividiert man zur Kennzeichnung des relativen Grades einer Asymmetrie das absolute Maß $M - D$ durch den absoluten Wert der mittleren Abweichung. Das Schiefe genannte relative Maß der Asymmetrie ist somit

$$S = (M - D) : \mu.$$

Es wurde durch Pearson in die Statistik eingeführt. Es kann $M - D$ bei großer Ausbreitung eines Kollektivs einen relativ großen Wert annehmen, ohne daß die Asymmetrie besonders hervortreten würde, wie auch umgekehrt eine starke Asymmetrie bei geringer Ausbreitung eines Kollektivs nur einen verhältnismäßig geringen Wert der Differenz $M - D$ ergeben kann. Daher ist es das Gegebene, zur relativen Beurteilung des Maßes einer Asymmetrie das absolute Maß $M - D$ derselben durch das Maß der Streuung zu dividieren. Für μ, das an und für sich mit 2 Vorzeichen behaftet ist, hat man in der Schiefeformel wie überhaupt bei allen Berechnungen anderer mit Hilfe von μ abgeleiteter Größen den absoluten (positiven) Wert einzusetzen. Da bei linksseitiger Asymmetrie $M > D$ ist, so fällt die Schiefe in solchen Fällen positiv aus. Ein negativer Wert der Schiefe bedeutet dagegen rechtsseitige Asymmetrie. Im übrigen ist die Schiefe in der Regel ein echter Bruch. Beispiele zur Schiefeberechnung enthalten die Zahlentafeln 16, 21 und 23. Für das Kollektiv der Zahlentafel 20 (8) ergibt sich für die Schiefe ein ganz geringer Wert. Man kann daher diese Verteilung als praktisch symmetrisch ansprechen.

XIII. Abschnitt.

Ermittlung der Streuung abgeleiteter Größen.

123. Für die Beurteilung eines Kollektivs, dessen Mittelwert hergeleitet wird, ist stets neben der Streuung der Einzelwerte auch die Streuung des Mittels selbst, in der Sprache der Fehlertheorie der mittlere Fehler des Mittels, von Wichtigkeit.

Es wurde bereits ganz allgemein darauf hingewiesen, daß man bei weit auseinanderliegenden Einzelwerten eine größere Anzahl von Einzelwerten zur Bildung eines Mittelwertes heranziehen muß als in anderen Fällen, in denen die Einzelwerte nur wenig differieren, um im einen Fall ein ebenso zuverlässiges Mittel zu erhalten wie im anderen Fall. Die Schwankungen eines errechneten Mittels werden somit um so größer sein, je größer die Streuung der Einzelwerte ist, und sie sind um so kleiner, je größer der Umfang des Kollektivs, das zur Berechnung des Mittels diente, ist, derart, daß z. B. eine Vervierfachung des Kollektivumfangs eine Verkleinerung des Maßes der Unsicherheit des Mittelwertes auf die Hälfte bewirkt. Bezeichnet man die Streuung oder die Veränderlichkeit des Mittels mit μ_M, so gilt die Beziehung

$$\mu_M = \frac{\mu}{\sqrt{N}}.$$

Voraussetzung für die Anwendbarkeit dieser Formel ist, daß die einzelnen Beobachtungen, die zu einer Kollektivreihe führen, gleich genau sind, was allerdings bei einer ordnungsmäßig aufgestellten Kollektivreihe im allgemeinen immer der Fall sein wird.

Um das Maß der Veränderlichkeit, den Grad der Stabilität des Mittelwertes des Kollektivs der Zahlentafel 20 zu errechnen, hat man also die Streuung der Einzelglieder $\mu = \pm 1{,}97$ durch die Wurzel aus dem Kollektivumfang 132 zu dividieren. Man erhält als mittlere Abweichung des Mittels $\mu_M = \pm 1{,}97 : \pm 11{,}5 = \pm 0{,}17\%$ Dehnung. Infolge des kleinen Kollektivumfangs ist die Schwankung dieses Mittels verhältnismäßig groß. Man erhält dementsprechend für das Kollektiv der Zahlentafel 21 trotz dessen größerer absoluten Streuung der Einzelglieder infolge des vielmals größeren Kollektivumfangs einen viel kleineren Wert für die mittlere Abweichung des Mittelwertes, nämlich $\pm 0{,}05\%$ Dehnung. Weitere Angaben der Werte für μ_M enthalten die Zahlentafeln 1, 15, 24, 26.

Auch die mittlere Abweichung eines Mittelwertes ist wieder ein absolutes Maß und daher für Vergleiche im allgemeinen nicht oder nur schlecht geeignet. Es liegt nahe, für Vergleichszwecke an die Stelle des absoluten Streuungsmaßes der Einzelglieder das relative Maß V zu setzen, oder, anders ausgedrückt, die Schwankung μ_M des Mittels in Prozenten des Mittelwertes anzugeben. Man gelangt dadurch zu dem Variabilitätskoeffizienten V_M des Mittels. Es ist

$$V_M = \pm \frac{100\,\mu_M}{M} \quad \text{oder} \quad V_M = \pm \frac{100\,\mu}{M \times \sqrt{N}} = \pm \frac{V}{\sqrt{N}}.$$

Da sich für Kollektive mit gleichem Umfang N die mittleren Abweichungen μ_M der Mittel ebenso verhalten wie die mittleren Abweichungen μ bzw. die Variabilitätskoeffizienten V_M ebenso verhalten wie die Variabilitätskoeffizienten V der Einzelwerte, so ergibt sich, daß im allgemeinen die Sicherheit eines Mittels von Festigkeitswerten größer ist als die Sicherheit des Mittels der Dehnungen desselben Kollektivs. Für die beiden Kollektivreihen der Dehnungen und Festigkeiten von Tombakfeindrähten der Legierung 72/28, die in den beiden Abb. 22 und 24 dargestellt sind, ist $\mu_D = \pm 2{,}4\%$ bzw. $\mu_F = \pm 1{,}44$ kg/mm². Die Schwankungen der beiden Mittelwerte $M_D = 33{,}11\%$ und $M_F = 42{,}99$ kg/mm² errechnen sich aus den mittleren Abweichungen der Einzelwerte bezüglich ihrer Mittelwerte durch Division mit

$$\sqrt{N} = \sqrt{621} = 24{,}9$$

zu $\mu_{M_D} = \pm 0{,}096\%$ bzw. $\mu_{M_F} = \pm 0{,}058$ kg/mm². Es ist weiter $V_{M_D} = \pm 0{,}29$ und $V_{M_F} = \pm 0{,}13$.

Für die beiden Kollektivreihen der Abb. 25 und 26 über Dehnungen und Festigkeiten von Tombakdrähten der Legierung 75/25 betragen die mittleren Abweichungen $\mu_D = \pm 1{,}96\%$ und $\mu_F = \pm 1{,}31$ kg/mm². Man errechnet die mittleren Abweichungen der Mittelwerte für Dehnung und Festigkeit zu bzw. $\pm 0{,}098\%$ und $\pm 0{,}065$ kg/mm²; die entsprechenden Variabilitätskoeffizienten sind $\pm 0{,}26$ bzw. $\pm 0{,}16$.

Als Folge der größeren Schwankungen der Einzelwerte überglühter Drähte gegenüber Kollektiven aus nicht überglühten Drähten sind auch die Schwankungen der Mittelwerte für Festigkeit oder Dehnung überglühter Drähte größer als die entsprechenden Werte nicht überglühter Drähte, sofern die Umfänge der verglichenen Kollektive gleich oder nicht sehr verschieden sind.

Es wurde der mittlere Abrundungsfehler einer Kollektivreihe in Art. 118 zu $\mu_r = \pm 1 : \sqrt{12}$ angegeben. Ein Mittel aus N Beobachtungen hat daher in Einheiten der letzten Dezimalstelle den mittleren Abrundungsfehler

$$\mu_{Mr} = \pm 1 : \sqrt{12\,N} = \pm 0{,}29 : \sqrt{N}.$$

Liegt eine Gaußsche Verteilung einer Materie vor, so treten die einzelnen Argumentwerte in solchen Häufigkeiten auf, daß die Verteilung durch eine symmetrische Häufigkeitskurve darstellbar ist. Bildet man aus den N Gliedern des Kollektivs alle möglichen Serien zu je n Gliedern, so ist die Verteilung der zu bestimmenden Gruppenmittel M_G bezüglich M wieder eine zufällig symmetrische. Die Streuung der Verteilung der Mittelwerte ist aber $\sqrt{n}$ mal kleiner als die Streuung der Verteilung der Einzelwerte des ganzen Kollektivs. Es gilt die bereits diskutierte Gleichung

$$\mu^2 = n\,\mu_G^2.$$

Es ist danach die Streuung von Mittelwerten aus n Einzelwerten $\sqrt{n}$ mal kleiner als die Streuung von Einzelwerten (die auch als Mittelwerte aus $n = 1$ Einzelwerten aufgefaßt werden können). Daraus ergibt sich, daß dann auch die Streuung von Mittelwerten aus N Einzelwerten $\sqrt{N}$ mal kleiner sein muß als die Streuung von Einzelwerten[1]).

Hat man z Kollektive, deren jedes einen Umfang N besitzt und aus Z Gruppen zu je n Einzelgliedern aufgebaut ist, so hat man $zN = zZn$ Einzelwerte. Die Streuung dieses Gesamtkollektivs sei μ^2. Es ist dann die Streuung der Mittelwerte der z Teilkollektive bezüglich des Gesamtmittels $\mu_{TK}{}^2 = \frac{\mu^2}{N}$, die Streuung der Mittelwerte der zZ Gruppen bezüglich des Gesamtmittels ist $\mu_G{}^2 = \frac{\mu^2}{n}$. Man kann nun die Gaußsche Verteilung der Einzelwerte des Gesamtkollektivs, der Mittelwerte der Teilkollektive und der Mittelwerte der Gruppen bestimmen. Bezeichnet man die Streuung irgendeiner Verteilung allgemein mit m bzw. m^2, und bezeichnet man die Abstände der Einzelwerte bzw. der Teilkollektivmittel bzw. der Gruppenmittel von dem Gesamtmittel M mit x, so gilt zur Bestimmung der Wahrscheinlichkeiten bestimmter Argumentwerte

$$p = \frac{1}{m\sqrt{2\pi}}\,e^{-\frac{x^2}{2m^2}},$$

[1]) Vgl. Art. 119.

und zur Bestimmung der Wahrscheinlichkeiten bestimmter Intervalle um M

$$\Phi = \frac{2}{\sqrt{\pi}} \int_0^{\frac{x}{m\sqrt{2}}} e^{-u^2} du.$$

Handelt es sich nun um die Darstellung der Verteilung der Einzelwerte des Gesamtkollektivs, so setzt man in die beiden Formeln für m den Wert μ ein; man erhält dann die Wahrscheinlichkeit eines Wertes $E = M - x$ bzw. $E = M + x$ bzw. die Wahrscheinlichkeit dafür, daß ein Einzelwert des Gesamtkollektivs in das Intervall $\pm x$ um M fällt. Will man die Gaußsche Verteilung zu den Mittelwerten der Teilkollektive, so ist für m der Wert $\mu_{TK} = \frac{\mu}{\sqrt{N}}$ zu nehmen, die erste Gleichung liefert dann die Wahrscheinlichkeit eines Kollektivmittels M_{TK}, das den Abstand x oder $-x$ von M besitzt, und der zweite Ausdruck ergibt die Wahrscheinlichkeit dafür, daß ein Mittelwert M_{TK} in das Intervall $\pm x$ um M fällt. Soll endlich die ideale Verteilung zu dem Kollektiv der Gruppenmittel wiedergegeben werden, so ist für m der Wert $\mu_G = \frac{\mu}{\sqrt{n}}$ zu setzen, und man erhält die Wahrscheinlichkeit eines Gruppenmittels $M_G = M - x$ oder $M_G = M + x$ bzw. die Wahrscheinlichkeit dafür, daß ein Gruppenmittel um höchstens $\pm x$ von M abweicht. Man rechnet in allen Fällen mit relativen Mittelwertsabständen $t = (E - M) : \mu$, $t = (M_{TK} - M)\sqrt{N} : \mu$ und $t = (M_G - M)\sqrt{n} : \mu$. Die eigentliche Rechenarbeit kann in allen Fällen durch Benutzung der Zahlentafeln 13 und 14 umgangen werden. Von den 3 Streuungen der Einzelwerte, der Teilkollektivmittel und der Gruppenmittel ist die Streuung μ der Einzelwerte die größte, es folgt die Streuung $\frac{\mu}{\sqrt{n}}$ der Gruppenmittel, und die Streuung $\frac{\mu}{\sqrt{N}}$ der Kollektivmittel ist die kleinste. Dementsprechend erhält man als Verteilungskurve der Einzelwerte die flachste Kurve; die Verteilungskurve der Gruppenmittel ist steiler, und die Verteilungskurve der Kollektivmittel zeigt den steilsten Abfall vom Maximum nach beiden Seiten. Endlich ist die Streuung des Gesamtmittels M gegeben als $\mu_M = \frac{\mu}{\sqrt{zN}}$, und man kann, wenn man diesen Wert in die obigen Formeln einsetzt, die Gaußsche Verteilungskurve konstruieren, welche die Streuung dieses Mittels bildlich darstellt, und man erhält damit eine Kurve, welche die kleinste Streuung aufweist und noch schlanker ist als die Verteilungskurve der M_{TK}-Werte.

Spielt die mittlere Abweichung eines arithmetischen Mittelwertes für Vergleiche und Beurteilungen verschiedener Kollektive derselben Materie im weiteren Sinn eine wichtige Rolle, so wird es seltener vorkommen, daß die Bestimmung der Streuung eines anderen Mittelwertes vorzunehmen ist. Es ist die mittlere Abweichung des Zentralwertes C

$$\mu_C = 1{,}2533 \frac{\mu}{\sqrt{N}} = 1{,}2533\,\mu_M.$$

Die mittlere Abweichung des 1. oder 3. Quartils ist

$$\mu_Q = 1{,}3626 \frac{\mu}{\sqrt{N}} = 1{,}3626\,\mu_M.$$

Es wurde bereits das Verfahren der Ausgleichungsrechnung zur Bestimmung des Mittels und der Streuung bzw. des mittleren Fehlers einer Materie, über welche verschiedene Beobachtungsserien verschiedener Genauigkeit vorliegen, erwähnt[1]). Man kann die Methode auch auf Materien der Kollektivmaßlehre übertragen, also auf mehrere Teilkollektive verschiedener Beständigkeit, verschiedener Homogenität, verschiedener Einheitlichkeit anwenden. In jedem Fall sind die Streuungen der Mittel der einzelnen Beobachtungsserien, der Teilkollektive, der Gruppen, welche als $\mu_M{}^2 = \mu_n{}^2 : n$ gegeben sind, den Gewichten der einzelnen Beobachtungsserien indirekt proportional. Kommt somit einer Beobachtung des Gewichtes 1 eine Streuung $\mu_1{}^2$ $(= \mu_n{}^2 : n)$ zu, so ist die Streuung einer Beobachtung des Gewichtes p gleich $\mu_1{}^2 : p$, und es ist die Streuung des Mittels aller Beobachtungen, dem das Gewicht Σp zukommt, gegeben als $\mu_1{}^2 : \Sigma p$. Ist $\mu_1{}^2$ die Streuung vor der Ausgleichung pro Gewichtseinheit, so ist $\mu_1{}^2$ zu vergleichen mit $\Sigma p\, d^2 : Z$ [in der Fehlertheorie mit $\Sigma p\, d^2 : (Z - 1)$], der Streuung nach der Ausgleichung, worin p die Gewichte der einzelnen Beobachtungsmittel, d deren Abstände vom gewogenen Mittel und Z die Anzahl dieser Mittel bedeuten. Es entspricht ebenso die Streuung eines Mittels des Gewichtes p, $\mu_p{}^2 = \frac{\mu_1{}^2}{p}$, vor der Ausgleichung dem Wert $\mu_a{}^2 = \Sigma p\, d^2 : p Z$ nach der Ausgleichung, oder es ist die Streuung $\mu_1{}^2 : \Sigma p$ des Mittels vor der Ausgleichung vergleichbar der Streuung $\Sigma p\, d^2 : Z \Sigma p$ des gewogenen Mittels.

Als Beispiel können die 18 Monatsserien der Zahlentafel 11 herangezogen werden. Die Streuungen $\mu_n{}^2$ dieser 18 Serien sind in Art. 117 aufgeführt. Die Division dieser Werte je mit $n = 16$ ergibt die Streuungen der 18 Mittelwerte. Man legt dem Mittel des 12. Monats mit der größten Streuung $\mu_v{}^2 = 0{,}00313$ (willkürlich) das Gewicht $p = 1$ bei. Die Gewichte der übrigen Mittel erhält man dann als $0{,}00313\, n : \mu_n{}^2$ zu bzw. $p = 1{,}5$ 3,2 1,5 2,5 1,6 1,2 1,6 1,6 2,0 1,3 2,0 1,0 1,1 1,4 1,4

[1]) Vgl. Art. 103, 118.

2,2 1,3 2,2. Es ist $\Sigma p = 30{,}6$. Man erhält das gewogene Mittel M_g als $\Sigma pM : \Sigma p = 19{,}64 : 30{,}6 = 0{,}642$. Führt man die Rechnung mit $M_g = 0{,}64$ weiter, so hat man die Differenzen $M - 0{,}64$ der einzelnen Monatsmittel gegen das gewogene Mittel zu quadrieren und diese d^2-Werte mit den jeweiligen Gewichten p zu multiplizieren. Man erhält dann $\Sigma p d^2 = 0{,}12484$ und kommt durch Division mit $Z = 18$ zu der Streuung eines Monatsmittels des Gewichts $p = 1$ nach der Ausgleichung, zu $\mu_a^2 = 0{,}00694$ gegenüber $\mu_v^2 = 0{,}00313$. Die beiden Streuungswerte sind stark verschieden, woraus man auf das Vorhandensein systematischer Schwankungen schließt. Als relatives Maß dieser Schwankungen ergibt sich $\frac{\mu_a^2}{\mu_v^2} = 2{,}2$. Die Streuung des Mittels vor der Ausgleichung bestimmt man zu $0{,}00313 : 30{,}6 = 0{,}00010$, die Streuung des Mittels nach der Ausgleichung mißt $0{,}00694 : 30{,}6 = 0{,}00022$. Statt der Streuungsquadrate kann man ebenso berechtigt die mittleren Abweichungen vergleichen. Zur Entscheidung der Frage, ob eine Differenz zwischen einem μ_a und einem μ_v wirklich oder nur zufällig ist, zieht man die Streuungswerte der Streuungen heran[1]).

124. Von dem Mittelwert eines unstetigen Kollektivs kommt man zu der Wahrscheinlichkeit p durch Division mit n. Auf dieselbe Weise erhält man aus der mittleren Abweichung μ einer Verteilung bezüglich M die mittlere Abweichung bezüglich p. Der Wert μ fixiert die Streuung der Gruppenhäufigkeiten des Erfolgs bezüglich der mittleren Erfolgshäufigkeit M, und $\mu_1 = \frac{\mu}{n}$ gibt die Streuung der Gruppenwahrscheinlichkeiten, der durch n dividierten Erfolgshäufigkeiten, bezüglich des Mittels dieser Wahrscheinlichkeiten $p = \frac{M}{n}$. Ist die mittlere Abweichung eines Mittelwertes selbst als $\mu_M = \frac{\mu}{\sqrt{N}}$ gegeben, so ist entsprechenderweise die mittlere Abweichung der Wahrscheinlichkeit p zu bestimmen als

$$\mu_p = \frac{\mu_1}{\sqrt{N}} = \frac{\mu}{n\sqrt{N}}.$$

Ist in einem Fall der Serienumfang $n = 1$, so ist die Gruppenhäufigkeit eines Ereignisses gleich der Wahrscheinlichkeit. Es ist dann $M = p$, und die Streuungen der Einzelwerte bezüglich M und p sind ebenfalls gleich. Ein Beispiel hierfür gibt die Zahlentafel 1. Es ist für das Kollektiv dieser Zahlentafel $\mu_M = \mu_p = \pm 0{,}029$. Es hat daher die genaue Angabe des Mittels oder der Wahrscheinlichkeit als

$$M = p = 0{,}52 \pm 0{,}03$$

[1]) Vgl. Art. 125.

zu erfolgen. Bestimmt man die Wahrscheinlichkeit für die ersten 30 Würfe allein, so ergibt sich $p = 0{,}5333$, und die Streuung dieses Teilkollektivs beträgt $\mu = \pm 0{,}499$. Man erhält als Streuung des Mittels 0,53333 $\mu_M = \frac{\mu}{\sqrt{n}}$ mit $n = 30$ und errechnet daher $\mu_M = \pm 0{,}09$, so daß man für die erste Serie des Kollektivs anzugeben hat

$$M_G = p_G = 0{,}53 \pm 0{,}09.$$

Man sieht, die Streuung dieses Serienmittels ist beträchtlich größer als die Streuung des Gesamtmittels, eine Folge des viel kleineren Serienumfanges im Verhältnis zu dem Kollektivumfang. Weitere Beispiele über die Bestimmung einer Streuung bezüglich p finden sich in den Zahlentafeln 15, 18, 19, 24.

Es sind noch die Streuungen von Größen festzulegen, welche einfache Funktionen einer Wahrscheinlichkeit darstellen. Bezeichnet man die mittlere Abweichung einer Reihe von Wahrscheinlichkeiten mit μ_w und ist dieser Wert μ_w relativ klein, so ist die mittlere Abweichung der Verhältnisse $\frac{p}{1-p} = \frac{p}{q}$, der relativen Wahrscheinlichkeiten,

$$\mu_{p:q} = \mu_w : q^2.$$

Wird die Wahrscheinlichkeit p eines Ereignisses von einer anderen Wahrscheinlichkeit derart bestimmt, daß gilt

$$p = c p_1,$$

worin c eine konstante Größe bedeutet, bezeichnet man die mittlere Abweichung der p-Werte mit μ_w und die mittlere Abweichung des Kollektivs der p_1-Werte mit μ_1, so ist

$$\mu_w = c \mu_1.$$

Diese Rechenvorschrift deckt sich mit der anderen, daß man von der Streuung einer Wahrscheinlichkeit zu der Streuung der Häufigkeiten gelangt, indem man die erstere mit dem Serienumfang n multipliziert. Es ist $a' = np'$, $M = np$ und $\mu = n\mu_w$. Es ergibt sich weiter aus dem vorhergehenden, daß man aus der Streuung der Erfolgshäufigkeiten als Argument die Streuung des Verhältnisses $\frac{p}{q}$ als

$$\mu_{p:q} = \frac{\mu}{n q^2}$$

bestimmt.

Die Häufigkeit eines Ereignisses pro 100 Fälle ist $100\,p$. Aus der Streuung μ_w erhält man die Streuung des Kollektivs der $(100\,p)$-Werte als

$$\mu_{100\,p} = 100\,\mu_w.$$

Die Häufigkeit eines Ereignisses pro 100 Fälle des gegenteiligen Ereignisses ist $100\,\frac{p}{q}$. Man bestimmt aus der Streuung μ_w

$$\mu_{100\,p:q} = 100\,\frac{\mu_w}{q^2}$$

und aus der Streuung μ der Erfolgshäufigkeiten

$$\mu_{100\,p:q} = 100\,\frac{\mu}{n\,q^2}.$$

Hat man eine Wahrscheinlichkeit $p = c\,p_1 + K$, und sind c und K konstante Größen, so ist

$$\mu_w = c\,\mu_1.$$

Es hat demnach der relative Überschuß $\ddot{U} = 2\,p - 1$ eine Streuung

$$\mu_{\ddot{U}} = 2\,\mu_w = 2\,\frac{\mu}{n}.$$

Ist endlich eine Wahrscheinlichkeit

$$p = c_1\,p_1 + c_2\,p_2,$$

und bezeichnet man die Streuungen der Wahrscheinlichkeiten p_1 und p_2 mit bzw. μ_1 und μ_2, so ist

$$\mu_w = \sqrt{c_1^2\,\mu_1^2 + c_2^2\,\mu_2^2}.$$

In all diesen Fällen kommt man wieder von der Streuung der Einzelwerte zu der mittleren Abweichung des Mittelwertes der betreffenden Größe durch Division mit der Wurzel aus dem Kollektivumfang.

Ganz entsprechende Beziehungen wie die für Wahrscheinlichkeiten behandelten gelten naturgemäß auch für Häufigkeiten und allgemein für beliebige Argumentwerte. Ergeben sich z. B. die Einzelwerte E einer Größe aus den Einzelwerten E_1 einer andern Größe als

$$E = cE_1,$$

so gilt

$$\mu_E = c\mu_{E_1}.$$

Sind die Einzelwerte einer zusammengesetzten Größe gegeben als

$$E = E_1 + E_2 + E_3 + \ldots,$$

wobei vorausgesetzt ist, daß die Einzelwerte der einfachen Größen unabhängig voneinander sind, so ergibt sich die Streuung der E-Werte aus den Streuungen der einfachen Größen als

$$\mu^2 = \mu_1^2 + \mu_2^2 + \mu_3^2 + \ldots$$

Man nennt diese Beziehungen, nach denen man die Streuung zusammengesetzter Größen aus den Streuungen der einfachen Größen berechnen kann, »Fehlerfortpflanzungsgesetz« von Gauß oder in Anwendung auf die Materien der Kollektivmaßlehre richtiger Streuungsfortpflanzungsgesetz.

Sind im besonderen die Streuungen $\mu_1, \mu_2, \mu_3 \ldots$ der einfachen Größen einer zusammengesetzten Größe $E = E_1 + E_2 + E_3 + \ldots$ gleich, so ergibt sich die Streuung μ_E der zusammengesetzten Größe E aus den gleichen Einzelstreuungen μ, wenn n die Anzahl der Komponenten der zusammengesetzten Größe angibt, als

$$\mu_E = \mu \sqrt{n}.$$

Dies ist das sog. Quadratwurzelgesetz[1]).

Zählt ein Kollektiv Nn Glieder und besteht für das Auftreten einer bestimmten Eigenschaft dieser Glieder die Wahrscheinlichkeit p, so ist die Gesamterfolgszahl des Kollektivs Nnp. Die mittlere Abweichung dieser Gesamterfolgszahl ergibt sich aus der mittleren Abweichung μ_w der Wahrscheinlichkeiten bezüglich p bzw. aus der mittleren Abweichung μ_p der mittleren Wahrscheinlichkeit p zu

$$\mu_{Nnp} = \mu_w n \sqrt{N} = \mu_p n N.$$

Es ist die Streuung der Nn Einzelfälle bezüglich $M = p$ im quadratischen Maß als pq gegeben, es ist die Streuung der Gruppenhäufigkeiten bezüglich $M = np$ $\mu^2 = npq$, es ist die Streuung der Gruppenwahrscheinlichkeiten bezüglich p bestimmt als $\mu_1^2 = \frac{pq}{n}$, und es ist die Streuung der Gesamterfolgszahl Nnp festgelegt als $\mu^2 = Nnpq$. Es ist sodann das mittlere Abweichungsquadrat der mittleren Wahrscheinlichkeit p selbst $\mu_p^2 = \frac{pq}{Nn}$, und das mittlere Abweichungsquadrat des Mittels np ist $\mu_M^2 = \frac{npq}{N}$. Durch Radizieren kommt man in jedem Fall zu der mittleren Abweichung.

Es ergibt sich endlich aus dem Ausgeführten von selbst, daß die mittlere Abweichung einer aus N Proben ermittelten Prozentzahl a gegeben ist als

$$\mu = \pm \sqrt{a\,(100 - a) : N}.$$

125. So wenig der aus einer Gruppe von n Elementen hergeleitete Mittelwert M_G mit dem Mittel M des Gesamtkollektivs übereinstimmt, so wenig deckt sich die Streuung der Einzelwerte der Gruppe mit der Streuung des ganzen Kollektivs, wenigstens solange n nicht sehr groß ist. Ist N sehr groß und n groß, so gilt die bereits erwähnte Beziehung,

---

[1]) Vgl. Art. 127 ff.

daß die Streuung $\mu_n{}^2$ der Einzelwerte einer beliebig herausgegriffenen Gruppe mit n Gliedern gleich $(n-1)\frac{\mu^2}{n}$ ist, worin μ^2 die Einzelwertstreuung des Gesamtkollektivs bedeutet. Ist N nicht beträchtlich größer als n, dann ist das nach der angeführten Beziehung berechnete $\mu_n{}^2$ noch mit $N:(N-1)$ zu multiplizieren. Ist n aber nun nicht mehr groß, so gelten die angeführten Beziehungen nicht mehr, und man erhält für verschiedene zufällig ausgesonderte Gruppen zu n Gliedern Streuungen $\mu_n{}^2$, die unter sich verschieden sind sowie gegen

$$\frac{n-1}{n}\,\mu^2 \text{ bzw. } \frac{(n-1)\,N}{n\,(N-1)}\,\mu^2$$

differieren. Bestimmt man daher für eine Reihe von Gruppen die Streuungen $\mu_n{}^2$ und berechnet für jeden Wert nach der Formel $\mu^2 = n\mu_n{}^2:(n-1)$ bzw. der genaueren Formel $\mu^2 = n\,(N-1)\,\mu_n{}^2:N\,(n-1)$ die Gesamtstreuung, so erhält man eine Reihe von Werten μ^2, die unter sich differieren und auch mit dem empirisch zu bestimmenden μ^2 nicht übereinstimmen. Erst die Mittelung einer großen Zahl solcher Gruppen-Einzelwert-Streuungen, am besten die Mittelung der Streuungen $\mu_n{}^2$ aller möglichen $K = \binom{N}{n}$ Gruppen, führt zu einem Wert $\mu_z{}^2$, welcher in die eine oder andere Formel für die Berechnung von μ^2 eingesetzt zu einem Wert für dieses μ^2 führt, der mit dem empirischen Wert übereinstimmt.

Es schwanken also die einzelnen Gruppenstreuungen $\mu_n{}^2$ um ihren Mittelwert $\mu_z{}^2$, es zeigen die einzelnen Gruppenstreuungen selbst wieder eine Streuung bezüglich der Streuung des Gesamtkollektivs, es schwanken die nach den einzelnen Gruppenstreuungen $\mu_n{}^2$ berechneten Gesamtstreuungen um den wirklichen Wert μ^2. Bezeichnet man die aus den einzelnen Serienstreuungen $\mu_n{}^2$ als $\frac{n}{(n-1)}\,\mu_n{}^2$ oder als $\frac{n\,(N-1)}{N\,(n-1)}\,\mu_n{}^2$ berechneten Gesamtstreuungen mit m^2 im Unterschied zu dem wirklichen, empirisch zu bestimmenden Wert μ^2 dieser Gesamtstreuung, so streuen die Quotienten $\frac{m^2}{\mu^2}$ um ihren Mittelwert $\frac{m^2}{\mu^2} = 1$, den die Bestimmung von m^2 aus $\mu_z{}^2$ statt aus einem beliebigen $\mu_n{}^2$ liefert. Diese Streuung der m^2 bezüglich μ^2 oder der $\frac{m^2}{\mu^2}$ bezüglich ihres Mittels 1 läßt sich nun berechnen und führt damit zu einer formelmäßigen Festlegung der Streuung einer. Streuung. Es ist die relative Streuung des Quotienten $\frac{m^2}{\mu^2}$ gegeben als $\sqrt{2:n}$, es ist die Streuung der Streuung m^2 festgelegt als $\mu^2\sqrt{2:n}$. Es ist demnach auch die Streuung der die einzelnen m^2-Werte ergebenden $\mu_n{}^2$ bezüglich ihres zu dem Wert μ^2 führenden Mittels $\mu_z{}^2$ festgelegt als $\mu_z{}^2\sqrt{2:n}$. Hat man ein Kollektiv mit z Gliedern, und ermittelt für dieses Kollektiv eine Streuung μ^2, so ist die Streuung dieser Streuung ebenfalls als mittlere Abweichung anzugeben durch

$$\text{str.}\ \mu^2 = \mu^2 \sqrt{2 : z}\ ^{1)}.$$

Leitet man die Streuung eines Kollektivs mit N Gliedern zu μ^2 ab, so gilt

$$\text{str.}\ \mu^2 = \mu^2 \sqrt{2 : N}.$$

Wird die Streuung der Gruppenmittel $\mu_G{}^2$ aus Z Mitteln als $\frac{1}{Z}\,\Sigma(M_G - M)^2$ errechnet, so ist

$$\text{str.}\ \mu_G{}^2 = \mu_G{}^2 \sqrt{2 : Z}.$$

In der Fehlertheorie treten wieder an Stelle der Umfänge die um 1 verminderten Umfänge.

Ist z (n, N, Z) größer als 4, so gilt für die Streuung des Verhältnisses $\frac{m}{\mu}$, daß sie ½ der Streuung des Verhältnisses $\frac{m^2}{\mu^2}$ ausmacht. Es folgt hieraus

$$\text{str.}\ \mu = \frac{1}{2}\,\mu \sqrt{\frac{2}{N}} = \mu \sqrt{1 : 2\,N}$$

bzw.

$$\text{str.}\ \mu_G = \mu_G \sqrt{1 : 2\,Z}.$$

Hat man ein Kollektiv aus N Gliedern, so ist also

$$\text{str.}\ M = \mu_M = \frac{\mu}{\sqrt{N}}$$

$$\text{str.}\ \mu^2 = \mu^2 \frac{\sqrt{2}}{\sqrt{N}}$$

$$\text{str.}\ \mu = \frac{\mu}{\sqrt{2\,N}}.$$

Es verhalten sich somit die Streuungen des Mittelwertes, des Streuungsquadrates und der Streuung wie

$$1 : \mu\sqrt{2} : \frac{1}{\sqrt{2}} = \sqrt{2} : 2\,\mu : 1.$$

Es ist daher exakt anzugeben für ein Kollektiv das Mittel als

$$M \pm \frac{\mu}{\sqrt{N}},$$

das Streuungsquadrat als

$$\mu^2 \pm \mu^2 \frac{\sqrt{2}}{\sqrt{N}},$$

[1]) Das Symbol str. hat dieselbe Bedeutung wie μ und bezeichnet mithin die mittlere quadratische Abweichung.

die Streuung als

$$\mu \pm \frac{\mu}{\sqrt{2N}},$$

ein Gruppenmittel als

$$M_G \pm \frac{\mu}{\sqrt{n}},$$

das Streuungsquadrat der Gruppenmittel bezüglich M als

$$\mu_G^2 \pm \mu_G^2 \frac{\sqrt{2}}{\sqrt{Z}},$$

die Streuung der Gruppenmittel als

$$\mu_G \pm \frac{\mu_G}{\sqrt{2Z}}.$$

In analoger Weise ist nun auch z. B. die wahrscheinliche Abweichung selbst wieder mit einer Abweichung behaftet. Bestimmt man q als $0{,}4769\sqrt{2}\,\mu$, so ist die wahrscheinliche Abweichung der wahrscheinlichen Abweichung q gegeben als

$$q_q = 0{,}4769 \frac{q}{\sqrt{N}},$$

so daß die wahrscheinliche Abweichung exakt als

$$q\left(1 \pm \frac{0{,}4769}{\sqrt{N}}\right)$$

festzulegen ist. Ebenso ist das Beständigkeitsmaß h mit einer Abweichung behaftet. Es ist z. B. die wahrscheinliche Abweichung eines Wertes h

$$q_h = 0{,}4769 \frac{h}{\sqrt{N}}$$

oder die mittlere Abweichung der Präzision h_f

$$\mu_{h_f} = h_f : \sqrt{2(N-1)}.$$

Man nennt den Quotienten aus der mittleren Abweichung einer Größe durch diese Größe die mittlere relative Abweichung und das 100fache dieses Quotienten die mittlere prozentuale Abweichung. Bezüglich der Argumentwerte eines Kollektivs wurde die mittlere prozentuale Abweichung bereits als Variabilitätskoeffizient diskutiert[1]). Es ist sodann die mittlere relative Abweichung für μ^2 gegeben als $\pm\sqrt{2:N}$, und die mittlere relative Abweichung der mittleren Abweichung μ mißt $\pm 1:\sqrt{2N}$.

[1]) Vgl. Art. 121 und 123.

Es ist weiter die mittlere relative Abweichung der durchschnittlichen Abweichung δ zu bestimmen als $\pm\sqrt{(\pi-2):2N} = \pm 0{,}7555:\sqrt{N}$. Es gilt somit

$$\text{str.}\,\delta = \pm\,\delta\sqrt{(\pi-2):2N},$$

so daß die durchschnittliche Abweichung genau als

$$\delta\left[1 \pm \sqrt{(\pi-2):2N}\right]$$

anzugeben ist. Die Streuung des Verhältnisses $\frac{\mu}{\delta}$ [1]), das im Idealfalle den Wert 1,2533 annimmt, beträgt

$$\text{str.}\,\frac{\mu}{\delta} = \pm\,\frac{\mu}{\delta} \times \frac{0{,}7555}{\sqrt{N}}.$$

Die mittlere Abweichung der mittleren Abweichung einer Beobachtung des Gewichtes $p = 1$ nach der Ausgleichung mißt $\pm\,\mu_a:\sqrt{2Z}$, wenn Z die Anzahl der verarbeiteten Einzel- oder Gruppenmittel ist, und die mittlere Abweichung des gewogenen Mittels wird genau als

$$\mu_{M_g} = \sqrt{\frac{\Sigma p d^2}{Z \Sigma p}}\left(1 \pm \frac{1}{\sqrt{2Z}}\right)$$

festgelegt[2]).

Die Summe S der Häufigkeiten der Abweichungsrichtungen der Einzelwerte eines Kollektivs bezüglich des Mittels ist im Falle einer idealen Gaußschen Verteilung 0 oder ± 1[3]). Die mittlere Abweichung dieses Wertes S mißt $\pm\sqrt{N}$. Es gilt mithin genau

$$S = 0 \pm \sqrt{N}.$$

Ebenso ist die Differenz aus den Häufigkeiten der Folgen und Wechsel der Abweichungsrichtungen einer Reihe als

$$(f - w) = 0 \pm \sqrt{N-1}$$

anzugeben[4]). Endlich mißt die Streuung des Quotienten, welcher als Abbesches Kriterium gilt[5]), $\pm 1:\sqrt{N}$. Es ist mithin

$$2\mu^2 : m_z^2 = 1 \pm 1:\sqrt{N}.$$

Man hat in allen Fällen den empirischen Wert einer der aufgeführten Größen mit deren Idealwert zu vergleichen, und man vergleicht die Abweichung eines empirischen Wertes von seinem idealen Wert mit der Streuung dieses idealen Wertes. Es läßt sich dann nach dem Verhältnis aus

---

[1]) Vgl. Art. 116 und 117.
[2]) Vgl. Art. 118 und 123.
[3]) Vgl. Art. 117.
[4]) Vgl. Art. 117.
[5]) Vgl. Art. 120.

der Abweichung des empirischen Wertes von seinem idealen Wert zu der mittleren Abweichung des letzteren entweder mit Hilfe der Zahlentafel 14 unter der Voraussetzung, daß verschiedene empirische Abweichungen dem Gaußschen Gesetze unterliegen, oder allgemein mit Hilfe des Theorems von Tschebyscheff die Wahrscheinlichkeit dafür ermitteln, daß eine bestimmte empirische Abweichung real bzw. zufällig ist[1]).

126. Für eine bestimmte Gaußsche Verteilung einer Reihe von Argumentwerten läßt sich ein bestimmter Wert μ feststellen, und es läßt sich für K Gruppen zu je n Gliedern eine Reihe von K μ_n-Werten herleiten, aus denen sich K m-Werte berechnen lassen, so daß man K Verhältnisse $\frac{m_1}{\mu}, \frac{m_2}{\mu}, \frac{m_3}{\mu} \ldots \frac{m_K}{\mu}$ erhält. Diese Verhältnisse kann man wieder als Kollektivreihe betrachten; man kann die Verteilung dieser $\frac{m}{\mu}$-Werte durch eine Verteilungskurve darstellen. Diese Verteilungskurve der Verhältnisse $\frac{m}{\mu}$ ist nun in keinem Fall symmetrisch, sondern ist stets linksseitig asymmetrisch. Desgleichen ist die Verteilungskurve der $\frac{m^2}{\mu^2}$-Werte eines Kollektivs nicht symmetrisch, sondern ebenfalls linksseitig asymmetrisch. Ein Beispiel möge diese Verhältnisse sowie die folgenden Ausführungen illustrieren.

Wir nehmen ein ideales Kollektiv mit $N = 8$, $n = 2$ und $p = 0{,}5$ an. Es existieren 3 Argumentwerte 0, 1 und 2. Die Häufigkeiten dieser Argumentwerte sollen bzw. 2, 4 und 2 sein. Man hat also folgende Kollektivreihe:

0 0 1 1 1 1 2 2.

Bildet man Gruppen zu je $n = 2$ Gliedern, so sind im ganzen $8!:2!\,6! = 28$ Gruppen möglich. Es sind dies die folgenden Gruppen:

00	01	11	11	11	12	22
01	01	11	11	12	12	
01	01	11	12	12		
01	01	12	12			
01	02	12				
02	02					
02						

Faßt man gleiche Gruppen zusammen, berechnet die Gruppenmittel sowie die Gruppenstreuungen, so erhält man folgende Übersicht:

Gruppe . . .	00	01	02	11	12	22
M_G	0	0,5	1	1	1,5	2
μ_n^2	0	0,25	1	0	0,25	0
z	1	8	4	6	8	1

[1]) Vgl. Art. 40 und 129.

Wählt man μ_n^2 als neues Argument, so erhält man die 3 Argumentwerte μ_n^2

$$0 \qquad 0{,}25 \qquad 1.$$

Die Häufigkeiten dieser μ_n^2-Werte (die Anzahlen der Gruppen mit diesen μ_n^2-Werten) betragen

$$8 \qquad 16 \qquad 4.$$

Man ersieht schon hieraus die linksseitige Asymmetrie.

Rechnet man die μ_n^2-Werte zunächst in die m^2-Werte um durch Multiplikation mit $n\ (N-1):N\ (n-1) = 2 \times 7:8 \times 1 = {}^7/_4$, so erhält man die Werte 0, $^7/_{16}$ und $^7/_4$. Multipliziert man diese Werte mit ihren Häufigkeiten 8, 16 und 4, addiert und dividiert durch $K = 28$, so erhält man $m_z^2 = (8 \times 0 + 16 \times {}^7/_{16} + 4 \times {}^7/_4) : 28 = 0{,}5$. Dieser Wert ist identisch mit der Streuung des Gesamtkollektivs $\mu^2 = npq = 0{,}5$. Man erhält als Mittelwert des quadratischen Streuungsverhältnisses $\frac{m^2}{\mu^2} = \frac{m_z^2}{\mu^2}$ somit den Wert 1. Denselben Wert erhält man als Mittelwert des Verhältnisses $\frac{m^2}{\mu^2}$ für alle Verteilungen und unabhängig von der Größe der Seriengliederzahl n.

Errechnet man weiter aus den aufgeführten Werten für m^2 durch Radizieren die m-Werte, so erhält man 0, $\frac{\sqrt{7}}{4}$ und $\frac{\sqrt{7}}{2}$. Dividiert man mit $\mu = \sqrt{0{,}5}$, so erhält man die $\frac{m}{\mu}$-Werte 0, $\frac{\sqrt{14}}{4}$ und $\frac{\sqrt{14}}{2}$ (mit den Häufigkeiten 8, 16 und 4).

Man hat somit ein Kollektiv der $\frac{m}{\mu}$-Werte, das man wie gewöhnlich auswerten kann. Man berechnet den Mittelwert als $(8 \times 0 + 16\frac{\sqrt{14}}{4} + 4\frac{\sqrt{14}}{2}):28$ zu $\frac{3}{\sqrt{14}}$ oder rd. 0,8. Die Bestimmung der Streuung des Kollektivs der $\frac{m}{\mu}$-Werte erfolgt wie gewöhnlich. Man erhält rund

$$\text{str.}^2 \frac{m}{\mu} = 0{,}36$$

und

$$\text{str.} \frac{m}{\mu} = \pm\, 0{,}6.$$

Die Rechnung mit größeren Werten für N und n sowie die Rechnung mit einer Gaußschen Verteilung statt einer binomialen Verteilung ließe die im folgenden noch festzustellenden Ergebnisse bezüglich der Streuung der Streuung in manchem noch deutlicher hervortreten. Der übersichtlicheren Berechnungsmöglichkeit wegen wurde jedoch ein einfacheres Beispiel gewählt.

Die linksseitige Asymmetrie der Verteilung der Werte $\frac{m}{\mu}$ für die relative Streuung ist um so stärker, je kleiner n ist, und sie nimmt mit wachsendem n immer mehr ab. Je größer n ist, um so kleiner wird überdies die Streuung der relativen Streuung $\frac{m}{\mu}$, um so schmaler und schlanker wird somit die Verteilungskurve der $\frac{m}{\mu}$-Werte.

Der wahrscheinlichste Wert des Verhältnisses $\frac{m}{\mu}$, also der $\frac{m}{\mu}$-Wert, bei dem das Maximum der Verteilungskurve der relativen Streuungswerte liegt, ist stets kleiner als 1, und er ist um so kleiner, je kleiner n ist. Es läßt sich der wahrscheinlichste Wert der Verteilung der $\frac{m}{\mu}$-Werte als $\sqrt{(n-2):(n-1)}$ berechnen. Hat man somit irgendein Kollektiv mit N Gliedern, und bildet man aus ihm alle möglichen Gruppen zu je $n = 3$ Gliedern, so findet man am häufigsten als $\frac{m}{\mu}$ den Wert

$$\sqrt{(3-2):(3-1)} = \sqrt{0{,}5} = 0{,}707.$$

Es ist also der häufigste Wert für m in einem Kollektiv beliebiger Streuung μ stets wenn $n = 3$ gewählt wird $0{,}707\,\mu$. Es ist der häufigste Wert der Gruppenstreuung μ_n mithin $0{,}707\,\mu \sqrt{(n-1)\,N:n\,(N-1)}$. Ist $N \gg n$, so ist für $n = 3$ der häufigste Wert der Serienstreuung $0{,}707\,\mu \sqrt{^2/_3} = 0{,}58\,\mu$.

In gleicher Weise berechnet man den wahrscheinlichsten Wert der Verteilung der $\frac{m}{\mu}$-Werte eines Kollektivs mit Gruppen zu $n = 4$ Gliedern zu $\sqrt{^2/_3} = 0{,}816$. Für $n = 10$ berechnet man als wahrscheinlichsten Wert der relativen Streuung 0,942. Man stellt fest, daß mit wachsendem Wert n der wahrscheinlichste Wert der nach einer Gruppe berechneten Gesamtstreuung immer näher der Gesamtstreuung selbst rückt. Für $n = 50$ ist bereits der wahrscheinlichste Wert für m gleich $0{,}99\,\mu$, d. h. es ist am wahrscheinlichsten, daß die Auswertung einer Gruppe nach μ_n zwecks Errechnung des m einen Wert für m ergibt, der praktisch gleich der Gesamtstreuung des Kollektivs gesetzt werden kann. Überprüft man mithin eine Materie durch beliebige Auswahl von n Gliedern und ergibt sich eine Streuung der n Glieder von μ_n^2, so errechnet man $m = \mu_n \sqrt{n:(n-1)}$. Der wahrscheinlichste Wert für dieses m ist dann $\mu \sqrt{(n-2):(n-1)}$, wenn μ die Streuung der ganzen Materie bedeutet. Es ist somit auch am wahrscheinlichsten, daß die Streuung der ganzen Materie

$$\mu = \mu_n \sqrt{n:(n-1)} \times \sqrt{(n-1):(n-2)} = \mu_n \sqrt{n:(n-2)}$$

ist. Ermittelt man die Streuung für 10 Glieder zu μ_{10}, so ist es am wahrscheinlichsten, daß die Streuung der Materie, welcher diese 10 Glieder entstammen, $\mu = 1{,}12\,\mu_{10}$ ausmacht. Wählt man aus einer Materie 20 Glieder aus, so ist es am wahrscheinlichsten, daß die Streuung μ_{20} nur noch um rd. 5% von der Streuung der ganzen Materie abweicht, und man kann schon in vielen Fällen μ_{20} für μ nehmen.

Zur Berechnung des Mittelwertes der Verteilung der $\frac{m}{\mu}$-Werte hat man 2 Formeln, eine für gerade n-Werte und eine andere für ungerade n-Werte. Ist n ungerade, so ermittelt man den Mittelwert der Verteilung der $\frac{m}{\mu}$-Werte als

$$M\left(\frac{m}{\mu}\right) = \sqrt{\frac{\pi}{2\,(n-1)}}\;\frac{3 \times 5 \times 7 \times \ldots (n-2)}{2 \times 4 \times 6 \times \ldots (n-3)},$$

und für gerades n bestimmt man den Mittelwert der Verteilung der $\frac{m}{\mu}$-Werte als

$$M\left(\frac{m}{\mu}\right) = \frac{2 \times 4 \times 6 \times \ldots (n-2)}{3 \times 5 \times 7 \times \ldots (n-3)} : \sqrt{\frac{\pi\,(n-1)}{2}}.$$

Man bestimmt also z. B. für $n = 9$

$$M\left(\frac{m}{\mu}\right) = \sqrt{\frac{3{,}14}{16}} \times \frac{3 \times 5 \times 7}{2 \times 4 \times 6} = 0{,}97$$

oder für $n = 12$

$$M\left(\frac{m}{\mu}\right) = \frac{2 \times 4 \times 6 \times 8 \times 10}{3 \times 5 \times 7 \times 9} : \sqrt{\frac{3{,}14 \times 11}{2}} = 0{,}98.$$

Mit wachsendem Wert für n rückt auch der Mittelwert immer näher gegen 1, ist aber stets etwas größer als der wahrscheinlichste Wert, wenn auch der Unterschied und damit die Asymmetrie der Verteilung mit wachsendem n immer kleiner wird. Für n-Werte von 20 ab kann man bereits den Mittelwert der m gleich μ setzen. Und da für $n = 20$ der Mittelwert μ_z der μ_n bei großem N gleich 0,975 μ ist, bedeutet es schon keinen großen Fehler mehr, den Mittelwert der μ_n selbst gleich μ zu setzen.

Die Streuung des Verhältnisses $\frac{m}{\mu}$ errechnet man endlich nach der Formel

$$\text{str.}\ \frac{m}{\mu} = \pm \sqrt{1 - \left[M\left(\frac{m}{\mu}\right)\right]^2}.$$

Es ist die Streuung der relativen mittleren Abweichung für $n = 2$ mithin $\pm\sqrt{1 - (0{,}798)^2} = \pm\,0{,}603$. Für $n = 2$ beträgt daher die Streuung der Streuung rd. 60% der mittleren Abweichung. Für $n = 3$ ergibt die Rechnung als Streuung der relativen mittleren Abweichung $\pm$ 0,464; es beträgt die mittlere Abweichung einer mittleren Abweichung für $n = 3$ mithin 46,4% der mittleren Abweichung. Für $n = 4$ bestimmt man str. $\frac{m}{\mu} = \pm 0{,}387$, und für $n = 5$ wird str. $\frac{m}{\mu} = \pm 0{,}343$. Es wird für $n = 10$ die mittlere Abweichung der mittleren Abweichung μ gleich 0,231 μ, und für $n = 20$ beträgt die mittlere Abweichung einer mittleren Abweichung nur noch 16,1% der letzteren.

Für Umfänge, die größer als 4 sind, kann man, und zwar mit steigender Genauigkeit für größer werdende Umfänge, die mittlere Abweichung einer mittleren Abweichung auch bestimmen nach der Formel

$$\text{str.}\,\mu = \mu \sqrt{1:2n}$$

bzw.

$$\text{str.}\,\mu = \mu : \sqrt{2N}.$$

Operiert man statt mit mittleren Abweichungen mit mittleren Abweichungsquadraten, so erhält man als Mittelwert des Verhältnisses $\frac{m^2}{\mu^2}$ stets 1. Es ist mit anderen Worten das Mittel aller m^2 in jedem Fall gleich μ^2, es gilt $m_z{}^2 = \mu^2$. Den wahrscheinlichsten Wert des Verhältnisses $\frac{m^2}{\mu^2}$ berechnet man zu

$$(n - 3):(n - 2).$$

Die Streuung der Einzelwerte einer Verteilung der $\frac{m^2}{\mu^2}$-Werte eines bestimmten Kollektivs ist endlich zu errechnen als $\sqrt{2:n}$. Es gilt allgemein

$$\text{str.}\,\mu^2 = \mu^2 \frac{\sqrt{2}}{\sqrt{N}}.$$

Es können noch die aus dem seitherigen ohne weiteres verständlichen Beziehungen erwähnt werden, welche die Streuungsquadrate, und zwar die mittleren Abweichungsquadrate einer Streuung ergeben:

$$\text{str.}^2\,\mu^2 = \frac{2\,\mu^4}{N}$$

und

$$\text{str.}^2\,\mu = \frac{\mu^2}{2N}.$$

Aus beiden Gleichungen folgt die weitere Beziehung

$$\text{str.}^2\,\mu = \text{str.}^2\,\mu^2 : 4\,\mu^2.$$

Zieht man die Wurzel, so findet man

$$\text{str.}\,\mu = \text{str.}\,\mu^2 : 2\,\mu.$$

Diese letztere Beziehung erhält man auch direkt aus den beiden Gleichungen

$$\text{str.}\,\mu^2 = \frac{\mu^2\sqrt{2}}{\sqrt{N}}$$

und

$$\text{str.}\,\mu = \frac{\mu}{\sqrt{2N}}.$$

Die letztgenannten Beziehungen gelten nur für $N > 4$. Beispiele für die Berechnung der Streuung einer Streuung bieten die Zahlentafeln 1, 11, 24, 28, 29, 30, 33, 35.

127. Hat man zwei oder mehrere veränderliche Eigenschaften, die völlig unabhängig voneinander sind, wie z. B. die Festigkeit von Tombakdrähten und die Festigkeit von Phosphorbronzedrähten, und wird jede der Variabeln durch eine Kollektivreihe dargestellt, so ist die mittlere Abweichung der Summen oder der Differenzen dieser Eigenschaftswerte von ihrem arithmetischen Mittel aus den mittleren Abweichungen der Einzelwerte jeder Reihe je von ihrem Mittel zu errechnen. Es ist ohne weiteres verständlich, daß bei der Kombination mehrerer veränderlicher Größen, sei es nun zu einer Summe oder zu einer Differenz, sich die mittleren Abweichungen der einzelnen Werte in gewissem Grade verstärken. Es ist dementsprechend, wenn μ_1 die mittlere Abweichung der Einzelwerte der einen Veränderlichen von ihrem Mittel und μ_2 die mittlere Abweichung der Einzelwerte der anderen veränderlichen Größe von deren Mittelwert bedeuten, die mittlere Abweichung μ der Summen oder Differenzen der Einzelwerte beider Variabeln von dem Mittel dieser einzelnen Summen oder Differenzen zu errechnen nach der Beziehung $\mu^2 = \mu_1^2 + \mu_2^2$. Mithin ist die mittlere Abweichung der zusammengesetzten Größe

$$\mu = \pm\sqrt{\mu_1^2 + \mu_2^2}\,[1].$$

Ein Spiel mit 12 Würfeln auf gerade Augenzahlen ergibt $M_{12} = np = 6$. Führt man das Spiel mit 6 Würfeln durch, so ist $M_6 = 3$, und spielt man mit 18 Würfeln, so ergibt sich $M_{18} = 9$. Es können die Spielergebnisse mit den 18 Würfeln als aus den Eigenschaftswerten der beiden andern Spielreihen zusammengesetzte variable Werte aufgefaßt werden, was ganz evident wird, wenn von den 18 Würfeln z. B. 12 rot und 6 weiß sind, so daß jedes Einzelergebnis E_{18} direkt als Summe $E_6 + E_{12}$ erscheint. Es gilt demnach nach Artikel 104 $M_{18} = M_6 + M_{12}$. Es sind weiter die Streuungen der Spielergebnisse $\mu_{18}^2 = 18pq = 4{,}5$, $\mu_{12}^2 = 12pq = 3$ und $\mu_6^2 = 6pq = 1{,}5$. Es stimmt mithin die Gleichung $\mu_{18}^2 = \mu_{12}^2 + \mu_6^2$.

---

[1]) »Fehlerfortpflanzungsgesetz« von Gauß. Vgl. Art. 124.

Zahlentafel 24.

Verteilung von Tombakdrähten 72/28 mit 41 kg/mm² Festigkeit.

Klasse (Ringzahl)	I. Kollektiv z	$z\,d$	$z\,d^2$	II. Kollektiv z	$z\,d$	$z\,d^2$
0	130	— 260	520	69	— 69	69
1	106	— 106	106	41	0	0
2	60	0	0	20	20	20
3	26	26	26	10	20	40
4	7	14	28	4	12	36
5	3	9	27	0		
	332	— 317	707	144	— 17	165
a	$106 + 120 + 78 + 28 + 15 = 347$			$41 + 40 + 30 + 16 = 127$		
$p = a/Nn$	$347 : (332 \times 5) = 0{,}209$			$127 : (144 \times 5) = 0{,}176$		
$M = a/N$	$347 : 332 = 1{,}05$			$127 : 144 = 0{,}88$		
M	$2 - 317 : 332 = 1{,}05$			$1 - 17 : 144 = 0{,}88$		
$p = M/n$	$1{,}05 : 5 = 0{,}21$			$0{,}88 : 5 = 0{,}176$		
μ^2	$707 : 332 - (317 : 332)^2 = 1{,}23$			$165 : 144 - (17 : 144)^2 = 1{,}13$		
$\mu_1^2 = \mu^2/n^2$	0,049			0,045		
$n\,p\,q,\ p\,q/n$	0,825, 0,033			0,725, 0,029		
str. $n\,p\,q$, str. $p\,q/n$	$\pm$ 0,064, $\pm$ 0,0026			$\pm$ 0,085, $\pm$ 0,0034		
$X,\ X_1$	0,405, 0,016			0,405, 0,016		
Q^2	1,5			1,6		
$\mu_{M}^2 = \frac{\mu^2}{N},\ \mu_p^2 = \frac{\mu_1^2}{N}$	0,0037, 0,00015			0,00785, 0,00031		

$(p_1 - p_2)$, $(M_1 - M_2)$, $\mu_{p\,D}$, $\mu_{M\,D}$: 0,034, 0,17, $\pm$ 0,021, $\pm$ 0,107

In den Zahlentafeln 20 und 23 hat man 2 Kollektivreihen von Dehnungswerten, deren eine sich auf Tombakfeindrähte, und deren andere sich auf Phosphorbronzefeindrähte bezieht. Es möge nun in einem besonderen Fall die Differenz der Dehnungswerte zwischen einerseits Phosphorbronzedrähten und anderseits Tombakdrähten interessieren. Man könnte zur Lösung dieses Problems jeden einzelnen Wert der 132 Werte des einen Kollektivs von jedem der 323 Einzelwerte des anderen Kollektivs subtrahieren. Man würde dadurch zu einer Kollektivreihe dieser Dehnungsdifferenzen gelangen, deren Umfang 132×323 betragen würde, und man könnte nun arithmetisches Mittel und Streuung nach den entwickelten Methoden berechnen. Statt dessen kann man aber viel einfacher wie folgt vorgehen. Man bildet nicht die Differenzen aller Einzelwerte der verschiedenen Dehnungsarten, sondern bildet ein Kollektiv der Tombakdehnungswerte und ein anderes Kollektiv der Dehnungen der Phosphorbronzedrähte und bestimmt für jedes dieser beiden verschiedenen Kollektive Mittel und mittlere Abweichung. Es ist dann das Mittel der Differenzen der beiden Dehnungsarten $M = M_1 - M_2 = 58{,}22 - 33{,}42 = 24{,}8\%$. In analoger Weise bestimmt man die Streuung der 132×323 Einzeldifferenzen $E_1 - E_2$ bezüglich ihres Mittels $M = 24{,}8$ als $\mu^2 = \mu_1{}^2 + \mu_2{}^2 = 3{,}89 + 32{,}16 = 36{,}05$. Es ist $\mu = \pm\, 6{,}0\%$.

Die Streuung der Differenzen der beiden Versuchsreihen der Zahlentafel 22 entnimmt man dieser Zahlentafel. Die Zahlentafeln 24 bis 26, die bereits in Artikel 104 zur Diskussion standen, zeigen sodann ausführlich durch die Differenzenbildung und ihre Auswertung, daß der Wert $\mu^2 = \mu_1{}^2 + \mu_2{}^2$ übereinstimmt mit dem Wert $\mu^2 = \Sigma\,((E_1 - E_2) - M)^2 : (N_1 \times N_2)$.

Die Streuungen der Einzelwerte zusammengesetzter Größen, deren einfachen Eigenschaften in einem Abhängigkeitsverhältnis stehen, wie die Summen $F + D$ oder $F + 3\,D$, können nicht nach der diskutierten

Zahlentafel 25.

Verteilung zweier zur Differenz zusammengesetzter Kollektive.

(Zahlentafel 24.)

1. Verteilung

Argumentwerte (2. Verteilung)	z	0	1	2	3	4	5	
	z	130	106	60	26	7	3	$N_1 = 332$
0	69	130x69	106x69	60x69	26x69	7x69	3x69	
1	41	130x41	106x41	60x41	26x41	7x41	3x41	
2	20	130x20	106x20	60x20	26x20	7x20	3x20	
3	10	130x10	106x10	60x10	26x10	7x10	3x10	
4	4	130x4	106x4	60x4	26x4	7x4	3x4	
5	0	130x0	106x0	60x0	26x0	7x0	3x0	
$N_2 = 144$								

Differenz zusammengesetzten Verteilungen / Argumentwerte und Häufigkeiten der zur

Differenz	−5	−4	−3	−2	−1	0	1	2	3	4	5
Häufigkeit	0	520	1724	3900	8154	14804	10376	5376	2141	606	207

Zahlentafel 26.

Verteilung zweier zur Differenz zusammengesetzter Kollektive

(Zahlentafel 24).

Klasse	z	d	$z\,d$	d^2	$z\,d^2$
—5	0	—5	0	25	
—4	520	—4	— 2 080	16	8 320
—3	1 724	—3	— 5 172	9	15 516
—2	3 900	—2	— 7 800	4	15 600
—1	8 154	—1	— 8 154	1	8 154
0	14 804	0	— 23 206		
1	10 376	1	10 376	1	10 376
2	5 376	2	10 752	4	21 504
3	2 141	3	6 423	9	19 269
4	606	4	2 424	16	9 696
5	207	5	1 035	25	5 175
	47 808		31 010		113 610
			— 23 206		
			7 804		

$N = 47808 = N_1 \times N_2 = 332 \times 144,$ $\mu^2 = 113610/47808 - (7804/47808)^2 = 2{,}35,$

$M = 0 + \frac{7804}{47\,808} = 0{,}17,$ $\mu_1^2 + \mu_2^2 = 1{,}23 + 1{,}13 = 2{,}36,$

$\mu = \pm 1{,}53,$

$M_1 - M_2 = 1{,}05 - 0{,}88 = 0{,}17,$ $\mu_M = \sqrt{\mu_1^2/N_1 + \mu_2^2/N_2} = \pm 0{,}107.$

einfachen Formel berechnet werden. Die Streuung muß in solchen Fällen nach den gebildeten Einzelsummen ermittelt werden, oder es muß zwecks einer einfachen formelmäßigen Berechnung aus den Streuungswerten der einfachen Variabeln der Korrelationskoeffizient errechnet werden[1]).

Wird die Frage gestellt, um wieviel die Wahrscheinlichkeit einer Verteilung durchschnittlich größer ist als die Wahrscheinlichkeit einer andern Verteilung, so lautet die Antwort um $p_1 - p_2$, wenn p_1 und p_2 die mittleren Wahrscheinlichkeitswerte $\frac{M_1}{n_1}$ und $\frac{M_2}{n_2}$ der beiden Kollektive sind. Ist die mittlere Abweichung der Differenzen der Argumentwerte zweier Verteilungen bezüglich ihres Mittels $M_1 - M_2$ als

$$\mu = \pm \sqrt{\mu_1^2 + \mu_2^2}$$

gegeben, so ist die mittlere Abweichung der Differenzen der Wahrscheinlichkeiten zweier Verteilungen durch den Ausdruck

$$\mu_1 = \pm \sqrt{\frac{\mu_1^2}{n_1^2} + \frac{\mu_2^2}{n_2^2}}$$

festgelegt.

---

[1]) Vgl. E. Czuber, »Die statistischen Forschungsmethoden«, S. 146—148.

128. Es ist hier am Platze, einiges über die Rolle der Meßfehler bei der Erhebung einer Kollektivreihe und über deren Einfluß auf die Auswertung eines statistischen Materials einzuschalten.

Hat man eine Materie, deren einzelnen Glieder verschiedene Werte einer veränderlichen Größe realisieren, und hat man die individuellen Werte dieser Veränderlichen zunächst durch Messungen oder andere Beobachtungs- oder Untersuchungsmethoden festzustellen, so sind naturgemäß die einzelnen Messungen gleichermaßen mit einem Beobachtungsfehler beschwert wie die verschiedenen Meßresultate einer konstanten Größe. Es ist daher von Wichtigkeit, die Frage zu entscheiden, welche Rolle diese Beobachtungsfehler bei der Auswertung eines Kollektivs nach den Methoden der Kollektivmaßlehre spielen.

Jedes einzelne Meßergebnis E bezieht sich auf den wirklichen Wert W der zu messenden Größe, den ein bestimmtes Kollektivglied realisiert zeigt, und ist mit einem Fehler $F = E - W$ behaftet. Der Fehler F kann positiv oder negativ sein, je nachdem $E \gtrless W$ ist. Man hat demnach in der Reihe der durch Messung festgelegten Argumentwerte E zwei mit ihren einfachen Argumentwerten zu einer Summe zusammengesetzte Kollektivreihen. Nach den besprochenen Rechenvorschriften für zusammengesetzte Variable gilt daher

$$M_E = M_W + M_F.$$

Die zahlreichen Fehlerquellen jeder Einzeluntersuchung wirken somit so, als ob jeder Einzelwert mit einem konstanten Fehler M_F behaftet wäre.

Analogerweise ergibt sich die Streuung der gemessenen Einzelwerte als

$$\mu_E{}^2 = \mu_W{}^2 + \mu_F{}^2.$$

Es gilt nun, da ja in letzter Linie nicht die gemessenen Werte sondern die wirklichen Argumentwerte interessieren, den mittleren Fehler zu bestimmen und zu eliminieren.

In Fällen, in denen man an einem einzelnen Glied einer Kollektivreihe, das einen bestimmten Wert W hat, verschiedene Messungen vornehmen kann, greift man aus der Reihe der Kollektivglieder eines heraus und bestimmt seinen Argumentwert mehrmals auf Grund einer Reihe von Einzelmessungen. Hat man als Kollektiv beispielsweise eine Reihe von Analysenwerten über verschiedene Schmelzen einer bestimmten Legierung, so bestimmt man den fraglichen Gehalt für eine Schmelze durch eine ganze Reihe von Analysen. Man erhält dadurch neben dem eigentlichen Kollektiv nach der veränderlichen Eigenschaft als Argument ein zweites Kollektiv, ein Fehlerkollektiv, dessen n Glieder sich alle auf dieselbe Größe, den wahren Argumentwert W des herausgegriffenen Gliedes der Kollektivreihe der veränderlichen Eigenschaft beziehen, und dessen Argumentwerte der mit verschiedenen Fehlern behaftete wirkliche Argumentwert W bildet.

Man erhält also eine Reihe von Werten $E_1 = W + F_1, E_2 = W + F_2$, $E_3 = W + F_3$ usf. Man bestimmt nach dieser Reihe den Mittelwert und die Streuung der verschiedenen Meßresultate über die konstante Größe W nach den üblichen Methoden, wobei, da es sich um eine Fehlerrechnung handelt, mit $(n - 1)$ statt mit n zu rechnen ist. Man sieht leicht ein, daß für dieses Kollektiv in dem Ausdruck $\mu_e^2 = \mu_w^2 + \mu_f^2$ das Glied μ_w^2, da es sich auf die konstante Größe W, den wirklichen Argumentwert des einen ausgesonderten Kollektivglieds bezieht, null wird. Mit anderen Worten, die gesamte an dem besonderen Kollektiv festzustellende Streuung geht auf das Konto der Meßfehler. Es ist

$$\mu_e^2 = \mu_f^2 = \mu_F^2.$$

Daß der ermittelte mittlere Fehler μ_f dem gesuchten μ_F gleichzusetzen ist, wird verständlich, wenn man bedenkt, daß es, wenn man nur die Meßfehler ins Auge faßt, die bei einer Reihe von Einzelbeobachtungen gemacht werden, ganz gleichgültig sein wird, ob die Reihe von Messungen an demselben Glied, über eine konstante Größe, oder an verschiedenen Elementen, über eine veränderliche Größe durchgeführt werden.

Anstatt an einem beliebigen einzelnen Element einer Kollektivreihe eine Reihe von Beobachtungen vorzunehmen, kann man auch jedes Glied des Kollektivs oder bei sehr umfangreichen Kollektiven eine größere Gruppe von Einzelgliedern doppelt, aber voneinander unabhängig messen. Man gelangt auf diese Weise zu einem zweiten Kollektiv mit den Werten E', F' und W, in dem die einzelnen wahren Werte dieselben sind wie für das erste Kollektiv. Man hat für die beiden Kollektive die Beziehungen

$$E = F + W$$

und

$$E' = F' + W.$$

Durch Subtraktion beider Gleichungen ergibt sich

$$E - E' = F - F'.$$

Bei der Untersuchung einer Materie kommt diese mathematische Operation auf die Zusammensetzung der beiden Kollektive mit ihren Veränderlichen E und E' zur Differenz der beiden einfachen Veränderlichen $E - E'$ hinaus. Für diese neue Kollektivreihe aus den Differenzen der Einzelwerte der beiden einfachen Kollektive bestimmt man nach bekannten Methoden die Streuung als $\Sigma (D - M)^2 : N$, wenn D die einzelnen Differenzen und M deren Mittelwert bedeutet. Es ist aber die Streuung einer zur Differenz zusammengesetzten Veränderlichen gleich der Summe der Einzelstreuungen, so daß wegen $E - E' = F - F'$ auch gilt

$$\mu_D^2 = \mu_F^2 + \mu_{F'}^2 = 2\,\mu_F^2.$$

Die Gleichheit von μ_F und $\mu_{F'}$ versteht sich auf Grund der weiter oben über die Gleichheit von μ_F und μ_f gemachten Bemerkung. Man erhält somit endgültig

$$\mu_F = \pm\sqrt{0{,}5}\,\mu_D = \pm\sqrt{(\mu_E{}^2 + \mu_{E'}{}^2) : 2}.$$

Hat man Kollektive, bei denen an jedem Glied nur ein Versuch zur Bestimmung seines Argumentwertes ausgeführt werden darf, wie es beispielsweise bei Dehnungs- oder Festigkeitsbestimmungen der Fall ist, da bekanntlich diese Eigenschaften auch zwischen benachbarten Stellen desselben Ringes Draht schwanken, oder ist überhaupt pro Kollektivglied nur eine Untersuchung möglich, wie es stets dann der Fall ist, wenn die Untersuchung zu einer Zerstörung des Prüflings führt, so bei der Bestimmung der Brenndauer einer Glühbirne, so muß man anders vorgehen. Man leitet in solchen Fällen die Beobachtungsfehler durch Unterteilung des ganzen Kollektivs in $Z = \frac{N}{n}$ Gruppen zu je n Gliedern und den Vergleich zwischen Gesamtstreuung μ^2, Gruppenstreuung $\mu_n{}^2$ bzw. deren Mittelwert $\mu_Z{}^2$ und Gruppenmittelstreuung $\mu_G{}^2$ ab.

Für eine Gaußsche Zufallsverteilung gilt, je nachdem $N \gg n$ ist oder nicht

$$\mu_Z{}^2 = (n-1)\,\mu_G{}^2 = (n-1)\,\frac{\mu^2}{n}$$

bzw.

$$\mu_Z{}^2 = N\,(n-1)\,\mu_G{}^2 : (N-n) = N\,(n-1)\,\mu^2 : n\,(N-1),$$

wie bereits in Artikel 119 festgestellt wurde. Es gilt für symmetrische Zufallsverteilungen insbesondere

$$\mu_G{}^2 - \frac{1}{n-1}\,\mu_Z{}^2 = \mu^2 - \frac{n}{n-1}\,\mu_Z{}^2 = \frac{n}{n-1}\,\mu_G{}^2 - \frac{1}{n-1}\,\mu^2 = 0,$$

wenn $N \gg n$ ist, wogegen diese Differenzen beim Vorhandensein irgendwelcher systematischen Schwankungen von 0 verschieden werden.

Handelt es sich nun speziell darum, eventuell vorhandene Schwankungen, die durch Meßfehler verursacht sind, festzustellen, dann dürfen die n Glieder ein und derselben Gruppe nicht derselben Fabrikationsserie, nicht derselben Lieferung angehören, sie sollen vielmehr in allem, was an und für sich Schwankungen wirklicher Art bedingen könnte, verschieden sein, damit diese Schwankungen für verschiedene Gruppen dieselben sind und sich diese Gruppen nur nach den Prüfmethoden oder Untersuchungsverfahren unterscheiden, weshalb man gegebenenfalls die Gruppen unter verschiedenen Bedingungen (Personen, Apparate, Temperatur, Beleuchtung und was eben in der Praxis des speziellen Prüfverfahrens verschieden sein kann) untersucht. Unter dieser Voraussetzung erhält man nun ein Maß der gesuchten Versuchsschwankungen, der Meßfehler, als

$$\mu_F^2 = D,$$

wenn D eine der drei oben aufgeführten Differenzen bedeutet bzw. in Fällen, in denen N nicht wesentlich größer als n ist, als

$$\mu_F^2 = \mu_G^2 - \frac{N-n}{N(n-1)}\mu_Z^2 = \frac{n(N-1)}{N(n-1)}\mu_G^2 - \frac{N-n}{N(n-1)}\mu^2$$

$$= \mu^2 - \frac{n(N-1)}{N(n-1)}\mu_Z^2$$

oder

$$\mu_F^2 = \mu_G^2 - \frac{Z-1}{Z(n-1)}\mu_Z^2 = \frac{N-1}{Z(n-1)}\mu_G^2 - \frac{Z-1}{Z(n-1)}\mu^2$$

$$= \mu^2 - \frac{N-1}{Z(n-1)}\mu_Z^2.$$

Es wird auf diese Verhältnisse und die Berechnung von Versuchsschwankungen auch an Hand von Beispielen in den Abschnitten XV und XVI noch ausführlich zurückzukommen sein.

129. Eine andere Frage, die hin und wieder interessieren kann, ist die: Um wieviel ist die Festigkeit dieses oder jenes Drahtmaterials im Mittel größer als die Festigkeit eines anderen Drahtmaterials? oder: um wieviel übersteigt die prozentuale Dehnung bestimmter Phosphorbronzedrähte im Durchschnitt die Dehnung von Tombakdrähten? Dieser Unterschied wird als $M = M_1 - M_2$ festgelegt. Es handelt sich aber nun noch darum, die Sicherheit, die Zuverlässigkeit, die mittlere Abweichung dieser mittleren Differenz zu errechnen.

Es ist ohne weiteres einzusehen, daß die Verläßlichkeit der Differenz oder der Summe zweier oder mehrerer Mittelwerte von der Genauigkeit, die diesen einzelnen Mittelwerten selbst zukommt, abhängt. Man hat zunächst also die mittleren Abweichungen der in Beziehung gesetzten Mittel zu errechnen. Dies erfolgt nach der Formel $\mu_M = \frac{\mu}{\sqrt{N}}$. Man findet dann die Streuung der mittleren Differenz selbst als

$$\mu_{MD}^2 = \mu_{M_1}^2 + \mu_{M_2}^2.$$

Vergleicht man die Kollektive der Zahlentafeln 20 und 21 miteinander, so stellt man eine mittlere Differenz von 33,42 — 31,88 = 1,54% Dehnung fest. Die Streuung dieser mittleren Differenz mißt

$$\mu_{MD} = \pm\sqrt{(1{,}974 : \sqrt{132})^2 + 0{,}05^2} = \pm 0{,}18\,\%.$$

Im Vergleich mit der Differenz selbst ist der Betrag dieser mittleren Abweichung klein. Eine Regel der Statistik lautet nun, daß eine Differenz als gesichert, d. h. als wirklich vorhanden, in den Materien begründet anzusehen und nicht nur auf Zufälligkeiten zurückzuführen ist, wenn sie ihre mittlere Abweichung um mindestens das 3- bis 4 fache übertrifft. Die 3 fache mittlere Abweichung mißt in dem aufgezogenen Beispiel 0,54. Die Differenz selbst ist aber wesentlich größer. Somit sind die beiden Materien der Zahlentafeln 20 und 21 als verschieden zu betrachten. Die Zahlentafel 24 gibt den Vergleich zweier Kollektive mit $(M_1 - M_2) < 3\,\mu_{MD}$. Die Differenz ist in diesem Fall nicht gesichert, sondern kann zufällig sein. Die beiden Materien sind als gleich gut anzusprechen. Dagegen ergibt sich nach Zahlentafel 22 die Leistung der Beobachtungsreihe I als wirklich besser im Vergleich mit der Leistung der Reihe II. Weitere Beispiele zur Beurteilung einer mittleren Differenz findet man in den Zahlentafeln 15 und 17.

Eine Differenz ist immer real, wenn sie mindestens 3- bis 4mal größer ist als ihre mittlere Abweichung. Umgekehrt braucht eine kleinere Differenz nicht unter allen Umständen zufällig zu sein. Es gibt auch kleine und sehr kleine Differenzen, die wirklich und in den verglichenen Materien begründet sein können. Die Entscheidung über Realität oder Zufälligkeit einer solch kleinen Differenz kann allein die Untersuchung mehrerer Kollektive derselben Materien ergeben. Tritt die kleine Differenz immer wieder in derselben Richtung und in ungefähr derselben Größe auf, so ist sie unbedingt in den Materien begründet. Schwankt dagegen die Differenz in Stärke und Richtung bei der Auswertung verschiedener Kollektive, so besitzt sie Zufallscharakter.

Die Regel über die Realität einer Differenz beim Übersteigen des 3- bis 4fachen Betrags der mittleren Abweichung resultiert dem Charakter der Gaußschen Verteilung, für welche die Ausdehnung nach jeder Seite des Mittels gleich 3 bis 4 μ mißt. Treten größere Abweichungen auf, so müssen die Glieder dieser Abweichungen einer anderen Gaußschen Verteilung angehören. Sind die Abweichungen kleiner als 3 bis 4 μ, so können die abweichenden Glieder derselben Gaußschen Verteilung angehören und nur mit zufälligen Abweichungen bezüglich des Mittels behaftet sein, sie können aber auch einer anderen Verteilung angehören, da zwei verschiedene Verteilungen beliebig nahe beisammen liegen können. Dabei wird im allgemeinen die Wahrscheinlichkeit dafür, daß eine Abweichung wirklich ist, um so größer sein, je größer diese Abweichung ist. Diese Wahrscheinlichkeit für die Realität einer Abweichung, einer Differenz, läßt sich nun in jedem Fall ermitteln. Man bildet zu diesem Ende den Quotienten t aus der Differenz und ihrer mittleren Abweichung und bestimmt zu diesem t-Wert nach Zahlentafel 14 den Wert Φ, womit die gesuchte Wahrscheinlichkeit ermittelt ist unter der Voraussetzung, daß die Materie dem Gaußschen Verteilungsgesetz unterliegt. Aber erst für t-Werte größer als 3 erhält man für Φ rund den Wert 1 oder die G e w i ß h e i t der Realität einer Differenz. Unterliegt eine Materie nicht dem Gaußschen Gesetz sondern einem unbekannten Verteilungsgesetz, so läßt sich die Wahrscheinlichkeit für die Realität einer Differenz nach dem Tschebyscheffschen Theorem ermitteln[1]).

Kennt man insbesondere den (theoretischen, idealen) Wert einer Größe, der einer Materie zugrunde liegt, so mißt man die Abweichung einer empirischen Bestimmung dieser Größe von dem idealen Wert an der Streuung dieses idealen Wertes und beurteilt danach, ob die Abweichung real ist oder lediglich auf zufälligen Störungen beruht. Würfelt man z. B. mit 6 Würfeln auf gerade Augenzahlen als Erfolg, so ist der Erwartungswert der pro Serie erscheinenden geraden Augenzahlen $np = 3$, und die Streuung dieses Mittels mißt $\pm \sqrt{npq : N} = \pm \sqrt{1{,}5 : N}$. Ergibt die Ausführung der Versuche einen Mittelwert M, so ist die Differenz $(3 - M)$ real, wenn sie größer als $3 \sqrt{npq : N}$ ist, wogegen kleinere Abweichungen zufällig sein können, mit einer Wahrscheinlichkeit, die nach Zahlentafel 14 oder nach dem Tschebyscheffschen Theorem zu ermitteln ist. Kennt man die ideale Streuung eines Erwartungswertes nicht, so kann an ihre Stelle näherungsweise die empirisch zu ermittelnde Streuung treten.

In entsprechender Weise ist nun z. B. auch eine Abweichung des Wertes $\frac{\mu}{\delta}$ von seinem idealen Wert 1,2533 dann als gesichert zu werten, wenn die Differenz $1{,}2533 - \frac{\mu}{\delta}$ größer als $3 \times 1{,}2533 \times 0{,}7555 : \sqrt{N}$ ist. Ist die Summe S der Abweichungsrichtungen der Einzelwerte eines Kollektivs gleich $+ \sqrt{N}$ oder $- \sqrt{N}$, so besteht unter der Voraussetzung einer Gaußschen Verteilung der Materie eine Wahrscheinlichkeit von 68% dafür, daß die Abweichung real ist. Ist S größer oder kleiner als bzw. $+ 3 \sqrt{N}$ oder $- 3 \sqrt{N}$, so ist die Differenz $(0 - S)$ gesichert und deutet auf systematische Abweichungen von einer idealen Gaußschen Verteilung hin. Ist die Differenz $(f - w)$ größer als $3 \sqrt{N - 1}$, so ist ihre Abweichung vom Idealwert 0 real. Wird die Differenz $\left(\frac{2\,\mu^2}{m^2} - 1\right)$ größer als $3 : \sqrt{N}$, so folgt hieraus, daß die untersuchte Materie dem Abbeschen Prinzip nicht gehorcht. Dagegen können kleinere Abweichungen eines empirischen Wertes $\frac{2\,\mu^2}{m^2}$ von 1 nach oben oder unten lediglich eine Folge zufälliger Störungen sein[2]).

Für eine Rechnung mit Wahrscheinlichkeiten gelten die gleichen Beziehungen wie für Mittelwerte. Sind p_1 und p_2 die Wahrscheinlichkeiten zweier einfacher Verteilungen, so ist der Mittelwert der Wahr-

---

[1]) Vgl. Art. 40.

[2]) Vgl. Art. 117, 120 und 125.

scheinlichkeit der zur Differenz zusammengefaßten Größe $p_1 - p_2$. Die mittlere Abweichung der Wahrscheinlichkeiten p_1 und p_2 der einfachen Veränderlichen ist bzw. $\frac{\mu_1}{(n_1 \sqrt{N_1})}$ und $\frac{\mu_2}{(n_2 \sqrt{N_2})}$. Die mittlere Abweichung der Differenz $p_1 - p_2$, die Sicherheit dieser Differenz, ist aus

$$\mu^2 = \frac{\mu_1^2}{n_1^2 N_1} + \frac{\mu_2^2}{n_2^2 N_2}$$

durch Radizieren zu errechnen. Beispiele zur Untersuchung der Realität einer Wahrscheinlichkeitsdifferenz enthalten die Zahlentafeln 15, 17, 18, 19, 24.

130. Ist eine Streuung gegeben als $\mu^2 = \mu_1^2 - \mu_2^2$ und sind μ_1 und μ_2 voneinander unabhängig, so gilt wieder ganz allgemein für die Streuung dieser Differenz, daß ihr Quadrat gleich der Summe der Streuungsquadrate der Einzelwerte ist:

$$\text{str.}^2 \mu^2 = \text{str.}^2 \mu_1^2 + \text{str.}^2 \mu_2^2.$$

Man bestimmt weiter

$$\text{str.}\, \mu^2 = \pm \sqrt{\text{str.}^2 \mu_1^2 + \text{str.}^2 \mu_2^2}$$

und

$$\text{str.}\, \mu = \text{str.}\, \mu^2 : 2\mu = \pm \sqrt{(\text{str.}^2 \mu_1^2 + \text{str.}^2 \mu_2^2) : 4(\mu_1^2 - \mu_2^2)}.$$

In entsprechender Weise gilt als Formel zur Berechnung der Streuung einer Streuung, die sich als die Summe zweier Einzelstreuungen ergibt,

$$\text{str.}\, \mu = \pm \sqrt{(\text{str.}^2 \mu_1^2 + \text{str.}^2 \mu_2^2) : 4(\mu_1^2 + \mu_2^2)}.$$

Als Ausführungsbeispiel mögen die beiden Beispiele der Zahlentafel 24 dienen. Es ist für diese beiden Kollektive $\mu_1^2 = 1{,}23$ und $\mu_2^2 = 1{,}13$. Ist nun die Annahme berechtigt, die Materie, welcher das Kollektiv mit der geringeren Streuung entstammt, sei einheitlicher und besitze tatsächlich eine geringere Streuung als die Materie des anderen Kollektivs? Zur Beantwortung dieser Frage bestimmt man die Differenz der Streuung sowie die Streuung dieser Differenz und untersucht, ob die erstere mindestens 3mal größer ist als die letztere. Ist dies der Fall, dann ist der Streuungsunterschied ein wirklicher, im anderen Fall ist er nur ein zufälliger, es sei denn, daß die Untersuchung mehrerer Kollektive derselben Materien stets wieder den ungefähr gleichen Unterschied ergeben würde, in welchem Fall derselbe, und wäre er noch so klein, als real zu betrachten wäre.

Es ist $\mu_1^2 - \mu_2^2 = 0{,}1$ und somit $\mu = \pm 0{,}316$. Man bestimmt

$$\text{str.}^2 \mu^2 = \text{str.}^2 \mu_1^2 + \text{str.}^2 \mu_2^2 = \left(\frac{1{,}23\sqrt{2}}{\sqrt{332}}\right)^2 + \left(\frac{1{,}13\sqrt{2}}{\sqrt{144}}\right)^2 =$$
$$= 0{,}0091 + 0{,}0177 = 0{,}0268.$$

Man zieht die Wurzel und erhält str. $\mu^2 = \pm 0,164$. Es ist demnach die Differenz mit 0,1 schon kleiner als die einfache Streuung dieser Differenz, und somit ist der Schluß auf Grund nur der beiden vorliegenden Kollektive nicht berechtigt, daß die Materie des ersten Kollektivs eine größere Streuung besitze als die Materie des zweiten Kollektivs. Wohl zeigt natürlich das erste Kollektiv selbst die um 0,1 größere Streuung im quadratischen Maß.

131. Ist eine veränderliche Größe gleich dem Produkt mehrerer anderer voneinander unabhängiger Größen, die ebenfalls veränderlich sind, und liegen über diese einfachen Variabeln Kollektivreihen vor, aus denen sich für die veränderlichen Merkmale die Mittelwerte M_1 und M_2 ergeben, so ist der Mittelwert der zusammengesetzten Veränderlichen $M = M_1 \times M_2$. Die Streuung der Einzelwerte der zusammengesetzten Größe, also der einzelnen Produkte zwischen den Einzelwerten der einfachen Variabeln bezüglich ihres Mittels M, errechnet sich nach der Formel

$$\mu^2 = \mu_1^2 M_2^2 + \mu_2^2 M_1^2.$$

Die mittlere relative Abweichung eines Produktes mißt

$$\frac{\mu}{M_1 \times M_2} = \pm \sqrt{\frac{\mu_1^2}{M_1^2} + \frac{\mu_2^2}{M_2^2}}.$$

Die mittlere relative Abweichung für Produkte fügt sich somit demselben Gesetz wie die (absolute) mittlere Abweichung für Summen.

Voraussetzung für die Gültigkeit dieser Berechnungsart von M und μ ist, daß die Einzelwerte E_1 und E_2 der beiden Kollektive der einfachen veränderlichen Größen keine Abhängigkeit voneinander zeigen. Für das Produkt aus Festigkeit und Dehnung eines Materials gelten die aufgeführten Formeln also beispielsweise nicht. Eine weitere Voraussetzung der Anwendbarkeit der gegebenen Beziehungen ist die, daß die Abweichungen der Einzelwerte E_1 von ihrem Mittel M_1 und ebenso die Abweichungen der Einzelwerte E_2 von ihrem Mittel M_2 im Vergleich zu diesen Mitteln klein sind. Dieselben Voraussetzungen gelten auch für die folgende Beziehung[1]).

132. Stellt sich eine veränderliche Größe als Verhältnis zweier anderer variabler Größen, die voneinander unabhängig sind, dar, und wurden die Mittelwerte und die mittleren Abweichungen der einfachen Variabeln zu bzw. M_1, M_2, μ_1 und μ_2 festgestellt, so ist der Mittelwert aller möglichen Quotienten der beiden einfachen Variabeln, also das Mittel der zusammengesetzten Veränderlichen,

$$M = M_1 : M_2 + (M_1 \times \mu_2^2) : (M_2 \times M_2 \times M_2)$$

---

[1]) Betreffs Produkte und Quotienten aus von einander abhängigen Variabeln vgl. E. Czuber, »Die statistischen Forschungsmethoden« S. 150—152.

oder

$$M = \left(\frac{M_1}{M_2}\right) \times \left(1 + \frac{\mu_2^2}{M_2^2}\right).$$

Das Mittel M der Einzelverhältnisse ist demnach stets größer als das Verhältnis der Mittel $M_1 : M_2$ der einfachen veränderlichen Größen. Das mittlere Abweichungsquadrat der Einzelverhältnisse, also der Einzelwerte der zusammengesetzten Veränderlichen bezüglich ihres Mittelwertes M, errechnet sich zu

$$\mu^2 = (M_1^2 : M_2^2) \times \left(\frac{\mu_1^2}{M_1^2} + \frac{\mu_2^2}{M_2^2}\right),$$

woraus sich die mittlere Abweichung μ selbst durch Wurzelziehen ergibt. Die mittlere relative Abweichung eines Verhältnisses ist gleich der mittleren relativen Abweichung des entsprechenden Produkts: $\frac{\mu}{M_1 : M_2} = \pm \sqrt{\frac{\mu_1^2}{M_1^2} + \frac{\mu_2^2}{M_2^2}}$, entsprechend der Gleichheit der (absoluten) mittleren Abweichungen für Summen und Differenzen.

Als Beispiel werde die Frage nach dem Verhältnis der Dehnungswerte von Phosphorbronzedrähten zu den Dehnungen von Tombakdrähten aufgeworfen. Es mögen die Zahlentafeln 20 und 23 die Kollektive der einfachen veränderlichen Größen darstellen. Daß die Dehnungen dieser Drahtarten in keiner Beziehung zueinander stehen, bedarf keiner weiteren Begründung. Die zweite Voraussetzung, daß die Abweichungen der Einzelwerte beider Kollektive von ihren Mittelwerten im Vergleich zu den Mitteln klein sein sollen, darf in Anbetracht der kleinen Werte für $\frac{\mu}{M}$ in beiden Fällen ebenfalls als erfüllt gelten. Es ist demnach das Mittel aller Verhältnisse der Einzelwerte der beiden Dehnungsarten, der Mittelwert der zum Quotienten zusammengesetzten veränderlichen Größe, $M = \left(\frac{58{,}22}{33{,}42}\right) \times \left(1 + \frac{1{,}974^2}{33{,}42^2}\right) = 1{,}748$. Die Erhöhung von M im Vergleich zu dem Wert $\frac{M_1}{M_2} = 1{,}742$ ist in diesem Falle also nur gering. Die Streuung der Einzelverhältnisse gegen ihren Mittelwert $M = 1{,}748$ errechnet sich nach der angeführten Formel unter Einsetzen der entsprechenden Werte zu

$$\mu^2 = \left(\frac{58{,}22^2}{33{,}42^2}\right) \times \left(\frac{32{,}16}{58{,}22^2} + \frac{3{,}8967}{33{,}42^2}\right) = 3{,}03\,(0{,}0095 + 0{,}0035) = 0{,}039.$$

Die mittlere Abweichung ist daher $\pm \sqrt{0{,}039} = \pm\, 0{,}2\%$ Dehnung.

In der Abb. 41 stellen die beiden symmetrischen Teilkurven die Verteilungen der Einzelwerte des Maßes für den Diamantziehstein-Verschleiß für langsamlaufende Feindrahtziehmaschinen und für rasch laufende Kratos-Mehrfachziehmaschinen dar. Bezeichnet man die Werte für die Langsamläufer mit dem Index l und die Werte der Raschläufer mit dem Index r, so ergeben die Teilkollektive folgende Werte: $M_l = 2{,}24$ kg pro Stein und $M_r = 3{,}03$ kg pro Stein, $\mu_l^2 = 0{,}586$ und $\mu_r^2 = 0{,}436$. Fragt man nach dem mittleren Verhältnis der Leistung eines Ziehsteins auf Rasch- und Langsamläufern, so errechnet sich dieses zu $M = \left(\frac{M_r}{M_l}\right) \times \left(1 + \frac{\mu_l^2}{M_l^2}\right) = 3{,}03:2{,}24\ (1 + 0{,}586:2{,}24^2) = 1{,}353$ $(1 + 0{,}117) = 1{,}511$. Dieses Beispiel ergibt also einen Wert für M, der beträchtlich größer ist als das Verhältnis $M_r : M_l$. Das mittlere Abweichungsquadrat der Einzelwerte der zusammengesetzten Variabeln Raschläufer-Leistung: Langsamläufer-Leistung errechnet man zu $\mu^2 = \left(\frac{M_r^2}{M_l^2}\right) \times \left(\frac{\mu_r^2}{M_r^2} + \frac{\mu_l^2}{M_l^2}\right) = (3{,}03^2:2{,}24^2) \times (0{,}436:3{,}03^2 + 0{,}586:2{,}24^2) =$ $1{,}83 \times (0{,}047 + 0{,}117) = 1{,}83 \times 0{,}164 = 0{,}3$. Hieraus ergibt sich durch Wurzelziehen für die mittlere Abweichung μ der Wert $\pm 0{,}55$ kg pro Stein.

Um für die Abweichung der Einzelwerte der Verhältnisse von ihrem Mittel ein vergleichbares Maß zu erhalten, rechnet man vorteilhaft die mittlere Abweichung in den Variabilitätskoeffizienten um. Man erhält für die Verhältnisse über den Ziehsteinverschleiß $V = \pm 100 \times 0{,}55$ $: 1{,}511 = \pm 36{,}4$. Die entsprechenden Werte der Einzelkollektive sind $V_l = \pm 34{,}1$ und $V_r = \pm 21{,}8$. Die Schwankungen dieses Beispiels sind also sehr groß, was demKenner der Materie nicht weiter verwunderlich ist, und die Streuung der zusammengesetzten Variabeln ist größer als die Streuung der einfachen Veränderlichen. Als auffallend ist besonders noch der viel geringere Schwankungswert der Raschläufer hervorzuheben.

Für die Reihen der Zahlentafel 22 ergibt sich $\mu_{I:II} = \pm 0{,}82$ und $V_{I:II} = \pm 46{,}1$ gegenüber $V_I = \pm 32{,}5$ und $V_{II} = \pm 44{,}1$.[1])

133. Ist ein Kollektiv aus mehreren Einzelkollektiven zusammengesetzt, so ist der Mittelwert der zusammengesetzten Verteilung nach Artikel 103 als $M = (N_1 M_1 + N_2 M_2 + N_3 M_3 \ldots):(N_1 + N_2 + N_3 \ldots)$ zu errechnen. In welcher Beziehung steht nun die mittlere Abweichung

---

[1]) Die Streuung eines Variabilitätskoeffizienten als dem (100fachen) Verhältnis zweier Mittel, μ und M, läßt sich nicht nach den diskutierten Formeln herleiten, da μ und M nicht von einander unabhängig sind (Vgl. Art. 121). Näherungsweise gilt

$$\text{str. } V = \pm V \left(\frac{\text{str. } \mu}{\mu} - \frac{\text{str. } M}{M}\right) = \pm \frac{V}{\sqrt{N}} \left(\sqrt{0{,}5} - \frac{V}{100}\right).$$

Es ist

$$\text{str. } (V_1 - V_2) = \pm \sqrt{\frac{V_1^2}{N_1}\left(\sqrt{0{,}5} - \frac{V_1}{100}\right)^2 + \frac{V_2^2}{N_2}\left(\sqrt{0{,}5} - \frac{V_2}{100}\right)^2}.$$

des Gesamtkollektivs zu den mittleren Abweichungen der Teilkollektive? Da sich die mittleren Abweichungen μ_1 und μ_2 der Teilkollektive auf deren Mittelwerte M_1 und M_2 beziehen — wenn man sich auf den einfachsten Fall eines aus nur 2 Teilreihen zusammengesetzten Kollektivs beschränkt — wogegen die mittlere Abweichung μ des Gesamtkollektivs bezüglich des Mittels der zusammengesetzten Reihe als Streuzentrum anzugeben ist, so hat zwecks einer Berechnung von μ aus μ_1 und μ_2 zunächst eine Umrechnung der mittleren Abweichungen der Teilreihen auf den Mittelwert der zusammengesetzten Verteilung als Streuzentrum zu erfolgen. Man erhält $\mu_1{}^2$ bezüglich M als

$$\mu_{1M}{}^2 = \mu_1{}^2 + (M - M_1)^2$$

und ebenso ist

$$\mu_{2M}{}^2 = \mu_2{}^2 + (M - M_2)^2.$$

Es ist bei dieser Umrechnung selbstverständlich darauf zu achten, daß die mittleren Abweichungen und die Differenzen der Mittelwerte der Teilkollektive gegen den Mittelwert der zusammengesetzten Reihe in gleichen Einheiten gerechnet werden. Es gilt nun weiter die Beziehung

$$\mu^2 = (N_1\,\mu_{1M}{}^2 + N_2\,\mu_{2M}{}^2):(N_1 + N_2)$$

oder

$$\mu^2 = \{N_1\,[\mu_1{}^2 + (M - M_1)^2] + N_2\,[\mu_2{}^2 + (M - M_2)^2]\}:(N_1 + N_2).$$

Die Abb. 45 bezieht sich auf die Verteilung der $(F + D)$-Werte zweier Kollektive und des aus diesen zusammengesetzten Kollektivs. Es ist $\mu_1{}^2 = 3{,}311$ bezüglich $M_1 = 105{,}3$ und $\mu_2{}^2 = 2{,}892$ bezüglich $M_2 = 113{,}06$. Für die Gesamtreihe bestimmt man nach der Verteilungstafel $M = 109{,}02$ und $\mu^2 = 4{,}78$. Alle Streuungen sind in Klassenquadraten gemessen, was in diesem Fall zulässig ist, da die Klassengröße für die Teilkollektive und das Gesamtkollektiv dieselbe ist. Die Errechnung der Streuung der Gesamtverteilung ergibt nun in Übereinstimmung mit dem nach der Verteilungstafel abgeleiteten Wert $\mu^2 = \{323\ (3{,}311 + [(109{,}02 - 105{,}3):3]^2) + 298\ (2{,}892 + [(113{,}06 - 109{,}02):3]^2)\} : (323 + 298) = 4{,}78$. Für die zusammengesetzte Reihe der Abb. 46 berechnet man $\mu^2 = \{323\ [1{,}669 + (0{,}32:5)^2] + 298\ [2{,}09 + (0{,}65:5)^2]\} : 621 = 1{,}88$, zu welchem Wert auch in diesem Fall die Auswertung der Verteilungstafel des zusammengesetzten Kollektivs führt. Ein weiteres Beispiel kann die Zahlentafel 16 abgeben.

134. Nimmt man auf Grund theoretischer Erwägungen für ein Ereignis eine Wahrscheinlichkeit p an, so ist zu erwarten, daß bei der Auswertung von Nn Einzelfällen das Ereignis Nnp mal eintritt. Durch das Hereinspielen einer Reihe von Zufälligkeiten braucht die Beobachtung nicht genau zu dem Wert Nnp zu führen. Es ist Nnp mit einer mittleren Abweichung behaftet, welche $\sqrt{Nnpq}$ ist[1]). Führt die Beobachtung zu einer Gesamterfolgszahl a und ist $a - Nnp$ größer als $3\sqrt{Nnpq}$, so weicht die empirische Materie von der Zufallsmaterie wirklich ab, und es ist zu schließen, daß die Voraussetzungen der theoretischen Erwägungen, die zu der Wahrscheinlichkeit p führten, für die empirische Materie nicht zutreffen. Man kann auch das hypothetische p mit dem empirischen $\frac{a}{Nn}$ vergleichen und ihre Differenz an $\sqrt{\frac{pq}{Nn}}$ messen. Ein Beispiel hierzu enthält die Zahlentafel 15. Man stellt für beide Fälle fest, daß die Differenz zwischen theoretischer und empirischer Gesamterfolgszahl größer ist als die 3fache mittlere Abweichung der theoretischen Gesamterfolgszahl. Mithin trifft die Voraussetzung, die zu der Annahme der Wahrscheinlichkeit $p = 0{,}5$ führte, die verwendeten Würfel seien ideale, nicht zu.

Für das Beispiel der Zahlentafel 1 steht $a = 156$ $Np = 150$ gegenüber. Die Differenz mißt 6 gegenüber str. $Np = \sqrt{Npq} = \sqrt{300 \times 0{,}5 \times 0{,}5} = \pm 8{,}7$. Der theoretischen Wahrscheinlichkeit $p = 0{,}5$ steht die empirische Wahrscheinlichkeit $\frac{a}{N} = 0{,}52$ gegenüber. Die Differenz 0,02 ist an $\mu_p = \sqrt{0{,}5 \times 0{,}5 : 300} = \pm 0{,}029$ gemessen sehr klein. Die gemachte Annahme, der verwendete Würfel sei ein idealer mit $p = \frac{1}{6}$ für jede Augenzahl, kann als zutreffend bezeichnet werden.

In einer Feinzieherei hat man für einen neuen Maschinentyp die praktische mittlere Leistung pro 8 Stunden zu e kg bestimmt. Die theoretische Leistung errechnet sich zu t kg unter der Voraussetzung einer pausenlosen Produktionsperiode von 8 Stunden. Man kann an die Stelle der Wahrscheinlichkeit für die Eigenschaft »im Produktionszustande sein« mithin das Verhältnis $\frac{e}{t}$ setzen. Es fand sich in einem praktischen Fall $p = \frac{e}{t} = 6{,}24 : 7{,}88 = 0{,}79$, wobei dieser p-Wert Mittelwert aus einer größeren Reihe von Beobachtungen an mehreren Maschinen ist. Es wurde nun die Abteilung auf 15 Maschinen vergrößert. Nach der Inbetriebnahme der Anlage wurden $N = 153$ Beobachtungen derart durchgeführt, daß täglich mehrmals ausgezählt wurde, wieviele der 15 Maschinen im Produktionszustand sind und wieviele Maschinen zufällig aus irgendeinem Grunde stehen. Es ergab sich folgende Verteilung für 15 bis 0 im Betriebe befindliche Maschinen: 0, 2, 5, 5, 14, 25, 41, 40, 14, 2, 4, 1, 0, 0, 0, 0. Man berechnet die Gesamterfolgszahl $a = 1380$ gegenüber $Nnp = 153 \times 15 \times 0{,}79 = 1813$, der theoretischen

[1]) Vgl. Art. 124 und 136.

Erfolgsanzahl unter Zugrundelegung der durch die Vorversuche ermittelten Wahrscheinlichkeit. Es ist $\sqrt{Nnpq} = \pm 19{,}5$. Somit ist die Differenz $Nnp - a$ viel größer als der 3fache Betrag der Streuung der theoretischen Gesamterfolgszahl. Man schließt hieraus, daß die Voraussetzung, die neue Anlage arbeite so, wie die Versuchsanlage arbeitete, nicht stimmt, daß die theoretische Wahrscheinlichkeit den vorliegenden Verhältnissen nicht gerecht wird. Eine später durchgeführte Beobachtungsreihe mit $N = 170$ ergab folgende Verteilung: 2, 16, 31, 38, 40, 26, 11, 3, 1, 2, 0, 0, 0, 0, 0, 0. Es ist $a = 1955$ gegenüber $Nnp = 2015$. Die Differenz mißt 60. Die Streuung der theoretischen Gesamterfolgszahl $\sqrt{Nnpq}$ bestimmt man nun zu $\pm 20{,}6$. Für den späteren Stand der neuen Abteilung kann demnach die gemachte Voraussetzung als zutreffend angenommen werden. Es kann Zufall sein, daß die empirische Gesamterfolgszahl von der theoretischen abweicht, und diese Abweichung braucht nicht darin ihren Grund zu haben, daß die angenommene Wahrscheinlichkeit falsch ist. Man kann die Voraussetzung, die Wahrscheinlichkeit des Betriebszustandes sei 0,79, als bestätigt betrachten.

135. Liegen über 2 Materien derselben Art 2 Kollektive mit $N_1 n_1$ und $N_2 n_2$ Gliedern vor und ergeben sich für das als Erfolg betrachtete Ereignis aus den beiden Reihen bzw. die Wahrscheinlichkeiten p_1 und p_2, so ist zu entscheiden, ob der Unterschied $p_1 - p_2$ nur auf Zufälligkeiten beruht, ob p_1 und p_2 nur zufällig verschieden sind oder ob sie wirklich verschieden sind, derart, daß den beiden Materien verschiedene Wahrscheinlichkeiten zukommen. Stellt man sich auf den Standpunkt, die Unterschiede seien nur zufällige, dann kommt den beiden Materien der beiden Kollektive dieselbe Wahrscheinlichkeit p zu und p_1 und p_2 sind lediglich mit verschiedenen Zufallsabweichungen belastete Mittel. Man kann die vermutete gemeinsame Wahrscheinlichkeit näherungsweise bestimmen als $p = (N_1 n_1 p_1 + N_2 n_2 p_2) : (N_1 n_1 + N_2 n_2)$. Entnimmt man nun dieser Materie mit der Wahrscheinlichkeit p einmal $N_1 n_1$ Glieder und dann $N_2 n_2$ Glieder, so betragen die mittleren Abweichungsquadrate für die aus den beiden Kollektiven herzuleitenden mittleren Wahrscheinlichkeiten bzw. $\frac{pq}{N_1 n_1}$ und $\frac{pq}{N_2 n_2}$, und die Differenz der beiden mittleren Wahrscheinlichkeiten zeigt eine Streuung $\mu_{pD}{}^2 = \frac{pq}{N_1 n_1} + \frac{pq}{N_2 n_2}$. Mit dieser Streuung ist die Differenz der vorliegenden verschiedenen Verwirklichungen der vermuteten gleichen Wahrscheinlichkeit zu vergleichen. Es gilt wieder: Ist $p_1 - p_2 < 3\,\mu_{pD}$, so kann die Annahme einer gemeinsamen, gleichen Wahrscheinlichkeit als berechtigt gelten, wogegen andernfalls die beiden Beobachtungsreihen wirklich voneinander abweichen und die Annahme einer gleichen Wahrscheinlichkeit p nicht zulässig ist.

Nimmt man für die Kollektive der Zahlentafel 19 z. B. die in der Zahlentafel aufgeführte mittlere Wahrscheinlichkeit $p = 0{,}752$ als allen 5 Kollektiven gemeinsam an, so ist die Streuung dieses p-Wertes in einer Reihe mit $Nn = 168 \times 5$ Gliedern $\mu_p{}^2 = \frac{p\,q}{N\,n}$. Die Streuung der Wahrscheinlichkeitsdifferenz für zwei beliebige Kollektive aus der Materie mit $p = 0{,}752$ mißt mithin

$$\mu_{pD} = \pm \sqrt{0{,}752 \times 0{,}248 : 168 \times 5 + 0{,}752 \times 0{,}248 : 168 \times 5} = \pm\, 0{,}022.$$

Da keine Differenz zwischen den mittleren Wahrscheinlichkeiten zweier der 5 Kollektive größer als $3\,\mu_{pD} = 0{,}066$ ist, so ist die Annahme berechtigt, daß den 5 Reihen dieselbe Wahrscheinlichkeit p zukommt[1]).

Die zu dem eben behandelten Problem umgekehrte Fragestellung ist die: weiß man von 2 Materien, oder nimmt man von 2 Materien an, daß sie verschiedene Wahrscheinlichkeiten für ein bestimmtes Ereignis oder eine bestimmte Eigenschaft besitzen, ist dann zu erwarten, daß sich der Unterschied bei irgendeiner Untersuchung dieser Materien wirklich ergibt, oder aber ist die Möglichkeit gegeben, daß der Unterschied infolge zufälliger Störungen verschwindet?

Man hat bei dieser Fragestellung in p_1 und p_2 zwei wirklich verschiedene Wahrscheinlichkeiten zu erblicken. Es ist daher die Streuung der Wahrscheinlichkeit p_1 der einen Reihe $\frac{p_1\,q_1}{n_1\,N_1}$, und die Streuung der mittleren Wahrscheinlichkeit der anderen Reihe ist $\frac{p_2\,q_2}{n_2\,N_2}$. Man hat als Streuung der Differenz $p_1 - p_2$ den Ausdruck

$$\mu_{pD}{}^2 = \frac{p_1\,q_1}{n_1\,N_1} + \frac{p_2\,q_2}{n_2\,N_2}.$$

Ist $p_1 - p_2$ größer als $3\,\mu_{pD}$, dann ist nicht zu erwarten, daß der Unterschied der beiden Wahrscheinlichkeiten bei irgendeiner Untersuchung durch zufällige Störungen verwischt wird; ist die Differenz $p_1 - p_2$ dagegen kleiner als das 3fache der mittleren Abweichung der Differenz, dann ist es möglich, daß eine Untersuchung der beiden Materien zu derselben Wahrscheinlichkeit führt. Man kann in solchen Fällen auch die Mindestzahl N der Versuche ermitteln, die erforderlich ist, damit ein Unterschied $p_1 - p_2$ als real erscheint. Es muß $(p_1 - p_2) > 3\sqrt{\frac{p_1\,q_1}{N} + \frac{p_2\,q_2}{N}}$ oder $N > \frac{9\,(p_1\,q_1 + p_2\,q_2)}{(p_1 - p_2)^2}$ sein.

---

[1]) Vgl. Art. 129.

XIV. Abschnitt.

Vergleich empirischer Verteilungen mit ihren theoretischen Zufallsverteilungen.

136. Hat man eine binomiale Verteilung $N(p+q)^n$, so errechnet man den Mittelwert des Erfolgs als np und den Mittelwert des Nichterfolgs als nq. Die Streuung der einzelnen Erfolgshäufigkeiten oder auch der einzelnen Nichterfolgshäufigkeiten 0 bis n ist gegeben als $\mu^2 = npq$. Spielt man mit 12 Würfeln auf zwei bestimmte Augenzahlen als Erfolg, so ist, normale Würfel vorausgesetzt, $p = 1/3$, es ist die mittlere Erfolgshäufigkeit $M = np = 4$ und die mittlere Nichterfolgshäufigkeit $M_N = nq = 8$. Die Streuung der Einzelhäufigkeiten bezüglich 4 bzw. bezüglich 8 ist in jedem Fall $npq = 8/3$ bzw. $\mu = \sqrt{npq} = \pm 1{,}63$. Dagegen ist V rd. ± 41 und V_N rd. ± 20. Die Gesamterfolgszahl ist nNp, und die Gesamtzahl der Nichterfolge bestimmt man als nNq. Die Streuung dieser Werte ist $\mu^2 = nNpq$. Betrachtet man statt der Erfolgshäufigkeiten die Erfolgswahrscheinlichkeiten $0, \frac{1}{n}, \frac{2}{n}, \ldots \frac{n}{n}$, so ist die Streuung dieser bezüglich der mittleren Wahrscheinlichkeit p zu berechnen als $\mu_1^2 = \frac{\mu^2}{n^2} = \frac{pq}{n}$. Bei dem Spiel mit den 12 Würfeln ist mithin $\mu_1^2 = 1:54$. Dieselbe Streuung zeigen die einzelnen Nichterfolgswahrscheinlichkeiten bezüglich q. Die Streuung der Mittel np oder nq selbst mißt $\mu_M^2 = \frac{npq}{N}$, und die Streuung der mittleren Erfolgswahrscheinlichkeit p oder der mittleren Nichterfolgswahrscheinlichkeit q ist $\mu_{p,q}^2 = \frac{pq}{Nn}$. Die Streuung der Gesamterfolgs- oder der Gesamtnichterfolgszahl ist wie erwähnt $\mu^2 = Nnpq$.

Ermittelt man die Wahrscheinlichkeiten einer binomischen Reihe $(p+q)^n$, so sind diese $p_0 = p^n$, $p_1 = np^{(n-1)}q$, $p_2 = [n(n-1):2] \times p^{(n-2)} q^2$ usf.[1]). Man erhält dabei aus der Häufigkeitsreihe $N(p+q)^n$ die Wahrscheinlichkeiten als $p_0 = \frac{z_0}{N}$, $p_1 = \frac{z_1}{N}$, $p_2 = \frac{z_2}{N}$ usf. Man bestimmt die Streuung für jede der $(n+1)$ Häufigkeiten z bzw. als

$$\text{str. } z_0 = \pm\sqrt{N p_0 q_0} = \pm\sqrt{N p_0 (1-p_0)} = \pm\sqrt{N z_0 (N-z_0) : N^2} = \pm\sqrt{z_0 (N-z_0) : N},$$

$$\text{str. } z_1 = \pm\sqrt{z_1 (N-z_1) : N}, \quad \text{str. } z_2 = \pm\sqrt{z_2 (N-z_2) : N} \text{ usf.}$$

Es ist also beispielsweise die Streuung der maximalen Häufigkeit der Reihe in Zahlentafel 12 $\pm\sqrt{1466\,(6500-1466):6500}$ oder rd. ± 34,

[1]) Vgl. Art. 36, 40 und 50.

es ist die Streuung der Häufigkeit der Klasse 2 z. B. $\pm \sqrt{105 \times 6395 : 6500}$ oder rd. ± 10. Beispiele enthalten die Zahlentafeln 17 und 23.

137. Liegt die unstetige Verteilung eines im Einzelfalle nur alternativ veränderlichen Merkmals vor, die empirisch ermittelt werden konnte, so ergibt sich aus N, n und der empirischen Gesamterfolgszahl a, die man nach der Verteilung als $z_1 + 2\,z_2 + 3\,z_3 + \ldots\, nz_n$ erhält, die Wahrscheinlichkeit für das Auftreten des Merkmals als $p = \frac{a}{Nn}$. Es ist $q = \left(1 - \frac{a}{Nn}\right)$. Es gilt auch $p = \frac{M}{n}$ oder $n = \frac{M}{p}$ oder $n = \frac{a}{Np}$. Ist im besonderen die Zahl n der natürlich oder künstlich zu einer Gruppe vereinigten Glieder bekannt, so bestimmt man die empirische Wahrscheinlichkeit als $p = \frac{a}{Nn} = \frac{M}{n}$, und man kann dann die Streuung der vorliegenden Materie unter der Voraussetzung, daß ihre Verteilung eine binomiale, d. h. eine zufällige sei, als npq bzw. beim Vorliegen von Wahrscheinlichkeiten als Argument als $\frac{pq}{n}$ errechnen. Bestimmt man gleichzeitig die empirische Streuung der Materie als $\mu^2 = \Sigma\,(E - M)^2 : N$ bzw. als $\mu_1{}^2 = \Sigma\,(E_p - p)^2 : N$, so läßt der Vergleich zwischen npq und μ^2 bzw. zwischen $\frac{pq}{n}$ und $\mu_1{}^2$ die Entscheidung zu, ob die empirische Verteilung den Charakter einer Zufallsverteilung hat oder nicht. Das erstere ist der Fall, wenn die empirische Verteilung dieselbe Streuung zeigt wie die binomiale Zufallsverteilung gleicher Entstehungsart, d. h. wie die Zufallsverteilung mit dem empirischen n und p. Ist dagegen $\mu \gtrless \sqrt{npq}$ bzw. $\mu_1 \gtrless \sqrt{\frac{pq}{n}}$, so weicht die empirische Verteilung von einer Zufallsverteilung ab[1]).

Hat man für eine empirische Verteilung die Wahrscheinlichkeit p ermittelt, so läßt sich durch Auflösung des Binoms $N\,(p + q)^n$ die Verteilung konstruieren, welche die empirische Verteilung aufweisen muß, wenn sie Zufallscharakter besitzt. Konstatiert man nennenswerte Abweichungen, so ist die empirische Verteilung keine zufällige. Man kann durch diesen Vergleich insbesondere dann, wenn $\mu^2 \lesseqgtr npq$ ist, feststellen, wo, bei welchem Argumentwert, die empirische Verteilung vom Zufallscharakter abweicht. Zum exakten Vergleich bildet man also die entsprechende binomiale Verteilungsreihe und errechnet überdies für die einzelnen Häufigkeiten der binomialen Verteilung die Streuungen als $\sqrt{z\,(N - z) : N}$. Man bildet des weiteren die Differenzen zwischen empirischen Häufigkeiten und binomialen Häufigkeiten. In jedem Fall,

---

[1]) Vgl. hierzu Art. 129, 134 und 144 ff.

in dem $z_{\text{bin.}} - z_{\text{emp.}}$ größer ist als der 3fache Betrag der Streuung der Zufallshäufigkeit, ist eine wirkliche Abweichung der empirischen Verteilung von der theoretischen Zufallsverteilung festzustellen. Ist die Differenz kleiner als $3\sqrt{z(N-z):N}$, so kann die Abweichung der empirischen Häufigkeit zufällig sein, muß dies aber nicht sein. Die Entscheidung ergibt die Untersuchung mehrerer Kollektive derselben Materie. Da aber bei nur geringer realer Differenz der empirischen Verteilung gegen die theoretische Verteilung auch der störende Einfluß besonderer Art nur gering sein kann, so wird man in vielen Fällen auf die Entscheidung der Frage, ob eine kleine, ihrer Größe nach zufällige Abweichung tatsächlich nur zufällig oder aber real, besonders verursacht ist, verzichten können.

Beispiele und Anwendungen zu den Ausführungen dieses Artikels geben der Abschnitt VII, die Zahlentafeln 10, 11, 15, 24 und speziell die Zahlentafel 17.

Die Zahl der Vergleichsmöglichkeiten für unstetige Kollektive ist mit dem behandelten allerdings wichtigsten Fall nicht erschöpft. Ist in besonderen Fällen die Wahrscheinlichkeit eines Ereignisses auf Grund logischer oder hypothetischer Erwägungen im voraus bekannt oder festgelegt, so ist beim Studium eines empirischen Falls mit Serien zu n Gliedern die zu erwartende Verteilung $N\,(p+q)^n$, wenn p die der Materie zugrunde gelegte Wahrscheinlichkeit ist. Von dieser Verteilung darf die festzustellende empirische Verteilung nur zufällig abweichen. Ein Beispiel für einen derartigen Fall enthält die Zahlentafel 15, in welchem Beispiel die logisch abgeleitete Wahrscheinlichkeit $p = 0{,}5$ ist. Man vergleicht die ideale Verteilung mit der logischen Wahrscheinlichkeit mit der empirischen Verteilung. In dem letzten der in Artikel 134 diskutierten Beispiele hat man die aufgeführten empirischen Verteilungen für 153 und 170 Beobachtungen mit den Verteilungen 153 $(0{,}79 + 0{,}21)^{15}$ und 170 $(0{,}79 + 0{,}21)^{15}$ zu vergleichen.

Ist in solchen Fällen die angenommene Wahrscheinlichkeit als gesichert zu betrachten, so ergibt der Vergleich zwischen empirischer und theoretischer Verteilung eine Prüfung der empirischen Verhältnisse darauf, ob sie den Voraussetzungen gerecht werden oder nicht. Ist die angenommene Wahrscheinlichkeit lediglich hypothetischer Art, so läßt sich die Richtigkeit der zu der Wahrscheinlichkeit p führenden Hypothese an dem empirischen Material überprüfen.

Man hat in derartigen Vergleichsfällen Unterschiede zwischen allen empirischen Daten und den entsprechenden theoretischen Daten zu erwarten. Gleich sind nur N und n. Es differieren dagegen für die empirische und die theoretische Verteilung die Wahrscheinlichkeiten, die Mittel, die Streuungen sowie die Verteilungsform, die einzelnen Häufigkeiten z_0, z_1, $z_2 \ldots$ bzw. die einzelnen Wahrscheinlichkeiten

$p_0, p_1, p_2 \ldots$ für die $(n+1)$ verschiedenen Erfolgsgrade. Die Unterschiede zwischen empirischen und theoretischen Werten sind daraufhin zu überprüfen, ob sie zufällig oder real sind.

Ist die Wahrscheinlichkeit einer Eigenschaft im voraus nicht bekannt, so bestimmt man nach dem empirischen Material die empirische Wahrscheinlichkeit als $\frac{a}{Nn}$. Man erhält die Vergleichsverteilung $N\left\{\left(\frac{a}{Nn}\right)+\left[1-\left(\frac{a}{Nn}\right)\right]\right\}^n$. Dies ist die Verteilung gleicher Entstehungsart mit der empirischen Verteilung, da sie in den Elementen n und p mit der empirischen Verteilung übereinstimmt, aber unter der Voraussetzung einer bloßen Zufallswirkung hergeleitet. Man mißt die empirische Verteilung an der Zufallsverteilung gleicher Wahrscheinlichkeit. Die beiden Verteilungen stimmen, da in n und p, auch im Mittel überein. Sie differieren in der Streuung, im Maximum sowie in den einzelnen Häufigkeiten bzw. Wahrscheinlichkeiten der verschiedenen Erfolgsgrade. Die Untersuchung hat sich darauf zu erstrecken, ob diese Unterschiede besonders verursacht sind oder ob sie zufälliger Art sein könnten. Bestimmt man also z. B. für die beiden Beobachtungsreihen des letzten Beispiels in Artikel 134 die empirischen Wahrscheinlichkeiten, die sich zu 0,60 bzw. zu 0,77 ergeben, so kann man statt der Vergleichsverteilungen mit der angenommenen Wahrscheinlichkeit die Vergleichsverteilungen mit den empirischen Wahrscheinlichkeiten konstruieren. Gilt es, die gemachten Voraussetzungen, die zu der angenommenen Wahrscheinlichkeit führten, zu überprüfen, so ist nur der Vergleich mit der Verteilung mit der angenommenen Wahrscheinlichkeit $p = 0{,}79$ zulässig. Soll eine Reihe als solche betrachtet werden und darauf untersucht werden, ob ihre Verteilung eine zufällige ist oder nicht, so zieht man zu diesem Vergleich die Verteilung mit der empirischen Wahrscheinlichkeit heran.

Eine dritte Art von Vergleichsverteilung ergibt sich, wenn man die theoretische Verteilung herleitet, die in n und der Streuung mit der empirischen Verteilung übereinstimmt. Man ermittelt die Wahrscheinlichkeit p_t der theoretischen Vergleichsverteilung aus der Gleichung $npq = np(1-p) = \mu^2$ zu $p_t, q_t = 0{,}5 \pm 0{,}5\sqrt{1-4\mu^2 : n}$. Die theoretische Verteilung gleicher Seriengliederzahl und gleicher Streuung, $N(p_t+q_t)^n$ differiert in der Wahrscheinlichkeit, im Mittel und in der Verteilungsform gegen die empirische Verteilung. Die Vergleichsverteilung hat von den beiden Wahrscheinlichkeitselementen p und n nur noch eines mit der empirischen Verteilung gemein, sie kann daher nicht zur Erklärung der Entstehung der empirischen Verteilung dienen.

Eine vierte Art von Vergleichsverteilung erhält man, wenn man umgekehrt die binomiale Verteilung sucht, welche in p und in der Streuung mit der empirischen Materie übereinstimmt. Es ist $p = \frac{a}{Nn}$ und $npq = \mu^2$. Man bestimmt n_t für die Vergleichsverteilung als $\mu^2 : \left\{\left(\frac{a}{Nn}\right)\left[1 - \left(\frac{a}{Nn}\right)\right]\right\}$. Die Verteilung $N(p+q)^{n_t}$ differiert außer in der Seriengliederzahl im Mittel und in der Verteilungsform gegen die empirische Materie. Auch diese Vergleichsverteilung hat nur ein Wahrscheinlichkeitselement mit der empirischen Verteilung gemein und eignet sich nicht zur Erklärung einer empirischen Verteilung.

Endlich läßt sich für jede Verteilung eine rein beschreibende Zufallsverteilung herleiten, welche in keinem der beiden Wahrscheinlichkeitselemente mit der empirischen Verteilung übereinstimmt, die lediglich Mittel und Streuung mit der empirischen Verteilung gemein hat. Diese Verteilung, deren Herleitung im nächsten Artikel besprochen wird, gibt die empirische Verteilung äußerlich so wieder wie sie ist, lediglich unter Ausglättung aller Abweichungen vom rein Zufälligen[1]).

138. Für stetig veränderliche Argumentwerte und ihre Verteilungen gibt es die Wahrscheinlichkeitsdaten n und p nicht. Man kann wohl die Wahrscheinlichkeit eines bestimmten Dehnungswertes oder -intervalls für eine Materie ermitteln, aber man kann nicht feststellen, daß der Dehnung von Tombakdrähten die Wahrscheinlichkeit $^3/_4$ zukommt. Man kann aber für jede Verteilung eines stetigen Arguments die der Verteilung entsprechenden Größen n und p berechnen. Im Unterschied zu den Verhältnissen bei unstetigen Kollektiven kommt aber n und p für stetige Verteilungen kein wirklicher Sinn zu, diese Größen haben vielmehr für stetige Argumente nur formale Bedeutung. Dasselbe gilt für die entsprechende binomiale Vergleichsverteilung, zu der die Kenntnis von n und p führt. Sie dient lediglich der mathematischen Beschreibung eines stetigen Kollektivs, wogegen die binomiale Verteilung mit empirischem p und n für unstetige Kollektive die Erklärung der Entstehung der Kollektive gibt und direkt die Zufallsverteilung der empirischen Materie fixiert.

Zwecks Herleitung der Wahrscheinlichkeitsdaten n und p für stetige Kollektive oder auch für unstetige Verteilungen, deren n-Wert unbekannt ist, oder für welche nicht die erklärende Zufallsverteilung gleicher Entstehung, sondern die Zufallsverteilung gleicher Streuung mit der empirischen Verteilung hergeleitet werden soll, setzt man das bekannte M der empirischen Verteilung gleich np der gesuchten Zufallsverteilung und die ebenfalls bekannte empirische Streuung μ^2 gleich der Streuung npq der Zufallsmaterie. Aus diesen beiden Gleichungen bestimmt man zunächst $q = \frac{npq}{np} = \frac{\mu^2}{M}$. Es ist $p = 1 - q$ und $n = \frac{M}{p}$. In der Regel

[1]) Vgl. hierzu Art. 75 und 149.

wird man für n einen gebrochenen Wert erhalten. Man kann die beiden Zufallsverteilungen für die beiden benachbarten ganzzahligen n-Werte herleiten und die entsprechende Verteilung mit dem gebrochenen n-Wert graphisch interpolieren[1]). Meist wird man derart nur vorgehen, wenn n ziemlich in der Mitte zwischen zwei ganzen Zahlen liegt. Der andere Weg, um zur binomialen Verteilung zu kommen, ist der, daß man den gebrochenen n-Wert zur nächstliegenden ganzen Zahl ab- bzw. aufrundet und diese ganze Zahl als n nimmt. Man korrigiert hiernach die Wahrscheinlichkeit, indem man nun p als $\frac{M}{n}$ bestimmt. Die derart zu berechnende binomiale Verteilung stimmt im Mittel mit der empirischen Verteilung genau überein und weicht in der Streuung wenig von der empirischen Verteilung ab. Man kann aber auch mit dem korrigierten n-Wert in die Gleichung $\mu^2 = npq = np\,(1 - p)$ eingehen, und man erhält dann p bzw. q als $0{,}5 \pm 0{,}5\sqrt{1 - 4\,\mu^2 : n}$. Damit hat man die Daten der binomialen Verteilung, welche in der Streuung genau mit der empirischen Verteilung übereinstimmt aber im Mittelwert np etwas gegen M differiert. Auf die eine oder andere Weise erhält man das die empirische Verteilung beschreibende Binom $N\,(p + q)^n$, dessen Auflösung die Vergleichsverteilung ergibt. Man zeichnet die empirische Verteilung und die Vergleichsverteilung derart zusammen, daß die Mittelwerte, die Mittelwertsordinaten zusammenfallen. Kommen dabei die Klassenmitten der empirischen Verteilung nicht mit den Klassenmitten der Zufallsverteilung zur Deckung, so kann man der graphischen Darstellung durch Ausmessen der Ordinaten der Zufallsverteilung für die Argumentwerte, welche mit empirischen Klassenmitten zusammenfallen, die den empirischen Häufigkeiten entsprechenden Zufallshäufigkeiten entnehmen. Durch die Festlegung der mittleren Abweichungen der Zufallshäufigkeiten kann man wieder die Differenzen zwischen empirischer und theoretischer Häufigkeitskurve auf ihre Realität untersuchen.

Liegt in speziellen Fällen eine empirische Verteilung vor, welche angenähert symmetrisch ist, so ist für die Vergleichsverteilung $p = q = 0{,}5$. Man erhält n als $2\,M$ oder als $4\,\mu^2$.

Zur Berechnung von n und p nimmt man die Daten der empirischen Verteilung am einfachsten in Klasseneinheiten. Der Abstand des Mittelwertes von der niedersten Klassenmitte ergibt, durch die Klassengröße dividiert, das Mittel M in Klasseneinheiten. Die Streuung leitet man gewöhnlich schon nach Klassen ab. Beispiele für die Herleitung beschreibender binomialer Verteilungen gibt der Abschnitt VI. Den Gang einer Rechnung entnimmt man Zahlentafel 23[2]).

---

[1]) Vgl. Art. 69, 71, 169 und 170 (Zahlentafeln 35—37).

[2]) Vgl. Art. 69, 71, 169 und 170 (Zahlentafeln 35—37).

Ist in einem Falle $M < \mu^2$, so ergibt sich für $p = \frac{\mu^2}{M}$ ein Wert größer als 1, was keinen Sinn hat. Dies kann sowohl bei stetigen wie auch bei unstetigen Kollektiven eintreten. Beispiele aus der Reihe der unstetigen Kollektive bieten hierzu die beiden Kollektive der Zahlentafel 24. Man kann in einem solchen Fall trotzdem zu einer formalen Vergleichsverteilung kommen, indem man statt des Abstands des Mittels M von der niedersten Klasse der Verteilung den Abstand des Mittels von der höchsten realen Klasse mißt. Man rechnet mit anderen Worten und in der Sprache für unstetige Zufallsmaterien ausgedrückt in derartigen Fällen statt mit dem Erfolgsmittel mit dem Mittel M_N der Nichterfolge, und setzt den empirischen M_N-Wert gleich nq der theoretischen Verteilung, so daß $\frac{\mu^2}{M_N}$ den Wert p der formalen Vergleichsverteilung ergibt. Für das erste Kollektiv der Zahlentafel 24 errechnet man so $M_N = 5 - M = 3{,}95$ und $p = 1{,}23 : 3{,}95 = 0{,}31$. Es ist $q = 0{,}69$ und $n = \frac{M_N}{q} = 5{,}7$. Rechnet man mit $n = 6$, so erhält man $q = \frac{3{,}95}{6} = 0{,}66$.

Da man für stetige Verteilungen nie weiß, ob für die Konstruktion der formalen Vergleichsverteilung der Mittelwert M als Erfolgsmittel oder als Nichterfolgsmittel aufzufassen ist, so lassen sich, wenn $M > \mu^2$ und ebenfalls $M_N > \mu^2$ ist, in jedem Fall 4 Vergleichsverteilungen herleiten, je nachdem man $M = np$, $M = nq$, $M_N = np$ oder $M_N = nq$ setzt. Da die Vergleichsverteilung lediglich die äußere Form einer stetigen Verteilung wiedergeben soll, ohne innere Verwandtschaft zu den Verhältnissen der empirischen Verteilung aufzuweisen, so kann man die Vergleichsverteilung auswählen, welche die empirische Verteilung am besten wiedergibt. In der Regel werden die Unterschiede in der Gestalt der 4 Verteilungskurven aber nur sehr geringe sein. Man kann überdies noch in jedem Fall den endgültigen Wert der Wahrscheinlichkeit mit Hilfe des korrigierten n-Wertes aus M bzw. M_N oder aus μ^2 errechnen. Endlich lassen sich sämtliche diskutierten Verteilungen statt nach Klasseneinheiten auch nach Argumenteinheiten herleiten, wobei man bei der Rechnung mit dem »Erfolgsmittel« M dessen Abstand in Argumenteinheiten sowohl von dem niedersten Argumentwert aus als auch von 0 aus messen kann[1]).

139. Liegt eine angenähert symmetrische Verteilung vor, so läßt sich als $N : \mu\sqrt{2\pi}$ das Maximum der Zufallsverteilung gleicher Streuung und als $N : \sqrt{2\pi npq}$ das Maximum der Zufallsverteilung gleicher Entstehung errechnen. Unterscheiden sich die beiden z_m nicht oder nur wenig, so spricht dies für den Zufallscharakter der empirischen Verteilung.

[1]) Vgl. Zahlentafeln 36 und 37, Art. 169 und 170.

Stellt man eine große Differenz fest, so ist auf ein Abweichen der empirischen Verteilung von einer Zufallsverteilung zu schließen. Ist insbesondere der Unterschied zwischen empirischem z_m und $N : \sqrt{2\pi npq}$ größer als der 3fache Betrag der mittleren Abweichung der theoretischen maximalen Häufigkeit, so weicht die empirische Verteilung im Maximum von Zufallsverhältnissen ab und zeigt ein tatsächlich überhöhtes bzw. verflachtes Maximum mit besonderer Ursache dieser Abweichung. Für eine nicht symmetrische Verteilung bestimmt man die maximale Zufallshäufigkeit als $z_m = Nn!\ p^m q^{(n-m)} : m!\ (n-m)! = Nn!\ p^{np} q^{np} : (np)!\ (nq)!$, worin m die Klasse der maximalen Häufigkeit bezeichnet und np zur nächstliegenden ganzen Zahl ab- bzw. aufzurunden ist, wodurch $np = m$ wird. Ist wieder der 3fache Betrag der Streuung dieser Häufigkeit, also $3\sqrt{z_m (N - z_m) : N}$, größer als die Differenz zwischen empirischer maximaler Häufigkeit und theoretischem z_m, so kann diese Differenz zufällig sein, im anderen Fall ist sie real[1]).

Man kann endlich noch für symmetrische Verteilungen für beliebige Argumentwertintervalle nach der Zahlentafel 14 die Zufallshäufigkeiten ermitteln und mit den empirischen Häufigkeiten vergleichen. Insbesondere gilt, daß bei angenähert Gaußscher Verteilung in dem Intervall $\pm \mu$ um M rd. 68% aller Glieder eines Kollektivs liegen, und das Intervall $\pm 3\mu$ um M umfaßt im Idealfalle 99,7% des Kollektivumfangs.

140. Verteilungen, deren Wahrscheinlichkeit für ein bestimmtes Merkmal ungefähr 0,5 ist, lassen sich durch die Exponentialfunktion oder die Gaußsche Verteilungsfunktion darstellen. Auch bei stärkeren Abweichungen einer Wahrscheinlichkeit von 0,5 kann die mathematische Häufigkeitskurve als Vergleichsbild herangezogen werden zwecks Beurteilung der Annäherung einer Verteilung an eine normale symmetrische Verteilung zufälliger Art. Dabei ist diese Wiedergabe durch die symmetrische Kurve um so zutreffender, je größer der Serienumfang n einer Reihe ist. Dagegen lassen sich Ereignisse, die sehr selten im Vergleich zu der Gesamtzahl der ausgewerteten Fälle eintreten, die also eine äußerst kleine Wahrscheinlichkeit p besitzen, nicht mehr unter das Gesetz der symmetrischen Häufigkeitskurve bringen.

Man könnte vermuten, daß sich sehr seltene Ereignisse überhaupt keiner Behandlung im Rahmen einer Zufallstheorie fügen. Dem ist aber nicht so, im Gegenteil, auch die seltenen Ereignisse, auch Erscheinungen mit sehr kleiner Wahrscheinlichkeit ihres Eintretens fügen sich, sofern nur wieder eine genügend große Gesamtzahl von Fällen zur Auswertung vorliegt, bestimmten Zufallsgesetzmäßigkeiten und passen sich idealen mathematisch bestimmbaren Verteilungen an. Seltene Ereignisse lassen sich durch das Gesetz der kleinen Zahlen wiedergeben und folgen diesem Gesetz, soweit sie Zufallscharakter

---

[1]) Vgl. Art. 36, 40 und 50.

tragen. Die mathematische Formulierung dieses Gesetzes geht auf Poisson zurück; praktisch eingeführt in die Statistik zur Beurteilung seltener Ereignisse wurde das Gesetz aber erst durch L. v. Bortkiewicz[1]), der dem Gesetz auch seinen Namen gab.

Das Verteilungsgesetz der seltenen Ereignisse geht aus der Binomialformel bzw. der Newtonschen Formel hervor, wenn man diese Formel unter der Voraussetzung einer bei großem n sehr kleinen Wahrscheinlichkeit p und mithin einer sehr großen Wahrscheinlichkeit q umformt. Es ist danach die Wahrscheinlichkeit dafür, daß ein Ereignis mit der sehr kleinen Wahrscheinlichkeit p in n Versuchen oder Beobachtungen $m$mal eintritt

$$W_m = (n\,p)^m\, e^{-n\,p} : m!.$$

Liegen N Beobachtungsreihen zu je n Einzelfällen vor, so ist die Häufigkeit der Serien mit m Erfolgen

$$H_m = N\,(n\,p)^m : e^{n\,p}\, m!.$$

Für derartige Verteilungen ist der (kleine) Mittelwert $M = np$, und es ist die Streuung ebenfalls durch np gegeben (da q in npq nahezu 1 ist).

Man überprüft daher Reihen seltener Ereignisse auf ihren Zufallscharakter, indem man nach der Verteilung den Mittelwert bestimmt. Damit hat man auch den theoretischen Streuungswert (unter der Voraussetzung einer zufälligen Verteilung). Man bestimmt die empirische Streuung μ^2 als $\Sigma\,(E - M)^2 : N$ und vergleicht μ^2 mit np bzw. μ mit $\sqrt{n\,p}$. Nähert sich die empirische Verteilung einer zufälligen Verteilung, so sind die beiden Streuungswerte ungefähr gleich. Besteht eine merkliche Differenz zwischen den beiden Streuungswerten, so ist die empirische Verteilung keine zufällige. Man kann die Differenz an der Streuung der theoretischen Streuung messen, also mit $n\,p\sqrt{2} : \sqrt{N}$ bzw. mit $\sqrt{np : 2N}$ vergleichen.

Es läßt sich die empirische Verteilung eines seltenen Ereignisses auch wieder im einzelnen mit der entsprechenden theoretischen Zufallsverteilung vergleichen. Diese Zufallsverteilung erhält man durch Einsetzen des Wertes M für $n\,p$ in die Verteilungsformel $N\,(np)^m e^{-np} : m!$. Für e nimmt man den Wert 2,71828, und für m hat man nacheinander die Werte 0, 1, 2, ... einzusetzen, womit man die Häufigkeiten der Erfolgsgrade 0, 1, 2, ... erhält. Man kann auch hier wieder die Rechnung vereinfachen, indem man nach Zahlentafeln arbeitet, welche für bestimmte $n\,p$-Werte die Wahrscheinlichkeiten W_m für verschiedene Erfolgsgrade angeben[2]).

Das Gesetz der kleinen Zahlen bezieht sich auf seltene Fälle in langen Beobachtungsreihen. Es müssen also wieder umfangreiche Be-

---

[1]) »Das Gesetz der kleinen Zahlen«, 1898.

[2]) L. v. Bortkiewicz, »Das Gesetz der kleinen Zahlen«, 1898.

obachtungsreihen ausgewertet werden. In solchen umfangreichen Reihen findet man wieder eine bestimmte Wahrscheinlichkeit für ein seltenes Ereignis, und man findet nach mehreren großen Beobachtungsreihen stets dieselbe Wahrscheinlichkeit für ein vom Zufall bestimmtes seltenes Ereignis. Die seltenen Fälle und ihre mathematische Verifizierung, das Gesetz der kleinen Zahlen, fügen sich mithin dem Gesetz der großen Zahlen, dessen Inhalt sich auf die Umfänge statistischer Beobachtungsreihen bezieht[1]). Das Gesetz der kleinen Zahlen bezieht sich lediglich auf den Sonderfall kleiner Häufigkeiten oder Wahrscheinlichkeiten bestimmter Erscheinungen oder Merkmale. Die Häufigkeiten der Erfolge bilden kleine Zahlen.

Führt man mit einem Würfel eine große Zahl von Würfen aus und notiert nach jedem Wurf die geworfene Augenzahl, so kann man die Versuchsreihe in Gruppen zu je $n = 2$ Gliedern oder in Gruppen zu je $n = 3$ Gliedern oder in Serien zu je $n = 4$ Gliedern unterteilen, und man kann auszählen, wie oft eine derartige Gruppe aus gleichen Erfolgen besteht, wie oft also eine Gruppe mit 2, mit 3, 4, . . . gleichen Augenzahlen erscheint. Man nennt derartige Aufeinanderfolgen von gleichen Erfolgen Iterationen. Die Wahrscheinlichkeit einer n-fachen Iteration ist p^n, wenn p die Wahrscheinlichkeit des Erfolgs pro Einzelfall bezeichnet. Es ist z. B. die Wahrscheinlichkeit dafür, zweimal hintereinander die Augenzahl 6 zu werfen, $\left(\frac{1}{6}\right)^2 = \frac{1}{36}$, es ist die Wahrscheinlichkeit einer viermaligen Wiederholung dieses Ereignisses $\left(\frac{1}{6}\right)^4 = \frac{1}{1296}$ [2]). Solche Iterationen bilden also offenbar seltene Ereignisse mit sehr kleiner Wahrscheinlichkeit p. Spielt man gleichzeitig mit 4 Würfeln und wirft diese 4 Würfel $n = 1296$ mal, so ist die Wahrscheinlichkeit für einen Wurf, der nur die Augenzahlen 6 zeigt, $\frac{1}{1296}$, man hat durchschnittlich $np = 1$ solchen Wurf pro $n = 1296$ Fälle zu erwarten, und die Streuung ist mit $npq = \frac{1295}{1296}$ ungefähr gleich np. Führt man nun $N = 1000$ solcher Wurfserien zu je 1296 Würfen mit je 4 Würfeln durch, so kann man fragen, wie oft kommt es vor, daß man in einer Serie zu n Würfen die 4fache Sechs 0 mal zählt, wie oft erscheint bei 1296 Würfen dieses seltene Ereignis 1 mal, wie oft zählt man 2 Würfe mit nur Sechsern usf. Diese Verteilung gibt nun die Formel $N\,(np)^m e^{-np} : m! = 1000 \times 1^m : 2{,}72\; m!$, in die man der Reihe nach für m die Werte 0, 1, 2, 3, . . . einzusetzen hat. Die Auflösung ergibt 368 Fälle, in denen pro Serie zu 1296 Gliedern keine 4fache Sechs auftritt. Man errechnet ebenfalls 368 Fälle, in denen das

---

[1]) Vgl. Art. 10 und 95.

[2]) Vgl. Art. 12.

seltene Ereignis der 4fachen Sechs einmal unter 1296 Würfen erscheint. Für $m = 2$ findet man $z = 184$, für $m = 3$ ist $z = 61$, für $m = 4$ errechnet man $z = 15$, für $m = 5$ ergibt sich $z = 3$, und endlich findet man eine Serie mit 6 Würfen zu je 4 Erfolgen.

Zahlentafel 27.

Molybdänbleche von 0,10 mm Stärke mit 3,0 mm und mehr Tiefung.

Erfolgshäufigkeit m	z	mz	$z\,d^2$
0	1	0	4
1	0	0	0
2	3	6	0
3	1	3	1
4	0	0	0
5	1	5	9
6	1	6	16
	7	20	30

$Z = 7$, $n_M = 400$, $N = 2803$, $a = 20$,

$p = a/N = 0{,}007$,

$M = np = a/Z = 2{,}86$,

Theoretische Streuung: $\sqrt{M} = \pm 1{,}7$,

$\mu^2 = \Sigma (m - M)^2 : Z = 30 : 7 - (0{,}86)^2 = 3{,}546$,

$\mu = \pm 1{,}9$,

$\mu - \sqrt{M} = 0{,}2$,

str. $\sqrt{M} = \sqrt{M} : \sqrt{2Z} = \pm 0{,}46$.

Technische Materien, für welche die Anwendung des Gesetzes der kleinen Zahlen in Frage kommt, bilden die extremen (und daher auch seltenen) Fälle. Es treten bei jeder Fabrikation und bei jedem Fabrikat vereinzelte abnorm hohe oder abnorm niedere Qualitätswerte auf, und es ist von Interesse, zu entscheiden, ob diese Außenseiter auf besonderer Verursachung beruhen oder ob sie ebenfalls eine Folge des Zufallsspiels sind, ob sie sich Zufallsgesetzen fügen. Die Überprüfung dieser Frage erfolgt mit Hilfe des Gesetzes der kleinen Zahlen. Die Zahlentafeln 27 und 28 dienen der Illustration derartiger Untersuchungen.

Zahlentafel 27 bezieht sich auf sehr hohe Tiefungswerte für Molybdänbleche von 0,10 mm Stärke. Es wurden über $Z = 7$ Monate, die pro Monat durchschnittlich $n = 400$ Tiefungswerte als Serie genommen, und es wurde ausgezählt, wie viele Tiefungswerte von 3,0 mm und darüber pro Gruppe festzustellen sind. Man findet eine Gruppe ohne derartig hohe Dehnungswerte, man findet keine Gruppe mit einem hohen Dehnungswert, man zählt 3 Serien mit $m = 2$ und je eine Serie mit $m = 3$, $m = 5$ und $m = 6$. Die Gesamtzahl der Proben, welche eine hohe Dehnung aufweisen, beträgt $a = 20$ unter einer Gesamtzahl von $Zn = 2803$ Proben. Die Auswertung des Materials entnimmt man der Zahlentafel. Man stellt fest, daß die Differenz zwischen theoretischer

Zahlentafel 28.

Molybdändrähte mit 28% und mehr Dehnung.

I. Kollektiv			II. Kollektiv				
m	z	mz	m	z	mz	$z\,d^2$	z theoretisch $(69 \times 1{,}1^m) : (m!\,e^{1,1})$
0	118	0	0	28	0	28	23
1	16	16	1	21	21	0	25
2	12	24	2	13	26	13	14
3	4	12	3	3	9	12	5
4	1	4	4	2	8	18	1
5	2	10	5	1	5	16	1
6	0	0	6	1	6	25	0
7	1	7	7	0	0	0	0
	154	73		69	75	112	69

I. Kollektiv:

$N = 15400,\ Z = 154,$
$n = 100,\ a = 73,$
$M = 0{,}474,$
$\sqrt{M} = \pm\,0{,}7,$
$\mu^2 = 1{,}17,$
$\mu = \pm\,1{,}1,$
str. $\sqrt{M} = \pm\,0{,}027,$
$\mu - \sqrt{M} = 0{,}4.$

II. Kollektiv:

$N = 6900,\ Z = 69,\ n = 100,\ a = 75,$
$M = 1{,}09,\ \mu^2 = 1{,}615,$
$\mu^2 - M = 0{,}53,$ str. $npq = np\sqrt{2} : \sqrt{69} = \pm\,0{,}19,$
$\sqrt{M} = \pm\,1{,}04,\ \mu = \pm\,1{,}27,$
$\mu - \sqrt{M} = 0{,}23,$ str. $\sqrt{M} = 1{,}04 : \sqrt{2 \times 69} = \pm\,0{,}09,$
$Z\,\frac{(np)^m}{m!}\,e^{-np} \cong 69\,\frac{1{,}1^m}{m!\,e^{1,1}}$

und empirischer Streuung kleiner ist als der einfache Streuungswert der theoretischen Streuung, so daß die Materie sehr wohl als zufällig aufgefaßt werden kann.

Die Zahlentafel 28 bezieht sich auf hohe Dehnungswerte von Molybdändrähten. Es sind 2 Kollektive in der Zahlentafel aufgeführt. Das erste umfaßt Drähte für Radio- und Glühlampen. Dementsprechend führt die Auswertung zu einer starken Abweichung der empirischen Streuung von der theoretischen Streuung, die nicht mehr als Folge zufälliger Störungen aufzufassen ist. Dagegen läßt sich das zweite Kollektiv, das nur Radiodrähte umfaßt, als Zufallsmaterie ansprechen. Auch die Anpassung der empirischen Verteilung an die theoretische, mit dem Näherungswert $M = 1{,}1$ berechnete Zufallsverteilung ist befriedigend.

XV. Abschnitt.

Zufällige Abweichungen und Realschwankungen.

141. In all den Fällen technischer Prüfverfahren und Fabrikationskontrollen, in denen die Errechnung eines guten Mittelwertes geringer Veränderlichkeit zur Beurteilung eines Prozesses oder eines Erzeugnisses nicht ausreichend ist, in denen vielmehr auch die Kenntnis und die zahlenmäßige Festlegung von Schwankungen, die irgendeine Eigenschaft aufweist, und die Ergründung der Ursachen dieser Schwankungen von Wichtigkeit ist, kommt der Entscheidung, ob rein zufällige Schwankungen oder aber wirkliche Schwankungen vorliegen, große Bedeutung zu. Denn die einen müssen und können als eben gegeben und unabänderlich hingenommen werden, wogegen die Realschwankungen, die in der besonderen Beschaffenheit einer Materie ihre Ursachen haben, auf Mißstände in der Fabrikation oder Fehler im Material hinweisen, an deren Beseitigung man Interesse hat.

Bestimmte Anhaltspunkte zur Beantwortung der Frage, ob eine Materie rein zufällige Abweichungen von ihrem bevorzugten Wert aufweist, oder aber ob die Schwankungen, die zufällig auftreten würden, durch Besonderheiten der Materie verstärkt bzw. variiert werden, gibt ja das Studium der Verteilung der Einzelwerte einer Eigenschaft und besonders instruktiv und anschaulich das Bild der Häufigkeitskurve. Insbesondere gestattet die Errechnung der maximalen Häufigkeit einer Verteilung zu der beobachteten und durch die mittlere Abweichung zahlenmäßig festgelegten Streuung und der Vergleich dieses theoretischen Maximums, das auf Grund der Annahme einer rein zufälligen Verteilung gewonnen wird, mit dem tatsächlich beobachteten Maximum oder der Vergleich einer beobachteten Verteilung mit der entsprechenden reinen Zufallsverteilung wichtige Schlüsse betreffs des Zufallscharakters einer Verteilung bzw. der Abweichungen von Eigenschaftswerten von einem bevorzugten Wert zu ziehen[1]. Darüber hinaus gibt die Großzahlrechnung aber auch Methoden für eine genaue zahlenmäßige Festlegung des Grades der zufälligen Schwankungen und der Realschwankungen[2].

Die mittlere Abweichung gibt lediglich ein Maß der Gesamtheit der vorliegenden Abweichungen einer Materie und läßt die Frage offen, wie sich der ermittelte Betrag der Streuung auf zufällige Schwankungen und wirkliche Schwankungen und deren Anteil wieder auf beispielsweise Fabrikationsschwankungen und durch die Untersuchung bedingte Schwankungen verteilt. Es ist die Aufgabe einer ins einzelne gehenden Schwankungsberechnung, festzustellen, ob in einem bestimmten Fall bloße Zufallsschwankungen und damit belanglose Schwankungen oder aber Abweichungen mit realer Bedeutung und besonderer Verursachung vorliegen. Sie läßt weiterhin ermitteln, ob die Realschwankungen in dem untersuchten Material bzw. dem kontrollierten Arbeitsprozeß begründet sind, also beispielsweise Qualitäts- oder Fabrikationsschwan-

[1] Vgl. Art. 137 ff.

[2] Bezüglich eines Sonderfalls der Verursachung von Realschwankungen, der Versuchsfehler bei der Aufnahme einer Kollektivreihe, wurden die speziellen Untersuchungsmethoden bereits diskutiert (vgl. Art. 128). Desgleichen wurde die Ausgleichungsrechnung zur Fixierung systematischer Fehler sowie die Übertragung dieser Methode auf das Gebiet der Kollektivmaßlehre zwecks Herausstellung systematischer Schwankungen ebenfalls schon erörtert (vgl. Art. 103, 118, 123, 125).

kungen darstellen, oder ob sie Versuchsschwankungen bedeuten, verursacht z. B. durch die Ausführung verschiedener chemischer Analysen oder verschiedener Zerreißproben. Auch diese Unterscheidung ist wichtig, da reine Versuchsschwankungen zur Beurteilung eines Erzeugnisses oder Fabrikationsverfahrens ebensowenig heranzuziehen sind wie die bloßen Zufallsabweichungen, ihre Festlegung anderseits aber Aufschluß über den Grad der Zuverlässigkeit der ausgeführten physikalischen, chemischen oder andersartigen Untersuchungsmethoden zu geben vermag. Weiter gestattet eine wiederholte Durchführung von Schwankungsberechnungen z. B. auch festzustellen, bei welchem Fabrikationsprozeß Qualitätsschwankungen erstmals auftreten, durch welches Arbeitsverfahren die festgestellten Schwankungen bedingt werden. Endlich lassen sich genaue Maße der verschiedenen Schwankungen errechnen und zur Urteilsbildung über eine Materie heranziehen. Es ist ohne weiteres evident, daß die Klärung all dieser Fragen von größter Bedeutung ist, nicht allein zur Überprüfung eines Verfahrens oder Fabrikates und zur Kontrolle von Untersuchungsmethoden, sondern besonders auch zur Festlegung der wichtigen Tatsache wo und wie eventuelle Mißstände ausgeschaltet oder Besserungen angebracht werden können.

Es sei zunächst der Sonderfall des Vergleichs der Gesamtstreuung einer Materie mit der nach der empirischen Wahrscheinlichkeit bestimmten Zufallsstreuung diskutiert, welche Methode naturgemäß in ihrer Anwendung auf unstetige Kollektive mit im einzelnen alternativ veränderlichen Merkmalen beschränkt ist. Im Unterschied zu diesem Verfahren der Streuungsaufteilung zwischen einerseits dem Zufall und anderseits besonderen Ursachen eignet sich die andere Methode der Schwankungsdifferenzierung durch Vergleich der Gesamtstreuung eines Kollektivs mit der Streuung verschiedener Gruppen desselben Kollektivs gleichermaßen für stetige und unstetige Kollektive. Im Prinzip ist diese zweite Methode aber nichts anderes als die sinngemäße Übertragung der erstgenannten Methode auf Verteilungen mit stetig veränderlichen Eigenschaften als Argument, für die sich keine einzelnen und mittleren Wahrscheinlichkeiten wohl aber Einzelwerte und Mittelwerte bestimmen lassen.

142. Liegt die Verteilung eines unstetig veränderlichen Merkmals vor, so ergibt die Auswertung der empirischen Verteilung als $\frac{a}{N\,n}$ die Wahrscheinlichkeit p für das Vorhandensein des Merkmals. Es ist dann npq die Zufallsstreuung der betreffenden Materie, mit der die empirische Streuung μ^2 zu vergleichen ist. Man wird nun auch für die durch den Versuch ermittelte Verteilung einer ausgesprochenen Zufallsmaterie kaum als μ^2 den genauen Wert npq erhalten. Man hat damit zu rechnen, daß μ mit Zufallsabweichungen behaftet ist, die bedeutungslos sind; man muß berücksichtigen, daß die Zufallsstreuung selbst eine Streuung besitzt[1]). Man hat demnach die Streuung dieser Zufallsstreuung zu ermitteln. Ist die Abweichung der empirischen Streuung größer als das 3fache der Streuung der theoretischen Streuung, so gilt die Abweichung als real; andernfalls kann sie zufällig verursacht sein, ohne dies jedoch zu müssen. Man vergleicht also $\mu^2 - npq$ mit str. $npq = npq\sqrt{\frac{2}{N}}$ oder $\sqrt{\mu^2 - npq}$ mit str. $\sqrt{npq} = \sqrt{npq:2N}$. Bezieht sich die Verteilung auf Erfolgswahrscheinlichkeiten statt auf Erfolgshäufigkeiten, so vergleicht man $\mu_1{}^2 - \frac{pq}{n}$ mit $pq\sqrt{2}:n\sqrt{N}$ bzw. $\sqrt{\mu_1{}^2 - \frac{pq}{n}}$ mit $\sqrt{\frac{pq}{2Nn}}$. Ist die Abweichung einer empirischen Streuung größer als der 3fache Betrag der Streuung der Zufallsstreuung, so gilt die Differenz zwischen empirischer Streuung und Zufallsstreuung direkt als Maß der über die Zufallsschwankungen vorhandenen wirklichen, besonders verursachten Abweichungen. Es ist $X = \mu^2 - npq$ bzw. $X_1 = \mu_1{}^2 - \frac{pq}{n} = \frac{X}{n^2}$. Die mittlere Realabweichung ist $\pm\sqrt{X}$ bzw. $\pm\sqrt{X_1}$. Beispiele für den Vergleich der Abweichung X mit der Streuung der Zufallsstreuung geben die Zahlentafeln 11, 24, 28, 29.

143. Der Vergleich einer empirischen Streuung mit der entsprechenden Zufallsstreuung wurde durch Lexis in die Statistik zur Beurteilung statistischer Materien eingeführt[2]).

Würfelt man mit $n = 2$ Würfeln auf gerade Augenzahlen als Erfolg, so erhält man eine Reihe von Erfolgshäufigkeiten oder von Erfolgswahrscheinlichkeiten, welche bezüglich ihrer mittleren Häufigkeit bzw. bezüglich ihrer mittleren Wahrscheinlichkeit die Zufallsstreuung npq bzw. $\frac{pq}{n}$ zeigen. Führt man denselben Versuch mit 20 Würfeln aus, so wird die Zufallsstreung wieder durch npq bzw. $\frac{pq}{n}$ festgelegt. Faßt man allein die Versuche ins Auge, welche die Erfolgshäufigkeiten als Argumentwerte festlegen, so ist die Zufallsstreuung bei dem Spiel mit 2 Würfeln 0,5 und bei dem Spiel mit 20 Würfeln 5. Würfelt man statt auf gerade Augenzahlen auf die Augenzahl 5 als Erfolg, so ist beim Spiel mit 2 Würfeln die Zufallsstreuung 0,28, dagegen beim Spiel mit 20 Würfeln 2,78. Wohl ist der angegebene absolute Betrag der Streuung in all diesen Fällen sehr verschieden, aber in allen Fällen mißt die Streuung nur Zufallsschwankungen, die, solange lediglich alles nach den Regeln des Zufalls vor sich geht, weder größer noch kleiner sein können. Man kann daher die aufgeführten Materien in gewissem Sinne als gleich

---

[1]) Vgl. Art. 125 und 126.

[2]) W. Lexis, »Abhandlungen zur Theorie der Bevölkerungs- und Moralstatistik«, 1903. — L. v. Bortkiewicz, »Homogenität und Stabilität in der Statistik«.

beschaffen bezeichnen, da sie alle mit ihrer normalen Streuung behaftet sind. Die Unterschiede, welche diese Streuung für die verschiedenen Fälle zeigt, beruhen lediglich auf den verschiedenen Werten für n und p. Hieraus ergibt sich nun ohne weiteres der Grundgedanke der Lexisschen Lehre von der Stabilität oder Dispersion statistischer Reihen, die Streuung einer solchen Reihe in Beziehung zu der Streuung zu setzen, welche die Materie mindestens aufweisen muß, wenn sie Zufallscharakter besitzt.

144. Hat man über ein Ereignis eine Reihe von Wahrscheinlichkeitswerten oder auch von Häufigkeitszahlen für Serien zu n Gliedern, so kann die Reihe zur Grundlage eine feste, konstante Wahrscheinlichkeit (eine unabänderliche mittlere Häufigkeitszahl) haben, die in kleineren Teilkollektiven mehr oder weniger genau zum Ausdruck kommt und mit wachsendem Kollektivumfang immer genauer hervortritt, oder aber kann die Grundlage eine nicht konstante Wahrscheinlichkeit sondern eine Reihe von verschiedenen Wahrscheinlichkeitswerten bilden, welche zufällige Abweichungen zu dem Mittelwert der Wahrscheinlichkeiten des gesamten Kollektivs darstellen. Die Wahrscheinlichkeitsschwankungen können dabei zwischen den einzelnen Serien oder aber innerhalb der einzelnen Serien auftreten. Diesen 3 Fällen entsprechen verschiedene Größenbeziehungen zwischen empirischer Streuung und theoretischer Zufallsstreuung:

$$\mu^2 = n p q \quad \text{bzw.} \quad \frac{\mu^2}{n^2} = \frac{p q}{n}$$

$$\mu^2 > n p q \quad \text{bzw.} \quad \frac{\mu^2}{n^2} > \frac{p q}{n}$$

$$\mu^2 < n p q \quad \text{bzw.} \quad \frac{\mu^2}{n^2} < \frac{p q}{n}$$

Man spricht in diesen 3 Fällen von bzw. normaler, übernormaler und unternormaler Dispersion[1]). Eine Reihe mit einer Grundwahrscheinlichkeit zeigt normale Dispersion; ist die Grundwahrscheinlichkeit variabel, so zeigt die Reihe anormale Dispersion[2]). Durch die Kombination der Erscheinung einer veränderlichen Wahrscheinlichkeit zwischen den Serien mit der Erscheinung einer variabeln Wahrscheinlichkeit innerhalb der Serien kann auch eine normale Dispersion vorgetäuscht werden. Folgt eine Verteilung dem Gaußschen Gesetz, so braucht ihre Dispersion nicht normal zu sein; es kann, aber muß nicht $\mu^2 = npq$ gelten. Umgekehrt kann eine Reihe, für welche $\mu^2 = npq$ gilt, erheblich von einer Gaußschen Verteilung abweichen.

---

[1]) Vgl. Art. 13, 43, 44, 98, 120.

[2]) Reihen aus Einzelwerten einer stetig variabeln Größe besitzen bei konstantem mathematischem Erwartungswert ebenfalls normale Stabilität und bei schwankender mathematischer Erwartung abnormale Stabilität.

Man kann die 3 Möglichkeiten in dem Verhältnis zwischen empirischer Streuung und Zufallsstreuung mit Hilfe ausgesprochener Zufallsmaterien veranschaulichen. Es mögen diesem Zweck die in Artikel 13 eingeführten Urnenschematas dienen.

Hat man eine Urne mit bestimmtem Mischungsverhältnis $p:q$ zwischen weißen und schwarzen Kugeln, so ist nach dem Bernoullischen Satz für N Ziehungen zu je einer Kugel die Streuung der Ziehungsergebnisse

$$\mu^2 = pq,$$

und für N Ziehungsserien zu je n Kugeln oder auch für N Ziehungsserien aus n Urnen mit demselben konstanten Mischungsverhältnis $p:q$ hat man eine Streuung der Erfolgskugelzahlen pro Serie von

$$\mu^2 = npq$$

und eine Streuung der Erfolgswahrscheinlichkeiten pro Ziehungsserie von

$$\mu_1^2 = \frac{pq}{n}.$$

Ist das Mischungsverhältnis $p:q$ und werden N Ziehungen zu je n Gliedern veranstaltet, so erhält man als Ziehungsergebnisse N Häufigkeitszahlen a', die zwischen 0 und n schwanken, bzw. man erhält N Wahrscheinlichkeitsbrüche, die zwischen 0 und $\frac{n}{n}$ variieren. Man bestimmt einmal die empirische Wahrscheinlichkeit des Erfolgs als $\frac{a}{Nn}$, wenn a die Gesamtzahl der Erfolge bedeutet, oder als $\Sigma \frac{a'}{n} : N$, wenn a' die Erfolgshäufigkeiten pro Serie bezeichnet. Je nach der Rechnung mit Erfolgshäufigkeiten oder mit Erfolgswahrscheinlichkeiten leitet man dann aus dem Wert $p = \frac{a}{Nn}$ die theoretische Streuung npq oder $\frac{pq}{n}$ der Materie her. Ist in einem Fall die Seriengliederzahl für verschiedene Serien verschieden, doch so, daß die Unterschiede nicht groß sind, so setzt man für n das Mittel $n_M = (n_1 + n_2 + n_3 + \ldots n_N) : N$. Beispiele hierzu geben die Kollektive der Zahlentafeln 11, 27 und 29. Zweitens bestimmt man für die Reihe der Erfolgshäufigkeiten bzw. die Reihe der Erfolgswahrscheinlichkeiten die empirische Streuung als $\mu^2 = \Sigma (E - M)^2 : N$ bzw. als $\mu_1^2 = \Sigma \left(\frac{a'}{n} - \frac{a}{Nn}\right)^2 : N$.

Sind nun die einzelnen Wahrscheinlichkeiten des Erfolgs pro Serie, $\frac{a'}{n}$, nur zufällig ungenaue Wiedergaben eines konstanten, festen Wahrscheinlichkeitswertes p, der durch $\frac{a}{Nn}$ vertreten wird, so ist $\mu^2 = npq$

bzw. $\mu_1^2 = \frac{pq}{n}$. Gelten umgekehrt diese Beziehungen zwischen empirischer und theoretischer Streuung, so sind die Schwankungen der Materie lediglich zufälliger Art, sie sind unwesentlich, und die Materie besitzt eine feste Grundwahrscheinlichkeit p.

145. Veranstaltet man N Ziehungen in Serien zu je n Gliedern, entnimmt man aber für jede Serie aus n verschiedenen Urnen mit verschiedenem Mischungsverhältnis je eine Kugel, so ist nach der Poissonschen Verallgemeinerung des Bernoullischen Satzes die Streuung dieses Kollektivs

$$\mu^2 = \frac{pq}{n} - \frac{1}{n} \Sigma (p_u - p)^2.$$

In diesem Ausdruck bedeutet $\frac{pq}{n}$ die Zufallsstreuung, welche dieselbe Ziehung ergeben würde, wenn die n Urnen statt der verschiedenen Mischungsverhältnisse $p_a : q_a$, $p_b : q_b$, $p_c : q_c$, ... $p_n : q_n$ ein und dasselbe Mischungsverhältnis $p : q = \frac{1}{n} \left(\frac{p_a}{q_a} + \frac{p_b}{q_b} + \ldots \right)$ aufweisen würden, wenn den n Urnen statt der verschiedenen Erfolgswahrscheinlichkeiten p_1, p_2, usf. ein und dieselbe Wahrscheinlichkeit $p = (p_1 + p_2 + \ldots) : n$ zukommen würde. Die Größe $\frac{1}{n} \Sigma (p_u - p)^2$ mißt die Schwankungen der einzelnen Urnen unter sich, das mittlere Abweichungsquadrat der einzelnen Urnenwahrscheinlichkeiten p_u, der Wahrscheinlichkeiten p_1, p_2, p_3 usf., bezüglich der mittleren Wahrscheinlichkeit p der Ziehungsserien. Die Streuung ist in diesem Fall also kleiner als bei einer konstanten Grundwahrscheinlichkeit, die Streuung ist unternormal, die Stabilität übernormal.

Eine solche unternormale Streuung hat man stets, wenn pro Serie statt einer festen unveränderlichen Grundwahrscheinlichkeit p deren mehrere vorhanden sind. Denn es gilt nach der Schwarzschen Ungleichung

$$\Sigma p_u q_u = (p_1 q_1 + p_2 q_2 + p_3 q_3 + \ldots p_n q_n) < npq,$$

wenn p_1, p_2 usf. die einzelnen Wahrscheinlichkeiten p_u einer Serie und p deren Mittelwert bezeichnen. Man erhält daher stets eine unternormale Streuung, d. h. eine Streuung, die kleiner ist als die entsprechende normale oder zufällige Streuung, wenn in einer Reihe von N Gruppen zu je n Beobachtungen oder Messungen die Wahrscheinlichkeit eines bestimmten Ereignisses innerhalb der Serien schwankt. Umgekehrt kann die Ursache einer kleineren Streuung als der Zufallsstreuung npq

bzw. $\frac{pq}{n}$ die Variabilität der Wahrscheinlichkeit des beobachteten Ereignisses innerhalb der Beobachtungsserien sein. Allerdings kann dies nur die Ursache sein, muß es aber nicht.

Eine unternormale Streuung ergibt sich nämlich auch immer dann, wenn eine gewisse Verbundenheit, eine Abhängigkeit zwischen den einzelnen Versuchen oder Messungen einer Beobachtungsreihe besteht. Doch ist der Unterschied zwischen diesen beiden Ursachen einer unternormalen Streuung keinesfalls immer klar, es gibt Fälle unternormaler Streuung, die ebensogut auf Wahrscheinlichkeitsschwankung wie auf Mangel völliger Unabhängigkeit zurückzuführen sind. Zieht man beispielsweise aus einer Urne und gibt für jede gezogene schwarze Kugel noch eine schwarze Kugel in die Urne, so ist jede Ziehung in einem gewissen Grade von dem Ziehungsergebnis der vorhergehenden Ziehung abhängig. Durch die Zugabe einer schwarzen Kugel ändert sich aber auch die Wahrscheinlichkeit des erfolgreichen Ereignisses. Einen ähnlichen Fall hat man, wenn man die Kugeln einer Serie einer Urne nicht einzeln nacheinander unter jedesmaligem Zurücklegen der gezogenen Kugel entnimmt, sondern wenn man die Kugeln der Urne serienweise direkt nacheinander oder durch e i n e n Griff entnimmt. Dagegen beruht es auf direkter Abhängigkeit, wenn die Streuung der Wurfergebnisse mit zwei Würfeln, die durch einen Bindfaden verbunden sind, kleiner ist als die Streuung beim Spiel mit losen Würfeln, wenn die Sterbenswahrscheinlichkeiten bestimmter Altersklassen in Kriegszeiten weniger variabel sind als in Friedenszeiten, wenn die Leistungen der Arbeiter eines Betriebes während der mittleren Wochentage einheitlicher sind als zu Anfang oder Ende der Woche. In all diesen Fällen besteht keine vollkommene Unabhängigkeit zwischen den Einzelereignissen, diese unterliegen vielmehr einer geringeren oder stärkeren Verbundenheit, bestimmten regulierenden Einflüssen, ordnenden Gesetzen, vereinheitlichenden Ursachen. Im besonderen kann eine gewisse negative Verbundenheit einer Materie zu einem Ausgleich schwankender Wahrscheinlichkeiten einer Reihe führen, derart daß in der Regel auf eine größere Wahrscheinlichkeit eine kleinere folgt und umgekehrt, so daß die verschiedenen Wahrscheinlichkeiten »zickzackartig« um ihren Mittelwert pendeln, dadurch eine übernormale Stabilität verursachend. Eine unternormale Streuung ergibt sich sodann immer, wenn statt Einzelfällen Gruppen solcher Einzelfälle zusammengefaßt werden. Es ist ja $\mu^2 = n\mu_G^2$; setzt man nun an Stelle der Einzelfälle Gruppen von n gemeinsamen Gliedern, so erhält man die Streuung μ_G^2 statt der Streuung μ^2, also eine $n$mal kleinere Streuung als normalerweise zu erwarten wäre. Man spricht in solchen Fällen auch von einer Solidarität der Ereignisse und kann eine unternormale Streuung dadurch erklären, daß man annimmt, es seien durchschnittlich $\frac{npq}{\mu^2}$ Einzelfälle zu einem gemeinsamen Fall vereinigt. Diese Erklärung ist aber nur zulässig, wenn bei der wiederholten Überprüfung mehrerer Reihen derselben Materie der Quotient $\frac{npq}{\mu^2}$ gleich ist.

Die durch verschiedene Versuchsserien wiederkehrende Schwankung in der Wahrscheinlichkeit eines Ereignisses übt somit dieselbe Wirkung aus, die aus einer Verbundenheit der Einzelereignisse entspringen würde, und sie äußert sich gleichermaßen wie eine Zusammenfassung mehrerer Einzelfälle zu einem gemeinsamen Fall. Und die Folge einer derartigen Wahrscheinlichkeitsschwankung innerhalb der Serien, einer Abhängigkeit zwischen den Einzelfällen, einer Gruppenbildung aus Einzelfällen ist eine Verringerung der Streuung[1]).

146. Eine Vergrößerung der Zufallsstreuung tritt stets dann auf, wenn die Wahrscheinlichkeit eines Ereignisses zwar innerhalb einer und jeder Serie unveränderlich ist, wenn die Wahrscheinlichkeit aber von Serie zu Serie schwankt. Man konstatiert in einem solchen Fall somit eine gewisse Verbundenheit aber nicht zwischen allen Gliedern einer Beobachtungsreihe sondern lediglich zwischen den Gliedern, die einer Serie angehören. Diese Verbundenheit äußert sich eben in der gemeinsamen Wahrscheinlichkeit der Serienglieder, die gegen die Wahrscheinlichkeit der Glieder der übrigen Serien differiert. Oder äußert sie sich im besonderen in der Entwicklung, in einem Gang, einer systematischen Änderung der Wahrscheinlichkeit durch die Reihe, da als Folge einer solchen positiven Verbundenheit der Reihenglieder auf größere Wahrscheinlichkeiten in der Regel wieder größere folgen und umgekehrt.

Veranstaltet man N Ziehungsserien, wobei sich das Mischungsverhältnis der schwarzen zu den weißen Kugeln von Ziehungsserie zu Ziehungsserie zufällig ändert, d. h. so, daß doch die Tendenz vorhanden ist, ein bestimmtes Verhältnis schwarzer zu weißer Kugeln zu erzielen, so erhält man eine Reihe von Ziehungsergebnissen, welche eine übernormale Streuung aufweist. Man kann alle Serien einer Urne entnehmen, wobei nach jeder Serie das Mischungsverhältnis der Urne geändert wird, oder aber zieht man die N Serien aus verschiedenen Urnen mit variablem Mischungsverhältnis ihres Inhaltes. Jede Serie hat ihre bestimmte Wahrscheinlichkeit $p_1, p_2, p_3, \ldots p_N$, und jede Ziehungsserie ergibt empirisch einen Näherungswert $\frac{a_1}{n}, \frac{a_2}{n}, \frac{a_3}{n}, \ldots$ zu ihrer Wahrscheinlichkeit, der mit einer zufälligen Abweichung bezüglich der Serienwahrscheinlichkeit behaftet ist, wobei diese Serienwahrscheinlichkeiten p_1, $p_2, p_3, \ldots$ selbst wieder Einzelwerte der gemeinsamen mittleren Grundwahrscheinlichkeit p sind.

---

[1]) Vgl. Art. 13, 43, 98, 120.

Man hat also in dem vorliegenden Fall 2 Schwankungskomponenten, eine unwesentliche, zufällige, die auch bei einer Reihe von Ziehungen aus Urnen mit unveränderlichem Mischungsverhältnis auftritt, und eine zweite, wesentliche, welche in der Änderung der Grundwahrscheinlichkeit $p_1, p_2, p_3, \ldots$ von Serie zu Serie begründet ist. Es kommt mit anderen Worten zu der rein zufälligen Schwankungskomponente $\frac{pq}{n}$ noch eine reale Schwankungskomponente

$$X_1 = [(p_1 - p)^2 + (p_2 - p)^2 + (p_3 - p)^2 + \ldots (p_N - p)^2] : N,$$

so daß sich die empirisch zu ermittelnden Gesamtschwankungen als

$$\mu_1^2 = \frac{pq}{n} + X_1$$

bzw. als

$$\mu^2 = npq + n^2 X_1 = npq + X$$

ergeben. Die Totalschwankung μ^2 bestimmt man in der üblichen Weise als $\Sigma(E - M)^2 : N$, bzw. man erhält die Gesamtschwankungen μ_1^2 als $\frac{\mu^2}{n^2}$ oder $\Sigma(E_p - p)^2 : N$, und die Zufallsabweichung legt man mit Hilfe der empirisch als Gesamterfolgszahl durch Gesamtzahl der ausgewerteten Fälle hergeleiteten Wahrscheinlichkeit als npq bzw. $\frac{pq}{n}$ fest. Wird $p_1 = p_2 = p_3 \ldots = p$, so wird offenbar die wesentliche Schwankungskomponente X zu Null, und es wird $\mu^2 = npq$ bzw. $\mu_1^2 = \frac{pq}{n}$. Schwanken dagegen die Grundwahrscheinlichkeiten zwischen den Serien, so daß an die Stelle der einen Wahrscheinlichkeit p für alle Serien die Reihe der verschiedenen Wahrscheinlichkeiten $p_1, p_2, \ldots$ tritt, so ist stets

$$\mu^2 > npq.$$

Die Streuung oder Dispersion einer Materie hat demnach ein Minimum für $\mu^2 = npq$. Die Stabilität, die Homogenität einer Materie besitzt ein Maximum, das ebenfalls durch $\mu^2 = npq$ charakterisiert ist[1]).

147. Es ergibt sich, daß ein Wechsel der Wahrscheinlichkeit eines Ereignisses innerhalb der Serien die Dispersion verringert, daß dagegen eine Änderung der Wahrscheinlichkeit von Serie zu Serie zu einer Vergrößerung der Dispersion führt. In jedem Fall kann die Divergenz zwischen empirischer Streuung und theoretischer Streuung npq als Maß der Abweichung einer Materie von ihrer Zufallsform dienen. Die Differenz der beiden Streuungswerte zu bilden, hat allerdings nur Sinn beim

---

1) Vgl. Art. 13, 44, 98, 120.

Vorliegen einer übernormalen Streuung, da der andere Fall als Wurzel aus einem negativen Quadrat, $\mu^2 - npq = - X$, zu imaginären mittleren Realabweichungen führt.

Es ist X ein absolutes Schwankungsmaß, das wohl die Beurteilung einer Materie bezüglich der entsprechenden Zufallsmaterie zuläßt, das aber keine wertenden Vergleiche verschiedener Materien mit verschiedenen Streuungen erlaubt. Lexis ersann daher noch ein relatives Streuungsmaß, durch das ebenfalls die Größe eventueller Realschwankungen festgelegt wird, das überdies den Vergleich der verschiedensten Materien mit den verschiedensten Streuungen ermöglicht, und das Fälle mit übernormaler, normaler oder unternormaler Streuung gleichermaßen zu charakterisieren gestattet. Dieses relative Schwankungsmaß ist der Quotient aus Gesamtstreuung und Zufallsstreuung bzw. die Wurzel dieses Quotienten; es führt die Bezeichnung Dispersionskoeffizient. Divergenzkoeffizient oder auch Fehlerrelation. Es ist

$$Q^2 = \frac{\mu^2}{npq} = \mu_1^2 : \frac{pq}{n} \text{ bzw. } Q = \frac{\mu}{\sqrt{npq}} = \mu_1 : \sqrt{\frac{pq}{n}}.$$

Materien mit demselben Wert für Q besitzen gleiche Dispersion, sind bezüglich ihrer Streuungsverhältnisse gleichwertig, so verschieden auch ihre absoluten Streuungswerte sein mögen. Für $\mu^2 = npq$ oder für $X = 0$ besitzt die Dispersion einer unbeeinflußten einheitlichen Materie ihr Minimum, zeigt deren Stabilität, deren Homogenität ein Maximum. Charakterisiert wird dieser ideale Zustand durch den Wert $Q^2 = Q = 1$. Das Auftreten dieses Wertes für Q bedeutet das Vorliegen einer normalen Dispersion. Fälle mit übernormaler Dispersion ergeben $Q^2 > 1$, und Materien mit unternormaler Dispersion sind durch $Q^2 < 1$ gekennzeichnet.

Die Bildung dieses Quotienten Q ist allerdings nur dann sinnvoll, wenn die empirische und die theoretische Streuung nicht zu klein sind, da andernfalls natürlich die geringste Abweichung der einen oder anderen Größe starke Änderungen des Quotienten $Q^2 = \frac{\mu^2}{npq}$ bedingt. Insbesondere darf, wenn aus dem Wert für Q^2 Schlüsse gezogen werden sollen, p weder nahe bei 1 noch nahe bei Null liegen.

$Q = 1$ bedeutet nach Lexis eine normale Dispersion. Sie liegt vor, wenn eine bestimmte einheitliche Grundwahrscheinlichkeit in verschiedenen Versuchsserien mit Schwankungen auftritt, die zufälliger Art sind, die mit anderen Worten analog denen sind, die bei einem korrekten Glücksspiel mit bestimmter Gewinnchance p auftreten. Es versteht sich, daß man im Falle bloß zufälliger Schwankungen kaum den genauen Wert $Q = 1$ für eine Materie finden wird; es werden sich vielmehr bei der Untersuchung auch ausgesprochener Zufallsmaterien Q-Werte ergeben, die mehr oder weniger von 1 abweichen. Im allgemeinen kann man sagen, daß ein zwischen 0,9 und 1,1 liegender Q-Wert noch als normale Dispersion angesprochen werden kann. Doch können auch noch stärkere Abweichungen von dem Idealwert 1 auftreten, ohne daß wirkliche Schwankungen vorliegen. Man wird daher, wenn möglich, die Beurteilung einer Materie auf die Auswertung mehrerer Kollektive gründen. Ergibt sich dabei mit ziemlicher Regelmäßigkeit ein Q-Wert, der stets z. B. zwischen 1 und 1,1 oder zwischen 0,9 und 1 liegt, so ist auch eine solch geringe Abweichung, da sie wiederholt festgestellt werden kann, ebenfalls als real anzunehmen. Hat eine geringe Abweichung des Q-Wertes von 1 dagegen keine reale Bedeutung, so steht zu erwarten, daß die aus mehreren Beobachtungsreihen hergeleiteten Q-Werte unregelmäßig um 1 schwanken und Abweichungen nach beiden Seiten zeigen. Der Grund dafür, daß überhaupt auch für ausgesprochene Zufallsmaterien nicht der genaue Wert $Q = 1$ gefunden wird, und daß mehrere Kollektive derselben Materie nicht zu genau demselben Q-Wert führen, ist die Unsicherheit, die Streuung, mit der μ^2 behaftet ist. Man kann aus diesem Grunde zur Beurteilung eines Q-Wertes stets auch die Größe der Streuung von npq bzw. $\frac{pq}{n}$ im Verhältnis zu der Differenz $\mu^2 - npq$ bzw. $\mu_1{}^2 - \frac{pq}{n}$ berücksichtigen.

Für das Beispiel des Würfelspiels, das in Zahlentafel 1 nach seinen Ergebnissen aufgeführt ist, bestimmt man $p = 0{,}52$, und man errechnet danach für die Zufallsstreuung der Wahrscheinlichkeiten des Erfolgs in Serien zu 30 Würfen $\frac{pq}{n} = 0{,}00832$. Der empirisch herzuleitende Streuungswert beträgt $\mu_1{}^2 = 0{,}00782$. Man bestimmt hieraus $Q^2 = 0{,}94$ und $Q = 0{,}97$. Dieser geringen Abweichung von $Q = 1$ hat man keine Bedeutung beizumessen, und es steht zu erwarten, daß man bei der Durchführung einer zweiten Versuchsreihe derselben Art vielleicht $Q = 1{,}04$ finden würde.

Weitere Beispiele für die Beurteilung einer Streuung an Hand des Q-Wertes geben die Zahlentafeln 11, 24, 28, 29.

Wird $\mu^2 > npq$ bzw. $\mu_1{}^2 > \frac{pq}{n}$, so wird auch Q^2 und damit Q größer als 1. Ein Q-Wert, der von 1 deutlich nach oben abweicht, ist mithin das Kriterium einer übernormalen Dispersion. Es kann auch eine nur minimale Abweichung eines Q-Wertes von 1 eine (ebenfalls nur geringe aber doch vorhandene) übernormale Dispersion bedeuten. Ein solcher Fall muß aber wieder durch die Untersuchung mehrerer Kollektive derselben Materie bestätigt werden.

Eine übernormale Dispersion mit $Q > 1$ wird dadurch verursacht, daß zu den Schwankungen, die auch im Falle einer normalen Dispersion vorhanden sind, Schwankungen der Grundwahrscheinlichkeit des betreffenden Ereignisses für verschiedene Serien hinzutreten. Der Fall ist zu vergleichen mit einem Glücksspiel, bei dem die Gewinnchancen $p_1, p_2, p_3, \ldots$ zufällig um eine mittlere Gewinnchance p schwanken, oder sich für eine Reihe aufeinanderfolgender Spiele langsam vergrößern oder verschlechtern, systematisch ändern, so daß die Gewinnchance für verschiedene Spielserien nicht gleich ist.

Das Beispiel der Zahlentafel 11 gibt einen Fall einer Materie mit übernormaler Dispersion. Man errechnet $Q^2 = 3{,}3$, und Q mißt 1,8. Man hat eine sehr deutliche Abweichung von dem Idealwert 1 der normalen Dispersion. Man schließt daraus, daß sich die Wahrscheinlichkeit der hohen Dehnung zwischen den verschiedenen Glühungen ändert, daß dem Kollektiv keine feste unveränderliche Grundwahrscheinlichkeit p zukommt, sondern daß der ermittelte Wert für p lediglich Mittelwert verschiedener Grundwahrscheinlichkeiten ist. Die Materie besitzt nicht das Minimum der Streuung, weist nicht das Maximum der Stabilität, der Homogenität auf. Die Materie könnte besser, d. h. einheitlicher, mit einer geringeren Streuung behaftet sein.

Im allgemeinen sind wieder mehrere Reihen zur Beurteilung einer Stabilität nötig. Zu beachten ist noch, daß Q nicht ohne weiteres ein Maß der Dispersion verschiedener Reihen ist. Nur wenn für verschiedene zu vergleichende Reihen npq bzw. $\frac{pq}{n}$ gleich ist, oder wenn die Zufallsstreuung für Vergleichsmaterien kleiner ist als die Zufallsstreuung einer Norm-Materie, entspricht der Vergrößerung von Q auch eine Zunahme der Dispersion. Betrachtet man z. B. die Streuungsverhältnisse der Wahrscheinlichkeiten hoher Dehnung, die in Zahlentafel 11 zusammengestellt sind, und zieht man aus den 18 Beobachtungsreihen die Reihe des ersten Monats und die des 6. Monats heraus, so berechnet man für diese beiden Kollektive, für die bzw. p, N und n die Werte 0,60 und 0,73, 308 und 345, 19,3 und 21,6 besitzen, die Zufallsstreuung $\sqrt{\frac{pq}{n}}$ zu bzw. $\pm$ 0,11 und $\pm$ 0,095. Die Q-Werte für diese beiden Teilkollektive betragen bzw. 1,7 und 2,1. Man kann somit in diesem Fall schließen, daß die Dispersion der Glühungen des 6. Monats größer ist als die Dispersion des ersten Monats, da der kleineren Zufallsstreuung für das Kollektiv des 6. Monats ein größerer Q-Wert entspricht. Zieht man weiter die Q-Werte aller 18 Teilkollektive in Betracht, so stellt man fest, daß abgesehen von den Schwankungen, welche die einzelnen Q-Werte aufweisen, doch alle Q-Werte deutlich größer als 1 sind. Die an 18 Kollektiven derselben Materie gemachte Feststellung einer übernormalen Dispersion läßt nun den ganz bestimmten Schluß zu, daß die Dispersion der vorliegenden Materie, der Wahrscheinlichkeiten hoher

Dehnung, wirklich übernormal ist. Es schwankt demnach die Grundwahrscheinlichkeit der hohen Dehnung zwischen den einzelnen Serien, zwischen den einzelnen Glühungen. Die Materie hat nicht eine bestimmte unveränderliche Grundwahrscheinlichkeit, die einzelnen Glühungen besitzen vielmehr ihre eigenen Grundwahrscheinlichkeiten, die zwar für die verschiedenen Glühungen die Tendenz zeigen, eine bestimmte gemeinsame Grundwahrscheinlichkeit herauszuarbeiten, die aber doch verschieden sind. Zu den zufälligen Schwankungen der Materie addieren sich somit die Schwankungen der Wahrscheinlichkeiten zwischen den verschiedenen Serien und bedingen dadurch ein $\mu_1^2 > \frac{pq}{n}$ und ein $Q > 1$, eine reale Schwankungskomponente X.

Eine unternormale Dispersion wird endlich durch $Q < 1$ charakterisiert. Ein Wert $Q < 1$ weist darauf hin, daß die Grundwahrscheinlichkeit für die zu einer Serie zusammengefaßten Glieder nicht einheitlich ist, daß die Wahrscheinlichkeit des untersuchten Ereignisses innerhalb der Serien schwankt, oder daß eine gewisse Abhängigkeit zwischen den einzelnen Gliedern der Kollektivreihe besteht, daß regulierende Einflüsse, ordnende Gesetze, vereinheitlichende Ursachen neben dem Zufall ihre Hand im Spiele haben, daß der Materie eine Verbundenheit negativer Art eigen ist, oder daß man statt Einzelfällen gemeinsame Fälle, Gruppen vorliegen hat.

Würde man in dem Beispiel der Zahlentafel 11 die aufgeführten mittleren Wahrscheinlichkeitswerte pro Glühung als Einzelwahrscheinlichkeiten auffassen, so würden die Monatsmittel Wahrscheinlichkeitswerte aus $n = 16$ Einzelwahrscheinlichkeiten bedeuten. Die Zufallsstreuung zwischen den Monatsmittelwerten berechnet man somit als $\frac{pq}{n} = \frac{0{,}636 \times 0{,}364}{16} = 0{,}0145$, wogegen die empirische Streuung der 18 Monatsmittel zu 0,0042 bestimmt wird. Es ergibt sich $Q^2 = 0{,}3$. Die stark unternormale Streuung beruht in diesem Fall auf der Zusammenfassung von n Einzelfällen zu einem Fall, auf der Verarbeitung von Gruppenmitteln statt Einzelwerten. In Wirklichkeit sind die 18 Monatsmittel nicht aus $n = 16$, sondern aus $n = 16 \times 20{,}86$ Einzelwerten hergeleitet, weshalb die entsprechende Zufallsstreuung als $\frac{pq}{16 \times 20{,}86}$ zu bestimmen ist. Man findet dann mit $Q^2 = 6$ eine deutlich übernormale Streuung.

148. Statistische Reihen mit $Q = 1$ besitzen dieselbe Stabilität, dieselbe Dispersion, wie verschieden auch die Absolutwerte ihrer Streuungen sein mögen. Es ist bei $Q = 1$ stets $X = 0$; Realschwankungen fehlen, und es ist die Verschiedenheit der festgestellten Streuungen μ^2 für verschiedene Materien mit $Q = 1$ lediglich eine Folge der verschiedenen Werte für die Seriengliederzahl n und die Grundwahrscheinlichkeit p, womit auch eine Verschiedenheit der Werte npq bzw. $\frac{pq}{n}$ gegeben ist.

Allen Reihen mit $Q = 1$ liegt eine feste Wahrscheinlichkeit zugrunde, die zusammen mit der Seriengliederzahl n die Zufallsstreuung der Materie und überhaupt die Streuung der Materie bedingt. Es ergibt sich hieraus ganz von selbst, auch für Reihen, für welche $Q > 1$ ist, die normalen Schwankungen aus den Gesamtschwankungen zu eliminieren. Man kommt damit zu der Festlegung der Realschwankungen als $X = \mu^2 - npq$ bzw. als $X_1 = \mu_1{}^2 - \frac{pq}{n}$. Mit Hilfe von Q kann man die Realschwankungen auch als

$$X = npq\,(Q^2 - 1),$$

bzw. als

$$X_1 = \frac{pq}{n}\,(Q^2 - 1)$$

ausdrücken. Es ergibt sich die mittlere Realabweichung durch Radizieren. Die Größe X mißt den Überschuß der Schwankungen, die über das Normalmaß hinaus vorhanden sind, und es ist X damit die charakteristische Größe für den Dispersionsvergleich verschiedener Reihen mit $Q > 1$.

Ist die Abweichung des Wertes Q bei übernormaler Dispersion von dem Normalwert 1 klein, ungefähr 0 bis 0,2, so kann man näherungsweise statt $(Q^2 - 1)$ den Wert $2\,(Q - 1) = 2\,d$ setzen. Man erhält dann die Realschwankungen als $X = 2npqd$. Es ist aber fraglich, ob eine Abweichung d, die derart klein ist, auf besonderen Schwankungen beruht oder aber in der Ungenauigkeit von Q bzw. μ^2 zu suchen ist. Man kann die Streuung von npq bzw. $\frac{pq}{n}$ als Kriterium heranziehen.

Wählt man die Seriengliederzahl n sehr groß, so wird die Zufallsstreuung $\frac{pq}{n}$ sehr klein und kann dann gegenüber den Realschwankungen X_1 vernachlässigt werden. Es ist dann $X_1 = \mu_1{}^2$. Umgekehrt kann man bei relativ kleinem Wert für X_1 durch kleine Werte für n verhältnismäßig große Zufallsschwankungen $\frac{pq}{n}$ erhalten, so daß dann annähernd $\mu_1{}^2 = \frac{pq}{n}$ wird. Daraus ergibt sich: Gilt annähernd $\mu_1{}^2 = \frac{pq}{n}$ und ist n sehr groß, so muß X_1 sehr klein sein, und man kann die Grundwahrscheinlichkeit der betreffenden Materie als konstant betrachten. Ist aber bei sehr großem n-Wert $\mu_1{}^2$ nicht sehr klein und vor allem nicht gleich $\frac{pq}{n}$, so stellt die Gesamtschwankung $\mu_1{}^2$ näherungsweise die Realschwankungen X_1 dar, um so genauer, je größer $\mu_1{}^2$ ist.

Ist X_1 von mäßiger Größe und ist n relativ klein, ungefähr etliche 100, dann wird der Dispersionskoeffizient nahe bei 1 liegen. Wenn man also für Q einen Wert von ungefähr 1 findet, so ist, wenn n sehr groß ist, X_1 sehr klein, es kann aber bei mittleren Werten für n eine im Vergleich zu $\frac{pq}{n}$ nicht unerhebliche Realabweichung X_1 vorhanden sein. Ob dies der Fall ist, läßt sich entscheiden, wenn eine Untersuchung der gleichen Materie an einer Reihe mit sehr großem n vorgenommen wird. Es muß dann, wenn bemerkenswerte Realschwankungen vorliegen, infolge des für großes n kleinen Wertes $\frac{pq}{n}$ die empirische Gesamtabweichung $\mu_1^2 > \frac{pq}{n}$ sein, und es muß annähernd $\mu_1^2 = X_1$ sein, was um so genauer gilt, je größer n ist.

In dem Beispiel der Zahlentafel 11 bestimmt man für die Reihe des zweiten Monats mit $N = 309$ und $n = 19{,}3$ den Wert $p = 0{,}69$. Man ermittelt $\sqrt{\frac{pq}{n}} = \pm 0{,}105$, wogegen μ_1 den Wert $\pm 0{,}125$ annimmt. Es ist $X_1 = 0{,}0047$ und $Q = 1{,}2$. Ähnliche Werte ergeben sich für die Glühungen der übrigen Monate. Es ist also X_1 klein, und es ist desgleichen n klein. Es sind daher die Zufallsabweichungen relativ groß, und es ist möglich, daß durch dieselben die Realschwankungen teilweise verdeckt werden, daß eine gegen $\frac{pq}{n} = 0{,}0111$ nicht unerhebliche Realabweichung vorliegt. Man führt daher zur Entscheidung dieser Frage die Untersuchung derselben Materie noch an einem umfangreicheren Material durch. Man wählt das Kollektiv mit $N = 6009$, $Z = 18$ und $n = 333{,}76$. Für dieses Kollektiv ist $\mu_1^2 = 0{,}0042$, und für $\frac{pq}{n}$ bestimmt man nun mit $p = 0{,}64$ den Wert 0,0007. Die Differenz dieser beiden Streuungen, der empirischen Gesamtstreuung und der theoretischen Zufallsstreuung, ergibt nun die Realabweichungen $X_1 = 0{,}0035$, und man bestimmt $Q^2 = 6$, ein Wert, der sehr deutlich von dem Idealwert 1 abweicht. Man konstatiert, daß infolge des kleinen Wertes für $\frac{pq}{n}$, der durch den relativ großen Wert für n bedingt ist, nahezu die gesamten empirischen Schwankungen μ_1^2 gleich den Realschwankungen X_1 sind. Die Übereinstimmung würde bei der Untersuchung einer Reihe mit noch größerem n-Wert noch deutlicher.

Je größer n ist, eine um so bessere Annäherung des Wertes für Q an 1 ist im allgemeinen zu erwarten, wenn nur Zufallsschwankungen vorliegen. Bei mäßig großen n-Werten ist dagegen ein ziemlich beträchtlicher Spielraum für diese Annäherung des Wertes Q an 1 vorhanden. Ergibt sich für Q ein Wert, der größer als 1 ist, der aber zwischen 1 und 2 liegt, so kann dies bei sehr großem n und damit sehr kleinem $\frac{pq}{n}$ durch Realabweichungen bedingt sein, die gegenüber dem kleinen $\frac{pq}{n}$ die Oberhand gewinnen, ohne daß beträchtliche Realschwankungen $X_1 = \frac{pq(Q^2-1)}{n}$ vorliegen. Ist anderseits absolut genommen X_1 nur mäßig, so werden bei kleinem n die Zufallsschwankungen $\frac{pq}{n}$ überwiegen, so daß nahezu die Bedingung $Q = 1$ erfüllt sein kann, ohne daß Realschwankungen fehlen. Es ergibt sich aus der Beziehung $X_1 = \frac{pq\,(Q^2-1)}{n}$, daß für $Q = \sqrt{2}$, also für $Q^2 = 2$, die Realabweichung X_1 gleich der Zufallsabweichung $\frac{pq}{n}$ wird. Man kann den Wert $\sqrt{2}$ für den Dispersionskoeffizienten Q als Grenze betrachten, oberhalb der die Realschwankungen größer, und unterhalb welcher die Realabweichungen kleiner sind als die Zufallsabweichungen.

Will man feststellen, ob in einem Fall die Bedingung $Q = 1$ näherungsweise erfüllt ist, so wird man Reihen mit mäßig großem n-Wert untersuchen. Es kann dann allerdings X_1 verdeckt bleiben. Auch bei kleinem Wert für $Q - 1 = d$ kann man lediglich feststellen, daß sich die Dispersion dem Minimum einigermaßen nähert, daß sich die Schwankungen annähernd so verhalten wie die Schwankungen der Ergebnisse einer Urnenziehung mit konstanter Grundwahrscheinlichkeit p. Um das eventuell versteckte X_1 zu bestimmen, kann man dann eine zweite Reihe mit sehr großem n untersuchen. Wird dabei Q wieder ungefähr gleich 1, so sind die Realschwankungen wirklich unbedeutend; ist Q dagegen größer als 1, so ergibt $X_1 = \frac{pq\,(Q^2-1)}{n}$ die Realabweichungen im quadratischen Maß.

Ist $Q > 4$, so kann statt $X_1 = \frac{pq\,(Q^2-1)}{n}$ direkt $X_1 = \mu_1^2$ gesetzt werden. Der dadurch bedingte Fehler besteht darin, daß statt $X_1 = \frac{pq\,(Q^2-1)}{n}$ der Wert $X_1 = \frac{pqQ^2}{n}$ gesetzt wird, er beträgt somit für $Q = 4$ nur $^1/_{15}$ des genauen Wertes X_1. Dieser Fehler wird aber in den meisten Fällen kleiner sein als die Unsicherheit von Q, beruhend auf der Ungenauigkeit von μ_1^2. Für das Intervall $Q = \sqrt{2}$ bis $Q = 4$ gilt dagegen als Schwankungsmaß der Wert $X_1 = \frac{pq\,(Q^2-1)}{n}$. Ist $Q < \sqrt{2}$, dann kann $d = Q - 1$, das dann also zwischen rd. 0 und ½ schwankt, durch die Ungenauigkeit von Q bedingt sein oder aber auf wirklichen Realabweichungen beruhen. Die Entscheidung wird an Hand mehrerer Reihen derselben Materie bzw. durch verschiedene Reihen mit verschieden großem n gefällt.

In allen Fällen kann man zur Beurteilung des Wertes X bzw. des Wertes Q die Streuung der Zufallsstreuung mit zu Rate ziehen. Dabei muß man beachten, daß $\frac{pq}{n}\sqrt{\frac{2}{N}}$ für kleine N-Werte relativ groß wird. Bis zu Werten $N = 18$ wird die 3fache Streuung der Zufallsstreuung dieser Zufallsstreuung mindestens gleich. Es können mithin relativ große Differenzen $\mu_1^2 - \frac{pq}{n}$ lediglich auf der Unsicherheit des Wertes μ_1^2 beruhen, und es können, selbst wenn $\mu_1^2 - \frac{pq}{n}$ kleiner als 3 str. $\frac{pq}{n}$ ist, beträchtliche Realschwankungen vorliegen, die durch den großen Betrag der Streuungsstreuung überdeckt werden. Für $N = 18$ wird die relative Streuung der Zufallsstreuung $\sqrt{\frac{2}{N}} = 1/3$, so daß Realschwankungen, die gleich der Zufallsstreuung sind, noch als zufällig erscheinen können, und es läßt sich somit nicht mehr entscheiden, ob $Q^2 = 2$ Realschwankungen festlegt oder auf der Unsicherheit von μ_1^2 beruht. Wird der Dispersionskoeffizient größer als 2, dann erst läßt sich mit Bestimmtheit auf das Vorhandensein von Realabweichungen schließen. Für noch kleinere N-Werte als 18 wird naturgemäß die Unsicherheit noch größer. Mit größer werdender Zahl der Gruppen N wird die Unsicherheit von μ_1^2 geringer, und es erscheinen steigend relativ kleinere Differenzen $\mu_1^2 - \frac{pq}{n}$ gesichert. Für $N = 72$ ist das 3fache der relativen Streuung der Zufallsstreuung 0,5. Es sind X-Werte, die $\leq 0{,}5\frac{pq}{n}$ sind, nicht mehr gesichert, es kann $Q^2 = 1{,}5$ noch auf Zufallsschwankungen beruhen. Für $N = 300$ sind immer noch Realabweichungen bis zu 25% der Zufallsabweichungen durch die Streuung des Wertes μ_1^2 verdeckt, kann $Q^2 = 1{,}25$ normale oder übernormale Dispersion bedeuten. Bei unternormaler Dispersion ist für $N = 72$ durch $Q^2 = 0{,}5$ noch nicht eine unternormale Streuung erwiesen; für $N = 300$ kann ein Q^2-Wert von rd. 0,75 noch lediglich die Folge der Unsicherheit von μ_1^2 sein. $Q^2 = 0{,}8$ oder $Q^2 = 1{,}2$ lassen nur für $N > 450$ mit Sicherheit auf abnormale Dispersion schließen.

Zur Beurteilung von Streuungsverhältnissen kommt es aber nicht allein auf den relativen Grad eventueller Realschwankungen an, es ist dabei auch die absolute Größe der Realschwankungen von Wichtigkeit. Es können relativ große Realabweichungen absolut genommen sehr klein sein, und es können relativ kleine Abweichungen absolut sehr groß sein. Es ist also stets neben Q^2 auch der Wert N von Wichtigkeit.

Wenn str. $\frac{pq}{n}$ groß ist, dann ist mit der Möglichkeit zu rechnen, daß die Unsicherheit von μ_1^2 eventuell vorhandene Realabweichungen verdeckt. Es kann nun str. $\frac{pq}{n}$ groß sein, weil $\frac{pq}{n}$ bereits groß ist, oder kann es deshalb groß sein, weil N klein ist. Im letzteren Fall ist die Unsicherheit von μ_1^2 relativ groß, sie kann aber absolut genommen klein sein. Im erstgenannten Fall ist str. $\frac{pq}{n}$ auf jeden Fall absolut groß (es sei denn, daß N sehr groß ist), so daß auch absolut große Realschwankungen verdeckt sein können beim Vergleich der Differenz $\mu_1^2 - \frac{pq}{n}$ mit 3 str. $\frac{pq}{n}$. Ist $\frac{pq}{n}$ selbst klein, so ist auch seine Streuung klein, ist dazu noch N groß, so wird die Streuung für $\frac{pq}{n}$ auch relativ klein und somit sehr klein. Es besteht keine Gefahr, daß Realschwankungen verdeckt werden.

In allen Fällen, in denen n nicht beliebig gewählt werden kann sondern fest gegeben ist (Zahl der Maschinen eines Betriebs oder Arbeiters, Zahl der Ringe pro Glühtopf, Zahl der Drähte einer Durchziehglühanlage oder einer galvanischen Versilberungsanlage), hat man es nicht in der Hand, den Betrag der Zufallschwankungen durch Vergrößerung des Wertes n zu verringern, um dadurch eine Verschleierung eventueller Realabweichungen zu verhindern. Es ist in solchen Fällen aber möglich, durch beliebig große Zahl der Beobachtungsserien die Unsicherheit von μ_1^2 relativ klein zu halten.

Ist n klein und damit $\frac{pq}{n}$ groß, so können bei kleinem N beträchtliche Realabweichungen verdeckt bleiben. Ist N dagegen groß, so sind die eventuell verdeckten Realabweichungen stets relativ klein. Realschwankungen, die gegen $\frac{pq}{n}$ klein sind, können aber oftmals ignoriert werden. Durch beliebige Vergrößerung von N hat man es zudem in der Hand, die etwa verdeckten Realabweichungen auch absolut klein zu halten. Für sehr großes N werden schon kleine Differenzen $\mu_1^2 - \frac{pq}{n}$ größer als 3str. $\frac{pq}{n}$ und somit real. Ist n groß und somit $\frac{pq}{n}$ klein, so sind die etwa verdeckten Realabweichungen absolut genommen klein. Ist überdies N groß, so sind schon sehr geringe Realabweichungen gesichert. Kann man eine bestimmte Anzahl von Einzelbeobachtungen beliebig in Serien aufteilen, so wird man n groß und N klein wählen, da die Unsicherheit von μ_1^2, str. $\frac{pq}{n}$, indirekt proportional n, aber nur indirekt proportional $\sqrt{N}$ ist.

Ist $\frac{pq}{n}$ groß und μ_1^2 klein oder umgekehrt $\frac{pq}{n}$ klein und die empirische Streuung groß, so sind bestimmt Abweichungen von einer Zufallsmaterie vorhanden, und man mißt diese Abweichungen durch X bzw. Q. Es ist $Q \lesseqgtr 1$, und es ist $X \lesseqgtr 3$str. $\frac{pq}{n}$. Ist $\frac{pq}{n}$ groß und μ_1^2 ebenfalls, ist überdies X groß, so daß Q merklich von 1 abweicht, so sind wirkliche Abweichungen anzunehmen. Weicht Q nicht sehr deutlich von 1 ab, so wird man, wenn X größer als 3str. $\frac{pq}{n}$ ist, Realabweichungen anzunehmen haben, wogegen bei relativ zu str. $\frac{pq}{n}$ kleinem X nicht entschieden werden kann, ob X eine Folge zufälliger Abweichungen des Wertes μ_1^2 ist oder real bedingt ist. Die Entscheidung bringt eine zweite Untersuchungsreihe, in der $\frac{pq}{n}$ durch großes n klein gehalten wird, oder in welcher str. $\frac{pq}{n}$ durch großes N vermindert wird. Sind die empirischen Gesamtschwankungen und die Zufallsschwankungen klein und wird Q ungefähr gleich 1, so ist eine Materie als Zufallsmaterie charakterisiert. Wird dagegen Q bei großen Werten für μ_1^2 und $\frac{pq}{n}$ ungefähr gleich 1, so ist mit der Möglichkeit zu rechnen, daß eventuell nicht zu ignorierende Realschwankungen durch den großen Wert $\frac{pq}{n}$ überdeckt werden können. Es kann die absolut bedeutende, relativ aber kleine Differenz $\mu_1^2 - \frac{pq}{n}$ auf der Unsicherheit für μ_1^2 beruhen oder aber durch Realabweichungen bedingt sein. Man untersucht eine zweite Reihe derselben Materie mit großem n, sofern dies möglich ist. Wird dann bei dem nun kleinen $\frac{pq}{n}$ wieder Q ungefähr gleich 1, so liegt eine Materie vor, welche nur Zufallsschwankungen aufweist. Weicht dagegen in der zweiten Untersuchungsreihe Q deutlich von 1 ab, so liegen Realschwankungen vor. Ist der Wert n nicht beliebig variabel zu gestalten, so wird durch ein großes N die relative Streuung der Zufallsstreuung klein. Ist dann X noch kleiner als das 3fache dieser Streuungsstreuung, so ist der Differenz $\mu_1^2 - \frac{pq}{n}$ keine Bedeutung beizumessen, andernfalls dagegen hat man Realschwankungen anzunehmen. Ein kleiner N-Wert bei großer Streuung $\frac{pq}{n}$ läßt dagegen nur für $\mu_1^2 - \frac{pq}{n} > 3$str. $\frac{pq}{n}$ einen sicheren Schluß zu.

Sind die Gesamtschwankungen und die theoretischen Zufallsschwankungen beide klein und weicht Q merklich von 1 ab, so können Realschwankungen vorliegen, es kann aber auch die Differenz $\mu_1{}^2 - \frac{pq}{n}$ lediglich auf der Ungenauigkeit von $\mu_1{}^2$ beruhen, wobei sich kleine Werte dieser Differenz gegen das kleine $\frac{pq}{n}$ relativ stark auswirken. Ist N groß, so wird str. $\frac{pq}{n}$ sehr klein, und man kann bei großem N ohne weiteres die Realschwankungen gleich der Differenz $\mu_1{}^2 - \frac{pq}{n}$ setzen. Ist N dagegen mittelgroß oder klein, so werden die Schwankungen des Wertes $\frac{pq}{n}$ relativ groß. Ist trotzdem die Differenz $\mu_1{}^2 - \frac{pq}{n}$ größer als 3 str. $\frac{pq}{n}$, so liegen Realabweichungen vor; ist die Differenz dagegen kleiner, so ist nicht zu entscheiden, ob sie eine Folge der Unsicherheit für $\mu_1{}^2$ ist oder auf besonderen Abweichungsursachen beruht.

149. Statt die empirische Streuung einer Materie mit der entsprechenden Zufallsstreuung zu vergleichen, kann man auch nach der empirischen Streuung einen theoretischen Wert n_t der Seriengliederzahl berechnen und diesen mit dem empirischen n vergleichen. Es ist $n_t = \mu^2 : pq$. Ein wieder anderer Vergleichsweg ist der, daß man als $0{,}5 \pm 0{,}5 \sqrt{1 - 4\mu^2 : n}$ nach der empirischen Streuung eine theoretische Wahrscheinlichkeit p_t ermittelt und mit dieser die empirische Wahrscheinlichkeit $p = \frac{a}{Nn}$ vergleicht. Endlich kann man das Produkt $pq = \left(\frac{a}{Nn}\right) \left[1 - \left(\frac{a}{Nn}\right)\right]$ mit dem entsprechenden theoretischen Wert $\frac{\mu^2}{n}$ dieses Produktes vergleichen. In jedem Fall bedeutet die Übereinstimmung zwischen empirischem und theoretischem Wert das Vorliegen einer empirischen Verteilung mit Zufallscharakter, wogegen beim Auftreten beträchtlicher Differenzen zwischen 2 Wertepaaren auf ein Abweichen der empirischen Materie vom Zufallscharakter zu schließen ist[1]).

Man kann für eine empirische Verteilung die empirische Wahrscheinlichkeit $p = \frac{a}{Nn}$ festlegen. Die empirische Streuung bestimmt man zu $\mu_1{}^2$. Man kann weiter zur empirischen Wahrscheinlichkeit die theoretische Streuung als $\frac{pq}{n}$ ermitteln, und man kann umgekehrt zu der empirischen Streuung die theoretische Wahrscheinlichkeit

$$p_t = 0{,}5 \pm 0{,}5 \sqrt{1 - 4\mu^2 : n}$$

festlegen. Man erhält auf diese Weise 2 binomiale Vergleichsreihen:

[1]) Vgl. Art. 137.

$N(p+q)^n$ und $N(p_t+q_t)^n$. Die mittlere Wahrscheinlichkeit der ersten Reihe ist p, ihre Streuung mißt $\frac{pq}{Nn}$, die mittlere Wahrscheinlichkeit der zweiten Reihe ist p_t mit der Streuung $\frac{\mu_1^2}{N}$. Man vergleicht die Differenz $p-p_t$ mit der Streuung dieser Differenz, mit $\sqrt{(pq:Nn)+(\mu_1^2:N)}$. Ist die Differenz kleiner als der 3fache Betrag dieser Streuung, so ist eine Unterscheidung der beiden Reihen als besonders verursachte Reihen nicht erforderlich und nicht möglich, andernfalls liegen 2 wirklich verschiedene Reihen vor. Im ersten Fall sind die beiden Reihen gewissermaßen vertauschbar, die eine kann in die andere als Folge zufälliger Störungen übergehen, und es ist ganz belanglos, ob die eine oder die andere Reihe betrachtet wird. In diesem Fall kann sehr wohl die zwischen beiden Zufallsreihen liegende empirische Reihe Zufallscharakter haben, sie kann eine zufällige Abweichung von der einen oder auch von der andern binomialen Verteilung darstellen. Unterscheiden sich p und p_t dagegen wirklich, so sind die beiden Zufallsreihen nicht vertauschbar, und die empirische Reihe bildet keine lediglich zufällige Abweichung von der einen oder anderen Reihe, die empirische Reihe zeigt bestimmt keinen Zufallshabitus.

Ist innerhalb der durch die Streuung der Wahrscheinlichkeitsdifferenz festgelegten Grenzen $p = p_t$, so liegt eine Materie mit normaler Streuung vor. Ist $(0{,}5-p_t) > (0{,}5-p)$, dann ist $\mu_1^2 = \frac{p_t q_t}{n} < \frac{pq}{n}$, man hat den Fall einer unternormalen Streuung. Ist $(0{,}5-p_t) < (0{,}5-p)$, dann ist $\mu_1^2 > \frac{pq}{n}$, und es liegt eine übernormale Streuung vor.

Statt der eben behandelten beiden Zufallsreihen kann man zur Beurteilung einer Materie neben der Reihe $N(p+q)^n$ auch die Reihe $N(p+q)^{n_t}$ heranziehen. Unterscheiden sich diese beiden Zufallsreihen nicht wesentlich voneinander, so kann der empirischen Materie, welche mit der einen Reihe in n und p und mit der anderen Reihe in p und der Streuung übereinstimmt, sehr wohl Zufallscharakter zukommen. Differiert dagegen die Verteilung gleicher Streuung stark gegen die Verteilung gleicher Entstehung, so kommt der empirischen Reihe bestimmt kein Zufallscharakter zu.

Ist $n_t = \frac{\mu^2}{pq}$ $\left(\text{bzw. } n_t = \frac{pq}{\mu_1^2}\right)$ ungefähr gleich n, so liegt eine Materie normaler Streuung vor. Im Falle übernormaler Streuung wird $n_t > n$, wogegen bei unternormaler Dispersion $n_t < n$ wird.

150. Bei der Untersuchung von Verteilungen nach Eigenschaften, die im einzelnen stetig veränderlich sind, auf Realschwankungen muß man entsprechend den anders gelagerten Verhältnissen etwas anders vorgehen wie bei der Behandlung unstetiger Kollektive. Man kennt statt Häufigkeiten a' oder Wahrscheinlichkeiten $\frac{a'}{n}$, statt unstetig variabler Erfolgsgrade, hergeleitet aus n Einzelfällen alternativer Veränderlichkeit, nur bestimmte Einzelwerte E einer stetig veränderlichen Eigenschaft, und an die Stelle einer mittleren Wahrscheinlichkeit der einen Alternative in n Einzelfällen tritt der Mittelwert M. Gemeinsam ist den beiden Fällen, daß die empirische Streuung im einen wie im anderen Fall ermittelt werden kann; dagegen ist eine entsprechende theoretische Zufallsstreuung für Materien mit stetigen Argumentwerten zunächst unbekannt. Man kann aber, ähnlich wie man bei unstetigen Argumenten zu einer Verteilung dadurch kommt, daß man n Einzelfälle einer alternativ veränderlichen Eigenschaft zusammenfaßt, auch je n Einzelwerte E einer stetig veränderlichen Eigenschaft zusammenfassen und mitteln, und man kann dann neben der Gesamtstreuung des Kollektivs die Gruppenmittelstreuung oder das Mittel der Streuungen innerhalb der einzelnen Gruppen feststellen. Damit erhält man die Möglichkeit, eventuell vorliegende Realschwankungen zu erkennen und zahlenmäßig festzulegen.

Man hat im einzelnen wie folgt vorzugehen. Man läßt z. B. an 20 Tagen je 10 Analysen von leonischen Drähten eines bestimmten Nenngehaltes an Silber durchführen und sammelt die Ergebnisse, die 20 Zahlengruppen zu je 10 Einzelwerten bilden, oder man ermittelt 15 Tage lang jeden Tag für 20 Spulen im Durchziehglühofen geglühter Drähte die Dehnungen und stellt die gefundenen Werte dementsprechend zu 15 Serien mit je 20 Einzelwerten zusammen. Allgemein ausgedrückt bildet man von den zu überprüfenden Untersuchungs- oder Beobachtungswerten Z Gruppen mit je z Einzelwerten, mit zusammen also $N = Z \times z$ Einzelwerten.

Im Prinzip hat man nun weiter so vorzugehen, daß man zunächst einmal das arithmetische Mittel M aller $Z \times z$ Einzelwerte E errechnet und das mittlere Abweichungsquadrat μ^2 aller Einzelwerte gegen das Mittel M bestimmt. Zweitens stellt man den Mittelwert M_G jeder der Z Gruppen fest. Dadurch erhält man Z Gruppenmittel M_G. Nun errechnet man die Streuung $\mu_G{}^2$ dieser Gruppenmittel gegen ihr mit dem Gesamtmittel M identisches Mittel. Bei rein zufälligen Schwankungen ist das mittlere Abweichungsquadrat der Einzelwerte z mal größer als das mittlere Abweichungsquadrat der Gruppenmittel. Es gilt

$$\frac{\mu_G{}^2}{\mu^2} = \frac{1}{z}.$$

Liegen dagegen neben rein zufälligen Abweichungen auch noch reale Schwankungen vor, so wird das Verhältnis der beiden Abweichungsquadrate größer als $\frac{1}{z}$. Ist N nicht viel größer als z, so ist für Zufallsschwankungen

$$\frac{\mu^2}{\mu_G^2} = \frac{z(N-1)}{(N-z)}.$$

Man kann sich von dem Zutreffen der angeführten Beziehung durch die Betrachtung der Grenzfälle leicht überzeugen. Wählt man $z = 1$, so ist offenbar jeder Einzelwert zugleich Gruppenmittel, und es wird daher $\mu_G^2 = \mu^2$. Das Verhältnis der beiden Abweichungsquadrate nimmt dementsprechend den Wert 1 an, welcher Wert in diesem Fall aber auch $\frac{1}{z}$ zukommt. Faßt man umgekehrt eine sehr große Zahl z von Einzelwerten zu einer Gruppe zusammen, so wird das Verhältnis $\frac{1}{z}$ sehr klein, und es wird gleich Null, wenn z unendlich groß ist. In einem solchen Fall variieren aber auch die Gruppenmittel untereinander nicht, und es wird infolgedessen der Wert μ_G^2 und damit auch das Verhältnis $\frac{\mu_G^2}{\mu^2}$ ebenfalls gleich Null.

151. Die Bestimmung der Werte μ^2 und μ_G^2 erfolgt für umfangreiche Kollektive nach der Verteilungstafel der Einzelwerte bzw. nach einer Verteilungstafel der Gruppenmittel. Ist der Kollektivumfang nicht so groß, um eine Klassifizierung ohne große Einbuße an Genauigkeit zu erlauben, ist insbesondere die Anzahl der Gruppenmittel gering, so muß man μ_G^2 und eventuell auch μ^2 nach der primären Verteilungstafel bzw. der Urliste errechnen, wobei man die Rechnung in jedem Fall durch die Einführung eines vorläufigen Mittels vereinfachen und erleichtern kann. Man mag in solchen Fällen aber auch nach der folgenden Methode rechnen.

Man bestimmt zunächst das Mittel aller Zz Einzelwerte E. Dieser Mittelwert wird quadriert. Dadurch erhält man für die weitere Rechnung einen ersten Wert $U = M^2$. Nach einer in Artikel 114 gemachten Angabe ist nun $M^2 + \mu^2 = \Sigma E^2 : Zz = W$. Man bestimmt dieses Mittel W aller Einzelwertquadrate und erhält dann μ^2 als $W - U$. Als nächstes bildet man die Z Gruppenmittel M_G. Es ist verständlich, daß nun das Mittel M und die Gruppenmittelstreuung in einer Beziehung zueinander stehen, die sich auf folgende Formel bringen läßt: $M^2 + \mu_G^2 = \Sigma M_G^2 : Z = V$. Man bestimmt mithin V als Mittel der Gruppenmittelquadrate und errechnet hierauf μ_G^2 als $V - U$.

Es sind alle 3 Werte U, V und W größer als 0, und zwar gilt die Ungleichung $W > V > U > 0$. Beim Vorliegen bloß zufälliger Schwankungen gilt $(V - U):(W - U) = 1:z$, sind dagegen wirkliche Abweichungen vorhanden, so besteht diese Gleichung nicht.

152. Hat man aus der Beziehung $(V - U):(W - U) \gtrless 1:z$ das Vorhandensein wirklicher Schwankungen erkannt, so läßt sich deren Größe errechnen. Als Maß dieser Schwankungen dient der Betrag X, um den U vergrößert werden muß, damit das derart korrigierte Quadrat des Mittels, also der Wert $U + X$, an Stelle von U der Gleichung für Zufallsschwankungen genügt. Es ist X somit so zu wählen, daß $[V - (U + X)]:[W - (U + X)] = (V - U - X):(W - U - X) = 1:z$ wird. X ist der Betrag, um den sowohl das Quadrat der mittleren Abweichung der Einzelwerte als auch das Quadrat der mittleren Abweichung der Gruppenmittel vermindert werden muß, damit das derart korrigierte Verhältnis der beiden Abweichungsquadrate den Wert $1:z$ annimmt, damit also gilt $(\mu_G{}^2 - X):(\mu^2 - X) = 1:z$. Durch einfache rechnerische Umformung erhält man aus den angeführten Gleichungen den Wert X als $zV:(z-1) - U - W:(z-1)$ bzw. als $z\mu_G{}^2:(z-1) - \mu^2:(z-1)$. In jedem Falle, in dem nur zufällige Schwankungen vorliegen, ergibt sich X zu 0.

X ist ganz entsprechend den Größen $U = M^2$, $V = M^2 + \mu_G{}^2$ und $W = M^2 + \mu^2$ ein quadratisches Maß der realen Schwankungen. Um die mittleren realen Schwankungen zu erhalten, hat man mithin aus dem Wert für X die Wurzel zu ziehen. Will man endlich ein für Vergleiche geeignetes Maß der wirklichen Schwankungen, so wird man die dem Variabilitätskoeffizienten $V = \pm 100 \frac{\mu}{M}$ entsprechende Größe der wirklichen Schwankungen zu errechnen haben. Man erhält dadurch als Maß der Realschwankungen $V_r = \pm 100 \frac{\sqrt{X}}{M}$.

Das quadratische Maß der Zufallsschwankungen allein erhält man als $\mu^2 - X$ bzw. als $\mu_G{}^2 - X$. Zieht man aus diesen Werten die Wurzel, so kommt man zu den mittleren zufälligen Abweichungen.

153. Hat man das Vorliegen von Realschwankungen und das quadratische Maß X dieser Schwankungen ermittelt, so ergibt sich weiter die Frage: Sind die über die Zufallsschwankungen festgestellten Schwankungen lediglich Fabrikationsschwankungen bzw. Qualitätsschwankungen, oder sind die festgestellten Abweichungen durch die zur Prüfung vorgenommenen Versuche wie Zerreißproben, chemische Analysen, Pyrometerablesungen, Wägungen u. dgl. bedingt, oder liegen beide Arten von Schwankungen vor und wie verteilt sich in diesem Falle der festgestellte Gesamtbetrag X auf die Fabrikationsschwankungen und die Versuchsschwankungen? Auch diese Fragen lassen sich beantworten.

Zu diesem Ende behält man z. B. von jedem Draht, der zur chemischen oder physikalischen Untersuchung gegeben wird, eine zweite Probe zurück. Man hat, wenn man $Z \times z$ Untersuchungen durchführt, $Z \times z$ Proben zurückzulegen, um diese $Z \times z$ Reserveproben nach dem Abschluß der ersten Untersuchungen ebenfalls, und zwar direkt nacheinander zu untersuchen, wodurch man eine zweite Urliste mit $Z \times z$ Werten erhält. Wurden die ersten Untersuchungen an verschiedenen Tagen, auf verschiedenen Apparaten oder durch verschiedene Personen vorgenommen, so sollen die reservierten Proben gleichzeitig, d. h. direkt hintereinander zur Untersuchung gelangen, und sie müssen durch dieselbe Person und auf demselben Apparat geprüft werden, um Schwankungen, die durch verschiedene Untersuchungsbedingungen verursacht werden können, und die mithin in dem zuerst gebildeten Kollektiv enthalten sein werden, zu vermeiden.

Bei dem Zurücklegen der Proben für die zweite Kollektivreihe hat man auf folgendes zu achten. Es ist nicht notwendig, daß die zweiten Proben, soweit sie zu ein und derselben Gruppe zählen, dieselbe Reihenfolge einnehmen wie die Proben derselben Gruppe im ersten Kollektiv. Innerhalb jeder Gruppe können die Proben beliebig durcheinander kommen, aber auch nur innerhalb derselben Gruppe. Ebenso braucht die Reihenfolge der Z Gruppen des zweiten Kollektivs nicht dieselbe zu sein wie die Ordnung der Gruppen des ersten Kollektivs. Innerhalb jeden Kollektivs können die Gruppen beliebig angeordnet sein. Dagegen muß mit größter Sorgfalt darauf geachtet werden, daß einzelne Proben, die bei der ersten Aufnahme der Werte der veränderlichen Eigenschaft zu einer bestimmten Gruppe zählten, im zweiten Kollektiv nicht in eine andere Gruppe zusammen mit Werten, die im ersten Kollektiv ebenfalls einer anderen Gruppe angehörten, kommen. Es darf also beispielsweise nicht das Duplikat eines Drahtes, dessen Dehnung bei der ersten Aufnahme vielleicht zusammen mit 19 Dehnungswerten von bestimmten anderen Drähten in der dritten Gruppe geführt wurde, bei der zweiten Aufnahme mit 19 ganz anderen Drähten eine Gruppe bilden. Die Träger bestimmter Eigenschaftswerte, die bei der ersten Aufnahme eine Gruppe bildeten, müssen bei der zweiten Aufnahme wieder die Eigenschaftswerte für ein und dieselbe Gruppe geben.

Man hat nun mit den durch die zweite Aufnahme erhaltenen Werten genau dieselben Rechnungen vorzunehmen wie mit den Werten des ersten Kollektivs. Man erhält dann den Wert X_F als $\frac{z}{z-1} V' - U' - \frac{1}{z-1} W'$ bzw. als $\frac{z}{z-1} \mu_{G'}{}^2 - \frac{1}{z-1} \mu'^2$.

Es bezieht sich der auf Grund der zweiten Untersuchungsreihe erhaltene Wert X_F direkt und allein auf die Qualitätsschwankungen, bzw. wenn es sich um die Kontrolle eines Verfahrens handelt auf die Fabrikationsschwankungen. Der Wert für X nach der ersten Untersuchung gab das Maß der gesamten Realschwankungen als der Summe aus Fabrikations- oder Qualitätsschwankungen und Versuchsschwankungen. Die Differenz der beiden Werte für X führt zu den Versuchsschwankungen allein.

154. Man erhält im quadratischen Streuungsmaß Realschwankungen als $X = \frac{z}{z-1}\mu_G^2 - \frac{1}{z-1}\mu^2$, Fabrikationsschwankungen als $X_F = \frac{z}{z-1}\mu_{G'}^2 - \frac{1}{z-1}\mu'^2$, Versuchsschwankungen als $X - X_F$ und Zufallsabweichungen zwischen Serien als

$$(\mu_G^2 - X) = \frac{1}{z-1}\mu_Z^2 = \frac{1}{z-1}(\mu^2 - \mu_G^2).$$

Die Zufallsschwankungen zwischen den Einzelwerten messen

$$(\mu^2 - X) = \frac{z}{z-1}\mu_Z^2 = \frac{z}{z-1}(\mu^2 - \mu_G^2).$$

Diese Beziehungen sind sowohl für Verteilungen mit stetig veränderlichen Merkmalen als auch für Verteilungen mit unstetigen Argumentwerten und für Verteilungen von Wahrscheinlichkeiten gültig.

Betreffs der Fixierung der Versuchsschwankungen als $\mu_F = \mu_e$ oder als

$$\mu_F = \sqrt{(\mu_1^2 + \mu_2^2) : 2}$$

wurde bereits in Artikel 128 berichtet.

In Artikel 119 wurde sodann schon darauf hingewiesen, daß die angeführte Gleichung zur Berechnung der Realschwankungen X nur gilt, wenn $Zz = N \gg z$ ist. Ist dies jedoch nicht der Fall, so ist mit der genaueren Gleichung

$$X = \frac{z}{(z-1)}\,\frac{(N-1)}{N}\,\mu_G^2 - \frac{N-z}{N(z-1)}\mu^2 = \frac{N-1}{Z(z-1)}\mu_G^2 - \frac{Z-1}{Z(z-1)}\mu^2$$

zu rechnen. Man entnimmt des weiteren dem Artikel 119, daß man an Stelle der angeführten Gleichungen zur Berechnung für X auch mit den folgenden operieren kann:

$$X = \mu_G^2 - \frac{1}{z-1}\mu_Z^2 \text{ bzw. } X = \mu_G^2 - \frac{N-z}{N(z-1)}\mu_Z^2 = \mu_G^2 - \frac{Z-1}{Z(z-1)}\mu_Z^2,$$

wobei μ_Z^2 als Mittelwert aus allen Z Werten für die Einzelstreuungen μ_z^2 der Gruppen als

$$\mu_Z^2 = \frac{1}{Z}\Sigma\,\mu_z^2 = \frac{1}{N}\Sigma\,E^2 - \frac{1}{Z}\Sigma\,M_G^2$$

zu bestimmen ist.

Als dritte Gleichung zur Festlegung der Schwankung X kann die folgende erwähnt werden:

$$X = \mu^2 - \frac{z}{z-1}\mu_Z^2 \text{ bzw. } X = \mu^2 - \frac{z(N-1)}{(z-1)N}\mu_Z^2 = \mu^2 - \frac{N-1}{(z-1)Z}\mu_Z^2.$$

Mit welcher der 3 Gleichungsarten für X gerechnet wird, ist bezüglich des Ergebnisses natürlich gleichgültig. Die Gleichungen sind äquivalent und gehen auf Grund einfacher mathematischer Umformungen auseinander hervor. Formal läßt sich folgender Unterschied der 3 Formeln festhalten: Nach dem zweiten Gleichungstrio vergleicht man den empirischen Wert der Gruppenmittelstreuung mit dem theoretischen Wert $\frac{\mu_Z^2}{(z-1)}$ dieser Größe, den man für den Fall einer Zufallsverteilung erwarten dürfte. Die Abweichung des empirischen Wertes von dem theoretischen Wert gibt das Maß der über die zufälligen Schwankungen vorhandenen Abweichungen. Nach der dritten Gleichungsart setzt man den empirischen Wert der Gesamtstreuung eines Kollektivs in Beziehung zu der theoretischen Gesamtstreuung einer Zufallsverteilung und erhält wieder in der Differenz das Maß der Realabweichungen. Man kann die dritte Gleichung auch $X = z\left(\frac{\mu^2}{z} - \frac{\mu_Z^2}{(z-1)}\right)$ schreiben und erhält dann X als $z$fache Differenz aus 2 berechneten Gruppenmittelstreuungswerten, die bei Zufallsverteilung gleich sind. Die erste der aufgeführten Gleichungsarten gibt endlich den Vergleich des $\frac{z}{(z-1)}$ fachen Wertes der empirischen Gruppenmittelstreuung mit dem $\frac{z}{(z-1)}$ fachen theoretischen Wert der Gruppenmittelstreuung, bestimmt nach dem empirischen Wert der Gesamtstreuung.

Für die Umrechnung der Gleichungen zur Bestimmung von X ineinander muß man beachten, daß die Beziehungen

$$\mu^2 = z\,\mu_G^2,\quad \mu_Z^2 = (z-1)\,\mu_G^2 \quad \text{und} \quad \mu_Z^2 = \frac{z-1}{z}\,\mu^2$$

hierzu nicht verwendet werden dürfen, da sie nur für Gaußsche Verteilungen Gültigkeit besitzen. Man muß vielmehr für Umrechnungen stets die allgemeingültige Beziehung

$$\mu^2 = \mu_G^2 + \mu_Z^2$$

verwenden.

Die Zufallsschwankungen messen, wenn N nicht bedeutend größer als n ist, für die Einzelwerte eines Kollektivs $(\mu^2 - X) = z\,(N-1)\,\mu_Z^2 : N\,(z-1) = z\,(N-1)\,(\mu^2 - \mu_G^2) : N\,(z-1)$, und für Gruppen zu je z Gliedern $(\mu_G^2 - X) = (N-z)\,\mu_Z^2 : N\,(z-1) = (N-z)\,(\mu^2 - \mu_G^2) : N\,(z-1)$.

Man bildet nach den angeführten Gleichungen zwecks Bestimmung der Realabweichung X stets die Differenz zwischen beobachtetem empirischem Wert einer Größe und dem entsprechenden theoretischen Wert. Man erhält mithin für das quadratische Streuungsmaß X positive Werte, wenn der empirische Streuungswert einer Größe größer ist als der entsprechende theoretische Streuungswert der Gaußschen Verteilung. Dies ist das normale Verhalten, und es ist das gewöhnliche Verhalten statistisch zu untersuchender Materien, daß sich Realschwankungen zu den zufälligen Schwankungen addieren, daß das Abweichen einer Materie von dem zufälligen Charakter in einer Streuungsvergrößerung besteht. Es sind aber auch Fälle denkbar und möglich, und die bereits diskutierten symmetrischen Verteilungskurven mit überhöhten Maximis beziehen sich auf derartige Fälle, in denen die Beeinflussung einer Materie in einer Verkleinerung der zufälligen Abweichungen besteht. Ist in einem Fall der beobachtete Streuungswert kleiner als der entsprechende theoretische Streuungswert, so wird offenbar das Schwankungsmaß X negativ, und da X ein quadratisches Maß, ein mittleres Abweichungsquadrat darstellt, so erhält man für einen negativen X-Wert einen imaginären Wert der mittleren Realabweichung $\sqrt{-X}$. Umgekehrt darf man aus dem Auftreten eines imaginären Wertes für wirkliche Abweichungen, aus dem Erscheinen eines negativen Streuungsquadrates für Realabweichungen, auf Beeinflussungen und Umstände schließen, welche auf eine Verkleinerung der Schwankungen zufälliger Art, auf eine Verringerung der natürlichen Mindeststreuung hinzielen. Es liegen besondere Ursachen vor, welche systematisch eine größere Einheitlichkeit als das Spiel des Zufalls bedingen[1]).

155. Um Realabweichungen in Fabrikationsschwankungen oder Qualitätsschwankungen und Versuchsschwankungen zu gliedern, wurde die Durchführung eines Parallelversuchs als notwendig erfunden. Es unterscheiden sich bei dem ersten Versuch der Überprüfung von Z Gruppen zu je z Gliedern die einzelnen Gruppen einmal nach ihrer Herkunft oder nach ihrer Qualität oder nach der Methode oder der Zeit ihrer Fabrikation od. dgl., und sie unterscheiden sich zweitens nach dem Zeitpunkt, der Person, dem Apparat od. dgl. ihrer Prüfung. Die Streuung der Gruppenmittel, hergeleitet aus z. B. verschiedenen Fabrikationsserien, welche gleichzeitig verschiedene Prüfserien bilden, mißt außer den zufälligen Gruppenmittelschwankungen noch Fabrikations- und Prüfschwankungen. Die zweite Versuchsserie aus wieder Z Gruppen mit je z Gliedern soll nun derart behandelt werden, daß die Fabrikationsserien gleichzeitig von derselben Person, mit demselben Apparat, kurz unter denselben Bedingungen überprüft werden. Demnach ergeben sich zwischen den einzelnen Gruppen keine Schwankungen der Prüfmethode, die einzelnen Gruppenmittel streuen lediglich gemäß der zufälligen Abweichungen und gemäß der Fabrikationsschwankungen, so daß der Parallelversuch durch die Ermittlung der Realabweichungen zu der Kenntnis der Fabrikationsschwankungen allein führt. Die Differenz

---

[1]) Vgl. Art. 144—146 sowie Art. 13, 43, 44, 98 und 120.

der Realabweichung der ersten Untersuchung und der Realschwankung des Parallelversuchs ergibt die Versuchsschwankungen.

Man kann die Auswertung der beiden Versuchsreihen auch noch etwas anders vornehmen. Man hat wieder 2 mal Z Serien zu je z Gliedern. Man führt die Prüfung zunächst der ersten Z Fabrikationsserien durch, und zwar so, daß man die zu jeder Serie gehörigen z Glieder unter verschiedenen Bedingungen (aber natürlich unter diesen Bedingungen exakt), also durch verschiedene Personen oder verschiedene Apparate, in verschiedenen Prüfräumen, zu verschiedenen Tageszeiten usw. prüft. Derart verfährt man mit den Gliedern jeder Serie, so daß je ein Glied jeder Serie bezüglich der Art der Prüfung gleich behandelt wird mit je einem Glied aus den übrigen $Z - 1$ Serien. Man hat somit alle Prüfschwankungen innerhalb einer Serie und innerhalb jeder Serie, und die Serien unterscheiden sich nicht durch Prüfschwankungen (da dieselben, wie erwähnt, innerhalb jeder Serie die gleichen sind). Die verschiedenen Gruppen unterscheiden sich lediglich durch ihre Fabrikation, ihre Herkunft, ihre Qualität, und die Auswertung der derart ermittelten Daten führt somit direkt zu den Fabrikations- oder Qualitätsschwankungen. Versteht man unter einer Fabrikationsserie eine Serie, deren Glieder unter denselben Fabrikationsbedingungen entstanden sind, und unter einer Prüfserie die Glieder, welche unter denselben Bedingungen überprüft werden, so hat man bei der vorliegenden Untersuchungsmethode Z Fabrikationsserien und z Prüfserien. Die Prüfserien sind nicht mit den Fabrikationsserien identisch, und die Auswertung wird in der Gruppierung des Kollektivs nach Fabrikationsserien vorgenommen und führt mithin in dem Unterschied zwischen empirischem $\mu_G{}^2$ und theoretischem $\mu_G{}^2$ zu den Fabrikationsschwankungen.

Man nimmt nun die zweite Reihe von Z Fabrikationsserien zu je z Gliedern vor. Aus jeder Gruppe sondert man zunächst ein Glied aus, man scheidet sodann aus jeder Gruppe je ein zweites Glied aus usf. Man erhält im ganzen z neue Serien, die sich, da ja jede Glieder aus allen möglichen Fabrikationsserien enthält, bezüglich Qualitätsschwankungen nicht unterscheiden. Diese neugebildeten z Serien werden nun geprüft, und zwar derart, daß die Glieder jeder Serie unter denselben Bedingungen untersucht werden, und daß die z Prüfserien unter verschiedenen Bedingungen überprüft werden. Die derart gewonnenen Ergebnisse wertet man nach Prüfserien aus, wobei dann also z die Gruppenanzahl und Z die Zahl der Glieder pro Gruppe bedeuten, und man erhält nun in dem Unterschied zwischen empirischem und theoretischem $\mu_G{}^2$ die Versuchsschwankungen allein, da sich die gebildeten, überprüften und ausgewerteten z Serien nicht durch Fabrikationsschwankungen sondern allein durch Versuchsabweichungen unterscheiden.

Man kann nun auch, wie leicht einzusehen ist, die Versuchsschwankungen und die Fabrikationsschwankungen mit Hilfe nur eines Kollektivs herleiten. Man hat also nur einmal Z Gruppen mit je z Gliedern. Die z Glieder jeder Gruppe werden unter verschiedenen Bedingungen geprüft. Alle Prüfschwankungen treten somit in einer und jeder Fabrikationsserie auf, und die Serien unterscheiden sich durch ihre Fabrikationsschwankungen, sofern überhaupt welche vorhanden sind. Die erhaltenen Resultate der Prüfung werden nach Fabrikationsserien zusammengefaßt und ausgewertet. Die Prüfserien sind nicht identisch mit den Fabrikationsserien und nicht identisch mit den Auswertungsserien, die Auswertungsserien sind identisch mit den Fabrikationsserien. Somit ergibt die Bestimmung von X den Wert der Fabrikationsschwankungen allein.

Dasselbe Zahlenmaterial wird nun statt nach Fabrikationsserien nach Prüfserien zusammengestellt. Die einzelnen Serien unterscheiden sich dann durch Versuchsschwankungen, dagegen nicht durch Qualitäts- oder Fabrikationsabweichungen, da jede Prüfserie Glieder der verschiedensten Fabrikationsserien enthält. Die Prüfserien sind identisch mit den Auswertungsserien und unterscheiden sich von den Fabrikationsserien, und das zu errechnende X bestimmt allein die Prüfschwankungen.

Bei der praktischen Durchführung der Versuche genügt es nun, daß man einmal das ganze Kollektiv gründlich durchmischt, in Versuchsserien einteilt und das Zahlenmaterial nach diesen Prüfserien auswertet. Dies ergibt die Prüfschwankungen. Ordnet man nun die Prüfergebnisse nachträglich nach Fabrikationsserien, so ergibt die Auswertung dieser Zusammenstellung die Fabrikationsschwankungen. Man kann nun noch ein übriges tun und kann drittens die Prüfergebnisse beliebig durchmischen und hierauf in beliebige Gruppen unterteilen, die nun weder mit den Fabrikationsserien noch mit den Prüfserien identisch sind. Die Auswertung der Untersuchungsergebnisse nach dieser planlosen Durchmischung führt zur Kenntnis der Zufallsabweichungen allein.

Es läßt sich zusammenfassend feststellen:

Sind Auswertungsserien, Fabrikationsserien und Prüfserien identisch, so führt die Ermittlung der Gruppenmittelstreuung zu einem Wert, der sich aus Zufalls-, Fabrikations- und Versuchsschwankungen zusammensetzt, und die Differenz X bestimmt die Summe der Fabrikations- und Prüfschwankungen.

Sind die Auswertungsserien weder mit den Fabrikationsserien noch mit den Prüfserien identisch, so erhält man eine Gruppenmittelstreuung, welche allein Zufallsschwankungen mißt.

Sind die Auswertungsserien mit den Fabrikationsserien identisch, aber verschieden von den Prüfserien, so ist die Gruppenmittelstreuung die Summe der Zufallsabweichungen und der Fabrikationsschwankungen, und der Wert X bestimmt die Fabrikationsschwankungen allein.

Sind endlich die Auswertungsserien mit den Prüfserien identisch und verschieden von den Fabrikationsserien, so stellt die Gruppenmittelstreuung die um die Versuchsschwankungen vermehrten Zufallsschwankungen dar, und X bestimmt allein die Versuchsfehler.

Allgemein läßt sich festlegen, die Gruppen, nach denen ausgewertet wird, müssen sich nach dem Schwankungsmerkmal unterscheiden, auf dessen Realität das Kollektiv untersucht werden soll. Erfolgt die Bildung der Auswertungsgruppen nach diesem Gesichtspunkt, also nach der vermuteten Schwankungsursache, so wird durch einen deutlich von 0 abweichenden Wert für X das Vorhandensein der betreffenden Schwankungsursache bestätigt, und X bildet das Maß dieser Realschwankungen. Ist dagegen X gleich 0 oder doch relativ klein, da man ja ideale Zustände nie erwarten darf, so ist daraus zu schließen, daß die vermutete Schwankungsursache, nach welcher untersucht wurde, keine Rolle spielt, und die Schwankungen müssen eine andere Ursache haben. Man kann somit nicht nur das Maß etwaiger Realabweichungen nach der behandelten Methode festlegen, sondern kann auch die Art der Realschwankungen auf Grund der zuletzt gemachten Ausführungen klarstellen, was in verwickelten Fällen oftmals zunächst wichtiger sein kann als das Maß der Schwankungen selbst.

156. Es handelt sich noch darum, ein Kriterium dafür anzugeben, wann ein Wert X als real anzusehen ist, und wann man ihm keine Bedeutung beimessen soll, seine Abweichung von dem Idealwert 0 vielmehr lediglich eine Folge der Ungenauigkeit der ermittelten Streuung ist. Man bestimmt X z. B. als Differenz der empirischen Gruppenmittelstreuung gegen die theoretische Gruppenmittelstreuung. Aus diesem Grunde kann man X mit dem Wert der Gruppenmittelstreuung messen, und zwar mit der Unsicherheit, der Streuung der theoretischen Gruppenmittelstreuung, mit der mittleren Abweichung der Zufallsstreuung zwischen den Gruppen. Den Wert X als ein quadratisches Streuungsmaß bringt man mit der mittleren Abweichung des mittleren Abweichungsquadrates zum Vergleich, wogegen man die mittleren Realabweichungen $\sqrt{X}$ mit der mittleren Abweichung der mittleren Zufallsabweichung vergleicht. Ist die Realabweichung im Vergleich mit der Streuung der Zufallsstreuung groß, so wird sie als real zu gelten haben, ist die Realabweichung dagegen klein, so wird man ihr auf Grund nur einer Untersuchung keine Bedeutung beimessen, es kann dann sehr wohl in der Ungenauigkeit der Gruppenmittelstreuung begründet sein, daß X nicht den Wert 0 besitzt. Hat man eine Materie, die wie ein bestimmtes Glücksspiel nur zufällige Abweichungen besitzt, so wird die Auswertung verschiedener Kollektive über diese Materie nicht zu genau demselben Wert der Zufallsstreuung führen, man wird infolge zufälliger Störungen, die sich in verschiedenen Kollektiven verschieden auswirken, bald einen etwas größeren, bald einen etwas kleineren Wert für die Zufallsstreuung erhalten. Mit anderen Worten: die Zufallsstreuung besitzt selbst wieder eine Streuung, und somit ist nicht jede Abweichung von ihrem theoretischen Wert als real zu betrachten. Ist die Abweichung der empirisch festgestellten Streuung von dem theoretischen Wert der Zufallsstreuung größer als die 3 fache Streuung der Zufallsstreuung, so ist die Abweichung X als real aufzufassen. Ist dagegen die Abweichung X der empirischen Streuung von der Zufallsstreuung kleiner als der 3 fache Betrag der Streuung der Zufallstreuung, so hat man darin eine Stütze für die Annahme zu erblicken, daß die Abweichung X keinen realen Hintergrund besitzt sondern lediglich eine Folge der Streuung der Zufallsstreuung ist. Erst wenn eine Reihe von Untersuchungen über dieselbe Materie immer wieder zu demselben im Vergleich zu der Streuung der Zufallsstreuung kleinen Wert X führt, ist auch diese kleine Abweichung als real zu werten.

Man vergleicht also X mit $3\,\mu^2\sqrt{\frac{2}{Z}}$, wenn μ^2 die zufällige Streuung der Gruppenmittel bedeutet. Es ist mithin die Kenntnis dieser Zufallsstreuung erforderlich. Für Reihen unstetiger Kollektive, für die man nicht nur die Zahl n der Glieder pro Gruppe kennt sondern auch die Wahrscheinlichkeit p des bestimmten Ereignisses, ergibt sich diese Zufallsstreuung als npq. Dagegen kennt man für Materien mit stetigen Argumenten die Zufallsstreuung zunächst nicht. Man kann sich aber damit helfen, daß man die Zufallsstreuung zwischen den Gruppen dadurch feststellt, daß man die Realabweichungen X von der empirischen Gruppenmittelstreuung subtrahiert und also die Zufallsstreuung als $\mu_G^2 - X$ festlegt. Man kann dann die Streuung der Zufallsstreuung als str. $(\mu_G^2 - X) = (\mu_G^2 - X)\sqrt{\frac{2}{Z}}$ bestimmen und X mit dem 3 fachen Wert dieser Streuung vergleichen.

Man kann die Zufallsstreuung auch direkt, unter Umgehung von X ermitteln, und zwar als $(N - z)\,\mu_Z^2 : N(z - 1)$ oder als $(N - z)\,(\mu^2 - \mu_G^2) : N\,(z - 1)$. Es ist demnach die Streuung der Zufallsstreuung auch gegeben als

$$(N - z)\sqrt{2}\,\mu_Z^2 : N\,(z - 1)\sqrt{Z} = (N - z)\sqrt{2}\,(\mu^2 - \mu_G^2) : N\,(z - 1)\sqrt{Z} =$$
$$= (Z - 1)\sqrt{2}\,(\mu^2 - \mu_G^2) : (z - 1)\sqrt{Z^3}$$

bzw. für $N \gg z$ als

$$\sqrt{2}\,(\mu^2 - \mu_G^2) : (z - 1)\sqrt{Z}.$$

Es ist X ein absolutes Streuungsmaß und daher für Vergleiche verschiedener Materien schlecht geeignet, ebenso schlecht wie das absolute Streuungsmaß μ^2. Der springende Punkt dieser Angelegenheit ist der, daß selbst im Idealfall des völligen Fehlens irgendwelcher Realschwankungen verschiedene Zufallsmaterien verschiedene Streuungen aufweisen müssen, daß man sie aber doch bezüglich der Streuung als gleich gut zu bewerten hat. Man kommt durch diese Überlegungen darauf, die Streuung einer Materie in Beziehung zu ihrer Mindeststreuung zu setzen, welche diese Materie aufweisen müßte, wenn sie mit keinerlei Realabweichungen belastet wäre.

Bezüglich der Gruppen ergibt nun die behandelte Methode einmal eine Gesamtstreuung μ_G^2 und außerdem eine Realabweichung X, woraus für die zufälligen Schwankungen zwischen den Gruppen der Wert $\mu_G^2 - X$ folgt. Man nimmt daher

$$Q^2 = \mu_G^2 : (\mu_G^2 - X) = \frac{N(z-1)}{(N-z)} \frac{\mu_G^2}{\mu_Z^2}$$

als relatives Vergleichsmaß der Streuung. Faßt man das Gesamtkollektiv in die Augen, so ist dessen Gesamtstreuung μ^2, die Realabweichung ist X, und die Zufallsabweichung ist $\mu^2 - X$. Daraus bestimmt man die Zufallsabweichung zwischen Gruppen mit je z Gliedern zu $(\mu^2 - X):z$. Es läßt sich mithin die obige Beziehung auch ersetzen durch die Gleichung

$$Q^2 = \mu_G^2 : [(\mu^2 - X) : z] = \frac{N(z-1)}{(N-z)} \frac{\mu_G^2}{\mu_Z^2}.$$

Je nachdem nun Q^2 und damit auch Q gleich, größer oder kleiner als 1 ist, fehlen Realschwankungen, sind wirkliche Abweichungen vorhanden oder liegen imaginäre Abweichungen vor, ist die Streuung der Materie normal, übernormal oder unternormal[1]).

Setzt man die beiden Formeln für Q^2 einander gleich, so ergibt sich

$$(\mu^2 - X) : z = \mu_G^2 - X$$

oder

$$X - \frac{X}{z} = \mu_G^2 - \frac{\mu^2}{z}$$

oder

$$X = \frac{z\,\mu_G^2}{(z-1)} - \frac{\mu^2}{(z-1)}.$$

Dies ist wieder die ursprüngliche Gleichung zur Berechnung der Realschwankungen. Berechnet man aus den Gleichungen für Q^2 unter Verwendung dieser Größe den Wert X, so findet man

$$X = \mu_G^2 \frac{Q^2 - 1}{Q^2} = \mu_G^2 (1 - Q^{-2})$$

bzw.

$$X = \mu^2 - \frac{z\,\mu_G^2}{Q^2}.$$

---

[1]) Vgl. Art. 143—148.

157. Man wird durch die Schwankungsrechnung wie im folgenden an Hand von Beispielen noch weiter ausgeführt werden wird, genau informiert über die Größe von Fabrikations- oder Qualitätsabweichungen sowie über die Größe eventueller Versuchsabweichungen, man kann beim Vorliegen verschiedener Ursachen für Fabrikationsschwankungen durch entsprechende Auswertung den Anteil der verschiedenen Ursachen an den gesamten Fabrikationsschwankungen bestimmen, und man kann nicht zuletzt durch systematische Gruppierung und Änderung dieser Gruppierung nach verschiedenen Schwankungsmerkmalen die Art vorhandener Schwankungen, die Schwankungsursachen in bestimmter Weise festlegen, und hiernach kann eine Beurteilung von Erzeugnissen, von Verfahren und Prüfmethoden erfolgen und können Maßregeln zur Vermeidung unzulässig großer Schwankungen, zur Ausschaltung dieser oder jener Ursache für reale Abweichungen, zur Verbesserung und Vereinheitlichung von Produkten und Prüfmethoden getroffen werden. Wendet man die Methode der Schwankungsberechnung beispielsweise einerseits auf von auswärts bezogenen Vorzugdraht und anderseits auf die aus diesem Material im eigenen Betrieb hergestellten Feindrähte an, so läßt sich, sofern an dem Fertigprodukt Qualitätsschwankungen in beträchtlichem Maße ermittelt werden, einwandfrei feststellen, ob die Qualitätsschwankungen bereits im Vorzugmaterial liegen oder erst durch die eigene Fabrikation in das Material kommen bzw. welcher Anteil der Qualitätsschwankungen des Fertigproduktes auf das Ausgangsmaterial entfällt. In der Zementiererei notiert man z. B. eine Reihe von Tagen je stündlich die Temperatur der Muffeln und die Durchlaufgeschwindigkeit der zu zementierenden Kupferdrähte, man bestimmt in derselben Häufigkeit die Dichte bzw. die Wasserstoffionenkonzentration der Beize für die zementierten Drähte und bestimmt endlich die Zinkgehalte der zum Weiterziehen vorbereiteten Drähte; all diese Daten, nach der Schwankungsrechnung ausgewertet, lassen bindende Schlüsse auf die Ursachen der so unbeliebten Verschiedenheiten in der Farbe der Zementdrähte zu.

Auf einen großen Vorteil der Anwendung der Großzahlrechnung auf Betriebsprobleme, der mit dem eigentlichen Zweck und Ziel ihrer Methoden nur indirekt zusammenhängt, muß noch hingewiesen werden. Die für jede Großzahlrechnung erforderliche große Zahl von einzelnen Daten erfordert eine oftmalige Überprüfung bestimmter Eigenschaften wie Festigkeit, Badtemperatur, Drahtstärke u. dgl. m., wie sie sonst in der Häufigkeit meist nicht durchgeführt werden würde. Dadurch allein hat man schon eine bedeutend schärfere Kontrolle über Rohmaterialien, Verfahren und Erzeugnisse, es wird manches aufgedeckt und festgestellt, was sonst unbemerkt durchgehen würde, Unregelmäßigkeiten können abgestellt werden, ehe sie richtig vorhanden sind, und die Zahl und Größe von Qualitäts- bzw. Fabrikationsschwankungen wird in einem großzahlrechnerisch überwachten Betrieb an und für sich geringer sein als in einem anderen Betriebe. Diese indirekte Bedeutung der betriebstechnisch angewandten Großzahlrechnung ist nicht gering.

Ein erstes Beispiel zur Schwankungsberechnung nach der skizzierten Methode gibt die Zahlentafel 1. Man stellt fest, daß die Ergebnisse von $Z = 10$ Spielserien zu je $z = 30$ Würfen nur Zufallsabweichungen aufweisen.

Man kann auch anders gruppieren, z. B. nach Kolonnen, wobei man $Z = 30$ Serien zu je $z = 10$ Gliedern erhält. In dem vorliegenden Fall hat diese zweite Untersuchung keine reale Bedeutung. Nimmt man aber an, es seien die 30 Würfe jeder Spielserie mit 30 verschiedenen Würfeln durchgeführt worden, dann würde die Untersuchung der Materie nach Kolonnen eine Untersuchung der Wurfergebnisse nach Würfeln bedeuten und würde feststellen lassen, ob Unterschiede zwischen den mit den verschiedenen Würfeln »fabrizierten« Ergebnissen bestehen. Die Gliederung nach Zeilen gibt hierüber keine Auskunft, da hierbei in jede Serie sämtliche Würfel fallen, so daß sich die Zeilen nicht nach Würfeln unterscheiden. Oder nimmt man an, die 300 Kollektivglieder bilden Glühlampen, die darauf untersucht wurden, ob ihre Brenndauer über oder unter 1800 Stunden liegt, und zwar sollten 30 verschiedene Fabrikate zu überprüfen sein, und diese Überprüfung möge mit 10 verschiedenen Rheostaten vorgenommen worden sein, so würde die Auswertung nach Zeilen, als den Prüfserien, die durch die verschiedenen Bedingungen an den verschiedenen Rheostaten verursachten Prüfschwankungen ergeben, wogegen eine Zusammenfassung nach Kolonnen, also nach Lampen desselben Fabrikates aber der verschiedensten Rheostaten, die Erfassung der Fabrikationsschwankungen zuließe. Die bis jetzt durchgeführte Rechnung ergab mit Anwendung auf den unterschobenen Fall das Fehlen von Versuchsschwankungen. Man hat also noch nach eventuellen Abweichungen der verschiedenen Fabrikate zu suchen und faßt zu diesem Ende dieselben Fabrikate, die Kolonnen, zu Serien zusammen. Die diesbezügliche Auswertung des Kollektivs entnimmt man ebenfalls Zahlentafel 1. Sie führt zur Feststellung, daß keine Realschwankungen vorliegen. Das Würfelspiel ist nur mit seinen normalen, unvermeidbaren, zufälligen Abweichungen behaftet, die gedachten Glühlampenfabrikate unterscheiden sich nur zufällig und nicht wirklich.

158. Die Schwankungsberechnung durch Vergleich einer Gruppenstreuung mit der Gesamtstreuung eines Kollektivs ist letzten Endes lediglich die sinngemäße Übertragung der Lexisschen Dispersionstheorie auf Kollektive mit stetigen Argumentwerten. Dem Vergleich der beiden Methoden zur Schwankungsberechnung dient die Zahlentafel 29. Zur leichteren Orientierung sind den einzelnen Größen die speziellen Werte des Beispiels der Zahlentafel 19 beigesetzt.

Zahlentafel 29.

Gesamtstreuung, Zufallsstreuung und Gruppenmittelstreuung für unstetige und stetige Reihen.

	Im Einzelfall alternativ variables Merkmal			Stetig veränderliche Eigenschaft
	Methode für unstetige Kollektive		Methode für stetige Kollektive	
	Erfolge	Wahrscheinlichkeiten		
Einzelfälle	0,1	0,1	E_1, E_2	
Umfang	$N = Zz$ (6009)	$N = Zz$ (6009)	$N = Zz$ (6009)	
Mittel	$M = p$ (0,636)	p (0,636)	M (0,636)	
	Z (288) Serien zu je z (20,86) Einzelfällen			
z Erfolgsgrade	$0, 1, 2 \ldots z$	$0, {}^1/z, {}^2/z \ldots 1$		Variationsintervall
Z Argumentwerte	$E_1 = zp_1, E_2 = zp_2 \ldots$	$p_1 = E_1/z, p_2 = E_2/z \ldots$	$M_{G1}, M_{G2} \ldots$	$E_1, E_2, E_3 \ldots E_Z$
Mittel	zp	p	M	M
Gruppen à nE				$M_{G1} M_{G2} \ldots M_{G_{Z/n}}$
Empirische Streuung				
für N Glieder	$\mu^2 = pq$ (0,2316)	$\mu^2 = pq$ (0,2316)	$\mu^2 = \Sigma (E - M)^2 : N$ (0,2316)	
für Z Werte	$z^2 \mu_1^2 = \Sigma (E - zp)^2 : Z$ (15,8)	$\mu_1^2 = \Sigma \left(\frac{E}{z} - p\right)^2 : Z$ (0,0363)	$\mu_G^2 = \Sigma (M_G - M)^2 : Z$ (0,0363)	$\mu^2 = \Sigma (E - M)^2 : Z$
für Z/n Werte				$\mu_G^2 = \Sigma (M_G - M)^2 : \frac{Z}{n}$
Theoretische Streuung				
für N Glieder	$pq = \mu^2$	$pq = \mu^2$	$\mu^2 - X = z(\mu_G^2 - X)$	
für Z Werte	zpq (4,83)	pq/z (0,01)	$\mu_G^2 - X = \frac{\mu^2 - X}{z}$ (0,01)	$\mu^2 - X = n(\mu_G^2 - X)$
für Z/n Werte				$\mu_G^2 - X = (\mu^2 - X) : n$
Realschwankung	$z^2 \mu_1^2 - zpq$	$\mu_1^2 - pq/z$	$z\mu_G^2 : (z - 1) - \mu^2 : (z - 1)$	$n\mu_G^2 : (n - 1) - \mu^2 : (n - 1)$

Nach der Lexisschen Theorie vergleicht man das empirische μ_1^2 (die Gruppenmittelstreuung des Kollektivs der Wahrscheinlichkeiten, die Streuung der Serienmittel $p_1, p_2 \ldots p_Z$ bezüglich p) mit der theoretischen Streuung $\frac{pq}{n}$ der Serienwahrscheinlichkeiten bzw. μ^2 mit npq. Man errechnet X_1 bzw. X als $\mu_1^2 - \frac{pq}{n}$ bzw. als $\mu^2 - npq$, als Differenz zwischen empirischer Serienstreuung und theoretischer Streuung der Serienwahrscheinlichkeiten bzw. Serienhäufigkeiten. Die theoretische

Streuung $\frac{pq}{n}$ bzw. npq ist primär nach der empirischen Wahrscheinlichkeit p bestimmbar. Nach der für stetige Kollektive allein möglichen Methode des Vergleichs der Gruppenmittelstreuung mit der Gesamtstreuung vergleicht man zwei empirische Streuungswerte, die Gruppenmittelstreuung (die der Streuung der Serienwahrscheinlichkeiten entspricht) mit der Streuung aller Einzelglieder des Kollektivs (welche pq entspricht) und bestimmt im Prinzip nach der letzteren die theoretische Streuung der Gruppenmittel. Die Rechnung führt primär zur Kenntnis der Realschwankungen X und in zweiter Linie zur Kenntnis der Zufallsstreuung. Nach der Lexisschen Theorie gilt

$$X = \left(\mu_1^2 - \frac{pq}{n} = \right) \mu_G^2 - (\mu^2 - X) : n.$$

Die Umformung dieser Gleichung ergibt wieder $X = n\mu_G^2 : (n - 1) - \mu^2 : (n - 1)$.

Ein Unterschied besteht allerdings zwischen den beiden Untersuchungsmethoden. Die Wahrscheinlichkeitsrechnung für unstetige Kollektive einer im Einzelfalle alternativ veränderlichen Eigenschaft geht von der empirischen Wahrscheinlichkeit und damit von der empirischen Streuung $\mu^2 = pq$ aus. Für die Verteilung einer Anzahl Serien zu je n Gliedern erhält man so die Zufallsstreuung $\frac{pq}{n} = \frac{\mu^2}{n}$, an welcher die empirische Streuung μ_1^2 dieser Verteilung gemessen wird. Es ist $X_1 = \mu_1^2 - \frac{pq}{n}$ oder $\mu_1^2 - X_1 = \frac{\mu^2}{n}$ oder auch $\mu^2 : (\mu_1^2 - X_1) = n$. Dagegen hat man für graduell variable Merkmale bereits eine Verteilung einer Anzahl Einzelwerte und damit ein empirisches μ^2, das mit reellen Abweichungen im Vergleich zu der Zufallsstreuung behaftet sein kann. Man setzt daher nun $(\mu^2 - X) : (\mu_G^2 - X) = n$. Man erhält dementsprechend $(n - 1)\frac{X}{n} = \mu_G^2 - \frac{\mu^2}{n}$ gegenüber $X_1 = \mu_1^2 - \frac{\mu^2}{n}$. Somit entspricht dem X_1 für unstetige Kollektive ein $(n - 1)\frac{X}{n}$ für stetige Verteilungen. Behandelt man die unstetige Verteilung einer alternativ veränderlichen Eigenschaft nach beiden Methoden, so wird $nX_1 = (n - 1)X$. Der Unterschied zwischen X_1 und X ist derselbe wie der zwischen Streuungsmaß und Fehlermaß, es verhält sich X zu X_1 wie μ^2 einer Materie zu μ_n^2 eines Kollektivs dieser Materie[1]). Dieser Unterschied dokumentiert wieder den Unterschied in den Voraussetzungen der beiden Arten von Schwankungsberechnung: Die Dispersionstheorie geht von dem empirischen p und damit von einer bestimmten Materie mit dieser Wahrscheinlichkeit aus. Für das auszuwertende Kollektiv

[1]) Vgl. Art. 119.

ist $Z = N$ und $n = 1$. Die Schwankungsrechnung für stetige Kollektive geht dagegen nicht von einer gegebenen Materie sondern von einem Kollektiv dieser Materie aus, und es ist $Z = 1$ und $n = N$. Dementsprechend führt auch allein die Schwankungsrechnung für stetige Merkmale zu einer Trennung der Einzelwertstreuung in eine Zufallsstreuung $\mu^2 - X$ und in Realschwankungen X, wogegen nach der Dispersionstheorie $\mu^2 = pq$ ist und mithin X als 0 vorausgesetzt wird. Man sieht, je größer der Wert n wird, um so belangloser ist der Unterschied der beiden Schwankungsrechnungsarten; für kleine Werte n können sich dagegen beträchtliche Unterschiede ergeben, wenn die Verteilung einer unstetig Veränderlichen nach beiden Methoden untersucht wird.

XVI. Abschnitt.

Praktische Beispiele zur Schwankungsberechnung.

159. Fälle unternormaler Streuung sind im allgemeinen selten. Viel häufiger konstatiert man eine übernormale Streuung. Abweichungen des Q-Wertes von 1 nach unten sind zwar des öfteren festzustellen, aber meistens handelt es sich nur um zufällige Abweichungen kleineren Grades, denen keine Bedeutung beizumessen ist. So bestimmt man z. B. für die Verteilung der Abb. 61 $\frac{pq}{n} = \frac{0{,}843 \times 0{,}157}{56} = 0{,}00236$ gegenüber $\mu_1^2 = 0{,}00202$. Es ist $X = -0{,}00034$ und $Q^2 = 0{,}86$. Man hat den Fall, daß Zufallsstreuung und empirische Streuung klein sind, das ebenfalls kleine X ist relativ groß und dominiert so verhältnismäßig stark, ohne daß ihm besondere Bedeutung beizumessen wäre. Da N mit 654 mittelgroß ist, so wird die Streuung der Zufallsstreuung relativ und absolut klein. Sie mißt rund $^1/_{18}$ von $\frac{pq}{n}$ und 3 str. $\frac{pq}{n}$ beträgt $\frac{pq}{6n}$. Da X immer noch kleiner ist als dieser 3 fache Streuungswert, so braucht ihm kaum Bedeutung beigemessen zu werden, wenn man auch lediglich feststellen kann, daß Realabweichungen, die größer als $^1/_6$ der Zufallsabweichungen sind, bestimmt nicht vorliegen. Für die in Abb. 59 festgehaltene Verteilung ist $p = 0{,}485$, $n = 4$ und $N = 210$. Man berechnet $\frac{pq}{n} = 0{,}0624$ und bestimmt $\mu_1^2 = 0{,}0426$. Da n sehr klein und zudem pq nahezu seinen maximalen Wert (der für $p = 0{,}5$ mit 0,25 gegeben ist) zeigt, so ist $\frac{pq}{n}$ groß. Es ist μ_1^2 ebenfalls groß. Es ist endlich $X = -0{,}0198$ ebenfalls groß. Weicht in einem solchen Fall Q deutlich von 1 ab, so ist diese Abweichung als wirklich zu nehmen. Man bestimmt $Q^2 = 0{,}68$. Es ist N nicht sonderlich groß, so daß str. $\frac{pq}{n}$ relativ und absolut groß wird.

Trotzdem ist X noch etwas größer als 3 str. $\frac{pq}{n} = 0{,}018$, so daß in diesem Fall eine unternormale Dispersion sicher anzunehmen ist. Dem widerspricht nicht, daß sich die Verteilung im einzelnen durch eine Zufallskurve darstellen läßt.

Für die erste Versuchsreihe der Zahlentafel 15 bestimmt man $Q^2 = 0{,}98$. Die Abweichung vom Idealwert 1 ist an und für sich ganz belanglos. Es ist aber $n = 12$ klein und daher $\frac{pq}{n}$ groß. Desgleichen ist μ_1^2 groß. Es ist daher mit der Möglichkeit zu rechnen, daß zwar relativ kleine, aber doch nicht zu vernachlässigende Realabweichungen durch die große Zufallsstreuung verdeckt werden. Da N groß ist, wird str. $\frac{pq}{n}$ relativ klein; trotzdem ist $\mu_1^2 - \frac{pq}{n}$ kleiner als 3 str. $\frac{pq}{n}$. Immerhin kann man nur feststellen, daß Realschwankungen, die größer als $3\sqrt{2:4096}$ $\frac{pq}{n} = \frac{1}{15}\left(\frac{pq}{n}\right)$ sind, nicht vorliegen. Kleinere Realschwankungen können dagegen vorhanden sein. Die Realität der Differenz $\mu_1^2 - \frac{pq}{n}$ würde bedeuten, daß die Wahrscheinlichkeit für das bestimmte Ereignis nicht für alle 12 Würfel gleich ist, daß die Wahrscheinlichkeit des Erfolgs innerhalb der Serien schwankt.

Für die I. Reihe der Zahlentafel 17 errechnet man $Q^2 = 0{,}77$. Da $n = 4$ sehr klein ist, ist $\frac{pq}{n}$ sehr groß. Es ist weiter μ_1^2 ebenfalls sehr groß. Sind Zufallsstreuung und empirische Streuung beide groß und weicht Q vom Idealwert ab, so gilt Q als relatives und X als absolutes Streuungsmaß der Realschwankungen. Der Vergleich mit str. $\frac{pq}{n}$ ergibt lediglich, daß keine Realabweichungen vorhanden sind, die größer als $^1/_3$ der Zufallsstreuung sind. Demnach können also absolut und relativ beträchtliche Realschwankungen vorliegen. Man hat eine Materie unternormaler Dispersion. Die Wahrscheinlichkeit für die Besetzung der vier Schächte ist nicht gleich, es besteht eine gewisse Verbundenheit zwischen den Einzelfällen. Dies erklärt sich in dem vorliegenden Fall einfach daraus, daß 2 Schächte als Doppelschacht mit gemeinsamer Gaszuführung gebaut sind, weshalb bevorzugterweise entweder beide Schächte oder keiner der beiden besetzt wurden.

Für die Verteilung der Zahlentafel 10 sind μ_1^2 und $\frac{pq}{n}$ groß und $Q^2 = 1{,}34$ weicht von 1 deutlich ab. Man schließt auf das Vorliegen übernormaler Streuungsverhältnisse. Obwohl $N = 347$ nicht sonderlich groß und mithin str. $\frac{pq}{n}$ groß ist, überragt doch $\mu_1^2 - \frac{pq}{n}$ den 3fachen

Betrag der Streuung der Zufallsstreuung, so daß zweifellos beträchtliche Realabweichungen vorliegen.

Zwei weitere Fälle übernormaler Streuung enthält die Zahlentafel 24, für welche die Verhältnisse ganz entsprechend denen des eben diskutierten Falles gelagert sind. Dasselbe gilt für die in Abb. 60 dargestellte Verteilung mit $Q^2 = 1{,}3$, $\frac{pq}{n} = 0{,}0326$, $X = 0{,}0098$.

160. Die Untersuchung der Streuungsverhältnisse zwischen den einzelnen Glühungen in Zahlentafel 11 ergibt, da n mit rund 21 klein ist, eine große Zufallsstreuung $\frac{pq}{n} = 0{,}0111$. Desgleichen ist $\mu_1{}^2 = 0{,}0363$ und $X_1 = 0{,}0252$ groß. Ein von 1 abweichender Q-Wert dokumentiert somit Realschwankungen. Man bestimmt $Q^2 = 3{,}3$. Vergleicht man die Glühungen der einzelnen Monate, so erhält man, da n mittelgroß ist, eine kleine Zufallsstreuung $\frac{pq}{n} = 0{,}0007$. Dagegen ist $\mu_1{}^2 = 0{,}0042$ groß. Es wird daher auch X groß, und Q^2 weicht stark von 1 ab. Die Streuung zwischen den Monaten ist mithin stark übernormal, die Grundwahrscheinlichkeit der untersuchten Eigenschaft schwankt nicht nur zwischen den einzelnen Glühungen sondern erst recht von Monat zu Monat. Die vorliegende Materie verhält sich nicht so wie die Ergebnisse von 288 Ziehungen, ausgeführt in Serien zu rund 21 Kugeln aus einer Urne mit dem Mischungsverhältnis von rund 64:36 für weiße und schwarze Kugeln, sie verhält sich so wie die Ergebnisse der Ziehungen aus einer Reihe Urnen mit wechselndem Mischungsverhältnis. Und die monatlichen Wahrscheinlichkeiten verhalten sich erst recht nicht wie die Ergebnisse von Ziehungen aus 18 Urnen mit gleichem Mischungsverhältnis, sondern so wie Ziehungsergebnisse aus 18 Urnen mit wechselndem Ziehungsverhältnis. Da trotz der kleineren Zufallsstreuung der monatlichen Wahrscheinlichkeitswerte der Q-Wert für die Schwankungen zwischen den Monaten größer ist als der Q-Wert für das Kollektiv der einzelnen Glühungen, so ist die Dispersion der Monatsmittel größer als die Dispersion der Einzelglühungen.

Das Kollektiv mit $Z = 288$ und $n = 20{,}86$ führt zu den Realschwankungen zwischen den 288 Glühungen, das Kollektiv mit $Z = 18$ und $n = 333{,}76$ ergibt die Realabweichungen zwischen den einzelnen Monaten. Es ist der X-Wert der ersten Reihe größer als der X-Wert der zweiten Reihe. Daraus ist zu folgern, daß auch innerhalb der einzelnen Monate Realschwankungen von Glühung zu Glühung zu verzeichnen sind. Man kann die Wahrscheinlichkeitswerte für jeden Monat als besonderes Kollektiv auffassen, und man kann für jedes dieser 18 Teilkollektive die Schwankungsrechnung durchführen. Es ist für diese Kollektive N durchschnittlich 333,76; die genauen N-Werte für jedes Teilkollektiv entnimmt man der Zahlentafel, ebenso die mittleren Wahrscheinlichkeiten sowie die zu errechnenden Q-Werte dieser Kollektive. Alle Werte für Q weichen deutlich nach oben von 1 ab. Man darf schon aus diesem Grunde diese Abweichungen als real ansprechen. Die Streuung zwischen den einzelnen Glühungen jedes Monats ist mithin übernormal. Die Glühungswahrscheinlichkeiten jeden Monats verhalten sich so wie Ziehungen in Serien zu rund 21 Kugeln aus Urnen mit schwankendem Mischungsverhältnis.

Man kann die ersten Glühungen aller Monate zu einer Gruppe zusammenfassen, kann ebenso die 2., 3., ... 16. Glühungen aller Monate zu einer Gruppe zusammenziehen. Die Mittelwerte dieser Gruppen sind in der Zahlentafel 11 ebenfalls aufgeführt. Untersucht man die Streuungsverhältnisse dieser Gruppierung nach Kolonnen, so ergibt sich für dieses Kollektiv mit $N = 6009$, $Z = 16$ und $n = 18 \times 20{,}86 = 375{,}48$ eine Gesamtstreuung $\mu^2 = 0{,}2316$ und eine Kolonnenmittelstreuung $\mu_G{}^2 = 0{,}0016$. Man bestimmt X als $n\mu_G{}^2 : (n - 1) - \mu^2 : (n - 1)$ zu 0,0010. Rechnet man nach der Dispersionstheorie, so ist $\mu_1{}^2 = 0{,}0016$, und es ist $\frac{pq}{n} = 0{,}0006$. Man erhält wieder $X = 0{,}001$. Da die Zufallsstreuung klein, die empirische Streuung ebenfalls klein ist, kann ein von 1 abweichender Q-Wert dadurch bedingt sein, daß relativ große aber absolut kleine Realabweichungen über die Zufallsstreuung überwiegen. Es ist aber die Differenz $\mu_1{}^2 - \frac{pq}{n}$ bzw. der Wert X größer als die 3fache Streuung für $\frac{pq}{n}$ bzw. für $(\mu_G{}^2 - X)$, so daß auf das Vorhandensein wirklicher Schwankungen zu schließen ist. Es mißt $Q^2 = 2{,}5$.

Man kann bei der Gruppierung nach Kolonnen den mittleren Wahrscheinlichkeitswert jeder Glühung als einfachen Argumentwert betrachten. Man hat dann ein Kollektiv mit $N = 288$, $Z = 16$ und $n = 18$. Es ist μ^2 gleich dem $\mu_G{}^2$ des Kollektivs mit $N = 6009$, $Z = 288$ und $n = 20{,}86$, und $\mu_G{}^2$ der Kolonnenmittel mißt nach wie vor 0,0016. Man bestimmt nun $X = -0{,}0003$ und $Q^2 = 0{,}84$. Man hat somit nach dieser Auffassung und bei dieser Gruppierung ein Kollektiv, das keine Realschwankungen aufweist, weil sich die zwischen den Gruppen auftretenden Realschwankungen eben kompensieren mit den innerhalb jeder Serie liegenden Schwankungen, deren ersten im Sinne einer Streuungsvergrößerung, und deren letzteren im Sinne einer Streuungsverminderung bezüglich zufälliger Verhältnisse wirken. Die derartige Gruppierung entspricht einer Urnenziehung, bei welcher für verschiedene Ziehungsgruppen aus verschiedenen Urnen mit verschiedener Grundwahrscheinlichkeit gezogen wird, und bei welcher aber auch innerhalb jeder Ziehungsserie verschiedene Urnen mit verschiedenem Mischungsverhältnis benutzt werden (bzw. bei der in jeder Serie an Stelle einer Wahrscheinlichkeit aus n Einzelfällen eine Wahrscheinlichkeit aus

$z \times n$ Einzelfällen gesetzt wird). Die Grundwahrscheinlichkeit ist für verschiedene Gruppen verschieden und sie schwankt innerhalb jeder Gruppe (bzw. es sind in jeder Gruppe verschiedene Einzelfälle zu einem zusammengefaßt). Die Folge dieser doppelten aber nach entgegengesetzten Richtungen wirkenden Störung kann nun wie in dem vorliegenden Fall das Auftreten einer normalen Streuung sein.

Man stellt alles in allem folgendes fest. Die Gesamtschwankungen zwischen den 6009 Ringen betragen $\mu^2 = 0{,}2316$. Unterteilt man in Gruppen nach Glühchargen, so ist $\mu_G{}^2 = 0{,}0363$. Man erhält als $\mu_Z{}^2 = \mu^2 - \mu_G{}^2 = 0{,}1953$ die durchschnittliche Schwankung innerhalb einer Glühung, innerhalb rund 21 Ringen. Die Realschwankungen betragen für dieses Kollektiv 0,026. Die Zufallsschwankungen der Einzelglieder sind mithin 0,2316—0,026 = 0,2056, die Zufallsschwankungen der Gruppen zu 21 Gliedern messen 0,0363 — 0,026 = 0,0103. Die Gesamtschwankungen von Monat zu Monat messen 0,0042. Die Gesamtschwankungen zwischen den Ringen eines Monats betragen durchschnittlich $\mu_Z{}^2 = \mu^2 - \mu_G{}^2 = 0{,}2316 - 0{,}0042 = 0{,}2274$. Die Realschwankungen zwischen den Monatsgruppen betragen 0,0035. Die Gesamtschwankungen zwischen den 288 Glühchargen sind $\mu^2 = 0{,}0363$, und die Schwankungen zwischen den monatlichen Gruppen von 16 Glühchargen messen 0,0042. Die durchschnittlichen Schwankungen in den Gruppen zu je 16 Glühchargen sind $\mu_Z{}^2 = \mu^2 - \mu_G{}^2 = 0{,}0363 - 0{,}0042 = 0{,}0321$. Die Gesamtschwankungen zwischen den Gesamtmitteln der 16 Glühchargen (je aller 18 Monate) sind 0,0016; davon sind 0,001 Realschwankungen und 0,0006 Zufallsschwankungen.

Das ganze Kollektiv umfaßt 6009 Ringe. Davon wurden je rund 21 zusammen geglüht und zusammen überprüft. Die 288 Gruppen zu je 21 Ringen wurden zu verschiedenen Zeiten unter verschiedenen Bedingungen überprüft. Je 16 dieser Gruppen wurden an verschiedenen Tagen eines Monats geglüht und die übrigen Gruppen wurden in anderen Monaten geglüht. Man hat mithin einmal Prüfschwankungen; diese liegen zwischen den einzelnen Glühungen. Man hat sodann eventuelle Unregelmäßigkeiten innerhalb der einzelnen Glühungen, sie seien Chargenschwankungen genannt. Man hat weiter Fabrikationsschwankungen zwischen den Glühungen verschiedener Tage, und zwar innerhalb eines Monats und dann wieder zwischen den Monaten. Die Schwankungen von Glühung zu Glühung eines Monats seien, sofern sie Fabrikationsschwankungen betreffen, Glühschwankungen genannt, und die Glühschwankungen zwischen den Monaten seien Monatsschwankungen benannt.

Das Kollektiv mit $Z = 288$ und $n = 20{,}86$ besitzt Serien, in denen die Chargenschwankungen auftreten. Diese heben sich mithin bei der Schwankungsberechnung heraus. Zwischen den Serien zu 20,86 Ringen liegen die Glühschwankungen, die Monatsschwankungen und die Prüfschwankungen, denn diese Serien unterscheiden sich nach diesen Schwankungsmerkmalen. Somit sind die Realschwankungen des Kollektivs $Z = 288$, $n = 20{,}86$, die zu 0,026 ermittelt wurden, die Summe aus Prüfschwankungen und Fabrikationsschwankungen, welch letztere sich wieder aus Glühschwankungen und Monatsschwankungen zusammensetzen.

Das Kollektiv $Z = 18$ und $n = 333{,}76$ zeigt Serien, die in sich die Chargenschwankungen, die Prüfschwankungen und die Glühschwankungen aufweisen. Die Gruppen unterscheiden sich nur nach Monaten. Die ermittelten Realschwankungen $X = 0{,}0035$ sind mithin Monatsschwankungen. Subtrahiert man diese Schwankungen von den Schwankungen des ersten Kollektivs, so erhält man mit 0,0225 die Summe der Prüfschwankungen und der Glühschwankungen.

Zu den Glühschwankungen allein führt das Kollektiv mit $Z = 16$ und $n = 375{,}48$. Seine Serien enthalten Ringe der verschiedensten Chargen, Ringe der verschiedensten Monate und Ringe der verschiedensten Prüfzeiten. Es heben sich Chargen-, Prüf- und Monatsschwankungen mithin heraus, und es unterscheiden sich die Gruppen nur nach Glühungen, so daß die Glühschwankungen $X = 0{,}0010$ messen. Subtrahiert man diesen Betrag von der Summe für Prüf- und Glühschwankungen, so erhält man die Prüfschwankungen zu $0{,}0225 - 0{,}0010 = 0{,}0215$. Die Realschwankungen zwischen den 288 Glühungen, $X = 0{,}026$ setzen sich somit aus Prüfschwankungen im Betrage von 0,0215 und aus Fabrikationsschwankungen im Betrage von 0,0045 zusammen. Die letzteren zerfallen wieder in Monatsschwankungen im Betrage von 0,0035 und in Glühschwankungen (innerhalb der Monate) im Betrage von 0,0010. Man konstatiert das starke Dominieren der Prüfschwankungen und bemerkt außerdem, daß die Fabrikationsschwankungen von Monat zu Monat stärker sind als die Inhomogenität der Glühungen innerhalb der Monate. Die relativen Streuungsmaße ergaben sich für die Monatsschwankungen zu $Q^2 = 6$, für die Glühschwankungen innerhalb der Monate zu $Q^2 = 2{,}5$, und für die Prüfschwankungen bestimmt man die entsprechenden Gesamtschwankungen zu $0{,}0363 - 0{,}0042 - 0{,}0016 = 0{,}0305$, die entsprechenden Zufallsschwankungen zu $0{,}010 - 0{,}0007 - 0{,}0006 = 0{,}0087$ und Q^2 zu 3,5.

Würde man nun noch ein Kollektiv mit $Z = 21$ und $n = 288$ derart bilden, daß eine erste Gruppe die obersten Ringe im Glühtopf aller 288 Glühungen umfaßt, daß zu einer zweiten Gruppe je ein anderer Ring aus jeder der 288 Glühungen zählt usf., so würden in den Serien Glieder der verschiedensten Monate, der verschiedensten Glühungen und der verschiedensten Prüfzeiten auftreten, und es würden sich alle seither besprochenen Schwankungsmerkmale aufheben. Dagegen würden sich die Gruppen nun nach Ringen pro Charge unterscheiden, und die Auswertung dieses Kollektivs würde die Schwankungen innerhalb der Glühchargen ergeben.

161. Die Zahlentafel 30 gibt die Schwankungsberechnung für ein Kollektiv von Molybdändrähten, die auf ihre Dehnung untersucht und nach hohen und niederen Dehnungswerten alternativ unterschieden wurden. Es wurden der laufenden Fabrikation über eine längere Zeitspanne regelmäßig etliche Spulen Drahtes entnommen. Die Prüfung der Drähte erfolgte von Zeit zu Zeit in größeren Gruppen direkt nacheinander. Für jeden Draht wurde neben seiner Dehnung seine Fabrikationsnummer sowie sein Durchmesser vermerkt. Man kann demgemäß nach Prüfserien, nach Fabrikationsserien und nach Durchmesserserien auswerten. Da von jeder Spule Drahtes 10 Proben genommen wurden, erhält man überdies ein Kollektiv der Spulen und ein Kollektiv der Prüfungsnummern. Diese 5 verschiedenen Gruppierungsmöglichkeiten sind in der Zahlentafel 30 ausgewertet.

Zahlentafel 30.

Kollektiv von Molybdändrähten mit 20 % und mehr Dehnung.

Kollektiv der Spulen

Erfolgswahrscheinlichkeit	z
0	399
0,1	103
0,2	85
0,3	80
0,4	90
0,5	64
0,6	70
0,7	89
0,8	120
0,9	134
1,0	194
	1 428

$Z = 1428$ $n = 10$
$\mu_1^2 = 0{,}1460$
$pq/n = 0{,}0247$
$X_0 = 0{,}1213$
str. $pq/n = \pm\, 0{,}0009$
$Q^2 = 6$
Gesamtrealschwankungen

Kollektiv der Fabrikationsserien

Erfolgshäufigkeit a'	Seriengliederzahl n	a'/n
453	1 000	0,453
453	1 000	0,453
481	1 060	0,454
380	1 090	0,349
303	1 000	0,303
454	1 070	0,424
339	1 000	0,339
506	1 030	0,491
510	1 020	0,500
434	1 000	0,434
388	1 000	0,388
455	990	0,460
619	1 110	0,557
567	910	0,623
6 342	14 280	

$Z = 14$ $n_M = 1020$
$\mu_1^2 = 0{,}0095$
$pq/n = 0{,}00024$
$X_M = 0{,}0093$ $Q^2 = 39$
str. $pq/n = \pm 0{,}00009$
Materialschwankungen

Kollektiv nach Durchmessern

a'	n	a'/n
421	2 140	0,197
772	2 350	0,329
680	2 150	0,316
1 100	2 450	0,449
1 704	2 670	0,638
1 665	2 520	0,661
	14 280	

$Z = 6$ $n_M = 2380$
$\mu_1^2 = 0{,}0292$
$pq/n = 0{,}0001$
$X_{PD} = 0{,}0291$
$Q^2 = 292$
str. $pq/n = \pm 0{,}00006$
Durchmess.- + Prüfschwankungen
$X_M + X_{PD} + X_P =$ 0,0417
Glühschwankungen $= X_G - 0{,}0417 =$ 0,0796

Prüfserien

a'	a'/n
968	0,475
886	0,434
946	0,464
848	0,416
884	0,433
977	0,479
833	0,408
6 342	

$Z = 7$
$n = 2040$
$\mu_1^2 = 0{,}00337$
$pq/n =$ 0,00012
$X_P = 0{,}00325$
str. $pq/n =$ $\pm\, 0{,}00007$
$Q^2 = 28$
Versuchsschwankungen

Kollektiv nach Spulenprüfungen

a'
620
607
617
628
615
654
666
645
659
631
6 342

$Z = 10$
$n = 1428$
$\mu^2 = 378{,}96$
$\mu_1^2 = 0{,}00019$
$pq/n =$ 0,00017
$X_1 = 0{,}00002$
str. $pq/n =$ $\pm\, 0{,}00008$
$Q^2 = 1{,}1$
Inhomogenität

Gesamtkollektiv der Einzelprüflinge

$N = 14280$ $a = 6342$
$p = 0{,}444$ $q = 0{,}556$
$\mu^2 = pq = 0{,}2469$

Im ganzen kamen 1428 Spulen zur Untersuchung, so daß 14280 Dehnungswerte zur Auswertung vorliegen. Das ganze Kollektiv besteht somit ungruppiert aus 14280 Gliedern mit der Alternative hohe Dehnung oder geringe Dehnung. Man zählt 6342 Fälle der hohen Dehnung, so daß man die Wahrscheinlichkeit der hohen Dehnung zu 0,444 errechnet. Die Streuung mißt $pq = 0{,}2469$.

Als Schwankungsursachen kommen in Betracht die Prüfung der Drähte, die zu verschiedenen Zeiten erfolgte, sodann der Einfluß der Drahtstärke auf die Dehnung, weiter die Glühbehandlung der Fertigdrähte, sodann die Materialbeschaffenheit verschiedener Fabrikationsserien und endlich Materialschwankungen innerhalb eines Drahtindividuums.

Gruppiert man zunächst nach Spulen, zählt aus, wie viele der 10 Proben pro Spule eine hohe Dehnung ergaben und dividiert diese Häufigkeiten durch $n = 10$, so ergibt sich die relative Häufigkeit der hohen Dehnung für jede der 1428 Spulen. Man erhält die 11 Argumentwerte 0, 0,1, 0,2, . . . 1,0 und bestimmt, wie viele Spulen mit den einzelnen Argumentwerten behaftet sind. Die derart zu erhaltende Verteilungstafel der Spulen zeigt die erste Hauptkolonne der Zahlentafel 30. Die Auswertung nach den Methoden der Dispersionstheorie ergibt das Vorliegen beträchtlicher Realschwankungen. Diese setzen sich aus den Glühschwankungen, den Materialschwankungen, den Prüf- und Durchmesserschwankungen zusammen, denn die 1428 Serien unterscheiden sich nach Glühbehandlung, nach Fabrikationsserien, nach Prüfzeiten und nach Drahtstärken. Dagegen liegen die kleinen Materialschwankungen, die Fabrikationsschwankungen ein und desselben Sinterstabes, welche die Inhomogenität ein und desselben Drahtendes bedingen, innerhalb der Serien zu $n = 10$ Gliedern und heben sich mithin heraus.

Nun faßt man die 1428×10 Proben nach Fabrikationsserien in Gruppen zusammen. Die zweite Hauptkolonne der Zahlentafel 30 gibt für die 14 Fabrikationsserien je die absolute Häufigkeit der hohen Dehnung, die Seriengliederzahl und die aus beiden zu bestimmende relative Häufigkeit der hohen Dehnung. Da für die verschiedenen Serien die n-Werte nicht gleich sind, aber doch nur relativ geringe Unterschiede zeigen, so erfolgt die Auswertung unter Annahme eines mittleren n-Wertes. Die Auswertung, die man der Zahlentafel 30 entnimmt, ergibt wieder das Vorliegen von Realschwankungen, die nun reine Materialschwankungen darstellen. In analoger Weise zeigt die dritte Hauptkolonne der Zahlentafel 30 die Gruppierung der Materie nach Drahtstärken, wobei benachbarte Durchmesser in eine Gruppe genommen wurden. Die festzustellenden Realabweichungen bedeuten die Schwankungen, die durch die wechselnden Drahtstärken bedingt werden. Die Gruppen unterscheiden sich nur nach Durchmessern, in ein und derselben Gruppe befinden sich Glieder der verschiedensten Glühanlagen, der verschiedensten Fabrikationsserien, der verschiedensten Prüfzeiten sowie der verschiedensten Prüfnummern, so daß sich alle Schwankungen, die durch diese Schwankungsursachen bedingt werden, herausheben.

Die vierte Hauptkolonne der Zahlentafel zeigt die Prüfserien und die Schwankungen, die durch die Prüfung in die Materie getragen werden. Auch die Versuchsschwankungen ergeben sich als real. Addiert man die Materialschwankungen, die Durchmesserschwankungen und die Versuchsschwankungen und subtrahiert die Summe von den Gesamtschwankungen zwischen den Spulen, so erhält man die Glühschwankungen. Vergleicht man an Hand der Zahlentafel 30 die Schwankungswerte für die verschiedenen Schwankungsmerkmale, so konstatiert man, daß die größten Realschwankungen durch den Glühprozeß in die Materie kommen. Hier hat also in erster Linie die Arbeit einzusetzen, wenn es sich darum handelt, die Fabrikation bezüglich der Dehnungswerte zu vereinheitlichen. Die zweitgrößten Schwankungen realer Art werden durch die verschiedenen Drahtstärken bedingt. Man muß hier aber nun noch berücksichtigen, daß die Drähte zwar auf demselben Prüfapparat geprobt wurden, daß aber der verwendete Zerreißapparat für schwache und stärkere Drähte mit verschiedener Belastung des Wagenhebels arbeitet. Es sind mithin in den festgestellten Durchmesserschwankungen auch Prüfschwankungen enthalten. Man kann diese eliminieren, indem man das Kollektiv der Durchmesserserien in zwei Gruppen teilt, deren eine die Drähte umfaßt, welche mit dem leeren Wagenhebel geprüft wurden, und deren andere die Drähte betrifft, bei deren Prüfung der Wagenhebel ein zusätzliches Gewicht erhielt. Zur ersten Gruppe gehören die drei ersten Serien des Durchmesserkollektivs. Man erhält mithin bei der Unterteilung nach Durchmessern und Prüfverschiedenheiten $Z = 2$ Gruppen mit durchschnittlich $n = 7140$ Gliedern. Man bestimmt $\mu_1^2 = 0{,}02306$ und $\frac{pq}{n} = 0{,}00003$. Es ergibt sich $X_P = 0{,}0230$ und Q^2 mißt rund 770. Subtrahiert man nun von der Summe der Prüf- und Durchmesserschwankungen, $X_{PD} = 0{,}029$, die eben errechneten Prüfschwankungen, so erhält man die reinen Durchmesserschwankungen $X_D = 0{,}006$. Man sieht, daß diese eigentlichen Durchmesserschwankungen relativ gering sind und neben den Glühschwankungen stark zurücktreten. Sie sind aber auch noch geringer als die Materialschwankungen, wenn sie auch von derselben Größenordnung sind wie diese. Die gesamten Fabrikationsschwankungen setzen sich mithin zusammen aus 0,0796 Glühschwankungen, 0,0093 Materialschwankungen und 0,006 Durchmesserschwankungen. Es betragen die gesamten Fabrikationsschwankungen 0,095.

Die Schwankungen, bedingt durch Prüfungen zu verschiedenen Zeiten, ergeben sich zu 0,0033. Es kommen zu diesen nun noch die Prüfschwankungen, welche die Änderung des Prüfapparates für verschiedene Drahtstärken bedingt, und die viel wesentlicher sind, so daß die Summe der Prüfschwankungen $X_{pv} = 0{,}0263$ mißt. Die Summe der Fabrikationsschwankungen ist größer als die gesamten Prüfschwankungen. Immerhin ist deren Anteil an den Gesamtschwankungen so groß, daß man sie nicht ignorieren darf. Für die Beurteilung des Fabrikates schalten die Prüfschwankungen aus. Die Durchmesserschwankungen sind sodann relativ gering. Man hat sein Hauptaugenmerk auf die Verringerung der Materialschwankungen und in erster Linie auf die Herabsetzung der Glühschwankungen zu richten.

Man bildet endlich noch aus dem gesamten Prüfmaterial 10 Gruppen und gliedert in jede Gruppe einen Dehnungswert jeder der 1428 Spulen ein. Man erhält ein Kollektiv, dessen Gruppen in sich Glieder der verschiedensten Durchmesser, Glühbehandlung, Fabrikationsserien und Prüfungen enthalten, so daß sich die Schwankungen dieser Merkmale allesamt herausheben. Die Gruppen unterscheiden sich nur nach Prüflingen derselben Spule, so daß eventuelle Realschwankungen die Inhomogenität desselben Drahtindividuums messen. Die Auswertung des Kollektivs ergibt, wie man der letzten Hauptspalte der Zahlentafel 30 entnimmt, das befriedigende Ergebnis, daß Realschwankungen innerhalb desselben Drahtendes nicht auftreten. Die Homogenität des einzelnen Fabrikates läßt somit nichts zu wünschen übrig, bezüglich der einzelnen Drähte zeigt die Materie ihre maximale Stabilität, ihre minimale Dispersion; dagegen läßt die Gesamtheit der Fabrikate bezüglich ihrer Gleichmäßigkeit zu wünschen. Entsprechende Maßnahmen führten denn auch zu einer bedeutenden Steigerung der Einheitlichkeit der fabrizierten Drähte.

162. Die Zahlentafel 31 behandelt die Auswertung der Tiefungsprüfungsergebnisse mit Molybdänblechen. Die erste Hauptspalte bezieht sich auf ein unstetiges Kollektiv, an dessen Gliedern im Einzelfall die Alternative hohe Tiefung oder geringe Tiefung festgestellt wurde. Untersucht werden die Prüfungsergebnisse verschiedener Monate. Die Zahl der monatlichen Proben ist nicht gleich, da sie aber nicht sehr stark variiert, kann ihr Mittelwert als Serienumfang genommen werden. Die Schwankungsuntersuchung, die in der Zahlentafel geführt ist, ergibt das Vorliegen beträchtlicher Realabweichungen. Die Fabrikation der verschiedenen Monate ist nicht einheitlich, die Materie zeigt übernormale Dispersion und ist wesentlich verbesserungsfähig, nicht bezüglich der Güte als solcher, die nichts zu wünschen übrig läßt, aber bezüglich der Gleichmäßigkeit, der Einheitlichkeit. Es ist in diesem Falle gleichgültig, ob man nach der Dispersionstheorie den Streuungsvergleich führt, oder ob man die Schwankungsrechnung nach der Art für stetige Kollektive aufzieht. Beide Methoden ergeben praktisch dieselben Realabweichungen, da n relativ groß ist.

Zahlentafel 31.

Streuungsverhältnisse der Tiefungswerte für Molybdänbleche von 0,10 mm Stärke.

Anzahl der monatlichen Proben n	Anzahl Tiefungswerte über 2,65 mm z	Monatswahrscheinlichkeiten der hohen Tiefung z/n	Monatsmittel mm Tiefung M_G	Streuung der monatlichen E bezüglich M_G μ_n^2	Untergruppen der 3 letzten Monatsmittel M_g
442	146	0,330	2,642	0,01636	2,723
412	198	0,481	2,661	0,01713	2,746
424	270	0,637	2,698	0,01417	2,776
363	217	0,598	2,678	0,01333	2,728
345	269	0,780	2,735	0,01100	2,747
346	302	0,873	2,748	0,00801	2,792
471	399	0,847	2,747	0,01076	2,714
					2,722
					2,745
					2,739
					2,762
					2,758
					2,775
					2,739
					2,745
					2,685

$N = 2803 \quad Z = 7 \quad n\,(\text{Mittel}) = 400$

$p = \Sigma\,(z/n) : Z = 0{,}649$

$pq/n = 0{,}00057$

$\mu_1^2 = \Sigma\,(z/n - p)^2 : Z = 0{,}03418$

$X_1 = \mu_1^2 - pq/n = 0{,}03361$

$Q^2 = 60$

$$X_1 \cong \mu_1^2,\ \text{str.}\ pq/n = \frac{pq\sqrt{2}}{n\sqrt{Z}} = \pm\,0{,}0003$$

oder:

$M = 0{,}649 \quad \mu_G^2 = 0{,}03418$

$\mu^2 = pq = 0{,}2278$

$$X = \frac{n}{n-1}\,\mu_G^2 - \frac{1}{n-1}\,\mu^2 = 0{,}0336$$

$N = 2803 \quad Z = 7 \quad n_M = 400$

$M = \Sigma\,M_G : Z = 2{,}701$

$(\Sigma\,(n\,M_G) : N = 2{,}700)$

$\mu_Z^2 = \Sigma\,\mu_n^2 : Z = 0{,}01297$

$\mu_G^2 = \Sigma\,(M_G - M)^2 : Z = 0{,}001586$

$\mu^2 = \mu_G^2 + \mu_Z^2 = 0{,}01456$

$$X = \mu_G^2 - \frac{N-n}{N\,(n-1)}\,\mu_Z^2 = 0{,}001558$$

$(\mu_G^2 - X) = 0{,}000028$

$Q^2 = \mu_G^2 : (\mu_G^2 - X) = 56{,}7$

$N = 1162$

$Z = 16 \quad n_M = 73$

$M = 2{,}744$

$\mu^2 = 0{,}009969$

$\mu_g^2 = 0{,}000652$

$X = 0{,}000526$

$\mu_g^2 - X = 0{,}000126$

$Q^2 = 5{,}2$

In der zweiten Hauptspalte der Zahlentafel 31 ist dieselbe Materie untersucht, aber nach der graduell stetig variabeln Tiefung. Es sind in der Zahlentafel die Mittelwerte derselben Fälle aufgeführt, die in der ersten Hauptspalte nach der Alternative hohe oder geringe Tiefung ausgewertet wurden. Außerdem sind die Streuungen der Einzelwerte jedes Monats bezüglich ihrer Mittel aufgeführt. Bezüglich des Gesamtkollektivs bilden diese Streuungen die Serienstreuungen μ_n^2. Man bestimmt neben dem Mittelwert des Kollektivs den Mittelwert der μ_n^2-Werte und erhält damit die mittlere Seriengliederstreuung μ_Z^2. Außerdem ermittelt man die Gruppenmittelstreuung μ_G^2. Die Summe beider Streuungswerte ergibt die Streuung μ^2 aller ausgewerteten 2803 Proben. Man bestimmt X aus μ^2 und μ_G^2 oder direkt aus μ_Z^2 und μ_G^2 und erhält wieder gesicherte Realabweichungen. Die monatlichen Mittelwerte der Tiefung schwanken nicht nur zufällig, sondern zeigen zusätzliche Fabrikationsschwankungen, zeigen eine übernormale Streuung.

Sondert man ein Teilkollektiv aus, bestehend in den Proben der letzten 3 Monate, so erhält man eine Reihe mit $N = 1162$, $Z = 3$ und

$n_M = 387$. Man bestimmt für die Reihe der Wahrscheinlichkeit der hohen Tiefung $p = 0{,}835$, $\frac{pq}{n} = 0{,}00036$ und $\mu_1^2 = 0{,}00154$. Die Realschwankungen zwischen den letzten 3 Monaten betragen mithin $X = 0{,}00118$. Sie sind wesentlich geringer als die Realschwankungen zwischen den 7 Monaten, so daß man schließen kann, daß die Realschwankungen der 4 ersten Monate oder die Realschwankungen zwischen einerseits den 4 ersten und anderseits den 3 letzten Monaten den Hauptanteil an den Schwankungen der 7 Monate ausmachen.

Untersucht man dieselbe Teilreihe des Kollektivs der mittleren Tiefungswerte, so kommt man zu demselben Ergebnis. Es ist wieder $N = 1162$, $Z = 3$ und $n_M = 387$. Man errechnet $M = 2{,}744$, $\mu_G^2 = 0{,}000046$ und $\mu_Z^2 = 0{,}009923$. Man bestimmt $X = 0{,}000029$. Vergleicht man X mit str. $(\mu_G^2 - X)$, so findet man, daß X kleiner als der 3 fache Streuungsbetrag der Zufallsstreuung ist. Da aber in diesem Falle mit $Z = 3$ die Streuung der Zufallsstreuung relativ sehr groß wird, so können relativ große X-Werte verdeckt werden. X-Werte, die größer als das 2,5 fache der Zufallsstreuung sind, können erst als gesichert identifiziert werden, wogegen sich für kleinere Differenzen zwischen empirischer und theoretischer Streuung nicht entscheiden läßt, ob die Differenz auf besonderer Verursachung oder auf der Wirkung des Zufalls beruht. Berechnet man den Dispersionskoeffizienten, so erhält man $Q^2 = 2{,}7$. Da in dem vorliegenden Falle die Zufallsstreuung sehr klein ist, können sehr kleine, aber verhältnismäßig große X-Werte die Oberhand gewinnen und einen von 1 abweichenden Q-Wert ergeben, ohne daß beträchtliche Realschwankungen vorliegen. Auf jeden Fall kommt man zu dem Ergebnis, daß höchstens kleinere Realabweichungen vorliegen, die gegen die wirklichen Schwankungen der 7 Monate verschwinden. Es ist die Fabrikation der 4 ersten Monate eine wesentlich andere als die Fabrikation der letzten 3 Monate.

Man kann das Teilkollektiv der 3 Monate noch weiter untergliedern. Die dritte Hauptspalte der Zahlentafel 31 zeigt eine solche Unterteilung, bei der die Proben von je 4—6 Tagen zusammengefaßt wurden, derart, daß Gruppen mit ungefähr gleichem Umfang entstanden. Man kann die Realabweichungen zwischen diesen Fabrikationsserien ermitteln. Das Ergebnis entnimmt man der Zahlentafel 31. Die Realschwankungen zwischen den kleinen Fabrikationsserien sind wesentlich größer als die Realschwankungen für die monatlichen Fabrikationsserien. Für die einen mißt die Realabweichung $X = 0{,}000526$ und für die anderen $X = 0{,}000029$. Die erste gibt die Realschwankungen zwischen den 16 Gruppen zu je 73 Gliedern, die andere gibt die wirklichen Abweichungen zwischen den 3 Gruppen zu je 387 Gliedern. Die Differenz beider Werte, $X = 0{,}0005$, mißt somit die durchschnittlichen Realabweichungen innerhalb der 3 großen Gruppen, innerhalb der Monatsserien.

Man erkennt mithin, daß die Uneinheitlichkeit der monatlichen Fabrikation in sich viel größer ist als die Verschiedenheit verschiedener Monate. Untersucht man die Streuungsverhältnisse zwischen den Serien zu 73 Gliedern für einen einzelnen Monat, so erhält man zu dem eben als Differenz ermittelten μ_z^2-Wert der Realstreuung einen μ_n^2-Wert. Greift man den letzten Monat heraus, für den $N = 471$, $Z = 7$ und $n_M = 67$ ist, dessen Serienmittel in der 3. Hauptspalte der Zahlentafel 31 zu oberst stehen, so errechnet man bezüglich $M = 2{,}747$ $\mu_G^2 = 0{,}000699$. Für μ^2 erhält man den μ_n^2-Wert für die letzte Gruppe der 2. Hauptspalte in Zahlentafel 31. Man bestimmt $X = 0{,}00057$. Diese μ_n^2 entsprechende Realschwankung stimmt gut mit dem μ_z^2 entsprechenden wirklichen Streuungswert $X = 0{,}0005$ überein, so daß man schließen darf, daß die Inhomogenität zwischen den kleinen Fabrikationsgruppen für die 3 letzten Fabrikationsmonate ungefähr von derselben Größe ist, und daß in jedem Falle die Uneinheitlichkeit innerhalb der 3 letzten Monate größer ist als die Verschiedenheit zwischen den 3 Monaten.

163. Die Zahlentafel 32 zeigt ein kleines Kollektiv von Phosphorbronzedrähten mit $N = 120$ Gliedern. Es wurden an $Z = 12$ Tagen der Fabrikation je $z = 10$ Proben entnommen und auf Festigkeit geprüft. Die 12 Fabrikationsserien stellen zugleich Prüfserien dar. Man bestimmt die Werte U, V und W oder μ^2 und μ_G^2 nach der Urliste. Das Verhältnis $(V - U):(W - U)$ mißt rund 0,5 gegenüber dem Wert $1:z = 0{,}10$. Es liegen mithin Realabweichungen vor. Man errechnet $X = 0{,}37$, die mittleren Realabweichungen betragen $\pm\sqrt{X} = \pm$ 0,61 kg/mm². Der Variabilitätskoeffizient der Realschwankungen ist $V = \pm\, 1{,}3$. Die Zufallsschwankungen der Serienmittel messen $\mu_G^2 - X$ $= 0{,}05$, die Zufallsschwankungen der Einzelwerte betragen $\mu^2 - X$ $= 0{,}50$. Die mittleren Zufallsschwankungen zwischen den Fabrikationsserien sind $\pm\sqrt{0{,}05} = \pm\, 0{,}24$, die mittleren Zufallsabweichungen der Einzelwerte des ganzen Kollektivs sind $\pm\sqrt{0{,}50} = \pm\, 0{,}71$. Die mittlere Gesamtabweichung der Gruppenmittel ist $\pm\sqrt{0{,}42} = \pm\, 0{,}65$, und die mittlere Gesamtabweichung der Einzelwerte bestimmt man zu $\pm\sqrt{0{,}87}$ $= \pm\, 0{,}93$. Das relative Streuungsmaß der vorliegenden Materie ist $Q = \mu_G : \sqrt{\mu_G^2 - X} = 2{,}9$. Die Streuung der Materie ist übernormal, die Fabrikationsserien unterscheiden sich nicht nur zufällig, sind nicht Kollektive einer einheitlichen Materie sondern Kollektive verschiedener Materien im engeren Sinne.

Das Ergebnis der Untersuchung der vorliegenden Materie auf Fabrikationsschwankungen ist ein schlechtes. Man erhält zwar in dem Wert X, da die Fabrikationsserien mit den Prüfserien identisch sind, die Summe aus Untersuchungs- und Qualitätsschwankungen. An dieser Summe sind aber, da die Versuche mit demselben Apparat und durch dieselbe Person ausgeführt wurden, die Prüfschwankungen nur zu einem sehr geringen

Zahlentafel 32.

Festigkeitswerte in kg/mm² von Phosphorbronzedrähten mit 0,22 mm Durchmesser in 12 Gruppen zu je 10 Einzelwerten.

Gruppe	I	II	III	IV	V	VI	VII	VIII	IX	X	XI	XII	Zeilenmittel
1	48,9 a_3	47,3 c_2	48,9 f_3	47,3 e_1	50,0 p_7	49,2 h_8	47,6 e_8	48,9 e_7	47,1 n_2	48,9 n_1	46,6 k_1	49,2 c_4	48,33
2	48,1 c_3	47,1 l_1	49,4 g_3	47,6 a_2	49,7 d_4	48,7 a_4	48,4 f_5	48,9 g_7	46,8 f_2	48,9 o_1	46,8 i_8	49,4 g_5	48,32
3	48,7 k_7	47,1 i_2	49,4 n_6	48,4 f_4	49,7 b_6	47,3 o_2	49,7 p_6	48,9 m_7	46,8 b_4	48,9 e_6	47,3 i_6	48,4 l_3	48,38
4	48,9 d_3	47,3 l_2	49,2 m_2	48,4 g_6	49,7 k_8	47,3 p_2	49,4 i_1	47,6 l_7	46,8 n_4	48,9 d_8	48,1 n_7	48,7 c_6	48,36
5	48,7 b_1	47,9 b_5	49,4 b_3	48,7 c_1	49,7 p_8	47,9 h_2	49,2 g_8	46,8 h_3	46,8 o_4	48,9 l_8	48,4 h_6	48,7 k_6	48,43
6	48,9 o_6	48,1 f_6	49,7 l_4	48,9 h_1	49,7 d_2	48,4 e_2	49,2 i_5	46,8 h_5	47,1 m_5	48,9 m_3	48,1 o_7	48,9 p_5	48,56
7	48,9 b_7	47,6 a_7	47,3 o_3	49,4 f_1	49,4 d_1	48,4 k_3	49,7 n_3	47,3 e_4	47,6 k_4	49,2 p_1	47,9 k_5	48,4 o_8	48,43
8	48,9 d_7	48,4 e_3	46,8 f_7	49,7 m_4	49,2 b_2	47,6 g_1	49,4 g_4	46,8 l_3	47,9 h_4	48,4 f_8	47,9 m_8	48,4 n_5	48,28
9	49,4 b_3	48,1 m_1	46,6 a_1	49,2 p_3	49,4 g_2	47,9 c_5	49,2 d_6	47,6 l_5	47,6 o_5	47,1 d_5	47,9 n_8	49,2 p_4	48,27
10	49,2 a_5	49,2 e_5	46,8 c_7	49,2 c_8	49,4 k_2	47,9 a_8	49,2 m_6	47,3 i_7	47,9 i_4	46,8 h_7	48,7 a_6	47,6 i_3	48,27
Gruppensummen:	488,6	478,1	483,5	486,8	495,9	480,6	491,0	476,9	472,4	484,9	477,7	486,9	
Gruppenmittel:	48,86	47,81	48,35	48,68	49,59	48,06	49,10	47,69	47,24	48,49	47,77	48,69	

$M = 48{,}3608$ $\quad U = M^2 = 2338{,}77$ $\quad V = \Sigma M_G^2 : Z = 2339{,}19$ $\quad W = \Sigma E^2 : Zz = 2339{,}64$ $\quad \mu^2 = (W - U) = 0{,}87$ $\quad \mu_G^2 = (V - U) =$

$$= 0{,}42 \quad \mu_Z^2 = (W - V) = 0{,}45 \quad X = (V - U) - \frac{Z-1}{Z(z-1)}(W - V) = 0{,}37.$$

Zufallsstreuung $(V - U - X) = 0{,}05$ $\quad Q^2 = 8{,}4$ $\quad$ str. $(V - U - X) = 0{,}05\sqrt{2:12} = \pm 0{,}02.$

Gruppierung nach Zeilen: $Z = 10$ $\quad z = 12$ $\quad \mu^2 = 0{,}874$ $\quad \mu_G^2 = 0{,}007$ $\quad X = -0{,}064$ $\quad Q^2 = 0{,}1.$

Prozentsatz beteiligt. Dieser Schluß ergibt sich auch aus dem Vergleich der festgestellten Realschwankungen mit den Versuchsschwankungen, welche man bei anderen ähnlichen Untersuchungen im allgemeinen konstatieren kann. Man schließt somit auf eine sehr ungleichmäßige Arbeitsweise der Durchziehofenanlage an verschiedenen Tagen, die auf starke Temperaturschwankungen bzw. nicht entsprechende Regulierung der Durchziehgeschwindigkeit zurückzuführen ist.

164. Man kann sich die Schwankungsmaße veranschaulichen durch die Vorstellung von Ersatzkollektiven, welche nur zwei verschiedene Argumentwerte besitzen, aber denselben Mittelwert und dieselbe Streuung aufweisen wie das wirkliche Kollektiv. In dem vorliegenden Falle ist z. B. ein gedachtes Kollektiv aus 60 Einzelwerten $M + 0{,}93$ kg/mm² und 60 Werten $M - 0{,}93$ kg/mm² das Ersatzkollektiv der wirklichen durch die Aufnahme festgestellten Verteilung. Ein Kollektiv mit 60 Werten $M + 0{,}61$ und 60 Werten $M - 0{,}61$ kg/mm² ist das Ersatzkollektiv des wirklichen Kollektivs unter der Voraussetzung, daß dessen zufälligen Schwankungen Null wären, und ebenso bilden $\frac{N}{2}$ Einzelwerte $M + 0{,}71$ und $\frac{N}{2}$ Einzelwerte $M - 0{,}71$ kg/mm² den Ersatz des wirklichen Kollektivs unter der Voraussetzung, daß demselben keine wirklichen Schwankungen zukommen würden.

Graphisch kann man sich die Schwankungsmaße und die durch dieselben charakterisierten Verhältnisse dadurch veranschaulichen, daß man zu den verschiedenen Abweichungen einer empirischen Verteilung die entsprechenden idealen symmetrischen Zufallsverteilungen berechnet, also Verteilungen angibt, deren rein zufälligen Abweichungen von ihren bevorzugten Werten mit den mittleren Abweichungen der Gesamtschwankungen, der Realschwankungen und der Zufallsschwankungen der empirischen Materie übereinstimmen. Durch die Darstellung der Häufigkeitskurven dieser Verteilungen erhält man ein instruktives Bild von dem Maß der verschiedenen Abweichungen, von der vorliegenden Verteilung, wie sie ist und wie sie sein könnte.

Die Zufallsverteilung, welche eine (rein zufällige) mittlere Abweichung aufweist, die gleich der Gesamtstreuung der empirischen Verteilung ist, gibt ein idealisiertes Bild eben dieser Gesamtstreuung, indem sie die empirische Verteilung so darstellt, als ob ihre gesamten Abweichungen rein zufälliger Art wären. Die Zufallsverteilung, deren (rein zufälligen) Schwankungen gleich den Realschwankungen der empirischen Verteilung sind, vermittelt als Häufigkeitskurve ein anschauliches Bild dieser Realschwankungen, indem sie die empirische Verteilung idealisiert so wiedergibt, wie sie wäre, wenn das Kollektiv nur seine Realschwankungen bzw. nur Zufallsschwankungen in der Größe seiner Realschwankungen aufweisen würde. Die Zufallsverteilung mit einer mittleren Abweichung gleich den zufälligen Schwankungen des empirischen Kollektivs gibt ein Bild dieser Zufallsschwankungen, gibt die ideale empirische Verteilung so wie diese wäre, wenn sie nur mit ihren reinen Zufallsabweichungen behaftet sein würde.

Da in dem Falle des vorliegenden Kollektivs bezüglich der Einzelwerte die Realschwankungen und die Zufallsschwankungen nahezu gleich sind, so ist die Zufallsverteilung zu den Realschwankungen gleich der Verteilung der rein zufälligen Abweichungen. Man erhält mithin nur zwei verschiedene Vergleichsverteilungen, eine, welche die Gesamtschwankungen des Kollektivs, und eine, welche sowohl die wirklichen Schwankungen als auch die zufälligen Abweichungen des Kollektivs veranschaulicht. Diese beiden Zufallsverteilungen sind in der Abb. 79

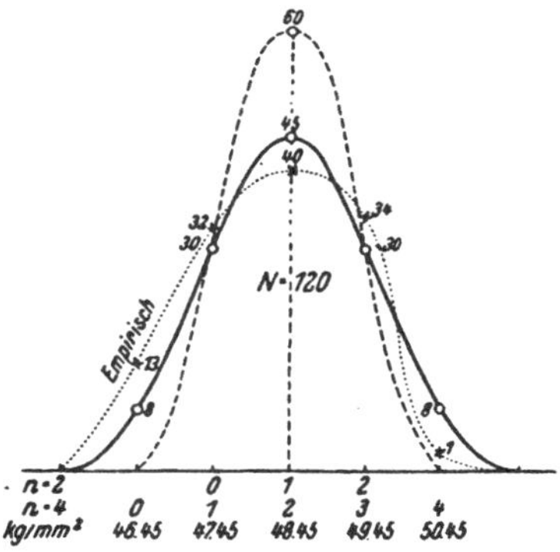

Abb. 79.

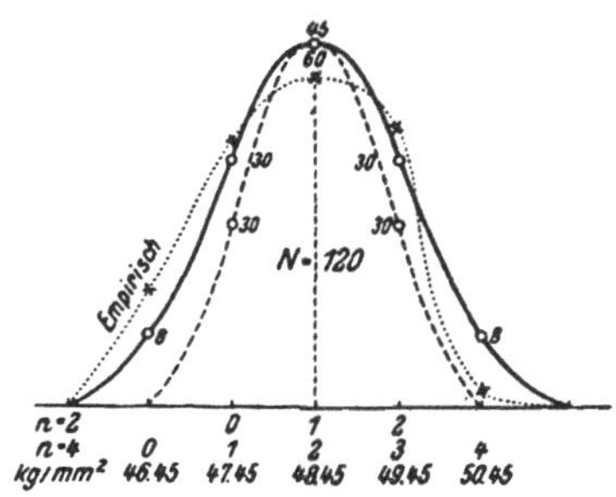

Abb. 80.

bzw. ausgezogen und gestrichelt dargestellt. Die Darstellung ist derart, daß Argumenteinheiten und Häufigkeitseinheiten für beide Verteilungen zeichnerisch gleich sind und die maximalen Argumentwerte zur Deckung kommen. Da beide dargestellten Verteilungen denselben Umfang, den des empirischen Kollektivs $N = 120$ haben, gibt diese Darstellungsart ein gutes Bild der unterschiedlichen Streuung, der unterschiedlich ausgeprägten Maxima, der verschieden steilen Abfälle zur Abszissenachse. Man kann zum Zwecke des Vergleichs die beiden Verteilungen aber auch, wie dies in Abb. 80 erfolgt ist, gemäß des Prinzips der Abb. 23 so darstellen, daß die Maxima beider Verteilungen zur Deckung kommen. Beiden Abbildungen ist die empirische Verteilung punktiert eingezeichnet.

Zur Berechnung dieser Vergleichsverteilungen gilt, daß für symmetrische Verteilungen mit Zufallscharakter, die sich nach der binomischen Formel $N\,(0{,}5 + 0{,}5)^n$ errechnen lassen, die Größe n einen Wert annimmt, der gleich dem 4 fachen des mittleren Abweichungsquadrats der Verteilung ist, wobei $4\,\mu^2$ zur nächsten ganzen Zahl ab- bzw. aufzurunden ist. Für die 3 Zufallsverteilungen zu bzw. den Gesamtabweichungen, den Realschwankungen und den Zufallsabweichungen des unter Diskussion stehenden empirischen Kollektivs erhält man demnach die Werte für n als $4 \times 0{,}87$, $4 \times 0{,}37$ und $4 \times 0{,}50$, so daß n rund die Werte 4,2 und 2 annimmt. Die beiden Verteilungen mit $n = 2$ sind, wie schon erwähnt, identisch. Man erhält die Zufallsverteilungen durch Auflösung der Formeln $120\,(0{,}5 + 0{,}5)^4$ bzw. $120\,(0{,}5 + 0{,}5)^2$.

Mit Hilfe der Zahlentafeln 13 oder 14 lassen sich für jeden Fall auch leicht die entsprechenden Gaußschen Verteilungen ermitteln, deren Zufallsstreuungen nicht nur angenähert sondern genau gleich den Streuungsarten der empirischen Verteilung sind.

Als die Kurve der reinen Zufallsschwankungen der vorliegenden Materie ist die gestrichelte Kurve mit $n = 2$ das zu erstrebende Ideal, sie ist die Häufigkeitskurve der empirischen Materie für den Fall, daß dieselbe keine wirklichen Schwankungen aufwiese. Die Abweichung der ausgezogenen Kurve, welche die tatsächliche empirische Verteilung veranschaulicht, zeigt, daß in dem vorliegenden Kollektiv der Idealfall nicht verwirklicht ist, sie zeigt, wie weit die empirische Verteilung von ihrem Ideal entfernt ist. Die Fabrikationsmethode der Phosphorbronzedrähte läßt sich bezüglich der Einheitlichkeit der Festigkeit somit verbessern und vervollkommnen, derart daß statt der formalen Verteilung der ausgezogenen Kurve eine Verteilung der Gestalt der gestrichelten Kurve zur Charakterisierung der Streuung der Festigkeiten erhalten wird.

Es läßt sich in ganz entsprechender Weise das Verhältnis der Real-, Zufalls- und Gesamtschwankungen bezüglich der Gruppen graphisch veranschaulichen. Da kleine Streuungen und vor allem eine sehr kleine Zufallsstreuung vorliegt, konstruiert man die Vergleichsverteilungen zweckmäßig nicht als binomiale sondern als Gaußsche Verteilungen. Man erhält eine fast zur Mittelwertsordinate zusammengeschrumpfte Kurve für die empirischen Zufallsschwankungen und für die Real- und Gesamtschwankungen zwei nur wenig verschiedene Kurven. Die idealen Verhältnisse einer normalen Streuung wären dagegen umgekehrt durch eine verschwindende Kurve für X und nahezu identische Kurven für Zufalls- und Gesamtschwankungen charakterisiert.

165. Die für die Materie der Zahlentafel 32 festgestellten Realschwankungen setzen sich aus Prüf- und Fabrikationsschwankungen im weitesten Sinne zusammen. Solche Fabrikationsschwankungen bedingen beispielsweise verschiedene Grobdrahtlieferungen, die an verschiedenen Tagen zur Verarbeitung kommen, oder wechselnde Ofentemperaturen an verschiedenen Tagen. All diese Schwankungen hat man zwischen den 12 Kolonnen der Zahlentafel 32, so daß die Realschwankungen zwischen diesen Gruppen die Summe dieser Schwankungen messen. Eventuelle Temperaturschwankungen zwischen den 10 Rohren der Durchziehglühofenanlage treten dagegen innerhalb der Serien auf, sie kompensieren sich und werden in den Realschwankungen zwischen den Kolonnen der Zahlentafel 32 nicht mit erfaßt.

Man kann nun diese Fabrikationsschwankungen und Prüfschwankungen eliminieren, indem man das Kollektiv zu Gruppen zusammenfaßt, die in sich alle möglichen Fabrikationsglieder sowie die verschiedensten Untersuchungsglieder enthalten, und die sich demgemäß unter sich nicht nach Fabrikation und Untersuchung unterscheiden. Eine solche Gruppierung ergibt die Zusammenfassung der Kollektivglieder nach Zeilen in Zahlentafel 32. Man erhält $Z = 10$ Gruppen zu je $z = 12$ Elementen. Die Auswertungsergebnisse entnimmt man Zahlentafel 32. Man konstatiert eine stark unternormale Dispersion, das Vorhandensein von Einflüssen, welche eine der untersuchten Materie fremde und für sie anormale Einheitlichkeit, Konstanz und Solidarität verursachen.

Eine Abhängigkeit direkter Art besteht nun in dem vorliegenden Falle nicht. Die Solidarität der Zeilen besteht vielmehr darin, daß ihnen sehr starke Realschwankungen in sich gemeinsam sind. Stets wenn ein Kollektiv im Vergleich zu den Zufallsabweichungen sehr starke Realschwankungen bei einer Gruppierung nach bestimmten Schwankungsmerkmalen, wie den Fabrikations- und Prüfzeiten in dem vorliegenden Fall, zeigt, wird die Gruppierung entgegengesetzterArt, welche zu einer Aufhebung der betreffenden Schwankungen zwischen den neuen Serien durch Zusammenfassung aller Glieder der verschiedensten ursprünglichen Gruppen zu neuen Serien führt, eine Solidarität dieser neuen Serien ergeben. Dieser Fall liegt bei dem unter Diskussion stehenden Beispiel vor. Man hat bei der Gruppierung nach Fabrikations- und Prüfserien, nach Kolonnen der Zahlentafel 32, starke Realschwankungen festgestellt. Gruppiert man nun nach Zeilen, so enthält jede neue Serie Glieder der verschiedensten Fabrikations- und Prüfserien, so daß sich die Zeilen weder nach der Fabrikation noch nach der Prüfung unterscheiden. Da nun die Realschwankungen innerhalb jeder Zeile die zufälligen Schwankungen stark überwiegen, erhalten dadurch die neuen Serien einen gemeinsamen Zug und eine Einheitlichkeit, welche das Maß des Zufälligen überschreitet.

Man kann die hier vorliegenden Verhältnisse auf die bereits erwähnten Urnenschematas[1]) zurückführen.

In Annäherung an die Verhältnisse bei Verteilungen mit absoluten Größen als Argumenten denkt man sich Z Urnen mit verschiedenem Mischungsverhältnis. Man zieht aus jeder Urne hintereinander n Kugeln, bestimmt die Anzahl a' der Erfolgskugeln und erhält als $\frac{a'}{n}$ die Erfolgswahrscheinlichkeit der Ziehung. Für jede Urne bestimmt man z solcher Wahrscheinlichkeitsbrüche. Im ganzen hat man also $N = Zz$ Wahrscheinlichkeiten. Ordnet man nun nach Urnen in Z Gruppen mit je z Wahrscheinlichkeiten, so unterscheiden sich diese Gruppen nach Urnen,

[1]) Vgl. Art. 13 und 144—146.

und die Schwankungsrechnung liefert die Realschwankungen zwischen den Urnen, welche darauf beruhen, daß die einzelnen mittleren Urnenwahrscheinlichkeiten nicht mit der Gesamtwahrscheinlichkeit identisch sind. Gruppiert man aber so, daß man Ziehungen aus allen Urnen zu einer Gruppe zusammenfaßt, daß man also z Gruppen zu je Z Wahrscheinlichkeitswerten erhält, so ergibt die Schwankungsrechnung einen negativen Wert für die Realabweichungen. Im ersten Fall hat man Gruppen, deren Glieder je Abweichungen von ein und derselben Wahrscheinlichkeit, der Wahrscheinlichkeit der betreffenden Urne, darstellen; dagegen schwanken die Wahrscheinlichkeiten zwischen den verschiedenen Gruppen (Urnen). Im zweiten Fall hat man in ein und derselben Gruppe und in jeder Gruppe Wahrscheinlichkeitswerte, welche Abweichungen zu den verschiedensten wirklichen Wahrscheinlichkeitswerten der verschiedenen Urnen darstellen, und das Gemeinsame aller Gruppen besteht darin, daß innerhalb jeder Gruppe die Wahrscheinlichkeiten nicht konstant sind. Eine Schwankung der Wahrscheinlichkeit von Gruppe zu Gruppe führt nun zu einer Vergrößerung der Schwankung des ganzen Kollektivs, und eine Variation der Wahrscheinlichkeit innerhalb jeder Gruppe bedingt eine Verkleinerung der Gesamtabweichung im Vergleich zu dem Fall, bei dem weder zwischen den Gruppen noch in den Gruppen wirkliche Wahrscheinlichkeitsschwankungen auftreten.

Es ist in dem Beispiel der Zahlentafel 32 die Gruppierung nach Kolonnen, nach Fabrikationsserien, zu vergleichen mit der Gruppierung nach Urnen mit verschiedenem Mischungsverhältnis, also mit einer Gruppierung, bei welcher zwischen den Gruppen wirkliche Wahrscheinlichkeitsschwankungen vorhanden sind. Bei einer Gruppierung nach Zeilen fallen dagegen in eine Gruppe die Wahrscheinlichkeiten der verschiedensten Urnen, die wirklichen Wahrscheinlichkeitsschwankungen fallen in die Gruppen und bedingen dadurch eine Verkleinerung der Gruppenstreuung. Den wirklichen Wahrscheinlichkeitsschwankungen zwischen den Urnen, um welche die zufälligen Schwankungen der verschiedenen Serien vermehrt werden, sind vergleichbar die Realschwankungen zwischen den Fabrikationsserien des vorliegenden Beispiels, um welche Realabweichungen die zufälligen Schwankungen der Materie vermehrt sind. Der Verkleinerung der Gesamtstreuung der Wahrscheinlichkeitswerte dadurch, daß man derart gruppiert, daß in eine Gruppe Glieder verschiedener mittlerer Wahrscheinlichkeit fallen, entspricht die Verkleinerung der Streuung des vorliegenden Kollektivs bei einer Gruppierung derart, daß alle Schwankungsunterschiede in jeder Gruppe auftreten.

Nicht stets muß die Erscheinung einer unternormalen Streuung auf die Verhältnisse dieses Urnenschemas zurückzuführen sein. Es gibt auch Fälle einer wirklichen Verbundenheit, einer direkten Abhängigkeit,

Fälle, die auf besondere regulierende Einflüsse hinweisen, Fälle, die mit Ziehungen zu vergleichen sind, bei denen ein bestimmtes Resultat in unwahrscheinlich großer Häufigkeit auftritt[1]).

Es lassen sich auch noch Gruppierungen angeben, welche lediglich die Zufallsschwankungen der Materie der Zahlentafel 32 ergeben. Man mischt zu diesem Zweck die 120 Glieder der Kollektivreihe ordentlich durcheinander und gruppiert dann wieder, so daß sich diese neuen Gruppen weder mit Fabrikationsgruppen noch mit deren Gegengruppen decken. Man kann z. B. die 120 Festigkeitswerte auf kleine Kärtchen schreiben, diese Kärtchen durchmischen und sodann aus einem Säckchen ziehen. Ein derart durchgeführter Versuch, bei dem stets 15 Ziehungen zu einer Serie zusammengefaßt wurden, ergab eine Kollektivreihe mit $N = 120$, $Z = 8$, $z = 15$, deren Gruppierung in Zahlentafel 32 dadurch gekennzeichnet ist, daß den einzelnen Festigkeitswerten Buchstaben mit Zahlenindizes beigesetzt sind. Auf die Gruppenzugehörigkeit beziehen sich die Indizes 1—8, die Glieder jeder Gruppe sind durch die Buchstaben *a*—*p* unterschieden.

Die Auswertung erfolgt in der üblichen Weise und ergibt außer dem schon bekannten $\mu^2 = 0{,}874$ die Gruppenmittel 48,32, 48,07, 48,45, 48,34, 48,17, 48,78, 48,15, 48,61 und die Gruppenmittelstreuung $\mu_G{}^2 = 0{,}052$. Man bestimmt $X = 119 \times 0{,}052 : 8 \times 14 - 0{,}874 : 16 = 0{,}0006$. Es ist $Q^2 = 1{,}01$. Die durch Ziehung festgestellte Gruppierung der Materie der Zahlentafel 32 zeigt demnach nur Zufallsunterschiede, die Streuung dieser Gruppierung ist eine normale.

166. Als Gegenbeispiel zu dem eben behandelten Fall einer ganz unbefriedigenden Arbeitsweise einer (schlecht durchkonstruierten und nicht genügend regulierfähigen) Durchziehglühofenanlage mit Koksfeuerung sei im folgenden eine Materie untersucht, welche auf einer modernen 30röhrigen, elektrisch beheizten und mit einer selbsttätigen Temperaturreguliervorrichtung versehenen Anlage fabriziert wurde. Die Anlage arbeitet auf Spulen, und es wurde an $Z = 10$ Tagen je eine Serie von $z = 30$ Spulen aus der Fabrikation zurückgestellt, so daß man im ganzen $N = 300$ Spulen hatte, deren jede ihre Seriennummer sowie die Rohrnummer des Ofens trug. Die 300 Spulen wurden dann beliebig durcheinandergemischt, und es wurden an 15 Tagen der »Mischung« je 20 Spulen entnommen und geprüft. Man hat somit die Möglichkeit, die vorliegende Materie nach drei Richtungen auszuwerten. Man kann derart gruppieren, daß in eine und in jede Gruppe Spulen fallen, deren Drähte die verschiedensten Rohre des Ofens passierten, die Gruppen unterscheiden sich nach Fabrikationstagen und lassen eine Feststellung eventueller realer Temperaturschwankungen zu. Es ist $Z = 10$ und $z = 30$. Man kann zweitens alle Spulen, deren Drähte dasselbe Rohr

[1]) Vgl. Art. 13, 43, 98, 120 und 145.

des Ofens passierten, zu einer Serie zusammenfassen. Diese Gruppen enthalten in sich Drähte der verschiedensten Fabrikationstage, sie unterscheiden sich mithin nicht nach eventuell verschiedenen Fabrikationstemperaturen, sondern unterscheiden sich nach Rohren. Man kann eventuelle Schwankungen in der Gleichmäßigkeit der Temperaturverteilung auf die verschiedenen Rohre feststellen. Es ist $Z = 30$ und $z = 10$. Endlich kann man die Materie nach Prüfserien zusammenfassen. Man erhält dann $Z = 15$ Auswertungsserien mit $z = 20$ Einzelgliedern, und eventuelle Realabweichungen dieser Gruppierung ergeben Versuchsschwankungen.

In der Zahlentafel 33, welche die Dehnungswerte der Drähte der 300 ausgesonderten Spulen enthält, bilden die Kolonnen die Fabrikationsserien, gegliedert nach Tagen, die Zeilen bilden die Serien gleicher Rohre. Die Prüfserien sind durch die Buchstaben *a*—*p* gekennzeichnet.

Zahlentafel 33.

Dehnungswerte von Phosphorbronzedrähten einer Durchziehglühofenanlage.

	I	II	III	IV	V	VI	VII	VIII	IX	X	Zeilenmittel
1	55 *c*	54 *e*	55 *m*	59 *i*	53 *n*	55 *d*	59 *m*	58 *o*	50 *l*	56 *a*	55,4
2	56 *e*	52 *d*	52 *i*	55 *n*	58 *i*	55 *m*	58 *k*	52 *h*	55 *o*	55 *n*	54,8
3	50 *h*	51 *a*	50 *e*	55 *a*	59 *c*	57 *p*	54 *f*	56 *a*	60 *l*	54 *i*	54,6
4	51 *k*	55 *h*	52 *e*	55 *c*	52 *d*	56 *k*	50 *i*	57 *p*	56 *p*	55 *o*	53,9
5	57 *i*	52 *n*	54 *k*	55 *n*	58 *p*	57 *k*	53 *b*	54 *l*	58 *o*	55 *f*	55,3
6	55 *m*	55 *b*	50 *a*	58 *n*	57 *d*	55 *o*	59 *f*	57 *h*	55 *p*	56 *i*	55,7
7	53 *l*	59 *m*	56 *f*	57 *p*	55 *c*	51 *h*	54 *c*	55 *m*	59 *b*	53 *b*	55,2
8	49 *n*	55 *d*	54 *g*	53 *n*	55 *p*	55 *b*	53 *k*	57 *l*	59 *i*	51 *e*	54,1
9	54 *k*	53 *c*	58 *e*	55 *o*	52 *d*	54 *o*	58 *h*	55 *n*	58 *g*	52 *i*	54,9
10	56 *e*	50 *h*	52 *b*	56 *g*	54 *k*	56 *b*	56 *e*	57 *f*	59 *o*	52 *h*	54,8
11	52 *l*	55 *f*	53 *e*	54 *o*	53 *f*	53 *e*	52 *d*	52 *g*	50 *p*	56 *c*	53,0
12	57 *a*	54 *d*	55 *g*	53 *c*	58 *a*	55 *n*	59 *o*	51 *m*	58 *l*	57 *n*	55,7
13	49 *l*	51 *f*	58 *d*	54 *o*	52 *h*	51 *b*	53 *f*	54 *b*	52 *m*	55 *f*	52,9
14	55 *n*	55 *e*	55 *a*	51 *l*	55 *a*	54 *k*	53 *i*	57 *h*	52 *m*	52 *m*	53,9
15	55 *l*	57 *b*	53 *f*	59 *o*	58 *l*	57 *a*	53 *d*	55 *c*	51 *e*	54 *a*	55,2
16	53 *g*	55 *e*	49 *c*	58 *p*	54 *b*	55 *m*	58 *f*	59 *p*	53 *c*	52 *o*	54,6
17	54 *h*	52 *a*	55 *d*	55 *g*	55 *c*	51 *p*	50 *p*	55 *k*	51 *k*	57 *g*	53,5
18	55 *g*	53 *g*	56 *b*	56 *b*	52 *m*	57 *h*	58 *m*	54 *a*	54 *l*	57 *n*	55,2
19	54 *l*	56 *c*	53 *i*	58 *i*	53 *h*	54 *k*	55 *i*	58 *n*	53 *p*	55 *b*	54,9
20	52 *b*	55 *b*	58 *d*	53 *i*	59 *a*	56 *g*	55 *f*	52 *p*	56 *n*	58 *p*	55,4
21	53 *d*	55 *f*	55 *m*	54 *i*	55 *p*	54 *i*	55 *n*	57 *p*	55 *k*	50 *m*	54,3
22	52 *g*	57 *i*	59 *a*	55 *p*	51 *c*	56 *o*	55 *a*	54 *e*	54 *l*	51 *h*	54,4
23	58 *b*	54 *l*	50 *g*	57 *d*	54 *e*	52 *b*	57 *o*	54 *f*	55 *p*	53 *n*	54,4
24	50 *p*	55 *g*	52 *b*	51 *m*	51 *h*	51 *g*	54 *o*	51 *h*	55 *p*	52 *k*	52,2
25	56 *f*	56 *c*	56 *f*	59 *a*	54 *c*	56 *a*	55 *d*	53 *c*	54 *k*	51 *g*	55,0
26	57 *h*	58 *f*	53 *d*	54 *g*	54 *d*	53 *g*	53 *h*	52 *i*	57 *k*	56 *e*	54,7
27	55 *a*	58 *m*	55 *k*	59 *l*	56 *k*	58 *d*	55 *o*	51 *l*	55 *n*	52 *o*	55,4
28	54 *l*	56 *d*	51 *d*	55 *c*	52 *e*	56 *h*	60 *f*	54 *k*	55 *e*	57 *c*	55,0
29	55 *m*	53 *l*	52 *h*	50 *a*	55 *g*	51 *g*	56 *k*	59 *n*	58 *l*	59 *m*	54,8
30	55 *e*	53 *f*	57 *b*	52 *i*	50 *c*	60 *e*	53 *l*	55 *m*	55 *n*	55 *o*	53,8
Kolonnenmittel:	53,9	54,5	53,9	55,2	54,5	54,4	55,1	54,8	55,1	54,3	54,6

Zur Überprüfung des Kollektivs bestimmt man zunächst den Mittelwert M und die Gesamtstreuung der Materie. Da die Genauigkeit der Prüfung nur ganze Dehnungsprozente ausmacht, so ist diese Bestimmung durch Klassifizierung sehr einfach durchzuführen. Man zählt für die 12 Argumentwerte von 49 bis 60% die Häufigkeiten 3, 13, 21, 31, 31, 36, 68, 27, 25, 27, 15, 3. Man bestimmt nach dieser Verteilungstafel $M = 54,6\%$ Dehnung und $\mu^2 = 6,1167$ Quadrate der Argumenteinheit.

Wertet man zunächst nach Fabrikationsserien aus, so bestimmt man die Kolonnenmittel. Man erhält $Z = 10$ Gruppenmittel aus je $z = 30$ Einzelwerten. Es ist $\mu_G^2 = 0,216$. Es lassen sich nun die Realschwankungen berechnen, welche bei der vorliegenden Gruppierung die Temperaturschwankungen verschiedener Tage festlegen. Es ist $X = 229 \times 0,216 : 10 \times 29 - 9 \times 6,117 : 10 \times 29 = 0,0329$. Es ist str. $(\mu_G^2 - X) = 0,183 \sqrt{\frac{2}{10}} = \pm\, 0,082$. Da X bereits kleiner ist als die Unsicherheit der Gruppenmittelstreuung, kann man annehmen, daß die Abweichung des Wertes X von 0 keine reale Ursache hat sondern auf zufälligen Störungen beruht. Die wirklichen Temperaturschwankungen sind somit 0, die Anlage arbeitet gleichmäßig an verschiedenen Tagen. Bestimmt man als relatives Maß der Streuung den Wert des Dispersionskoeffizienten $\mu_G^2 : (\mu_G^2 - X)$, so findet man $Q^2 = 1,18$ und $Q = 1,08$. Da Q, wie bereits erwähnt wurde, so lange es zwischen 1,1 und 0,9 schwankt, hin und wieder auch bei noch größeren Abweichungen, nicht wirklich von dem idealen Normalwert 1 abzuweichen braucht, so schließt man auch aus dem Wert für Q auf das Vorliegen nur zufälliger Schwankungen, auf das Fehlen von Realabweichungen, auf eine normale Streuung, die das relative Mindestmaß nicht überschreitet. Die vorliegende Materie verhält sich genau so wie die Ergebnisse einer Reihe von je 30 Ziehungen aus 10 Urnen, welche alle dasselbe Mischungsverhältnis ihres Inhalts aufweisen.

Man wertet zweitens die vorliegende Materie nach Zeilen aus. Man bestimmt die Zeilenmittel als die Mittel der Gruppen, welche in sich alle möglichen Fabrikationsserien (sowie Prüfserien) vereinigen und sich unter sich durch die Fabrikationsrohre unterscheiden. Es ist für diese Gruppierung der Materie $Z = 30$ und $z = 10$. Man bestimmt die M_G. Es ist $\mu_G^2 = 0,6493$. Entsprechend der 3 mal kleineren Gruppengliederzahl z in dem jetzt behandelten Fall gegenüber der zuerst behandelten Gruppierung ist die Gruppenmittelstreuung nun fast genau 3 mal größer. Man kann schon hieraus schließen, daß auch zwischen den Gruppen des jetzt behandelten Falles keine Realschwankungen auftreten. Führt man die Rechnung durch, so ergibt sich $X = 0,059$ gegenüber der Streuung des Werts $(\mu_G^2 - X)$ von $\pm\, 0,15$. Die Errechnung von Q^2 ergibt 1,1, man erhält $Q = 1{,}05$. Die Untersuchung ergibt das befriedigende Resultat, daß keine wirklichen Schwankungen zwischen den 30 Rohren der Glühanlage zu konstatieren sind, es existieren allein die unvermeidlichen Zufallsschwankungen, die Streuung ist normal und besitzt im relativen Maß ihren Mindestwert. Die Materie ist bezüglich ihrer Gliederung nach Rohren des Glühofens zu vergleichen mit einer Ziehung aus 30 Urnen, die allesamt dasselbe Mischungsverhältnis aufweisen.

Man überprüft nun endlich auf die Schwankungen der Untersuchungsmethode. Zu diesem Ende faßt man die Prüfergebnisse nach Prüfserien zusammen und wertet diese aus. Man erhält eine erste Gruppe durch Zusammenfassung aller 20 Werte, welche in der Zahlentafel 33 mit dem Buchstaben *a* bezeichnet sind, man erhält eine zweite Prüfserie durch die Zusammenfassung aller *b*-Werte usf. Im ganzen ergeben sich $Z = 15$ Gruppen zu je $z = 20$ Gliedern. Man errechnet die Gruppenmittel zu 55,2, 54,6, 54,2, 54,5, 54,3, 55,3, 53,8, 53,5, 54,9, 54,5, 54,1, 54,7, 55,0, 55,6, 54,9 und die Streuung dieser Mittel bezüglich des Gesamtmittels $M = 54{,}6$ zu $\mu_G^2 = 0{,}305$. Man bestimmt $X = 0{,}020$ gegenüber str. $(\mu_G^2 - X) = (0{,}305 - 0{,}02)\sqrt{\frac{2}{15}} = \pm\, 0{,}10$. Es ist $Q^2 = 1{,}07$ und $Q = 1{,}03$. Es zeigt sich zwischen den Gruppen nur die Zufallsstreuung, die Versuchsschwankungen sind gleich Null.

Bestimmt man aus den Zufallsschwankungen zwischen den Prüfserien, $\mu_G^2 - X = 0{,}285$, nach der Gleichung $(\mu^2 - X) = z\,(N - 1)\,(\mu_G^2 - X) : (N - z)$ die Zufallsstreuung des ganzen Kollektivs, so ergibt sich $20 \times 299 \times 0{,}285 : (300 - 20) = 6{,}09$. Denselben Wert erhält man natürlich auch als Differenz aus empirischem μ^2 und X; es ist $6{,}11 - 0{,}02 = 6{,}09$. Man sieht, die Differenz zwischen der empirischen Streuung des vorliegenden Kollektivs und seiner Zufallsstreuung ist äußerst minimal. Man kann sowohl mit der Arbeitsweise der Glühanlage als auch mit der Durchführung der Prüfung sehr zufrieden sein.

Im Sinne des Urnenschemas ist die vorliegende Materie vergleichbar einer Reihe von Ziehungen aus verschiedenen Urnen mit demselben Mischungsverhältnis ihres Inhaltes. Der absolute Wert der Streuung der Materie der Glühanlage kann sich natürlich ändern, wenn man eine andere Materie auf den Ofen nimmt, wenn man ein anderes Fabrikat auf dem Ofen glüht, wenn man gar ein anderes Material, z. B. Tombakdrähte, auf dem Ofen behandelt, oder wenn man die Temperatur absichtlich erhöht, um beispielsweise höhere Dehnungswerte zu erhalten. Auch hierin besteht wieder Übereinstimmung mit der ausgesprochenen Zufallsmaterie: eine Änderung des Mischungsverhältnisses in allen Urnen in gleicher Weise wird auch hier eine Änderung der absoluten Streuung zur Folge haben. Es wird aber, solange allein der Zufall seine Hand im Spiele hat, stets bei der technischen Materie ebenso wie bei der typischen

Zufallsmaterie die relative Streuung konstant sein und ihren normalen Minimalwert $Q = 1$ aufweisen.

167. Bei der Verarbeitung von Phosphorbronzedrähten mit 0,80 mm Durchmesser zu Feindrähten wurden an 22 Tagen von je 10 Drahtringen, die in die Feinzieherei kamen, Festigkeitsbestimmungen ausgeführt. Man erhielt eine Kollektivreihe, bestehend in 22 Gruppen mit je 10 Einzelwerten. Die rechnerische Auswertung ergab $M = 38{,}8$ kg/mm², $U = 1505{,}4$, $V = 1514{,}5$ und $W = 1514{,}7$.

Es ist demnach die Streuung aller Einzelwerte $\mu^2 = 9{,}3$, die Streuung der Gruppenmittel $\mu_G{}^2 = 9{,}1$ und das mittlere Abweichungsquadrat innerhalb der Gruppen $\mu_Z{}^2 = \mu^2 - \mu_G{}^2 = 0{,}2$. Man entnimmt bereits diesen Werten, daß eine stark übernormale Dispersion vorliegt. Man ermittelt die Realabweichungen zu $X = 9{,}08$, die Zufallsstreuung der Einzelwerte zu $\mu^2 - X = 0{,}22$ und die Zufallsstreuung der Gruppenmittel zu $(\mu^2 - X) : n = 0{,}02$, so daß $Q^2 = 9{,}1 : 0{,}02$ oder rund 450 wird. Es ist die Gesamtstreuung groß und die Zufallsstreuung klein, so daß ohne weiteres Q als Maß der Realschwankungen gelten kann. Man muß aber berücksichtigen, daß kleine Schwankungen in dem kleinen Wert der Zufallsstreuung sich auf den Wert für Q stark auswirken. Da Q viel größer als 1 ist, so kann man ohne weiteres $X = \mu_G{}^2$ setzen. X mißt Versuchs- und Fabrikationsschwankungen.

Die Auswertung eines zweiten Kollektivs aus 22×10 Duplikaten zu den Drähten des ersten Kollektivs führte nach gemeinsamer Überprüfung zu folgenden Werten: $M' = 38{,}7$ kg/mm², $U' = 1498{,}4$, $V' = 1505{,}7$, $W' = 1505{,}8$. Es ist $\mu_{G'}{}^2 = 7{,}3$, $\mu'^2 = 7{,}4$ und $X' = 7{,}29$. Es mißt nun X' die reinen Fabrikationsschwankungen, und man erhält als Versuchsschwankungen $X - X' = 1{,}79$.

In Anbetracht der sehr großen Qualitätsschwankungen ist das Material zu beanstanden. Die stark übernormale Streuung nach beiden Seiten eines als zu nieder zu bezeichnenden mittleren Festigkeitswertes läßt auf eine teilweise Überglühung der Materie schließen.

Derselben Materie wurde ein weiteres Kollektiv mit 220 Gliedern entnommen. Das Kollektiv wurde wieder geschlossen überprüft, und zwar auf demselben Apparat und durch dieselbe Person, so daß bei einer Gruppierung Prüfschwankungen herausfallen und lediglich Qualitätsschwankungen erscheinen. Das in 22 Gruppen zu je 10 Einzelwerten unterteilte Kollektiv zeigt die Zahlentafel 34. Diese Zahlentafel und die Auswertung des Kollektivs beziehen sich auf absolute Festigkeitswerte, so daß die linearen Größen rund mit 2, die quadratischen Maße mit rund 4 zu multiplizieren sind, um mit den Daten der erstgenannten Kollektive verglichen werden zu können.

Die Bestimmung des Mittelwertes ergibt $M = 19{,}36$, die Gesamtstreuung beträgt $\mu^2 = 1{,}8602$ mit der Benennung Kilogramm im Quadrat. Man erhält die Streuung mit der Benennung (kg/mm²)² durch Multipli-

Zahlentafel 34.

Festigkeitswerte von Phosphorbronzedrähten.

18,1	18,1	18,2	18,3	18,2	18,3	18,2	19,0	18,3	18,2
19,8	20,1	20,2	20,1	19,9	20,3	20,2	19,9	19,8	20,0
19,3	20,3	19,4	19,4	19,6	19,5	19,4	19,5	19,4	19,5
19,7	19,7	19,5	19,4	19,4	19,2	19,2	19,2	19,2	19,0
17,1	16,9	16,8	16,8	16,8	17,3	17,2	16,9	17,0	16,9
18,5	18,7	18,8	18,9	18,8	18,7	19,1	19,3	19,2	19,0
18,9	18,7	18,7	18,8	18,5	18,2	18,1	18,3	18,4	18,6
18,6	18,6	18,6	18,4	18,6	18,8	18,9	18,7	18,8	18,7
19,5	19,4	19,2	19,2	19,3	19,2	19,2	19,0	18,9	19,2
18,5	18,3	18,1	18,9	18,6	18,6	18,4	18,7	18,5	18,4
19,2	18,9	19,5	18,7	19,0	18,9	18,9	18,4	18,3	18,9
21,9	21,9	21,8	21,8	22,0	22,0	22,0	21,9	21,8	21,9
17,8	17,8	18,1	18,1	18,1	18,2	18,2	18,2	18,2	18,3
21,7	21,6	21,7	21,3	21,4	21,4	21,4	21,1	21,1	21,2
19,7	19,9	19,8	19,9	19,9	20,2	19,9	19,9	20,1	20,6
16,9	17,1	17,0	17,2	17,1	16,9	16,9	16,9	16,9	16,7
20,9	20,7	20,8	20,7	21,0	20,9	20,7	20,7	20,8	20,9
18,9	18,8	18,8	19,9	19,9	19,0	19,0	18,9	19,0	19,5
22,0	21,7	21,7	21,8	21,9	22,2	22,1	22,1	21,9	22,2
20,3	20,4	20,4	20,2	20,3	20,3	20,2	20,2	20,3	20,2
18,5	18,6	18,6	18,9	18,6	18,3	18,1	18,3	18,2	18,1
20,2	20,4	20,5	20,5	20,3	20,3	20,1	20,2	20,1	20,3

kation mit 4 zu 7,44 in Übereinstimmung mit dem Streuungswert, zu dem der erste Parallelversuch führte. Die Auswertung nach Fabrikationsserien, also nach Zeilen der vorstehenden Anordnung, ergibt eine Streuung $\mu_G^2 = 1{,}806$, die nur wenig kleiner ist als die Einzelstreuung des ganzen Kollektivs. Man bestimmt daher für X den sehr großen Betrag 1,8, wogegen str. $(\mu_G^2 - X)$ nur $\pm$ 0,0002 ausmacht. Für Q^2 erhält man den Wert 301, so daß Q 17 bis 18 beträgt. Es liegen enorme Realschwankungen vor, die als Fabrikations- bzw. als Lieferungsschwankungen zu bezeichnen sind. Die Gliederung nach Fabrikationsserien der vorliegenden Materie ist wieder vergleichbar einer Ziehung aus 22 Urnen mit wechselndem Mischungsverhältnis ihres Inhalts, wobei die Ziehungen aus jeder Urne zu einer Gruppe zusammengefaßt werden. Die Wahrscheinlichkeit des Erfolges schwankt von Urne zu Urne, von Auswertungsgruppe zu Auswertungsgruppe, und bedingt dadurch eine Vergrößerung der Streuung, die bei konstanter Wahrscheinlichkeit infolge eines gleichen Mischungsverhältnisses für alle Urnen zu erwarten wäre. Man schließt, daß das technische Kollektiv, das der erwähnten Urnenziehung bezüglich der Auswertungsergebnisse vergleichbar ist, eine gruppenweise Aneinanderreihung von Kollektiven verschiedener Materien im engeren Sinn mit verschiedenen Mittelwerten bildet.

Zieht man in beliebiger Reihenfolge aus allen 22 Urnen und faßt immer die Ziehungsergebnisse aller 22 Urnen zu einer Serie zusammen, so erhält man bei 10 Versuchen 10 Gruppen, welche sich nicht nach Urnen unterscheiden, welche vielmehr allesamt in sich alle Urnen vereinigt zeigen. Es schwanken die Mischungsverhältnisse und damit auch die Erfolgswahrscheinlichkeiten für jede Gruppe innerhalb der Gruppe, und dies bedingt eine Verkleinerung der Streuung, einen Wert $Q < 1$. Dasselbe hat man nun bei der technischen Materie zu erwarten, wenn man die Gruppierung nicht nach Fabrikationsserien vornimmt, sondern derart, daß in jeder Gruppe Glieder der verschiedensten Fabrikationsserien sind, so daß sich die Gruppen bezüglich der Fabrikationsschwankungen ähneln. Man hat die Glieder eigentlich verschiedener Kollektive in einer Gruppe und in jeder Gruppe, die starken Schwankungen jeder Gruppe gleichen sich infolgedessen weitgehend aus, so daß die mittleren Merkmalswerte dieser Gruppen sich nur noch wenig unterscheiden und eine unternormale Streuung bezüglich des Gesamtmittels bedingen.

Führt man die Rechnung durch, so hat man in der Zahlentafel 34 nach Kolonnen zu gruppieren. Man bestimmt die $Z = 10$ Gruppenmittel, und die Streuung dieser bezüglich M beträgt $\mu_G^2 = 0{,}00087$. Ermittelt man hiernach X, so errechnet man einen negativen Wert, der für $\sqrt{X}$ einen imaginären Wert liefert, und für Q erhält man einen ganz abnormal geringen Wert.

168. Die in der Zahlentafel 2 zusammengestellten Werte der prozentualen Dehnungen von Tombakdrähten sind derart aufgeführt, daß die Kolonnen Prüfserien bilden; die Zeilen bilden Fabrikationsgruppen, und zwar geben die Zeilen die Werte wieder, welche an Fabrikationsringen von 1—3 kg, die aus ein und demselben Ring Grobdraht stammen, festgestellt wurden.

Wertet man nach Zeilen, also nach Fabrikationsgruppen aus, die Glieder der verschiedensten Prüfserien, aber nur Glieder ein und desselben Grobdrahtringes enthalten, und die sich mithin unter sich nach Grobdrahtringen, also nach ihrer Herkunft, nach ihrer Fabrikation unterscheiden, so wird $Z = 12$ und $z = 11$. Man errechnet $\mu_G^2 = 0{,}2878$ und bestimmt den Wert für μ^2 (nach der Kolonne 3 der Zahlentafel 9) zu 3,783. Die Berechnung der Realschwankungen, welche Fabrikationsschwankungen darstellen, und zwar die Unterschiede der aus den verschiedenen Grobdrahtringen gefertigten Feindrähte fixieren, ergibt $X = 131 \times 0{,}2878 : 12 \times 10 - 11 \times 3{,}783 : 12 \times 10 = -0{,}0326$. Man erhält eine imaginäre mittlere Realabweichung. Bestimmt man zur Beurteilung die Streuung der Zufallsgruppenstreuung, so findet man für diese $0{,}3204 \sqrt{\frac{2}{12}} = \pm 0{,}13$. Es ist demnach bereits die einfache Streuung der Streuung größer als die festgelegte Realschwankung, so daß dieselbe lediglich auf das Konto der Schwankung des μ_G^2-Wertes gesetzt werden darf. Dies ergibt auch die Ermittlung der relativen Streuung $Q^2 = 0{,}89$ und $Q = 0{,}95$. Die Abweichung von dem idealen Wert 1 für normale Streuung ist zu gering, als daß man auf Grund dieses einen

Kollektivs den Zufallscharakter der gesamten Streuung anzweifeln dürfte. Die Streuung zwischen den verschiedenen Fabrikationsserien darf als normal bezeichnet werden, die Schwankungen zwischen den 12 Vorzugdrahtringen sind zufälliger Art.

Faßt man nun die Materie nach Prüfserien zusammen, nimmt also die Kolonnen als Auswertungsgruppen, so errechnet man für die Mittel dieser Kolonnen eine Streuung bezüglich des Gesamtmittels von $\mu_G^2 = 0{,}1949$. Man bestimmt $X = -0{,}1019$ und $Q^2 = 0{,}66$. Es ist die empirische Streuung μ_G^2 groß, und es ist die Zufallsstreuung $\mu_G^2 - X$ ebenfalls groß. Weicht in solchen Fällen Q deutlich von 1 ab, so ist diese Abweichung real. Vergleicht man X mit der 3 fachen Streuung der Zufallsstreuung, so ist X zwar klein; aber infolge des sehr kleinen Wertes $Z = 11$ ergeben sich erst X-Werte als besonders verursacht, die größer als das 1,3 fache der Zufallsstreuung sind. Die relativ große und auch absolut große Streuung der Zufallsstreuung kann mithin relativ und absolut große Realabweichungen verdecken. Man hat Q^2 als relatives Streuungsmaß und X als absolutes Maß der Abweichung der Streuung der empirischen Materie von Zufallsverhältnissen zu betrachten, und man konstatiert eine unternormale Dispersion. Die Materie verhält sich bei ihrer Gruppierung nach Kolonnen so wie die Ergebnisse einer Reihe von Ziehungen aus verschiedenen Urnen mit verschiedenem Mischungsverhältnis ihres Inhalts, wenn die Auswertung nicht nach Urnen getrennt erfolgt sondern so, daß stets die Ziehungen aus mehreren Urnen zusammengefaßt werden. Die Materie verhält sich so wie eine Zufallsmaterie typischer Art, bei der ein bestimmtes Ereignis öfter auftritt als normalerweise zu erwarten wäre, die Materie zeigt zwischen den Kolonnen, also innerhalb der Zeilen, keine volle Unabhängigkeit sondern eine gewisse Verbundenheit. Es sind nun in den Kolonnen die Fabrikationsringe aus den verschiedensten Grobdrahtringen zusammengefaßt, und innerhalb einer Zeile finden sich nur Glieder desselben Ausgangsmaterials. Infolgedessen ist es verständlich, wenn die Zeilen in sich und mithin die Kolonnen unter sich einen gewissen Grad einer Zusammengehörigkeit aufweisen und eine Streuung zeigen, die unternormal ist.

Zerstört man die Ordnung der Materie, welche dieselbe nach Zahlentafel 2 besitzt, reißt man die zu einer Gruppe vereinten Fabrikationsringe desselben Grobdrahtringes auseinander, und macht man dasselbe mit den Gegengruppen, welche nur Ringe aus den verschiedensten Grobdrahtringen vereinigt zeigen, so verschwindet auch die unternormale Streuung. Eine Gruppierung, welche auf die Herkunft, auf das »Vorleben« der Fabrikationsringe keine Rücksicht nimmt, muß Zufallsstreuung ergeben. Man erhält eine solche Gruppierung am einfachsten durch Auslosen. Man zieht aus einem Säckchen mit Losen, welche die Nummern 1 bis 132 tragen, diese Lose und faßt die Kollektivglieder in der durch die gezogenen Nummern angegebenen Reihenfolge zu Gruppen zusammen. Eine solche Auslosung ergab als erstes Glied der neuen Reihenfolge das 87. Glied der Reihenfolge nach Zahlentafel 2, es folgte das 67. Glied, dann das 117. Glied, es folgten weiterhin die Glieder der Nummern 17, 116, 31, 55, 84, 50, 101, 44, 47, 19, 57, 1, 63, 27, 22, 96, 98, 111, 39, 13, 4, 125, 3, 115, 76, 8, 5, 37, 11, 73, 34, 62, 54, 16, 6, 43, 12, 109, 77, 85, 14, 25, 64, 102, 100, 122, 69, 15, 65, 66, 19, 21, 48, 104, 118, 106, 59, 23, 45, 51, 70, 20, 26, 32, 82, 119, 90, 97, 38, 56, 124, 83, 113, 110, 72, 60, 127, 42, 132, 103, 28, 120, 95, 75, 41, 79, 52, 126, 86, 40, 18, 81, 9, 29, 80, 33, 128, 93, 35, 131, 10, 121, 74, 36, 49, 68, 46, 130, 99, 58, 108, 89, 2, 114, 53, 92, 123, 7, 107, 88, 78, 105, 91, 24, 112, 94, 129, 30, 71.

Bildet man nun ein Kollektiv, in dem in der Aufeinanderfolge der genannten Losnummern die Dehnungswerte der Zahlentafel 2, welche den entsprechenden Nummern entsprechen, auftreten, und unterteilt man diese Kollektivreihe in beispielsweise $Z = 6$ Gruppen zu je $z = 22$ Gliedern, so bestimmt man für diese Gruppen eine Streuung $\mu_G{}^2 = 0{,}1447$. Man errechnet $X = 131 \times 0{,}1447:6 \times 21 - 5 \times 3{,}783:6 \times 21 = 0{,}0003$. Es ist str. $(\mu_G{}^2 - X) = \pm\, 0{,}084$. Für Q^2 erhält man 1,003, und für Q ergibt sich 1,002. Man hat eine Ordnung der Kollektivglieder, welche rein zufällig ist.

169. Die Zahlentafel 35 zeigt die Verteilung der Dehnungswerte eines Kollektivs von Tombakdrähten der Legierung 72/28, das in Klassen zu je 3 Argumenteinheiten eingeteilt ist. Der Umfang des Kollektivs ist $N = 1040$. Diese 1040 Einzelglieder sind zu Gruppen von je 5 Einzelgliedern zusammengefaßt, und es wurde die mittlere Dehnung jeder Gruppe errechnet. Diese Gruppenmittel, 208 an der Zahl, sind in Klassen zu je einer Argumenteinheit eingeteilt. Das Mittel der 1040 Einzelwerte errechnet sich zu 30,87% Dehnung; das Mittel der 208 Gruppenmittel ergibt sich »zufällig« zu genau demselben Wert.

Die Auswertung der beiden Verteilungen nach den Streuungsverhältnissen gibt die Zahlentafel 35. Man ermittelt eine übernormale Dispersion, die Materie läßt bezüglich Einheitlichkeit zu wünschen übrig.

Zur Veranschaulichung der Schwankungsverhältnisse des vorliegenden Kollektivs lassen sich wieder reine Zufallsverteilungen errechnen, welche als Zufallsschwankungen Werte aufweisen, welche gleich den Gesamtschwankungen, Realabweichungen und Zufallsschwankungen der empirischen Materie sind. Für die Rechnung in Klasseneinheiten zeigt diese Verteilungen die Zahlentafel 35, für eine Rechnung in Argumenteinheiten bringt die Zahlentafel 36 die entsprechenden Verteilungen. Die graphische Darstellung der Verhältnisse gibt in Klasseneinheiten die Abb. 81 und in Argumenteinheiten die Abb. 82. Die genauere Darstellung zeigt die Abb. 82. Die gestrichelte Kurve dieser Abbildung gibt die bezüglich der Streuung ideale Verteilung des vor-

Zahlentafel 35.

Verteilung der Dehnungswerte von Tombakdrähten 72/28.

Empirisches Kollektiv				Symmetrische Zufallsverteilung mit				Asymmetrische Zufallsreihe gleicher Gesamtstreuung $1040\left(\frac{7}{10}+\frac{3}{10}\right)^5$	
Einzelwerte		Gruppen zu je 5 Einzelwerten		Gesamtstreuung $n=4\,\mu_E^2=4$		Zufallsstreuung $n=4\,(\mu_E^2-X)=2$			
Klasse	z	Klasse	z	Klasse	z	Klasse	z	Erfolge	z
20	1	25,4	1					0	3
23	18	26,4	6					1	29
26	116	27,4	13	0	65			2	137
29	304	28,4	24	1	260	0	260	3	321
32	412	29,4	23	2	390	1	520	4	374
35	180	30,4	32	3	260	2	260	5	175
38	7	31,4	41	4	65				
41	2	32,4	27	$M=2$		$M=1$		$M=3{,}5$	
	1040	33,4	26	$\mu^2=1$		$\mu^2=0{,}5$		$\mu^2=1{,}05$	
		34,4	12	$\cong \mu_E^2$ in Klassen²		$\cong (\mu_K^2-X)$ in Klassen²		$\cong \mu_E^2$ in Klassen²	
		35,4	3						
			208						

$M_E = 30{,}87\%$ | $M_G = 30{,}87\%$

$\mu_E^2 = 0{,}984$ Klassen^2 $= 8{,}856$ (% Dehnung)^2 | $\mu_G^2 = 4{,}624$ (% Dehnung)^2

$X = \frac{5}{4}\mu_G^2 - \frac{1}{4}\mu_E^2 = 3{,}566\,(\%\,D)^2 = 0{,}396$ Klassen^2

$\mu_E^2 - X = 8{,}856 - 3{,}566 = 5{,}29\,(\%\,D)^2 = 0{,}588$ Klassen^2

$\mu_G^2 - X = 1{,}06\,(\%\,D)^2$

str. $\mu_E^2 = \pm\,\mu_E^2\sqrt{\frac{2}{N}} = \pm\,0{,}3897\,\%\,D$

str. $\mu_G^2 = \pm\,\mu_G^2\sqrt{\frac{2}{Z}} = \pm\,0{,}4578\,\%\,D$

str. $\mu_G = \pm\,\mu_G\sqrt{\frac{1}{2Z}} = \pm\,0{,}108\,\%\,D$

str. $(\mu_G^2 - X) = \pm\,0{,}104\,\%\,D$

$Q^2 = 4{,}4.$

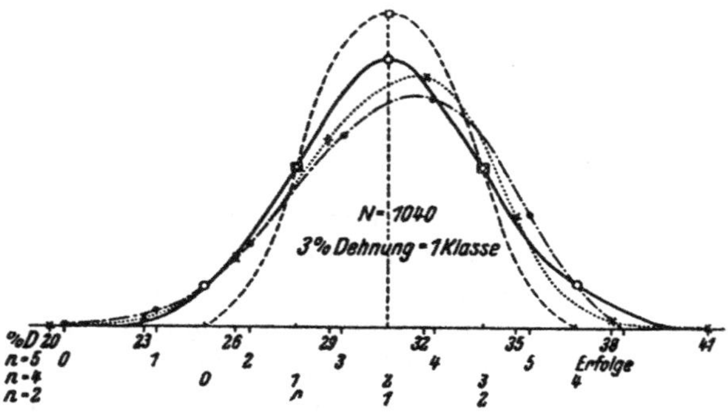

Abb. 81.

liegenden Kollektivs; die strichpunktierte Kurve gibt die beträchtlichen Realschwankungen der empirischen Materie wieder, und die ausgezogene Kurve stellt eine Zufallsverteilung dar, deren zufälligen Abweichungen

Zahlentafel 36.

Zufallsverteilungen zu den Schwankungen des Kollektivs der Zahlentafel 35.

Mit Gesamtstreuung $n = 4\,\mu_E^2 = 35$		Mit Zufallsstreuung $n = 4\,(\mu_E^2 - X) = 21$		Mit systematischer Streuung $n = 4\,X = 14$	
Klasse	z	Klasse	z	Klasse	z
8	1				
9	2				
10	6	3	1		
11	13	4	3		
12	25	5	10	1	1
13	45	6	27	2	6
14	70	7	57	3	23
15	98	8	101	4	63
16	123	9	146	5	127
17	137	10	175	6	191
18	137	11	175	7	218
19	123	12	146	8	191
20	98	13	101	9	127
21	70	14	57	10	63
22	45	15	27	11	23
23	25	16	10	12	6
24	13	17	3	13	1
25	6	18	1		
26	2				
27	1				
	1040		1040		1040
$M = np = n \times {}^1/_2 = 17{,}5$		$M = np = n \times {}^1/_2 = 10{,}5$		$M = np = n \times {}^1/_2 = 7$	
$\mu^2 = npq = n \times {}^1/_4 = 8{,}75$		$\mu^2 = npq = n \times {}^1/_4 = 5{,}25$		$\mu^2 = npq = n \times {}^1/_4 = 3{,}5$	

gleich den Gesamtschwankungen der empirischen Verteilung sind. Die empirische Verteilung ist durch Kreuze markiert in Abb. 82 eingetragen. Die vorliegende Materie ist nach den gemachten Feststellungen also beträchtlich verbesserungsfähig.

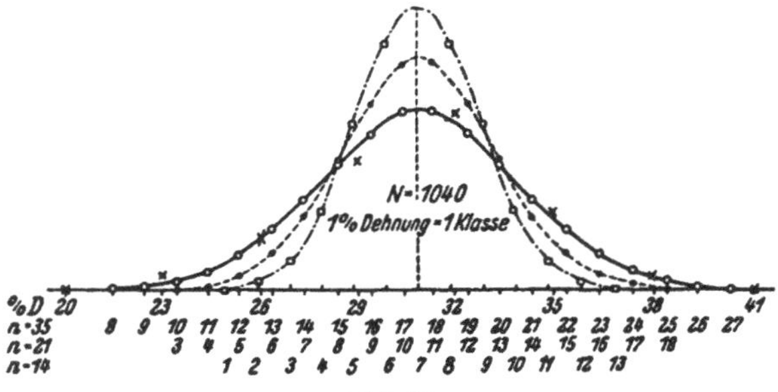

Abb. 82.

170. Die Zahlentafel 37 gibt die Verteilung von 330 Einzelwerten und 66 Gruppenmitteln über Dehnungen von Tombakdrähten 75/25 sowie die Auswertung der Verteilungen bezüglich der Streuungsverhält-

Zahlentafel 37.

Verteilung der Dehnungswerte von Tombakdrähten $^{75}/_{25}$.

Empirisches Kollektiv				Symmetrische Zufallsverteilungen							
				1 Klasse = 2 % Dehnung				1 Klasse = 1 % Dehnung			
Einzelwerte		Gruppen zu je 5 Einzelwerten		mit Gesamtstreuung ($n = 5$)		mit Zufallsstreuung ($n = 4$)		mit Gesamtstreuung ($n = 21$)		mit Zufallsstreuung ($n = 18$)	
Klasse	z	Klasse	z	Klasse	z	Klasse	z	Klasse	z	Klasse	z
32,5	14	34,4	2	0	10	0	21	4	1	3	1
34,5	56	35,4	5	1	51	1	82	5	3	4	4
36,5	100	36,4	16	2	104	2	124	6	8	5	11
38,5	93	37,4	25	3	104	3	82	7	18	6	23
40,5	58	38,4	11	4	51	4	21	8	32	7	40
42,5	6	39,4	5	5	10			9	46	8	55
	330	40,4	2					10	56	9	61
			66					11	56	10	55
								12	46	11	40
								13	32	12	23
								14	18	13	11
								15	8	14	4
								16	3	15	1
								17	1		
$M_E = 37{,}37\%$ $\mu_E^2 = 1{,}3$ Klassen² = 5,2 (% Dehnung)²		$M_G = 37{,}32\%$ $\mu_G^2 = 1{,}56$ Klassen² = 1,56 (% Dehnung)²		$M = 2{,}5$ $\mu^2 = 1{,}25$ $\cong \mu_E^2$ in Klassen²		$M = 2$ $\mu^2 = 1$ $\cong (\mu_E^2 - X)$ in Klassen²		$M = 10{,}5$ $\mu^2 = 5{,}25$ $\cong \mu_E^2$ in (% Dehnung)²		$M = 9$ $\mu^2 = 4{,}5$ $\cong (\mu_E^2 - X)$ in (% Dehnung)²	

$X = {}^5/_4\,\mu_G^2 - {}^1/_4\,\mu_E^2 =$ 0,64 (% Dehnung)² = 0,16 Klassen²

$\mu_E^2 - X = 5{,}2 - 0{,}64 =$ 4,56 (% Dehnung)² = 1,14 Klassen²

$\mu_G^2 - X = 0{,}92$ (% D)²

str. $\mu_G = \sqrt{\mu_G^2/2\,Z} = \pm\, 0{,}109\,\%\, D$

str. $(\mu_G^2 - X) = \pm\, 0{,}16\,\%\, D$

$Q^2 = 1{,}7$.

nisse der Materie. Man erhält Realschwankungen, die gesichert, ihrem absoluten Betrage nach aber nur gering sind.

Die symmetrischen binomialen Verteilungen, welche bzw. die Gesamtstreuung und die Zufallsstreuung der vorliegenden Materie veranschaulichen können, sind in Zahlentafel 37 ebenfalls aufgeführt, und zwar einmal für die Klasseneinheit und einmal für die Argumenteinheit als Grundlage für die Vergleichsverteilung. Es ist also einmal die Klasse der Zufallsmaterie gleich der Klasse der empirischen Verteilung, gleich 2% Dehnung, und im andern Fall ist die Klasse der Zufallsmaterie gleich der halben Klasse der empirischen Verteilung, gleich 1% Dehnung. Rechnet man mit empirischen Klasseneinheiten, so gibt die Auswertung durch Errechnung der den zufälligen empirischen Abweichungen entsprechenden Zufallsverteilung mit Hilfe der binomischen Formel ein für die empirischen Zufallsabweichungen etwas zu ungünstiges Bild. Man erhält für die Vergleichskurve $n = 4{,}56$; es läßt sich nach der binomischen Formel aber lediglich eine Verteilung mit $n = 4$ oder $n = 5$, das dem genauen n-Wert näher liegt, herleiten. Es ist jedoch eine Verteilung für $n = 4{,}5$ ungefähr durch graphische Interpolation zu erhalten. Man kann diese Unbequemlichkeit aber auch umgehen, indem man mit Hilfe der Zahlentafel 13 die Gaußsche Verteilung herleitet, die genau die empirische Streuung $\mu^2 = 1{,}14$ besitzt. Endlich kann man statt mit Klasseneinheiten mit Argumenteinheiten bei der Herleitung der binomialen Vergleichsverteilungen rechnen. Man erhält dann größere Werte für die empirischen Streuungen, gelangt dadurch zu größeren n-Werten, und bei diesen fällt eine Aufrundung oder eine Abrundung zur nächsten ganzen Zahl nicht mehr so stark ins Gewicht wie bei kleineren n-Werten.

In entsprechender Weise lassen sich die Streuungsverhältnisse der Gruppen graphisch illustrieren. Es beträgt für die Gruppen bei einer Rechnung mit Argumenteinheiten die gesamte, die zufällige und die wirkliche Streuung bzw. 1,56, 0,92 und 0,64. Man errechnet die n-Werte für die binomialen Verteilungen, deren Zufallsstreuungen bzw. gleich sind der empirischen gesamten, zufälligen und wirklichen Streuung zu bzw. 6, 3,5 und 2,5. Die Kurven mit den gebrochenen n-Werten ergeben sich durch Interpolation zwischen den Kurven mit den benachbarten ganzen n-Werten.

XVII. Abschnitt.

Beurteilung, Vergleiche und Lieferungsbedingungen technischer Fabrikate und Materien[1]).

171. Der Charakterisierung einer Materie dienen in erster Linie ihr Mittelwert und ihre Streuung μ^2 bzw. μ. Für Reihen unstetiger Argumentwerte mag gegebenenfalls die Festlegung der mittleren Wahrscheinlichkeit p und der Streuung der Einzelwahrscheinlichkeiten $\mu_1^2 = \frac{\mu^2}{n^2}$ vorzuziehen sein. Es tritt zu diesen Größen als weiteres Charakteristikum zur Beurteilung einer Materie die Streuung, die Sicherheit des Mittels (bzw. der mittleren Wahrscheinlichkeit) und der Streuung. Man hat mit anderen Worten den Mittelwert genau als $M \pm \frac{\mu}{\sqrt{N}}$ und die Streuung als $\mu^2 \pm \mu^2 \sqrt{\frac{2}{N}}$ bzw. als $\mu \pm \frac{\mu}{\sqrt{2N}}$ festzulegen. Als relative

[1]) Vgl. R. Becker, H. Plaut und J. Runge, »Anwendungen der mathematischen Statistik auf Probleme der Massenfabrikation«, sowie Dr. H. C. Plaut, »Fabrikationskontrolle«.

Vergleichsmasse der Streuung dienen der Variabilitätskoeffizient bzw. der Dispersionskoeffizient, welche die Streuung zum Mittel in Beziehung setzen bzw. an der entsprechenden Zufallsstreuung messen.

Für Sonderzwecke und vergleichende Beurteilungen kann man neben der mittleren Abweichung die durchschnittliche Abweichung $\delta\ [1 \pm \sqrt{(\pi - 2) : 2N}]$ festlegen. Insbesondere läßt die Abweichung des Verhältnisses $\frac{\mu}{\delta}$ von seinem Idealwert 1,2533 oder der Größe $2\,\mu^2 : \delta^2$ von ihrem Idealwert π einen Schluß auf die mehr oder weniger gute Annäherung einer Materie an die Verhältnisse einer Gaußschen Verteilung zu. Als reziprokes Streuungsmaß dient zur Messung der Beständigkeit oder Einheitlichkeit $h = \pm 1 : \mu \sqrt{2}$, welcher Wert bei Gaußscher Verteilung identisch wird mit $\pm 1 : \delta \sqrt{\pi}$. Der mittlere Abrundungsfehler mißt in Einheiten der letzten Dezimalstelle $\pm 1 : \sqrt{12} = \pm 0{,}29$. Für einen Mittelwert aus n Beobachtungen beträgt der Abrundungsfehler in Einheiten der letzten Dezimale $\pm 0{,}29 : \sqrt{n}$. Das Abrundungsintervall soll höchstens das Doppelte der anderweitigen mittleren Abweichungen betragen.

Die Größen μ und δ berücksichtigen lediglich die Absolutwerte vorhandener Abweichungen. Es ist daher von Wichtigkeit, außerdem die Richtung der Abweichungen aufeinanderfolgender Einzelwerte zu untersuchen und überhaupt die Aufeinanderfolge der Einzelwerte bezüglich Richtung und Größe ihrer Abweichungen auf ihren zufälligen oder nicht zufälligen Charakter zu überprüfen. Für eine Gaußsche Verteilung ist die Anzahl der positiven Abweichungen gleich der Anzahl der negativen Abweichungen gleich $\frac{N}{2}$. Es ist die Vorzeichensumme der Abweichungen der Einzelwerte von M für gerades N gleich 0 und für ungerades N gleich ± 1. Die Streuung dieser Idealwerte mißt $\pm \sqrt{N}$, d. h. es besteht die Wahrscheinlichkeit 0,68, daß die Vorzeichensumme zwischen $+\sqrt{N}$ und $-\sqrt{N}$ liegt; eine Reihe von Werten, die mehr als $\frac{N}{2} + \frac{3}{2}\sqrt{N}$ positive oder negative Abweichungen aufweist, läßt mit Sicherheit den Schluß zu, daß keine Gaußsche Verteilung vorliegt. Bestimmt man die Häufigkeit der Aufeinanderfolge gleicher Abweichungsrichtungen f und die Anzahl der Vorzeichenwechsel w der Abweichungen, so ist für Gaußsche Verteilungen der wahrscheinlichste Wert $(f - w)$ gleich 0 mit einer Streuung $\pm \sqrt{N - 1}$. Diese Tatsache gestattet die Überprüfung der natürlichen, gegebenen Aufeinanderfolge einer Beobachtungsreihe auf ihren Zufallscharakter. Ordnet man eine Reihe absichtlich nach einer bestimmten Ursache, nach gewissen Einflüssen, die vermutlich systematische Abweichungen bedingen können, so ergibt die Anwendung der geschilderten Untersuchungsmethode Aufschluß über Zutreffen oder Nichtzutreffen der gehegten Vermutung. Dasselbe gilt für die folgenden Untersuchungsmethoden, welche nicht allein die Abweichungsrichtungen sondern auch die Stärke der Abweichungen, die Sprünge der Einzelwerte erfassen.

Diese allgemeine Überprüfung der Aufeinanderfolge der Argumentwerte einer statistischen Reihe auf den Zufallscharakter des Wechsels der verschiedenen Argumentwerte erfolgt durch die Aussonderung von Teilkollektiven, durch Stellen- oder Gliederauswahl, durch Unterteilung einer Reihe in Teilreihen und Vergleich der typischen Daten der Teilkollektive unter sich und mit den entsprechenden Daten der Gesamtreihe oder aber nach dem Abbeschen Kriterium. Folgen die Einzelwerte einer Reihe nach dem Gesetz des Zufalls aufeinander, so kommt dem Verhältnis $2\,\mu^2 : [\Sigma\,(E_b - E_a)^2 : N]$ der Wert $1 \pm 1 : \sqrt{N}$ zu. Man kann diese Differenzenmethode noch weiterführen, indem man, stets unter Beachtung der Vorzeichen, wieder die Differenzen der Differenzen der Einzelwerte, dann die Differenzen der zweiten Differenzen bildet usf. Bezeichnet man die Reihe der ersten Differenzen $(E_b - E_a)$ mit D_1, die Reihe der zweiten Differenzen $(D_{1b} - D_{1a})$ mit D_2, so gilt allgemein für die $k$te Differenzenreihe D_k, daß $\Sigma\,(D_k)^2 : N = \mu^2 \binom{2\,k}{k}$ ist, sofern die Aufeinanderfolge der Einzelwerte der ursprünglichen Reihe eine zufällige ist.[1])

Die Verteilung einer Materie auf ihre verschiedenen Argumentwerte kann unter Heranziehung idealer Vergleichsverteilungen, hergeleitet nach dem Exponentialgesetz oder als binomiale Reihen, auf ihren Gaußschen bzw. ihren zufälligen Charakter überprüft werden. Den Grad einer Asymmetrie legt man durch die Schiefe fest.

Liegen über eine Materie verschiedene Beobachtungsserien vor und setzen sich diese Serien aus verschieden vielen Einzelbeobachtungen, aus Einzelbeobachtungen verschiedener Genauigkeit oder aus Einzelserien verschiedener Beständigkeit zusammen, so sind bei der Charakterisierung der Materie auf Grund aller Beobachtungsserien diesen verschiedene Gewichte beizulegen. Diese Gewichte sind direkt proportional der Anzahl der Einzelglieder pro Serie, und sie sind indirekt proportional dem mittleren Fehlerquadrat bzw. dem mittleren Abweichungsquadrat einer Serie. Es gilt:

$$p_1 : p_2 = n_1 : n_2 \text{ bzw. } p_1 : p_2 = {\mu_2}^2 : {\mu_1}^2 = {h_1}^2 : {h_2}^2 \text{ bzw. } p_1 : p_2 = \left(\frac{n_1}{{\mu_1}^2}\right) : \left(\frac{n^2}{{\mu_2}^2}\right)$$
$$= {\mu_{M_2}}^2 : {\mu_{M_1}}^2.$$

Man erhält M_g als $(p_1 M_1 + p_2 M_2 + \ldots) : \Sigma p$ und bezeichnet M_g als

[1]) Vgl. Veröffentlichungen der Frankfurter Gesellschaft für Konjunkturforschung, Heft 4, 1929 (»Die Korrelationsrechnung in der Konjunkturforschung« von O. Anderson), S. 54 ff.

gewogenes Mittel, im Unterschied zu dem ungewogenen Mittel, das für Z Beobachtungsserien als $(M_1 + M_2 + \ldots) : Z$ unter der Voraussetzung resultiert, daß den einzelnen Beobachtungen gleiches Gewicht beizulegen ist. Diese Voraussetzung kann als zu Recht bestehend betrachtet werden, wenn die Abweichung des ungewogenen Mittels vom gewogenen das 3 fache der mittleren Abweichung des gewogenen Mittels nicht übertrifft. Das mittlere Abweichungsquadrat des gewogenen Mittels ergibt sich als $(p_1 (M_1 - M_g)^2 + p_2 (M_2 - M_g)^2 + \ldots) : Z \Sigma p$. Stimmen ungewogenes Mittel und gewogenes Mittel nicht überein, so ist die Durchführung einer Ausgleichungsrechnung erforderlich. Liegen systematische Abweichungen der einzelnen Beobachtungsserien vor, so differieren die Streuung einer Beobachtung des Gewichts p und die entsprechende Streuung für p Gewichtseinheiten nach der Ausgleichung, $[(p_1 (M_1 - M_g)^2 + p_2 (M_2 - M_g)^2 + \ldots) : pZ]\,(1 \pm \sqrt{2 : Z})$, oder die Streuung des Mittels mit Σp Gewichtseinheiten vor der Ausgleichung, als oder (Σp)te Teil des Streuungsquadrates der Beobachtung des Gewichts $p = 1$, und die Streuung des Mittels nach der Ausgleichung, $[(p_1 (M_1 - M_g)^2 + p_2 (M_2 - M_g)^2 + \ldots) : Z \Sigma p]\,(1 \pm \sqrt{2 : Z})$. Durch diese Untersuchungen erhält man Aufschluß über die Frage, ob systematische Abweichungen, reale Schwankungen zwischen den verschiedenen Beobachtungen vorliegen, oder ob die verschiedenen Untersuchungsergebnisse nur zufällig schwanken.

Man bestimmt weiterhin die Größe eventueller Realschwankungen, man untersucht die für eine Materie ermittelte Streuung μ^2 auf ihren absoluten und relativen Gehalt an Realabweichungen, entweder durch Vergleich der Gruppenmittelstreuung mit der Einzelwertstreuung des Gesamtkollektivs oder nach den Regeln der Lexisschen Dispersionstheorie. Im Zusammenhang hiermit oder durch die erwähnten Sonderuntersuchungen ergibt sich die Möglichkeit, eventuelle Untersuchungsschwankungen zu bestimmen. Man kann außerdem die Art vorhandener Realabweichungen bzw. deren Ursachen ermitteln. Dies sind die wesentlichsten Punkte, welche zur Beurteilung einer Materie für sich zu überprüfen und zu berücksichtigen sind. Eine wichtige Frage für alle technischen Betriebe ist aber überdies die des Vergleichs zweier Fabrikate.

172. Sollen zwei Materien, welche derselben Materie im weiteren Sinne angehören, wie z. B. die Genauigkeit oder Härte der Stahlkugeln zweier Firmen oder die Brenndauer verschiedener Glühbirnenfabrikate verglichen werden, so wäre es natürlich ganz abwegig, auf Grund eines Einzelversuchs mit beiden Proben zu urteilen. Man hat vielmehr eine Reihe von Gliedern jedem der beiden zu vergleichenden Fabrikate zu entnehmen, zu überprüfen und die Prüfergebnisse auszuwerten. Dabei müssen selbstverständlich systematische Fehler, bestehend in einer nicht beliebigen und daher nicht zufälligen Auswahl der zu prüfenden

Glieder, in falscher Einstellung eines Meßapparates u. dgl. vermieden werden. Die darüber hinaus auftretenden Schwankungen können, soweit sie nicht in den Materien selbst begründet sind, sondern in letzter Linie Prüfschwankungen sind, ermittelt und eliminiert werden.

Hat man zwei zu vergleichenden Materien je eine Reihe von n Gliedern entnommen und geprüft, so ergeben sich als nächstliegendste Vergleichsdaten die Mittelwerte M_1 und M_2 der beiden Materien. Es ist die Materie die bessere, welche den höheren Mittelwert besitzt (sofern es sich nicht um »negative Qualitäten« wie die Abnahme der Leuchtkraft zweier Glühlampenfabrikate oder die Ausschußmengen zweier Betriebe handelt, in welchen Fällen naturgemäß der kleinere Mittelwert das bessere Ergebnis bedeutet). Die Differenz zwischen den beiden Mittelwerten legt den Qualitätsunterschied der beiden Materien fest. Soll eine derartige Festlegung eines Qualitätsunterschiedes Sinn und Berechtigung haben, so ist gleichzeitig die Frage zu klären, ob die Differenz der beiden Mittelwerte wirklich oder nur zufällig ist. Die beiden zu vergleichenden Materien unterscheiden sich tatsächlich, wenn

$$M_1 - M_2 > 3\sqrt{\frac{\mu_1^2}{n_1} + \frac{\mu_2^2}{n_2}}$$

ist. Macht die Differenz dagegen weniger aus als das Dreifache ihrer mittleren Abweichung, so darf es nicht als sicher angesprochen werden, daß das Fabrikat mit dem besseren Mittelwert auch wirklich das bessere sei, denn es ist sehr gut möglich, daß eine zweite Untersuchung der beiden Materien zu den umgekehrten Verhältnissen führt wie die erste Untersuchung. Nur wenn wiederholte Untersuchungen von je n Proben aus beiden Fabrikaten immer wieder ergeben, daß z. B. $M_1 > M_2$ ist, darf dieser Unterschied auch bei beliebiger Größe als real betrachtet werden.

Man kann die Qualitätsbeurteilung zweier Materien auch noch auf andere Weise vornehmen, und zwar mit Hilfe der Gaußschen Verteilungsfunktion. Hat man zwei Materien je n beliebige Proben ohne besondere Auswahl entnommen, hat ihre Mittelwerte und die Differenz $U = M_1 - M_2$ der Mittelwerte festgelegt, so ist die Wahrscheinlichkeit dafür, daß bei nur einer Probeentnahme aus beiden Materien der Unterschied $E_1 - E_2 = u$ beträgt unter der Voraussetzung, daß die beiden Materien wenigstens angenähert Gaußsche Verteilung besitzen, durch die »e hoch minus x^2«-Funktion gegeben mit $x = (U - u) : \sqrt{2}\mu$. Es ist

$$p_U\, d\, u = \frac{1}{\mu\sqrt{2\pi}}\, e^{-\frac{(U-u)^2}{2\mu^2}}\, d\, u$$

die Wahrscheinlichkeit dafür, daß bei einer Probenahme aus beiden Materien der Unterschied $E_1 - E_2$ zwischen u und du liegt. Für die Streuung μ ist in diesem Ausdruck, wenn μ_1 und μ_2 die Streuungen der beiden Materien sind, die Streuung der Differenzen mit dem Mittel U, also $\mu = \sqrt{\mu_1^2 + \mu_2^2}$ zu setzen. Die Funktion für die Wahrscheinlichkeit läßt erkennen, daß die Verteilungskurve der Wahrscheinlichkeitswerte für verschiedene Werte u eine symmetrische Wahrscheinlichkeitskurve darstellt mit dem Mittel $M = U = M_1 - M_2$ und der Streuung $\mu = \sqrt{\mu_1^2 + \mu_2^2}$.

Fragt man lediglich nach der Wahrscheinlichkeit, die dafür besteht, daß von zwei den beiden zu vergleichenden Materien beliebig entnommenen Proben diejenige den besseren Wert zeigt, deren Materie auf Grund der Mittelwerte M_1 und M_2 ebenfalls als die bessere anzusprechen ist, fragt man mit anderen Worten nach der Wahrscheinlichkeit dafür, daß für $M_1 > M_2$ und daher positivem Wert für U auch $E_1 > E_2$ ist und daher auch u positiv wird, so ergibt sich diese Wahrscheinlichkeit zu

$$p_U = 0{,}5\left(1 + \frac{2}{\sqrt{\pi}}\int\limits_0^{\frac{U}{\sqrt{2}\mu}} e^{-u^2}\,d\,u\right) = 0{,}5\,[1 + \Phi\,(U)].$$

Man hat demnach in einem speziellen Falle nach Zahlentafel 14 zu dem bestimmten Wert $\frac{U}{\mu}$ den Wert $\Phi\,(U)$ des Integrals zu bestimmen, man addiert diesen Wert zu 1 und halbiert die Summe.

Der umgekehrte Fall: Hat man zwei Materien je eine Einzelprobe entnommen und die Werte E_1 und E_2 mit der Differenz u experimentell festgestellt, so ist die Wahrscheinlichkeit dafür, daß der wirkliche Unterschied der beiden Materien $M_1 - M_2 = U$ ist, berechenbar als

$$p_u\,d\,U = \frac{1}{\mu\sqrt{2\pi}}\,e^{-\frac{(U-u)^2}{2\mu^2}}\,d\,U.$$

Man erkennt, daß dieser Wahrscheinlichkeitswert mit dem Wahrscheinlichkeitswert $p_U d u$ des umgekehrten Falles identisch ist. Es ist dies auch ohne weiteres verständlich, da ja die beiden Fälle durch dieselbe Häufigkeitskurve illustriert werden. Es ist lediglich im einen Fall das Mittel U der Verteilung gegeben, wogegen im zweiten Fall ein bestimmter Einzelwert u derselben Verteilung gegeben ist. Es ist sodann wieder die Wahrscheinlichkeit dafür, daß der festgestellte bessere Einzelwert der auch in Wirklichkeit besseren Materie entstammt, daß also zu einem positiven $u = E_1 - E_2$ ein ebenfalls positiver Wert $U = M_1 - M_2$ gehört:

$$p_u = 0{,}5\left(1 + \frac{2}{\sqrt{\pi}}\int\limits_0^{\frac{u}{\sqrt{2}\mu}} e^{-u^2}\,d\,u\right) = 0{,}5\,[1 + \Phi\,(u)].$$

Man sieht ohne weiteres ein, die zuletzt behandelte Fragestellung des Schlusses von zwei gegebenen Einzelwerten bzw. ihrer Differenz u auf die Mittel zweier Materien, d. h. auf diese Materien selbst, hat nur dann praktischen Sinn, wenn man über die Streuungsverhältnisse der Materien, die verglichen werden sollen, bereits ungefähr informiert ist, da andernfalls die Berechnung der Streuungen auch die Berechnung der Mittel erforderlich macht, womit aber die Frage bereits durch die Vorarbeit zur Beantwortung exakt beantwortet wird.

Entnimmt man den zu vergleichenden Materien nicht Einzelproben, was auch praktisch wenig Sinn hat, sondern eine Reihe von n Einzelproben mit den Mittelwerten M_1 und M_2, so gelten die angeführten Formeln in gleicher Weise. Es treten lediglich an die Stelle der Einzelwertstreuungen μ_1 und μ_2 die Gruppenmittelstreuungen μ_{M_1} und μ_{M_2}, also die Werte $\frac{\mu_1}{\sqrt{n}}$ und $\frac{\mu_2}{\sqrt{n}}$. Hat man somit zwei Materien, entnimmt man beiden bzw. n_1 und n_2 Proben, bestimmt für diese Teilkollektive M_1 und M_2 sowie μ_1 und μ_2, so ist die Wahrscheinlichkeit dafür, daß die Materie mit dem besseren Mittel auch tatsächlich die bessere Materie ist, bestimmbar als

$$p_{(M_1-M_2)} = 0{,}5\left(1+\frac{2}{\sqrt{\pi}}\int\limits_0^{\frac{M_1-M_2}{\sqrt{2}\,\mu}} e^{-u^2}\,du\right) = 0{,}5\,(1+\Phi\,(M_1-M_2)].$$

Für die Streuung μ hat man den Wert $\sqrt{\frac{\mu_1^2}{n_1}+\frac{\mu_2^2}{n_2}}$ zu nehmen. Man entnimmt dann den Wert Φ zu $(M_1 - M_2):\mu$ der Zahlentafel 14 und errechnet damit die Wahrscheinlichkeit p.

Die Ergebnisse, welche man durch diese Beurteilung zweier Materien erhält, stimmen überein mit dem Ergebnis, das der Vergleich der Differenz $M_1 - M_2$ mit deren mittlerer Abweichung liefert. Im Grunde unterscheiden sich die beiden Methoden auch nicht voneinander. Ist $M_1 - M_2$ gleich oder größer als $3\,\mu$, so ist die Differenz gesichert; es besteht mit anderen Worten die Wahrscheinlichkeit 1 dafür, daß der bessere Mittelwert der besseren Materie zukommt. Nun gibt aber der angeführte Integralausdruck für diese Wahrscheinlichkeit die Gaußsche Verteilung aller möglichen Differenzen $M_1 - M_2$ bezüglich des Mittelwertes null dieser Differenz, welche Verteilung ebenfalls die Streuung μ besitzt. Es mißt daher die Ausdehnung der Verteilung $\pm\,3\,\mu$ nach beiden Seiten des Mittels der Differenz, so daß zwischen dem wirklichen Mittel der Verteilungskurve und Differenzen, die größer als $3\,\mu$ sind, alle möglichen Differenzen der Verteilung liegen und die großen Differenzen $3\,\mu$ und mehr sich der Verteilungskurve nicht mehr einfügen, also reale Abweichungen bedeuten. Rechnerisch wirkt sich dies so aus, daß man nach Zahlentafel 14 für ein Verhältnis $(M_1 - M_2): \mu = 3$ oder mehr für Φ rund den Wert 1 erhält, so daß $p = 0{,}5\,(1 + \Phi)$ ebenfalls zu 1 wird. Ist der Unterschied zwischen M_1 und M_2 kleiner als $3\,\mu$, so ist die Realität der Differenz nicht gesichert. Solche kleineren Differenzen liegen aber noch auf der Verteilungskurve der Differenzen, so daß sie tatsächlich zufällige Abweichungen des wirklichen Mittels der Differenz darstellen können. Wird das Verhältnis $(M_1 - M_2):\mu$ aber kleiner als 3, so wird auch der Wert für Φ kleiner als 1, und mithin wird auch die Wahrscheinlichkeit p kleiner als 1, d. h. sie weicht ab von dem Grenzwert, der Sicherheit bedeutet, der Realität und nicht nur Möglichkeitsgrad bedeutet. Man erhält dabei durch die Integralmethode des Vergleichs zweier Materien für den Fall einer nicht gesicherten Differenz, einer Differenz mit einer Wahrscheinlichkeit kleiner als 1, ein graduelles Maß dieser Unbestimmtheit eben durch den Wert p, ohne daß man diesem aber größere Bedeutung beimessen könnte, da es Zufall ist, ob eine an und für sich zufällige Differenz größer oder kleiner innerhalb des Intervalls $3\,\mu$ erhalten wird, und da anderseits, wie schon des öfteren betont wurde, auch die kleinste Differenz noch real sein kann und nicht zufällig sein muß, worüber allein die mehrmalige Untersuchung derselben Materie Aufschluß zu geben vermag. Der Schluß auf die Realität einer Differenz ist sicher; dagegen ergibt sich für eine Differenz, die kleiner als das 3 fache ihrer mittleren Abweichung ist, lediglich, daß sie zufällig sein kann, aber nicht daß sie dies muß. Es ist noch folgendes zu beachten: Die Wahrscheinlichkeit für die Realität einer Differenz $(M_1 - M_2) = \pm U$, wobei $M_1 > M_2$ oder auch $M_2 > M_1$ sein kann, ist gegeben durch $\Phi\,(M_1 - M_2)$. Dagegen beträgt die Wahrscheinlichkeit für die Realität einer Differenz $(M_1 - M_2) = +U$ mit $M_1 > M_2$ (oder auch $M_1 - M_2 = -U$ mit $M_1 < M_2$) $p = 0{,}5\,[1 + \Phi\,(M_1 - M_2)]$. Da im 2. Fall die Richtung der Abweichung bereits festgelegt ist, so ist die Wahrscheinlichkeit dieses Falls stets größer als die des ersten, und zwar um $0{,}5\,[1 - \Phi\,(M_1 - M_2)]$. Für Verteilungen, die von einer Gaußschen Verteilung stark abweichen, tritt anstelle des Wertes Φ $(M_1 - M_2)$ ein Wert $> \left(1 - \frac{\mu^2}{(M_1 - M_2)^2}\right)$[1]. Einige Beispiele.

Die Zahlentafel 17 zeigt die Besetzungsverhältnisse einer Schachtglühofenanlage für zwei Halbjahre. Es ist $M_2 - M_1 = 0{,}29$. Man ermittelt weiterhin die Streuung der Verteilungskurve aller möglichen Differenzen mit dem Mittelwert 0, bezüglich welcher Verteilungskurve $M_2 - M_1 = 0{,}29$ einen Einzelwert darstellt, zu $\mu_D = \sqrt{\frac{\mu_1^2}{N_1} + \frac{\mu_2^2}{N_2}} = \pm\sqrt{\frac{0{,}757}{154} + \frac{0{,}723}{151}} = \pm 0{,}098$. Man erhält die Wahrscheinlichkeit

---

[1]) Vgl. Art. 40.

dafür, daß dem größeren Wert M_2 tatsächlich eine stärkere Besetzung der Anlage entspricht, und daß M_2 nicht nur zufällig größer als M_1 ist, als

$$p = 0{,}5\left(1 + \frac{2}{\sqrt{\pi}}\int\limits_0^{\frac{0{,}29}{0{,}098\sqrt{2}}} e^{-u^2}\,du\right).$$

Man bestimmt nach Zahlentafel 14 zu $\frac{0{,}29}{0{,}098} = 2{,}96$ den Wert $\Phi = 0{,}997$. Es ist somit $p = 0{,}5\,(1 + 0{,}997) = 0{,}999$ oder rund 1. Es ist demnach nahezu sicher, daß die Differenz keine zufällige sondern eine wirkliche ist.

Für die beiden Materien der Zahlentafel 24 ist $M_1 - M_2 = 0{,}17$. Man errechnet $\mu_D = \pm\sqrt{\frac{1{,}23}{332} + \frac{1{,}13}{144}} = \pm 0{,}107$. Für $\frac{0{,}17}{0{,}107} = 1{,}59$ ist $\Phi = 0{,}89$, und die Wahrscheinlichkeit dafür, daß die Materie 2 schlechter ist als die Materie 1 ergibt sich zu $p = 0{,}5\;(1 + 0{,}89) = 0{,}94$. Die Wahrscheinlichkeit dieser Schlußfolgerung ist also wohl relativ groß, aber diese Schlußfolgerung ist nicht sicher; die Realität eines Unterschiedes der beiden Materien ist nicht gesichert.

Vergleicht man Kollektive mit unstetig veränderlichen Merkmalen, so darf man, wenn die Serienumfänge n der beiden Reihen verschieden sind, nicht mit den Mittelwerten operieren, man muß in solchen Fällen die Wahrscheinlichkeiten für den Vergleich heranziehen. Der Vergleich selbst wird in derselben Weise wie für Mittelwerte gezogen. Für die Beispiele der Abb. 57 und 58 bestimmt man $p_A - p_B = 0{,}86 - 0{,}76 = 0{,}1$. Es ist $\mu_d = \pm\sqrt{0{,}612 : 36 \times 163 + 0{,}957 : 36 \times 169} = \pm\,0{,}016$. Für $(p_A - p_B) : \mu_d = 6{,}25$ ergibt sich $\Phi = 1$. Man hat die Wahrscheinlichkeit 1 dafür, daß der Arbeiter A besser arbeitet als der Arbeiter B, d. h. diese Feststellung entspricht den tatsächlichen Verhältnissen, der ermittelte Unterschied ist wirklich vorhanden und nicht lediglich als Folge von Zufälligkeiten zu werten.

173. Zur Beurteilung der eben behandelten Verhältnisse kann man noch den Begriff der Sicherheit einführen.[1]) Von einer Sicherheit kann man offenbar überhaupt nur dann reden, wenn die Wahrscheinlichkeit eines Ereignisses größer als 0,5 ist. Ein Wahrscheinlichkeitswert unter 0,5 bedeutet eine gewisse Sicherheit für das gegenteilige Ereignis, das nun die größere Wahrscheinlichkeit ausweist. Es wird hierbei die Sicherheit nicht als etwas Absolutes, sondern als eine graduell veränderliche Größe aufgefaßt. Bezeichnet man diese veränderliche Größe mit S, so kann man

$$S = 2\,(p - 0{,}5) = 2\,p - 1$$

[1]) R. Becker, H. Plaut und J. Runge, »Anwendungen der mathematischen Statistik auf Probleme der Massenfabrikation«.

setzen. Es ist S also nichts anderes als der relative Überschuß.[1]) Für $p = 0$ wird $S = -1$; dies bedeutet, daß die Sicherheit des gegenteiligen Ereignisses zu dem Ereignis mit der Wahrscheinlichkeit 0 gleich 1 ist, daß also dieses Ereignis sichersteht. Für $p = 0{,}5$ wird $S = 0$. Es besteht keine Sicherheit dafür, daß das Ereignis mit der Wahrscheinlichkeit 0,5 eintritt; die Wahrscheinlichkeit beider Möglichkeiten ist gleich, die Sicherheit beider Möglichkeiten ist ebenfalls gleich und 0. Wird $p = 1$, so wird $S = 1$; es ist ganz sicher, daß das Ereignis der Wahrscheinlichkeit 1 eintritt. Schwankt die Wahrscheinlichkeit von 0,5 bis 1, so vergrößert sich die Sicherheit des betreffenden Ereignisses von 0 auf 1; für Wahrscheinlichkeitswerte unter 0,5 bekommt man als negative Werte die Sicherheiten des Gegenteils zu dem Ereignis mit der Wahrscheinlichkeit p.

Formt man die angegebene Gleichung für S um, so ergibt sich

$$p = 0{,}5\,(S + 1).$$

Nach den vorhergehenden Ausführungen ist aber auch

$$p = 0{,}5\,(\Phi + 1).$$

Es folgt hieraus $S = \Phi$, es ist die Sicherheit eines Ereignisses somit durch das Gaußsche Verteilungsintegral gegeben:

$$S = \frac{2}{\sqrt{\pi}} \int_0^{\frac{x}{\sqrt{2}\,\mu}} e^{-u^2}\,du.$$

Es ist demnach z. B. die Sicherheit des Schlusses, der Mittelwert der Würfe der ersten Versuchsreihe der Zahlentafel 15 sei größer als der Mittelwert der zweiten Versuchsreihe, nur 0,38, also sehr gering. Es besitzt der Schluß, daß die Materie I der Zahlentafel 24 besser sei als die Materie II der Zahlentafel 24 eine Sicherheit $S = 0{,}89$, und es ist die Sicherheit der vorbehandelten Schlüsse betreffs Zahlentafel 17 und die Abb. 57 und 58 0,997 bzw. 1.

Die Ansprüche, die man an die Größe des Sicherheitsfaktors stellt, sind natürlich von Fall zu Fall sehr verschieden und richten sich nach den besonderen Verhältnissen, nach den Forderungen der Kunden, den an den Lieferanten gestellten Forderungen, Art des Materials u. dgl. m.

Erhält man eine Sendung von Drähten und ist die Durchprüfung aller Ringe oder Spulen auf Festigkeit oder Dehnung nicht möglich oder zu umständlich, oder hat man ein Material, das zu seiner Überprüfung eine Zerstörung erfordert, so wählt man aus der ganzen Materie n beliebige Glieder aus. Man bildet aus diesen Gliedern ein Kollektiv und wertet dieses aus. Erhält man lediglich eine kleinere Probe eines Draht-

---

[1]) Vgl. Art. 28.

materials von einem neuen Lieferanten, so kann man die ganze Probe durchprüfen und die ganze Probe als Teilkollektiv einer (nicht ausgeführten) großen Sendung betrachten. Es liegt allerdings in diesem Falle die Möglichkeit vor, daß das derart erhaltene Teilkollektiv nicht zufällig ausgesonderte Glieder umfaßt, daß vielmehr der Lieferant besonders gute Ware für die Probesendung ausgewählt hat. Man legt für das Kollektiv des Umfangs n den Mittelwert M' und die Streuung μ' fest. Wenn n klein ist, wird man das ermittelte μ' als Einzelwertstreuung einer Serie betrachtet, es ergibt sich dann die Gesamtstreuung der ganzen Materie zu $\mu^2 = \frac{\mu'^2\, n}{(n-1)}$. Die festgestellten Werte für M' und μ vergleicht man mit denen, welche man von dem Material fordert, und man überprüft zunächst, ob eine Differenz $M - M'$ real ist. Sie ist es, wenn sie größer ist als $3\sqrt{\mu_M{}^2 + \frac{\mu^2}{n}}$. Bestimmt man zu $(M - M')$: $\sqrt{\mu_M{}^2 + \frac{\mu^2}{n}}$ den Wert Φ, so hat man die Sicherheit dafür, daß M größer als M' ist. Es ist die Wahrscheinlichkeit dieses Schlusses $p = 0{,}5\, S + 0{,}5$.

Hat man auf Grund eines Versuches mit n Gliedern festgestellt, daß ein Material 1 besser ist als ein Material 2, und daß die Sicherheit dieses Schlusses S_1 ist, so kann man einen zweiten Vergleich in ganz entsprechender Weise durchführen, indem man den beiden Materien je nochmals n Glieder wahllos entnimmt, überprüft und die Ergebnisse auswertet. Man erhält auf Grund dieser zweiten Untersuchung einen zweiten Sicherheitsfaktor S_2. Es ergibt sich dann unter Berücksichtigung beider Vergleichsreihen die Sicherheit des gezogenen Schlusses als

$$S = (S_1 + S_2):(1 + S_1 S_2).$$

Man vergleicht also bei der Überprüfung und der Beurteilung zweier Materien zunächst deren Mittelwerte, die man an kleineren ausgesonderten Teilkollektiven bestimmen kann. Man legt mit anderen Worten die genauen Mittelwerte $M_1 \pm \mu_{M_1}$ und $M_2 \pm \mu_{M_2}$ fest und setzt die Differenz der beiden M in Beziehung zu der Quadratwurzel aus der Summe der beiden $\mu_M{}^2$. Der direkte Vergleich dieser beiden Werte ergibt, ob die Differenz als real angesprochen werden kann, oder ob sie mit mehr Berechtigung als zufällig zu betrachten ist, die Auswertung der beiden Werte zur Bestimmung des Φ-Wertes des Gaußschen Verteilungsintegrals ergibt die Sicherheit und hieraus die Wahrscheinlichkeit des Schlusses, daß das größere M der besseren Materie entstamme. Handelt es sich lediglich um die Wahrscheinlichkeit für die Realität eines Unterschieds $M_1 \gtrless M_2$, so wird diese durch Φ festgelegt. Für Materien, die deutlich von den Verhältnissen einer Gaußschen Verteilung abweichen, führt das Tschebyscheffsche Theorem zu einer Mindestwahrscheinlichkeit eines Schlusses.

174. Ebenso wichtig wie der Vergleich der Mittelwerte zweier Materien, ja in speziellen Fällen noch wichtiger, ist der Vergleich der Streuungen der beiden Materien. Man bestimmt daher auch die Streuung jeder Materie für das wahllos ausgesonderte Teilkollektiv genau als $\mu_1 \pm \mu_{\mu_1}$ und als $\mu_2 \pm \mu_{\mu_2}$, wobei μ_μ als $\frac{\mu}{\sqrt{2n}}$ festgelegt werden kann, solange n keinen Wert unter 5 aufweist. Es wird dann die Materie mit der kleineren Streuung die bessere sein. Es fragt sich auch hierbei wieder, ob eine festgestellte Streuungsdifferenz real ist oder ob ihr lediglich zufällige Bedeutung beigemessen werden soll. Man bestimmt die Streuung der Differenz zweier mittleren Abweichungen zu

$$\sqrt{\text{str.}^2 \mu_1 + \text{str.}^2 \mu_2} = \sqrt{\left(\frac{\mu_1}{\sqrt{2n_1}}\right)^2 + \left(\frac{\mu_2}{\sqrt{2n_2}}\right)^2} = \sqrt{\frac{\mu_1^2}{2n_1} + \frac{\mu_2^2}{2n_2}}.$$

Ist die Differenz $\mu_1 - \mu_2$ größer als das Dreifache ihrer mittleren Abweichung, so darf die Differenz als wirklich bestehend zwischen den beiden Materien angenommen werden, im anderen Fall ist dagegen die Annahme berechtigter, daß die Differenz nur eine zufällige, auf der Streuung der beiden μ-Werte beruhende ist. Statt der mittleren Abweichungen kann man auch deren Quadrate vergleichen. Ist $\mu_1^2 - \mu_2^2$ größer als das Dreifache der mittleren Abweichung dieser Differenz,

$$\sqrt{\text{str.}^2 \mu_1^2 + \text{str.}^2 \mu_2^2} = \sqrt{\left(\mu_1^2 \sqrt{\frac{2}{n_1}}\right)^2 + \left(\mu_2^2 \sqrt{\frac{2}{n_2}}\right)^2} = \sqrt{\frac{2\mu_1^4}{n_1} + \frac{2\mu_2^4}{n_2}},$$

so ist die Differenz als real zu betrachten, andernfalls kann sie wohl auch real sein, was aber erst durch eine Reihe von Untersuchungen zu entscheiden ist, und zunächst ist die Annahme berechtigter, daß die Differenz nicht wirklich ist. Bezeichnet man die mittlere Abweichung der Differenz mit μ, so läßt sich auch in diesem Fall wieder zu $(\mu_1 - \mu_2):\mu$ bzw. zu $(\mu_1^2 - \mu_2^2):\mu$ der Wert Φ und damit der Sicherheitsfaktor des gezogenen Schlusses bezüglich eines Streuungsunterschiedes bestimmen. Für μ ist der Wert des entsprechenden Wurzelausdrucks zu nehmen. Man hat allerdings zu berücksichtigen, daß die Verteilung der Streuung einer Streuung keine symmetrische ist; aber je größer n ist, um so geringer ist der Asymmetriegrad, so daß man wohl auch die Streuung unter Zuhilfenahme der Φ-Funktion überprüfen kann, zumal auch die Verteilung der Gruppenmittel, welche durch dieselbe Funktion dargestellt wird, in den seltensten Fällen eine ideale Gaußsche Verteilung ergibt.

Für das Beispiel der beiden Würfelversuche der Zahlentafel 15 findet sich $\mu_2^2 - \mu_1^2 = 2{,}996 - 2{,}928 = 0{,}068$. Es ist str. $\mu_1^2 = 2{,}928 \sqrt{\frac{2}{4096}} = \pm\, 0{,}0647$, und es ist str. $\mu_2^2 = 2{,}996 \sqrt{\frac{2}{6500}} = \pm\, 0{,}0526$. Man ermittelt $\mu = \sqrt{\text{str.}^2 \mu_1^2 + \text{str.}^2 \mu_2^2} = \pm\, 0{,}0834$. Es ist somit

$\mu_2^2 - \mu_1^2$ kleiner als 3μ, so daß man nicht folgern darf, daß die Versuche mit der zweiten Würfelserie eine größere Streuung besitzen als die Versuche mit den ersten 12 Würfeln. Bestimmt man $(\mu_2^2 - \mu_1^2)$: $\mu = 0{,}068:0{,}083 = 0{,}82$ und ermittelt nach Zahlentafel 14 hierfür den Wert Φ, so findet man mit 0,588 eine nur ganz geringe Sicherheit des Schlusses, daß die Materie 2 stärker streut als die Materie 1.

Zieht man den Vergleich an Hand der mittleren Abweichungen, so ist $\mu_2 - \mu_1 = 0{,}02$. Es ist str. $\mu_1 = \frac{1{,}711}{\sqrt{2 \times 4096}} = \pm 0{,}0189$, und es ist str. $\mu_2 = \frac{1{,}731}{\sqrt{2 \times 6500}} = \pm 0{,}0152$. Man bestimmt $\mu = \sqrt{\text{str.}^2\mu_1 + \text{str.}^2\mu_2} = \pm 0{,}0243$. Es ist wieder die Differenz kleiner als das Dreifache ihrer mittleren Abweichung und mithin nicht gesichert. Es ist wieder $\frac{x}{\mu} = 0{,}82$ und $\Phi = 0{,}588$.

Für die Materien der Zahlentafel 24 ist $\mu_1^2 - \mu_2^2 = 0{,}1$. Die mittlere Abweichung dieser Differenz ist $\mu = \pm 0{,}175$. Die Differenz ist nicht gesichert. Vergleicht man die mittleren Abweichungen, so steht der Differenz 0,04 eine mittlere Abweichung $\mu = \pm 0{,}075$ gegenüber. Man bestimmt für die beiden Differenzen bzw. $(\mu_1^2 - \mu_2^2)$: $\mu = 0{,}57$ und $(\mu_1 - \mu_2)$: $\mu = 0{,}53$; die Sicherheit des Schlusses, die Streuung der ersten Materie sei größer als die Streuung der zweiten Materie, beträgt hiernach nur 0,431 bzw. 0,404. Der Unterschied der beiden Werte erklärt sich aus der verschiedentlich nur näherungsweisen Berechnung. Man erhält somit eine nur ganz minimale Sicherheit für den gezogenen Schluß.

In besonderen Fällen wird man für die zu vergleichenden Materien auch die Anteile eventueller Realabweichungen an den ermittelten Gesamtstreuungen festlegen. Vergleicht man z. B. ein Spiel mit drei Würfeln auf einen bestimmten Erfolg mit einem Spiel mit sechs Würfeln auf denselben Erfolg, so hat es tatsächlich überhaupt gar keinen Sinn, die Gesamtstreuungen der beiden Materien in Beziehung zu setzen, da sich dieselben selbst im idealen Falle reiner Zufälligkeit unterscheiden müssen. Man kann ebensowenig die Streuung der Leistung verschiedener Maschinentypen in Beziehung zueinander setzen, man darf die Einheitlichkeit von Tombakschußdrähten gegenüber der Einheitlichkeit von Phosphorbronzeschußdrähten nicht auf Grund der Gesamtstreuungen der beiden Drahtsorten beurteilen. Denn in all diesen Fällen kommt den zu vergleichenden Materien bereits eine verschiedene spezifische Zufallsschwankung zu, so daß die Materien verschiedene Streuungen selbst beim Fehlen aller systematischen Abweichungen aufweisen m ü s s e n. Die Streuung oder Einheitlichkeit zweier Materien wird daher in derartigen Fällen nicht nach der Gesamtstreuung, sondern allein nach dem Betrag der Realschwankungen X beurteilt. Man bestimmt mithin für die zu vergleichenden Materien je die Realabweichungen X nach der Methode des Vergleichs der Gruppenmittelstreuung mit der Einzelwertstreuung bzw. nach der Lexisschen Dispersionstheorie. Es ist dann z. B. $X_1 = \mu_1^2 - npq_1$ und $X_2 = \mu_2^2 - npq_2$. Die Realität des einzelnen X-Wertes mißt man an str. $npq = \pm npq \sqrt{2:Z}$. Es ist $X_1 - X_2 = \mu_1^2 - npq_1 - \mu_2^2 + npq_2 = (\mu_1^2 - \mu_2^2) - (npq_1 - npq_2)$. Man mißt daher die Realität der Differenz $X_1 - X_2$ an str. $(npq_1 - npq_2) = \pm \sqrt{2\,(npq_1)^2 : Z_1 + 2\,(npq_2)^2 : Z_2}$. Ist die X-Differenz größer als der 3fache Betrag dieser Streuung, so ist der Unterschied der Realabweichungen gesichert, andernfalls ist es fraglich, ob der Unterschied wirklich besteht oder zufällig ist. Auch in diesem Falle kann man wieder nach Zahlentafel 14 zu $(X_1 - X_2)$: str. $(npq_1 - npq_2)$ den Wert Φ ermitteln, womit man die Sicherheit des Schlusses, X_1 sei größer als X_2, erhält.

Eine Materie muß nicht unbedingt mit Realschwankungen belastet sein, sie kann auch ihre reine Zufallsstreuung mit lediglich zufälligen Abweichungen von dieser zeigen. Es wird sich daher in vielen Fällen auch darum handeln, zu entscheiden, welche von zwei Materien die absolut kleinere Streuung hat, wenn beide normale Dispersion besitzen. Benötigt man für irgendeinen Zweck z. B. möglichst einheitliche Tombakdrähte, so ist zu entscheiden, ob die Homogenität der Legierung 75/25 größer oder kleiner ist als die Homogenität der Legierung 72/28 für den Fall, daß von beiden Materien Proben mit ihrer minimalen Streuung vorliegen. Diese Entscheidung wird wieder dadurch getroffen, daß man die Differenz der Zufallsstreuungen der beiden Materien $npq_1 - npq_2$ bildet und untersucht, ob diese Differenz real oder zufällig ist. Das erstere ist der Fall, wenn die Differenz größer ist als das 3 fache von

$$\sqrt{2\,(npq_1)^2 : Z_1 + 2\,(npq_2)^2 : Z_2}.$$

Haben sodann zwei Materien bei gleicher Zufallsstreuung Gesamtstreuungen, die sich wirklich unterscheiden, so müssen sich auch die Realabweichungen der beiden Materien tatsächlich unterscheiden. Stellt man für zwei Materien bei gleicher Zufallsstreuung gleiche Gesamtstreuung fest, so sind auch die Realabweichungen der beiden Materien nicht verschieden. Weichen für zwei Materien die Realschwankungen wirklich von ihren Zufallsschwankungen ab und sind die Werte Q für beide Materien gleich, so differieren die Realschwankungen nicht wirklich sondern nur zufällig. Verschiedene Zufallsstreuungen bei gleichen Gesamtstreuungen lassen endlich auf verschiedene Realschwankungen schließen. Weiterhin dienen Q^2 bzw. Q, also die Verhältnisse $\frac{\mu^2}{npq}\left(\frac{n\mu_1^2}{pq}\right)$ bzw. $\mu_G^2 : (\mu_G^2 - X)$ bzw. die Wurzelwerte dieser Verhältnisse der Beurteilung einer Materie sowie dem Vergleich zweier Materien. Materien mit $Q = 1$ (unter Berücksichtigung der zulässigen, weil ohne realen Hintergrund möglichen Abweichungen von diesem Idealwert) besitzen dieselbe Dispersion, dieselbe

Homogenität oder Stabilität, wie verschieden auch die Gesamtbeträge ihrer Streuungen sein mögen. Besitzt eine Materie mit kleinerer Zufallsstreuung $\frac{pq}{n}$ bzw. $(\mu_G{}^2 - X)$ als die Vergleichsmaterie einen größeren Wert Q, so kommt dieser Materie die größere Dispersion, die geringere Stabilität oder Einheitlichkeit zu. Im übrigen sind für die Schlußfolgerungen aus dem Wert für Q die Richtlinien des Artikels 148 zu berücksichtigen.

Vergleicht man die in Artikel 89 behandelten Materien, auf welche sich die Abb. 57 und 58 beziehen, so ergibt sich, daß die beiden Materien in jeder Beziehung bezüglich ihrer Dispersion übereinstimmen. Es ist für das erste Kollektiv $\mu^2 = 0{,}612$, $npq = 0{,}722$, $X = -0{,}11$, $Q^2 = 0{,}85$, $Z = 163$, für das zweite Kollektiv $\mu^2 = 0{,}957$, $npq = 1{,}094$, $X = -0{,}137$, $Q^2 = 0{,}87$, $Z = 169$. Für beide Materien ergeben sich also imaginäre Werte für die mittleren Realabweichungen. Es weicht allerdings der Dispersionskoeffizient für beide Materien nur wenig von dem Normalwert 1 ab, so daß, nach dem Wert für Q zu urteilen, die Dispersion jeder der beiden Materien noch als normal gelten kann. Damit deckt sich, daß sich die Beträge X durch Vergleich mit str. npq nicht als gesichert erweisen. Vergleicht man die Gesamtstreuungen μ^2 der beiden Materien, so ergibt sich die Differenz 0,345. Die Streuung dieser Differenz errechnet man zu $\mu_D = \pm 0{,}124$, so daß die Differenz nicht gesichert ist. Die Differenz der Zufallsabweichungen beträgt 0,372, die mittlere Abweichung dieser Differenz ist mit $\pm 0{,}18$ größer als der dritte Teil der Differenz, weshalb auch der Unterschied der Zufallsabweichungen nicht gesichert ist. Vergleicht man die nicht realen systematischen Schwankungsbeträge X, so steht der Differenz 0,027 die mittlere Abweichung $\pm 0{,}18$ gegenüber, deren 3 facher Betrag größer ist als die Differenz.

Für die Materien der Zahlentafel 24 ergeben sich dieselben Werte der Realschwankungen X_1 sowie Werte für die Dispersionskoeffizienten, die nur sehr wenig differieren, so daß beide Materien bezüglich ihrer Dispersion als gleich beurteilt werden können.

Handelt es sich für einen speziellen Fall, z. B. für die Fabrikation eines Papiermaschinensiebes, darum, zu entscheiden, ob man von zwei Sorten Tombakdrähten die eine oder die andere verwendet, so kann auch in diesem Falle eine Streuungsuntersuchung zur Entscheidung führen. Man wird die Materie wählen, welche die größte Homogenität besitzt, da durch eine möglichste Konstanz der Eigenschaften der Schußdrähte die größtmöglichste Gleichmäßigkeit des Gewebes gewährleistet ist. Man kann hierbei sogar auf einen möglichst hohen Mittelwert verzichten, wenn man dafür eine Materie mit möglichst geringer Streuung verwenden kann. Vergleicht man die Materien der Zahlentafeln 35 und 37, so steht der Differenz der Einzelwertstreuungen $8{,}9 - 5{,}2 = 3{,}7$ eine mittlere Streuung dieser Differenz von $\pm 0{,}56$ gegenüber, so daß die Differenz gesichert erscheint. Vergleicht man die Gruppenmittelstreuungen, so erhält man die Differenz 4,6 — 1,6 = 3 und eine Streuung dieser Differenz von ± 0,7. Die Gesamtschwankungen unterscheiden sich mithin wirklich. Die Zufallsschwankungen zwischen den Gruppen messen bzw. 1,05 und 0,92, und die Differenz 0,13 ist viel kleiner als die 3 fache Streuung dieser Differenz mit 3 × 0,19. In den Zufallsschwankungen kann man mithin keinen Unterschied der beiden Materien feststellen. Da aber die Gesamtschwankungen sich wirklich unterscheiden, so ist zu folgern, daß auch die Realschwankungen der Materie des Kollektivs der Zahlentafel 35 größer sind als die Realabweichungen der Materie des Kollektivs der Zahlentafel 37. Die Differenz der Realabweichungen mißt 3,6—0,6 = 3. Die Vergleichsstreuung ist aber nur ± 0,19, so daß tatsächlich ein Unterschied festgestellt werden muß. Dieser Schluß findet außerdem seine Bestätigung durch den Vergleich der Dispersionskoeffizienten. Trotzdem die Zufallsstreuungen der beiden Kollektive ungefähr gleich sind, ist Q des ersten Kollektivs wesentlich größer als Q des zweiten Kollektivs.

Vergleicht man die Teilreihe A der Zahlentafel 16 mit dem Kollektiv der Zahlentafel 8 bezüglich der Streuung, so ergibt sich eine Differenz der mittleren Abweichungen von 2,6 — 1,9 = 0,7. Es ist das Quadrat der Streuung dieser Differenz $2{,}6^2 : (2 \times 357) + 1{,}9^2 : (2 \times 132) = 0{,}023$. Es ist die Streuung der Differenz ± 0,15. Die Differenz ist größer als die 3 fache Streuung und mithin real und gesichert. Die Materie der Zahlentafel 16 besitzt eine größere Streuung als die Vergleichsmaterie.

Die relative Güte zweier Materien bezüglich eines Merkmals beurteilt man durch Vergleich der Mittelwerte des Merkmals für die beiden Materien. Dem Vergleich der Einheitlichkeit und Homogenität zweier Materien bezüglich einer Eigenschaft dienen die Streuungsmaße dieser Eigenschaft für die gegenübergestellten Materien. An relativen Streuungsmaßen hat man den Dispersionskoeffizienten Q und den Variabilitätskoeffizienten V. Q legt die relative Streuung bezüglich der Mindeststreuung, der Zufallsstreuung fest, wogegen V, das getrennt für Gesamt-, Zufalls- und Realschwankungen bestimmt werden kann, die Schwankungen im Verhältnis zum Mittel einer Eigenschaft festhält. Diesem Unterschied entsprechend wird man somit je nach dem Zweck einer Untersuchung die Q-Werte oder die V-Werte oder Q- und V-Werte mehrerer Materien vergleichen.

Für positive Qualitäten, d. h. solche Eigenschaften, bezüglich deren eine Materie mit dem höheren Wert als besser anzusprechen ist, kann V als relatives Maß der Güte und Einheitlichkeit einer Materie betreffs einer Eigenschaft dienen, wobei dem kleinsten V die bezüglich Güte und Einheitlichkeit beste Materie entspricht. Handelt es sich demnach darum, eine Materie mit möglichst ausgeprägtem Charakter einer Eigenschaft zu erhalten, so legt man Vergleichen die Mittelwerte zugrunde, soll eine Materie möglichst großer Gleichmäßigkeit erhalten werden, so vergleicht man Streuungsmaße, sucht man dagegen eine Materie, die gleichzeitig bei möglichst ausgeprägtem Charakter einer Eigenschaft möglichst einheitlich ist, so vergleicht man die V-Werte verschiedener Materien[1]). Je nach den Verhältnissen kann im letztgenannten Fall die Homogenität durch die Gesamt-, Zufalls- oder Realschwankungen gemessen werden, d. h. man kann, auf ausgesprochene Zufallsmaterien bezogen,

$$V_G = \pm 100\,\mu_1 : M \text{ oder } V_Z = \pm 100\sqrt{pq} : \sqrt{n}M \text{ oder } V_R = \pm 100\sqrt{X_1} : M$$

für die zu vergleichenden Materien bestimmen. Es gilt für alle Fälle die Näherungsformel

$$\text{str. } V = \pm V(1 : \sqrt{2N} - V : 100\sqrt{N}),$$

und zur Beurteilung von Unterschieden bei Vergleichen bestimmt man

$$\text{str.}(V_1 - V_2) = \pm \sqrt{\text{str.}^2 V_1 + \text{str.}^2 V_2}\,{}^{2}).$$

Dem Vergleich mehrerer Materien bezüglich zweier korrelativ verbundener Merkmale hat man Mittel bzw. Streuungsmasse oder V-Werte der charakteristischen Merkmalsverbindung zugrunde zu legen. Beurteilt man also z. B. Proben von Molybdändrähten bezüglich Dehnung und Festigkeit, so bestimmt man für jede Probe n Werte $(F + 3D)$, wertet jedes Kollektiv dieser Einzelwerte der zusammengesetzten Größe nach Mittel, Streuung, X, Q, V usw. aus und vergleicht die Ergebnisse für die verschiedenen Kollektive, die verschiedenen Proben in der üblichen Weise[3]).

175. Es ist oftmals üblich, die Abnahme einer Bestellung von gewissen Anforderungen an die Qualität des bestellten Fabrikates abhängig zu machen. Hat man als Kunde oder als Lieferant bestimmte Lieferungsbedingungen vereinbart oder anerkannt, so ist es wichtig, eine Entscheidung darüber in richtiger Weise zu treffen, ob eine Lieferung den gestellten Bedingungen genügt oder nicht, bzw. ob es möglich ist, die gestellten Forderungen und Abnahmebedingungen einzugehen und welches Risiko mit der Annahme der Bedingungen verknüpft ist. Der einfachste Weg zur Feststellung der Tatsache, ob eine Lieferung den gestellten Bedingungen genügt, ist der, daß der Kunde alle Glieder der Lieferung prüft und die nicht genügenden Fabrikate zurückweist, bzw. daß der Lieferant vor dem Ausgang der Sendung selbst die den Anforderungen nicht entsprechenden Fabrikate ausscheidet. Aber bei großen Lieferungen ist dieser Weg viel zu umständlich, zeitraubend und kostspielig, und überdies ist dieser Weg in all den Fällen nicht gangbar, in denen die Prüfung eines Fabrikates die Zerstörung desselben bedingt.

---

[1]) Vgl. Art. 121.
[2]) Vgl. Art. 132.
[3]) Vgl. Art. 47, 69 ff. und 95.

Es sei vorausgesetzt, daß eine Materie angenähert Gaußsche Verteilung zeigt. Sind unter dieser Voraussetzung von dem Mittelwert Abweichungen im Betrage von $\pm d$ nach beiden Seiten zulässig, so liegen, wenn μ die Streuung der Materie bezeichnet, in diesem Intervall Np_d Glieder des ganzen Kollektivs des Umfangs N, worin

$$p_d = \Phi(\pm d) = \frac{2}{\sqrt{\pi}} \int_0^{\frac{d}{\mu\sqrt{2}}} e^{-u^2}\, du$$

die Wahrscheinlichkeit dafür angibt, daß ein beliebig ausgewähltes Glied der Materie in dieses Intervall fällt. Die Wahrscheinlichkeit

$$R = 1 - \Phi(\pm d)$$

gibt dann den Bruchteil der ganzen Materie an, der nicht in das Intervall $\pm d$ um M fällt sondern über oder unter diesem Intervall liegt, und man riskiert daher als Lieferant, über den Bruchteil R der ganzen Sendung Beanstandungen zu erhalten. Man kann deshalb die Wahrscheinlichkeit R, die dafür besteht, daß ein Glied einer Materie nicht in das Intervall der zulässigen Abweichungen von dem Mittelwert fällt, als Risikofaktor bezeichnen.

Sind von dem Mittelwert Abweichungen im Betrage von höchstens $-d_1$ nach der einen Seite und höchstens $+d_2$ nach der anderen Seite zulässig, so ist der zu beanstandende Bruchteil der ganzen Lieferung oder das Risiko wieder gleich der Wahrscheinlichkeit dafür, daß ein Glied der Materie einen Eigenschaftswert unter $M-d_1$ oder über $M+d_2$ aufweist. Es gilt

$$R = 1 - 0{,}5\,[\Phi(d_1) + \Phi(d_2)] = 1 - 0{,}5\left(\frac{2}{\sqrt{\pi}} \int_0^{\frac{d_1}{\mu\sqrt{2}}} e^{-u^2}\, du + \frac{2}{\sqrt{\pi}} \int_0^{\frac{d_2}{\mu\sqrt{2}}} e^{-u^2}\, du\right).$$

Hat man eine Sache dauernd unter denselben Fabrikations-, Kontroll- und Prüfbedingungen in Fabrikation, so ist man über die Werte für M und μ für diese Materie bereits informiert, und man kann auf Grund dieser Kenntnis sofort entscheiden, wie groß R wird, wenn ein Kunde bestimmte zulässige Abweichungen d festlegt, und man kann ohne weiteres entscheiden, ob dieses R tragbar ist oder nicht, ob die Abnahmebedingungen im Rahmen des Möglichen liegen oder Unmögliches fordern, sei es vom allgemeinen technischen Stand aus, sei es bezüglich des Standes der eigenen Fabrikation.

Wird der zu beurteilenden Lieferung eine Gruppe von n Gliedern wahllos entnommen und geprüft, dann ist die Wahrscheinlichkeit dafür, daß ein Gruppenmittel M_G resultiert, das um mehr als d nach der einen oder anderen Seite von M abweicht

$$R = 1 - \frac{2}{\sqrt{\pi}} \int_0^{\frac{d}{\mu_G \sqrt{2}}} e^{-u^2} du,$$

worin $\mu_G = \frac{\mu}{\sqrt{n}}$ die Gruppenmittelstreuung bedeutet. Es ist die Wahrscheinlichkeit dafür, daß ein Gruppenmittel gefunden wird, das unter G_1 oder über G_2 liegt,

$$R = 1 - 0{,}5 \left(\frac{2}{\sqrt{\pi}} \int_0^{\frac{M - G_1}{\mu_G \sqrt{2}}} e^{-u^2} du + \frac{2}{\sqrt{\pi}} \int_0^{\frac{M - G_2}{\mu_G \sqrt{2}}} e^{-u^2} du \right).$$

Ist lediglich die Bedingung an eine Lieferung gestellt, daß das Gruppenmittel einen bestimmten Mindestwert G nicht unterschreitet und sind nach oben keine beschränkenden Grenzen gesetzt, so ist die Wahrscheinlichkeit dafür, daß ein Gruppenmittel resultiert, das der geforderten Bedingung nicht entspricht,

$$R = 0{,}5 \left(1 - \frac{2}{\sqrt{\pi}} \int_0^{\frac{M - G}{\mu_G \sqrt{2}}} e^{-u^2} du \right).$$

In all diesen Fällen bedeutet die Wahrscheinlichkeit dafür, daß ein Glied bzw. eine Gruppe die gestellte Bedingung nicht erfüllt, zugleich den Risikofaktor einer Lieferung. Man kann die angeführten Gleichungen allesamt auch in der umgekehrten Richtung auswerten, d. h. man kann bestimmen, wie groß die Zahl n der aus einer Sendung beliebig ausgesonderten Glieder sein muß, damit ein bestimmter Risikofaktor R erhalten wird, oder man kann bestimmen, wie weit die Grenzen G_1 und G_2 gesteckt sein dürfen, damit man mit einem bestimmten Risikofaktor rechnen kann.

Für Materien, die keinen Gaußschen Charakter tragen, kann man nach dem Tschebyscheffschen Theorem die Wahrscheinlichkeit dafür, daß eine Abweichung von M den Betrag $x = t\mu$ nicht übersteigt, zu $> \left(1 - \frac{1}{t^2}\right)$ festlegen. Es ergibt sich dann das Risiko als

$$R = < \frac{1}{t^2} = < \frac{\mu^2}{x^2}.$$

Will man als Fabrikant eine ausgehende oder als Kunde eine eingehende Sendung überprüfen, so wird man sich auf die Untersuchung einer Reihe von Stichproben beschränken müssen, sei es, daß die Überprüfung der ganzen Sendung zu umständlich ist, sei es, daß die Prüfung eine Zerstörung der Prüflinge mit sich bringt, wobei auch der materielle Verlust durch die Zerstörung der Prüflinge von Einfluß auf die Zahl der Stichproben sein wird. Man greift daher wahllos eine Reihe von n Proben aus der ganzen Sendung und stellt die charakteristischen Daten dieses Teilkollektivs fest. Diese Daten vergleicht man mit denen, zu denen die Auswertung eines größeren Kollektivs der laufenden unveränderten Fabrikation führte. Beträgt der Mittelwert einer Eigenschaft eines bestimmten Fabrikates M und die Streuung der Einzelwerte μ, so kann, so lange an der Fabrikation nichts geändert ist, der Mittelwert der n Stichproben höchstens um rund $3 \frac{\mu}{\sqrt{n}}$ von dem Mittel M abweichen. Größere Abweichungen deuten auf reelle Störungen und Änderungen in der Fabrikation hin. Umgekehrt, erfolgte die Auswahl der Stichproben ganz wahllos, zufällig, ergibt die Auswertung der Einzelwerte der n Stichproben einen Mittelwert M und eine Streuung μ, so weicht der Mittelwert der ganzen Sendung um höchstens $3 \frac{\mu}{\sqrt{n}}$ von dem Mittel M der Stichproben nach der einen oder anderen Seite ab. Sind unter n Proben b Proben gut, irgendwelchen Bedingungen entsprechend, sind also $100\, b : n = a\%$ der Stichproben gut und mithin $(100 - a)\%$ schlecht, so steht zu erwarten, daß sich in einem größeren Posten derselben Fabrikation höchstens $[(100 - a) + 3 \sqrt{a\,(100 - a) : n}]\,\%$ schlechte und mindestens $[a - 3 \sqrt{a\,(100 - a) : n}]\,\%$ gute Fabrikationsstücke befinden.

Es wurde bereits darauf verwiesen, daß sich eine Reihe von Serienmitteln aus je n Einzelwerten der Gaußschen Kurve mit der Streuung $\frac{\mu}{\sqrt{n}}$ besser annähert, als sich die Einzelwerte der Gaußschen Kurve mit der Streuung μ anpassen. Man kann daher über Serienmittel bestimmtere und verläßlichere Aussagen machen als über Einzelwerte. Man kann vor allem auch die Zusammenhänge zwischen der Streuung einer Materie und Serienmittelstreuungen derselben Materie unter der Voraussetzung einer Gaußschen Verteilungsform der betreffenden Materie richtiger und zuverlässiger beurteilen als die Beziehungen zwischen der einer Materie typischen Streuung und Einzelabweichungen. Aus diesem Grunde ist es im allgemeinen für den Fabrikanten weniger riskant und vorteilhafter, Bedingungen über Mittel von Stichproben zu erhalten als Forderungen bezüglich Einzelwerten. Umgekehrt hat der Kunde bei Forderungen bezüglich Einzelwerten die Garantie einer größeren Homogenität seiner Bestellung gegenüber dem Fall einer Festlegung auf Serienmittel.

Hat man für ein bestimmtes Fabrikat auf Grund reichlicher Beobachtungen einen Mittelwert M und eine Streuung der Einzelwerte im

Betrage μ festgestellt, so muß man bei Lieferungen in diesem Fabrikat eine bestimmte Toleranz beanspruchen. Diese legt man vorteilhaft in Einheiten der Streuung μ fest. Garantiert man für Einzelwerte in dem Intervall $M \pm 3\,\mu$, so ist das Risiko, das darin besteht, daß Einzelwerte noch stärker von M abweichen, nach Zahlentafel 14 $[1 - \Phi(3)] = 0{,}0027$, man hat mit 0,27% Beanstandungen einer Lieferung zu rechnen. Sind nur Abweichungen nach unten unzulässig, so ist das Risiko 0,00135. Garantiert man für $M \pm 2\,\mu$, so beträgt das Risiko schon 0,0456 bzw. bei nicht zu beanstandenden größeren Abweichungen nach oben 0,0228. Garantiert man dafür, daß keine größeren Abweichungen vorkommen als dem 1,5 fachen der mittleren Abweichung entspricht, so ist damit zu rechnen, daß man 13,36% einer Gesamtlieferung beanstandet erhält oder selbst aussortieren muß. Verlangt ein Kunde, daß ein bestimmter Mindestwert E der Eigenschaft eines Fabrikates nicht unterschritten wird, so wird man, wenn man den Mittelwert und die Streuung der betreffenden Eigenschaft seines Fabrikates kennt, durch Bestimmung des Verhältnisses $(E - M):\mu$ mit Hilfe der Zahlentafel 14 die Wahrscheinlichkeit dafür, daß kein Einzelwert um mehr als $(E - M)$ nach beiden Seiten von M abweicht, bestimmen. Es ist dann das Risiko dafür, daß ein Einzelwert unter E liegt, $0{,}5\left[1 - \Phi\left(\frac{E - M}{\mu}\right)\right]$, und man kann entscheiden, ob dieses Risiko tragbar ist oder nicht. Verlangt der Kunde, daß Stichproben aus n Stücken einer Sendung ein Mittel zwischen den Werten G_1 und G_2 ergeben, so bestimmt man nach Zahlentafel 14 zu $\sqrt{n}\,(G_1 - M):\mu$ und zu $\sqrt{n}\,(G_2 - M):\mu$ die Φ-Werte und erhält als Risiko für die Annahme der Forderung den Wert $R = 1 - 0{,}5\,(\Phi_1 + \Phi_2)$, und es läßt sich wieder entscheiden, ob die Bedingung tragbar ist oder nicht. Garantiert man selbst z. B. bestimmte Mindestwerte, so wird man diese Mindestwerte ebenfalls durch Subtraktion eines bestimmten Vielfachen der Streuung μ von dem Mittel seines Fabrikates errechnen. Man muß dabei berücksichtigen, daß bei einer sehr niederen Festlegung eines garantierten minimalen Wertes zwar das Lieferungsrisiko sehr klein ist, daß dadurch aber anderseits die Qualität des Fabrikates in keinem guten Licht erscheint. Setzt man umgekehrt die untere Garantiegrenze in relativ geringem Abstand vom Mittel einer Fabrikation an, so wird dadurch zwar die Güte des Fabrikates sehr gehoben erscheinen, aber das Lieferungsrisiko ist entsprechend groß, man hat mit starken Beanstandungen bzw. mit großen Ausschußmengen bei der eigenen Kontrolle zu rechnen. Man wird daher von Fall zu Fall zwischen den beiden Forderungen, ein Fabrikat möglichst gut erscheinen zu lassen und doch ein möglichst geringes Lieferungsrisiko zu haben, ein Kompromiß je nach den besonderen Verhältnissen mehr zugunsten der einen oder mehr zugunsten der anderen Forderung bilden müssen.

176. Man kann folgende Lieferungsbedingungen abschließen: Unter n geprüften Gliedern einer Sendung dürfen höchstens m Glieder sein $\left(m < \frac{n}{2}\right)$, die unter einem bestimmten Wert $M - d$ liegen. Wie groß ist in einem solchen Fall der zu beanstandende Bruchteil, wie groß ist das Risiko, wenn man wieder annimmt, daß die Materie angenähert Gaußsche Verteilung aufweist?

Man erhält als Wahrscheinlichkeit dafür, daß ein wahllos der Sendung entnommenes Glied die Bedingung nicht erfüllt, also einen Eigenschaftswert besitzt, der kleiner als $M - d$ ist,

$$q = 0{,}5\left(1 - \frac{2}{\sqrt{\pi}}\int_0^{\frac{d}{\sqrt{2}\,\mu}} e^{-u^2}\,du\right).$$

Es ist die Wahrscheinlichkeit des Gegenteils, also die Wahrscheinlichkeit dafür, daß ein Glied die Bedingung erfüllt und somit einen Eigenschaftswert über $M - d$ besitzt,

$$p = (1 - q) = 0{,}5\left(1 + \frac{2}{\sqrt{\pi}}\int_0^{\frac{d}{\sqrt{2}\,\mu}} e^{-u^2}\,du\right).$$

Entnimmt man der Sendung n Glieder, so ist es möglich, daß unter diesen n Gliedern keines ist, das die Bedingung nicht erfüllt, es ist möglich, daß sich ein solches Glied unter den n Gliedern befindet, es können zwei solcher Glieder usf. bis n zu beanstandender Glieder gefunden werden. Man muß daher nun die Frage beantworten: wie groß ist die Wahrscheinlichkeit dafür, daß unter den n Gliedern 0,1, 2, 3 . . . m zu beanstandende Glieder sind? Die Beantwortung dieser Frage ergibt die Auflösung des Binoms

$$(p + q)^n$$

nach steigenden Nichterfolgen (wachsender Gliederzahl des Merkmals q), also in der Auflösungsordnung.[1]) Es ist somit die Wahrscheinlichkeit dafür, daß alle Glieder die Bedingung erfüllen und 0 Glieder der Bedingung nicht genügen, p^n. Es ist die Wahrscheinlichkeit dafür, daß unter den n Gliedern eines ist, das den Bedingungen nicht genügt, $n\,p^{(n-1)}\,q$. Nach der Newtonschen Formel ist die Wahrscheinlichkeit dafür, daß unter n Gliedern ein Ereignis der Wahrscheinlichkeit q a mal auftritt und somit $(n - a)$ mal das Gegenteil in Erscheinung tritt,

$$q_a = \frac{n!}{a!\,(n - a)!}\, q^a\, p^{(n-a)}.$$

---

[1]) Vgl. Art. 40.

Setzt man in diese Formel für q und p die oben ermittelten Werte 0,5 $[1 - \Phi(d)]$ bzw. 0,5 $[1 + \Phi(d)]$ und für a nacheinander die Werte 0, 1, 2, 3 ... m ein, so erhält man die Wahrscheinlichkeiten dafür, daß bzw. 0, 1, 2, 3 ... m Glieder unter den geprüften n Gliedern aus dem Rahmen der Abnahmebedingungen fallen.

Man summiert nun die Wahrscheinlichkeiten q_a für $a = 0$ bis $a = m$, man summiert die $(m + 1)$ ersten Glieder des Binoms $(p + q)^n$ und erhält mithin als Σq_a die Wahrscheinlichkeit dafür, daß 0, 1, 2, 3 ... m Glieder unter $M - d$ liegen, daß also höchstens m Glieder den Bedingungen nicht genügen. Das Risiko besteht nun darin, daß eventuell mehr als m Glieder den Bedingungen nicht entsprechen. Die Wahrscheinlichkeit, daß höchstens m Glieder die Bedingungen nicht erfüllen, ist Σq_a. Es ist somit die Wahrscheinlichkeit des Gegenteils, daß mehr als m Glieder den Bedingungen nicht entsprechen, $1 - \Sigma q_a$. Dieser Wahrscheinlichkeitsbruch bedeutet aber gleichzeitig den Risikofaktor. Es ist somit

$$R = 1 - \Sigma q_a.$$

Führt man eine solche Rechnung für einen bestimmten Fall durch, in dem eine Materie dem Gaußschen Gesetz nicht unterliegt, so wird sich die Abweichung der Materie von einer Gaußschen, soweit diese Abweichung für diese Probleme von Wichtigkeit ist, darin äußern, daß die Streuung μ' der Materie größer ist als für die entsprechende Gaußsche Verteilung. Man geht daher mit einem zu großen $\frac{d}{\mu}$ in die Zahlentafel 14 ein, und damit wird auch $\Phi(d)$ zu groß, weshalb $q = 0{,}5\,[1 - \Phi(d)]$ zu klein wird. Damit vergrößern sich aber die q_a, vergrößert sich Σq_a und verkleinert sich endlich R. Infolge der größeren Streuung μ' erhält man mithin einen zu kleinen Risikofaktor, was zu Täuschungen und Enttäuschungen führen kann. Man muß daher den Risikofaktor, wenn keine angenähert Gaußsche Verteilung zu erwarten ist, etwas höher annehmen als man auf Grund der Annahme einer Gaußschen Verteilung berechnet und muß die einzugehenden Lieferungsbedingungen gemäß dieses erhöhten Risikofaktors auf ihre Annehmbarkeit überprüfen. Der Grad der Erhöhung des errechneten idealen Wertes für R kann auf Grund der Erfahrungen, die man über die zu liefernde Materie besitzen wird, rein empirisch, »gefühlsmäßig« erfolgen.

Eine andere Sicherung ist die, daß man nicht mit Wahrscheinlichkeiten, welche das Vorliegen einer Materie mit Gaußscher Verteilung zur Voraussetzung haben, operiert, sondern mit den Wahrscheinlichkeiten rechnet, welche man nach dem Tschebyscheffschen Theorem[1]) unabhängig von dem speziellen Verteilungsgesetz einer Materie erhält. Es ergibt sich danach allgemein das Risiko zu $< 1 : t^2$, wenn t die

---

[1]) Vgl. Art. 40.

zulässige Abweichung in Einheiten der Streuung μ mißt. So ist für $t = 1{,}5$ das Risiko nach Gauß 0,134, nach Tschebyscheff aber $< 0{,}555$. Soll das Risiko in einem Fall unter 5% liegen, so betragen die zulässigen Abweichungen nach Gauß rund $2\,\mu$, nach Tschebyscheff dagegen rund $4{,}5\,\mu$. Man wird einen Toleranzwert zwischen $2\,\mu$ und $4{,}5\,\mu$ wählen, einesteils zur eigenen Sicherung, andernteils um das Fabrikat nicht durch eine zu große Toleranzinanspruchnahme zu diskreditieren. Man wird hierbei in weitaus den meisten Fällen den Interpolationswert zwischen Φ und $> \left(1 - \frac{1}{t^2}\right)$ bzw. zwischen $(1 - \Phi)$ und $< \frac{1}{t^2}$ dem Wert Φ bzw. $(1 - \Phi)$ viel näher festsetzen können als dem Minimalwert $\left(1 - \frac{1}{t^2}\right)$ bzw. dem Maximalwert $\frac{1}{t^2}$.

Nun zunächst einige erläuternden Beispiele mit Zahlenwerten zu den seitherigen Ausführungen über Abnahmebedingungen und Lieferungsrisiko.

177. Ein Kunde verlangt zur Fabrikation von Radioröhren Molybdändrähte, die nicht unter 15% Dehnung aufweisen sollen. Einer größeren Sendung wurden 100 Drahtspulen entnommen, und die Drähte wurden auf ihre Dehnung geprüft. Man fand eine Spule mit einer Dehnung ihres Drahtes unter 15%. Es fällt 1% der Stichproben außerhalb des Rahmens der Forderung. Die Streuung der 100 Prozentzahlen (von denen 99 den Wert 100 und eine den Wert 0 besitzt) ist $\pm \sqrt{a\,(100 - a) : n} = \pm \sqrt{99 \times 1 : 100}$ oder rund ± 1. Im schlimmsten Fall steht somit zu erwarten, daß in der ganzen Sendung rund $(1 + 3 \times 1) = 4\%$ aller Drähte untauglich sind. Das Risiko für diesen ungünstigsten Fall einer Abweichung um $3\,\mu$ ergibt sich nach Zahlentafel 14 jedoch zu nur 0,0014. Es ist die Wahrscheinlichkeit dafür, daß höchstens $(1 + 2 \times 1) = 3\%$ aller Drähte der Forderung nicht genügen, daß die Abweichung von dem Serienmittel 1% also höchstens $+ 2\,\mu$ beträgt, nach Zahlentafel 14 zu $0{,}5\,(1 + 0{,}9544)$ anzugeben, es beträgt das Risiko, daß 3% aller Spulen beanstandet werden, $0{,}5\,[1 - \Phi\,(\pm 2)] = 0{,}0228$. Es ist das Risiko dafür, daß 2% aller Spulen den Lieferbedingungen nicht entsprechen, 0,1587, und die Wahrscheinlichkeit dafür, daß nicht mehr als 1% der Drähte aus dem Rahmen der Lieferbedingungen fallen, ist 0,5, das Risiko für diesen günstigen Fall beträgt 0,5.

Die Verfolgung einer laufenden Fabrikation von Molybdändrähten für die Radioindustrie ergab einen Mittelwert der gefertigten Feindrähte von 21,2% Dehnung und eine Streuung der Dehnungswerte von $\pm 3{,}5\%$ Dehnung. Fordert ein Kunde Drähte, deren Dehnung nicht unter 17,7% (= 21,2—3,5) liegt, so ist nach Zahlentafel 14 das Risiko bei Annahme dieser Bedingung 0,1587, d. h. rund 16% einer Lieferung genügen dieser zu hoch gestellten Forderung nicht. Soll kein Draht eine Dehnung unter

14,2% ($= M - 2\mu$) aufweisen, so ist das Lieferungsrisiko noch rund 2,3%. Wird die Abnahme einer Bestellung davon abhängig gemacht, daß eine beliebig herausgegriffene Spule Drahtes keine Dehnung unter 14,2% aufweist, so ist die Wahrscheinlichkeit dafür, daß tatsächlich doch eine Spule mit einer derartig geringen Dehnung »erwischt« wird, 0,023, und die Wahrscheinlichkeit dafür, daß eine Spule mit höherer Dehnung herausgegriffen wird, beträgt $0,5\ [1 + \Phi(\pm 2)] = 0,9774$. Werden der bereitliegenden Sendung 9 Drahtproben entnommen und geprüft, so ist eine größte Abweichung des Gruppenmittels von rund $3 \frac{\mu}{\sqrt{n}} = \frac{3 \times 3,5}{\sqrt{9}} = 3,5$ zu erwarten. Darf mithin nach den Abnahmebedingungen der geringste Gruppenmittelwert, zu dem eine Stichprobe mit 9 Spulen führt, 17,7% betragen, so ist damit zu rechnen, daß man keine Schwierigkeiten bei der Abnahmeprüfung erhält; das Risiko beträgt nach Zahlentafel 14 nur noch 0,00135. Ist der geringste Mittelwert der Stichprobe mit 18,8% vereinbart, so besteht ein Risiko von rund 0,023 dafür, daß eine beliebig herausgegriffene Stichprobe von 9 Spulen der Forderung nicht genügt.

Richten sich die Abnahmebedingungen auf die Einheitlichkeit, die Streuung der Drähte, und entnimmt man einer Lieferung $n = 8$ Proben, so ist mit einer Abweichung der Streuung dieser Stichproben von dem Wert $\mu = \pm 3,5$, welche durch str. $\mu = \pm \frac{\mu}{\sqrt{2n}}$ oder rund $\pm 0,9$ festgelegt ist, zu rechnen. Je nachdem die Streuung $\pm 3,5$, $\pm 2,6$ bis $\pm 4,4$, $\pm 1,7$ bis $\pm 5,3$ oder $\pm 0,8$ bis $\pm 6,2$ betragen darf, beträgt das Lieferungsrisiko bzw. 100%, 32%, 4,6% oder 0,15%. Sind lediglich die oberen Streuungsgrenzen festgelegt, da der Kunde ja gegen eine noch größere Homogenität nichts einzuwenden haben wird, so messen die Risiken in den vier Fällen bzw. 50%, 16%, 2,3% und 0,08%. Werden bei der Abnahmeprüfung der Lieferung $n = 32$ Stichproben entnommen, so ergibt sich eine mittlere Abweichung der Streuung für ein derartiges Teilkollektiv von der Streuung der ganzen Materie im Betrage von $\pm \frac{3,5}{\sqrt{2 \times 32}}$ oder von rund $\pm 0,45$. Soll nun wieder die Streuung nicht größer als $\pm 4,4$% sein, so ist das Risiko dafür, daß eine herausgegriffene Serie dieser Forderung nicht genügt, nur noch 0,023.

Man habe für Phosphorbronzezetteldrähte einer laufenden Fabrikation $M = 55\%$ Dehnung und $\mu = \pm 2,8\%$ Dehnung festgestellt. Es ist die Wahrscheinlichkeit dafür, daß ein Ring oder eine Spule einen Dehnungswert besitzt, der in dem Intervall von 50% bis 60% liegt,

$$\Phi = \frac{2}{\sqrt{\pi}} \int_0^{\frac{5}{2,8\sqrt{2}}} e^{-u^2}\, du.$$

Nach Zahlentafel 14 bestimmt man für $\frac{x}{\mu} = \frac{5}{2{,}8} = 1{,}786$ den Wert der Integralfunktion $\Phi = 0{,}926$. Es ist somit die Wahrscheinlichkeit dafür, daß eine Spule um mehr als 5% nach der einen oder anderen Seite von M abweicht, $R\,(\pm 5) = 1 - \Phi = 0{,}074$, und es ist die Wahrscheinlichkeit dafür, daß ein Ring nur nach unten um mehr als 5% von dem Mittel abweicht, $R\,(-5) = 0{,}5\,(1 - \Phi) = 0{,}037$.

Sind also bei $M = 55\%$ und $\mu = \pm\, 2{,}8\%$ die zulässigen äußersten Abweichungen 50% und 60%, so ist das Risiko, der zu beanstandende Bruchteil einer Lieferung, 0,074. Man hat demnach zu erwarten, daß man als Lieferant pro 1000 Spulen gelieferten Drahtes 74 Spulen wieder als untauglich zurückerhält. Ist lediglich eine minimale Dehnung von 50% vorgeschrieben, so ist das Risiko, annähernde Gaußsche Verteilung der Dehnungswerte vorausgesetzt, nur halb so groß, es werden unter 1000 Spulen nur 37 sein, welche den Anforderungen nicht genügen.

Sind die Abnahmebedingungen derart vereinbart, daß gemeinsam 20 einer Sendung wahllos entnommene Spulen oder Ringe geprüft werden, und daß der Mittelwert der geprüften Gruppe zwischen 54% und 57% liegen muß, so ist die Wahrscheinlichkeit dafür, daß ein Gruppenmittel dieses Intervalls gefunden wird,

$$p = 0{,}5\left(\frac{2}{\sqrt{\pi}}\int\limits_0^{\frac{1}{\sqrt{2}\,0{,}63}} e^{-u^2}\,du + \frac{2}{\sqrt{\pi}}\int\limits_0^{\frac{2}{\sqrt{2}\,0{,}63}} e^{-u^2}\,du\right).$$

In den Integrationsgrenzen nimmt nun μ den Wert $\mu_M = \pm\,\frac{2{,}8}{\sqrt{20}} = \pm\, 0{,}63$ an. Man bestimmt für $\frac{x}{\mu} = \frac{1}{0{,}63} = 1{,}59$ den Wert $\Phi = 0{,}889$ und für $\frac{x}{\mu} = \frac{2}{0{,}63} = 3{,}17$ den Wert $\Phi = 0{,}998$. Es ist somit die Wahrscheinlichkeit $p = 0{,}944$, und es ist die Wahrscheinlichkeit des Gegenteils oder das Risiko $R = 1 - p = 0{,}056$. D. h. man hat pro 100 überprüfter Gruppen zu je 20 Gliedern 5 bis 6 Gruppen zu erwarten, deren Mittel unter 54% oder über 57% liegt, und bei der Überprüfung einer Gruppe besteht rund die Wahrscheinlichkeit $\frac{1}{20}$, daß man zufällig eine Gruppe mit abweichendem Mittelwert erhält. Die Sicherheit, daß ein Gruppenmittel in dem vorgeschriebenen Intervall liegt, ist $S = 2\,(p - 0{,}5) = 0{,}888$. Es ist in dem vorliegenden Fall R relativ groß und S verhältnismäßig gering.

Ist lediglich die Bedingung gestellt, daß kein Gruppenmittel unter 54% liegen darf, wogegen eine obere Grenze nicht gesetzt ist, so ist wieder für $M = 55$, $\mu = \pm 2{,}8$ und $n = 20$ die Wahrscheinlichkeit dafür, daß ein Gruppenmittel in das Intervall $M \pm 1$ fällt,

$$\Phi = \frac{2}{\sqrt{\pi}} \int_0^{\frac{1}{0{,}63\sqrt{2}}} e^{-u^2} du.$$

Man bestimmt für $\frac{x}{\mu} = \frac{1}{0{,}63} = 1{,}59$ $\Phi = 0{,}889$. Es ist die Wahrscheinlichkeit dafür, daß ein Glied in das Intervall $M - 1$ fällt, $p = 0{,}445$, und es ist die Wahrscheinlichkeit dafür, daß ein Mittel unterhalb $M - 1$ resultiert, zu bestimmen als $R = 0{,}5 - 0{,}5\,\Phi = 0{,}055$. Lautet dagegen die Bedingung nur, daß eine Dehnung von 57% für ein Gruppenmittel nicht überschritten werden darf, und sind nach unten keine Grenzen gesetzt, so bestimmt man zunächst als Wahrscheinlichkeit dafür, daß ein Gruppenmittel des Intervalls 53% bis 57% resultiert, den Wert der Integralfunktion für $\frac{x}{\mu} = \frac{2}{0{,}63}$; man entnimmt diesen Wert der Zahlentafel 14 zu $\Phi = 0{,}998$. Es ist die Wahrscheilichkeit des Intervalls 55% bis 57% $p = 0{,}5\,\Phi = 0{,}499$, und es ist das Risiko nur $R = 0{,}5 - 0{,}5\,\Phi = 0{,}001$. Die Wahrscheinlichkeit, daß eine geprüfte Gruppe den Anforderungen nicht genügt, beträgt nur $\frac{1}{1000}$.

Es können in einem bestimmten Fall die Abnahmebedingungen so festgelegt sein, daß bei der Überprüfung von $n = 20$ Gliedern höchstens $m = 3$ Glieder den Bedingungen nicht entsprechen dürfen. Es soll beispielsweise vereinbart sein, um bei dem Beispiel zu bleiben, daß unter 20 Spulen der Zetteldrähte höchstens 3 sein dürfen, welche eine Dehnung unter 50% aufweisen. Es ist zunächst die Wahrscheinlichkeit dafür, daß ein Glied unter 50% Dehnung aufweist,

$$q = 0{,}5\left(1 - \frac{2}{\sqrt{\pi}} \int_0^{\frac{5}{\sqrt{2} \times 2{,}8}} e^{-u^2} du\right).$$

Es ist für $\frac{x}{\mu} = \frac{5}{2{,}8} = 1{,}786$ $\Phi = 0{,}926$. Man bestimmt somit $q = 0{,}5\,(1 - \Phi) = 0{,}037$. Die Wahrscheinlichkeit des Gegenteils, also die Wahrscheinlichkeit dafür, daß eine Spule eine Dehnung über 50% besitzt, ist $p = (1 - q) = 0{,}963$.

Durch die Entwicklung des Binoms $(p + q)^n = (0{,}963 + 0{,}037)^{20}$ nach steigenden Nichterfolgen, also nach wachsender Häufigkeit der den Bedingungen nicht entsprechenden Spulen pro Gruppe, erhält man die Wahrscheinlichkeiten dafür, daß bzw. 0, 1, 2, 3 ... Spulen pro Gruppe den Bedingungen nicht gerecht werden. Man braucht die Entwicklung nur bis zum 4. Glied, bis $m = 3$ zu führen. Rechnet man mit der Newtonschen Formel, so ergeben sich die Wahrscheinlichkeiten der verschiedenen Nichterfolgsgrade zu

$$q_a = \frac{n!}{a!(n-a)!} q^a p^{(n-a)} = \frac{20!}{a!(20-a)!} 0{,}037^a \, 0{,}963^{(20-a)},$$

wenn man in diese Formel für a nacheinander die Werte 0, 1, 2 und 3 einsetzt. Man bestimmt also die Wahrscheinlichkeit dafür, daß sich keine Spule unter 50% in der geprüften Gruppe befindet, als $q_0 = 20! \times 0{,}963^{20} : 20! = 0{,}471$. Es ist die Wahrscheinlichkeit dafür, daß eine Spule unter den 20 den Bedingungen nicht genügt, $q_1 = 20!\ 0{,}037 \times 0{,}963^{19} : 19! = 20 \times 0{,}037 \times 0{,}963^{19} = 0{,}362$. Man berechnet die Wahrscheinlichkeit des Nichterfolgsgrades 2 zu $q_2 = 20!\ 0{,}037^2 \times 0{,}963^{18} : 18!2! = 20 \times 19 \times 0{,}037^2 \times 0{,}963^{18} : 2 = 0{,}132$. Und es ist endlich die Wahrscheinlichkeit der Nichterfolgshäufigkeit 3 $q_3 = 20! \times 0{,}037^3 \times 0{,}963^{17} : 17!3! = 20 \times 19 \times 18 \times 0{,}037^3 \times 0{,}963^{17} : 3 \times 2 = 0{,}030$.

Mithin ergibt sich nun die Wahrscheinlichkeit dafür, daß pro Prüfgruppe 0, 1, 2 oder 3 Spulen den Bedingungen nicht entsprechen, daß also höchstens 3 Spulen eine Dehnung unter 50% aufweisen, zu $\Sigma q_a = q_0 + q_1 + q_2 + q_3 = 0{,}995$. Es ist dann die Wahrscheinlichkeit dafür, daß mehr als 3 Spulen unter 50% Dehnung haben, oder das Risiko, $R = (1 - \Sigma q_a) = 0{,}005$.

Um gegen den Fall gesichert zu sein, daß die Streuug μ' des zu liefernden Materials $> \mu = 2{,}8$ ist, so daß $\frac{x}{\mu}$ und Φ zu groß, q zu klein, p, q_a und Σq_a zu groß und R zu klein berechnet wurden, wird man R entsprechend $> 0{,}005$ annehmen. Rechnet man nach dem Tschebyscheffschen Theorem, so erhält man statt $\Phi = 0{,}926$ einen Wert $> \left(1 - \frac{\mu^2}{x^2}\right)$ oder $> 0{,}69$. Man wählt den Verhältnissen entsprechend einen Wert zwischen 0,69 und 0,926. Rechnet man z. B. mit 0,8, so wird $q = 0{,}5\,(1 - 0{,}8) = 0{,}1$ und $p = (1 - q) = 0{,}9$. Die weitere Auswertung des Binoms $(0{,}9 + 0{,}1)^{20}$ führt zu $\Sigma q_a = 0{,}909$ und somit zu dem größeren Wert $R = 0{,}101$. Man sieht, daß man in den meisten Fällen den Interpolationswert zwischen Φ und $\left(1 - \frac{\mu^2}{x^2}\right)$ viel näher bei Φ als bei $\left(1 - \frac{\mu^2}{x^2}\right)$ wird wählen können.

178. Es ist die Wahrscheinlichkeit, daß eine Materie den Bedingungen des Art. 176 entspricht, $W = \Sigma q_a$, und die Wahrscheinlichkeit des Gegenteils ist $R = (1 - \Sigma q_a)$. Führt man denselben Prüfversuch mit n Gliedern ein zweites Mal durch, so gibt die Auflösung des Binoms

$$(W + R)^2 = W^2 + 2\,WR + R^2$$

die Wahrscheinlichkeit dafür, daß beide Versuche ein Resultat ergeben, nach dem die Materie den Bedingungen entspricht, daß nur der eine oder der andere Versuch zu diesem Ergebnis führt, oder daß beide Versuche die Materie als nicht bedingungsgerecht ergeben. Bei einer Wiederholung des Versuchs ist also die Wahrscheinlichkeit, daß auch der zweite Versuch ein positives Ergebnis ergibt, W^2, und es ist das Risiko, daß die Materie auch bei dem zweiten Versuch den Bedingungen nicht entspricht, R^2. Es ist allgemein das

$$\text{Risiko einer } n \text{fachen Wiederholung} = R^n.$$

Für das zuletzt behandelte Beispiel ist die Wahrscheinlichkeit, daß auch eine zweite Prüfserie zu einer Annahme der Materie führt, $W^2 = 0{,}995 \times 0{,}995 = 0{,}990025$, und es ist das Risiko eines zweifach negativen Befundes $R^2 = 0{,}005 \times 0{,}005 = 0{,}000025$. Entspricht endlich die Materie auf Grund der ersten Untersuchung den Bedingungen, so besteht die Wahrscheinlichkeit $2\,W R = 2 \times 0{,}995 \times 0{,}005 = 0{,}00995$, daß die Prüfung der zweiten Serie das gegenteilige Ergebnis zeitigt. Führt man 3 Versuche durch, so erhält man durch die Entwicklung der Reihe $(W + R)^3$ die Wahrscheinlichkeiten für die verschiedenen möglichen Kombinationen zwischen positiven und negativen Prüfergebnissen.

179. Gelten in einem anderen Fall dieselben Abnahmebedingungen, die eben rechnerisch behandelt wurden, kommt zu diesen aber die Zusatzbedingung, daß von den $m = 3$ Gliedern, die pro 20 Glieder unter 50% liegen dürfen, keines eine geringere Dehnung wie 47% aufweisen darf, so hat man also die zwei Bedingungen, daß überhaupt keine Spule eine Dehnung unter 47% zeigen darf, und daß sodann höchstens 3 Spulen eine Dehnung unter 50% aufweisen dürfen. Die Wahrscheinlichkeit dafür, daß die Materie der zweiten Forderung nicht genügt, wurde bereits zu $R = 0{,}005$ ermittelt. Man bestimmt nun außerdem die Wahrscheinlichkeit dafür, daß kein Glied unter 47% liegt, zu $R' = 0{,}5\,[1 - \Phi\,(\pm 8)] = 0{,}002$. Es ist dann die Wahrscheinlichkeit, daß die Materie nicht beiden Bedingungen entspricht, daß sie also mehr als 3 Ringe mit einer geringeren Dehnung als 50% aufweist, oder daß die geringste Dehnung überhaupt unter 47% liegt, es ist das Gesamtrisiko gleich $R + R' = 0{,}005 + 0{,}002 = 0{,}007$. Allgemein gilt: das Risiko für verschiedene Bedingungen ist gleich der Summe der Risikofaktoren für jede einzelne Bedingung. Es ist

$$R = R_1 + R_2 + R_3 + \ldots$$

Die Fabrikation von Molybdändrähten führt bei bestimmter Glühbehandlung der Drähte zu einer mittleren Dehnung von 21,2% bei einer Streuung der einzelnen Dehnungswerte von $\pm 3{,}5\%$ Dehnung. Ein Kunde verlangt nun bei einer Bestellung, daß die Entnahme von $n = 25$ Stichproben keinen Einzelwert unter $E = 15\%$ Dehnung, keinen Mittelwert unter $G = 19\%$ und keine Streuung über $\mu = \pm 4{,}5\%$ ergibt. Wie groß ist das Risiko bei Annahme dieser Bedingung? Man bestimmt zu $(21{,}2 - E):3{,}5 = 1{,}7714$ nach Zahlentafel 14 $R_E = 0{,}5\,[1 - \Phi(E)] = 0{,}0383$. Es ist weiter für $\sqrt{n}\ (21{,}2 - G):3{,}5 = 3{,}1430$ $R_G = 0{,}5\,[1 - \Phi(G)] = 0{,}0011$. Endlich erhält man für $(4{,}5 - 3{,}5):(3{,}5:\sqrt{2n}) = 2{,}0203$ $R_\mu = 0{,}0218$. Es ist somit das Risiko $R = R_E + R_G + R_\mu = 0{,}0612$ oder rund 6%. Wird dagegen vereinbart, daß bei der Abnahme zweimal n Proben geprüft werden, und daß die Lieferung bedingungsgerecht sein soll, wenn wenigstens eine der beiden Stichprobenserien den Forderungen entspricht, so ist das Risiko nur noch $R^2 = 0{,}0037$ oder 0,37%. Werden 3 Stichprobenserien vereinbart, so gibt die Entwicklung des Binoms $(W + R)^3$ die Wahrscheinlichkeiten für die 4 möglichen Fälle, daß 3, 2, 1 oder 0 Serien den Bedingungen gerecht werden. Wird verlangt, daß mindestens 2 der Serien den Bedingungen gerecht werden, so besteht das Risiko darin, daß nur 0 oder eine Serie bedingungsgerecht sein kann, es ist also das Risiko $R^3 + 3\,WR^2$ mit $W = (1 - R) = (1 - 0{,}0612) = 0{,}9388$, und man erhält als Risiko 0,0107, das Risiko beträgt rund 1%.

Die Risikoformel $R = R_1 + R_2 + \ldots$ für mehrere Bedingungen läßt sich auch auf den Fall anwenden, daß die Abweichungen nach beiden Seiten eines Mittels die Beträge d_1 bzw. d_2 nicht überschreiten dürfen. Es ist $p\,(d_1) = 0{,}5\,\Phi\,(d_1)$ und $p\,(d_2) = 0{,}5\,\Phi\,(d_2)$ und $p\,(d_1 d_2) = 0{,}5\,[\Phi\,(d_1) + \Phi\,(d_2)]$. Es ist $R\,(d_1 d_2) = 1 - p\,(d_1 d_2) = 1 - 0{,}5\,[\Phi\,(d_1) + \Phi\,(d_2)] = 0{,}5\,[1 - \Phi\,(d_1)] + 0{,}5\,[1 - \Phi\,(d_2)] = R(d_1) + R\,(d_2)$.

180. Handelt es sich darum, für Drähte Lieferungsbedingungen zu vereinbaren, so werden sich je nach dem Verwendungszweck der Drähte diese Lieferungsbedingungen auf die Dehnung oder auf die Festigkeit der Drähte erstrecken. Es gibt aber auch Fälle, in denen es sowohl auf die eine Eigenschaft, wie auch auf die andere Eigenschaft ankommt. Es müssen dann Abnahmebedingungen für beide Eigenschaften gestellt werden. Es möge daher noch der Fall behandelt werden, daß Lieferungsbedingungen, die sich auf irgend zwei Eigenschaften einer Materie beziehen, vereinbart werden. Die beiden Eigenschaften, also beispielsweise Festigkeit und Dehnung, sollen allgemein mit F und D bezeichnet werden und F und D mögen gleichzeitig die Mittelwerte dieser Eigenschaften bedeuten. Es seien weiter f und d die geforderten Mindestwerte für die beiden Eigenschaften. Es ergibt sich dann die Wahrscheinlichkeit dafür, daß Werte festgestellt werden, die unter f bzw. unter d liegen zu bzw.

$$q_F = 0{,}5\left(1 - \frac{2}{\sqrt{\pi}}\int\limits_0^{\frac{F-f}{\sqrt{2}\mu}} e^{-u^2}\,du\right) = 0{,}5\,[1 - \Phi\,(Ff)]$$

und

$$q_D = 0{,}5\left(1 - \frac{2}{\sqrt{\pi}}\int\limits_0^{\frac{D-d}{\sqrt{2}\,u}} e^{-u^2}\,du\right) = 0{,}5\,[1 - \Phi(Dd)].$$

Die Wahrscheinlichkeit des Gegenteils bezüglich jeder Eigenschaft, also die Wahrscheinlichkeit dafür, daß ein Glied einen Wert f oder über f bzw. d oder über d besitzt, ist bzw. $p_F = (1 - q_F)$ und $p_D = (1 - q_D)$.

Es ist nun die Wahrscheinlichkeit dafür, daß ein Glied bei beliebigem Wert der Eigenschaft D unter f liegt, q_F, die Wahrscheinlichkeit dafür, daß ein Glied bei beliebigem Wert der Eigenschaft F unter d liegt, q_D, und die Wahrscheinlichkeit dafür, daß ein Glied gleichzeitig Eigenschaftswerte unter f und unter d zeigt, ist $q_F q_D$. Es bezieht sich also q_F sowohl auf Fälle, welche der Bedingung bezüglich der Eigenschaft D genügen, als auch auf Fälle, welche dieser Bedingung nicht genügen, und ebenso bezieht sich q_D auf Fälle, welche der Bedingung bezüglich der Eigenschaft F genügen oder auch nicht genügen. Die Fälle, welche somit weder der einen noch der anderen Bedingung entsprechen, sind sowohl durch q_F als auch durch q_D berücksichtigt, und sie sind allein, losgelöst von allen bedingungsgerechten Fällen bezüglich beider Eigenschaften durch das Produkt $q_F q_D$ erfaßt. In der Summe $q_F + q_D$ sind daher die Fälle, in denen ein Glied weder der einen noch der anderen Forderung Genüge leistet, doppelt berücksichtigt, so daß man mithin als Wahrscheinlichkeit dafür, daß ein Glied der einen oder anderen Bedingung nicht genügt,

$$R = q_F + q_D - q_F\, q_D$$

erhält.

Man kann auch so argumentieren: die Wahrscheinlichkeit dafür, daß ein Glied der einen Forderung nicht genügt, ist z. B. q_F, und die Wahrscheinlichkeit dafür, daß es dieser Forderung entspricht, ist p_F. Für ein derartiges Glied, das der einen Forderung entspricht, und für das die Wahrscheinlichkeit p_F besteht, ist aber noch die Möglichkeit gegeben, daß es der anderen Forderung nicht entspricht. Die Wahrscheinlichkeit hierfür ist allgemein q_D, so daß von dem Bruchteil p_F der Glieder, welcher der einen Forderung genügt, der Bruchteil $p_F q_D$ der anderen Forderung nicht entspricht. Es ist somit die Wahrscheinlichkeit, daß ein Glied der einen oder anderen Bedingung nicht entspricht, $q_F + p_F q_D$ (oder auch $q_D + p_D q_F$). Man erhält durch Umformung $q_F + p_F q_D = q_F + (1 - q_F)\, q_D = q_F + q_D - q_F q_D$ ($q_D + p_D q_F = q_D + (1 - q_D)\, q_F = q_D + q_F - q_D\, q_F$). Man erhält somit als Risiko der festgelegten doppelten Bedingung $R = q_F + q_D - q_F q_D$ oder, wenn man die einzelnen Wahrscheinlichkeiten durch ihre entsprechenden Funktionen ersetzt,

$$
\begin{aligned}
R &= 0{,}5\,[1 - \Phi\,(Ff)] + 0{,}5\,[1 - \Phi\,(Dd)] - 0{,}5\,[1 - \Phi\,(Ff)] \times 0{,}5 \\
&\qquad [1 - \Phi\,(Dd)] \\
&= 0{,}5 - 0{,}5\,\Phi\,(Ff) + 0{,}5 - 0{,}5\,\Phi\,(Dd) - 0{,}25 + 0{,}25\,\Phi\,(Dd) \\
&\qquad + 0{,}25\,\Phi\,(Ff) - 0{,}5\,\Phi\,(Ff) \times 0{,}5\,\Phi\,(Dd) \\
&= 0{,}75 - 0{,}25\,\Phi\,(Ff) - 0{,}25\,\Phi\,(Dd) - 0{,}25\,[\Phi\,(Ff) \times \Phi\,(Dd)] \\
&= 0{,}25\,[3 - \Phi\,(Ff) - \Phi\,(Dd) - \Phi\,(Ff)\,\Phi\,(Dd)].
\end{aligned}
$$

Sind die Wahrscheinlichkeiten q_F und q_D klein, so wird $q_F\,q_D$ sehr klein und kann unberücksichtigt bleiben. Es fällt dann in der Formel für R das Glied $\Phi\,(Ff)\,\Phi\,(Dd)$ heraus.

Liefert oder bezieht man z. B. wieder Phosphorbronzezetteldrähte, so kann die Bedingung gestellt werden, daß die Drähte nicht unter 45 kg/mm² Festigkeit und nicht unter 50% Dehnung besitzen dürfen. Es sei $M_F = 47{,}5$ kg/mm², $\mu_F = \pm\,1$ kg/mm², $M_D = 54\%$ und $\mu_D = \pm\,3\%$. Man bestimmt

$$
\begin{aligned}
q_F &= 0{,}5\left[1 - \Phi\left(\frac{2{,}5}{1}\right)\right] = 0{,}5\ (1 - 0{,}9876) = 0{,}0062, \\
q_D &= 0{,}5\left[1 - \Phi\left(\frac{4}{3}\right)\right] = 0{,}5\ (1 - 0{,}8178) = 0{,}0911, \\
q_F\,q_D &= 0{,}0062 \times 0911 = 0{,}0008, \\
R &= q_F + q_D - q_F q_D = 0{,}0968.
\end{aligned}
$$

Oder rechnet man direkt mit der angeführten Formel für R und findet dann

$$R = 0{,}25\ (3 - 0{,}9876 - 0{,}8178 - 0{,}8075) = 0{,}0968.$$

Das Risiko ist in diesem Fall also beträchtlich, nahezu $^1/_{10}$.

Wird außer den angeführten Bedingungen für die Dehnung auch noch die Forderung gestellt, daß sie nicht über 60% gehen darf, so hat man also die Bedingungen $f = 45$ kg/mm², $d_1 = 50\%$ und $d_2 = 60\%$. Die Risiko-Errechnung (die nun nicht nach der nur für f und d festgelegten Formel R erfolgen kann!) ergibt

$$
\begin{aligned}
q_F &= 0{,}5\,[1 - \Phi\,(Ff)] = 0{,}5\ (1 - 0{,}9876) = 0{,}0062, \\
q_D &= 0{,}5[1 - \Phi(Dd_1)] + 0{,}5[1 - \Phi(Dd_2)] = 1 - 0{,}5[\Phi(Dd_1) + \Phi(Dd_2)] \\
&= 1 - 0{,}5\ (0{,}8178 + 0{,}9544\ ) = 0{,}1139, \\
q_F q_D &= 0{,}0062 \times 0{,}1139 = 0{,}0007, \\
R &= q_F + q_D - q_F q_D = 0{,}1194.
\end{aligned}
$$

Es ist das Risiko jetzt natürlich noch größer wie auf Grund der ersten, »leichteren« Bedingungen, und das Risiko ist außerordentlich groß. Man hat als Lieferant zu befürchten, $^1/_9$ der ganzen Sendung wieder zurückzuerhalten. Der Lieferant hat zu entscheiden, ob die Homogenität der Fabrikation ausnahmsweise schlecht ist oder aber, ob die Lieferungsbedingungen zu hoch gestellt sind. Die letztere Frage wird man natürlich in jedem Falle bereits überprüfen, ehe die Abnahmebedingungen angenommen werden, da man über M und μ der in Frage kommenden Eigenschaften seiner Fabrikate im großen und ganzen orientiert ist.

Sind die Bedingungen bezüglich zweier Eigenschaften einer Materie statt für Einzelwerte für Gruppenmittel festgelegt, so bleibt die Risikoberechnung in jeder Beziehung dieselbe, es ist lediglich in den Integralfunktionen als oberer Grenzwert statt $\frac{x}{\sqrt{2}\,\mu}$ der Wert $\frac{x}{\sqrt{2}\,\mu_M} = \frac{\sqrt{n}\,x}{\sqrt{2}\,\mu}$ zu setzen. Man hat mit anderen Worten in der Zahlentafel 14 nicht die Φ-Werte zu $\frac{x}{\mu}$, sondern zu $\frac{\sqrt{n}\,x}{\mu}$ aufzusuchen, wenn n die Anzahl der Glieder einer Gruppe bezeichnet, und für x hat man selbstverständlich die zulässige Gruppenmittelabweichung von M zu setzen.

181. Ist wieder die Bedingung gestellt, daß von n Gliedern höchstens m aus dem Rahmen der gestellten Bedingungen fallen dürfen, so ergibt sich zunächst das Risiko dafür, daß ein Glied den Bedingungen nicht entspricht, zu

$$R = q_F + q_D - q_F q_D.$$

Es ist dann die Wahrscheinlichkeit dafür, daß ein Glied den Anforderungen gerecht wird,

$$W = (1 - R).$$

Die Entwicklung des Binoms $(W + R)^n$ führt weiter zu den Wahrscheinlichkeiten q_a, daß bzw. 0, 1, 2, 3 . . n Glieder die Bedingung nicht erfüllen. Die Auflösung des Binoms zur Reihe ist lediglich bis zum $(m + 1)$-ten Gliede bzw., wenn man das erste Glied der Reihe als 0tes Glied rechnet, bis zum $m$ten Glied erforderlich. Die Summe dieser $m + 1$ Wahrscheinlichkeitsbrüche q_a gibt die Wahrscheinlichkeit dafür, daß 0, 1, 2, 3 . . . m Glieder, daß also höchstens m Glieder die Bedingungen nicht erfüllen. Es ist dann endlich 1 weniger diese $\Sigma\, q_a$ die Wahrscheinlichkeit dafür, daß mehr als m Glieder den gestellten Anforderungen nicht gerecht werden; es ist $(1 - \Sigma\, q_a)$ das Lieferungsrisiko unter den eingegangenen Bedingungen.

Nach einem mehr oder weniger bekannten und mehr oder weniger ernst gemeinten Scherzwort gibt es drei Arten von Lügen: die Notlüge, die entschuldbar sein soll, die gemeine Lüge, die zu verurteilen ist, und die Statistik! Tatsächlich ist auch die Mehrheit der mit statistischen Methoden nicht Vertrauten von der Unzulänglichkeit statistischer Ergebnisse überzeugt. Mögen die Ausführungen dieses Buches mit dazu beitragen, den zitierten bösen Ausspruch selbst Lügen zu strafen! Man darf nur von der Statistik nicht mehr verlangen, als man hineingesteckt: Die Statistik dient lediglich der Charakterisierung von Massen. Und man muß der Statistik geben, was ihr gehört: eine Vielheit von Einzelfällen. Statistik und vereinzelte Fälle sind unverträgliche Widersprüche. Spannt man sie unter ein Joch, dann ergeben sich allerdings Lügen. Die Ursache hierfür liegt aber weder bei den Einzelfällen noch bei der Statistik. Die Statistik kann mit vereinzelten Fällen nichts anfangen, und sie kann und will über Einzelfälle nichts aussagen. Suum cuique; der Statistik die Masse.

Namen- und Sachverzeichnis.

(Die Zahlen beziehen sich auf Seiten.)

(Abkürzungen: A. = Abweichung, en, s . . .; a. = alternativ, e, er, es; abs. = absolut, e, en, er, es; Ag. = Argument, e, s, Argumentwert, e, s; ar. = arithmetisch, e, er, es; asym. = asymmetrisch, e, er, es; b. = binomial, e, er, es, binomisch; D = Dehnung; d. = durchschnittlich, e, er, es; Dff., . . . dff. = Differenz, en; E. = Eigenschaft, s, Merkmal, e, s; e. = empirisch, e, er, es; er. = einer; es. = eines; Ew. = Einzelwert, e, en, es; F = Festigkeit, s; F., . . . f. = Fehler, s; G. = Gaußsche, r, s; GG. = Gaußsches Gesetz; GK. = Gaußsche Kurve; GE. = Gesamterfolgszahl; GNE. = Gesamtnichterfolgszahl; Gr. = Gruppe, n; H. = Häufigkeit, en; h. = häufigste, n, r; HE. = Haupteinfluß, Hauptumstand; HG. = Häufigkeitsgesetz; HK. = Häufigkeitskurve; K. = Kollektiv; k. = korrelativ, korrelierend, e, er, es; Kl. = Klasse, n; log = logarithmisch, e, er, es; M. = Mittel, s, Mittelwert, en; m. = mittlere, r, s; Mt. = Materie, n; Mx. = Maximum, Maxima, Maximi; mx. = maximale, r, s; N = Umfang, s; n = Serien-(Gruppen-)gliederzahl, en; NE. = Nebeneinfluß, Nebenumstand; R. = Reihe, n; r. = relativ, e, er, es; Rs. = Realschwankung, en; s. = siehe, siehe auch; Schw., . . . schw. = Schwankung, en; St. = Statistik; stst. = statistisch, e, er, es; st. = stetig, e, er, es; Str., . . . str. = Streuung, en; sym. = symmetrisch, e, er, es; t. = theoretisch, e, en, er, es; TK. = Teilkollektiv; ust. = unstetig, e, en, er, es; V. = Verteilung, en; v. = variabel, veränderlich, e, en, er, es; Vgl. = Vergleich, e, s; W. = Wahrscheinlichkeit, en, s; w. = wahrscheinlich, e, en, er, es; WR. = Wahrscheinlichkeitsrechnung; Z. = Zufall, s; z., . . . z. = zufällig, e, en, er, es; zs. = zusammengesetzt, e, en, er, es. Wortverbindungen: Vgl.-V. = Vergleichsverteilung; sym. V., Vgl. = symmetrische Verteilungen, Vergleich; dagegen sym. V., Vgl.- = symmetrische Vergleichsverteilung; r. m. A.-quadrat = relatives mittleres Abweichungsquadrat; Str. des M.er. v. Dff. = Streuung des Mittels einer variabeln Differenz; Gr.-M.-Str. = Gruppenmittelstreuung.)

Printed and bound by CPI Group (UK) Ltd, Croydon, CR0 4YY

18/08/2026

14944368-0004